Überseekauf im Agrarhandel

Internationalrechtliche Studien

Beiträge zum Internationalen Privatrecht, zum Einheitsrecht und zur Rechtsvergleichung

Herausgegeben von Ulrich Magnus und Peter Mankowski

Band 66

PL ACADEMIC RESEARCH

Tristan Wegner

Überseekauf im Agrarhandel

Die Kontraktpraxis nach GAFTA und Einheitsbedingungen

Eine rechtsvergleichende Darstellung

PL ACADEMIC RESEARCH

Bibliografische Information der Deutschen Nationalbibliothek
Die Deutsche Nationalbibliothek verzeichnet diese Publikation in der Deutschen Nationalbibliografie; detaillierte bibliografische Daten sind im Internet über http://dnb.d-nb.de abrufbar.

Zugl.: Hamburg, Univ., Diss., 2013

Gedruckt auf alterungsbeständigem,
säurefreiem Papier.

D 18
ISSN 0947-0395
ISBN 978-3-631-64106-4 (Print)
E-ISBN 978-3-653-02785-3 (E-Book)
DOI 10.3726/ 978-3-653-02785-3

PL Academic Research ist ein Imprint der Peter Lang GmbH.

Peter Lang – Frankfurt am Main · Bern · Bruxelles · New York · Oxford · Warszawa · Wien

www.peterlang.de

Meinen Eltern

zum Dank für die bedingungslose

Unterstützung während

des Studiums

Vorwort

Diese Dissertation behandelt eine in Deutschland fast vergessene Schnittstellenmaterie zwischen Seerecht und Handelsrecht sowie die Praxis im nationalen und internationalen Getreide- und Futtermittelhandel.

Der Untersuchung wurden zwei gängige internationale Verträge der GAFTA zugrunde gelegt. Es handelt sich um die Verträge GAFTA 100 (CIF) und GAFTA 119 (FOB). Dank der Unterstützung der GAFTA können diese unter folgender Internetadresse heruntergeladen werden:

http://www.owlaw.de/gafta-fosfa-kommentar/

Meinem Doktorvater Prof. Dr. Ulrich Magnus danke ich dafür, dass er mir die Bearbeitung dieses ungewöhnlichen Themengebietes ermöglicht hat und mir das Vertrauen entgegengebracht hat, die Arbeit vollständig unabhängig auszuarbeiten. Mein Dank gebührt ebenfalls Prof. Dr. Dr. h.c. mult. Jürgen Basedow für die rasche Anfertigung des Zweitgutachtens.

Ferner möchte ich Herrn Prof. Dr. Peter Mankowski danken, der mich mit inspirierenden Gesprächen und konstruktiven Gedanken unterstützt hat. Wertvolle Einblicke in die Praxis des Getreidehandels und Unterstützung habe ich dankenswerterweise erhalten von: Alexander Bauer (Verein der Getreidehändler der Hamburger Börse), Kurt Fromme (Fromme Landhandel), Ulrich Hüner und Karl-Heinz Lustig (HaBeMa), Jan Köhlbrandt und Torsten Sievers (Alfred C. Toepfer International), Dr. Dietrich Mankowski (Buse Heberer Fromm), Michael Maus (Maus & Co.), Martin Möller und Rüdiger Pooch (Getreide AG), Jens Schwenke und Horst Heidemann (Vereinigte Getreide- und Produktenbörse Braunschweig - Hannover - Magdeburg), Harald Sommerfeldt, Eckhard Lüth und Katja Taube (HaGe Kiel), Tomasz Wasik (Hamburger Leistungsfutter), Joachim Wick und Helmut Wulff (Bunge Hamburg). Für die Diskussion schifffahrtsrechtlicher Aspekte danke ich Christine Lübcke (MACS Shipping Hamburg).

Besonders herzlicher Dank gebührt jedoch meinen Eltern, denen ich diese Arbeit widme. Ihre uneingeschränkte Förderung meiner Ausbildung hat die Anfertigung dieser Arbeit erst ermöglicht. Auch meiner Schwester und meinen Großeltern danke ich für den stetigen familiären Rückhalt.

Hamburg, im Frühjahr 2013 | Tristan Wegner

Inhaltsverzeichnis

Ausführliches Inhaltsverzeichnis

1 Einleitung

1.1 Zielsetzung dieser Arbeit

Der Welthandel neigt dazu, sich selbst regeln zu wollen. Die Folgen sind meist umfangreiche Verträge zwischen den Parteien, die die wirtschaftlichen Vorgänge so genau erfassen, dass staatliches Recht fast schon entbehrlich erscheint. Häufig werden diese Vordrucke von Branchenorganisationen erstellt und den Mitgliedern allgemein verfügbar gemacht. Im Bereich des internationalen Getreide- und Futtermittelhandels ist die maßgebliche Institution die *Grain and Feed Trade Association (GAFTA)* mit Sitz in London. Mittlerweile werden mehr als 80% des Welthandels über die Kontrakte der GAFTA abgewickelt. Das zeigt deren überragende Bedeutung für den Wirtschaftsverkehr. Die vorformulierten Verträge sind so etabliert, dass Kaufleute bei internationalen Geschäften meist völlig unreflektiert auf sie zurückgreifen. Dabei müssen sie sich jedoch darüber im Klaren sein, dass diese Verträge ohne Ausnahme eine Rechtswahlvereinbarung zugunsten des englischen Rechts und eine Schiedsabrede bezüglich der Arbitrage in London vorsehen.[1]

Die nachfolgende Darstellung wird sich schwerpunktmäßig mit zwei Fragestellungen befassen:

Wegen ihrer erheblichen Regelungsdichte sollen die GAFTA-Verträge im ersten Teil dahingehend untersucht werden, ob sie als eine Selbstkodifikation des internationalen Handels aufgefasst werden können, die losgelöst vom staatlichen Recht im Sinne einer *lex mercatoria* bestehen kann. Dafür sind zunächst die Merkmale des sogenannten „Welthandelsrechtes" herauszuarbeiten, um anschließend aufzuzeigen inwieweit sich die GAFTA-Kontrakte vom staatlichen Recht loslösen, und deshalb als autonomes Wirtschaftsrecht bezeichnet werden können.

Der zweite Teil beschäftigt sich dann mit den einzelnen Klauseln der GAFTA-Verträge *en detail*. Dazu werden die in den Verträgen geregelten Punkte im Kontext des englischen Rechts und der ergangenen Gerichtsentscheidungen zunächst kommentiert und erläutert. Es soll dabei primär zwischen CIF und

---

1 Meist wird den Parteien das erst im Streitfall bewusst, sodass sie sich manchmal mit allen Mitteln gegen die Arbitrage in London zu wehren versuchen, wie im Fall Züricher Handelsgericht ZR 1990, 193 ff. dargestellt bei Vischer/Huber/Oser, Internationales Vertragsrecht, Rn. 1444. Siehe auch die Entscheidung Broda Agro Trade (Cyprus) Ltd v. Alfred C Toepfer International GmbH [2009] EWHC 3318 (Comm). Vgl. ferner Poudret/Besson/Berti, Comparative law of international arbitration, S. 173.

FOB Geschäften unterschieden werden, da diese die wohl häufigsten Grundtypen internationaler Kaufverträge darstellen. In einem zweiten Schritt wird dann ermittelt, wie die Bestimmungen der GAFTA unter rechtsvergleichender Betrachtung zu bewerten sind. So soll letztlich geklärt werden, ob aus Sicht eines deutschen Ex- oder Importeurs die Vereinbarung eines GAFTA Kontraktes rechtlich sinnvoll erscheint. Zur Beurteilung dieser Frage werden sowohl das UN-Kaufrecht als auch das interne deutsche Recht nach HGB und BGB herangezogen. Zudem werden die *Einheitsbedingungen im Deutschen Getreidehandel* (nachfolgend: Einheitsbedingungen) für den Vergleich maßgeblich berücksichtigt. Diese stellen im nationalen Getreide- und Futtermittelhandel das direkte Pendant zu den Kontrakten der GAFTA dar. Sie sind als allgemeine Geschäftsbedingungen[2] überaus häufig im Inland anzutreffen.

Die Arbeit soll ferner einen Beitrag dazu leisten, die Verbindung zwischen Seerecht und Kaufrecht herzustellen. Oft sind beide Materien in der deutschen Literatur voneinander in einen kaufrechtlichen und einen seerechtlichen Teil getrennt.[3] Beide Rechtsgebiete haben allerdings Ausstrahlungswirkungen auf das jeweils andere Gebiet und die Parteien treffen oft im Kaufvertrag transportrechtliche Vereinbarungen, sogenannte *maritime terms*.[4]

Zu den Kontrakten der GAFTA gibt es bislang keine zusammenhängende Darstellung. Die vertraglichen Regelungen sind meist nur exemplarisch im Zusammenhang mit anderen Themen aufgeführt. Das gilt insbesondere für die Schiedsgerichtsbarkeit, die häufig behandelt wird.[5] Seltener stehen materielle

---

2 Zum Charakter der Einheitsbedingungen als Allgemeine Geschäftsbedingungen, vgl. OLG München Beschluss v. 29.03.2012, Az.: 34 SchH 12/11.

3 Lediglich Trappe macht dankenswerterweise erste Versuche, die Verknüpfung zwischen beiden Themen herzustellen, vgl. Trappe, IHR 2008, 157 und Trappe, European Transport Law (27) 1992, 3, 3 ff.

4 Trappe, FG-Herber (2010), 19, 22 f.

5 Rubino-Sammartano, International arbitration law, S. 550; Bernstein/Tackaberry/Marriott, Bernstein's handbook of arbitration and dispute resolution practice, Rn. 16–89; Guo, FS-Horn (2006), 959, 970; Redfern/Hunter/Blackaby, Law and practice of international commercial arbitration, S. 407; Carr/Stone, International trade law, S. 629; Krause, Anti-suit injunctions als Mittel der Jurisdiktionsabgrenzung, S. 140 Fn. 235; Schlosser, Das Recht der internationalen privaten Schiedsgerichtsbarkeit, S. 135, 338; Naumann, Englische anti-suit injunctions zur Durchsetzung von Schiedsvereinbarungen, S. 148; ferner Oleaginosa Moreno Hermanos Sociedad Anónima Comercial Industrial Financeira Immobiliaria y Agropecaria (Argentina) v. Moinho Paulista Ltda (Brazil), Yearbook Commercial Arbitration 33 (2008), 371 ff.

Probleme im Vordergrund.[6] In der englischen Literatur sind lediglich die Arbeiten von Slabotzky[7] und Bridge[8] hervorzuheben, die sich eingehender mit den Kontrakten der GAFTA beschäftigen. In Frankreich findet sich das Buch von Schwob[9] über die Verträge der London Corn Trade Association (LCTA), der Vorgängerorganisation der GAFTA, welches aber auch schon von 1928 datiert. Aus deutscher Sicht gibt es hingegen noch keine Abhandlung.

1.2 Angewendete Methode der Rechtsvergleichung

Für den im Rahmen dieser Arbeit angestrebten Rechtsvergleich ist zunächst zu klären, welche Methode dabei zur Anwendung kommen soll. Weitgehend hat sich die Vorgehensweise einer sogenannten funktionalen Rechtsvergleichung durchgesetzt,[10] die schon von *Ernst Rabel* begründet wurde.[11]

Die funktionale Rechtsvergleichung setzt dabei nicht an einer Gesetzesnorm oder einem Rechtsinstitut an, sondern untersucht, welche sozialen Probleme in der Gesellschaft vorliegen. Hintergrund ist, dass das Recht nicht als Selbstzweck verstanden wird, sondern als ein probates Mittel um menschliches Verhalten zu

---

6 So bei Vischer/Huber/Oser, Internationales Vertragsrecht, S. 659; Gehrke, Das elektronische Transportdokument, S. 113; Bridge, in: Cranston/Goode (Hrsg.), Making commercial law (1997), 277, 281; Wilson, Carriage of goods by sea, S. 156; Schrammen, Grenzüberschreitende Verträge im Internet, Bd. 3, S. 253; Schlechtriem, Internationales UN-Kaufrecht, S. 47; Anderegg, Ausländische Eingriffsnormen im internationalen Vertragsrecht, S. 54 Fn. 278; ausführlicher Schmidt-Kessel, Standards vertraglicher Haftung nach englischem Recht, S. 100 ff.; Hammerschmidt, Kollision allgemeiner Geschäftsbedingungen im Geltungsbereich des UN-Kaufrechts, S. 55 Fn. 192.

7 Slabotzky, Grain contracts and arbitration.

8 Bridge, Canadian Business Law Journal (19) 1991, 485; Bridge, in: Cranston/Goode (Hrsg.), Making commercial law (1997), 277; Bridge, in: Worthington (Hrsg.), Commercial law and commercial practice (2003), 213; Bridge, Pace Int'l L. Rev (15) 2003, 55; Bridge, The international sale of goods.

9 Schwob, Les contrats de la London Corn Trade Association.

10 Maßgeblich vertreten von Zweigert/Kötz/Zweigert-Kötz, Einführung in die Rechtsvergleichung, S. 33; ferner Basse, Das Schweigen als rechtserhebliches Verhalten im Vertragsrecht, S. 8 f.; Schneider, Verwaltungsrecht in Europa, S. 30 f.; kritisch zur Frage, was wirklich funktional ist Großfeld, FS-Sandrock (2000), 329, 336. Auch englische Rechte betonen ein funktionales Vorgehen bei der Rechtsvergleichung, siehe Fairchild v. Glenhaven Funeral Services Ltd. [2002] 3 All E.R. 305.

11 Emmenegger, Gesetzgebungskunst, S. 72 Fn. 108 mwN; Zweigert/Kötz/Zweigert-Kötz, Einführung in die Rechtsvergleichung, S. 60; Rainer, Europäisches Privatrecht, Bd. 12, S. 44.

ordnen *(ubi societas ibi ius)*.[12] Da die Ordnungsbedürfnisse in jeder Gesellschaft gleich sind, kann untersucht werden auf welche Art und Weise unterschiedliche Rechtssysteme die Konflikte zu lösen versuchen.[13] Es ist beispielsweise nicht zu vergleichen, wie die „Unmöglichkeit" in den beteiligten Rechtsordnungen geregelt ist. Wer so vorgeht, der kategorisiert eine Erscheinung bereits in der Systematik des eigenen Rechts, was den Blick in die Auslandsrechtsordnung einschränkt. Insofern muss vielmehr untersucht werden, wie das Recht die Parteien schützt, wenn äußere Ereignisse auftreten, die die Vertragsdurchführung behindern oder ausschließen.

Die funktionale Rechtsvergleichung soll Ausgangspunkt dieser Arbeit sein: Die Vertragspartner kennen als Kaufleute die sich im internationalen Handel ergebenden Probleme regelmäßig am besten und versuchen diese schon im Vorwege vertraglich zu regeln. Der sie verbindende Kontrakt ist sozusagen eine Fundgrube typischerweise auftretender Probleme. Eine funktionale Betrachtungsweise dieser Regelungen ist daher die hier einzig zielführende Vorgehensweise. Da die englischen Verträge auf den Rechtsvorstellungen des *common law* basieren und die deutschen auf denen Kontinentaleuropas, ist die Untersuchung vertraglicher Bestimmungen gleichzeitig auch eine Rechtsvergleichung zwischen *common law* und *civil law* selbst. Ergänzend soll das UN-Kaufrecht als weiterer „Rechtskreis" in den Vergleich einbezogen werden. Da dieses in der Praxis häufig abgewählt wird, mögen so Erkenntnisse über die „Unbeliebtheit" des internationalen Kaufrechts gewonnen werden.

Um beim obigen Beispiel zu bleiben, finden sich beispielsweise in beiden Verträgen Klauseln für den Fall, dass die Erfüllung des Vertrages unmöglich wird und Ausführungen dazu, wer das jeweilige Risiko zu tragen hat. Deren unterschiedliche Ausgestaltungen können dann untersucht werden. Dabei steht letztlich die Frage im Vordergrund, welche Lösung zweckmäßiger und gerechter ist.[14] Freilich lässt sich diese Frage meist nicht völlig abstrakt klären, was auch ein wesentlicher Kritikpunkt an der funktionalen Rechtsvergleichung ist.[15] Das Kriterium ist daher, welche Regelungen aus Sicht des Exporteurs bzw. Importeurs vorteilhaft erscheinen. Letztlich kann damit die Frage geklärt werden, für

---

12 Übersetzung des Satzes von Hugo Grotius: „Wo es eine Gesellschaft gibt, gibt es ein Gesetz", vgl. S. Heinrich von Cocceji, Grotius illustratus seu commentarii ad Hugonis Grotii de Jure belli et pacis libros tres, hrsgg. v. Samuel von Cocceji, Bd. 1 (Breslau 1744), zu Proleg § 8.

13 Schmidtbleicher, Die Anleihegläubigermehrheit, S. 146; Kocher, Funktionen der Rechtsprechung, S. 7 ff.; Steininger, Das russische Kaufrecht, S. 52.

14 Zweigert/Kötz/Zweigert-Kötz, Einführung in die Rechtsvergleichung, S. 46.

15 Siehe nur Großfeld, FS-Sandrock (2000), 329, 336.

welche Partei eine Vereinbarung der englischen GAFTA-Kontrakte vorzugswürdig erscheint und in den Vertragsverhandlungen angestrebt werden sollte.

Die Untersuchung darf dabei jedoch nicht lediglich an der Einzelregelung verhaften bleiben. Vielmehr sind kulturelle, historische, ökonomische und soziologische Gründe mit einzubeziehen, da sich gerade zwischen Zivilrechtsordnungen und dem *common law* sogar erhebliche Mentalitätsunterschiede zeigen.[16] Aus diesem Grunde sollen – soweit diese feststellbar sind – an ausgewählten Stellen auch diese Hintergründe mit einfließen. Dazu ist insbesondere auf die Entstehungsgeschichte und die ökonomischen Bedürfnisse einzugehen.

Wer Rechtsvergleichung betreibt, muss sich dabei in die Lage eines Auslandsjuristen versetzen und bei seinem Vorgehen insbesondere dieselben Rechtsquellen zu benutzen. Dazu zählt letztlich alles, was das Rechtsleben der herangezogenen Ordnung mitgestaltet,[17] insbesondere also Gesetzesnormen, Lehrmeinungen sowie die Leitsätze der Gerichte.[18] Im englischen Rechtssystem kommt vor allem letzteren maßgebliche Bedeutung zu.[19] Lehrmeinungen werden nur am Rande berücksichtigt.[20] Dieses Rangverhältnis soll sich auch im Rahmen dieser Darstellung widerspiegeln, indem Präzedenzfälle maßgeblich erläutert werden. Die Kontrakte der GAFTA unterliegen dabei einer eigenen Schiedsgerichtsbarkeit. Die dort ergangenen Schiedssprüche werden regelmäßig nicht veröffentlicht und konnten daher nur untergeordnet Eingang in die Darstellung finden. Allerdings steht es jeder Partei nach *s. 69 Arbitration Act 1996* frei, die ordentlichen Gerichte anzurufen, wenn sie der Meinung ist, dass ein Schiedsgericht das Recht falsch angewendet hat.[21] Im Laufe der Jahre sind über diesen

---

16 Legrand, I.C.L.Q. (45) 1996, 52, 63 spricht sogar von unüberwindbaren Gegensätzen: „that the common law mentalité is not only different, but is actually irreducibly different, from the civil law mentalité as found in Continental Europe."

17 Zweigert/Kötz/Zweigert-Kötz, Einführung in die Rechtsvergleichung, S. 34.

18 Vgl. Sacco/Joussen, Einführung in die Rechtsvergleichung, S. 60.

19 vgl. Doerfert, JA 1998, 435; Döser, NJW 2000, 1451, 1452; Plötzgen, Präjudizienrecht im angelsächsischen Rechtskreis, S. 33; Pilny, Präjudizienrecht im angloamerikanischen und im deutschen Recht, Bd. 122, S. 18 ff.; Niemann, Die rechtsgeschäftliche und organschaftliche Stellvertretung und deren kollisionsrechtliche Einordnung, S. 79.

20 Blumenwitz, Einführung in das anglo-amerikanische Recht, S. 80 ff.

21 Siehe auch Shell Egypt West Manzala GmbH v. Dana Gas Egypt [2009] 2 C.L.C. 481. In dieser Entscheidung wurde klargestellt, dass der Schidsspruch immer vor den ordentlichen Gerichten angreifbar ist. Der Satz in der Schiedsordnung der GAFTA, der Schiedsspruch sei „final, conclusive and binding" (cl. 12.6 GAFTA 125), schließt dieses Recht nicht aus.

Weg zahlreiche Gerichtsentscheidungen ergangen, die für die Darstellung maßgeblich herangezogen wurden.

Die größte Schwierigkeit in der Rechtsvergleichung bleibt im Übrigen die Sprache. Ausländische Begriffe sind oft nur schwierig in ihr inländisches Äquivalent zu übersetzen – wenn es überhaupt ein solches gibt. Wer dieses dennoch versucht, der setzt sich leicht über sprachliche Nuancen hinweg. Wann immer möglich, sollen im Rahmen dieser Arbeit daher die englischen Originalbegriffe verwendet und nur am Rande auf das deutschsprachige Äquivalent hingewiesen werden. Aus diesem Grunde werden auch die relevanten Passagen aus Urteilen und Verträgen nicht übersetzt.

2 Der Überseehandel und seine Erscheinungen im Getreide- und Futtermittelhandel

2.1 Der Überseekaufvertrag

Der Überseekauf[22] ist juristisch gesehen ein normaler Kaufvertrag, der lediglich rechtlich und wirtschaftlich im Zusammenhang mit dem Transport über See steht.[23] Er unterliegt grundsätzlich dem Recht der nach dem internationalen Privatrecht determinierten nationalen Rechtsordnung.[24] In der Praxis liegen jedoch meist umfangreiche Verträge der Parteien vor, die nicht nur eine Rechtswahl- und Gerichtsstandsvereinbarung enthalten, sondern auch das dispositive Recht durch zahlreiche Einzelabsprachen modifizieren.

Wegen der Besonderheit, dass beide Parteien in weit voneinander entfernten Ländern ansässig sind, kommt es bei der Abwicklung zu einer Vielzahl faktischer und juristischer Probleme, auf die die Parteien mit ihren Verträgen reagieren müssen.

2.1.1 Faktische Probleme im Überseehandel

In der Regel verschifft der Verkäufer die Ware von einem Hafen, in dem der Käufer nicht persönlich anwesend ist und daher weder direkten Einfluss noch Kontrolle ausüben kann, ob auch kontraktliche Ware eingeladen wurde. Erst einmal verschifft befinden die Güter sich längere Zeit in der Obhut des Reeders. Das erfordert es, den Eigentumsübergang besonders auszugestalten. Da die Ware während dieser Zeit nicht übergeben werden kann, wird sie durch ein Konnossement repräsentiert. Das Konnossement wird vom Verfrachter ausgestellt und anschließend dem Ablader übergeben.[25] Bei diesem handelt es sich um ein Wertpapier mit Traditionsfunktion. Durch dessen Übertragung wird die Übergabe der Ware ersetzt, sodass es einen derivativen Eigentumserwerb ermöglicht, auch wenn die Parteien keinen aktuellen Besitz an der noch auf dem Transport

22 Der Überseekauf wird häufig auch als Abladegeschäft bezeichnet, vgl. Haage, Das Abladegeschäft.

23 HGB-Großkommentar-Koller, vor § 373 HGB, Rn. 5; Vierheilig, Das Kaufrecht der Bedingungen der Bremer Baumwollbörse, S. 27.

24 Herber, Seehandelsrecht, S. 426.

25 Vgl. für das deutsche Recht § 642 Abs. 1 HGB.

befindlichen Ware haben.[26] Auch die Abwicklung der Zahlung bereitet regelmäßig Probleme, da der Käufer meist nicht zahlen wird, ohne zu wissen, was der Verkäufer überhaupt verschifft hat. Daher wird diese oft mittels eines Dokumentenakkreditivs abgewickelt. Es handelt sich dabei um eine regelmäßig unwiderrufliche Anweisung des Bankkunden an seine Bank, den Kaufpreis an den Verkäufer zu zahlen. Dazu müssen der Bank die Dokumente vorlegt werden, die die verschiffte Ware als vertraglich ausweisen.[27] Dieses erlaubt eine bargeldlose Zahlung des Kaufpreises und sichert die Vertragsparteien im Hinblick auf den Kaufpreis bzw. den Warenerhalt.[28] Potenziert werden diese Probleme, wenn die Ware während des Transportes noch weitergehandelt wird.

Während des langen Transportes kann sich die Ware ferner durch äußere Einflüsse verschlechtern. Zudem besteht bei organischer Ware, wie beispielsweise Getreide, die Gefahr, dass sich die Ware durch ablaufende Stoffwechselprozesse selbst schädigt, indem sie beispielsweise überhitzt. Der Zustand der Ware muss daher spätestens bei der Ankunft verlässlich festgestellt werden und es können Probleme entstehen, wenn zu klären ist, zu welchem Zeitpunkt die Beschädigung eintrat, mithin wer das Risiko dafür zu tragen hat.

Häufig wird an Bord eines Schiffes nicht nur Ware für einen, sondern für mehrere Empfänger transportiert. Handelt es sich dabei um Schüttgut, so entstehen spezifische Probleme hinsichtlich der Auseinandersetzung der Ware im Löschhafen, wenn ein Teil der Ladung auf dem Transport beschädigt wurde.

Kommt die Ware erst einmal in beschädigtem Zustand beim Importeur an, so lässt sich die Transaktion meist nur schwer wieder rückgängig machen. Meist würden erhebliche Kosten für die Rückverschiffung in das Exportland anfallen.

Dennoch versuchen die Parteien, sich aus teilweise rein taktischen Gesichtspunkten wieder vom Vertrag zu lösen. Rohstoffpreise sind oft sehr volatil, das heißt, sie unterliegen großen Preisschwankungen. Das führt dazu, dass der Marktpreis sich im Laufe der Seereise stark verändern kann und der Käufer bei der Ankunft feststellt, die Güter zu teuer eingekauft zu haben. In einem fallenden Markt wird dieser daher versuchen eine Vertragsverletzung des Verkäufers zu finden, um den Vertrag zu beenden, die Ware nicht annehmen zu müssen, und sich dann anderweitig günstiger einzudecken.[29] Diese Tatsache ist häufig

---

26 Vgl. für das deutsche Recht § 650 HGB.

27 Herber, Seehandelsrecht, S. 428.

28 Dieses kann hier nicht weiter vertieft werden, vgl. dazu Herber, Seehandelsrecht, S. 428.

29 Vgl. Bridge, The international sale of goods, Rn. 10.101.

wirtschaftlicher Anlass für juristische Streitigkeiten.[30] Gerade im Überseehandel sind die Parteien einer Vielzahl von Pflichten ausgesetzt, sodass es dem Käufer meist leichter fällt, eine Pflichtverletzung des Verkäufers zu entdecken, als das bei nationalen Transaktionen der Fall wäre.[31]

2.1.2 Rechtliche Schwierigkeiten im Überseehandel

In rechtlicher Hinsicht treten ebenfalls verstärkt Probleme auf.[32] Der Verkäufer ist im Überseekauf nicht nur dazu verpflichtet, die Ware physisch zu liefern; regelmäßig treten wie bereits gezeigt Dokumente an die Stelle der Ware. Insofern laufen Pflichten bezüglich der Ware und der Dokumente oft parallel. Vor allem aber existiert eine Vielzahl von Rechtsverhältnissen nebeneinander. Das primäre Bindeglied zwischen Käufer und Verkäufer ist dabei der Kaufvertrag. Ferner muss eine der Parteien einen seerechtlichen Frachtvertrag abschließen[33] und die Ware für den Transport versichern, sodass insgesamt mindestens drei Verträge vorliegen.

Diese Verhältnisse sind rechtlich alle voneinander losgelöst zu betrachten. Das führt vor allem dazu, dass sie unterschiedlichen Rechten und damit insbesondere Verjährungsfristen sowie Gerichtsständen unterstehen können. Zudem kommen Rechte und Pflichten grundsätzlich nur zwischen den am Vertrag unmittelbar Beteiligten in Betracht.

Käufer und Verkäufer müssen im Überseekaufvertrag daher darauf achten, dass Sie die jeweiligen Verträge aneinander anpassen. Überseekaufverträge enthalten daher häufig sogenannte *maritime terms*, um die Verknüpfung zum Seetransportvertrag herzustellen.[34] Liegt beispielsweise ein FOB-Verkauf vor, so schließt der Käufer regelmäßig eine Reisecharter für ein bestimmtes Schiff ab, mit dem er die Ware im Verladehafen abholen will. Die Charterverträge erlauben dem Charterer dabei nur eine bestimmte Ladezeit. Ist diese überschritten, so muss der Käufer an den Reeder Liegegeld zahlen. Der Käufer muss daher im

---

30 Dieses wird besonders drastisch deutlich im Fall Cehave NV v. Bremer Handelsgesellschaft mbH („The Hansa Nord“) [1975] 3 All E.R. 739. Diese Versuche sind aber nicht immer fruchtbar, vgl. auch Vargas Pena Apezteguia Y Cia v. Peter Cremer [1987] 1 Lloyd’s Rep. 394, 399; ferner Gebruder Metelmann GmbH & Co KG v. NBR (London) Ltd. [1984] 1 Lloyds Rep. 614, 634.

31 Vgl. auch Takahashi, J.B.L. 2003, 102, 105.

32 Hierzu Hölker, Die Rolle der lex mercatoria im Anwendungsbereich des UN-Kaufrechts, S. 25 f.

33 So auch Trappe, FG-Herber (2010), 19, 21.

34 vgl. Trappe, IHR 2008, 157 und Trappe, European Transport Law (27) 1992, 3, 3 ff.

Kaufvertrag festhalten, dass der Verkäufer die Ware innerhalb der Ladezeit der Charterpartie verlädt oder anderenfalls jedenfalls für das entstandene Liegegeld aufkommt. Eine ähnliche Problematik stellt sich auch bei CIF-Geschäften, da der Käufer das Schiff im Bestimmungshafen innerhalb einer bestimmten Zeit löschen muss. In diesen Fällen beziehen sich Kaufverträge daher für derartige Fragen häufig auf die Charterpartie selbst *(„as to charterparty“)*. Kennt eine der Parteien die Charterpartie nicht, so können Unsicherheiten über den Vertragsinhalt entstehen.

2.2 CIF- und FOB-Transaktionen

Verträge des Überseehandels werden häufig unter Verwendung von handelsüblichen Vertragsformeln geschlossen.[35] Diese wurden von den Kaufleuten im Laufe der Jahrhunderte entwickelt und legen abgekürzt die Rechte und Pflichten der Vertragsparteien in internationalen Kaufverträgen fest. Diese Klauseln wurden entweder in den nationalstaatlichen Kodifikationen aufgenommen[36] oder haben sich als Handelsbrauch durchgesetzt.[37] In dem Bestreben die teilweise nationalstaatlich geprägten Klauseln zu vereinheitlichen, hat die Internationale Handelskammer ICC ein Kompendium der häufigsten Klauseln herausgegeben – die INCOTMERS, welche allerdings keine Gesetzeskraft haben, sodass man auch von soft law spricht.[38] Grundsätzlich differenzieren die INCOTERMS nach dem Umfang des Pflichtenprogramms des Verkäufers. Am geringsten ist dieses bei einer reinen Holschuld, wenn dieser die Ware nur an seinem Werk zur Abholung bereitstellen muss („ex works“, EXW). Das Gegenteil ist eine Bringschuld des Verkäufers, die ihm sämtliche Anstrengungen bis ins Käuferland auferlegt („delivered, duty payed“, DDP). Diese kompromisslosen Klauseln werden in der Praxis freilich selten vereinbart. Am häufigsten verwendet sind die Klauseln CIF

---

35 Gebräuchlich ist auch der Ausdruck „Trade Terms“. Dieser Begriff meint aber nicht nur die Klauseln an sich sondern bezeichnet vorallem die von der ICC herausgegebene Zusammenstellung typischer Klauseln auf Landesebene, vgl. v. Westphalen, Rechtsprobleme der Exportfinanzierung, Bd. 11, S. 171.

36 So insbesondere im amerikanischen UCC in para. 2.320 “C.I.F. and C.&F. Terms“ und para. 2-319. “F.O.B. and F.A.S. Terms”.

37 Shah, European Transport Law (16) 1981, 67, 72; v. Westphalen, Rechtsprobleme der Exportfinanzierung, Bd. 11, S. 172; Beyer, AWD 1954, 20; Sieg, RIW 1995, 100, 101; vgl. auch OLG Karlsruhe RIW/AWD 1975, 225; aA Sonnenberger, Verkehrssitten im Schuldvertrag, S. 79.

38 Trappe, European Transport Law (27) 1992, 3, 4.

und FOB,[39] bei denen die Pflichten zwischen den Parteien geteilt werden. Deswegen wird sich die nachfolgende Darstellung auch auf die Verträge mit diesen Klauseln beschränken. Nachfolgend sollen die Grundmodi dieser Geschäfte daher kurz aus deutscher Sicht skizziert werden. Auf die Abweichungen und Besonderheiten im englischen Recht ist dann im Rahmen der späteren Darstellung der einzelnen Vertragsklauseln einzugehen.

2.2.1 Der CIF-Vertrag

Das CIF-Geschäft *(cost, insurance, freight)* zählt zu den am häufigsten vereinbarten Bedingungen.[40] Hier verpflichtet sich der Verkäufer dazu, die kontrahierte Ware an Bord des Seeschiffes zu liefern[41] und den Transport zu organisieren. Dazu wird er bei der Lieferung von Getreide und Futtermitteln, welche als Schüttgut anfallen, in der Regel eine Reise- oder Zeitcharter mit dem Reeder über ein Schiff abschließen, das für den Transport von Getreide geeignet ist.[42] Das ist für ihn dann vorteilhaft, wenn er Rabatte von Schifffahrtskonferenzen erhält und deswegen über das transportierende Schiff disponieren möchte.[43]

Da bei Massengütern in der Regel ein Gattungskauf vorliegt, trägt der Verkäufer die Leistungsgefahr bis zur Konkretisierung (§ 243 Abs. 2 BGB). Aus deutscher Sicht ist dazu nicht nur die Individualisierung der Ware durch Markierung oder Aussonderung nötig, sondern es muss ebenfalls eine Verladeanzeige abgesendet[44] werden.[45] Diese muss so genau sein, dass sich die Abladung zu ei-

---

39 Vierheilig, Das Kaufrecht der Bedingungen der Bremer Baumwollbörse, S. 27; Sassoon, European Transport Law (16) 1981, 50, 50 ff. insbesondere zur Geschichte dieser Klauseln.

40 Sassoon, C.I.F. and F.O.B. contracts, Rn. 1, der allerdings auch darauf hinweist, dass teilweise FOB-Transaktionen überwogen haben und dieses sich durchaus von Zeit zu Zeit ändern kann; vgl. auch Ireland v. Livingston [1872] L.R. 5 H.L. 395, 406 (Lord Blackburn): „The terms at a price to cover cost, freight and insurance, payment by acceptance on receiving shipping documents, are very usual and are perfectly well understood in practice"; zu den Vorteilen von CIF gegenüber FOB Brändle, Die Überseekaufklauseln cif und fob, S. 56 f.

41 Shah, European Transport Law (16) 1981, 67, 73. Im englischen Recht ist von shipment die Rede, was die Verschiffung und damit das Verbringen an Bord meint.

42 Slabotzky, Grain contracts and arbitration, S. 23.

43 HGB-Großkommentar-Koller, vor § 373 HGB, Rn. 7.

44 RGZ 88, 389, 393 (Deutsch-Niederländische Getreideverträge); OLG Hamburg HansGZ 1919 Nr. 98. In den Vorinstanzen wurde die Notwendigkeit des Zugangs noch herausgestellt, die das Reichsgericht dann jedoch verneinte.

nem bestimmten Vertrag eindeutig zuordnen lässt.[46] Ebenso verhält es sich im englischen Recht. Die Mitteilung der Abladung *(notice of appropriation)* muss dem Käufer schnellstmöglich zugesendet werden.[47] Anderenfalls kann dieser die Andienung der Dokumente zurückweisen.[48] Dadurch erfolgt auch hier eine eindeutige Individualisierung der Ware.[49]

Die Gefahr für die Seestrecke trägt der Käufer, sobald die Ladung an Bord gebracht wurde.[50] Aus diesem Grunde ist der Verkäufer auch dazu verpflichtet, eine Transportversicherung für die Seestrecke abzuschließen. Der genaue Inhalt des zu besorgenden Versicherungsschutzes ergibt sich dabei meist aus dem Kaufvertrag selbst.[51] Die Besorgung der Versicherung ist dabei mit dem Kaufpreis abgegolten; der Käufer zahlt also für die Ware selbst, die Versicherung und die Fracht für den Transport der Ware.

Besitzt der Verkäufer die Ware selbst physisch, so erfüllt seine Lieferpflichten dadurch, dass er die Ware innerhalb des vereinbarten Zeitraumes an den Käufer verschifft.[52] Hat ein Dritter die Ware in Besitz, so kann er diesen zur Abladung veranlassen. Besitzt der Käufer die Ware selbst nicht physisch, so kann er auch mit Ware erfüllen, die er oder ein Dritter bereits zuvor verschiffte und

---

45 RGZ 88, 389; RGZ 92, 128, 131; OLG Hamburg HansGZ 1916 Hauptbl. Nr. 39; Digenopoulos, Die Abwandlung der CIF- und FOB-Geschäfte im modernen Überseekaufrecht, S. 69; Hager, Die Gefahrtragung beim Kauf, S. 114; anscheinend nur auf die Verladeanzeige abstellend Lebuhn, European Transport Law (16) 1981, 24, 37; HGB-Großkommentar-Koller, vor § 373 HGB, Rn. 65 hält hingegen lediglich eine Markierung für ausreichend und stellt weniger auf die Verladeanzeige ab.

46 Hager, Die Gefahrtragung beim Kauf, S. 116 f.

47 vgl. GAFTA 100 cl. 10.

48 Société Italo-Belge pour le Commerce et l'Industrie v. Palm & Vegetable Oils (Malaysia) Sdn. Bhd. ("The Post Chaser") [1981] 2 Lloyd's Rep. 695, 702 (QBD); Guest, Benjamin's sale of goods, Rn. 19-018.

49 Hager, Die Gefahrtragung beim Kauf, S. 119.

50 Siehe A4 CIF-INCOTERMS 2010. Unter den INCOTERMS 2000 war entscheidend, dass die Ware die Reling überschreitet. Dieses entspricht auch dem althergebrachten Verständnis zu CIF- und FOB Geschäften: Digenopoulos, Die Abwandlung der CIF- und FOB-Geschäfte im modernen Überseekaufrecht, S. 41 f. In den INCOTERMS 2010 ist nunmehr das Verbringen der Ware an Bord relevant. Damit nähren sich die INCOTERMS dem englischen Recht an. Denn auch hier ist weniger von der Reling als Abgrenzungspunkt die Rede, sondern davon, dass die Gefahr mit Verbringen an Bord resp. Verschiffung übergeht.

51 Sieg, RIW 1995, 100, 102.

52 Nach deutscher Terminologie ist dann von einem direkten Abladegeschäft die Rede: Haage, Das Abladegeschäft, S. 7.

die noch auf dem Transport ist.[53] Die dogmatische Begründung dafür ist im deutschen Recht zuweilen schwierig.[54] Eine Wahlschuld wird regelmäßig abgelehnt, da § 265 BGB dem Verkäufer ein zu großes Risiko auferlegen würde. Stattdessen ist der Verkäufer primär dazu verpflichtet, selbst abzuladen. An Erfüllung statt kann er jedoch nach § 364 BGB die Abladung dadurch ersetzen, dass er von einem Dritten abgeladene Ware ankauft und sich die Dokumente darüber verschafft. Diese muss jedoch dem Vertragsgegenstand entsprechen und während des vereinbarten Verschiffungszeitraumes von dem Dritten verschifft worden sein, um vertragsgemäß zu sein.[55] Diese Ware wird dem Verkäufer dann durch Konkretisierung zugewiesen.

Zudem muss der Verkäufer dem Käufer die Dokumente hinsichtlich der Ware andienen. Auch dieses ist nach deutschem Verständnis eine Hauptleistungspflicht.[56] Daher bestehen zwei Pflichten, die bei der Nichtbefolgung einen Schadensersatzanspruch nach sich ziehen können. Zu den Dokumenten gehören nicht nur das Konnossement, sondern auch die Versicherungspolice und eine Handelsrechnung (Faktura). Wegen der Repräsentationsfunktion der Dokumente ist der Käufer auch nur verpflichtet Zug-um-Zug gegen deren Andienung zu zahlen.[57] Die Dokumente enthalten insofern den prima-facie Beweis, dass die vertragsgemäße Ware verschifft wurde.[58] Da die Dokumente die maßgebliche Rolle in der Transaktion spielen, ist deshalb teilweise von einem Dokumenten- und nicht von einem Warenkauf die Rede.[59] Richtigerweise handelt es sich aber um einen

---

53 In diesen Fällen ist in Deutschland von einem indirekten Abladegeschäft die Rede: Haage, Das Abladegeschäft, S. 8; vgl. auch Loock/Straatmann, Handelsrechtliche Schiedsgerichts-Praxis, Schiedsspruch J 5a Nr. 46, die sich insoweit auf einen Handelsbrauch berufen.

54 Vgl. dazu mit umfangreichen Überlegungen zum deutschen Recht Haage, Das Abladegeschäft, S. 7 f.

55 Bradgate/Fennell/White, Commercial law, S. 209. Teilweise schließen die Kontrakte eine sogenannte „indirekte Abladung" aber auch aus. Der Verkäufer schuldet dann eigene Abladung.

56 HGB-Großkommentar-Koller, vor § 373 HGB, Rn. 42; Digenopoulos, Die Abwandlung der CIF- und FOB-Geschäfte im modernen Überseekaufrecht, S. 125.

57 Brändle, Die Überseekaufklauseln cif und fob, S. 58; Digenopoulos, Die Abwandlung der CIF- und FOB-Geschäfte im modernen Überseekaufrecht, S. 132 f.; vgl. auch BGHZ 14, 61, 62 für den Fall der Klausel „netto Kasse gegen Dokumente" worin ein Barzahlungsversprechen mit Vorauszahlungsabrede zu sehen ist; siehe aber auch BGH MDR 1957, 404.

58 Lebuhn, European Transport Law (16) 1981, 24, 42.

59 Vgl. Arnhold Karberg & Co. v. Blythe, Green, Jourdain & Co. [1915] 2 K.B. 379, 388 (CA); Sassoon, C.I.F. and F.O.B. contracts, Rn. 26. Möglich ist aber auch ein reiner

Kaufvertrag über die Lieferung von Ware, der lediglich durch die Andienung der Dokumente erfüllt wird.[60]

2.2.2 Der FOB-Vertrag

Das FOB Geschäft zählt zu den ältesten Formen des Überseekaufes[61] und belastet den Verkäufer verhältnismäßig gering. Bei klassischen FOB-Verträgen muss der Verkäufer die Ware auf seine Kosten nur bis in den Abladehafen und dort an Bord des Schiffes liefern.[62] Der Käufer muss diesem dazu ein ladebereites Schiff benennen, nachdem der Verkäufer seine Ladebereitschaft angezeigt hat.[63] Mit der Verschiffung[64] geht sodann auch die Preisgefahr auf den Käufer über.

Um den Transport zu ermöglichen, muss der Käufer selber den Seefrachtvertrag mit der Reederei abschließen und die Ware gegebenenfalls für die Seestrecke versichern.[65] In den Fällen von Schüttgutlieferungen wird der Käufer

---

Wertpapierkauf des Konnossements, bei dem der Verkäufer lediglich für die Existenz und Einredefreiheit der Forderung haftet.

60 So auch HGB-Großkommentar-Koller, vor § 373 HGB, Rn. 13, der klarstellt dass die Warenlieferung Hauptleistungspflicht des Verkäufers bleibt; auch im englischen Recht: Manbré Saccharine Co. Ltd. v. Corn Products Co. Ltd. [1919] 1 K.B. 198, 203 (KBD); Hindley & Co. Ltd. v. East Indian Produce Co. Ltd. [1973] 2 Lloyd's Rep. 515, 517 (QBD); Arnhold Karberg & Co. v. Blythe, Green, Jourdain & Co. [1916] 1 K.B. 495, 510, 514 (CA); James Finlay & Co. Ltd. v. NV Kwik Hoo Tung Handel Maatschappij [1929] 1 K.B. 400, 407 f. (CA).

61 HGB-Großkommentar-Koller, vor § 373 HGB, Rn. 85; zu den Hintergründen Sassoon, C.I.F. and F.O.B. contracts, Rn. 431 ff.

62 Shah, European Transport Law (16) 1981, 67, 74; zum englischen Recht vgl. Wimble Sons & Co. v. Rosenberg & Sons [1913] 3 K.B. 743, 756 CA; Newman Industries Ltd. v. Indo-British Industries Ltd. [1956] 2 Lloyd's Rep. 219, 235 (QBD); Tiberg, The law of demurrage, S. 665. Teilweise muss die Ware auch noch verstaut oder getrimmt werden, z.B. bei der Klausel FOB stowed (FOBS), FOB trimmed (FOBT) oder sogar FOB stowed and trimmed (FOBST).

63 Slabotzky, Grain contracts and arbitration, S. 22.

64 Bis zur Geltung der INCOTERMS 2010 war für den Gefahrübergang das Überschreiten der Reling maßgeblich. Numehr kommt es darauf an, ob die Ware an Bord gebracht wurde.

65 Digenopoulos, Die Abwandlung der CIF- und FOB-Geschäfte im modernen Überseekaufrecht, S. 42; Brändle, Die Überseekaufklauseln cif und fob, S. 56 f.; Trappe, European Transport Law (27) 1992, 3, 12; Rechtlich gesehen hat der Verkäufer wegen des Übergangs der Preisgefahr kein Interesse an der Versicherung der Ware. Sofern der Verkäufer eines FOB-Vertrages aber noch nicht bezahlt wurde, kann er zumindest wirtschaftlich ein Interesse an einer Versicherung haben, falls der Kaufpreis nicht ent-

auch hier meist das ganze Schiff über einen Schiffsmakler chartern.[66] Der FOB Kauf ist daher meist nur dann für den Käufer von Interesse, wenn die Frachtraten stark schwanken oder er selbst gerade ein Schiff unter Charter hat, das er beschäftigen muss. Ansonsten sind FOB-Verträge für den Käufer eher nachteilig. Erhält er mehrere Angebote, die den Transport von verschiedenen Abladehäfen vorsehen, so kann er diese nicht direkt vergleichen, da der Endpreis von den jeweiligen Kosten des Seetransports abhängt.[67]

Heute tritt das FOB-Geschäft allerdings nicht nur in seiner klassischen Form auf, sondern wird zunehmend auch modifiziert. Deshalb war in der Vergangenheit immer wieder streitig, welche Pflichten genau von einer Lieferung FOB umfasst sind.[68] So kann der Verkäufer im Einzelfall dazu verpflichtet sein, den Seefrachtvertrag für den Käufer abzuschließen. Er tritt dann entweder als mittelbarer Stellvertreter auf, indem er in eigenem Namen und für fremde Rechnung handelt oder als direkter Stellvertreter nach § 164 Abs. 1 BGB. Diese Verpflichtung folgt entweder aus einem separaten Geschäftsbesorgungsvertrag (§ 675 BGB) oder als Hauptleistungspflicht aus dem Kaufvertrag selbst. Gerade in letzteren Fällen wird das FOB-Geschäft den CIF-Verträgen sehr stark angenähert, da der Transport der Ware in die Hand des Verkäufers gelegt wird.[69]

2.2.3 Kettengeschäfte

Eine Besonderheit bei CIF Verträgen ist, dass die Ware meist bis aufs Äußerste gattungsmäßig bestimmt und typisiert ist. Ein Beispiel dafür wäre eine Lieferung von kanadischem Weizen, die lediglich mit *„5000 bushels Manitoba II“* bezeichnet wäre.[70] Damit liegt eine weitgehend unbeschränkte Gattungsschuld vor. Diese Standardisierung der Kontrakte erlaubt es den beteiligten Händlern, diese ohne Mühe weiterzuhandeln. Bedingt durch den langen Seetransport kön-

---

richtet wird. In diesen Fällen hilft eine Exportschutzversicherung. Vgl. dazu Sieg, RIW 1995, 100, 101 mwN.

66 Bridge, The international sale of goods, Rn. 1.09.

67 Vierheilig, Das Kaufrecht der Bedingungen der Bremer Baumwollbörse, S. 28.

68 Pyrene Co. Ltd. v. Scindia Steam Navigation Co Ltd [1954] 2 Q.B. 402, 424 (QBD), per Lord Devlin; Sassoon, C.I.F. and F.O.B. contracts, Rn. 439; Schmitthoff/Cheng, Clive M. Schmitthoff's select essays on international trade law, S. 300 f.

69 Lebuhn, European Transport Law (16) 1981, 24, 43 spricht deswegen auch von einem „unechten“ und einem „erweiterten“ FOB Geschäft; vgl. auch Trappe, European Transport Law (27) 1992, 3, 12 f.

70 Brändle, Die Überseekaufklauseln cif und fob, S. 60 f.; HGB-Großkommentar-Koller, vor § 373 HGB, Rn. 13.

nen sich am Markt zwischenzeitlich schon Preisveränderungen ergeben, sodass die Ware gegebenenfalls weiterverkauft werden soll. Insofern können sowohl Zwischenhändler als auch Spekulanten beteiligt sein, die gar kein Interesse an der physischen Lieferung der Ware selbst haben, sondern an der Differenz zwischen Ein- und Weiterverkaufspreis verdienen wollen.[71] In der Praxis werden daher meist wesentlich mehr Verträge geschlossen, als tatsächlich Ware geliefert werden kann.[72] Aus diesem Grunde ist es dem Verkäufer eines CIF-Verkaufs auch verwehrt, lediglich die Ware in natura zu liefern. Da der Käufer grundsätzlich erwartet die Dokumente weiter handeln zu können, müssen gerade diese angedient werden. Das gilt auch dann, wenn die Ware bereits im Bestimmungshafen eingetroffen ist.[73] Letztlich entstehen dadurch mehr oder minder lange Lieferketten (engl. *string-trading*). Ein Sonderfall dieser Kettengeschäfte ist der, dass eine der Vertragsparteien in der Kette doppelt auftritt, da er die Ware beispielsweise wieder zurückgekauft hat. In diesen Fällen liegt eine in sich geschlossene Lieferkette (engl. *circle*) vor.

Kettengeschäfte sind auch bei FOB-Transaktionen möglich. In der Regel wird die FOB gekaufte Ware dann CIF weiterverkauft, da der erste Käufer die Verschiffung organisiert, den Verfrachter instruiert und damit die Ware auf den Transport gebracht hat.[74] Möglich ist jedoch auch eine Kette von FOB-Verkäufen.[75] In diesen Fällen muss der letzte Käufer seinem Verkäufer gegenüber das Schiff benennen. Der Verkäufer hat in der Käuferkette die Benennung

71 Brändle, Die Überseekaufklauseln cif und fob, S. 3; Digenopoulos, Die Abwandlung der CIF- und FOB-Geschäfte im modernen Überseekaufrecht, S. 51 weist aber darauf hin, dass der Spekulationsmarkt sich zurückentwickelt hätte. Ebenso: Lebuhn, European Transport Law (16) 1981, 24, 36; vgl. auch Altfuldisch, Haftung und Entschädigung nach Tankerunfällen auf See, S. 159, der für den Ölhandel darauf hinweist, dass dieses während des Transports meist bis zu einhundertmal den Eigentümer wechselt. Dazu auch Voest Alpine Intertrading v. Chevron International Oil Co. [1987] 2 Lloyd's Rep. 547: Monatlich wurden circa 400 Verträge hinsichtlich 45 Waren „FOB Sullom Voe Brent crude oil“ abgeschlossen.; eine plastische Beschreibung zur Entstehung von derartigen Ketten bei MacKendrick, Force majeure and frustration of contract, S. 196 ff.

72 Takahashi, J.B.L. 2003, 102, 104.

73 Siehe für Deutschland BGH LM § 373 HGB Nr. 3; HGB-Großkommentar-Koller, vor § 373 HGB, Rn. 62; Digenopoulos, Die Abwandlung der CIF- und FOB-Geschäfte im modernen Überseekaufrecht, S. 126.

74 HGB-Großkommentar-Koller, vor § 373 HGB, Rn. 129.

75 Dazu mehr bei den Kettenverkäufen, unten Seite 415.

bis zum ersten Verkäufer weiterzuleiten, damit dieser die Ware an die Bordwand anliefern kann.[76]

76 HGB-Großkommentar-Koller, vor § 373 HGB, Rn. 129.

3 Kontraktwesen im internationalen Handel

3.1 Wichtige Branchenorganisationen und Kontrakte im Getreide- und Futtermittelhandel

Im internationalen Handel mit Agrarrohstoffen gibt es eine Vielzahl an Branchenorganisationen. Diese Zusammenschlüsse von Kaufleuten dienen deren Interessensvertretung. So gibt es nicht nur die hier behandelte *Grain and Feed Trade Association* (**GAFTA**) sondern auch die *Federation of Oils, Seeds and Fats Association* (**FOSFA**). Daneben existieren eine Vielzahl weiterer Organisationen, wie die *London Rice Brokers Association* (**LRBA**) oder auch die *Refined Sugar Association* (**RSA**). In den Vereinigten Staaten existiert hingegen die North American Export Grain Association (**NAEGA**).

3.1.1 Die Grain and Feed Trade Association (GAFTA)

3.1.1.1 Geschichte der GAFTA

Die GAFTA blickt schon auf eine lange Geschichte zurück.[77] Am 15. Mai 1878 traten vier etablierte Händler im *Baltic Sale Room* in London zusammen und erwogen eine Gemeinschaft für den internationalen Getreidehandel, um die Vormachtstellung Großbritanniens als Zentrum des internationalen Getreidehandels zu stärken.[78] So entstand die *London Corn Trade Association (LCTA)*, die nicht nur eigene Musterverträge und Standardbedingungen sondern bereits eine erste Schiedsgerichtsbarkeit entwickelte.[79] Der erste Mustervertrag war auf den Verkauf von Weizen aus Ostindien zugeschnitten. Später kamen Verträge für das Schwarze Meer und Amerika dazu. Die effiziente und als fair geltende Schiedsgerichtsbarkeit führte dazu, dass schnell sogar kontinentaleuropäische Händler die Schiedsrichter der LCTA beauftragten.[80] Im Jahr 1906 spalteten sich einige Händler von der LCTA ab. Sie handelten überwiegend mit pflanzlichen Eiweißen und sahen ihre Interessen in der bisherigen Organisation nicht hinrei-

---

77 Ausführlich zur Geschichte der London Corn Trade Association und der GAFTA bei Barty-King, Food for Man and Beast.

78 Barty-King, Food for Man and Beast, S. 18.

79 Röder, Rechtsbildung im wirtschaftlichen "Weltverkehr", S. 45; Barty-King, Food for Man and Beast, S. 18 f.

80 Barty-King, Food for Man and Beast, S. 24.

chend vertreten.[81] Sie gründeten daher eine weitere Organisation, die *London Cattle Food Trade Association (LCFTA)*. Beide Organisationen entwickelten ihre eigenen Verträge und arbeiteten über 60 Jahre lang unabhängig voneinander. Jedoch veränderte sich der Handel im Laufe der Zeit. Viele Unternehmen waren nicht lediglich im Getreide- oder Futtermittelhandel, sondern in beiden Geschäftsfeldern tätig. Eine Trennung beider Institutionen wurde daher nicht mehr für sinnvoll erachtet und so entstand der Gedanke, beide zu einer gemeinsamen Organisation zusammenzuführen.[82] Am 31. März 1971 wurde daher die Grain and Feed Trade Association (GAFTA) gegründet, die beide Institutionen vereinte.

3.1.1.2 Standardkontrakte der GAFTA

Die GAFTA stellt ihren Mitgliedern mittlerweile mehr als 80 Verträge zur Verfügung. Den Parteien steht es frei, die Verträge zu ändern oder zu ergänzen.[83] Der Inhalt variiert nach der Art der verschifften Ware und den Vertragspflichten. So gibt es Formulare für Futtermittel (z. B. Nr. 100, 119), Getreide (z. B. Nr. 12, 32, 64), Sirup (Nr. 115) oder auch Reis (z. B. 120, 122). Die Formulare sind meist an die INCOTERMS der Internationalen Handelskammer angelehnt,[84] wobei generell zwischen CIF und FOB Transaktionen unterschieden wird. Hinsichtlich der Qualität wird entweder auf die sogenannte „Tale Quale“ (TQ) Klausel oder die „Rye Terms“ (RT) Bezug genommen. Unter der „Tale Quale“-Klausel müssen die Güter nur so geliefert werden, wie sie anfallen,[85] nach *rye terms* garantiert der Verkäufer hingegen den Zustand der Ware bei der Ankunft, sodass er das Transportrisiko trägt.[86]

Folgende Verträge werden im Einzelnen von der GAFTA zur Verfügung gestellt.

---

81 Barty-King, Food for Man and Beast, S. 39 ff.

82 Barty-King, Food for Man and Beast, S. 79 ff.

83 Valluis, Rice in global markets (2005), 56, 56.

84 Allerdings werden die INCOTERMS selbst ausdrücklich ausgeschlossen, vgl. unten Seite 45.

85 Siehe unten Seite 151..

86 Siehe unten Seite 306.

Tab. 1.1: *Übersicht: Verträge der GAFTA*

Nr.	***Beschreibung***	Einheit	Umfang	Verschiffung	Qualität
1.	*General Fee-dingstuffs*	Bags		CIF	TQ
2.	*Chinese Goods*	*Bags*	*Parcels*	CIF	TQ
4.	*UK Produced Cakes/Meal*				
5.	*Pet Food Raw Materials*	*Bulk/Bags*	*FCL*[87]	*CIF*	
6.	*Pet Food Raw Materials*	*Bulk/Bags*	FCL	FOB	
8.	*Locust Beans Bulk/Bags*			CIF	TQ
9.	*Imported Feeding Meat Meal/Meat & Bone Meal*	*Bags*		CIF	TQ
10.	*Fish meal*	Bags		CIF	TQ
12.	*Australian Grain*	*Bulk*	*Cargoes*	CIF	TQ
13.	*Australian Offals*	*Bags*	*Parcels*	CIF	TQ
14.	*Australian Grain*	*Bulk*	*Parcels*	*CIF*	*TQ*
14A.	*Australian & New Zealand Peas*	Bags	Parcels	CIF	TQ
15.	*Imported Fee-dingstuffs*	Bags		CIF	TQ
16.	Australian Seed	Bags	Parcels	CIF	TQ
17.	General Short form			CIF	
21.	*Intra-Asia Fee-dingstuffs*	*Bulk/Bags*		CIF, C&F	TQ
23.	*Pulses for Human Consumption*	*Bulk/Bags*		FOB	
23A.	*FAS Addendum*		FAS		
23B.	*C&F Terms Ad-dendum*			C&F	
24.	*Pulses for Human Consumption*	*Bulk/Bags*		CIF, C&F	TQ

87 FCL = Full Container Load.

25.	*Pulses for Feed*	*Bulk*		CIF	TQ
27.	*Canadian & USA Grain*	*Bulk*	Cargoes	CIF	TQ
30.	*Canadian & USA Grain*	*Bulk*	Parcels	CIF	TQ
31.	*Canadian Pacific Coast*	*Bulk*	Parcels	CIF	TQ
32.	*La Plata Grain*	*Bulk/Bags*	Cargoes	CIF	*RT*[88]
35.	*La Plata Grain*	*Bulk/Bags*	Parcels	CIF	*TQ*
36.	*La Plata Grain*	*Bulk/Bags*	Parcels	CIF	*RT*
38.	*La Plata Grain*	*Bulk/Bags*	Parcels	FOB	
39.	*Feedingstuffs from Argentina*	*Bulk*		FOB	
41.	*La Plata Grain*	*Bulk*	Parcels	CIF	*RT*
43.	*South American Offals*	*Bulk*	Parcels	CIF	*RT*
48.	*Central & Eastern Europe*	*Bulk*	Parcels/ Cargoes	CIF	*TQ*
49.	*Central & Eastern Europe*	*Bulk/Bags*		FOB	
54A.	*Baltic Grain*	*Bulk/Bags*	Parcels/ Cargoes	CIF	*RT*
59.	*South African Grain*	*Bulk*	Cargoes	CIF	*TQ*
60.	*South African Grain*	*Bulk*	Parcels	CIF	*TQ*
61.	*Mediterranean & Moroccan*	*Bulk/Bags*	Cargoes	CIF	*TQ*
62.	*Mediterranean & Moroccan*	*Bulk/Bags*	Parcels	CIF	*TQ*
64.	*General Grain*	*Bulk*		FOB	
76.	*Addendum-Malting Barley*				
78.	*Goods by Rail*	*Bulk*			*RT*
79.	*UK & Ireland Grain*	*Bulk*		CIF	*RT*
79A.	*UK & Ireland Grain*	*Bulk*		FOB	

88 RT = Rye Terms.

79B.	*UK & Ireland Grain*			Delivery/ Collection	
80.	*EU Grain*	*Bulk*	Parcels/ Cargoes	CIF	*RT*
80A.	*EU Grain*	*Bulk*	Parcels/ Cargoes	CIF	*TQ*
81.	*General – goods*			CIF	
82.	*General – goods*			FOB	
83.	*Grain, Transhipment/ Re-shipment*	*Bulk*	Parcels/ Cargoes	CIF	*TQ*
84.	*Short Form*				
85.	*Addendum for Transhipment*				
86.	*Grain - Containers*		FCL		
86A.	*Grain – Short form - Containers*		FCL		
87.	*Addendum for Organic Goods the EU*				
93.	*Addendum – European Quality Terms for Feedingstuffs*				
94.	*Arrival Terms for Grain*	*Bulk*			*RT*
94A.	*Arrival Terms for Grain*	*Bulk*			*TQ*
95.	*Arrival Terms for Feedingstuffs*	*Bulk*			*TQ*
96.	*Tapioca, Manioc & Cassava*	*Bulk*		CIF	*TQ*
97.	*North American Soyabean Meal/Pellets*	*Bulk*		CIF	*TQ*
98.	*North American Soyabean Meal/Pellets*	*Bulk*		CIF	*TQ*

99.	*HIPRO*[89] *Soyabe-an Meal/Pellets*	*Bulk*		CIF	*TQ*
100.	*Feedingstuffs*	*Bulk*		CIF	*TQ*
100A.	*Feedingstuffs in Full Lash barges*			CIF	*TQ*
101.	*Feedingstuffs*	*Bulk*		CIF	*RT*
102.	*Feedingstuffs – transshipment to UK*	*Bulk*	Parcels/ Cargoes	CIF, FOB	*TQ*
103.	*Feedingstuffs – to the UK*	*Bulk*		CIF	*TQ*
104.	*Feeding Fishmeal*	*Bulk*		CIF	*TQ*
107.	*Feedingstuffs - Containers*	*Bulk/Bags*	FCL		
108.	*Feedingstuffs – Short form – Con-tainers*	*BulkBags*	FCL		
109.	*Feedingstuffs – Ex store/silo*	*Bulk*			
110.	*Grain – Ex store/silo*	*Bulk*			
111.	*General - Deliver-ed at Destination*				
112.	*Feedingstuffs, Free Out Along-side Buyers Berth, Denmark*	*Bulk*			*TQ*
113.	*UK Produced Ma-rine & Animal Origin Feed-ingstuffs*	*Bulk/Bags*	Delivery		
114.	*Fertiliser*	*Bulk/Bags*		CIF, FOB	*TQ*
115.	*Molasses*			FOB	
117.	*Model Computer Contract form*				
118.	*Feeding Fishmeal*	*Bulk/Bags*		FOB	
119.	*Feedingstuffs – General*	*Bulk/Bags*		FOB	

89 HIPRO = High Protein.

120.	*Thai Rice*	*Bulk/Bags*		FOB
122.	*Rice*	*Bags*		CIF
200.	*General Euro-supply Terms*	*Bulk/Bags*	Delivery/ Despatch/ Collection	
201.	*Biomass Products*	*Bulk*		CIF
202.	*Biomass Products*			FOB
203.	*Biomass Products*	*Bulk EX Store/Silo*		

3.1.2 Die Hamburger Getreidebörse (VdG)

In Hamburg existiert unter dem Dach der Hamburger Börse die „Hamburger Getreidebörse".[90] Diese wird vom „Verein der Hamburger Getreidehändler der Hamburger Börse e.V." (VdG) betrieben.[91] Die Börse setzt nicht nur die Preise für Getreide fest und vermittelt Handelsgeschäfte, sondern wird auch als Interessenvertretung für die Groß- und Außenhändler in der Getreidebranche tätig. Sie gibt in Zusammenarbeit mit den deutschen Getreide- und Produktenbörsen insbesondere auch Formularkontrakte für den Getreide-, Futtermittel- und Hülsenfruchthandel heraus. Zudem stellt der Verein eine eigene Schiedsgerichtsbarkeit zur Verfügung, um Streitigkeiten zwischen den Mitgliedern zu schlichten.

Wichtigster Formularkontrakt sind die „Einheitsbedingungen im Deutschen Getreidehandel" (nachfolgend: Einheitsbedingungen). Diese entstanden bereits in der Zeit nach dem Ersten Weltkrieg und waren eine Zusammenfassung einer Vielzahl an Geschäftsbedingungen, die bis dato von den einzelnen Börsenplätzen autonom herausgegeben wurden.[92] Je stärker jedoch der Handel zwischen verschiedenen Börsenplätzen wuchs, desto wichtiger war es, einheitliche Bedingungen für alle Beteiligten zu schaffen. Daher verständigten sich alle Getreide- und Produktenbörsen auf dieses Vertragswerk.

---

90 Vgl. § 1 Abs. 1 Nr. 3 Statut der Hamburger Börse vom 7. Februar 1977.

91 Vgl. § 2 Abs. 1 Börsenordnung der Hamburger Getreidebörse vom 1. Januar 2006.

92 Starck, Kommentar zu den Einheitsbedingungen im deutschen Getreidehandel, S. 10 f.

3.1.3 Sonstige Kontrakte im Getreide- und Futtermittelhandel

Im innerdeutschen Landhandel kommt neben Schlussscheinbedingungen vor allem den Einheitsbedingungen ein großer Stellenwert zu. Für bestimmte Produktsparten werden neben den Einheitsbedingungen oft auch andere Formularkontrakte vorrangig vereinbart.[93] Die Einheitsbedingungen werden dann jedoch nicht gänzlich ausgeschlossen, sondern bleiben zur Lückenfüllung regelmäßig subsidiär anwendbar.[94]

Wegen der internationalen Verflechtung im Rohstoffhandel sind deutsche Importeure jedoch häufig dazu gezwungen, zu ausländischen Bedingungen zu kontrahieren. In diesen Fällen werden Verträge im Getreide- und Futtermittelhandel regelmäßig zu GAFTA-Bedingungen abgeschlossen. In manchen Fällen werden diese aber durch die Deutsch-Niederländischen Verträge (DNV) verdrängt.[95] Diese wurden im Jahre 1904 unter Zusammenwirkung von russischen, deutschen und holländischen Getreidehändlern erstellt. Sie finden jedoch nicht nur für den Handel zwischen Deutschland und Holland Anwendung, sondern auch im Handel mit Osteuropa.[96] Als wichtige europäische Kontrakte sind zu-

---

93 Beispielsweise die „Richtlinien für die Geschäftsbedingungen beim Geschäftsverkehr mit Kartoffeln".

94 Dieses wird häufig in den allgemeinen Geschäftsbedingungen der jeweiligen Vertragspartner festgehalten. So heißt es beispielsweise in den AGB eines Händlers: „Für Verträge [mit uns] gelten in folgender Rangfolge: - die im Vertrag beschriebenen Bedingungen, - unsere allgemeinen Geschäftsbedingungen, - folgende Sonderbedingungen [...]: 1. Einheitsbedingungen im Deutschen Getreidehandel (EHB), 1a. Zusatzbestimmungen zu den EHB für Geschäfte in deutscher Braugerste, [...] 5. Hamburger Futtermittelschlussscheine, [...] 8. Kontrakte der GAFTA-London [...]".

95 Raiser, Das Recht der allgemeinen Geschäftsbedingungen, S. 32; Jöhlinger, Die Praxis des Getreidegeschäftes an der Berliner Börse, S. 105 ff; 140 ff. Vgl. dazu beispielsweise DNV „Nr. 6 für Verladungen von Getreide und Futterhülsenfrüchten mit See- und Binnenschiffen innerhalb Europas, cif free out"; „Nr. 7 für Verladungen von Getreide und Futterhülsenfrüchten mit See- und Binnenschiffen innerhalb Europas, cif free out, eintreffend oder Lieferung"; „Nr. 8 für Verladungen von Getreide und Futterhülsenfrüchten mit See- und Binnenschiffen innerhalb Europas, fob"; sowie „Zusatzbestimmungen zu den Deutsch-Niederländischen Verträgen für Geschäfte in Braugerste und Probenahmebestimmungen zu den Deutsch-Niederländischen Verträgen". Allgemein zu den Deutsch-Niederländischen Verträgen Passow, Materialien für das wirtschaftswissenschaftliche Studium, S. 27 ff.; Skalka, Handelsgebräuche der Hamburger Getreidebörse, S. 397 ff; 487 ff.

96 Tilmann, Rechtssetzung durch Private bei nationalen und internationalen Klauselwerken des Handels, S. 21.

letzt dann noch die des *Pariser Syndicat für Handel und Getreideindustrien* zu nennen, die französischen Kontrakte INCOGRAIN.[97]

Die jeweiligen Kontrakte folgen hinsichtlich Ihres Regelungsgehaltes regelmäßig demselben Muster. Dennoch können sich erhebliche Unterschiede im Detail, wie bei Mitteilungsfristen, Mengenspielräumen oder der Definition von *force majeure* ergeben.

3.2 Bedeutung der GAFTA-Kontrakte aus deutscher Sicht

Wie bereits gezeigt, haben die GAFTA-Kontrakte im Wirtschaftsverkehr auch aus deutscher Sicht erhebliche Bedeutung. Meist wird unter den Kontrakten der GAFTA kontrahiert. Teilweise wird auch ergänzend auf die englischen Verträge Bezug genommen, wie beispielsweise im Futtermittel Schlussschein Nr. II für Einfuhranschlussgeschäfte für aus dem Ausland ankommende, land- und wasserwärts abgehende Futtermittel.

Aus Sicht der Jurisprudenz ist die Bedeutung jedoch verschwindend gering. Die Verträge der GAFTA enthalten alle eine Rechtswahl zugunsten des englischen Rechts, egal ob die Parteien überhaupt eine Verbindung zu England haben. Zudem werden ein englischer Gerichtsstand und Arbitrage in London vereinbart:

> "This contract shall be deemed to have been made in England and to be performed in England, notwithstanding any contrary provision, and this contract shall be construed and take effect in accordance with the laws of England. Except for the purpose of enforcing any award made in pursuance of the Arbitration clause of this contract, the Courts of England shall have exclusive jurisdiction to determine any application for ancillary relief, the exercise of the powers of the Court in relation to the arbitration proceedings and any dispute other than a dispute which shall fall within the jurisdiction of arbitrators or board of appeal of the Association pursuant to the Arbitration Clause of this contract."[98]

Nur in wenigen Konstellationen müssen sich deutsche Gerichte daher den GAFTA-Verträgen beschäftigen. Das wird vor allem in zwei Konstellationen der Fall sein. Einerseits kann eine der Parteien versuchen vor einem staatlichen

---

97 Vgl. beispielsweise INCOGRAIN No. 13 FOB Maritime; INCOGRAIN No. 15 FOB Fluvial; INCOGRAIN No. 16 CAF Fluvial.

98 Alle Verträge der GAFTA, vgl. nur GAFTA 100 cl. 26.

Gericht zu klagen, weil es der Ansicht ist, die Schiedsvereinbarung sei unwirksam,[99] was insbesondere dann in Betracht kommt, wenn diese nicht schriftlich erfolgte, vgl. Art. V Nr. 1 lit. a New York Convention.[100] Der häufiger anzutreffende Fall dürfte es sein, dass die Parteien ein Schiedsverfahren in England betreiben und anschließend um die Anerkennung und Vollstreckbarkeit des Schiedsspruches in Deutschland nachsuchen. Meist wird der unterlegene Schiedsbeklagte dann einwenden, es sei das rechtliche Gehör oder der *ordre public* verletzt, sodass eine Anerkennung ausscheiden müsse.[101] Meist wird dieses aber keinen Erfolg haben, da eine Vollstreckbarkeitserklärung ausländischer Schiedssprüche nur dann zu versagen ist, wenn ein schwerwiegender Mangel vorliegt, der die Grundlage des staatlichen und wirtschaftlichen Lebens berührt.[102]

Dass die Kontrakte der GAFTA für die deutsche Justiz keine erhöhte Bedeutung haben, ändert jedoch nichts daran, dass diese aus wirtschaftlicher Sicht von überaus großem Interesse sind. Für den Im- oder Exporteur stellt sich daher nach wie vor die Frage, ob die englischen Verträge den deutschen vorzuziehen sind.

---

99 So geschehen in der Schweizer Entscheidung Züricher Handelsgericht ZR 1990, 193 ff. dargestellt bei Vischer/Huber/Oser, Internationales Vertragsrecht, Rn. 1444.

100 United Nations Convention on the Recognition and Enforcement of Foreign Arbitral Awards (New York, 10 June 1958); vgl. auch Barty-King, Food for Man and Beast, S. 90 f. zu geschichtlichen Hintergründen, die zur Überarbeitung der GAFTA Arbitration Rules führten, da befürchtet wurde, dass die Schiedssprüche der GAFTA nach der New York Convention nicht anerkannt werden würden.

101 Vgl. BGH IPRspr. 1990 Nr. 236; OLG Hamburg RIW 1991, 152. In diesem Fall kontrahierten die Parteien unter GAFTA 100 Bedingungen. Im Exequaturverfahren wandte sich der Schiedsbeklagte gegen die Anerkennung und Vollstreckung wegen mehreren Verstößen gegen den ordre public und das rechtliche Gehör. Vgl. auch BGH IPRax 1991, 244, 245 ff. wo ein juristischer Berater im ausländischen GAFTA-Schiedsverfahren beteiligt war und der Schiedsbeklagte sich deswegen auf einen Verstoß gegen den ordre public berief.

102 BGHZ 55, 162, 175; BGHZ 98, 70, 74; BGH IPRax 1991, 244, 245.

4 Bedeutung von Klauselwerken im internationalen Handel

4.1 Die Erscheinung: Standardverträge

Verträge im internationalen Handel sind durch umfangreiche Klauselwerke geprägt. In der Praxis des internationalen Massengüterhandels gibt es praktisch keinen Bereich mehr, der nicht von vorgefertigten Formularbedingungen einer oder beider Parteien geprägt ist.[103] Verwendet werden meist Standardverträge mit generellen Rahmen- und Lieferbedingungen.[104] Diese Kontrakte sind auf die Notwendigkeiten und Bedürfnisse der jeweiligen Branche zugeschnitten[105] und enthalten entsprechend spezielle Klauseln. Oft setzt sich die Partei mit ihren Bedingungen durch, die wirtschaftlich die stärkere Stellung hat. Die andere Seite akzeptiert diese dann meist gänzlich unreflektiert.[106] Es mag wohl zu weit gehen, zu behaupten, dass ein weit umfassendes Klauselrecht nur im internationalen Handelsrecht existiere,[107] doch wird man hier einen typischen Anwendungsbereich von vorformulierten Bedingungen finden. Dieses ist schon darauf zurückzuführen, dass der Handel einen wesentlichen Anteil bei grenzüberschreitenden Sachverhalten einnimmt, aber auch darauf, dass hier die privatautonome Ausgestaltung den meisten Raum einnehmen kann.

Die Verwendung von Formularen und Standardbedingungen ist dabei keine neue Erscheinung. Schon immer waren Kaufleute daran interessiert, vereinheitlichte Regeln für den internationalen Handelsverkehr zu schaffen. Die Ursprünge dafür lassen sich schon im römischen Recht finden.[108] Zu dieser Zeit wurde die Rechtsordnung in das sogenannte *„ius civile"* und das *„ius gentium"* unterteilt.[109] Während Ersteres nur für die römischen Staatsbürger angewandt wurde,

---

103 Bonell, RabelsZ (42) 1978, 485, 485; Spickhoff, RabelsZ (56) 1992, 116, 119; v. Hoffmann, RIW/AWD 1970, 247, 247.

104 v. Hoffmann, RIW/AWD 1970, 247, 247; Goldstajn, in: Schmitthoff (Hrsg.), The sources of the law of international trade (1964), 103, 111. Zum Begriff des Standardvertrages und dessen Bedeutung: Sieber, Die autonome Auslegung internationaler Standardverträge, S. 6 ff.

105 Bonell, RabelsZ (42) 1978, 485, 505 f.

106 Weise, Lex mercatoria, S. 22.

107 Gruber, Methoden des internationalen Einheitsrechts.

108 Spickhoff, RabelsZ (56) 1992, 116, 118.

109 Savigny, System des heutigen römischen Rechts, Bd. 1, S. 28 ff., 108 ff.; Weise, Lex mercatoria, S. 8 ff.; Berman/Kaufman, Harv. Int. Law J. (19) 1978, 221, 224; Hölker, Die Rolle der lex mercatoria im Anwendungsbereich des UN-Kaufrechts, S. 12 f.

galt das *ius gentium* vor allem für den Umgang mit Ausländern. Das *ius gentium* umfasste dabei auch das Privatrecht und schuf damit quasi ein Einheitsprivatrecht für den Handel mit Ausländern.[110] Bis zum Ende des Mittelalters beruhte der Handel dann weitgehend auf anerkannten Regeln und Gebräuchen der Kaufleute.[111] Im 19. Jahrhundert setzte sich dann die Verwendung von Standardbedingungen durch. Da die Rechtsgrundlagen in Deutschland für internationale Handelsgeschäfte durch die Kodifizierungen der Nationalstaaten zersplittert wurden,[112] schuf der Handel seine eigenen Klauselwerke und Bedingungen, die insbesondere Branchenorganisationen ihren Mitgliedern in Form von Standardverträgen empfahlen.[113] Auch in England war dieser Vorgang zu beobachten. Dort war es zunächst die Versicherungswirtschaft, die im neu aufstrebenden Massenverkehr zahlreiche Verträge zu gleichen Bedingungen abschloss.[114] Später folgte dann maßgeblich auch die Transportwirtschaft.[115] Der Agrarhandel zählte hingegen nicht gerade zu den Vorreitern der Verwendung von Standardverträgen.[116] Dort galten lange Zeit Handelsgewohnheiten, die allenfalls in sogenannten Schlussscheinen festgehalten waren.[117] Einheitliche, überregionale Bedingungen wurden hingegen erst in den zwanziger Jahren entwickelt.

---

110 Spickhoff, RabelsZ (56) 1992, 116, 118;Kunkel/Schermaier/Kunkel-Schermaier, Römische Rechtsgeschichte, Bd. 2225, S. 74. Daher wird diese Erscheinung als Vorläufer der heutigen lex mercatoria gesehen, vgl. Berman/Kaufman, Harv. Int. Law J. (19) 1978, 221, 224.

111 Spickhoff, RabelsZ (56) 1992, 116, 118, vgl. dazu Weise, Lex mercatoria, S. 11 ff.; vgl. ferner Röder, Rechtsbildung im wirtschaftlichen "Weltverkehr", S. 8 ff; 15 ff.

112 Vgl. Goldstajn, in: Schmitthoff (Hrsg.), The sources of the law of international trade (1964), 103, 106.

113 Vgl. Raiser, Das Recht der allgemeinen Geschäftsbedingungen, S. 16 ff.; Stein, Lex mercatoria, S. 16; Digenopoulos, Die Abwandlung der CIF- und FOB-Geschäfte im modernen Überseekaufrecht, S. 36 f.

114 Röder, Rechtsbildung im wirtschaftlichen "Weltverkehr", S. 12; Kessler, Columbia Law Review (43) 1943, 629 ff., 631 f.

115 Atiyah, The rise and fall of freedom of contract, S. 557.

116 Liekweg, Handelsgebräuche,Einheitsbedingungen und Schiedsgerichte, S. 5; Tilmann, Rechtssetzung durch Private bei nationalen und internationalen Klauselwerken des Handels, S. 15 ff.

117 Tilmann, Rechtssetzung durch Private bei nationalen und internationalen Klauselwerken des Handels, S. 18 f.

4.2 Das Problem: gesteigerte Rechtsunsicherheit

Rechtssicherheit ist zwischen den Parteien im Handel überaus wichtig. Aus soziologischer Sicht bestehen beim Menschen Sorgen und Ungewissheiten, wenn Geschäfte mit fremden Menschen getrieben werden. Meist ist das darauf zurückzuführen, dass hinreichende Informationen über den Geschäftspartner fehlen, die es dem Menschen ermöglichen dessen Verhalten einzuschätzen und vorherzusagen.[118] Konsequenterweise nimmt diese Unsicherheit zu, sobald der Geschäftspartner fremden Kulturkreise und Gepflogenheiten entstammt.

Diese rein kognitive Erscheinung wird durch faktische Probleme verstärkt. Der Geschäftsvorgang ist im internationalen Handel meist wesentlich komplexer und auch risikoreicher, als ein nationaler Kauf. In der Regel müssen große Entfernungen überbrückt werden, was beispielsweise detaillierte Frachtverträge erfordert. Zudem sind hohe Geschäftswerte im Spiel, die Versicherungs- oder Finanzierungsvereinbarungen benötigen.[119] Ebenfalls mag es im internationalen Kauf andere Erwartungen der Parteien, technische Schwierigkeiten oder auch ein anspruchsvolleres wirtschaftliches Umfeld geben.[120]

Die zu regelnde Materie nimmt damit mit der Internationalität des Vorgangs zu und eröffnet einen größeren Raum für mögliche Streitigkeiten. Kommt es erst zum Streit, so sind Prozesse mit ausländischen Partnern oft langwieriger und kostspieliger.[121] Auch die Tatsache, dass der Handel ausländische Rechtsordnungen betrifft, die den Parteien weitgehend unbekannt sind, stellt sich als potenzielles Handelshemmnis heraus.[122] Wegen dieser Vielzahl an Unsicherheiten besteht ein gesteigertes Bedürfnis, die Vertragsabwicklung zu koordinieren und mögliche Streitfälle schon im Voraus zu regeln.[123]

---

118 Gessner, in: Gessner/Budak (Hrsg.), Emerging legal certainty (1998), 427, 430.

119 Weise, Lex mercatoria, S. 22;Berman/Kaufman, Harv. Int. Law J. (19) 1978, 221.

120 Martiny, in: Appelbaum/Felstiner/Gessner (Hrsg.), Rules and networks (2001), 123, 131; Allgemein zu den Besonderheiten im internationalen Handel Hölker, Die Rolle der lex mercatoria im Anwendungsbereich des UN-Kaufrechts, S. 23 ff. Siehe auch schon oben zu den faktischen Problemen im Überseehandel Seite 7 ff.

121 v. Hoffmann, RIW/AWD 1970, 247; so schon Anfang des 20. Jahrhunderts Chattaway, The Economic Journal (17) 1907, 428.

122 Kopelmanas, in: Schmitthoff (Hrsg.), The sources of the law of international trade (1964), 118, 119.

123 Vgl. dazu Pioneer Shipping Ltd. v. BTP Tioxide Ltd. ("The Nema") [1982] A.C. 724, 737 (HL) per Lord Diplock: "Business on the Baltic, the insurance market and the commodity markets would be impracticable without the use of standard terms to deal with what are to be the legal rights and obligations of the parties upon the happening of

4.3 Der Vorwurf: Ungeeignetheit gesetzlicher Lösungen

4.3.1 Schwächen des staatlichen Rechtssystems und der Gerichtsbarkeit

Häufig wird dem nationalen Gesetzgeber dabei vorgeworfen, dass er die soeben skizzierten Probleme nicht genügend verstehe. Der Handel hat sich in den vergangenen Jahren schnell globalisiert und verändert. Da das nationale Recht, das überwiegend aus der Zeit des Kleinhandels stammt, mit dieser Entwicklung meist nicht mitgehalten habe, könne es keine interessengerechten Lösungen für grenzüberschreitende Transaktionen bieten.[124] In den einzelnen Branchen haben sich zudem im Laufe der Jahrhunderte besondere Vorgehensweisen und Gepflogenheiten etabliert. Gerade der Getreidehandel ist von einer Vielzahl an Bräuchen geprägt.[125] Ferner besteht die Notwendigkeit im Falle von Erfüllungshindernissen, wie Streiks, Verladesperren, oder behördlichen Maßnahmen besondere Regelungen zu treffen,[126] die nicht immer mit dem staatlichen Recht konform gehen.

Die Anwendung des internationalen Privatrechts zeigt aus kaufmännischer Sicht ebenfalls Schwächen. Die Frage des anwendbaren Rechts, der von ausländischen Eingriffsnormen, Sonderanknüpfungen[127] oder der Qualifikation ausländischer Rechtsinstitute lässt Zweifelsfragen über die im Einzelfall anwendbaren Rechtsordnungen entstehen.[128] Da das anwendbare Kollisionsrecht unmittelbar vom *forum* abhängt, bleibt mangels einheitlicher Regelung zur internationalen Zuständigkeit auch das anwendbare Kollisionsrecht und damit die *lex causae*

---

a whole variety of events which experience has shown are liable to occur, even though it be only rarely, in the course of the performance of contracts of those kinds."

124 vgl. Langen, Transnationales Recht, S. 45; Goldstajn, in: Schmitthoff (Hrsg.), The sources of the law of international trade (1964), 103, 111; Stein, Lex mercatoria, S. 26 f. mwN; Sieber, Die autonome Auslegung internationaler Standardverträge, S. 3, der sogar von einer „Behinderung" des Handels spricht.

125 Vgl. Schlechtriem, Einheitliches UN-Kaufrecht, S. 27; allgemein Jöhlinger, Die Praxis des Getreidegeschäftes an der Berliner Börse.

126 So beispielsweise in § 20 EB.

127 Bonell, RabelsZ (42) 1978, 485, 497.

128 Stein, Lex mercatoria, S. 19. Das geht sogar so weit, dass Praktiker zuweilen behaupten, das internationale Privatrecht führe zu „unberechenbaren Ergebnissen", vgl. Röder, Rechtsbildung im wirtschaftlichen "Weltverkehr", S. 23; Rabel, Das Recht des Warenkaufs, S. 36; Scherner, in: Starck (Hrsg.), Rechtsvereinheitlichung durch Gesetze (1992), 42, 43; Ruck, FG-Wieland (1934), 331.

offen.[129] Auch das unkalkulierbare „Heimwärtsstreben“ eines manchen ausländischen Richters führt letztlich zur Unsicherheit über den Ausgang des Rechtsstreits.[130]

Auch den staatlichen Gerichten wird oft ein Versagen dahin gehend vorgeworfen, dass sie das Recht nicht anhand der praktischen Bedürfnisse weiter entwickeln.[131] In der Konsequenz flüchten Kaufleute häufig vor die Schiedsgerichte. Auch diese Erscheinung ist keineswegs neu, schon im Mittelalter wurden Handelsstreitigkeiten vor Sondergerichten ausgetragen.[132] Gerade dieser Vorwurf ist jedoch zu weiten Teilen eine selbsterfüllende Prophezeiung: Da eine Vielzahl von Verträgen im Außenhandel eine Schiedsklausel vorsieht,[133] bekommen staatliche Gerichte gar nicht die Möglichkeit sich mit den Problemen der Kaufleute auseinanderzusetzen und ihre Rechtsprechung anzupassen.[134] Dennoch darf an dieser Stelle nicht übersehen werden, dass die Vereinbarung der Schiedsgerichtsbarkeit nicht bloß auf einen Fluchtreflex zurückgeht. Die Gründe für die Anrufung eines Schiedsgerichtes sind vielfältig.[135] So werden diese nicht nur wegen verfahrenstechnischer Erleichterungen oder den Kostenersparnissen[136] und der Schnelligkeit,[137] sondern auch wegen ihrer besonderen Branchenexpertise[138] gewählt. Ein staatlicher Richter kann die nötige Sachkunde wegen der Vielfältigkeit der von ihm zu behandelnden Fälle gar nicht leisten. Aus diesem Grunde muss nach vielen Schiedsordnungen der Schiedsrichter aus der Branche der Parteien stammen. Nach den *GAFTA Arbitration Rules* müssen die Schieds-

---

129 Stein, Lex mercatoria, S. 20; vgl. MüKo-Sonnenberger, Einleitung zu Art. 3 EGBGB, Rn. 267.

130 de Ly, FS-Sandrock (2000), 179, 180; Langen, NJW 1969, 358.

131 Vgl. Röder, Rechtsbildung im wirtschaftlichen "Weltverkehr", S. 18.

132 Spickhoff, RabelsZ (56) 1992, 116, 119 mwN.

133 Stein, Lex mercatoria, S. 60; Digenopoulos, Die Abwandlung der CIF- und FOB-Geschäfte im modernen Überseekaufrecht, S. 35; HGB-Großkommentar-Koller, vor § 373 HGB, Rn. 10.

134 Trappe, IHR 2008, 157, 158.

135 Goldstajn, in: Schmitthoff (Hrsg.), The sources of the law of international trade (1964), 103, 112.

136 Weise, Lex mercatoria, S. 32; Nagel, Durchsetzung von Vertragsansprüchen im Auslandsgeschäft, S. 91.

137 Ein Negativbeispiel für die Schnelligkeit erfuhren die Parteien leider bei der Entscheidung Gulf Agri Trade FZCO v. Aston Agro Industrial AG [2008] 1 C.L.C. 919 (QBD). Der Streit entstand im Oktober 2004. Der erste Schiedsspruch erfolgte im Januar 2006, worauf der Appeal erst im Mai 2007 und das Urteil des Gerichts dann im Juni 2008 ergingen. Insgesamt mussten die Parteien damit fast vier Jahre warten.

138 Molineaux, J.Int'l Arb. (14) 1997, 55, 57.

richter beispielsweise von der GAFTA selbst benannt worden sein.[139] Teilweise sind die Verträge auch ungenauer und sehen als Schiedsrichter einen *commercial man* vor, was jedenfalls Juristen ausschließen soll.[140]

Damit lässt sich festhalten, dass sowohl das staatliche materielle Recht, als auch dessen Durchsetzung im internationalen Handel Schwächen aufweisen.

4.3.2 Schwächen internationalen Einheitsrechtes

Um die Schwächen nationalstaatlicher Lösungen auszugleichen, haben es verschiedene Organisationen in der Vergangenheit aufgenommen, ein global vereinheitlichtes Recht zu schaffen. So wurde unter anderem das Kollisionsrecht vereinheitlicht, um zu verhindern, dass die *lex causae* durch verschiedene *fori* anders determiniert wird. Die Staaten haben insbesondere unter Mitwirkung der Haager Konferenz für IPR[141] seit dem Zweiten Weltkrieg, in diversen internationalen Abkommen das Kollisionsrecht vereinheitlicht, um so zum internationalen Entscheidungseinklang beizutragen.[142] Durch die Vielzahl verschiedener Abkommen und teilweisen Vorbehalten zugunsten des autonomen Rechts hat diese Entwicklung zur „Zerstückelung" des Rechts[143] und damit eher zur Verunsicherung der Kaufleute als zur Rechtssicherheit beigetragen.

Eine ähnliche Entwicklung lässt sich auch auf der sachrechtlichen Ebene finden. Dortige Unterschiede lassen sich ebenfalls durch internationale Konventionen und deren Einheitsrecht ausräumen. Das UN-Kaufrecht *(CISG)* kann als Paradebeispiel für einen derartigen Versuch gelten. Einheitsrecht kann jedoch immer nur punktuell und auch nicht im Verhältnis zu jedem Land gelten. Zu sehr fehlt es an der Vergleichbarkeit von Industrienationen sowie Entwicklungsländern und damit an einem gemeinsamen Nenner für die Rechtsvereinheitli-

---

139 2003 GAFTA Arbitration Rules No. 125 cl. 3.7 "GAFTA Qualified Arbitrator"; vgl. auch Redfern/Hunter/Blackaby, Law and practice of international commercial arbitration, S. 194; Chattaway, The Economic Journal (17) 1907, 428, 430.

140 Vgl. zur Auslegung dieses Begriffs Rahcassi Shipping Co. S.A. v. Blue Star Line Ltd. („The Bede") [1969] 1 Q.B. 173, 177 ff. (QBD); sowie F.E. Hookway & Co. Ltd. v. Alfred Isaacs & Sons [1954] 1 Lloyd's Rep. 491, 507 zu dem Fall, dass ein Anwalt vom schiedsgerichtlichen Verfahren ausgeschlossen wurde. Siehe auch die deutsche Exequaturentscheidung BGH IPRax 1991, 244.

141 Zur zukünftigen eingeschränkten Bedeutung der Haager Konferenz für IPR: Kropholler, Internationales Privatrecht, S. 57–61.

142 Kropholler, Internationales Privatrecht, S. 56; vgl. auch Goldstajn, in: Schmitthoff (Hrsg.), The sources of the law of international trade (1964), 103, 113 ff.

143 Kropholler, Internationales Privatrecht, S. 71.

chung. Man wird also zugeben müssen, dass ein solches Vorgehen auf globaler Ebene utopisch ist.[144] Auch im Hinblick auf die ökonomische Theorie der optimalen Rechtsräume wäre eine derartige Vereinheitlichung nicht wünschenswert;[145] würde sie doch zu einer Ausbremsung des sogenannten „*race to the top*" führen, wonach sich in einer Vielfalt von Rechtsordnungen diejenige durchsetzt, die den Parteien am dienlichsten ist.[146]

Gewiss trägt also ein international vereinheitlichtes Sachrecht zur Lösung rechtlicher Fragestellungen bei, dürfte für die Handel treibenden Parteien aber wegen seines begrenzten Geltungsbereiches nicht alleinig ausreichen, um sich gegen sämtliche Risiken abzusichern. Letztlich mag auch international vereinheitlichtes Recht an den spezifischen Bedürfnissen der Vertragspartner vorbeigehen, wie die Unbeliebtheit des CISG in der Praxis eindrucksvoll demonstriert.[147] Da gerade das Wiener UN-Kaufrecht auf eine Gesamtheit von Kaufvorgängen zugeschnitten ist, kann es beispielsweise gar keine Rücksicht darauf nehmen, dass die Parteien beim Handel von Getreide oder Futtermitteln bestimmte Bedürfnisse geregelt wissen wollen. Staatliches Recht und internationales Einheitsrecht sind daher immer nur Kompromisslösungen für alle Unterworfenen.

---

144 Gessner, in: Gessner/Budak (Hrsg.), Emerging legal certainty (1998), 427, 435.

145 Schmidtchen, in: Ott/Schäfer (Hrsg.), Vereinheitlichung und Diversität des Zivilrechts in transnationalen Wirtschaftsräumen (2002), 1, 27.

146 de Ly, FS-Sandrock (2000), 179, 194–195. Ein derartiger „Wettlauf" ist derzeit zwischen dem englischen und deutschen Recht zu beobachten. Die Law Society of England and Wales versucht die Wirtschaftskreise davon zu überzeugen, dass das common law zweckdienlicher für die Problemlösungen als das kontinentaleuropäische Recht sei, um so den Rechtsberatungsmarkt in insbesondere London zu stärken, vgl. Salger, BB 2010, "Die erste Seite"; Kötz, AnwBl. 2010, 1; siehe auch Bridge, in: Ferrari (Hrsg.), The draft UNCITRAL digest and beyond (2004), 235, 248.

147 Koch, NJW 2000, 910, 910; Ferrari, ZEuP (10) 2002, 737, 737; Stürner, BB 2006, 2029, 2029; Meyer, RabelsZ (69) 2005, 457, 485, zur neueren Entwicklung: Magnus, ZEuP (14) 2006, 96.

4.4 Die Lösung? Ein Welthandelsrecht der *lex mercatoria*

Wegen dieser Schwächen wird schon seit Mitte des 20. Jahrhunderts[148] diskutiert, ob der internationale Handelsverkehr sich ausschließlich nach den Regeln der freien Marktwirtschaft richte, was eine umfassende staatliche Regulierung überflüssig mache.[149] Diese Idee geistert unter dem Begriff der *lex mercatoria* nicht nur durch die deutsche, sondern auch die weltweite Lehre.[150] Teilweise ist auch von „transnationalem Wirtschaftsrecht“[151] oder einem „rechtsordnungslosen Vertrag“ die Rede.[152] Man findet mittlerweile kaum noch Literatur zum internationalen Privatrecht, welche diese nicht zumindest überblicksartig behandelt.[153] Im englischen Recht wird die Erscheinung als *New Law Merchant* oder auch *Modern Law Merchant* bezeichnet.[154]

Ausgangspunkt dieser Erscheinung ist der Wunsch der Wirtschaft, die eigenen Vertragsbeziehungen international möglichst gleichförmig und außerhalb

---

148 Hölker, Die Rolle der lex mercatoria im Anwendungsbereich des UN-Kaufrechts, S. 21; zur Geschichte vgl. Hölker, Die Rolle der lex mercatoria im Anwendungsbereich des UN-Kaufrechts, S. 11 ff.

149 vgl. Bonell, RabelsZ (42) 1978, 485, 495.

150 Vgl. beispielsweise für Japan: Kansaku, Lex mercatoria als soft law, <http://www.tokyo-jura-kongress2005.de/_documents/kansaku_de.pdf>, für England: Trakman, The law merchant; Carbonneau, Lex mercatoria and arbitration, S. 21 ff.; Deutsche Schachtbau- und Tiefbohrgesellschaft mbH v. Ras Al-Khaimah National Oil Co. [1990] 1 A.C. 295 (HL): Hier wurde die Anerkennung eines ausländischen Schiedsspruches verweigert, weil allgemeine Vertragsgrundätze mehrerer Länder angewendet wurden; für Frankreich: Osman, Les principes généraux de la lex mercatoria; Goldman, Journal du Droit International (Clunet) 106, 475; Niggemann/Peguet/Anstett-Gardea, RIW 1993, 240.

151 Langen, NJW 1969, 358; Langen, NJW 1969, 2229.

152 Für den rechtsordnungslosen Vertrag Verdross, ZfRV (6) 1965, 129; Roth, Internationales Versicherungsvertragsrecht, S. 552.

153 Siehe nur die umfangreiche Übersicht bei v. Bar/Mankowski, Internationales Privatrecht, Bd. 1, S. 74 f.; ferner Stein, Lex mercatoria, S. 7 f.; Kegel/Schurig, Internationales Privatrecht, S. 58, 109 ff.; Kropholler, Internationales Privatrecht, S. 98 f., 457; Brödermann/Rosengarten/Brödermann-Rosengarten, Internationales Privat- und Zivilverfahrensrecht (IPR/IZVR), Rn. 643.

154 Trakman, The law merchant; Carbonneau, Lex mercatoria and arbitration, S. 21 ff.; Stein, Lex mercatoria, S. 1; Berger/Horn, Zivil- und Wirtschaftsrecht im europäischen und globalen Kontext, S. 356.

der Normen staatlichen Rechts zu regeln.[155] Zwar sind Rechtsfragen für Geschäftsleute meist solange von untergeordnetem Interesse, als es keine größeren Probleme in der Abwicklung gibt,[156] doch steht für sie die Sicherung der wirtschaftlichen Planbarkeit von Transaktionen entscheidend im Vordergrund, um dieses in die Preiskalkulation einzubeziehen.[157] Durch langwierige Rechtsstreitigkeiten kann sich ein Geschäft schnell verteuern und so einen ursprünglich profitablen Handel in sein Gegenteil verkehren. Durch die Vereinheitlichung sollen also die Transaktionskosten wirtschaftlich kalkulierbarer werden.[158] Zudem sind Kosten für Prozesse nach verschiedenen Auslandsrechtsordnungen durch eine eigene Ausgestaltung besser zu vermeiden.[159]

Das „selbst geschaffene Recht" genau dogmatisch zu kategorisieren, hat in der Literatur zu heftigen Diskussionen geführt, die man wohl am besten anschaulich mit *Berger* als juristischen „Grabenkampf" bezeichnen kann.[160] Bis heute ist es dabei nicht gelungen eine allgemein anerkannte Definition über die Rechtsquellen und den Rang der *lex mercatoria* in der Normenhierarchie zu schaffen, wohl auch wegen der Angst, sich dem staatlichen Recht begeben zu müssen.[161] Früher wurde sogar bezweifelt, dass die Kaufleute und deren Rechtsberater überhaupt von der Existenz einer *lex mercatoria* gehört hätten,[162] doch bestätigen neuere Umfragen, dass sich der Begriff langsam auszubreiten scheint.[163] Da die Erhebungen nicht sonderlich repräsentativ waren, sprechen viele ihnen das Praxisinteresse ab.[164] Insgesamt krankt die Auseinandersetzung um die praktische Bedeutung der *lex mercatoria* letztlich aber doch daran, dass es keine verlässlichen empirischen Daten für das wirtschaftliche Verhalten von

---

155 v. Hoffmann, IPRax 1984, 106, 106; Stein, Lex mercatoria, S. 179; Schmidtchen, in: Ott/Schäfer (Hrsg.), Vereinheitlichung und Diversität des Zivilrechts in transnationalen Wirtschaftsräumen (2002), 1, 13; Mankowski, RIW 2003, 2, 12; Weise, Lex mercatoria, S. 17; Martiny, in: Appelbaum/Felstiner/Gessner (Hrsg.), Rules and networks (2001), 123, 147.

156 Martiny, in: Appelbaum/Felstiner/Gessner (Hrsg.), Rules and networks (2001), 123, 145; Davies, S.T.L. (3) 2003, 3, 5.

157 v. Hoffmann, RIW/AWD 1970, 247.

158 Martiny, in: Appelbaum/Felstiner/Gessner (Hrsg.), Rules and networks (2001), 123, 130; de Ly, FS-Sandrock (2000), 179, 194.

159 de Ly, FS-Sandrock (2000), 179, 192.

160 Berger, RIW 2002, 256, 256.

161 Großmann-Doerth, JW 1929, 3447, 3448.

162 Roth, Internationales Versicherungsvertragsrecht, S. 545.

163 Berger/Dubberstein/Lehmann, ZVglRWiss (101) 2002, 12, 37.

164 Molineaux, J.Int'l Arb. 2000, 147, 147; Mankowski, ZEuP 2003, 483, 484; Stein, Lex mercatoria, S. 5 f. hält die Diskussion im Allgemeinen für überzogen.

Geschäftsleuten gibt.[165] Man mag sich nicht nur deshalb nach dem Praxisbezug dieser Diskussion fragen, denn auch in der Rechtsprechung staatlicher Gerichte finden sich nur wenige Stellungnahmen zum autonomen Recht des Welthandels.[166] Zudem soll einer neueren Statistik nach in 80% aller Fälle vor dem ICC International Court of Arbitration staatliches Recht gewählt worden sein und nur in 0,8% aller Fälle die *lex mercatoria* als solche gewählt worden sein.[167]

Die Ausführungen zur *lex mercatoria* sind mittlerweile so vielfältig, dass sie kaum noch in ihrer Gesamtheit zu erfassen sind.[168] Deswegen kann an dieser Stelle nur ein gedrungener Überblick über den Inhalt, die Rechtsquellen und den Meinungsstand zum Rangverhältnis der *lex mercatoria* gegeben werden.

4.5 Rechtsquellen der *lex mercatoria*

Schon über die Frage, was überhaupt zur *lex mercatoria* gehört besteht Streit. Was abgesehen von internationalen Handelsbräuchen dazugehört ist weitgehend unklar.[169] Gegenüber stehen sich ein enges und ein weites Verständnis.

4.5.1 Enges und weites Rechtsquellenverständnis

Nach ersterem gehören lediglich die Rechtsquellen zur *lex mercatoria*, die nicht eindeutig auf staatliches Recht zurückzuführen sind.[170] Dieses wurde besonders durch *Goldman* vertreten. Insbesondere zählten allgemeine Grundsätze und Gebräuche dazu, die spontan[171] und unabhängig von nationalem Recht entwickelt

---

165 Das gibt selber zu Berger/Dubberstein/Lehmann, ZVglRWiss (101) 2002, 12, 12, der im Rahmen einer Umfrage die Bekanntheit der lex mercatoria erforscht hat.

166 So beispielsweise in OLG Wien AG 1982, 165, 166; OGH RIW 1983, 868, 869 f.; OG Zürich BIZüRspr. 1986, 44; v. Hoffmann, IPRax 1984, 106, 108; MüKo-Sonnenberger, Einleitung zu Art. 3 EGBGB, Rn. 266 mwN.

167 Mankowski, RIW 2003, 2, 14.

168 Darauf weist auch hin: Mann, British Yearbook of International Law 1957, 20, 20.

169 Reithmann/Martiny-Martiny, Rn. 72.

170 So vor allem zurückgehend auf Goldman, vgl. Goldman, Journal du Droit International (Clunet) 106, 475, 485 ff.; Goldmann, Lex mercatoria, S. 6; Goldman, in: Lew (Hrsg.), Contemporary problems in international arbitration (1987), 113, 114; ebenso vertreten von Sanders, RdC (145) 1975 II, 204, 263; vgl. auch die Nachweise bei Stein, Lex mercatoria, S. 185 Fn. 33.

171 Goldman, in: Lew (Hrsg.), Contemporary problems in international arbitration (1987), 113, 114. Zu der Bedeutung dieses Begriffs: Schmidtchen, in: Ott/Schäfer (Hrsg.),

werden.[172] Jegliches staatliche oder dem Völkerrecht zugehörige Recht wird damit ausgeschlossen.

Kaufleute unterliegen allerdings nicht nur nichtstaatlichen Programmsätzen, sondern auch allen anderen Rechtsquellen. Eine derartige Definition ist daher zu eng. Daher ist zu fordern, dass das gesamte einheitliche materielle Recht, das die internationalen Wirtschaftsbeziehungen regelt, dann in seiner Gesamtheit als *lex mercatoria* zu bezeichnen ist. Dieses entspricht dem weiten Verständnis einer lex mercatoria. Die Anhänger dieser These[173] zählen nicht nur das das inkorporierte staatsvertragliche Einheitsrecht,[174] sondern auch allgemein verwendete Standardverträge, generell verwendete Vertragsklauseln wie die INCOTERMS, Geschäftsgebaren oder allseits anerkannte Regeln wie die Richtlinien und Praktiken für Dokumentenakkreditive dazu. Generelle Rechtsgrundsätze der handelsführenden Nationen[175] sollen ebenso wie Handelsbräuche und der Spruchpraxis der Schiedsgerichte erfasst sein.[176] Teilweise wird auch das Völkerrecht dazu gezählt.[177] Zu den generellen Rechtsgrundsätzen gehören insbesondere Grundsätze wie *pacta sunt servanda* oder Treu und Glauben *(good faith, bona fides)*.[178] Auch die wiederholte Verwendung international gängiger Klauseln wird zu den generellen Rechtsgrundsätzen gezählt. Dazu gehören insbesondere Klauseln wie die zur höheren Gewalt *(force majeure)* oder wirtschaftlicher Unmöglichkeit *(hardship)*. Das Vertrauen der Parteien auf deren Einhaltung solle dazu führen,

---

Vereinheitlichung und Diversität des Zivilrechts in transnationalen Wirtschaftsräumen (2002), 1.

172 Reithmann/Martiny-Martiny, Rn. 72.

173 Vor allem zurückgehend auf Schmitthoff, Commercial law in a changing economic climate, S. 19; ebenso Kappus, IPRax 1993, 137, 138 ff.; Weise, Lex mercatoria, S. 90 ff; 117 ff.; Dasser, Internationale Schiedsgerichte und Lex mercatoria, S. 100 ff., 125 f.; noch weitergehend indem auch Verhaltensrichtlinien einbezogen werden sollen Lando, I.C.L.Q. (34) 1985, 747, 750.

174 Kropholler, Internationales Einheitsrecht, S. 36 ff.

175 Vgl. dazu auch Langen, Transnationales Recht, S. 29.

176 Schmitthoff, Commercial law in a changing economic climate, S. 22 ff.; Reithmann/Martiny-Martiny, Rn. 72; Gessner, in: Gessner/Budak (Hrsg.), Emerging legal certainty (1998), 427, 435; Roth, Internationales Versicherungsvertragsrecht, S. 540.

177 Weise, Lex mercatoria, S. 118; Reithmann/Martiny-Martiny, Rn. 72;Lando, I.C.L.Q. (34) 1985, 747, 749; krit. Dasser, Internationale Schiedsgerichte und Lex mercatoria, S. 106.

178 Zu Recht wird dieses kritisiert. Die Grundsätze sind selbstverständlich und müssen nicht als „lex mercatoria“ betitel werden. Zudem seien sie zu abstrakt, um die Probleme des internationalen Handels erfassen zu können, vgl. Kansaku, Lex mercatoria als soft law, <http://www.tokyo-jura-kongress2005.de/_documents/kansaku_de.pdf>.

dass diese sich zu allgemeinen Rechtsgrundsätzen verdichten und damit eine eigene Rechtsquelle der *lex mercatoria* vorliege.[179]

4.5.2 Insbesondere: internationale Standardverträge

Wie bereits aufgeführt, sollen vor allem internationale Standardverträge Teil einer *lex mercatoria* sein. Im Hinblick auf die Zielsetzung dieser Arbeit soll nachfolgend genauer erläutert werden, warum diese sich im internationalen Handel durchgesetzt haben und somit wesentliches Element der Rechtstatsächlichkeit zwischen Kaufleuten sind.

4.5.2.1 Gründe für die Entwicklung von Standardverträgen

Die gewünschte horizontale Rechtssicherheit zwischen zwei Privatrechtssubjekten lässt sich am leichtesten dort realisieren, wo die Parteien rechtlich aufeinandertreffen.[180] Dieses ist der Vertrag, der beide miteinander verbindet. Die Praxis hat daher Standardverträge entwickelt, die auf die Bedürfnisse der jeweiligen Branche und die Internationalität der Transaktion hinreichend Rücksicht nehmen. Diese bieten die Möglichkeit schneller und flexibler auf neue wirtschaftliche, soziale oder technische Entwicklungen zu reagieren.[181] Die Kautelarpraxis verwendet dabei Rechtsbegriffe, die in nationalen Rechten in mancher Hinsicht keine Entsprechung finden.[182] Zudem kommt etablierten Handelsbräuchen eine gesteigerte Bedeutung zu.[183] Die hauptsächlichen Gründe für die Entwicklung dieser Standardbedingungen sind darauf zurückzuführen, dass spezifische Normen entweder völlig fehlen, sich nicht für den grenzüberschreitenden Handel eignen oder die staatliche Rechtsprechung schwerfällig und nicht flexibel genug auf die Bedürfnisse der Kaufleute reagiert.[184] Insofern dienen Klauseln in Stan-

---

179 Berger/Dubberstein/Lehmann, ZVglRWiss (101) 2002, 12, 16 f.

180 Gessner, in: Gessner/Budak (Hrsg.), Emerging legal certainty (1998), 427, 428. Zur Geschichte von Standardverträgen vgl. schon oben Seite 28.

181 Weise, Lex mercatoria, S. 129.

182 Goldstajn, in: Schmitthoff (Hrsg.), The sources of the law of international trade (1964), 103, 112. Vergleiche beispielsweise die Qualiätsarbitrage in § 37 EB oder der Verkauf nach Naturalgewicht in § 33 EB. Die Unterscheidung in Qualität und Kondition (§ 26 EB), die Circle-Klauseln (§ 43 EB) sowie die Verladeanzeige (§ 58 EB).

183 Roth, Internationales Versicherungsvertragsrecht, S. 539; v. Hoffmann, IPRax 1984, 106, 107.

184 Hölker, Die Rolle der lex mercatoria im Anwendungsbereich des UN-Kaufrechts, S. 23 ff. arbeitet heraus, dass zu den besonderen Bedürfnissen es internationalen Han-

dardverträgen nicht nur der Aufgabe neues Recht zu schaffen, sondern insbesondere auch Lücken im staatlichen Recht zu füllen.

4.5.2.2 Ausarbeitung von Standardverträgen

Diese, als internationale Formulare[185] bezeichneten Bedingungswerke, werden unter anderem von unabhängigen Gremien wie der Internationalen Handelskammer *(ICC)*, der Europäischen Wirtschaftskommission der Vereinten Nationen *(UN/ECE)* oder dem rechtsberatenden Rat der afro-asiatischen Staaten ausgearbeitet.[186] Der Vorteil solcher – von Dritten ausgearbeiteten Formularen – liegt darin, dass die meist diametral verlaufenden wirtschaftlichen Interessen der Parteien in einen sinnvollen Ausgleich gebracht werden.[187] Teilweise werden diese Bedingungen aber auch durch die Vertragspartner selbst ausgearbeitet. Dieses macht wegen des Verhandlungsaufwandes wirtschaftlich freilich nur bei bedeutenden und konfliktträchtigen Verträgen Sinn. Deshalb werden internationale Formulare oft von den betreffenden Branchen- und Berufsorganisationen erstellt. Ein Beispiel neben den GAFTA-Verträgen sind die Formulare des englischen Seerechts. Arbeiten die gegensätzlich Interessierten in dem Verband gemeinsam an der Ausarbeitung und Präzisierung der einzelnen Bestimmungen mit, so ist auch hier meist von einer interessengerechten Lösung auszugehen.[188] Die so entstandenen Formulare sind oft historisch gewachsen und haben ihren Ursprung an einem bestimmten Handelsplatz.[189] Sie enthalten die wesentlichen Rechte und Pflichten der Parteien und Sanktionen bei deren Verletzungen. Meist wird auch geregelt, unter welchen Umständen eine der Parteien ein Recht hat, sich vom Vertrag loszusagen, wie beispielsweise bei höherer Gewalt *(force majeure)*. Abgerundet werden diese Bedingungen durch Modalitäten zur Konfliktvermeidung und Streitlösung.[190]

---

dels, auf die in der Literatur immer wieder rekurriert wird, vorallem folgende Aspekte gehören: Sprache und Kommunikatio, Formerfordernisse, grenzüberschreitender Transport, Bedürfnis nach einheitlichem und anpassungsfähigem Recht; zum Sprachproblem Kling, Sprachrisiken im Privatrechtsverkehr, S. 5 ff.

185 v. Hoffmann, RIW/AWD 1970, 247, 249.

186 Spickhoff, RabelsZ (56) 1992, 116, 119; Bonell, RabelsZ (42) 1978, 485, 485 f.;Stein, Lex mercatoria, S. 39.

187 Schmitthoff, in: Schmitthoff (Hrsg.), The sources of the law of international trade (1964), 3, 34.

188 Weise, Lex mercatoria, S. 25; v. Hoffmann, RIW/AWD 1970, 247, 250.

189 v. Hoffmann, RIW/AWD 1970, 247, 249.

190 Rabel, Das Recht des Warenkaufs, S. 38 f.; Röder, Rechtsbildung im wirtschaftlichen "Weltverkehr", S. 18.

4.5.2.3 Vorteile von Standardverträgen und deren Klauselrecht

Die Vorteile derartiger Branchenverträge liegen dabei auf der Hand. Regelmäßig handelt es sich um gleichförmige Bedingungen, die immer wieder dieselben Fragen behandeln. Stellt eine Organisation, wie die GAFTA eine Vielzahl von Verträgen zur Verfügung, so folgen diese letztlich dem gleichen Aufbau und unterscheiden sich nur in Teilaspekten voneinander. Diese Gleichförmigkeit der Verträge führt dazu, dass jene besser miteinander vergleichbar werden. In Unternehmen kann die Geschäftsleitung davon ausgehen, dass sämtliche Verträge gleichlautend oder zumindest ähnlich sind, die von den Mitarbeitern abgeschlossen werden.[191] Diese Standardisierung ermöglicht überhaupt erst das Massengeschäft, wie es im Rohstoffhandel üblich ist, da nicht jeder Vertrag erst auf seinen Regelungsinhalt und juristische Korrektheit überprüft werden muss.[192] Zudem werden Schreibarbeit und Verhandlungen[193] eingespart, indem man auf einen festen Bestand an rechtlichen Regeln verweist.[194] Wird ein Vertrag daher beispielsweise unter GAFTA 100 oder GAFTA 64 Bedingungen angetragen, kann der Vertragspartner schnell selbst nachsehen, welche Bedingungen dieser Vertragstyp enthält. Auch das Geschäftsrisiko kann durch feststehende Vertragsbedingungen besser kalkuliert werden, was auch für die Versicherung der Ware notwendig erscheint. Dieses führt betriebswirtschaftlich zu einer Kostensenkung und einer Rationalisierung in der Vertragsorganisation.[195]

Zwar sind Standardverträge auch im Inland zu beobachten, ihre wahre Stärke hinsichtlich Rationalisierung und Rechtssicherheit spielen sie aber im grenzüberschreitenden Handel aus. Dort kollidieren regelmäßig mehrere Rechtsord-

---

191 Röder, Rechtsbildung im wirtschaftlichen "Weltverkehr", S. 10.

192 Röder, Rechtsbildung im wirtschaftlichen "Weltverkehr", S. 19 ff. Inwieweit dieses Argument jedoch praxistauglich ist, darf bezweifelt werden. Die wenigsten Kaufleute werden einen Vertrag vor der Durchführung erst ihrem Rechtsberater zukommen lassen. Meist wird dieser erst aufgesucht, wenn der Vertrag kaufmännisch „nicht mehr zu retten" ist und zwischen den Parteien ernsthafte Meinungsverschiedenen aufgetreten sind.

193 In diesem Zusammenhang ist eindrucksvoll der Bericht eines Anwaltes im Bereich des internationalen Handels, der für seine Mandantschaft umfangreiche AGB ausgearbeitet hatte. Als ein halbes Jahr nach der Fertigstellung bei der Mandantschaft Rücksprache gehalten wurde, wie sich die AGB bewährt hätten, musste festgestellt werden, dass kein Vertragspartner bereit war, die umfangreichen – individuellen – AGB zu unterzeichnen. Diese Risiken bestehen bei Standardverträgen freilich nicht.

194 Starck, Kommentar zu den Einheitsbedingungen im deutschen Getreidehandel, S. 12.

195 Raiser, Das Recht der allgemeinen Geschäftsbedingungen, S. 19 f.; Sieber, Die autonome Auslegung internationaler Standardverträge, S. 15.

nungen, gerade dann, wenn die Ware über mehrere Länder transportiert wird. Auch in diesen Fällen profitieren die Vertragspartner von einer möglichst umfangreichen Beschreibung vertraglicher Rechte und Pflichten. Gerade wenn der Vertrag für eine der Parteien einem Auslandsrecht untersteht, führt eine dezidierte Beschreibung der zu mehr Rechtssicherheit, da der Vertrag selbst für Streitigkeiten selbst schon Rechtsquelle ist, ohne dass das ausländische Rechte erst ermitteln werden müsste.

4.5.2.4 Fazit

Standardverträge sind für Unternehmen das Mittel der Wahl, ihre Arbeitsabläufe zu rationalisieren und Rechtssicherheit herbeizuführen. Sie sind damit ein wesentlicher Bestandteil einer sich abzeichnenden Selbstorganisation der Wirtschaft.

4.6 Verträge der GAFTA als Rechtsquelle einer *lex mercatoria*

Da Standardverträge eine wesentliche Rechtsquelle der *lex mercatoria* sind, werden die Verträge der GAFTA in der Literatur oft als Schulbeispiel für eine *lex mercatoria* herangezogen.[196] Es soll daher untersucht werden, inwieweit diese die Elemente eines Welthandelsrechts aufweisen.

4.6.1 Elemente eines Welthandelsrechts

Welche genauen Merkmale für eine *lex mercatoria* vorliegen müssen, bleibt in der Literatur oft unbeantwortet. Dennoch lassen sich einige Merkmale herausarbeiten, die auf ein Welthandelsrecht hindeuten. Primäre Frage muss sein, inwieweit das staatliche Recht durch die Parteien substituiert wird.[197] Da diesem insbesondere vorgeworfen wird, Kaufleute nicht richtig zu verstehen und auf deren Bedürfnisse keine Rücksicht zu nehmen, kann von einer *lex mercatoria*

---

196 Dasser, Internationale Schiedsgerichte und Lex mercatoria, S. 78 f.; Mangels, Are the roots of the modern 'lex mercatoria' really medieval?, <http://www.thefreelibrary.com/ Are the roots of the modern 'lex mercatoria' really medieval?-a053889462>; Hölker, Die Rolle der lex mercatoria im Anwendungsbereich des UN-Kaufrechts, S. 61.

197 Zu diesem Charakteristikum:Hölker, Die Rolle der lex mercatoria im Anwendungsbereich des UN-Kaufrechts, S. 61; Stein, Lex mercatoria, S. 38.

nur dann die Rede sein, wenn gerade die spezifischen Bedürfnisse des Kaufmannsstandes aufgegriffen werden. Dabei wurde bereits herausgearbeitet, dass zu den ureigenen Bedürfnissen die hinreichende Rechtssicherheit gehört. Um Klauselwerke, wie die der GAFTA, daher als *lex mercatoria* zu betiteln, müssen sie in ihrer Ausgestaltung gerade mehr Rechtssicherheit herbeiführen können, als dass es staatliches Recht vermag. Dieses wird jedoch bei einer Vielzahl von Verträgen zutreffen, damit nicht jeder von Kaufleuten ausgearbeitete Individualvertrag bereits als *lex mercatoria* zu betiteln. Insofern muss eine gewisse Verbreitung beziehungsweise Branchenüblichkeit oder auch internationale Anerkennung hinzutreten, als dass man überhaupt von einer beachtenswerten Erscheinung sprechen könnte, die theoretisch in der Lage wäre, eine Diskussion zu eröffnen, ob konventionelle Rechtsquellen verdrängt werden können.

Um zu klären, inwieweit die Kontrakte der GAFTA Bestandteil einer *lex mercatoria* sind, ist daher zu klären, in welchem Umfang die Verträge international anerkannt sind, inwieweit staatliches Recht ersetzt wird und wie sehr die besonderen Bedürfnisse der Kaufleute berücksichtigt werden.

4.6.1.1 Akzeptanz: weltweite Verbreitung als Merkmal

In der Literatur wird häufig erwähnt, dass die GAFTA-Kontrakte wegen ihrer weiten Verbreitung als Rechtsquelle für die *lex mercatoria* dienen.[198] Tatsächlich wird heute circa mehr als die Hälfte des Weltgetreidehandels und etwas mehr als die Hälfte der Eiweißstoffe weltweit nach GAFTA Bedingungen oder zumindest in Anlehnung an diese gehandelt.[199] Die Verträge der GAFTA sind damit im internationalen Handel überdurchschnittlich präsent und werden von Kaufleuten fast widerspruchslos angewendet. Nur teilweise kommen andere Kontrakte zum Zuge, wie beispielsweise die Deutsch-Niederländischen Verträge, während die Einheitsbedingungen lediglich im Binnenhandel Mittel der Wahl sind. Diese erhalten ihren Geltungsanspruch daher alleine durch ihre faktische Verwendung in den beteiligten Wirtschaftskreisen. Woraus diese im Einzelfall resultiert, sei es aus der Übung zwischen Beteiligten oder der Marktmarkt einzelner (ausländi-

---

198 Vgl. Für die FIDIC-Verträge (Fédération Internationale des Ingénieurs-Conseils) Molineaux, J.Int'l Arb. (14) 1997, 55.

199 Redfern/Hunter/Blackaby, Law and practice of international commercial arbitration, S. 190 Fn. 9; Chattaway, The Economic Journal (17) 1907, 428, 430; Mercier, Review of Agricultural Economics (21) 1999, 225, 232 spricht sogar von 80%.

scher) Verwender,[200] kann dahingestellt bleiben. Entscheidend ist, dass eine gewisse Branchenakzeptanz vorliegt, was für eine *lex mercatoria* spräche.

4.6.1.2 Autonomie: Lösung vom staatlichen Rechtssystem

Die weite Verbreitung kann per se aber noch nicht dazu führen, dass von einer eigenständigen Rechtsquelle gesprochen wird. Entscheidend ist daher, ob die Verträge der GAFTA sich auch vom staatlichen Recht loslösen und Autonomie anstreben.[201]

4.6.1.2.1 Ausschluss von internationalem Einheitsrecht

Ein Merkmal für materiellrechtliche Autonomie ist vor allem der Ausschluss staatlichen Rechts. In den Verträgen selbst vor allem werden internationale Konventionen umfangreich abbedungen.[202]

4.6.1.2.1.1 UN-Kaufrecht und Haager-Kaufrecht

Auffallend ist, dass das CISG ausgeschlossen wird. Damit folgen die Vertragsformulare einem in der Praxis allgemein zu beobachtenden Trend,[203] das CISG nicht zur Anwendung gelangen zu lassen.[204] Zusätzlich werden die Vorgänger

---

200 Vgl. Röder, Rechtsbildung im wirtschaftlichen "Weltverkehr", S. 15; ferner Raiser, Das Recht der allgemeinen Geschäftsbedingungen, S. 19 f.

201 Im Rahmen der Frage nach einer lex mercatoria, soll der Begriff der "Autonomie" als Lösung vom staatlichen Rechtssystem verstanden werden. Teilweise wird Autonomie schon dann angenommen, wenn die Verträge in faktischer Unabhängigkeit von nationalem Recht stehen, vgl. Sieber, Die autonome Auslegung internationaler Standardverträge, S. 13 mwN.

202 GAFTA 100 cl. 28; GAFTA 119 cl. 27.

203 Vgl. dazu die Vielzahl von Verträgen wie FOSFA No. 53 (Contract for Vegetable and Marine Oil in bulk (FOB terms) para. 28; NAEGA Standard Contract No. 2 (FOB terms) clause 27; allgemein zu dieser Entwicklung: Koch, NJW 2000, 910, 910; Ferrari, ZEuP (10) 2002, 737, 737; Stürner, BB 2006, 2029, 2029; Meyer, RabelsZ (69) 2005, 457, 485, zur neueren Entwicklung: Magnus, ZEuP (14) 2006, 96.

204 In Deutschland wurde immer wieder diskutiert, ob die Abwahl des UN-Kaufrechtes nicht eine überraschende Klauseln nach § 305c Abs. 1 BGB sei, vgl. Ventsch/Kluth, IHR 2003, 61, 65. Dieses ist jedoch zu verneinen. Allgemeine Geschäftsbedingungen sind im internationalen Rechtsverkehr gang und gäbe. Würde man eine Abwahl des UN-Kaufrechtes für überraschend halten, so müsste jeder Vertrag eine Individualvereinbarung hinsichtlich des UN-Kaufrechtes enthalten, was den Wirtschaftsverkehr über Gebühr belasten würde.

des UN-Kaufrechts,[205] das *Haager-Kaufrechtsübereinkommen vom 01.07.1964 (EKG)* und das *Haager Gesetz über den Abschluss des Kaufvertrages (EAG)* ausgeschlossen. Dieses folgt aus der Tatsache, dass England das CISG nicht ratifiziert hat.[206] Das CISG sollte eigentlich das Haager Kaufrecht zusammenführen und ersetzen.[207] Durch die nicht erfolgte Ratifizierung des CISG durch das Vereinigte Königreich gilt dort noch immer das Haager Kaufrecht, das durch den *Uniform Laws on International Sales Act 1967* in Kraft gesetzt wurde. Auch dieses wird durch die GAFTA-Verträge ausdrücklich ausgeschlossen.[208]

4.6.1.2.1.2 UN-Verjährungsübereinkommen

Weiterhin schließen die Verträge das *UN-Übereinkommen vom 14. Juni 1974 über die Verjährung beim internationalen Warenkauf* und das Protokoll vom 11. April 1980[209] aus. Dieses enthält Bestimmungen zur Dauer, dem Beginn, der Unterbrechung und der Verlängerung der Verjährung[210] und sollte Unsicherheiten im grenzüberschreitenden Verkehr sowie Anreize zum *forum shopping* beseitigen. Das Übereinkommen wurde größtenteils als Erfolg beschrieben,[211] ist aber weder von England noch Deutschland ratifiziert worden.[212]

4.6.1.2.1.3 INCOTERMS

Auch wenn es sich hier nicht um Recht im formellen Sinne handelt, schließen die Parteien auch die *International Commercial Terms (INCOTERMS)* aus. Da-

---

205 Zur Geschichte: Riese, RabelsZ (22) 1957, 16; Riese, RabelsZ (29) 1965, 1; v. Caemmerer, RabelsZ (29) 1965, 101; Schlechtriem, in: Schlechtriem (Hrsg.), Einheitliches Kaufrecht und nationales Obligationenrecht (1987), 27.

206 Guest, Benjamin's sale of goods, Rn. 1–24; Bridge, The international sale of goods, Rn. 11:12; zu den Gründen der Nichtratifizierung vgl. Moss, Journal of Law and Commerce (25) 2005, 483.

207 Volken, in: Schlechtriem (Hrsg.), Einheitliches Kaufrecht und nationales Obligationenrecht (1987), 81, 91.

208 Todd, Cases and materials on international trade law, S. 753 betont zudem, dass das CISG selbst dann wohl noch von der GAFTA in ihren Kontrakten ausgeschlossen werden würde, wenn die Konvention von England ratifiziert werden würde.

209 Abgedruckt bei RabelsZ 51 (1987) 186.

210 Girsberger, Verjährung und Verwirkung im internationalen Obligationenrecht, S. 164 ff.; Schlechtriem/Schwenzer-Müller-Chen, VerjÜbk, Rn. 5; Smit, Am. J. Comp. Law (23) 1975, 337, 338 ff.; vgl. auch Herber, AWD 1974, 577, 579.

211 Smit, Am. J. Comp. Law (23) 1975, 337, 355; Enderlein, in: Jayme/Andrae/Jayme-Furtak (Hrsg.), Der Weg zur deutschen Rechtseinheit (1991), 65, 75, 80.

212 Schlechtriem/Schwenzer-Müller-Chen, VerjÜbk, S. Anh. II.

bei handelt es sich um Klauseln, die von der Internationalen Handelskammer *(ICC)* entwickelt wurden, um wiederkehrende Geschäftsmuster einfacher zu erfassen.[213] Die Klauseln enthalten Regeln zu den Pflichten von Käufer und Verkäufer und zum Kosten- und Gefahrübergang.[214] Die am häufigsten verwendeten Klauseln sind CIF und FOB. Auch wenn sich beispielsweise der Vertrag GAFTA 100 selbst *„CIF terms"* Vertrag und der GAFTA 119 als *„FOB terms"* Vertrag bezeichnet wird, so werden die INCOTERMS dennoch ausdrücklich ausgeschlossen, um nicht von einer konkludenten Einbeziehung durch die Verwendung dieser Termini ausgehen zu können. Stattdessen sind die sonst in die INCOTERMS ausgelagerten Bedingungen der Transaktion dezidiert im Vertragswerk selbst aufgeführt. Durch diesen Ausschluss können die Regelungen der ICC lediglich noch als Auslegungsmittel eigener Art verwendet werden, haben aber keine Verbindlichkeit mehr.[215] Ob dieses für die Parteien wirklich interessengerecht ist, mag dahingestellt bleiben. Schließlich regeln die INCOTERMS nicht nur die Transportpflichten, sondern auch, wer beispielsweise Exportgenehmigungen beschaffen muss, wozu sich die GAFTA-Verträge teilweise ausschweigen. Der Grund dafür, die INCOTERMS dennoch auszuschließen, dürfte in den Bedenken englischen Juristen liegen, dass diese ein starres Regelwerk vorgeben, wohingegen das *common law* auf jeden Einzelfall flexibel reagieren kann.[216] Der Ausschluss der INCOTERMS führt nämlich dazu, dass die nationalen *trade terms* wieder aufleben.[217] Aus Sicht des englischen Rechtskreises dürften diese widerspruchsfreier und damit konsistenter mit dem *common law* sein, da gerade zu CIF- und FOB-Geschäften im Laufe der Jahrhunderte eine umfangreiche Rechtsprechung ergangen ist. Da die INCOTERMS die ohnehin üblichen Praktiken lediglich kodifizieren, dürften aber nur in seltenen Fällen tatsächliche Abweichungen in der Rechtsanwendung entstehen. Zudem sprechen praktische Aspekte für den Ausschluss. Die INCOTERMS werden überwiegend als allgemeine Geschäftsbedingungen aufgefasst.[218] Das setzt eine nötige Einbeziehung voraus, die unter fremden Rechtsordnungen zu Problemen führen kann, die so umgangen werden.

---

213 Piltz, RIW 1999, 897, 900; Al-Deb'i, Überseekauf und Abladegeschäft, S. 27 f.

214 vgl. Al-Deb'i, Überseekauf und Abladegeschäft.

215 HGB-Großkommentar-Koller, vor § 373 HGB, Rn. 11.

216 Bridge, The international sale of goods, Rn. 5.04.

217 Vgl. auch Janssen/Meyer/Janssen-Meyer, CISG Methodology, S. 251; Heidemann, Methodology of Uniform Contract Law, S. 76.

218 Lehr, VersR 2000, 548, 550.

4.6.1.2.1.4 Fazit

International vereinheitlichtes Sachrecht wird, ebenso wie die INCOTERMS, in den Verträgen der GAFTA vollumfänglich ausgeschlossen. Das zeigt einerseits, dass dieses nicht immer den Bedürfnissen der Praxis entsprechen muss und bestätigt somit die oben getroffene Aussage, dass staatliches Recht an diesen meist vorbeigeht. Stattdessen vertrauen die Parteien auch hier darauf, dass die zahlreichen Klauseln die Rechtsprobleme besser erfassen. Andererseits ist gerade unter Juristen aus dem *common law* auffällig, dass diese dem englischen Recht mehr als ausländischen Lösungen vertrauen. Das wird schon anhand der fehlenden Ratifizierung des CISG und einer Skepsis in der Literatur untermauert.[219] Meist wird sich darauf bezogen, dass das UN-Kaufrecht nicht hinreichend getestet und das englische Recht der Konvention daher überlegen sei.[220] Auch das wirtschaftliche Interesse, den Rechtsstandort England zu stärken, spricht aus englischer Sicht gegen die Einbeziehung des UN-Kaufrechtes. Der Ausschluss des CISG ist damit zwar keine ungewöhnliche Erscheinung, die Abwahl der INCOTERMS hingegen schon. Diese haben sich in der Praxis meist sehr bewährt.[221] Der Grund hierfür dürfte weniger in der Loslösung von staatlichem Recht liegen sondern in praktischen Aspekten, wie verringerten Zweifelsfragen bei der Einbeziehung der INCOTERMS und deren Vereinbarkeit mit dem *common law.*

4.6.1.2.2 Durch Klauselrecht und „Codes of Practice“

Durch eine Rechtswahl in den Verträgen wird englisches Recht zum Vertragsstatut erhoben, unabhängig davon, ob eine tatsächliche Verbindung zu England besteht.[222] Dieses wird jedoch durch das umfangreiche Klauselrecht überlagert, womit die Parteivereinbarungen das dispositive Recht außer Kraft setzen und somit materiellrechtliche Autonomie anstreben.

---

219 Siehe aber Sivesand, The buyer's remedies for non-conforming goods, S. 12, die eine positive Einstellung in England gegenüber der Ratifizierung erkennen will.

220 Siehe auch die Nachweise bei Zeller, CISG and the unification of international trade law, S. 7; Linarelli, Wayne Law Review (48) 2003, 26 und Hobhouse, L.Q.R. (106) 1990, 530. Sehr plastisch auch Goode, Int'l. & Comp. L. Q. (50) 2001, 751, 756: „[...] there are those who consider English law in all its majesty is a greatly superior to anything that could be devised at [the] international level.”.

221 Lehr, VersR 2000, 548; Piltz, RIW 2000, 485, 488.

222 GAFTA 100 cl. 26; vgl. auch Takahashi, J.B.L. 2003, 102, 103.

4.6.1.2.2.1 Inhalte und Regelungsmechanismen

Der Regelungsinhalt des Vertrages ist vielfältig. Die einzelnen Klauseln der GAFTA gehen meist auf lang bestehende Handelsbräuche zurück.[223] Laut Auskunft der GAFTA seien fast alle relevanten Handelsbräuche in ihren Verträgen kodifiziert, sodass keine Nennenswerten außerhalb ihrer Verträge bestünden.[224] Zudem wurden die Verträge maßgeblich am englischen *case law* ausgerichtet und im Zuge neuerer Entwicklungen immer wieder verfeinert.[225] In der Konsequenz entstanden lange Verträge, die an die amerikanische Kautelarpraxis erinnern.[226] So besteht alleine der Vertrag GAFTA 100 aus 28 Klauseln, die von der Warenqualität[227] über den Transport[228] bis zur Insolvenz eines Vertragspartners[229] alle Eventualitäten regeln. Der Vertrag ist dabei insbesondere auf die Besonderheiten der Getreide- und Futtermittelbranche zugeschnitten.[230] So finden sich spezielle Klauseln hinsichtlich der Warenqualität, für die Fälle von Erfüllungshindernissen oder die Tragung von Kosten, die im Überseehandel anfallen, wie beispielsweise des Liegegeldes.

Über den eigentlichen Vertrag hinaus gibt es auch eine große Anzahl weiterer Bedingungen, die in den Kaufvertrag meist mit einbezogen werden. So wurden insbesondere Musterregeln für verlässliche Probenentnahmen zur Qualitätsbestimmung *(GAFTA Sampling Rules 124)* und das Verwiegen *(GAFTA Weighing Rules 123)* der Ware entwickelt.

4.6.1.2.2.2 Inhalte der „GAFTA Codes of Practice"

Ferner gibt die GAFTA das sogenannte *Trade Assurance Scheme (GTAS)* heraus. Dabei handelt es sich einen Kodex ehrbaren Geschäftsverhaltens *(codes of good practice)* für Vorgänge im internationalen Getreide- und Futtermittelhandel. Enthalten sind nicht nur Anweisungen für die Lagerung und Abwicklung im Handel von Massengütern, sondern auch für deren Transport und deren Handel. Darin finden sich vor allem Mitwirkungspflichten zwischen den Parteien, wie

---

223 Valluis, Rice in global markets (2005), 56, 56.

224 Darauf weist hin: Dasser, Internationale Schiedsgerichte und Lex mercatoria, S. 79.

225 Bridge, The international sale of goods, Rn. 1.03.

226 Dieses beruht allerdings auch auf der fehlenden Gesetzessystematik des common law, worauf hinweist: Döser, NJW 2000, 1451, 1452.

227 GAFTA 100 cl. 5.

228 ebenda, cl. 6-10.

229 ebenda, cl. 25.

230 Vgl. allgemein zu dieser Erscheinung Digenopoulos, Die Abwandlung der CIF- und FOB-Geschäfte im modernen Überseekaufrecht, S. 37.

beispielsweise dass diese sich im Vertrag hinreichend über den Lade- bzw. Entladeplatz einigen müssen.[231] Dieses verpflichtet die Parteien nicht unmittelbar, es ist aber zumindest denkbar, dass Schadensersatzansprüche entstehen, wenn ein Unternehmen die obigen Regeln nicht befolgt, da insoweit ein festgehaltener Handelsbrauch ohne eine Selbstverpflichtung der jeweiligen Händler vorliegen kann.

4.6.1.2.2.3 Prozessuale Verlagerung auf Schiedsgerichte und Mediation

Ein weiteres Indiz für eine *lex mercatoria* wird darin gesehen, dass die Prozessführung den staatlichen Gerichten entzogen wird. Nicht nur im materiellen Recht, auch in prozessualer Hinsicht lösen sich die GAFTA-Verträge vom staatlichen Richter. Streitigkeiten werden im Rahmen einer eigenen Schiedsgerichtsbarkeit der GAFTA geschlichtet. Dazu gibt es eine umfangreiche Schiedsordnung *(GAFTA Arbitration Rules 125)*, die Sonderregeln für vereinfachte Verfahren *(GAFTA Simple Dispute Arbitration Rules 126)* oder Streitigkeiten aus Charterverträgen ergänzt wird *(GAFTA Arbitration Rules for use with Charter Parties 127)*.

Da die Käufer und Verkäufer meist aus den verschiedensten Regionen der Welt kommen und die GAFTA jahrhundertelange Erfahrung mit dem Handel von Getreide und Futtermitteln hat, wurde eine eigene institutionelle Schiedsgerichtsbarkeit für Konfliktfälle eingerichtet.[232] Nach den Schiedsbedingungen findet die Arbitrage primär in London statt.[233] Nur wenn die Parteien schriftlich etwas anderes vereinbaren, kann der Ort verändert werden.[234] Das Verfahren wird sodann von Schiedsrichtern geleitet, die sich bei der GAFTA qualifiziert haben, um den Parteien die nötige Expertise zur Konfliktlösung bereitzustellen.[235] Während des Prozesses übernimmt das Sekretariat der GAFTA administrative Aufgaben, da das Vorbringen der Parteien und etwaige Benachrichtigungen über die GAFTA abgewickelt werden. Das Sekretariat übernimmt sozusagen die Aufga-

---

231 Vgl. cl. 7.1 Code of Practice for Trading and Merchanting.

232 2003 GAFTA Arbitration Rules No. 125.

233 2003 GAFTA Arbitration Rules No. 125 cl. 1.3 "Arbitration shall take place at the registered offices of The Grain and Feed Trade Association (GAFTA), London [...]".

234 2003 GAFTA Arbitration Rules No. 125 cl. 1.3 "[...] elsewhere if agreed by the parties in writing".

235 2003 GAFTA Arbitration Rules No. 125 cl. 3.7 "GAFTA Qualified Arbitrator"; vgl. auch Redfern/Hunter/Blackaby, Law and practice of international commercial arbitration, S. 194.

ben der Geschäftsstelle eines staatlichen Gerichts. Nichtsdestotrotz hat die Organisation keinen Einfluss auf das Ergebnis des Schiedsspruchs.[236]

Für den Fall, dass eine der Parteien den so gefällten Schiedsspruch anfechten will, sehen die Bedingungen vor, dass innerhalb von 30 Tagen Berufung eingelegt werden kann.[237] Die Berufung ist nur ausgeschlossen, wenn der Verkauf nach *rye-terms* erfolgte.[238] Während das gesetzliche Schiedsverfahren nach deutschem Recht nur einstufig ausgestaltet ist (vgl. §§ 1055, 1059 ZPO), schaffen die Regeln der GAFTA eine weitere Instanz, die ebenfalls dem Staat entzogen wird, indem das Berufungsschiedsgericht ebenfalls mit GAFTA-Schiedsrichtern besetzt wird.[239] Das Schiedsgericht verhandelt den Fall noch ein zweites Mal und kann den ersten Schiedsspruch sowohl bestätigen, abändern und auch ganz aufheben.[240] Insofern ist die Berufung nicht daran gebunden, dass der erste Schiedsspruch Rechtsfehler aufweist.[241] Bei der Durchsetzung der Schiedssprüche wird insbesondere auf psychische Druckmittel gesetzt. Die GAFTA lässt sich formularmäßig von den Parteien in ihren Schiedsregeln die Zustimmung erteilen, dass im Falle der Nichtbefolgung eines Schiedsspruches, die säumigen Mitglieder auf der Internetseite oder dem Schwarzen Brett der GAFTA namentlich aufgeführt werden dürfen:[242]

> "In the event of any party to an arbitration or an appeal held under these Rules neglecting or refusing to carry out or abide by a final award of the tribunal or board of appeal made under these Rules, the Council of GAFTA may post on the GAFTA Notice Board, Web-site, and/or circulate amongst Members in any way thought fit notification to that effect"

Neben der Schiedsgerichtsbarkeit bietet die GAFTA auch ein Mediationsverfahren an, um Geschäftsbeziehungen möglichst nicht zu belasten.[243] Auch wenn sich diese Form der alternativen Streitbeilegung (ADR) in der Praxis nicht durchsetzen konnte, zeigt es, wie weitgehend die GAFTA versucht, die Vorgänge dem staatlichen Rechtsrahmen zu entziehen.

---

236 Bernstein/Tackaberry/Marriott, Bernstein's handbook of arbitration and dispute resolution practice, Rn. 16–98.

237 2003 GAFTA Arbitration Rules No. 125 cl. 10.

238 2003 GAFTA Arbitration Rules No. 125 cl. 6:4. Zu den rye terms und deren Bedeutung siehe unten Seite 306.

239 2003 GAFTA Arbitration Rules No. 125 cl. 11.1.

240 2003 GAFTA Arbitration Rules No. 125 cl. 12.6.

241 Bernstein/Tackaberry/Marriott, Bernstein's handbook of arbitration and dispute resolution practice, Rn. 16-013.

242 2003 GAFTA Arbitration Rules No. 125 cl. 22.

243 Vgl. Valluis, Rice in global markets (2005), 56; GAFTA Mediation Rules No. 128.

Die Schiedsordnung ist ferner auf die Besonderheiten im Überseehandel zugeschnitten. Dort treten Händler oft nur als Zwischenhändler auf, da die Ware an- und verkauft wird, ohne dass sie jemals in den physischen Besitz der Güter gelangten.[244] Diesen Kettenverkäufen wird in einer eigenen Klausel des Vertrages Rechnung getragen.[245] Auch in der Schiedsordnung der GAFTA finden sich besondere Regelungen für diese Lieferketten. In diesen Fällen lässt die Schiedsordnung der GAFTA ein einzelnes Schiedsverfahren zwischen dem ersten Verkäufer und dem letzten Käufer zu, dessen Ergebnis für alle Parteien der Lieferkette bindend ist.[246]

Gerade diese Regelungen füllen Lücken im nationalen Recht. So geht beispielsweise der Kaufvertrag im deutschen Recht von der antiquierten Vorstellung aus, eine Transaktion bestünde lediglich aus Käufer und Verkäufer. Das mag rechtlich gesehen für die Unterteilung in die einzelnen Rechtsverhältnisse zwar stimmen, berücksichtigt aber nicht die entstehenden Probleme der Lieferkette als solches. Die einzige Vorschrift im deutschen Recht für den Kettenverkauf findet sich im Rahmen des Unternehmerregress (§ 478 BGB). Die Norm ist jedoch nur anwendbar, wenn der Kaufvertrag zwischen einem Unternehmer und einem Verbraucher abgeschlossen wurde („B2C-Geschäft“).[247] Für Geschäfte zwischen Unternehmern – wie sie dem internationalen Handel immanent sind – finden sich hingegen keine Sonderregeln. Prozessual sind die Parteien bei den Lieferketten darauf angewiesen, sich zur Regresssicherung gegenseitig den Streit zu verkünden (§ 72 Abs. 1 ZPO), was zu einer Vielzahl von Streitverkündungen in der Lieferkette führen kann (§ 72 Abs. 3 ZPO).[248]

Für den prozessualen Bereich lässt sich damit festhalten, dass die typischen Erscheinungsformen der *lex mercatoria* sich in den Verträgen der GAFTA wiederfinden. Die Durchsetzung von Ansprüchen wird nahezu umfassend dem staatlichen Recht entzogen, indem eine Schiedsklausel vereinbart wird. Der Notwendigkeit staatlicher Gerichte, die Schiedssprüche anzuerkennen, wird da-

---

244 Takahashi, J.B.L. 2003, 102, 104; Ausführlich zu Kettenverkäufen und Absicherungsgeschäften Bridge, The international sale of goods, Rn. 1.38.

245 GAFTA 100 cl. 24.

246 2003 GAFTA Arbitration Rules No. 125 cl. 7.1.

247 MüKo-Lorenz, § 478 BGB, Rn. 9.

248 Vgl. BGH WM 1997, 1755, 1757 f.; BGH LM § 242 BGB [D] Nr. 9; OLG Brandenburg IBR 2007, 109 mit Anm. Bereska, jurisPR extra 2007, 36, 36; Zöller/Geimer-Vollkommer, § 72 ZPO, Rn. 10; Kittner, JuS 1985, 703, 705 f.

hin gehend vorgebeugt, dass ein internes „Sündenregister“ der GAFTA für die faktische Vollstreckung sorgt.[249]

4.6.1.3 Verständnis: Berücksichtigung kaufmännischer Besonderheiten

Es wurde bereits dargestellt, dass das staatliche Recht nicht hinreichend auf die Bedürfnisse des Handels Rücksicht nimmt. Insofern ist zu untersuchen, inwieweit die Verträge der GAFTA auf die Branchenbesonderheiten eingehen.

4.6.1.3.1 Allgemeines

So ist beispielsweise die im Getreide- und Futtermittelhandel übliche Praxis kodifiziert, dass der Käufer bei der Lieferung mangelhafter Ware regelmäßig dazu verpflichtet ist, diese annehmen und sich mit einer Minderwertvergütung zufriedenzugeben.[250] Damit werden Rücktransporte vermieden, die im Überseehandel oft mit hohen Kosten verbunden sind. Zudem besteht für den Käufer die Gefahr, die Ware fälschlicherweise zurückzuweisen, sodass er letztlich für die Rücktransportkosten oder andere Schäden aufkommen muss. Insofern wird durch den Ausschluss von Rücktrittsrechten das wirtschaftliche Risiko für beide Parteien minimiert.

Ferner ist zu beobachten, dass die Verträge vor allem die Punkte aufgreifen, die schnell zwischen den Parteien zum Streitpunkt werden können. Dazu gehört einerseits die Konkretisierung unbestimmter Begriffe.[251] Zudem entstehen im internationalen Handel häufig Unsicherheiten bei der Abgabe von Erklärungen. Diese resultieren einerseits aus weiten Kommunikationswegen, andererseits auch dadurch, dass in den entsprechenden Ländern unterschiedliche Feiertage gelten können. Diesen Problemen begegnen die Verträge durch die *notices clause* und die *non-business days clause*, in denen festgelegt wird, innerhalb welches

---

249 Siehe auch zur „Schwarzen Liste“ des Waren-Vereins der Hamburger Börse Sieveking, Die Geschäftsbedingungen des Waren-Vereins der Hamburger Börse e.V., § 30 WVB Rn. 18 und zu unter Einheitsbeingungen zu den Mitteilungsbefugnissen bei nicht erfüllten Schiedssprüchen nach § 33 Schiedsordnung des Vereins der Getreidehändler (SOVdG).

250 Vgl. beispielsweise § 37 EB.

251 Bei einem Verkauf nach Probe muss die Ware der Probe nur ungefähr entsprechen. Die Verträge legen daher fest, dass „ungefähr“ 0,50% des Vertragspreises entspricht (cl. 5 GAFTA 12: „the word “about” when referring to quality shall mean the equivalent of 0.50% on contract price“) vgl. unten Seite 156.

Zeitplanes Erklärungen von den Parteien erbracht werden müssen und auf welche Feiertage dabei Rücksicht zu nehmen ist.[252]

4.6.1.3.2 Konfliktvermeidung als Strategie

Wie bereits festgestellt, sind Kauflaute in besonderem Maße auf Rechtssicherheit angewiesen. Der beste Rechtsstreit ist – zumindest aus wirtschaftlicher Sicht – nach wie vor der, der nicht geführt wird. Die Kontrakte der GAFTA sehen daher zahlreiche Mechanismen vor, die Konflikte bereits im Keim ersticken, oder doch zumindest zu einer schnellen Lösung führen sollen. Damit steht die Wahrung der Geschäftsbeziehungen im Vordergrund und nicht die Durchsetzung des Rechtsanspruches einer Partei.

4.6.1.3.2.1 Mitwirkungspflichten

In erster Linie werden Konflikte durch Mitwirkungspflichten vermieden. Diese sind auch dem englischen Recht bekannt *(duty to cooperate)*. Sie gelten vor allem im Bereich der Mitwirkung des Gläubigers an einer ordnungsgemäßen Erfüllung.[253] So muss der Käufer beispielsweise mitteilen, wo er die Ware hin exportieren will, wenn der Verkäufer für ein Exportzertifikat zu sorgen hat.[254] Zudem müssen beide Parteien sich so verhalten, dass der Vertragszweck nicht gefährdet wird.[255] Die Gerichte implizieren diese Pflichten aber immer nur insoweit, wie diese zwingend für die Vertragsdurchführung nötig sind.[256] Eine darüber hinausgehende Mitwirkungspflicht, eine Streitigkeit außerhalb der Schiedsgerichtsgerichtsbarkeit beizulegen, ist hingegen nicht vorgesehen.

---

252 Siehe dazu unten Seite 427.

253 Mackay v. Dick [1881] L.R. 6 App. Cas. 251, 263 (HL): „ I think I may safely say, as a general rule, that where in a written contract it appears that both parties have agreed that something shall be done, which cannot effectually be done unless both concur in doing it, the construction of the contract is that each agrees to do all that is necessary to be done on his part for the carrying out of that thing, though there may be no express words to that effect"; ferner Startup v. Macdonald [1843] 6 Man. & G. 593, 610 f.; Schöne, Leistungs- und Zahlungsverzögerung im deutschen und englischen Privatrecht, S. 94 ff.; Weller, Die Vertragstreue, S. 515.

254 Weller, Die Vertragstreue, S. 515.

255 Chitty, Chitty on contracts, Bd. 1, S. 24-032, 13-012; Weller, Die Vertragstreue, S. 516; Hüffer, Leistungsstörungen durch Gläubigerhandeln, S. 137.

256 Mona Oil Equipment and Supply Co. Ltd. v. Rhodesia Railways Ltd. [1949] 2 All E.R. 1014, 1018.

4.6.1.3.2.2 Unterstützungs- und Informationspflichten

Aus diesem Grunde sehen die Verträge der GAFTA vor, dass die Parteien in bestimmten Fällen besondere Mitwirkungspflichten treffen. Das betrifft vor allem die Fälle, in denen ein Verkauf im *circle* vorliegt, das heißt, dass der Erstverkäufer im Rahmen einer in sich geschlossenen Lieferkette die Ware wieder zurückkauft. In diesen Fällen sind alle Parteien dazu verpflichtet, bei der Aufdeckung eines solchen Rechtsverhältnisses mitzuwirken:

> "All Sellers and Buyers shall give every assistance to ascertain the circle and when a circle shall have been ascertained in accordance with this clause same shall be binding on all parties to the circle."[257]

Ein anderer Fall besonderer Mitwirkungspflichten liegt für den Fall einer Warenverteilung *pro rata* vor, wie sie bei Sammelsendungen im Massengüterverkehr vorkommt. In diesen Fällen wird die angekommene Ware zunächst entladen, verwogen und nur vorläufig unter den Empfängern verteilt. Stellt sich später heraus, dass einer der Empfänger zu viel oder wenig erhalten hat, so mag er unter Umständen Ersatzansprüche gegen die anderen Ladungsbeteiligten oder die Reederei erheben wollen. Für die Realisierung dieser Ansprüche werden dem Verkäufer und den anderen Ladungsbeteiligten Mitwirkungspflichten auferlegt:

> "All Shippers, Sellers and Buyers of any part of such larger quantity as aforesaid under contracts containing this clause shall be deemed to have entered into mutual agreements with one another to the above effect, and to agree to submit to arbitration all questions and claims between them or any of them in regard to the execution of this clause as aforesaid in accordance with the Arbitration Clause of this contract. Sellers and Buyers shall serve all reasonable assistance in execution of this clause."[258]

Dabei ist auffällig, dass Mitwirkungspflichten nicht nur zwischen den unmittelbar am Vertrag Beteiligten statuiert werden. Vielmehr werden auch die anderen Ladungsbeteiligten mit einbezogen. Inwieweit dieses rechtlich zulässig ist, soll später noch geklärt werden.[259]

Auch für den Fall, dass der Verkäufer die Qualität der Ware bei der Ankunft garantiert, gibt es Unterstützungspflichten. In diesen Fällen ist der Käufer meist berechtigt, eine Minderwertvergütung für die beschädigte Ware zu verlangen. Der Verkäufer wird dann versuchen, sich bei der Reederei schadlos zu halten. Auch hier ist der Käufer verpflichtet, am Regress des Verkäufers mitzuwirken:

---

257 Cl. 25 GAFTA 100.

258 Cl. 22 lit. f GAFTA 100.

259 Dazu siehe unten Seite 334 ff.

"In the event of Buyers receiving an allowance from Sellers under this clause, Sellers and Buyers shall give all reasonable assistance to each other in the prosecution of the claim for recovery from shipowners and/or other parties. Any sum recovered under this clause shall be for the benefit of Sellers […]."[260]

Festzuhalten ist damit einmal, dass die Verträge alle an der Abwicklung beteiligten Personen dazu anhalten, Streitigkeiten durch gegenseitige Mitwirkung zu vermeiden oder sich bei der Realisierung von Regressansprüchen gegenseitig zu unterstützen.

4.6.1.3.2.3 Nachverhandlungspflichten

Ein weiteres Element sind Nachverhandlungspflichten.[261] Die Vereinbarung von Nachverhandlungspflichten ist vor allem deswegen angezeigt, da die Ermittlung bestimmter Beträge, wie beispielsweise im Rahmen des Schadensersatzes für die beweisbelastete Partei häufig schwierig ist. Nachverhandlungspflichten sehen die Verträge insbesondere bei einer Zuviel- oder Zuweniglieferung hinsichtlich des Kaufpreises bzw. des Minderungsbetrages vor.[262] Hinsichtlich eines zu zahlenden Schadensersatzes[263] oder für die Berechnung eines maßgeblichen Marktpreises[264] sollen sich die Parteien ebenfalls einigen. Auch im Falle des Zahlungsverzuges einer Partei hat eine Einigung hinsichtlich der Höhe der Zinsen zu erfolgen.[265]

Erst wenn diese Verhandlungen scheitern, so ist ein Schiedsgericht anzurufen. So heißt es beispielsweise für den Fall des Scheiterns der Verhandlungen über die Höhe der Zinsen:

„If such charge is not mutually agreed, a dispute shall be deemed to exist which shall be settled by arbitration."[266]

Damit ist es dann Sache des Schiedsgerichtes die Leistungspflichten der Parteien zu konkretisieren. Diese Ermächtigung ist nötig, da dieses ohne die ausdrückliche Zustimmung der Parteien die Vertragspflichten nicht ändern kann.[267]

260 Vgl. cl. 19 GAFTA 79.
261 Zu diesen in der internationalen Kontraktpraxis Berger, RIW 2000, 1, 6 ff.
262 GAFTA 100 cl. 2.
263 GAFTA 100 cl. 23 lit. b.
264 GAFTA 100 cl. 22 lit. g.
265 GAFTA 100 cl. 11 lit. i.
266 GAFTA 100 cl. 11 lit. i.
267 Frick, Arbitration and complex international contracts, S. 190.

4.6.1.3.2.4 Weitere Methoden der Konfliktvermeidung

Als Alternative zu den oben skizzierten Nachverhandlungspflichten werden Ersatzansprüche oft auch schon im Voraus pauschaliert feste Minderungsraten im Vertrag vereinbart, wie nachfolgend für den Fall von Verunreinigungen:

> "The goods are warranted free from castor seed and/or castor seed husk, but should the analysis show castor seed husk not exceeding 0.005%, the Buyers shall not be entitled to reject the goods, but shall accept them with the following allowances: 0.75% of contract price if not exceeding 0.001%, 1% of contract price if not exceeding 0.002%, and 1.50% of contract price if not exceeding 0.005%."[268]

In bestimmten Kontrakten wird Getreide hingegen *final as to loading certificate* verkauft. Dann wird bei der Verschiffung eine Probe der verladenen Ware gezogen, die unanfechtbar darüber entscheidet, ob die verladene Ware vertragsgemäß ist. Damit werden Unsicherheiten darüber vermieden, ob eine Beschädigung vor oder nach der Verschiffung und damit dem Gefahrübergang eingetreten ist. Allerdings setzt das ein großes Vertrauen des Käufers voraus, der sichergehen können muss, dass die Probe (in von ihm weit entfernten Verladehafen) auch ordnungsgemäß gezogen wurde und auch tatsächlich von der eingeladenen Ware stammt. Aus diesem Grunde sehen die Kontrakte beispielsweise vor, dass die Probenentnahme nur im Beisein eines Vertreters beider Parteien erfolgen darf. Das erhöht die Akzeptanz der gezogenen Probe und verhindert, dass das Muster später angefochten wird.

Zudem wird oft einem Dritten die Entscheidung darüber überlassen, ob die gelieferte Ware kontraktlich ist. So entscheiden oft Zertifikate von anerkannten Prüfstellen über die Zusammensetzung der Ware. Die darüber ausgestellten Prüfzertifikate sind für die Parteien im Regelfall bindend:

> „Should the first analysis show the goods free from castor seed and/or castor seed husk such analysis shall be final [...]"[269]

Durch die Einschaltung einer neutralen Prüfinstanz erhöht sich die Wahrscheinlichkeit, dass das Ergebnis von den Parteien akzeptiert wird, sodass nachfolgende Streitigkeiten vermieden werden. Zudem gibt es umfangreiche vertragliche Anforderungen an die Modalitäten der Probenahme und Analyse, sodass sich meist nicht darauf berufen werden kann, die gezogene und analysierte Probe sei nicht hinreichend repräsentativ für die gesamte Ladung.

268 cl. 5 GAFTA 100.
269 cl. 5 GAFTA 100.

4.6.2 Bewertung und Fazit

Die Kontrakte der GAFTA weisen damit insgesamt eine hohe Regelungsdichte auf. Dadurch werden Rechte und Pflichten der Parteien in den Klauseln detailliert und scharf umschrieben. Die Verträge stellen dabei nicht nur den Vertragsinhalt klar, sondern sie beseitigen auch Streitfragen über Rechtsverhältnisse oder die Auslegung von Handelsbräuchen,[270] wodurch das Recht letztlich den besonderen Bedürfnissen der Kaufleute angepasst und die gewünschte Rechtssicherheit herbeiführt wird. Diese führt notwendigerweise zu einer gewissen Uniformität der Vertragsverhältnisse einer ganzen Branche.[271] Der Umfang ist dabei beachtlich; dem staatlichen Recht kommt auf den ersten Blick nur noch der Charakter eines letzten „Rettungsankers" zu, der greift, wenn einzelne Bestimmungen unwirksam oder lückenhaft sein sollten. Ansonsten ist der Vertrag auf den ersten Blick in der Lage alle relevanten Fragen selbst zu regeln, sodass man die Verträge als *selbstgenügsame Verträge* auffassen kann. Die Verträge sind damit primär eine Kodifizierung dessen, was vorher als Handelsbräuche aktiv gelebt wurde. Insofern lassen sich die Verträge mit dem Terminus einer *lex mercatoria* bezeichnen; sie geben die über Jahrhunderte gewachsenen Inhalte kaufmännischer Geschäftspraxis wieder.

Trotz dieser hohen Regelungsdichte bleibt der Vertrag in seiner Gesamtheit aber nach wie vor fragmentarisch. So werden zentrale Aspekte nicht geregelt. Ausführungen zum Vertragsschluss selbst oder der Stellvertretung fehlen vollständig. Zudem finden sich nur Regelungen für den Fall abfallender Qualität oder Kondition, die Lieferung eines *aliud* ist in den Verträgen beispielsweise gar nicht erwähnt. Auch erfassen die *default clauses* nur den Fall einer wesentlichen Vertragsverletzung, die zugleich zur Vertragsaufhebung berechtigt.[272] Diese Aufzählung ist bei Weitem noch nicht abschließend, zeigt aber bereits, dass wesentliche Rechtsprobleme, die während der Lebensdauer eines Vertrages auftreten können, nicht berücksichtigt wurden. Hinsichtlich dieser offenen Fragen muss daher auf das staatliche Recht zurückgegriffen werden; von Autonomie kann daher keine Rede sein. Allerdings erheben die Verträge selbst auch gar nicht den Anspruch darauf, anstelle der objektiven Rechtsordnung zu gelten. Sie nehmen vielmehr auf etablierte Begriffe des *common law* Bezug, indem sie bestimmte Vertragspflichten beispielsweise als *condition* oder *warranty* bezeich-

270 Raiser, Das Recht der allgemeinen Geschäftsbedingungen, S. 20.

271 Raiser, Das Recht der allgemeinen Geschäftsbedingungen, S. 17: 20 f.; Scott, California Law Review (75) 1987, 2005, 2037.

272 Zu diesen siehe unten Seite 359 ff.

nen.[273] In den *GAFTA Arbitration Rules 125* wird zudem auf den *Arbitration Act 1996* Bezug genommen[274] und für den Fall einer Insolvenz auf den *Insolcency Act 1986* verwiesen.[275]

Versagen zudem die vertragsinternen Sanktionsmittel, so muss letztlich doch ein staatliches Gericht angerufen werden und der Schiedsspruch muss von diesem anerkannt werden, um eine Vollstreckung zu ermöglichen. Je schlechter also die eigenen Sanktionen wirken, umso mehr sind auch internationale Verträge wie die der GAFTA auf die Mitwirkung des staatlichen Rechtssystems angewiesen.

Die Kontrakte der GAFTA weisen damit wesentliche Merkmale einer *„lex mercatoria"* auf. Es ist zugleich aber festzustellen, dass diese in ihrer Lückenhaftigkeit niemals als autonomes System zu begreifen sind. Zudem erheben sie selbst keinen anationalen Anspruch, sondern wollen nur innerhalb des englischen Rechts Geltung erlangen.[276]

4.7 Verhältnis der *lex mercatoria* zum staatlichen Recht

Während *von Savigny* davon ausging, dass jedes Rechtsverhältnis seinen natürlichen „Sitz" in einer Rechtsordnung habe,[277] ist die Lehre der *lex mercatoria* geradezu dessen Antithese. Nach ihr ließen sich im internationalen Handel die Rechtsverhältnisse gerade nicht einer Rechtsordnung zuschreiben.[278] Während darüber noch Einigkeit besteht, ist jedoch unklar, welchen genauen Stellenwert die lex mercatoria neben dem nationalstaatlichen Recht hat. Grundsätzlich gibt es nur zwei Möglichkeiten. Entweder stellt die *lex mercatoria* positive Normen

273 Vgl. z.B. cl. 5 GAFTA 100: „Warranted to contain […]" oder cl. 5 GAFTA 104: "Any deficiency in protein below the warranty".

274 Vgl. cl. 1.2 GAFTA 125: "The juridical seat of the arbitration shall be, and is hereby designated pursuant to section 4 of the Arbitration Act 1996 as, England."

275 Vgl. cl. 25 GAFTA 100: „If before the fulfilment of this contract […]become[s] subject to an Interim Order under Section 252 of the Insolvency Act 1986 […]".

276 Zu einem ähnlichen Ergebnis kommt Tilmann, Rechtssetzung durch Private bei nationalen und internationalen Klauselwerken des Handels, S. 73 für die RUCIP (Geschäftsbedingungen des nationalen und internationalen Kartoffelhandels).

277 Savigny, System des heutigen römischen Rechts, Bd. 8, S. 118, 121; dazu auch Coing, in: Carabiber (Hrsg.), Ius gentium varia (1964), 19, 28.

278 Stein, Lex mercatoria, S. 23;Bonell, RabelsZ (42) 1978, 485, 490, vgl. auch Weise, Lex mercatoria, S. 57 f. mwN.

bereit, die aus eigener Kraft Anwendung finden (4.7.1.) oder deren Regeln müssen rechtsgeschäftlich inkorporiert werden (4.7.2.).[279] Folgt man der letzteren Ansicht, so ist weiterhin unklar, ob man den rechtsgeschäftlich geschlossenen Vertrag insgesamt für rechtsordnungslos (4.7.3.) hält oder transnational vorgeht (4.7.5).

4.7.1 Autonome Lösung

Besonders in der französischen Literatur wird verbreitet angenommen, dass die *lex mercatoria* objektiv allgemeingültige Normen seien, die eine autonome Rechtsordnung darstellen und unabhängig vom Kollisionsrecht gelten.[280]

Diese Ansicht vom anationalen Recht wird auch in der deutschen Lehre vertreten. Diese These geht auf *Goldmann* zurück, der die *lex mercatoria* als eigenes System annahm, deren Durchsetzung alleine durch die Schiedsgerichtsbarkeit erfolgen solle.[281] Dabei auftretende Lücken seien nicht durch das nationale Recht, sondern durch allgemeine Rechtsgrundsätze zu schließen.[282] Die Vertreter dieser Ansicht nehmen damit eine vollständige Substituierbarkeit nationalen Rechts an und wollen sowohl Schiedsrichter als auch staatliche Richter zur Anwendbarkeit des Welthandelsrechts zwingen.[283]

Der Gedanke fußt auf der Annahme, dass das Recht auch außerhalb staatlicher Organisationen aufgrund einer *„solidarite sociale"* entstehen könne, wenn Verhaltensregeln als sozial verbindlich empfunden werden,[284] was für die Gemeinschaft der Kaufleute anzunehmen sei. Zwar sind die von Branchen erarbeiteten Bedingungen lediglich Empfehlungen, doch bedeute die Weigerung, diese

---

279 Gegen eine Differenzierung Stein, Lex mercatoria, S. 195 ff.

280 Fouchard, L'arbitrage commercial international, S. 402 ff.; Mann, I.C.L.Q. (33) 1984, 193, 196 f.; Bonell, RabelsZ (42) 1978, 485, 491 mwN; in diese Richtung weisen auch Starck, Kommentar zu den Einheitsbedingungen im deutschen Getreidehandel, S. 12 und noch RGZ 170, 233, 240: Allgemeine Geschäftsbedingungen wurden hier als eine fertig bereitliegende Rechtsordnung bezeichnet.

281 Goldman, APD 1964, 177, 177 ff.; Goldman, Journal du Droit International (Clunet) 106, 475; de Ly, FS-Sandrock (2000), 179, 182.

282 Reithmann/Martiny-Martiny, Rn. 72.

283 Sehr weitgehend, indem wohl auch der staatliche Richter die lex mercatoria anwenden solle Berman, Emory Journal of International Dispute Resolution (2) 1988, 235, 304; vermittelnd Weise, Lex mercatoria, S. 169; vgl. zu dieser Sichtweise auch Bonell, RabelsZ (42) 1978, 485, 493 f.

284 Vgl. Roth, Internationales Versicherungsvertragsrecht, S. 540;Martiny, in: Appelbaum/Felstiner/Gessner (Hrsg.), Rules and networks (2001), 123, 133.

Bedingungen anzuerkennen praktisch den Austritt aus der Organisation.[285] Aus diesem Grunde kommt den Organisationen zwar keine Rechtssetzungsbefugnis zu, faktisch gleichen deren Regelungen aber einem Befehl und damit einer Rechtsnorm. Die Befugnis zur Setzung autonomen Rechts wird dabei meist aus dem Grundsatz der Vertragsfreiheit hergeleitet.[286]

Die Durchsetzung dieser Regeln erfolge dann über die Schiedsgerichtsbarkeit. Auch die Vollstreckung der Schiedssprüche sei hinreichend gesichert, da die Branchenorganisationen oft umfangreiche Sanktionen bei der Nichtbefolgung von Schiedssprüchen vorsehen (Geldstrafen, disziplinarische Maßnahmen, Sündenregister, Aufforderung zum Handelsboykott etc.).[287]

Wer das so annimmt, überspannt allerdings den Begriff der Privatautonomie.[288] Diese entspringt nicht der „angeborenen Selbstherrlichkeit" der beteiligten Personen, sondern setzt eine sie tragende Rechtsordnung voraus.[289] Eine Anerkennung von Sozialnormen, wie Branchenorganisationen sie schaffen, führt alleine noch nicht zu deren Rechtsgeltung.[290] Jene tritt erst ein, wenn der Gesetzgeber den vorformulierten Bedingungen Geltung verschafft.[291] Schließlich sind die Gerichte in Deutschland nach Art. 20 Abs. 3 GG nur an staatliches Recht gebunden. Dieses ergibt sich aus einem systematischen Vergleich im Grundgesetz. In den Art. 25, 59 GG erkennt die Verfassung lediglich fremdes *staatliches*

285 Bonell, RabelsZ (42) 1978, 485, 494.

286 Berman, Emory Journal of International Dispute Resolution (2) 1988, 235, 304.

287 Vergleiche dazu insbesondere 2003 GAFTA Arbitration Rules No. 125 cl. 22 "In the event of any party to an arbitration or an appeal held under these Rules neglecting or refusing to carry out or abide by a final award of the tribunal or board of appeal made under these Rules, the Council of GAFTA may post on the GAFTA Notice Board, Web-site, and/or circulate amongst Members in any way thought fit notification to that effect"; ferner Weise, Lex mercatoria, S. 50 f., der den Börsen- und Rohstoffbörsenschiedsgerichten wegen des hohen Institutionalisierungsgrades eine erhöhte faktische und soziale Bindungswirkung zuspricht.

288 Amin Rasheed Shipping Corp. v. Kuwait Insurance Co. ("The Al Wahab") [1983] 2 All. E. R. 884, abgedruckt in: Magnus, RIW 1984, 321, 326 f.; v. Bar/Mankowski, Internationales Privatrecht, Bd. 1, S. 81; vgl. auch Wengler, ZfRV (23) 1982, 11, 27; Mann, I.C.L.Q. (33) 1984, 193, 196 f.; Kropholler, Internationales Privatrecht, S. 457.

289 MüKo-Sonnenberger, Einleitung zu Art. 3 EGBGB, Rn. 268; Kegel/Schurig, Internationales Privatrecht, § 1 IX d; Kropholler, Internationales Einheitsrecht, S. 121 ff.; Bonell, RabelsZ (42) 1978, 485, 494; ebenfalls Kling, Sprachrisiken im Privatrechtsverkehr, S. 152 ff.

290 Bonell, RabelsZ (42) 1978, 485, 493; Sonnenberger, Verkehrssitten im Schuldvertrag, S. 62 ff.

291 v. Bar/Mankowski, Internationales Privatrecht, Bd. 1, S. 77; Michaels, RabelsZ (62) 1998, 580, 615.

Recht an. Das vom IPR determinierte Auslandsrecht ist demnach gebilligt. Von Kaufleuten autonom gesetztes Recht lässt sich hingegen nicht darunter subsumieren, da die *lex mercatoria* nicht zum Völkerrecht zu zählen ist.[292] Dieses Ergebnis deckt sich mit der Behandlung von Handelsbräuchen. Auch diese gehen lediglich auf eine Sozialgeltung zurück und werden erst kraft gesetzlicher Anordnung (vgl. § 346 HGB) als Rechtsnorm anerkannt.[293] Auch im englischen Recht ist anerkannt, dass die Vertragsfreiheit nicht dazu führt, dass die Parteien sich vom staatlichen Recht lösen können.[294] Zudem verkennen die Vertreter einer autonomen Lösung, dass es kein vollständig anationales Recht gibt. Versagen nämlich die sozialen Druckmittel der Organisationen, so sind Schiedssprüche des nichtstaatlichen Handelsrechts bei der Vollstreckung wiederum auf die staatliche Anerkennung angewiesen.[295] Letztlich weist „die" *lex mercatoria* auch eine zu geringe Systemdichte auf, um als kohärentes und damit autonomes System verstanden werden zu können.[296] Zu unbestimmt und inhaltlich nicht konsistent sind die vielfältigen Rechtsquellen, die zur *lex mercatoria* gezählt werden. Am besten wird das anhand der „allgemeinen Rechtsgrundsätze" deutlich, die zu *lex mercatoria* zählen sollen. Manche Autoren wollen über 20 Grundsätze finden,[297] die Allgemeingültigkeit hätten und demnach zur *lex mercatoria* gehörten.

---

292 Maunz/Dürig-Herdegen, Art. 25 GG, Rn. 14; Spickhoff, RabelsZ (56) 1992, 116, 128; aA wohl Mann, Betrachtungen über ein Völkerhandelsrecht, der von einem Völkerhandelsrecht spricht.

293 MüKo-Schmidt, § 346 HGB, Rn. 1; Bachmann, Private Ordnung, S. 341 ff.; Canaris, Handelsrecht, § 22 Rn. 11; Schmidt, Handelsrecht, § 1 III 3 a; MüKo-Busche, § 157 BGB, Rn. 16; aA Limbach, FS-Hirsch (1968), 77, 80 ff.; Gottwald, Die Revisionsinstanz als Tatsacheninstanz, S. 105 ff.

294 Guest, Benjamin's sale of goods, Rn. 1–13.

295 Roth, Internationales Versicherungsvertragsrecht, S. 541. So gibt es auch für die die Kontrakte der GAFTA einige Entscheidungen, bei der vor staatlichen Gerichten um die Anerkennung und Vollstreckung prozessiert wurde, da die Parteien den Schiedsspruch eben nicht freiwillig honorierten, vgl. Schweizer Entscheidung Züricher Handelsgericht ZR 1990, 193 ff. dargestellt bei Vischer/Huber/Oser, Internationales Vertragsrecht, Rn. 1444; BGH IPRspr. 1990 Nr. 236; BGH IPRax 1991, 244; OLG Hamburg RIW 1991, 152.

296 Spickhoff, RabelsZ (56) 1992, 116, 126; Mankowski, RIW 2003, 2, 13.

297 Mustill, in: Bos/Wilberforce/Wilberforce (Hrsg.), Liber amicorum for Lord Wilberforce (1987), 149, 174 ff., 177 ff.; vgl. auch Molineaux, J.Int'l Arb. (14) 1997, 55, 56 f.

4.7.2 Rechtsgeschäftliche Lösung

Wegen dieser Kritik wurden andere Lösungsansätze entwickelt. Die Vertreter der rechtsgeschäftlichen Lösung gehen davon aus, dass die *lex mercatoria* Regeln rechtsgeschäftlicher Natur enthalten, sodass eine Einbeziehungsvereinbarung nötig ist, um ihnen Geltung zu verschaffen.[298] Teilweise wird auch behauptet, dass die geschlossenen Verträge rechtsordnungslos seien und sich dem staatlichen Recht damit entzögen.

4.7.3 Rechtsordnungsloser Vertrag

Die Theorie vom rechtsgrundlosen Vertrag wurde von *Verdross* entwickelt und sollte insbesondere für Verträge zwischen Privatperson und Staat, internationale Kredit-, Investitions- und Konzessionsverträge gelten.[299] Motivation dafür war, dass der Bürger bei derartigen Verträgen Gefahr läuft, dass der Staat nachträglich das Vertragsrecht ändert und ihn so benachteiligt. Meist wird der Staat aus Souveränitätsgründen auch nicht gewillt sein, ein fremdes Recht anzuwenden. Um dieses Dilemma aufzulösen, wurde früher[300] angenommen, dass der Vertrag rechtsordnungslos sei. Dieses wurde auch auf den internationalen Handel im Allgemeinen übertragen.

4.7.3.1 Das Phänomen des „selbstgenügsamen Vertrages“

Anstatt den Vertrag einem Schuldstatut und damit einer staatlichen Rechtsordnung zu unterstellen, solle sich dieser einzig und allein nach dem Parteiwillen richten (sog. *lex consensualis* oder *lex contractus*).[301] Die Rechtfertigung lässt sich aus der Privatautonomie und dem Grundsatz *pacta sunt servanda* herleiten, die vorrechtlich vorausgesetzt werden.[302] Da Rechtsquelle des rechtsordnungslo-

298 Vgl. Bonell, RabelsZ (42) 1978, 485, 492 f.; Kappus, IPRax 1993, 137, 139 ff.; Coing, in: Klein/Vischer (Hrsg.), Colloque de Bâle sur la loi régissant les obligations contractuelles (1983), 29, 49 ff.; Berger, Formalisierte oder "schleichende" Kodifizierung des transnationalen Wirtschaftsrechts, S. 108; einschränkend Leible, FS-Jayme (2004), 485, 491; vgl. auch Bachmann, Private Ordnung, S. 304 für den Fall einer lex sportiva im Bereich des Sportrechts.

299 Verdross, ZfRV (6) 1965, 129.

300 Spickhoff weist darauf hin, dass der rechtsordnungslose Vertrag nicht mehr im Vordergrund der neueren Diskussion stehe: Spickhoff, RabelsZ (56) 1992, 116, 126.

301 Wetter, I.C.L.Q. (29) 1980, 210; Verdross, ZfRV (6) 1965, 129, 131.

302 Spickhoff, RabelsZ (56) 1992, 116, 125.

sen Vertrages dieser selbst ist und Lücken notfalls über allgemeine Rechtsgrundsätze oder Handelsbräuche geschlossen werden,[303] ist dieser nicht anational.[304] Er hat also nicht den Anspruch neben staatlichem Recht zu stehen, sondern will lediglich aus sich selbst heraus interpretiert und angewendet werden. Dieser Gedanke fußt auf der Beobachtung der Vertragspraxis. Verträge, wie auch die der GAFTA, enthalten nach dem Vorbild der amerikanischen Kautelarpraxis eine fast vollständige Regelung der Vertragsbeziehungen, sodass sie sich mehr und mehr vom nationalen Recht loslösen.[305] Geregelt sind sowohl Fragen zum Abschluss, der Wirksamkeit sowie Auslegung, Änderung und Beendigung des Vertrages als auch Beweisregeln. Selbst wenn ein anwendbares Recht vereinbart wird, so spielt dieses nur noch dann eine Rolle, wenn der Vertrag eine Rechtsfrage weder direkt noch im Wege der ergänzenden Auslegung beantwortet.[306] Aus diesem Grunde spricht man auch vom selbstgenügsamen Vertrag[307] oder *self regulatory contract*.[308] Diese Vertragsgestaltung soll nicht nur der Loslösung vom staatlichen Recht dienen, sondern auch helfen Konflikte im Vorfeld zu vermeiden. Je genauer die vertraglichen Pflichten im Vorfeld geregelt sind, umso weniger Rechtsunsicherheit besteht zwischen den Parteien.

4.7.3.2 Ablehnung des rechtsordnungslosen Vertrags

Während diese These für Verträge zwischen Staat und Privatmann noch Zuspruch fand,[309] wird sie für den internationalen Handelsverkehr in ihrer Allge-

---

303 Verdross, ZfRV (6) 1965, 129, 131; vgl. Reithmann/Martiny-Martiny, Rn. 74.

304 Roth, Internationales Versicherungsvertragsrecht, S. 549.

305 Darauf weist hin: Schmidtchen, in: Ott/Schäfer (Hrsg.), Vereinheitlichung und Diversität des Zivilrechts in transnationalen Wirtschaftsräumen (2002), 1, 13; vgl. auch Roth, Internationales Versicherungsvertragsrecht, S. 549; Slabotzky, Grain contracts and arbitration, S. 12 für die Kontrakte der GAFTA, die im englischen Recht wegen ihres Umfangs an kleingedruckten Klauseln als boilerplate contracts bezeichnet werden.

306 Wetter, I.C.L.Q. (29) 1980, 212; Schmidtchen, in: Ott/Schäfer (Hrsg.), Vereinheitlichung und Diversität des Zivilrechts in transnationalen Wirtschaftsräumen (2002), 1, 13.

307 Schmidtchen, in: Ott/Schäfer (Hrsg.), Vereinheitlichung und Diversität des Zivilrechts in transnationalen Wirtschaftsräumen (2002), 1, 13; Roth, Internationales Versicherungsvertragsrecht, S. 549; Gruber, Methoden des internationalen Einheitsrechts, S. 38; Stein, Lex mercatoria, S. 41 f. mwN.

308 Schmitthoff/Cheng, Clive M. Schmitthoff's select essays on international trade law, S. 182 f.; Berger, The creeping codification of the new lex mercatoria, S. 4.

309 Roth, Internationales Versicherungsvertragsrecht, S. 552.

meinheit überwiegend abgelehnt.[310] Schließlich sind die wenigsten Verträge wirklich selbstgenügsam. Kein Vertrag kann alle Fragen regeln, wenn er nicht den Umfang einer Gesetzeskodifikation hat.[311] Lücken werden sich daher nie vermeiden lassen. Dagegen lässt sich erwägen, dass diese Lücken gerade über allgemeine Grundsätze und Handelsbräuche aufgefüllt werden. Damit ist der Vertrag zwar rechtsordnungs- aber nicht rechts*grund*los. Jedoch ist der Gedanke des Fehlens jeglicher Regeln schon aus soziologischer Sicht verfehlt. Wer sich allein auf das Gute im Menschen bei der Vertragsgestaltung verlässt, übersieht schnell, dass es in der Gesellschaft Regeln geben muss, um das Zusammenleben zu ordnen. Das gilt auch im internationalen Handel. Hier sind zwar meist keine strukturell benachteiligten Personen, wie Verbraucher, beteiligt, doch gibt es auch hier zwingendes Recht, das die schwächere Partei vor selbstsüchtigen Versuchen des wirtschaftlich stärkeren Vertragspartners schützt.[312] Eingriffsnormen, die zwingende Allgemeininteressen schützen, müssen ebenfalls durchgesetzt werden. Zwar ließe sich dieses auch über den *ordre public* – spätestens bei der Anerkennung von Schiedssprüchen zur Vollstreckung – zur Anwendung bringen, doch kann es nicht dessen Aufgabe sein, gänzlich fehlende Elemente eines angeblich eigenständigen Rechtssystems zu ersetzen.[313] Zudem ist auch aus dem Grundsatz von *pacta sunt servanda* nichts Eigenständiges herzuleiten, da dieser den Vertragsbegriff voraussetzt, nicht aber klärt, wann überhaupt ein für die Parteien bindender Vertrag vorliegt.[314] Ferner ist es nach überwiegender und richtiger Ansicht nicht einmal möglich eine negative Rechtswahl vorzunehmen und damit jegliches staatliches Recht abzuwählen.[315] Wenn also nicht einmal rechtsgeschäftlich der Vertrag seinem ihn tragenden Gerüst entzogen werden kann, so kann man dieses erst recht nicht per se für jeden Vertrag des internationalen

---

310 Stoll, RIW/AWD 1981, 808, 809; Roth, Internationales Versicherungsvertragsrecht, S. 553; Grigera Naón, Choice-of-law problems in international commercial arbitration, S. 128; Kling, Sprachrisiken im Privatrechtsverkehr, S. 152; Weise, Lex mercatoria, S. 69 ff.

311 Kopelmanas, in: Schmitthoff (Hrsg.), The sources of the law of international trade (1964), 118, 124.

312 Roth, Internationales Versicherungsvertragsrecht, S. 553; Spickhoff, RabelsZ (56) 1992, 116, 126.

313 Spickhoff, RabelsZ (56) 1992, 116, 132.

314 Stoll, RIW/AWD 1981, 808, 809.

315 Kropholler, Internationales Privatrecht, S. 457, 479; MüKo-Martiny, Art. 3 Rom I-VO, Rn. 40; Spickhoff, RabelsZ (56) 1992, 116, 126; Tassikas, Dispositives Recht und Rechtswahlfreiheit als Ausnahmebereiche der EG-Grundfreiheiten, S. 47 f.; anders Handorn, Das Sonderkollisionsrecht der deutschen internationalen Schiedsgerichtsbarkeit, S. 109; Lorenz, RIW 1987, 569, 573.

Handels annehmen. Aus diesen Gründen ist die Lehre vom rechtsordnungslosen Vertrag abzulehnen.

4.7.4 Enge rechtsgeschäftliche Lösung

Die Vertreter der engen rechtsgeschäftlichen Lösung[316] sehen die *lex mercatoria* hingegen nicht als autonome Rechtsordnung an, sondern integrieren diese in das System nationaler Rechte.

Dabei wird teilweise vertreten, dass die *lex mercatoria* dem staatlichen Recht gleichgestellt sei und als Vertragsstatut vereinbart werden könne.[317] Teilweise wird sogar angenommen, dass die *lex mercatoria* auch als objektives Statut angeknüpft werden könne.[318] Gegenüber der Vereinbarung staatlichen Rechts gibt es keine Besonderheiten, da sich diese These in das bestehende System des IPR integriert. Eingriffsnormen werden nach wie vor gesondert angeknüpft und auch der *ordre public* gilt.[319] Treten Lücken in der *lex mercatoria* auf, so sollen diese über das objektiv berufene Statut gefüllt werden.[320]

Lehnt man jedoch die *lex mercatoria* als autonomes System wegen ihrer Lückenhaftigkeit ab,[321] so muss man das konsequenterweise auch für das Vertragsstatut so sehen.[322] Was man bei der Wahl allgemeiner Grundsätze eigentlich wählen würde, dürfte weder Kaufleuten noch sonst jemandem im Voraus wirklich bewusst sein.[323] Rechtssicherheit wird so nicht erzeugt. Insbesondere wenn man die *lex mercatoria* als objektives Statut zulässt, so stünde man vor den gleichen Problemen wie bei der autonomen Lösung – man wäre nur auf anderem Wege dorthin gelangt. Im Übrigen stellt sich die Frage, wie man die *lex mercatoria* überhaupt objektiv anknüpfen will. Da diese im Gegensatz zum nationalen

---

316 Auch Subsidiaritästheorie genannt, vgl. Kling, Sprachrisiken im Privatrechtsverkehr, S. 153.

317 Kappus, IPRax 1993, 137, 139 ff.; Coing, in: Klein/Vischer (Hrsg.), Colloque de Bâle sur la loi régissant les obligations contractuelles (1983), 29, 49 ff.; Berger, Formalisierte oder "schleichende" Kodifizierung des transnationalen Wirtschaftsrechts, S. 108; zustimmend aber einschränkend Leible, FS-Jayme (2004), 485, 491.

318 Kappus, IPRax 1993, 137, 141.

319 Kappus, IPRax 1993, 137, 140 mwN.

320 Vgl. Reithmann/Martiny-Martiny, Rn. 73.

321 Siehe oben Seite 59.

322 Vgl. Wengler, ZfRV (23) 1982, 11, 16, 18, 25.

323 Mankowski, RIW 2003, 2, 13; Mankowski, IPRax 2006, 101, 102.

Recht nicht räumlich begrenzt ist, lässt sie sich schwer den üblichen Anknüpfungsmethoden unterwerfen.[324]

Zudem war schon im Rahmen von Art. 27 Abs. 1 EGBGB anerkannt, dass die *lex mercatoria* nicht als Recht gewählt werden könne, da vom Wortlaut der Norm nur staatliches Recht erfasst war. Diese ließ sich insbesondere mit einem systematischen Vergleich zu Art. 28 EGBGB begründet, der als objektives Statut das „des Staates" festlegt, zu dem die engsten Verbindungen vorliegen. Insofern war der Begriff in Art. 27 Abs. 1 EGBGB ebenso auszulegen.[325] Diese Ansicht hat sich mit der Schaffung der Rom I-VO[326] jüngst bestätigt. Zunächst war im Kommissionsvorschlag davon die Rede, dass die Rechtswahlmöglichkeit in Art. 3 Rom I-VO ausgedehnt werden solle und die Parteien auch allgemeine Rechtsgrundsätze wählen können sollen.[327] Dieses wäre nicht nötig gewesen, wenn man unter dem EVÜ die Wahl eines nichtstaatlichen Rechts schon anerkannt hätte. Da sich der Kommissionsentwurf letztlich nicht durchgesetzt hat und auch dort schon anerkannt war, dass die *lex mercatoria* für eine Wahl zu unpräzise sei,[328] dürfte endgültig feststehen, dass im Rahmen der Rom I-VO nur staatliches Recht gewählt werden kann.[329] Dieses wird letztlich dadurch untermauert, dass Art. 2 sowie Art. 5-8 Rom I-VO sich dem Wortlaut nach auf das Recht von Staaten beziehen.[330]

4.7.5 Transnationale Lösungsversuche

Die von *Bonell*[331] entwickelte Lehre vom transnationalen Recht gibt sich im Gegensatz zur autonomen Lösung vergleichsweise bescheiden. Sie behauptet nicht, dass die *lex mercatoria* eine eigene Rechtsordnung sei. Stattdessen wird von der

---

324 So auch Reithmann/Martiny-Martiny, Rn. 73.

325 Spickhoff, RabelsZ (56) 1992, 116, 134.

326 Verordnung (EG) Nr. 593/2008 des Europäischen Parlaments und des Rates vom 17. Juni 2008 über das auf vertragliche Schuldverhältnisse anzuwendende Recht (Rom I).

327 Vorschlag für eine Verordnung des Europäischen Parlaments und des Rates über das auf vertragliche Schuldverhältnisse anzuwendende Recht (Rom I), von der Kommission vorgelegt am 15.12.2005, S. 650 unter 4.2 Art. 3 Abs. 2.

328 vgl. Mankowski, IPRax 2006, 101, 102. Der Entwurf bezog sich daher eher auf die Lando-Principles oder die UNIDROIT Principles, vgl. KOM (2005) 650, S. 6 zu Art. 3.

329 Schinkels, GPR 2007, 106, 107 f.; Clausnitzer/Woopen, BB 2008, 1798, 1799; vgl. auch Staudinger, AnwBl. 2008, 8, 9.

330 MüKo-Martiny, Art. 3 Rom I-VO, Rn. 28.

331 Bonell, RabelsZ (42) 1978, 485.

Existenz mehrerer Rechtsordnungen ausgegangen und beim materiellen Recht nach Lösungen für den internationalen Handelsverkehr gesucht.[332] Dazu sollen eigene Entscheidungsnormen entwickelt werden, anhand derer die privatautonom entwickelten Rechtsgrundsätze zu überprüfen sind. Diese Normen seien durch Rechtsvergleichung der beteiligten Rechtsordnungen zu ermitteln.[333]

Diese These erinnert an die Diskussion um die richtige Methode zur Qualifikation ausländischer Rechtsinstitute. Auch hier wurde vertreten, man solle rechtsvergleichend vorgehen,[334] was von *Gamillscheg* richtigerweise als „dem Irdischen verwehrt“ beschrieben wurde.[335] Nichts anderes kann auch für die Lehre vom transnationalen Recht und deren rechtsvergleichende Versuche gelten. Selbst wenn alle in Betracht kommenden Rechte bezüglich einer Detailfrage gleiche Lösungsansätze gehen, so entstünde ein erheblicher Rechtsermittlungsaufwand.[336] Staatlichen Gerichten dürfte in der Regel die nötige Sachkunde im Auslandsrecht fehlen, sodass nach § 293 ZPO ein auslandsrechtliches Gutachten einzuholen ist. Dessen Kosten stehen häufig wohl kaum in einem angemessenen Verhältnis zum Nutzen. Oben wurde zudem entscheidend herausgestellt, dass Kaufleute die Rechtsunsicherheit gerade fürchten.[337] Eine transnationale Betrachtung würde diese aber gerade herbeiführen. Auch Rechtsberater dürften Schwierigkeiten haben, den vom Gericht letztlich favorisierten Ansatz vorhersehen zu können.

Weitere Bedenken bestehen, wenn die einzelnen nationalen Rechtsordnungen zu divergierenden Lösungen kommen.[338] Nach dieser Lehre obliegt einzig und allein dem Richter die Entscheidung darüber, welche Lösung ihm international am meisten gangbar erscheint.[339] Das kann bei der Überschätzung der Vorzüge des eigenen Rechtssystems oder eigener Rechtsvorstellungen schnell zu unaufrichtigen Entscheidungen führen.[340] Dem Richter die Entscheidung über die

---

332 Bonell, RabelsZ (42) 1978, 485, 496 ff.; Kötz, RabelsZ (34) 1970, 663, 677; vgl. auch Roth, Internationales Versicherungsvertragsrecht, S. 558.

333 Spickhoff, RabelsZ (56) 1992, 116, 122; MüKo-Sonnenberger, Einleitung zu Art. 3 EGBGB, Rn. 269.

334 So insb. Rabel, RabelsZ (5) 1931, 257, 257, 287; abl. Kegel/Schurig, Internationales Privatrecht; v. Bar/Mankowski, Internationales Privatrecht, Bd. 1, S. 653; Gamillscheg, FS-Michaelis (1972), 79, 82.

335 Gamillscheg, FS-Michaelis (1972), 79, 82 mwN.

336 Kötz, RabelsZ (34) 1970, 663, 676.

337 Siehe oben Seite 30.

338 Spickhoff, RabelsZ (56) 1992, 116, 122 glaubt, dass auch dann eine transnationale Lösung möglich sei, solange man nur genügend prüfe.

339 Spickhoff, RabelsZ (56) 1992, 116, 122.

340 I.C.L.Q. (1) 1952, 247.; Kötz, RabelsZ (34) 1970, 663, 675 mwN.

anzuwendenden Vorschriften zu überlassen, ist zudem ein Verstoß gegen die Gewaltenteilung (Art. 20 Abs. 3 GG). Man muss es schon dem Gesetzgeber überlassen, ein Recht für den globalen Handel zu schaffen. Dieser ist im Übrigen auch nicht untätig geblieben, sondern hat sich an der Vereinheitlichung von Sach- und Kollisionsrecht versucht. Dass dieses möglicherweise nicht die Bedürfnisse der Praxis trifft, darf jedenfalls nicht dazu führen, den Richter gleichzeitig in die Position eines Legislativorgans zu erheben.[341] Zudem besteht auch gar keine praktische Notwendigkeit für die Schaffung neuer Entscheidungsnormen. Ist das anwendbare Recht nach allen betroffenen Rechtsordnungen gleich, so kann der Richter die Frage nach dem Vertragsstatut ohnehin offen lassen.[342]

Im Übrigen bergen transnationale Lösungen immer die Gefahr, dass vorschnell Grundsätze angenommen werden, die in dieser Generalität gar nicht existieren. So nahm der *Gerichtshof der Europäischen Gemeinschaft für Kohle und Stahl* in seiner Entscheidung vom 10.12.1957 beispielsweise an, dass in den Ländern der Gemeinschaft der anerkannte Rechtsgrundsatz gelte, wonach schriftliche Willenserklärungen wirksam werden, sobald sie ordnungsgemäß in den Machtbereich des Empfängers gelangten. In dieser Generalität existiert der Grundsatz aber weder in Deutschland noch in anderen europäischen Ländern.[343]

4.7.6 Fazit: keine Autonomie der *lex mercatoria*

Die *lex mercatoria* ist in Ermangelung einer hinreichenden Systemdichte und festen Kontur damit weder autonomes Recht noch wählbares oder gar objektives Vertragsstatut.[344] Dieses hat vor allem die Untersuchung der GAFTA-Kontrakte gezeigt, die oft als Paradefall einer *lex mercatoria* herangezogen werden. Tatsächlich behandeln sie wesentliche Aspekte aber gar nicht und verweisen stattdessen auf das staatliche Recht.

---

341 Vergleich aber Art. 1 Abs. 2, 3 Schweizerisches ZGB, bei dem der Richter im Falle der Ermangelung an Gewohnheitsrecht die Befugnis erhält, eine Lösung zu entwickeln, die er als Gesetzgeber aufstellen würde, dazu Zweigert/Kötz/Zweigert-Kötz, Einführung in die Rechtsvergleichung, S. 17.

342 Spickhoff, RabelsZ (56) 1992, 116, 123; MüKo-Sonnenberger, Einleitung zu Art. 3 EGBGB, Rn. 270.

343 Langen, Transnationales Recht, S. 29 mit dem Hinweis, dass diese Generalität weder für den beteiligten französischen noch italienischen Rechtskreis gilt.

344 So auch Mankowski, RIW 2003, 2, 13; Mankowski, IPRax 2006, 101, 102; MüKo-Sonnenberger, Einleitung zu Art. 3 EGBGB, Rn. 267; Spickhoff, RabelsZ (56) 1992, 116, 133 f.; Michaels, RabelsZ (62) 1998, 580, 595 ff.; Kling, Sprachrisiken im Privatrechtsverkehr, S. 154.

Nähme man trotzdem ein autonomes Recht an, so würde man den Rechtsquellen im internationalen Handel eine andere Qualität als im Binnenhandel beimessen.[345] Auch hier gibt es vergleichbare Erscheinungen, wenn die Parteien sich in Allgemeinen Geschäftsbedingungen vom dispositiven Recht weitgehend freizeichnen. Dennoch ist gefestigte Ansicht, dass diese sich in das staatliche Recht integrieren müssen.[346] Die *lex mercatoria* kommt daher lediglich in den Grenzen der Privatautonomie zum Zuge, die das jeweilige Vertragsstatut verleiht. Vertragsstatut ist also immer ein nationales Recht. Die *lex mercatoria* kann also nur Lücken im nationalen Recht füllen, indem sie – wie sonstige Parteiabsprachen auch – dispositives Recht verdrängt.[347] Das kann freilich dazu führen, dass die Institute des Welthandelsrechts im innerstaatlichen Recht verworfen werden.[348] So entschied beispielsweise das Reichsgericht, dass die Klausel „Kasse gegen Dokumente" gegen § 242 BGB verstoße, denn der Käufer müsse zahlen, ohne die Ware zuvor untersucht zu haben.[349] Dieses ist jedoch nur konsequent, wenn man davon ausgeht, dass staatliches Recht den Rahmen bildet, in das sich die Parteiabsprachen einfügen müssen. Eine Notwendigkeit, ein eigenes System zu schaffen, besteht überdies gar nicht. Das deutsche Recht ignoriert die Übungen, Gewohnheiten und Anschauungen des Handels nämlich gar nicht. Diese werden stattdessen als Handelsgewohnheitsrecht, Handelsbrauch[350] (§ 346 HGB) oder auch zur Auslegung von Willenserklärungen[351] (§§ 157, 133 BGB)

---

345 Vgl. aber Raiser, Das Recht der allgemeinen Geschäftsbedingungen, S. 59 ff. mwN. Auch für das Inland wurde die Stellung der Allgemeinen Geschäftsbedingungen in der Rechtsquellenlehre früher diskutiert. Teilweise wurde eine „Verbandsautonomie" als Rechtsquelle angesehen, vgl. ausführlich Manigk, Die Privatautonomie im Aufbau der Rechtsquellen, S. 62 ff. Vgl. auch Bachmann, Private Ordnung, S. 119 f. und Tilmann, Rechtssetzung durch Private bei nationalen und internationalen Klauselwerken des Handels, S. 24 ff. zur Einordnung der Klauselwerke im Kartoffelhandel, ferner RGZ 170, 233, 240, die bei allgemeinen Geschäftsbedingungen weniger als noch von einem Vertrag, als einer „Rechtsordnung" sprachen.

346 Vgl. statt aller Hellwege, Allgemeine Geschäftsbedingungen, einseitig gestellte Vertragsbedingungen und die allgemeine Rechtsgeschäftslehre, S. 339 mwN; Bachmann, Private Ordnung, S. 122 f.; Schmidt, Handelsrecht, § 1 III 5.

347 So auch Reithmann/Martiny-Martiny, Rn. 72; Schmitthoff, in: Schmitthoff (Hrsg.), The sources of the law of international trade (1964), 3, 35 f.

348 Vgl. Bonell, RabelsZ (42) 1978, 485, 487 f.

349 RG JW 1932, 586, 588; offenlassend OLG Hamburg AWD 1962, 52 mit Anm.: Grimm.

350 Vgl. BGH WM 1973, 677, 678; Schlegelberger/Gessler, Handelsgesetzbuch, § 346 HGB Rn. 8 ff.

351 Roth, Internationales Versicherungsvertragsrecht, S. 547; Schlegelberger/Gessler, Handelsgesetzbuch, § 346 HGB Rn. 3.

herangezogen und so in das bestehende Rechtssystem inkorporiert. Die Schaffung eines ganz neuen Systems in der Rechtsquellenlehre ist daher überflüssig.

Dass die Schiedsgerichte dennoch teilweise eine *lex mercatoria* anwenden, hat weniger etwas damit zu tun, dass ein Sonderrecht der Schiedsgerichte[352] vorliegt, sondern damit dass die Parteien das Gericht zu einer Billigkeitsentscheidung *(amiable composition, ex aequo et bono)* ermächtigen können (vgl. Art. VII Abs. 2 Europäisches Übereinkommen der internationalen Handelsschiedsgerichtsbarkeit 1961).[353] Die *lex mercatoria* kann dann in diesem Rahmen die Billigkeitsentscheidung konkretisieren.

Im Endeffekt wird man die *lex mercatoria* daher lediglich als Sammelbegriff für die Gebräuche und Grundsätze verstehen dürfen, die die Parteien internationaler Verträge binden und von internationalen Schiedsrichtern ohne Berücksichtigung des Schuldstatuts angewendet werden.[354] Die *lex mercatoria* ist nach der hier vertretenen Ansicht also lediglich deskriptiver und nicht normativer Natur.

---

352 Davon spricht aber Reithmann/Martiny-Martiny, Rn. 73; ablehnend Michaels, RabelsZ (62) 1998, 580, 615 f.; zur Schiedspraxis ICC-Schiedsspruch Nr. 2291, Clunet 103 (1976), 989; ICC-Schiedsspruch Nr. 3540, Clunet 108 (1981), 914; Böckstiegel, FS-Beitzke (1979), 443, 456 ff.

353 Dazu Spickhoff, RabelsZ (56) 1992, 116, 134; Baur, Neuere Probleme der privaten Schiedsgerichtsbarkeit, S. 21 ff.; Lohmann, Parteiautonomie und UN-Kaufrecht, S. 83 f.; Molineaux, J.Int'l Arb. (14) 1997, 55, 62; vgl. auch Kronke, RIW 1998, 257, 261 zur praktischen Bedeutung derartiger Vereinbarungen; Dasser, Internationale Schiedsgerichte und Lex mercatoria, S. 145 f. zur Rechtslage im Ausland.

354 Vgl. Stein, Lex mercatoria, S. 194; ähnlich Röder, Rechtsbildung im wirtschaftlichen "Weltverkehr", S. 48, der betont, dass gerade durch die Verwendung von Standardbedingungen keine neue Rechtsordnung geschaffen werde.

5 Einführung ins englische Recht

Die Verträge der GAFTA unterliegen kraft ausdrücklicher Rechtswahl dem englischen Recht:

> „[...] this contract shall be construed and take effect in accordance with the laws of England [...]"[355]

Daher sollen nachfolgend kurz die Grundlagen zum englischen Vertragsrecht aufgegriffen werden. So werden sich die vertraglichen Erscheinungen besser einordnen lassen.

5.1 Allgemeines zum Vertragsrecht

5.1.1 Rechtsquellen des englischen Zivilrechts

In England gilt primär das *common law*. Dieses ist durch die Rechtsprechung der Gerichte geprägt und blickt auf die Präjudizien *(precedent cases)* einer Rechtsprechung von Jahrhunderten zurück.[356] Dabei muss der Richter sich an die Rechtssätze *(ratio decidendi)* bereits ergangener Entscheidungen halten und darf schon entschiedene Rechtsfragen nicht erneut aufrollen *(doctrine of stare decisis)*.[357] Ergänzt wird dieses Fallrecht durch das System der *equity*, eine Art Billigkeitsrechtsprechung, die angewendet wird, um Lücken zu füllen, die das *common law* lässt,[358] sodass die *equity* mit der deutschen Rechtsprechung zu § 242 BGB vergleichbar ist.[359] Während diese früher noch in einer separaten Gerichtsbarkeit geltend gemacht werden musste, wurde sie mit den *Judicature Acts* von 1873 und 1875 mit dem *common law* vereint.[360]

---

355 Alle Verträge der GAFTA, vgl. nur cl. 26 GAFTA 100.

356 Doerfert, JA 1998, 435; Döser, NJW 2000, 1451, 1452; Vgl. zur Geschichte v. Bernstorff, Einführung in das englische Recht, Bd. 132, S. 3 f.; Blechschmidt, ZfRV (28) 1987, 3.

357 „stare decisis et non quieta movere", vgl. Plötzgen, Präjudizienrecht im angelsächsischen Rechtskreis, S. 33; Pilny, Präjudizienrecht im anglo-amerikanischen und im deutschen Recht, Bd. 122, S. 18 ff.; Niemann, Die rechtsgeschäftliche und organschaftliche Stellvertretung und deren kollisionsrechtliche Einordnung, S. 79.

358 Blechschmidt, ZfRV (28) 1987, 3.

359 Schmitthoff, FS-Caemmerer (1978), 1049.

360 v. Bernstorff, Einführung in das englische Recht, Bd. 132, S. 7; Blechschmidt, ZfRV (28) 1987, 3, 10.

Mit diesen Merkmalen unterscheiden sich *common law* und *equity* grundlegend von den kodifizierten Rechtsordnungen. Während Erstere den Ansatz verfolgen, Probleme erst dann zu lösen, wenn sie auftreten, wollen Letztere jegliche erdenkbaren Probleme bereits im Voraus erfassen.[361]

Seit dem Ende des 19. Jahrhunderts wurden wichtige Rechtsbereiche zunehmend kodifiziert *(statute law)*. Die Kodifikationen beruhen meist auf dem zuvor entwickelten Fallrecht.[362] Dieses *statute law* nimmt jedoch nur eine Rechtsquelle zweiten Ranges ein, indem das Fallrecht lediglich ergänzt oder geringfügig korrigiert wird.[363] Gewohnheitsrecht *(custom)* kann ebenfalls als Rechtsquelle dienen, auch wenn die meisten Bräuche mittlerweile in das Fallrecht integriert wurden. Bleiben nach Anwendung obiger Quellen noch Lücken, so werden diese nach den Regeln der Vernunft *(reason)* geschlossen: Nur ganz subsidiär wird auf Meinungen aus der Lehre *(books of authority)* Rücksicht genommen.[364]

5.1.2 Rechtsquellen des englischen Kauf- und Handelsrechts

Für das englische Kauf- und Handelsrecht gibt es im Grunde genommen drei wichtige Rechtsquellen. Während primär das Fallrecht gilt, wird dieses durch den *Sale of Goods Act 1979* (nachfolgend *SoGA*) unterstützt, der die Rechtsbeziehungen zwischen Käufer und Verkäufer regelt. Jener dient nach obigen Ausführungen jedoch nur als subsidiäre Quelle. Das stellt s. 62(2) SoGA ausdrücklich klar, indem er *common law* und *law merchant* für anwendbar erklärt. Noch deutlicher wird das, wenn teilweise auf die Instrumente des *common law* verwiesen wird; so beispielsweise für die Notwendigkeit der Geschäftsfähigkeit[365] oder für Unmöglichkeit[366] und Zinszahlungen.[367] Der SoGA beruht auf seinem Vorläufer aus dem Jahre 1893, wurde jedoch teilweise ergänzt und weiterentwickelt – zuletzt insbesondere durch die Umsetzung der Verbrauchsgüterkaufricht-

361 Doerfert, JA 1998, 435.

362 Triebel, Englisches Handels- und Wirtschaftsrecht, Bd. 15, Rn. 25, 36; v. Bernstorff, Einführung in das englische Recht, Bd. 132, S. 1.

363 v. Bernstorff, Einführung in das englische Recht, Bd. 132, S. 10; Baus, ZVglRWiss (103) 2004, 219, 220.

364 Blumenwitz, Einführung in das anglo-amerikanische Recht, S. 80 ff.

365 s. 3(1) SoGA.

366 s. 11(6) SoGA.

367 s. 54 SoGA.

linie.[368] Er enthält dabei weitgehend dispositives Recht, sodass die Parteien abweichende Vereinbarungen treffen können, wovon in der Praxis in umfangreichen Formularbedingungen Gebrauch gemacht wird.[369] Nur wenn Lücken im Vertragswerk auftreten, kann wieder auf den SoGA zurückgegriffen werden.

Der SoGA wird schließlich durch weitere Gesetze, wie beispielsweise den *Unfair Contract Terms Act 1977 (UCTA)*[370] oder den *Factors Act 1889*, in besonderen Teilfragen ergänzt. Auch für entlegenere Bereiche wie das Wechselrecht gibt es noch Sonderbestimmungen wie den *Bills of Exchange Act 1882.* Zudem finden sich gerade im Handelsrecht nach wie vor noch gewohnheitsrechtliche Regeln.[371] Handelsbräuche können ebenfalls Vertragsbestandteile werden, wenn Sie dem Vertragstext nicht widersprechen.[372]

5.1.3 Gegenstand des Kaufvertrages

Was ein Kaufvertrag ist, wird in s. 2(1) SoGA definiert. Die Norm regelt die Anwendbarkeit und gibt gleichzeitig auch Aufschluss über die Merkmale eines Kaufvertrages. Demnach handelt es sich dabei um einen

> „contract by which the seller transfers or agrees to transfer the property in goods to the buyer for a money consideration, called the price."

Während im deutschen Recht bewegliche und unbewegliche Sachen sowie Rechte (§ 453 BGB) verkauft werden können, erfassen die Vorschriften des SoGA nur Waren und damit bewegliche Sachen.[373] Das entspricht auch dem Regelungsgehalt des UN-Kaufrechts.[374]

---

368 Richtlinie 1999/44/EG des Europäischen Parlaments und des Rates vom 25. Mai 1999 zu bestimmten Aspekten des Verbrauchsgüterkaufs und der Garantien für Verbrauchsgüter; Vgl. dazu Linder, ZfRV 2005, 3; Arnold/Unberath, ZEuP 2004, 366; Zerres, RIW 2003, 746; zur alten Rechtslage Dietrich, VuR 1995, 399.

369 Triebel, Englisches Handels- und Wirtschaftsrecht, Bd. 15, Rn. 202; vgl. auch s. 55 SoGA.

370 Ausführlich zum UCTA noch unten Seite 94.

371 Vgl. Goodwin v. Roberts [1875] L.R. 10 Ex. 346; Bechaunaland Exploration Co. v. London Trading Bank Ltd. [1898] 2 Q.B. 658, 666 ff. (QBD); v. Bernstorff, Einführung in das englische Recht, Bd. 132, S. 16; Blumenwitz, Einführung in das angloamerikanische Recht, S. 80; Perreau-Saussine/Murphy, The nature of customary law, S. 262; aATriebel, Englisches Handels- und Wirtschaftsrecht, Bd. 15, Rn. 45.

372 Triebel, Englisches Handels- und Wirtschaftsrecht, Bd. 15, Rn. 44.

373 v. Bernstorff, Einführung in das englische Recht, Bd. 132, S. 89; Kircher, Die Voraussetzungen der Sachmängelhaftung beim Warenkauf, S. 132.

374 Vgl. insb. Art. 1 Abs. 1 CISG und Staudinger-Magnus, Art. 1 CISG, Rn. 12.

Dabei wird definitorisch noch einmal nach dem Zeitpunkt der Erfüllung des Vertrages in einen *sale*[375] und ein *agreement to sell*[376] unterschieden. Diese Differenzierung resultiert aus der Tatsache, dass es im Kaufrecht des *common law* kein Trennungsprinzip gibt; das Eigentum also bei einem *sale* mit dem Vertragsschluss übertragen wird.[377] Soll der Eigentumsübergang bezüglich der Ware hingegen erst in der Zukunft stattfinden, so spricht man von einem *agreement to sell.* Dieses gibt dem Käufer unmittelbar nach Vertragsabschluss noch keine Rechte an der Ware selbst. Der Verkäufer ist jedoch verpflichtet, ihm das Eigentum an der Ware zu einem späteren Zeitpunkt zu verschaffen.[378] Bei Distanzverträgen wie dem Überseekauf liegt daher immerzu ein *agreement to sell* vor.

5.2 Vertragsschluss durch „*Offer and acceptance*"

Auch im englischen Recht kommt ein Vertrag durch Angebot und Annahme zustande *(offer and acceptance)*.[379] Beide Erklärungen werden erst dann wirksam, wenn sie dem anderen Teil zugegangen *(communicated)* sind. Dabei verlegt das englische Recht den Zeitpunkt des Zugangs jedoch vor, wenn es um Willenserklärungen unter Abwesenden geht. Im Zentrum steht die sogenannte *mailbox-rule*.[380] Danach wird die Post als Vertreter des Empfängers aufgefasst,[381] sodass der Zugang bereits in dem Moment bejaht wird, in dem die Erklärung in die Post gegeben wird. Diese Regel wird allerdings gelegentlich relativiert, indem das Ergebnis einem Vernünftigkeitstest unterzogen wird.[382] Somit kann sich beispielsweise derjenige nicht auf die Regel berufen, der den Brief nicht ordnungs-

375 SoGA, s. 2(4).

376 SoGA, s. 2 (5).

377 Triebel, Englisches Handels- und Wirtschaftsrecht, Bd. 15, Rn. 212; vgl.auch SoGA s. 17 "Where there is a contract for the sale of specific or ascertained goods the property in them is transferred to the buyer at such time as the parties to the contract intend it to be transferred."

378 Guest, Benjamin's sale of goods, Rn. 1–26.

379 Shears/Stephenson/James, James' introduction to English law, S. 221; Doerfert, JA 1998, 435, 436; Triebel, Englisches Handels- und Wirtschaftsrecht, Bd. 15, Rn. 66; Chitty, Chitty on contracts, Bd. 1, Rn. 2-001; Sayn-Wittgenstein-Berleburg, Allgemeine Geschäftsbedingungen im englischen Recht, S. 5.

380 Adams v. Lindsell [1818] B. & Ald. 681; Household Fire & Carriage Accident Insurance Co. Ltd. v. Grant [1879] L.R. 4 Ex. D. 216, 219 f. (CA);Chitty, Chitty on contracts, Bd. 1, Rn. 2-048 ff.

381 Krit.Zweigert/Kötz/Zweigert-Kötz, Einführung in die Rechtsvergleichung, S. 357.

382 Doerfert, JA 1998, 435, 437.

gemäß adressiert oder frankiert hat. Wird der Vertrag telefonisch abgeschlossen, so müssen die Erklärungen vom anderen Vertragsteil wahrgenommen werden, die *mailbox-rule* gilt nicht. Selbiges gilt auch für den Vertragsschluss per E-Mail oder Fax.[383]

Das so wirksam gewordene Angebot muss zudem angenommen werden. Dazu muss das Angebot endgültig und bedingungslos gebilligt werden. Annahmen unter Erweiterungen oder Änderungen sind wie im deutschen Recht keine Annahme, sondern können ein Gegenangebot darstellen.[384] Zudem muss die Annahme rechtzeitig erfolgen. Wurde dafür eine Zeitspanne bestimmt, so muss die *acceptance* innerhalb dieser erklärt werden. Anderenfalls muss die Annahme innerhalb einer angemessenen Frist erklärt werden, deren Länge sich nach den Umständen bestimmt.[385] Erfolgt die Annahme nicht rechtzeitig, so erlischt das Angebot, sobald der Anbietende nicht mehr mit einer Annahme zu rechnen braucht *(after a reasonable time)*.[386] Schweigen kommt wie im deutschen Recht grundsätzlich kein Erklärungswert zu.[387]

5.3 Wirksamkeit des Vertrages, *„consideration"*

5.3.1 Lehre der „consideration"

Im *common law* gilt die Lehre vom Erfordernis der *consideration*. Bei dieser handelt es sich wohl um die berühmteste und am häufigsten behandelte Erscheinung.[388] Sie ist die Wurzel des englischen Vertragsrechtes, auch wenn sie zwischenzeitlich infrage gestellt wurde.[389] Demnach ist ein formloses rechtliches Versprechen nur dann durchsetzbar, wenn es von einem Gegenversprechen des Versprechensempfängers, der *consideration* begleitet wird.[390]

---

383 Chitty, Chitty on contracts, Bd. 1, Rn. 2-050,2-046.

384 Butler Machine Tool Co. Ltd. v. Ex-Cell-O Corp. (England) Ltd. [1979] 1 W.L.R. 401, 405 (CA); Chitty, Chitty on contracts, Bd. 1, Rn. 2–31.

385 Shears/Stephenson/James, James' introduction to English law, S. 221.

386 Ramsgate Victoria Hotel Co. v. Montefiore [1866] L.R.1 Ex. 109, 111; Shears/Stephenson/James, James' introduction to English law, S. 221; Chitty, Chitty on contracts, Bd. 1, Rn. 2–96.

387 Felthouse v. Bindley [1862] 11 C.B. N.S. 869, 876; Shears/Stephenson/James, James' introduction to English law, S. 222; Zu den Ausnahmen einer sogenannten confirmation note siehe unten Seite 103.

388 Kessler, FS-Rabel (1954), 251.

389 Lord Wright, Harv. Law Rev. (49) 1936, 1225, 1251.

390 Döser, NJW 2000, 1451, 1454.

Der Vertrag kommt also durch den Austausch von Versprechen zustande und ist daher mit dem synallagmatischen Vertrag des deutschen Rechts vergleichbar. Im englischen Recht ist dann von einem *bilateral contract* die Rede.[391] Ist die Gegenleistung nicht ein Gegenversprechen, sondern die Erbringung einer Leistung, so spricht man in diesen Fällen von sogenannten *unilateral contracts*.[392] Diese Verträge werden erst wirksam, wenn die Gegenleistung erbracht ist *(executed consideration)*.

Der Inhalt der *consideration* wurde vor allem in der der Entscheidung *Currie v. Misa*[393] entwickelt:

> „A valuable consideration in the sense of the law may consist either in some right, interest, profit or benefit accruing to one party, or some forbearance, loss or responsibility, given, suffered or undertaken by the other."

Nach dieser Definition liegt *consideration* dann vor, wenn der Versprechensempfänger ein Recht, einen Gewinn oder sonstigen Vorteil erlangt. Alternativ kann der andere ein Unterlassen versprechen oder sonst einen Nachteil bzw. Schaden oder eine Verantwortlichkeit übernehmen.[394] Vereinfacht gesprochen ist die *consideration* damit nichts anderes als der Preis des Geschäfts,[395] wobei sie wirtschaftlich nicht dem Wert der Gegenleistung entsprechen muss, da es eben auch unwirtschaftliche Geschäfte gibt. Ein symbolisches Versprechen kann also durchaus genügen.[396] Jedoch muss die *consideration* grundsätzlich vom Empfänger des Versprechens selbst – und nicht etwa von Dritten – erbracht werden und darf nicht schon in der Vergangenheit erfolgt sein.[397]

Bei einem Kaufvertrag liegt *consideration* in den meisten Fällen vor. So verspricht der Verkäufer Eigentum und Besitz an einer Sache, der andere hingegen Zahlung und Abnahme der Sache. Es handelt sich damit um einen *bilateral contract*. Wird hingegen nur ein Rahmenvertrag geschlossen, der beispielsweise die Lieferung von Ware auf Abruf vorsieht, so fehlt es für den Rahmenvertrag

---

391 Kessler, FS-Rabel (1954), 251, 254.

392 Kessler, FS-Rabel (1954), 251, 254.

393 Currie v. Misa [1876] L.R. 10 Ex. 153, 162 (HL); vgl. auch Midland Bank Trust Co. Ltd. v. Green [1981] A.C. 513, 531 (HL); Pitt v. PHH Asset Management Ltd. [1994] 1 W.L.R. 327, 331 ff. (CA).

394 Übersetzung nach Triebel, Englisches Handels- und Wirtschaftsrecht, Bd. 15, Rn. 71.

395 Shears/Stephenson/James, James' introduction to English law, S. 229.

396 Chappell & Co. Ltd. v. Nestle & Co. [1960] A.C. 87, 114 (HL) per Lord Somervell of Harrow; Midland Bank Trust Co. Ltd. v. Green [1981] A.C. 513, 531 (HL); Shears/Stephenson/James, James' introduction to English law, S. 229, 231; Kessler, FS-Rabel (1954), 251, 270.

397 Roscorla v. Thomas [1842] 114 E.R. 496, 498; Shears/Stephenson/James, James' introduction to English law, S. 231.

noch an einem Gegenversprechen. Daher handelt es sich um einen *unilateral contract*, der erst wirksam wird, wenn die Parteien die Lieferung gemäß der Rahmenvereinbarung vornehmen.[398]

Ein Versprechen ist nur dann ohne *consideration* durchsetzbar, wenn es in einer besonderen Form abgegeben wurde. Dazu muss die Urkunde, in der das Leistungsversprechen enthalten ist, in der Form eines *deed* erfolgen.[399] Das bedeutet, dass die Erklärung grundsätzlich unterschrieben, versiegelt und übergeben werden muss *(signed, sealed, delivered)*. Heute reicht es wenn das das Versprechen in einer Urkunde niedergelegt ist, die den Aufdruck die vom Versprechenden und einem Zeugen unterschrieben wird.[400] Letzterer bestätigt, dass der Versprechende selbst die Urkunde ausgefertigt hat.

5.3.2 Einschränkung durch „*promissory estoppel*"

Die Lehre von der *consideration* wird jedoch durch das Institut des *promissory estoppel* eingeschränkt. Diese Lehre wurde in den Vereinigten Staaten von Amerika entwickelt, jedoch auch von englischen Gerichten angewendet.[401] Die Lehre, die ihren Ursprung in der *equity* hat,[402] geht davon aus, dass ein Vertrag trotz fehlender consideration durchsetzbar sein kann. Kann eine Partei nachweisen, dass sie zu ihrem wirtschaftlichen Nachteil auf die Äußerungen des Versprechenden vertraut hat und dieses berechtigterweise auch durfte, so kann der Versprechende sich nicht auf die fehlende *consideration* berufen.[403] Insofern ist der *promissory estoppel* eine Einwendung, die den Gegner davon abhält *(„estopped")* sich auf die fehlende Durchsetzbarkeit zu berufen.[404] Die Rechtsfolge gilt allerdings nur inter partes, sodass die Einrede Dritten gegenüber nicht gel-

---

398 Triebel, Englisches Handels- und Wirtschaftsrecht, Bd. 15, Rn. 73.

399 Chitty, Chitty on contracts, Bd. 1, Rn. 3-002; Peel/Treitel, The law of contract, Rn. 3–164.

400 Siehe dazu Zweigert/Kötz/Zweigert-Kötz, Einführung in die Rechtsvergleichung, S. 367.

401 Central London Property Trust Ltd. v. High Trees House Ltd. [1947] K.B. 130, 134 ff. (KBD); Re Wyvern Developments [1974] 1 W.L.R. 1097, 1104 ff.; Combe v. Combe [1951] 2 K.B. 215, 218 (CA); BP Exploration Co (Libya) Ltd. v. Hunt [1979] 1 W.L.R. 783, 809 ff. (QBD); James v. Heim Gallery (London) Ltd. [1981] 41 P. & C.R. 269, 274 ff. (CA).

402 Schmitthoff, FS-Caemmerer (1978), 1049, 1064.

403 Zu den Voraussetzungen dieser Lehre im Detail: Heiss, Formmängel und ihre Sanktionen, S. 329 f.

404 Combe v. Combe [1951] 2 K.B. 215, 218 (CA).

tend gemacht werden kann.[405] In den Vereinigten Staaten hat die Doktrin vom *promissory estoppel* jedoch nicht nur den Charakter einer Einwendung, sondern gibt der enttäuschten Vertragspartei sogar einen selbstständigen Anspruch.[406] Deswegen ist in England die Rede davon, dass das Institut des *promissory estoppel* lediglich ein *shield* und kein *sword* sei.[407]

Eine moderne Entscheidung zum Thema *estoppel* macht dieses deutlich. In der Entscheidung *Panchaud Frères S.A. v. Etablissement General Grain Co.*[408] hatten Panchaud Frères brasilianischen Mais verkauft. Der Vertrag sah vor, dass die Verschiffung im Juni/Juli 1965 erfolgen sollte. Die Waren wurden jedoch erst am 11. und 12. August versendet. Das Konnossement wurde dabei auf Juli vordatiert, wohingegen der Ladeschein das richtige Datum aufzeigte. Da die Käufer die Dokumente akzeptierten, konnten sie sich hinterher nicht mehr darauf berufen, dass die Ware zu spät abgesendet wurde. Diese Entscheidung greift damit eine weitere Fallgruppe, den *„estoppel by conduct"* auf, wonach sich eine Partei sich nicht zu ihrem eigenen Verhalten in Widerspruch setzen darf. Dieses Ergebnis würde in Deutschland über § 242 BGB herbeigeführt werden *(venire contra factum proprium)*.[409]

5.4 Vertragsauslegung

Die Auslegung von Verträgen *(contruction of contracts)* ist in England eine Rechtsfrage und daher von den Gerichten selbst durchzuführen.[410] Diese wird relevant, wenn die Kontrakte der GAFTA vor Gericht kommen, sei es ein staatliches oder ein Schiedsgericht. Welche Pflichten die Parteien treffen, ergibt sich

---

405 Vgl. Aquaflite Ltd. v. Jaymar Intl. Freight Consultants Ltd. [1980] 1 Lloyd's Rep. 36, 41, 43 (CA); Heiss, Formmängel und ihre Sanktionen, S. 331.

406 Siehe § 90 Restatement (Second) of Contracts; Kirksey v. Kriksey, 8 Ala. 131 [1945], zitiert nach Fromholzer, Consideration, S. 16 Fn. 135; Páez-Maletz, Der Schutz des Vertrauens auf das Zustandekommen von Verträgen im U.S.-amerikanischen Recht, S. 22.

407 Combe v. Combe [1951] 2 K.B. 215, 218 (CA) per Birkett, L.J.

408 Panchaud Frères S.A. v. Etablissements General Grain Co. [1970] 1 Lloyd's Rep. 53, 60 (C.A.).

409 Heiss, Formmängel und ihre Sanktionen, S. 327; für Deutschland Riezler, Venire contra factum proprium; Wieling, AcP (176) 1976, 334.

410 Bowes v. Shand [1877] L.R. 2 App. Cas. 455, 462 (HL) per Lord Cairns LC; McMeel, The construction of contracts, Rn. 1.06.

primär aus dem Vertrag selbst.[411] Insofern ist zu entscheiden, inwieweit die Parteien die Regelungen des SoGA modifizieren wollten.

5.4.1 Die Wortlautauslegung

Die englischen Gerichte tendieren dabei zu einer strengen Wortlautauslegung.[412] So heißt es in *Smith v. Lucas:*[413]

> „[…] [o]ne must consider the meaning of the words used, not what one may guess to be the intention of the parties […]"

Dabei ist von dem allgemeinen Sprachgebrauch und dem Verständnis eines Durchschnittsmenschen auszugehen.[414] Werden allerdings juristische Fachausdrücke verwendet, so gehen englische Richter davon aus, dass die Parteien auch den juristischen Gehalt dieser Begriffe anstreben.[415] Technische Fachbegriffe[416] und Verträge des Handelsverkehrs sind dabei im Hinblick auf das Verständnis der beteiligten Kreise auszulegen.[417] So sind Klauseln im Handelsverkehr im Hinblick auf einen *„good commercial sense"* zu interpretieren.[418] Dabei können

---

411 Shears/Stephenson/James, James' introduction to English law, S. 219; Vgl. zur Vertragsfreiheit auch s. 55(1) SoGA; Guest, Benjamin's sale of goods, Rn. 1–13.

412 Inland Revenue Commissioners v. Raphael [1935] A.C. 96, 142 (HL); British Movietonews v. London and District Cinemas [1952] A.C. 166, 172 (HL); Döser, NJW 2000, 1451, 1452; Maier-Reimer, AnwBl. 2010, 13, 16; Zweigert/Kötz/Zweigert-Kötz, Einführung in die Rechtsvergleichung, S. 402; Triebel/Balthasar, NJW 2004, 2189, 2191 f.

413 Smith v. Lucas [1881] L.R. 18 Ch. D. 531, 542; vgl. auch Robertson v. French [1803] 4 East 130, 135; McMeel, The construction of contracts, Rn. 1.25 ff.

414 Robertson v. French [1803] 4 East 130, 135; Chitty, Chitty on contracts, Bd. 1, Rn. 12–51.

415 Thames and Mersey Marine Insurance Co. Ltd. v. Hamilton Fraser & Co. [1887] L.R. 12 App. Cas. 484, 490 (HL); Skips A/S Nordheim v. Syrian Petroleum Co. Ltd. [1983] 2 Lloyd's Rep. 592, 597 (CA); McMeel, The construction of contracts, Rn. 1.56; zum Beispiel bei der Verwendung der Begriffe condition oder warranty. Vgl. aber auch s. 11(3) SoGA.

416 Vgl. Laird v. Briggs [1881] L.R. 19 Ch. D. 22, 34 (CA): "[…] that technical words must have their technical meaning given to them unless you can find something in the context to overrule them".

417 Chitty, Chitty on contracts, Bd. 1, Rn. 12–57.

418 Miramar Maritime Corp v. Holborn Oil Trading Ltd. ("The Miramar") [1984] A.C. 676, 682 (HL); International Fina Services AG v. Katrina Shipping Ltd. [1995] 2 Lloyd's Re. 344, 350 (CA); Axa Reinsurance (UK) Plc. v. Field [1996] 1 W.L.R. 1026, 1035 f. (HL).

Handelsbräuche herangezogen werden, nicht jedoch wenn sie dem ausdrücklichen Vertragstext zuwiderlaufen.[419] Wird beispielsweise vertraglich festgehalten, dass der Charterer eines Schiffes die Entladekosten tragen soll, so kann dieses nicht durch einen anderslautenden Brauch im Entladehafen umgangen werden.[420]

5.4.2 Die *parol evidence rule* und ihre Ausnahmen

Der typisch deutsche Kanon von historischer, grammatikalischer, systematischer und teleologischer Auslegung ist dem englischen Recht damit fremd. Dieses hängt auch mit den Beweisregeln des *common law* zusammen, die festlegen, dass Beweismittel, die außerhalb der Vertragsurkunde liegen, grundsätzlich nicht zur Auslegung herangezogen werden dürfen, wenn sie den Inhalt der Urkunde ergänzen, verändern oder ihm widersprechen.[421] Bezieht der Vertragstext also beispielsweise zur Warenqualität Stellung, so sind mündlich getroffene Nebenabreden grundsätzlich unbeachtlich. Entscheidend ist mehr das schriftlich Niedergelegte, als der wirkliche Parteiwille.[422] Anders ist das nur, wenn der Vertrag einen fraglichen Punkt gar nicht regelt. Diese Regel, die entscheidend der Rechtssicherheit dient, wird *parol evidence rule* genannt, und bis heute praktiziert – wenn mittlerweile auch mit Einschränkungen:[423]

So sind Zeugenaussagen zulässig, aus denen sich die Unwirksamkeit des Vertrages ergibt. Auch dürfen Zeugen über die Begleitumstände des Vertragsschlusses vernommen werden, wenn bei mehrdeutigen Klauseln nur so die Bedeutung des Vertrages geklärt werden kann.[424] Soll der schriftliche Vertrag lediglich mündliche Vereinbarungen festhalten, so dürfen Beweise verwendet werden, um den Vertrag so zu berichtigen.[425] Auch vorvertragliche Äußerungen können Vertragsbestandteile werden, wenn sie wichtige Fragen für die Durchführung regeln. So gab es in *Evans v. Andrea Merzario* eine vorvertragliche Ab-

---

419 McMeel, The construction of contracts, Rn. 12.07.

420 Palgrave, Brown & Son Ltd. v. Owners of S.S. Turid [1922] 1 A.C. 397 (HL); Stone, The modern law of contract, S. 202.

421 Triebel, Englisches Handels- und Wirtschaftsrecht, Bd. 15, Rn. 112.

422 Smith v. Lucas [1881] L.R. 18 Ch. D. 531, 542; Marshall v. Berridge [1882] L.R. 19 Ch. D. 233, 241 (CA); McMeel, The construction of contracts, Rn. 1.51.

423 Ausführlich dazu McMeel, The construction of contracts, Rn. 5.33-5.55; deswegen wird sie von einigen auch für praktisch bedeutungslos gehalten, vgl. Otto, Allgemeine Geschäftsbedingungen und internationales Privatrecht, S. 42.

424 Zweigert/Kötz/Zweigert-Kötz, Einführung in die Rechtsvergleichung, S. 402 f.; Stone, The modern law of contract, S. 201.

425 Stone, The modern law of contract, S. 201.

sprache, dass die Ware unter Deck transportiert werden solle, während der Vertrag den Transport auch an Deck zuließ. Das Gericht war der Überzeugung, dass die Absprache die Vertragsklausel verdrängte.[426]

5.4.3 Zusammenfassung

Ausgangspunkt der Auslegung ist eine wörtliche Interpretation des Vertrages. Ist der Wortlaut bei schriftlichen Verträgen eindeutig, so weichen die Gerichte nur in absoluten Ausnahmefällen davon ab, etwa bei offensichtlich absurden Ergebnissen, wie es in *Torvald Klaveness A/S v. Arni Maritime Corporation* heißt:[427]

> „Naturally no judge will favour an interpretation which produces an obviously absurd result unless the words drive him to it, since that is unlikely that this is what the parties intended."

Dennoch – auch wenn dieses nur vorsichtig geschieht – tendieren die Gerichte mittlerweile dazu, ein weiteres Verständnis anzulegen, das auch den wirtschaftlichen Hintergrund des Vertrages einbezieht, um diesen an die Parteibedürfnisse anzupassen.[428] Zudem wird im englischen Recht vermutet, dass die schriftliche Abmachung die Vereinbarungen vollständig wiedergibt und zusätzliche mündliche Abreden nicht bestehen.[429] Diese Vermutung ist allerdings widerleglich.[430] Meist verwenden die Parteien ohnehin vorformulierte Vertragsbedingungen. Wollen sie diese jedoch ergänzen und modifizieren, so müssen sie penibel genug auf ihre Wortwahl achten.

---

426 J. Evans & Son Ltd. v. Andrea Merzario Ltd. [1976] 1 W.L.R. 1078, 1082 f. (CA).

427 Torvald Klaveness A/S v. Arni Maritime Corp. ("The Gregos") [1994] 1 C.L.C. 1188, 1195 (H.L.) per Lord Mustill. Siehe auch L. Schuler AG v. Wickman Machine Tool Sales Ltd. [1974] A.C. 235, 265 (HL): Hier wurde im Vertrag vereinbart, dass der Beklagte zur Absatzsteigerung gewisse Kunden einmal in der Woche aufsuchen sollte. Diese Pflicht war als condition bezeichnet. Der Beklagte versäumte einen Besuch. Das Gericht sah jedoch keinen breach of condition als gegeben an, da sie einen einzigen ausgelassenen Besuch nicht als derart wesentlich ansehen konnten, als dass er eine Vertragsaufhebung gerechtfertigt hätte.

428 I.E. Contractors Ltd. v. Lloyd's Bank Plc. And Rafidain Bank [1990] 2 Lloyd's 496, 499 (CA); McMeel, The construction of contracts, Rn. 6.02; Arnold, Die Bürgschaft auf erstes Anfordern im deutschen und englischen Recht, S. 56 mwN.

429 Sayn-Wittgenstein-Berleburg, Allgemeine Geschäftsbedingungen im englischen Recht, S. 21.

430 Sayn-Wittgenstein-Berleburg, Allgemeine Geschäftsbedingungen im englischen Recht, S. 21.

5.5 Inhalt von Vertragspflichten

Die einzelnen Vertragspflichten ergeben sich meist ausdrücklich aus dem Vertrag selbst *(express terms)*. Teilweise werden im englischen Recht aber auch weitere Pflichten in den Vertrag integriert. Die Rede ist dann von *implied terms*. Diese ergeben sich aus Gesetzen, dem *common law* oder auch aus Bräuchen. Bei jenen handelt es sich um vollwertige Vertragspflichten, deren Verletzung zu einem *breach of contract* führt.

Beispiele für die gesetzliche Anordnung eines *implied term* enthält der SoGA. Demnach enthält jeder Vertrag die *implied condition* dass der Verkäufer auch das Recht zur Veräußerung der Ware hat[431] oder dass die Ware eines Händlers von handelsüblicher Qualität ist.[432] Die Richter können jedoch eine ungeschriebene Pflicht aber auch aus dem *common law* herleiten. Das passiert meist dann, wenn dieses offensichtlich notwendig ist, um die angestrebten Rechtsfolgen zu erreichen.[433] Ein *implied term* kommt aber immer nur dann in Betracht, wenn dieser nicht im Widerspruch zu ausdrücklichen Regelungen besteht. Vereinbaren die Parteien beispielsweise, dass ein Zertifikat bei der Abladung letztverbindlich über die Warenqualität entscheiden soll, so kann der Käufer bei auf dem Transport verschlechterter Ware nicht einwenden, der Vertrag enthalte einen *implied term*, dass die Ware sich auch nach der Abladung für einen gewissen Zeitraum halte. Vielmehr ist dann einzig und allein auf den Zustand bei der Abladung abzustellen.[434]

5.6 Haftung für Leistungsstörungen

Stehen die vertraglichen Pflichten fest, so stellt sich die Frage, wie zu urteilen ist, wenn eine von diesen verletzt wird.

---

431 s. 12(1) SoGA.

432 s. 14(2) SoGA.

433 The Moorcock [1889] L.R. 14 P.D. 64, 67. Hier mietete der Kläger einen Liegeplatz im Hafen des Beklagten. Als das Schiff bei Ebbe den Grund berührte und beschädigt wurde, klagte der Mieter auf Schadensersatz. Die Gerichte gaben ihm Recht, da sie einen term implizierten, dass der Beklagte den vermieteten Liegeplatz auf seine Sicherheit hin hätte untersuchen müssen. Siehe auch Giesen, JZ 1993, 16, 19.

434 KG Bominflot Bunkergesellschaft für Mineralöle mbH v. Petroplus Marketing AG ("The Mercini Lady") [2010] 2 C.L.C 637, 652 (CA).

5.6.1 Generelle Haftung ohne Verschulden *(strict liability)*

Das englische Recht geht von einem einheitlichen Begriff des Vertragsbruches aus *(breach of contract)*. Ein Vertragsbruch liegt immer dann vor, wenn eine Partei ihre Pflichten aus dem Vertrag nicht erfüllt oder verfehlt.[435] Dabei ist es unerheblich, welche Art von Pflichtverletzung vorliegt. Das Denken in kontinentaleuropäischen Kategorien wie Verzug, Unmöglichkeit oder Nebenpflichtverletzungen ist dem *common law* fremd. Jeder Verstoß gegen vereinbarte Pflichten führt zu einem *breach of contract*. Insofern ist das englische Recht bei Schlecht- oder Spätleistungen strenger als das deutsche Recht. Der Schuldner muss weder gemahnt noch zu einer Nacherfüllung herangezogen werden.

Die Rechtsfolgen des *breach of contract* treten ohne Rücksicht auf ein Verschulden des Vertragsbrüchigen ein *(strict liability)*. Nach dem Verständnis des *common law* garantiert der Schuldner, seine Verpflichtungen aus dem Vertrag zu erfüllen.[436] Abgesehen von einer *frustration*[437] des Vertrages, kann der Vorfall noch so entschuldbar sein; der Schuldner macht sich bei Verletzung der Garantie schadensersatzpflichtig *(damages)*. Einen generellen Erfüllungsanspruch, wie das deutsche Recht ihn kennt, gibt es hingegen nicht. Ein Anspruch auf Erfüllung des Vertrages *(specific performance)* wird lediglich in Ausnahmefällen nach den Grundsätzen der *equity* gewährt.[438] Dementsprechend besteht kein Anspruch auf Leistung, sondern deren Gewährung hängt vom Ermessen des Richters ab.[439] Letztlich besteht damit im Bereich des Rohstoffhandels aber kein wesentlicher Unterschied zum deutschen Recht. Nimmt man für diese Fälle einen Fixhandelskauf an, so erlischt der Anspruch auf Erfüllung nach § 376 Abs. 1 S. 2 HGB automatisch, wenn nicht der Käufer ausdrücklich das Gegenteil verlangt. Damit verbleibt es im Endeffekt bei einem Ausgleich durch Schadensersatz.

---

435 Beinert, Wesentliche Vertragsverletzung und Rücktritt, S. 113; Schöne, Leistungs- und Zahlungsverzögerung im deutschen und englischen Privatrecht, S. 108 ff.

436 Hills v. Sughrue [1846] 15 M. & W. 253, 262; Raineri v. Miles [1981] A.C. 1050, 1086 (HL); Grant v. Australian Knitting Mills Ltd. [1936] A.C. 85 (Privy Council Australia); Beinert, Wesentliche Vertragsverletzung und Rücktritt, S. 112; Kircher, Die Voraussetzungen der Sachmängelhaftung beim Warenkauf, S. 71; Triebel, Englisches Handels- und Wirtschaftsrecht, Bd. 15, Rn. 136; zu Ausnahmen für beratende Berufe Atiyah/Smith, Atiyah`s Introduction to the law of contract, S. 170 ff.

437 Siehe unten Seite 385 ff.

438 Atiyah/Smith, Atiyah`s Introduction to the law of contract, S. 377 ff.

439 Triebel, Englisches Handels- und Wirtschaftsrecht, Bd. 15, Rn. 167.

5.6.2 Vertragspflichten

Hinsichtlich der Reichweite der Rechtsfolgen, die sich an eine Vertragsverletzung anschließen, lassen sich die Vertragspflichten in *conditions* und *warranties* systematisieren.

5.6.2.1 Warranty

Grundsätzlich ist jede vertragliche Zusage eine *warranty*.[440] Dabei handelt es sich insbesondere um Pflichten, die nicht für die Erfüllung des Vertrages wesentlich sind. Wird das Versprechen nicht eingehalten, so kann die verletzte Partei lediglich Schadensersatz verlangen.[441] Dieses stellt auch s. 61 SoGA klar, indem es dort heißt:

> „warranty […] means an agreement with reference to goods which are the subject of a contract of sale, but collateral to the main purpose of such contract, the breach of which gives rise to a claim for damages, but not to a right to reject the goods and treat the contract as repudiated."

Ferner ist die die Verpflichtung zum Schadensersatz in s. 53(1) lit. b SoGA als Rechtsfolge klargestellt.

5.6.2.2 Condition

Eine *condition* ist eine für die Vertragsdurchführung wesentliche Pflicht.[442] Wird eine solche Pflicht verletzt, so wird die verletzte Partei von ihrer Pflicht zur Erbringung der Gegenleistung befreit. Insofern ist die *condition* häufig eine Vorbedingung für die Forderung der Gegenleistung.[443] Zudem kann der andere Vertragsteil vom Vertrag zurücktreten und bereits erbrachte Vorausleistungen zu-

---

440 Chitty, Chitty on contracts, Bd. 1, Rn. 12–31; Beinert, Wesentliche Vertragsverletzung und Rücktritt, S. 113; Zweigert/Kötz/Zweigert-Kötz, Einführung in die Rechtsvergleichung, S. 504; Atiyah/Smith, Atiyah`s Introduction to the law of contract, S. 193.

441 Hong Kong Fir Shipping Co. Ltd. v. Kawasaki Kisen Kaisha Ltd. ("The Hongkong Fir") [1962] 2 Q.B. 26, 46 f. (CA); Atiyah/Adams/MacQueen, Sale of goods, S. 541; Chitty, Chitty on contracts, Bd. 1, Rn. 12–31; Atiyah/Smith, Atiyah`s Introduction to the law of contract, S. 193; Peel/Treitel, The law of contract, Rn. 18–39; Magnus/Lüsing, IHR 2007, 1, 11 mwN.

442 Chitty, Chitty on contracts, Bd. 1, Rn. 12–26; Beinert, Wesentliche Vertragsverletzung und Rücktritt, S. 114.

443 Das stellt insbesondere klar: Beinert, Wesentliche Vertragsverletzung und Rücktritt, S. 114.

rückfordern.[444] Da der Schuldner durch den *breach of contract* auch gegen das Garantieversprechen verstößt, die Leistung zu erbringen, kann die verletzte Partei darüber hinaus den Ersatz des Schadens verlangen, der durch die Nichtausführung des Vertrages entsteht.[445] Nach s. 11(1) lit. a SoGA kann die verletzte Partei daher sowohl vom Vertrag zurücktreten und Schadensersatz fordern, als auch den Vertrag bestehen lassen und nur Schadensersatz verlangen.[446] Sie hat also ein Wahlrecht. Wird eine fällige Leistung nicht erbracht, so muss die verletzte Partei ihr Rücktrittsrecht allerdings innerhalb angemessener Zeitspanne ausüben. Anderenfalls liegt eine Bestätigung des Vertrages vor, die den Rücktritt ausschließt.[447]

5.6.2.3 Abgrenzung von *condition* und *warranty*

5.6.2.3.1 Abgrenzung als Frage der Vertragsauslegung

Welcher Typus von Vertragspflicht vorliegt, hängt von dem Willen und der Ausdrucksweise der Parteien ab.[448] Wird eine Pflicht ausdrücklich als *warranty* oder *condition* bezeichnet, so ist diese nach der strengen Wortlautauslegung maßgebend.[449] Anderenfalls ist der Vertrag als Ganzes zu betrachten, um festzustellen, was die Parteien wollten. Dafür ist der Vertrag nach den oben beschriebenen Regeln[450] auszulegen. Entscheidend ist, ob die Pflicht für die Durchführung des Vertrages wesentlich ist und der Vertrag mit der Einhaltung der Klausel stehen oder fallen soll. Dann ist von einer *condition* auszugehen.

---

444 Atiyah/Adams/MacQueen, Sale of goods, S. 90.

445 Zweigert/Kötz/Zweigert-Kötz, Einführung in die Rechtsvergleichung, S. 503 f.

446 Rothoeft, System der Irrtumslehre als Methodenfrage der Rechtsvergleichung, S. 261 ff.

447 Motor Oil Hellas (Corinth) Refineries SA v. Shipping Corp of India ("The Kanchenjunga") [1990] 1 Lloyd's Rep. 391, 398 (HL); Vgl. ferner Kosmar Villa Holidays Inc. v. Trustees of Syndicate 1243 [2008] 1 C.L.C. 307, 331 ff. (CA); Rothoeft, System der Irrtumslehre als Methodenfrage der Rechtsvergleichung, S. 262.

448 Dick Bentley Productions Ltd. v. Harold Smith (Motors) Ltd. [1965] 1 W.L.R. 623, 627 (CA); Oscar Chess v. Williams [1957] 1 W.L.R. 370, 375 (CA); Bentsen v. Taylor Sons & Co. [1893] 2 Q.B. 274, 281 (CA); R.G. Grain Trade LLP (UK) v. Feed Factors International Ltd. [2011] 2 Lloyd's Rep. 433; Takahashi, J.B.L. 2003, 102, 108; Giesen, JZ 1993, 16, 19.

449 McMeel, The construction of contracts, Rn. 20.19; vgl. aber auch L. Schuler AG v. Wickman Machine Tool Sales Ltd. [1974] A.C. 235, 265 (HL) und dazu die Kodifizierung in s. 11(3) SoGA.

450 Siehe oben Seite 78.

Liegt keine Vereinbarung der Parteien vor, so ist auf den SoGA zurückzugreifen, der allgemeine Regeln aufstellt, wann bestimmte Vertragspflichten eine condition oder eine warranty sind.[451] Handelt es sich hingegen um Pflichten, die nicht im SoGA näher konkretisiert sind, so ist es Sache des Gerichts zu entscheiden, ob die Folgen der Vertragsverletzung die Aufhebung des Vertrages rechtfertigen. So werden Bestimmungen hinsichtlich der Leistungszeit vor allem in Verträgen zwischen Kaufleuten regelmäßig als wesentlich und damit als *condition* eingeordnet, da die Beteiligten auf hinreichende Rechtssicherheit angewiesen sind.[452] Diese Rechtsprechung findet sich daher beispielsweise für die Nominierung eines Schiffes,[453] die Lieferung der Ware[454] oder die Andienung von Dokumenten.[455] Inwieweit die einzelnen Klauseln der GAFTA-Verträge eine *condition* oder *warranty* darstellen, wird im Zuge der nachfolgenden Darstellung bei den einzelnen Vertragsklauseln geklärt werden.

5.6.2.3.2 Zwischenformen: Innominate terms

Teilweise lassen sich Klauseln auch nicht eindeutig als *condition* oder als *warranty* einordnen.[456] Die Leitentscheidung dazu ist *Hong Kong Fir Shipping Co. Ltd. V. Kawasaki Kisen Kaisha Ltd.*[457] In diesem Fall wurde ein Schiff für 24 Monate verchartert. Der Vertrag sah vor, dass dieses in jeglicher Hinsicht für Frachtdienste geeignet sei *(„she being fitted in every way for ordinary cargo service")*. Im Endeffekt verbrachte das Schiff lediglich neun Wochen auf See, da der Maschinenraum unzureichend ausgestattet war und zahlreiche Pannen aufwendige Reparaturen zur Wiederherstellung der Seetüchtigkeit nötig machten. Der *Court of Appeal* entschied, dass die Klausel weder eine *condition* noch eine *warranty* war, sondern eine Zwischenform in Gestalt eines sogenannten *innominate term*. Das führt dazu, dass bei einer Verletzung wegen der Garantiehaftung ohne Weiteres Schadensersatz gefordert werden kann. Für das Recht

---

451 Beinert, Wesentliche Vertragsverletzung und Rücktritt, S. 117 ff.

452 Greenwich Marine Inc. v. Federal Commerce and Navigation Co Inc. ("The Mavro Vetranic") [1985] 1 Lloyd's Rep. 580, 584 (QBD); Bunge Corp. v. Tradax Export S.A. [1981] 1 W.L.R. 711, 716 (HL); Chitty, Chitty on contracts, Bd. 1, Rn. 12–37.

453 Greenwich Marine Inc. v. Federal Commerce and Navigation Co Inc. ("The Mavro Vetranic") [1985] 1 Lloyd's Rep. 580, 584 (QBD).

454 Compagnie Commerciale Sucres et Denrees v. Czarnikow Ltd. ("The Naxos") [1989] 2 Lloyd's Rep. 462, 476 (CA) per Lloyd L.J.

455 Toepfer v. Lenersan-Poortman N.V. [1980] 1 Lloyd's Rep. 143, 148 (CA).

456 Magnus/Lüsing, IHR 2007, 1, 11.

457 Hong Kong Fir Shipping Co. Ltd. v. Kawasaki Kisen Kaisha Ltd. ("The Hongkong Fir") [1962] 2 Q.B. 26, 70 ff. (CA).

hinsichtlich der Vertragsaufhebung kommt es hingegen darauf an, ob die Verletzung so schwerwiegend ist, dass dadurch das Gläubigerinteresse an der Erfüllung entfällt. Insofern ist entscheidend, ob die Grundlage des Vertrages *(„root of the contract“)* erschüttert ist.[458]

Dass diese Rechtsprechung aber nicht auf jede Klausel zu übertragen ist, verdeutlicht die Entscheidung *Bunge Corporation (New York) v. Tradax Export SA (Panama)*.[459] Hier wurde Sojabohnenmehl nach GAFTA 119 verkauft. Die cl. 7 des Vertrages sah vor, dass der Käufer spätestens 15 Tage vor der Verschiffung einen Hafen und ein Schiff für die Verschiffung benennen sollte. Der Käufer verspätete sich mit der Nachricht um vier Tage, sodass der Verkäufer vom Vertrag zurücktrat und Schadensersatz verlangte. Dieser war der Meinung, dass es sich bei der Zeitbestimmung um eine *condition* handele, wohingegen der Käufer der Ansicht war, es seien hier die Grundsätze der *Hong Kong Fir* Entscheidung zu übertragen, womit es auf den Wegfall des Gläubigerinteresses angekommen wäre. Das *House of Lords* verneinte aber eine Übertragbarkeit auf diesen Fall. Die Entscheidung in *Hong Kong Fir* basierte darauf, dass es dort viele erdenkliche Möglichkeiten gab, gegen die Klausel der Seetüchtigkeit zu verstoßen, was eine differenzierte Betrachtung der Auswirkungen der Vertragsverletzung nötig machte. Gegen eine Zeitbestimmung zu verstoßen ist hingegen nur in einer Weise möglich, nämlich dann, wenn man zu spät leistet. Prägnant heißt es von *Lord Wilberforce*:[460]

> “It was pointed out [in Hong Kong Fir] that, as could be seen in advance the breaches, which might occur of it, were various. They might be extremely trivial, the omission of a nail; they might be extremely grave, a serious defect in the hull or in the machinery; they might be of serious but not fatal gravity, incompetence or incapacity of the crew […] As to such a clause [as cl. 7 GAFTA 119] there is only one kind of breach possible, namely, to be late.”

Aus diesem Grunde wurde die Klausel des GAFTA Kontraktes für eine *condition* gehalten, was den Verkäufer zum Rücktritt befugte. Dabei spielte auch eine Rolle, dass Zeitbestimmungen die Schnelligkeit des Handelsverkehrs sichern,[461] sodass es nicht darauf ankommen konnte, welches Ausmaß ein Verstoß hat.

---

458 Das arbeitet vor allem heraus: Beinert, Wesentliche Vertragsverletzung und Rücktritt, S. 125; Takahashi, J.B.L. 2003, 102, 111; Connolly, Briefcase On Commercial Law, S. 67.

459 [1981] 2 Lloyd’s Rep. 1 (HL).

460 So auch Bunge Corp. v. Tradax Export S.A. [1981] 2 Lloyd’s Rep. 1, 5 (HL).

461 Vgl. Bunge Corp. v. Tradax Export S.A. [1981] 2 Lloyd’s Rep. 1, 5 (HL); Schöne, Leistungs- und Zahlungsverzögerung im deutschen und englischen Privatrecht, S. 108 und oben Seite 85.

Die Frage, ob die Vertragsverletzung wesentlich ist, stellt sich in ähnlicher Form im UN-Kaufrecht. Dort muss eine wesentliche Vertragspflicht verletzt worden sein (Art. 25 CISG), damit die enttäuschte Partei zurücktreten kann.[462] Allerdings wird dort eher darauf abgestellt, ob die konkrete Verletzung wesentlich ist und nicht, ob die Vertragspflicht für den Vertrag wesentlich ist. Insofern entspricht jede Klausel einem *innominate term*, deren Verletzung eine Vertragsaufhebung mit sich bringen kann.[463] Im deutschen internen Recht gibt es hingegen ein generelles Rücktrittsrecht, welches nur bei geringfügigen Mängeln ausgeschlossen ist, vgl. § 323 Abs. 5 S. 2 BGB.

5.6.3 Haftungsfreizeichnungen

Der Grundsatz der *strict liability*[464] führt zu dem praktischen Bedürfnis der Parteien, ihre Haftung für bestimmte Ereignisse durch sogenannte *exemption clauses* auszuschließen.[465] Dieses ist im englischen Handelsrecht grundsätzlich möglich, wie s. 55(1) SoGA klarstellt. Auf einen Haftungsausschluss kann sich allerdings nur derjenige berufen, der auch beweist, dass die Ausschlussklausel in den Vertrag einbezogen wurde. In der Praxis der Kaufverträge wird die fragliche Klausel meist in den unterschriebenen Vertrag aufgenommen worden sein. Darauf, ob die andere Partei die Klausel richtig verstanden oder überhaupt gelesen hat, kommt es dann nicht an.[466] Liegt kein beiderseitig unterschriebener Vertrag vor, so reicht es aus, wenn hinreichende Möglichkeit zur Kenntnisnahme der Klausel gegeben wurde[467] oder nach der Geschäftspraxis eine derartige Klausel erwartet werden musste.[468]

---

462 Vgl. Art. 49 Abs. 1 lit. a, Art. 64 Abs. 1 lit. a CISG.

463 So auch Williams, Forecasting the Potential Impact of the Vienna Sales Convention on International Sales Law in the United Kingdom, <http://www.cisg.law.pace.edu/cisg/biblio/williams.html>.

464 Siehe oben Seite 83.

465 Chitty, Chitty on contracts, Bd. 1, Rn. 14-001.

466 L'Estrange v. F. Graucob Ltd. [1934] 2 K.B. 394, 403 (KBD).

467 Parker v. South Eastern Railway [1877] L.R. 2 C.P.D. 416, 427 (CA); McCutcheon v. David MacBrayne Ltd. [1964] 1 W.L.R 125, 129 ff. (HL) wobei hier eine Einzelfallbetrachtung favorisiert wird und die bloße Tatsache, dass vorher (andere) Bedingungen galten, nicht dazu führt, dass bei weiteren Verträgen automatisch auch jedwede Art von Bedingungen gilt; Shepherd Homes Ltd. v. Encia Remediation Ltd. [2007] EWHC 70 (TCC) para. 58, 69 per Clarke J.

468 Chitty, Chitty on contracts, Bd. 1, Rn. 14-002.

5.6.4 Grenzen der Haftungsfreizeichnung

Ein generelle Angemessenheitskontrolle von Vertragsklauseln gibt es im englischen Recht nicht,[469] da dieses davon ausgeht, dass der Kaufmann selbstverantwortlich ist, wenn er ihn benachteiligende Vertragsklauseln akzeptiert.[470] Dennoch gibt es einige Grundsätze, wie die Gerichte Haftungsfreizeichnungen einzuschränken versuchen.

5.6.4.1 Nach dem common law

5.6.4.1.1 Grundsätzliches

Hat der Verwender beispielsweise die Bedeutung oder Tragweite der Ausschlussklausel falsch dargestellt *(misrepresentation)*, so kann er sich nicht auf diese berufen.[471] In bestimmten Fällen kann auch eine mündliche Zusicherung dazu führen, dass die Klauseln des Vertragswerkes diesem nachrangig sind und der Haftungsausschluss daher unwirksam ist.[472]

5.6.4.1.2 Auslegungsmaßstäbe

Wegen der fehlenden Kontrolle der Angemessenheit tendierten die Gerichte in der Vergangenheit oft auch dazu, die Klauseln so auszulegen, dass unbillige Er-

---

469 Photo Production Ltd. v. Securior Transport Ltd. [1980] A.C. 827, 848 (HL); Grand Trunk Railway Co of Canada v. Robinson [1915] A.C. 740, 747 (Privy Council Canada); Ludditt v. Ginger Coote Airways Ltd. [1947] A.C. 233, 242 (Privy Council Canada); vgl. auch Otto, Allgemeine Geschäftsbedingungen und internationales Privatrecht, S. 54, 60; anders Thompson v. London Midland & Scottish Railway Co. [1930] 1 K.B. 41, 56 (CA); wohl auch Triebel, Englisches Handels- und Wirtschaftsrecht, Bd. 15, Rn. 247, der bei dieser Aussage anscheinend aber den Unfair Contract Terms Act im Blick hat; zudem insbesondere die von Lord Denning in vielen Entscheidungen vertretene reasonableness-Doktrin: vgl. John Lee & Son (Grantham) Ltd. v. Railway Executive [1949] 2 All E.R. 581 (CA).

470 Gillespie Bros. & Co. Ltd. v. Roy Bowles Transport Ltd. [1973] Q.B. 400, 421 (CA); Lütkenhaus, Unfair Contract Terms Act 1977 und AGB-Gesetz 1976, S. 134.

471 Curtis v. Chemical Cleaning Co & Dyeing Co. [1951] 1 K.B. 805, 808 (CA).

472 Couchman v. Hill [1947] K.B. 554, 558 (CA); Harling v. Eddy [1951] 2 K.B. 739, 746 (CA) per Denning, LJ; J. Evans & Son Ltd. v. Andrea Merzario Ltd. [1976] 1 W.L.R. 1078, 1082 f. (CA); Brikom Investments Ltd. v. Carr [1979] Q.B. 467, 488 (CA).

gebnisse vermieden werden.[473] Dadurch wird die Auslegung – als Methode der Ermittlung des realen Parteiwillens – freilich ein wenig überspannt.[474]

Bei der Auslegung von Haftungsausschlussklauseln gehen die Gerichte damit von einer strengen Wortlautauslegung aus. Die Klauseln müssen klar und unzweideutig formuliert sein,[475] wobei sie im Zweifel gegen den Verwender ausgelegt werden *(contra proferentem)*.[476] Die Parteien müssen in klaren Worten deutlich machen, was sie mit der Klausel bezwecken. Wer beispielsweise also seine Haftung für die Verletzung von *warranties* ausschließt, der haftet weiterhin für die Verletzung von *conditions*.[477] Ein weiteres Beispiel bildet der Fall Ernest Beck & Company v. K. Szymanowski & Company.[478] Dort war im Vertrag festgehalten, dass die Qualität der Ware als genehmigt gilt, wenn nicht innerhalb einer bestimmten Zeitspanne eine Rüge erfolgt. Diese Klausel bezog sich lediglich auf die Qualität, sodass eine Mankolieferung nicht erfasst war.

Eine weitere Einschränkung machen die Gerichte beim Haftungsausschluss für Fahrlässigkeit. Hier werden sehr hohe Anforderungen an die Wirksamkeit gestellt.[479]

---

473 Chitty, Chitty on contracts, Bd. 1, Rn. 14-001.

474 Atiyah/Smith, Atiyah`s Introduction to the law of contract, S. 152.

475 Wallis Son & Wells v. Pratt & Haynes [1911] A.C. 394, 398 f. (HL): Die Richter befanden eine Klausel, die die Haftung für eine "warranty" ausschließt, nicht die Haftung für "conditions" ausschließt; vgl. auch Ailsa Craig Fishing Co. Ltd. v. Malvern Fishing Co. Ltd. [1983] 1 W.L.R. 964, 966, 970 (HL); Stent Foundations Ltd. v. MJ Gleeson Group Plc [2001] B.L.R. 134 para. 26 ff. (QBD); Dairy Containers Ltd. v. Tasman Orient Line CV ("The Tasman Discoverer") [2004] 2 C.L.C. 794, 800 (Privy Council New Zealand).

476 v. Hippel, RabelsZ (41) 1977, 237, 275; Chitty, Chitty on contracts, Bd. 1, Rn. 14-009; McMeel, The construction of contracts, Rn. 21.09; MacKendrick, Force majeure and frustration of contract, S. 15.

477 Lowe v. Lombank [1960] 1 W.L.R. 196, 203 (CA). Siehe auch Lamport & Holt Lines v. Coubro & Scrutton (M&I) Ltd („The Raphael") [1982] 2 Lloyd's Rep. 42, 49 für den Ausschluss von Fahrlässigkeit: „[…]Thus, if an exemption clause of the kind we are considering excludes liability for negligence expressly, then the Courts will give effect to the exemption. If it does not do so expressly, but its wording is clear and wide enough to do so by implication, then the question becomes whether the contracting parties so intended.".

478 Ernest Beck & Company v. K. Szymanowski & Company [1924] A.C. 43, 52 (HL).

479 Canada Steamship Lines Ltd. v. King, The. [1952] A.C. 192, 208: in der ein dreistufiges Vorgehen festgelegt wurde. Erstens: Sieht die Klausel ausdrücklich eine Haftungsbefreiung für Fahrlässigkeit vor, so gilt diese. Zweitens: Ist das nicht der Fall, hat das Gericht die Klausel auszulegen, ob der Wortlaut auch Fahrlässigkeit umfassen soll. Im Zweifel ist dieses gegen den Verwender (contra proferentem) zu verneinen. Drittens:

In allen anderen Fällen grenzt die überwiegende Ansicht heute danach ab, ob lediglich eine Haftungsbeschränkung oder ein vollständiger Haftungsausschluss vereinbart wurde.[480] Letzterer ist dabei nach strengeren Kriterien zu beurteilen. Ob die Klausel wirksam ist, wird von den Gerichten im Einzelfall entschieden. Maßgeblich ist nicht nur die erhaltene Gegenleistung, sondern auch, welches Risiko der anderen Partei durch die Klausel auferlegt wird und ob dieses versicherbar ist.[481]

Wegen der häufig nur graduellen Unterschiede zwischen Haftungsausschluss- und Haftungsbeschränkungsklauseln[482] regte sich oft Widerstand gegen diese Differenzierung.[483] Letztlich wurde sie aber vom *House of Lords* gebilligt.[484] Seit der Einführung des UCTA 1977 tendieren die Gerichte insgesamt allerdings dazu, Haftungsausschlussklauseln unter Kaufleuten weniger streng am Wortlaut orientiert auszulegen und vielmehr den Bedürfnissen des Wirtschaftslebens nach einer sinnvollen Risikoverteilung nachzugehen.[485]

Sollte die Klausel Fahrlässigkeit erfassen, so ist sie dennoch unwirksam, wenn die Schadensursache so gewöhnlich ist, dass der Schuldner seine Haftung dafür billigerweise nicht ausschließen konnte.

480 Vgl. George Mitchell (Chesterhall) Ltd. v. Finney Lock Seeds Ltd. [1983] 2 A.C. 803, 813 ff. (HL); Ailsa Craig Fishing Co. Ltd. v. Malvern Fishing Co. Ltd. [1983] 1 W.L.R. 964, 966 (HL).

481 Ailsa Craig Fishing Co. Ltd. v. Malvern Fishing Co. Ltd. [1983] 1 W.L.R. 964, 966, 970 (HL): "Clauses of limitation are not regarded by the courts with the same hostility as clauses of exclusion: this is because they must be related to other contractual terms, in particular to the risks to which the defending party may be exposed, the remuneration which he receives, and possibly also the opportunity of the other party to insure."; ferner Atiyah, The sale of goods, S. 208.

482 Man denke nur an einen Verkäufer, der seine Haftung beispielsweise auf einen Dollar „beschränkt".

483 Atiyah, The sale of goods, S. 208 f.; beachte auch die Kritik von Lord Denning am Court of Appeal in George Mitchell (Chesterhall) Ltd. v. Finney Lock Seeds Ltd. [1983] Q.B. 284, 299; aff. [1983] 2 A.C. 803 (HL); vgl. auch MacKendrick, Force majeure and frustration of contract, S. 12.

484 Photo Production Ltd. v. Securior Transport Ltd. [1980] A.C. 827 (HL); Atiyah/Smith, Atiyah`s Introduction to the law of contract, S. 153; nach wie vor kritisch neuerdings Bank of Credit and Commerce International S.A. v. Ali [2002] 1 A.C. 251, 276 ff. (HL) per Lord Hoffmann.

485 McMeel, The construction of contracts, Rn. 21.01.

5.6.4.1.3 Keine Einschränkung durch „fundamental breach of contract"

In älteren Entscheidungen wurde oft vertreten, dass sich eine Partei dann nicht auf ihre Haftungsausschlussklauseln berufen könne, wenn sie einen *fundamental breach of contract* begehe, also eine Vertragspflicht verletzte, die für die Vertragsdurchführung elementar ist. Es muss also eine Pflicht verletzt sein, die bedeutender als die einer *condition.*[486] Dieses ist mit dem Gedanken vergleichbar, den § 307 Abs. 2 BGB für den Ausschluss der Haftung von Kardinalpflichten in AGB aufstellt. So heißt es in einer Entscheidung:

> „[a fundamental term is] something which underlies the whole contract so that, if it is not complied with, the performance becomes totally different from that which the contract contemplates".[487]

Diese Rechtsprechung hat ihren Ursprung im Seetransportrecht zur *deviation.* Demnach führt ein Abweichen von dem vereinbarten Kurs zum Ausschluss von Haftungsfreizeichnungen.[488] Später wurde diese Rechtsprechung auf andere Verträge ausgeweitet.[489] Ein Beispiel für diese Doktrin anhand des Kaufrechts ist die Lieferung einer gattungsfremden Sache.[490] Im Fall *George Mitchell (Chesterhall) Ltd v. Finney Lock Seeds Ltd*[491] lieferte der Verkäufer an einen Saathändler Samen für den Anbau von Kohl. Durch einen Fehler des Verkäufers wurde jedoch statt der vereinbarten Winter-, die Herbstsaat ausgeliefert, was zur Verkümmerung der Ernte führte. Während der Verkäufer sich auf seine Haftungsbeschränkung berief, verlangte der Käufer entgangenen Gewinn und Schadensersatz für die Aussaat. Er erwog, dass der Verkäufer sich wegen eines *fundamental breach*

486 Karsales (Harrow) Ltd. v. Wallis [1956] 1 W.L.R. 936, 940, 943; Otto, Allgemeine Geschäftsbedingungen und internationales Privatrecht, S. 46; Beinert, Wesentliche Vertragsverletzung und Rücktritt, S. 130 f. mwN.

487 Smeaton Hanscomb & Co. Ltd. v. Sassoon I. Setty Son & Co [1953] 1 WLR 1468, 1470 (QBD) per Delvin J.; vgl. auch Trade & Transport Inc. v. Iino Kaiun Kaisha Ltd. ("The Angelia") [1973] 1 W.L.R. 210 (QBD).

488 Joseph Thorley Ltd. v. Orchis Steamship Co. Ltd. [1907] 1 K.B. 660 (Beachte aber auch das Votum von Scrutton, K.C., der die Haftungsbegrenzungen nur dann entfallen lassen will, wenn die Abweichung vom Kurs zumindest mitverursacht hat, p. 662); Morrison & Co. Ltd. v. Shaw, Savill & Albion Co. Ltd. [1916] 2 K.B. 783, 795 (CA); Otto, Allgemeine Geschäftsbedingungen und internationales Privatrecht, S. 47; vgl. Boyd/Burrows/Foxton, Scrutton on charterparties and bills of lading, S. 258.

489 Vgl. Alderslade v. Hendon Laundry Ltd. [1945] K.B. 189, 192; Levison v. Patent Steam Carpet Cleaning Co. Ltd. [1978] Q.B. 69, 73 ff. (CA).

490 Vgl. auch Otto, Allgemeine Geschäftsbedingungen und internationales Privatrecht, S. 47; v. Hippel, RabelsZ (41) 1977, 237, 275; Guest, Benjamin's sale of goods, Rn. 13–48.

491 George Mitchell (Chesterhall) Ltd. v. Finney Lock Seeds Ltd. [1983] 2 A.C. 803 (HL).

nicht auf den Ausschluss berufen könne. Die Obergerichte lehnten das, wie auch schon in vorangegangenen Entscheidungen[492] ab, da sich ein derartiger Rechtssatz dem *common law* nicht entnehmen lasse. Letztlich brauchte es aber ganze drei Entscheidungen des *House of Lords*, um auch den letzten englischen Juristen zu dieser Einsicht zu bewegen.[493] Pauschal kann einer Haftungsausschlussklausel daher nicht unter Berufung auf einen *fundamental breach* die Wirksamkeit entsagt werden. Es kommt vielmehr darauf an, ob die Auslegung ergibt, dass die Klausel den entsprechenden Haftungsfall erfassen soll oder nicht *(„a rule of construction“)*.[494] Dabei gilt die Vermutung, dass eine Klausel der Haftungsbegrenzung grundsätzlich nicht für einen *fundamental breach* freizeichnet, es sei denn dass sie diese Folge klar und deutlich ausdrückt.[495]

5.6.4.1.4 Zusammenfassung

Damit bleiben einige Grundsätze zur Auslegung von Haftungsfreizeichnungen festzuhalten. Zunächst ist nach der Art der Klausel zu differenzieren, denn Haftungsausschlussklauseln werden strenger ausgelegt als reine Haftungsbeschränkungen.[496] Zudem muss die Haftungsfreizeichnung klar und deutlich formuliert sein, da Widersprüche zulasten des Verwenders gehen. Widerspricht die Vereinbarung anderen Vertragsklauseln, so werden sie von englischen Richtern daher nicht angewendet. Zudem muss das Ziel der Klausel deutlich erkennbar sein. Nur generelle Haftungsfreizeichnungen erfassen daher schwerwiegende Vertragsverletzungen *(fundamental breach)*[497] ebenso wenig wie eine Freizeichnung

---

492 Photo Production Ltd. v. Securior Transport Ltd. [1978] 1 W.L.R. 856, 863 (CA); Suisse Atlantique Societe d'Armement Maritime S.A. v. N.V. Rotterdamsche Kolen Centrale ("The General Guisan") [1966] 1 Lloyd's Rep 529, 544 (H.L.) per Lord Reid.

493 Die Leitentscheidungen waren Suisse Atlantique Societe d'Armement Maritime S.A. v. N.V. Rotterdamsche Kolen Centrale ("The General Guisan") [1966] 1 Lloyd's Rep 529 (H.L.); Photo Production Ltd. v. Securior Transport Ltd. [1980] A.C. 827 (HL) und schließlich George Mitchell (Chesterhall) Ltd. v. Finney Lock Seeds Ltd. [1983] 2 A.C. 803 (HL).; McMeel, The construction of contracts, Rn. 21.11.

494 Chitty, Chitty on contracts, Bd. 1, Rn. 14–924; Kade, Richterliche Kontrolle von formularmäßigen Haftungsfreizeichnungen im englischen Recht, S. 61; Schmitz, Haftungsausschlußklauseln in allgemeinen Geschäftsbedingungen nach englischem und internationalem Privatrecht, S. 46 ff.; Beinert, Wesentliche Vertragsverletzung und Rücktritt, S. 131; Guest, Benjamin's sale of goods, Rn. 13–40; Boyd/Burrows/Foxton, Scrutton on charterparties and bills of lading, S. 205.

495 McMeel, The construction of contracts, Rn. 21.12.

496 Siehe oben Seite 89.

497 Siehe oben Seite 89.

für Fahrlässigkeit *(negligence)*[498] oder die für falsche Tatsachendarstellungen *(misrepresentation)*[499]. Wer sich bei der Vertragsdurchführung selbst nicht vertragsgerecht verhält, der kann sich ferner nicht auf die Freizeichnungsklauseln berufen *(four corners rule)*, was insbesondere der Fall ist, wenn die vertragliche Leistung von der Vereinbarten wesentlich abweicht.[500]

5.6.4.2 Nach dem „Unfair Contract Terms Act"

In vielen Fällen beurteilt sich die Wirksamkeit der Klauseln jedoch nach dem *Unfair Contract Terms Act 1977 (UCTA)*. Dieser trat am 1. Februar 1978 in Kraft und befasst sich mit der Wirksamkeit von Haftungsausschlussklauseln.[501] Dabei spielt es keine Rolle, ob diese in allgemeinen Geschäftsbedingungen oder Individualvereinbarungen erfolgt sind.[502] Der Begriff der Haftungsbeschränkung wird dabei sehr weit ausgelegt. Erfasst ist jede Klausel, die entweder die Haftung bzw. die Durchsetzbarkeit von Ansprüchen ausschließt oder beschränkt (s. 13(1) UCTA). Selbst die Vereinbarung von Beweiserleichterungen, beispielsweise dass die Ware eine bestimmte Qualität habe, können daher unter den UCTA fallen.[503]

5.6.4.2.1 Prüfungsmaßstab

Der UCTA ist in zwei Stufen gegliedert.[504] Bei einigen Klauseln handelt es sich um absolute Klauselverbote, die immer eine Unwirksamkeit nach sich ziehen.[505]

---

498 Vgl. George Mitchell (Chesterhall) Ltd. v. Finney Lock Seeds Ltd. [1983] 2 A.C. 803, 814 (HL); Alderslade v. Hendon Laundry Ltd. [1945] K.B. 189, 192; Skipskredittforeningen v. Emperor Navigation [1998] 1 Lloyd's Rep. 66, 76; vgl. aber auch Frans Maas (UK) Ltd. v. Samsung Electronics (UK) Ltd. [2004] 2 Lloyd's Rep. 251, 274 (QBD); siehe auch Lamport & Holt Lines v. Coubro & Scrutton (M&I) Ltd („The Raphael") [1982] 2 Lloyd's Rep. 42, 49 für den Ausschluss von Fahrlässigkeit: „[...]Thus, if an exemption clause of the kind we are considering excludes liability for negligence expressly, then the Courts will give effect to the exemption. If it does not do so expressly, but its wording is clear and wide enough to do so by implication, then the question becomes whether the contracting parties so intended.".

499 Thomas Witter Ltd v. TBP Industries Ltd [1996] 2 All E.R. 573.

500 Keenan/Smith, Smith & Keenan's English law, S. 359.

501 Triebel, RIW/AWD 1978, 353; der UCTA 17979 ist Nachfolger des Supply of Goods Act 1973 und ersetzt die relevanten Vorschriften dieses act.

502 Otto, Allgemeine Geschäftsbedingungen und internationales Privatrecht, S. 57.

503 Vgl. Guest, Benjamin's sale of goods, Rn. 13–60.

504 Lütkenhaus, Unfair Contract Terms Act 1977 und AGB-Gesetz 1976, S. 133; manche sprechen sogar von drei Stufen, indem sie die von dem act nicht erfassten Klausel

So kann der Verkäufer beispielsweise nach s. 6(1) UCTA beispielsweise nicht die Haftung dafür ausschließen, dass er überhaupt Eigentümer der verkauften Ware ist.

Bei anderen Verboten handelt es sich hingegen um relative Klauselverbote. Eine Vertragsbestimmung ist dann unwirksam, wenn sie unangemessen ist *(reasonable test)*. Damit wird eine Angemessenheitskontrolle etabliert, die dem englischen Recht ansonsten fremd ist.[506] Ein relatives Klauselverbot ist beispielsweise in s. 2(2) UCTA enthalten, wenn der Schuldner seine Haftung für Fahrlässigkeit abbedingt.

Diese Regelungen gelten aber nicht, wenn allgemeine Geschäftsbedingungen *(„other's written standard terms of business")* verwendet werden. Dann ist alleiniger Prüfungsmaßstab, ob die jeweiligen Klauseln angemessen sind (s. 3 UCTA 1977).[507]

5.6.4.2.2 Anwendung auf die Kontrakte der GAFTA

5.6.4.2.2.1 Auch Branchenbedingungen unterfallen dem UCTA

Ob Branchenbedingungen, die nicht von den Parteien selbst, sondern beispielsweise von der GAFTA ausgearbeitet worden sind, vom UCTA erfasst sind, ist zweifelhaft. Da diese nicht vom anderen Vertragsteil ausgearbeitet wurden, lässt sich erwägen, dass diese nicht von der anderen Partei stammen.[508] In der Ent-

---

ebenfalls als Stufe ansehen, z.B. Otto, Allgemeine Geschäftsbedingungen und internationales Privatrecht, S. 57.

505 Ausführlich dazu: Lütkenhaus, Unfair Contract Terms Act 1977 und AGB-Gesetz 1976, S. 182 ff.

506 Siehe oben Seite 89.

507 Vgl. George Mitchell (Chesterhall) Ltd. v. Finney Lock Seeds Ltd. [1983] 2 A.C. 803 (HL); Stewart Gill Ltd. v. Horatio Myer & Co. Ltd. [1992] 1 Q.B. 600, 605 (CA); Zu den Kritierien vgl. auch Atiyah/Smith, Atiyah`s Introduction to the law of contract, S. 315; Otto, Allgemeine Geschäftsbedingungen und internationales Privatrecht, S. 59 ff.

508 Vergleiche den Wortlaut in s. 3 UCTA: „the other's written standard terms". Auch in Deutschland wird die Einordnung von Branchenbedingungen als AGB bezweifelt, was insbesondere zur Konsequenz hätte, dass sich eine Inhaltskontrolle verbietet, vgl. MüKo-Basedow, § 305 BGB, S. 26; krit. auch Starck, Kommentar zu den Einheitsbedingungen im deutschen Getreidehandel, S. 13. Die überwiegende Ansicht nimmt aber trotzdem eine Inhaltskontrolle vor: Vgl. BGHZ 101, 369, 374; BGH NJW 1999, 3558; BGH NJW 1997, 2043, 2044; Ulmer/Brandner/Hensen-Ulmer, § 305 BGB, Rn. 59; Schack, BGB - Allgemeiner Teil, Bd. 1, Rn. 345; Schlosser, ZIP 1985, 449, 452 f.

scheidung *British Fermentation Products Ltd. v. Compare Reavell Ltd.*[509] wurde diese Frage für einen ähnlichen Fall durch *Judge Bowsher* leider ausdrücklich offengelassen. Er hielt die Anwendung des UCTA jedoch für möglich, wenn die Branchenbedingungen entweder ausnahmslos gelten oder vom Verwender zumindest regelmäßig verwendet werden:

> „However, if the Act ever does apply to such Model Forms, it does seem to me that one essential for the application of the Act to such forms would be proof that the Model Form is invariably or at least usually used by the party in question."

Da die GAFTA-Formulare unter den beteiligten Kaufleuten weit verbreitet sind und in der Praxis überaus oft verwendet werden, wird man von einer gewissen Branchenüblichkeit sprechen können, die *Judge Bowsher* gefordert hat. Die s. 3 UCTA findet daher Anwendung, sodass die Klauseln der GAFTA-Verträge einer Angemessenheitskontrolle zu unterziehen wären.[510]

5.6.4.2.2.2 Regelmäßig keine Anwendung bei Überseekaufverträgen

Der sachliche Geltungsbereich des UCTA ist für die Verträge der GAFTA jedoch meist wohl nicht eröffnet.[511] Auf internationale Warenlieferungsverträge finden die Vorschriften nach s. 26 UCTA keine Anwendung. Ein Kaufvertrag ist dann international, wenn die Vertragsparteien ihren Geschäftssitz oder – bei Fehlen eines solchen – den gewöhnlichen Aufenthalt in verschiedenen Staaten haben. *Zusätzlich*[512] muss einer der folgenden Fälle vorliegen:

- Entweder sollen die Waren bei Vertragsschluss von einem in den anderen Staat befördert werden (lit. a)
- oder Angebot und Annahme werden in verschiedenen Staaten gemacht (lit. b)
- oder die Waren werden in einen anderen Staat geliefert, der sich vom Staat des Vertragsschlusses unterscheidet (lit. c).

Für die Verträge der GAFTA ist regelmäßig davon auszugehen, dass Käufer und Verkäufer ihren Geschäftssitz nicht in England, sondern in unterschiedlichen Ländern haben. Das gilt insbesondere dann, wenn ein deutscher und ein ausländischer Händler kontrahieren. Problematisch ist aber, ob unter GAFTA Kontrakten auch die Voraussetzungen von s. 26(4) UCTA erfüllt sind. Dazu müsste die

---

509 British Fermentation Products Ltd. v. Compare Reavell Ltd. [1999] 2 All E.R. 389.

510 Unfair Terms in Contracts, Law Com. No. 292 para. 4.60.

511 Triebel, RIW/AWD 1978, 353, 357.

512 Guest, Benjamin's sale of goods, Rn. 18–221; deshalb nicht ganz korrekt Otto, Allgemeine Geschäftsbedingungen und internationales Privatrecht, S. 63 f.

Ware von einem in einen anderen Staat befördert werden oder der Vertragsschluss von zwei unterschiedlichen Ländern initiiert worden sein. In GAFTA 100 cl. 26 fingieren die Parteien jedoch, dass die Erfüllung in England stattfindet und dort auch der Vertrag geschlossen worden sei:

> „This contract shall be deemed to have been made in England and to be performed in England."

Es wird ferner sogar fingiert, dass die Parteien ihren Geschäftssitz in London hätten:

> „For the purpose of any legal proceedings each party shall be deemed to be ordinarily resident or carrying on business at the offices of The Grain and Feed Trade Association, England, (GAFTA) [...]"

Jedoch dürften diese Vereinbarungen lediglich dazu dienen, den englischen Gerichtsstand festzulegen, da diese Regelungen im Zusammenhang mit dem *domicile* getroffen werden. Für die Anwendung des UCTA muss es hingegen auf den Ort des physischen Warenaustausches ankommen und nicht darauf, an welchem Ort die Parteien den Erfüllungsort festlegen. Zudem tendiert man allgemein dazu, auf den Ort der physischen Abgabe einer Erklärung abzustellen und nicht auf den, wo die Erklärung wirksam wird.[513] Selbiges gilt für den Geschäftssitz der Parteien. Anderenfalls könnten die Parteien durch entsprechende Vereinbarungen die Anwendbarkeit des UCTA aushebeln.

Allerdings kann diese Frage letztlich dahingestellt bleiben, wenn der Anwendungsausschluss der s. 27(1) UCTA greift. Die Norm geht davon aus, dass Verträge im Wirtschaftsleben häufig dem englischen Recht unterstellt werden, ohne dass es eine hinreichende Verbindung der beiden Parteien zu England gibt. Diesen Parteien soll die Anwendung des UCTA erspart bleiben, damit Kaufleute durch deren Regeln nicht abschrecken und an einen anderen Wirtschaftsstandort für Recht, Versicherung und Arbitrage getrieben werden. Daher finden ss. 2 bis 7 des UCTA 1977 keine Anwendung, wenn zwar englisches Recht gewählt wurde, der Vertrag jedoch eine engere Verbindung[514] zu einem ausländischen Staat aufweist.[515]

---

513 Chitty/Guest, Chitty on contracts, Bd. 2, Rn. 43–110.

514 Zum Begriff der engeren Verbindung: Bonython v. Australia [1951] A.C. 201, 219 (Privy Council Australia); Surzur Overseas Ltd. v. Ocean Reliance Shipping Co Ltd. [1997] C.L.Y. 906; Balmoral Group Ltd. v. Borealis UK Ltd. [2006] 2 Lloyd's Rep. 629 at 702 ff.; Triebel, RIW/AWD 1978, 353, 358mwN; Wood, Conflict of laws and international finance, Bd. 6, Rn. 2–99.

515 Otto, Allgemeine Geschäftsbedingungen und internationales Privatrecht, S. 65; Weick, ZHR (145) 1981, 68, 80 f.; zu den Gründen Mann, I.C.L.Q. (26) 1977, 903, 908 f.

5.6.4.2.3 Zwischenergebnis

Kontrahieren also beispielsweise ein deutscher und ein argentinischer Händler unter GAFTA-Bedingungen, so weist der Vertrag regelmäßig eine enge Bindung zu Deutschland oder Argentinien, jedenfalls aber nicht zu England auf. Aus deutscher Sicht ist daher regelmäßig davon auszugehen, dass der UCTA weitgehend keine Anwendung findet. Stattdessen legen die Gerichte den Prüfungsmaßstab an, der ihnen durch das *common law* vorgegeben ist und oben beschrieben wurde.[516]

5.7 Zwischenergebnis

Die Kontrakte der GAFTA unterfallen kraft ausdrücklicher Rechtswahl dem englischen Recht. Sie sind daher maßgeblich durch das *common law* und seine Präjudizienrechtsprechung geprägt. Dieses ist bei der Betrachtung der einzelnen Vertragsklauseln stets zu beachten. Für die Frage, inwieweit die Verletzung einer Vertragsklausel Konsequenzen nach sich zieht, ist insbesondere deren Einordnung als *condition* oder *warranty* relevant. Darauf soll an gegebener Stelle eingegangen werden. Der UCTA ist hingegen regelmäßig nicht anwendbar, sodass die Vereinbarkeit der Vertragsklauseln mit diesem keine Beachtung finden wird.

---

516 Siehe oben Seite 89 ff.

6 Die GAFTA-Kontrakte im Detail

6.1 Einbeziehung und Auslegung der Vertragsbedingungen

Wie bereits festgestellt, sind die Kontrakte der GAFTA kein eigenständiger Rechtskreis im Sinne einer *lex mercatoria.* Sie ordnen sich dem englischen Recht vielmehr unter. Aus deutscher Sicht handelt es sich damit um allgemeine Geschäftsbedingungen einer Branchenorganisation. Im englischen Rechtskreis ist hingegen keine einheitliche Terminologie für derartige Klauselwerke bekannt.[517] Überwiegend ist von *standard terms and conditions* die Rede.[518] Nachfolgend sollen diese Bedingungswerke daher als *standard terms* bezeichnet werden. Dabei handelt es sich um alle diejenigen Bedingungen, die mehr als einmal verwendet werden sollen. Diese unterliegen keinem Sonderrecht[519] – es findet stattdessen das allgemeine Vertragsrecht Anwendung.[520]

6.1.1 Einbeziehung von standard terms

Die Formulare der GAFTA werden in den Vertrag damit nur einbezogen, wenn sie Teil von *offer* und *acceptance* geworden sind.[521] Die Rechtsprechung zur Einbeziehung von *standard terms* geht auf die Rechtsstreitigkeiten zwischen den Eisenbahngesellschaften und ihren Kunden zurück, wird mittlerweile universell angewendet.[522]

517 Otto, Allgemeine Geschäftsbedingungen und internationales Privatrecht, S. 36; Thorpe/Bailey, Commercial contracts, S. 101.

518 Auch „Standard forms of contracts" ist üblich, vgl. z.B. Chitty, Chitty on contracts, Bd. 1, Rn. 12-008 .

519 Abgesehen von einigen Vorschriften des Unfair Contract Terms Act 1977.

520 Thorpe/Bailey, Commercial contracts, S. 101; Sayn-Wittgenstein-Berleburg, Allgemeine Geschäftsbedingungen im englischen Recht, S. 3; Sandrock/Beckmann, Handbuch der internationalen Vertragsgestaltung, Abschn. B Rn. 120; anders nur Bonsor v. Musicians Union [1954] [1954] Ch. 479, 485 (CA) per Lord Denning, der darin Rechtsnormen sah.

521 Thieme/Mitscherlich, AWD 1973, 173, 175.

522 Thieme/Mitscherlich, AWD 1973, 173, 174, 178.

6.1.1.1 Die Praxis der Einbeziehung

In der Praxis des internationalen Warenhandels wird der Vertrag häufig ohne ein von beiden Parteien unterschriebenes Vertragsstück geschlossen. Gerade bei den Musterverträgen der GAFTA werden die Vertragsdokumente nur selten unterschrieben oder gar ausgetauscht, da der Inhalt den Parteien wegen der Branchenüblichkeit ohnehin geläufig ist. Der Vertrag kommt lediglich informell per Telefon, Fax oder E-Mail zustande. Die Händler einigen sich dann nur über die wesentlichen Vertragsbestandteile hinsichtlich Menge, Preis, Lieferdatum, Verschiffungs- oder Ankunftshafen und gegebenenfalls Lade- und Löschraten. Auf das zugrunde liegende Klauselwerk wie z. B. „GAFTA 100" wird hingegen nur kurz Bezug genommen.[523] Häufig tauschen die Parteien auch nur ihre eigenen Geschäftsbedingungen aus. In diesen wird lediglich festgelegt, dass die Bedingungen bei Lücken der GAFTA ergänzend geltend sollen. Auch in diesen Fällen werden die GAFTA-Bedingungen regelmäßig nicht mitgeschickt. Diese Praxis ist ebenfalls für die Einheitsbedingungen zu beobachten.

6.1.1.2 Rechtliche Einbeziehung

6.1.1.2.1 Einbeziehung kraft Unterschrift

Unterschreiben die Parteien den GAFTA-Kontrakt selbst, so bereitet die Einbeziehung der Formularbedingungen keine Probleme. Da diese im Vertragsdokument selbst enthalten sind, sind alle Klauseln des unterschriebenen Kontraktes Vertragsbestandteile *(incorporation by signature)*.[524] Dabei ist unerheblich, ob die Parteien den Inhalt überhaupt gelesen oder auch verstanden haben.[525] In der Leitentscheidung *L'Estrange v. F Graucob Ltd*[526] enthielt das Vertragswerk im Kleingedruckten eine Haftungsausschlussklausel. Diese wurde alleine deswegen wirksam in den Vertrag einbezogen, da sie von der Unterschrift gedeckt war.

523 Landau, in: van Berg (Hrsg.), International commercial arbitration (2003), 19, 31; Ventris, L.M.C.L.Q. 1984, 657, 657 f.

524 L'Estrange v. F. Graucob Ltd. [1934] 2 K.B. 394 (KBD).

525 North West Leicestershire DC v. East Midlands Housing Association [1981] 1 W.L.R. 1396, 1408 (CA); Chitty, Chitty on contracts, Bd. 1, Rn. 12–13; Guest, Benjamin's sale of goods, Rn. 2–12.

526 L'Estrange v. F. Graucob Ltd. [1934] 2 K.B. 394, 403 (KBD).

6.1.1.2.2 Einbeziehung kraft Hinweises

In dem praktisch häufigeren Fall, dass lediglich ein Verweis auf die GAFTA Bedingungen vorliegt, fragt sich, ob diese auch ohne gesonderte Übersendung in den Vertrag einbezogen wurden. In diesen Fällen muss auf die Bedingungen im Angebot ausreichend hingewiesen worden sein *(reasonable sufficent notice).*[527] Nach englischer Sichtweise müssen die Bedingungen dazu noch nicht einmal übersendet worden sein. Ein bloßer Hinweis reicht aus *(incorporation by reference).*[528] In der Entscheidung *Smith v. South Wales Switchgear*[529] wurde das Angebot unter Geltung eigener *standard terms* gemacht. Die Bedingungen waren dem Angebot jedoch nicht beigefügt, sondern wären auf Wunsch übersendet worden. Die Richter hielten diesen Hinweis auch ohne konkrete Übersendung für ausreichend, da klar war, dass der Verkäufer nur zu seinen Bedingungen kontrahieren würde und diese bei Interesse angefordert werden hätten können. Erst recht muss dieses dann gelten, wenn es sich um allgemeine Branchenbedingungen handelt, die gemeinhin bekannt sind und die Vertragsparteien daher leicht einsehen können. Die Übersendung ist daher nicht notwendig, ein bloßer Verweis auf die GAFTA-Kontrakte reicht aus.

6.1.1.2.3 Einbeziehung in sonstiger Weise

6.1.1.2.3.1 Durch Handelsbräuche oder die Geschäftspraxis

Die bloße Tatsache, dass Standardbedingungen schon in vorherigen Geschäftsbeziehungen verwendet wurden, reicht nach englischem Recht hingegen nicht aus, um diese auch ohne eine Abrede zu inkorporieren.[530] Erst wenn diese in der

---

527 Olley v. Marlborough Court Ltd. [1949] 1 K.B. 532, 549 (CA) per Denning, L.J.; Thornton v. Shoe Lane Parking [1971] 2 Q.B. 163, 169 (CA); Thorpe/Bailey, Commercial contracts, S. 110; Sayn-Wittgenstein-Berleburg, Allgemeine Geschäftsbedingungen im englischen Recht, S. 5; Chitty, Chitty on contracts, Bd. 1, Rn. 12-010; Thieme/Mitscherlich, AWD 1973, 173, 176.

528 Smith v. UMB Chrysler (Scotland) Ltd. [1978] 1 W.L.R. 165, 177 (HL); ferner Keeton Sons & Co. Ltd. v. Carl Prior Ltd. [1986] B.T.L.C. 30 zitiert nach Lawson, Exclusion clauses and unfair contract terms, S. 35: Verneinung, der Einbeziehung, da kein hinreichender Hinweis erfolgt war; Brandeis Brokers Ltd. v. Black [2001] 2 Lloyd's Rep. 359, 363 (QBD); Joseph, Jurisdiction and arbitration agreements and their enforcement, S. 149 ff.

529 Smith v. UMB Chrysler (Scotland) Ltd. [1978] 1 W.L.R. 165, 177 (HL).

530 McCutcheon v. David MacBrayne Ltd. [1964] 1 W.L.R 125, 129 ff. (HL); Hollier v. Rambler Motors (A.M.C.) Ltd. [1972] 2 Q.B. 71, 75 f. (CA); Für Deutschland und die Einheitsbedingungen Starck, Kommentar zu den Einheitsbedingungen im deutschen

ständigen Geschäftspraxis so verwendet werden, dass die andere Partei vernünftigerweise darauf vertrauen durfte, dass die *standard terms* auch in dieser Transaktion wieder zugrunde gelegt werden würden, kann dieses zu einer Einbeziehung führen.[531] Dazu muss jedoch eine Vielzahl von Verträgen zu diesen Bedingungen geschlossen werden. Wo genau die Grenze verläuft, ist einzelfallabhängig.[532] Drei bis vier Verträge über einen Zeitraum von drei Jahren[533] oder 81 Verträge über einen Zeitraum von 5,5 Jahren[534] wurden als ausreichend erachtet.[535] In bestimmten Fällen können die Vertragsbedingungen darüber hinaus auch dann in den Vertrag einbezogen werden, wenn deren Verwendung als Handelsbrauch anzusehen ist.[536] Die bloße Tatsache, dass mehr als die Hälfte des internationalen Getreidehandels über GAFTA-Formulare abgewickelt wird, dürfte einen Handelsbrauch aber noch nicht entstehen lassen.[537] Dieser muss

---

Getreidehandel, S. 16; vgl. ferner für das deutsche Recht, wo für bestimmte AGB diskutiert wird, ob diese kraft überragender Verkehrsgeltung auch ohne ausdrücklichen Hinweis einbezogen werden, Hellwege, Allgemeine Geschäftsbedingungen, einseitig gestellte Vertragsbedingungen und die allgemeine Rechtsgeschäftslehre, S. 434 f. am Beispiel der ADSp. Dieses gilt jedoch nicht im internationalen Verkehr, da die Fälle dort wesentlich vielschichtiger gestaltet sein können, vgl. für das CISG: BGH v. 31.10.2001 CISG-online Nr. 617. Einschränkend aber Honsell-Dornis, vor Art. 14-24 CISG, Rn. 10.

531 S.I.A.T. di del Ferro v. Tradax Overseas S.A. [1978] 2 Lloyd's Rep. 470, 490; aff. [1980] 1 Lloyd's Rep. 53 George Mitchell (Chesterhall) Ltd. v. Finney Lock Seeds Ltd. [1983] Q.B. 284, 295; aff. [1983] 2 A.C. 803; Circle Freight International Ltd. v. Medeast Gulf Exports Ltd. [1988] 2 Lloyd's Rep. 427, 433 ff. (CA); Lewison, The interpretation of contracts, Rn. 3.08.

532 Thieme/Mitscherlich, AWD 1973, 173, 179, der mit Beispielen auf die Rechtsunsicherheit hinweist.

533 Hardwick Game Farm v. Suffolk Agricultural Poultry Producers Association Ltd. (S.A.P.P.A.) [1969] 2 A.C. 31, 113 (HL).

534 S.I.A.T. di del Ferro v. Tradax Overseas S.A. [1978] 2 Lloyd's Rep. 470; aff. [1980] 1 Lloyd's Rep. 53.

535 Guest, Benjamin's sale of goods, Rn. 2–12; Drei bis vier Verträge innerhalb von fünf Jahren reichen jedenfalls nicht aus: Hollier v. Rambler Motors (A.M.C.) Ltd. [1972] 2 Q.B. 71, 75 f. (CA): Hier ging es allerdings um den Fall einer Privatperson; zu kritisch Otto, Allgemeine Geschäftsbedingungen und internationales Privatrecht, S. 38.

536 British Crane Hire Corp Ltd. v. Ipswich Plant Hire Ltd. [1975] Q.B. 303, 311 (CA); Laceys Footwear (Wholesale) Ltd. v. Bowler International Freight Ltd. [1997] 2 Lloyd's Rep 369, 378 (CA); Guest, Benjamin's sale of goods, Rn. 2–12.

537 Anders möglicherweise British Crane Hire Corp Ltd. v. Ipswich Plant Hire Ltd. [1975] Q.B. 303, 311 (CA): Hier bestand die Besonderheit, dass beide Parteien professionelle Marktteilnehmer waren und deren Verträgen jeweils an die der „Contractors' Plant

vielmehr im Einzelfall durch die Partei nachgewiesen werden, die sich auf den Inhalt des GAFTA-Kontraktes berufen will.[538]

6.1.1.2.3.2 Durch Bestätigungsschreiben *„confirmation note"*

Die Tatsache, dass *standard terms* grundsätzlich schon vor Vertragsschluss im Angebot enthalten sein müssen, führt dazu, dass eine nachträgliche Einbeziehung – wie sie in Deutschland insbesondere nach den Grundsätzen über das kaufmännische Bestätigungsschreiben erfolgt[539] – in England nicht ohne Weiteres möglich ist. So bedeutet das Schweigen auf ein Bestätigungsschreiben[540] in England keine Zustimmung.[541]

Zwar lassen sich auch nach englischem Recht, Vertragsbedingungen nachträglich in den Vertrag einbringen, jedoch muss eine solche Änderung des Vertrages *(variation)* von einer *consideration* begleitet sein, an derer es regelmäßig fehlen wird.[542] Zwar besteht denklogisch noch die Möglichkeit, dass die Parteien nachträglich den alten Vertrag ohne *standard terms* aufheben und einvernehmlich einen neuen Vertrag mit den Bedingungen schließen, jedoch wird für eine solche *novation* in der Regel der Parteiwille fehlen.[543] Bis jetzt haben die Gerichte *standard terms* in Bestätigungsschreiben daher nur dann in den Vertrag einbezogen, wenn eine entsprechende Geschäftspraxis der Verwendung der Klauselwerke zwischen den Parteien bestand.[544]

Association" angelehnt waren. Das genügte den Richtern, um davon auszugehen, dass deren Bedingungen einbezogen sind, sofern diese angemessen sind.

538 Ablehnend für die Einheitsbedingungen Starck, Kommentar zu den Einheitsbedingungen im deutschen Getreidehandel, S. 16.

539 Esser, ZfRV (29) 1988, 167, 168 ff.; vgl. zur Wirkung kaufmännischer Bestätigungsschreiben im UN-Kaufrecht Huber/Kröll, IPRax 2003, 309, 312; Kröll/Hennecke, RabelsZ (67) 2003, 448.

540 Eine einheitliche Terminologie fehlt, die Rede ist von einer „confirmation note" einem „letter of confirmationen" einer „contract note" oder auch einer „bought" bzw. „sold note", dazu: Ebenroth, ZVglRWiss (77) 1978, 161, 164.

541 OLG Hamburg, NJW 1980, 1232 ff.; Sayn-Wittgenstein-Berleburg, Allgemeine Geschäftsbedingungen im englischen Recht, S. 10; Otto, Allgemeine Geschäftsbedingungen und internationales Privatrecht, S. 41.

542 Hoggett, The Modern Law Review (33) 1970, 518, 521; Kötz/Flessner, European contract law, 30 Fn. 55.

543 So zutreffend Thieme/Mitscherlich, AWD 1973, 173, 180.

544 Hardwick Game Farm v. Suffolk Agricultural Poultry Producers Association Ltd. (S.A.P.P.A.) [1969] 2 A.C. 31, 113 (HL); ähnlich Hollier v. Rambler Motors (A.M.C.) Ltd. [1972] 2 Q.B. 71, 76 f. (CA).

Liegt diese nicht vor, so können die Bedingungen lediglich konkludent *(by conduct)* einbezogen werden: Wird das Bestätigungsschreiben widerspruchslos akzeptiert und nimmt die Partei Erfüllungshandlungen, wie die Lieferung der Ware vor, so gilt der Inhalt des Bestätigungsschreibens durch die Ausführung akzeptiert.[545]

Darüber hinaus kommt einem Bestätigungsschreiben keine Wirkung zu. Daher muss diesem grundsätzlich auch nicht widersprochen worden.[546] In einem Prozess ließe sich allerdings argumentieren, das Bestätigungsschreiben sei „der Vertrag" selbst und dass es keinen vorherigen mündlichen Vertragsschluss unter Bezugnahme auf ein Standardformular gegeben habe. Da ein Schriftstück über den Vertrag existiert, sind nach der *parol evidence rule* mündliche Abreden als Beweis grundsätzlich unzulässig.[547] Insofern kann man durch diesen prozessualen Kniff eine konstitutive Wirkung von *confirmation notes* durchaus herbeiführen.

6.1.1.2.4 Kollidierende standard terms

Kommt es nicht sofort zum Vertragsschluss, so werden häufig wechselseitige Angebote gemacht, die jeweils auf dem eigenen Briefbogen mit Referenz auf die eigenen Geschäftsbedingungen versandt werden. Dabei kann es vorkommen, dass der Käufer das Angebot des Verkäufers auf seinem Briefbogen zwar akzeptiert, dieser aber die Geltung eigener *standard terms* vorsieht. Diese können die GAFTA Kontrakte beispielsweise ergänzend heranziehen, während dieses im anderen Vertragswerk nicht der Fall ist. In diesen Fällen fragt sich, wessen allgemeine Geschäftsbedingungen letztlich Geltung erlangen.

---

545 British Road Services Ltd. v. Arthur V. Crutchley & Co. Ltd. [1968] 1 Lloyd's Rep. 271, 273 (CA); Ebenroth, ZVglRWiss (77) 1978, 161, 165; dieser Gedanke ist auch dem deutschen Recht bei der Einbeziehung von AGB nicht fremd: BGH LM § 150 Nr. 3; OLG Karlsruhe VersR 1998, 1127, 1128; OLG Köln MDR 1971, 762, 763; vgl. auch BGHZ 61, 282, 287 ff.

546 Zu den engen Ausnahmen Hoggett, The Modern Law Review (33) 1970, 518, 527 Fn. 65.

547 Vgl. dazu auch Harnor v. Groves [1855] 15 C.B. 667, 670; darauf weist insbesondere hin Hoggett, The Modern Law Review (33) 1970, 518, 521, 528, der aber auch deutlich macht, dass die confirmation note den Anschein des vollständigen Vertrages haben muss, woran es in der Regel fehlen wird.

6.1.1.2.4.1 Rechtslage nach englischem Recht

Im englischen Recht gilt die sogenannte *last shot doctrine*. Diese besagt, dass die AGB der Gegenpartei jeweils ein neues Angebot darstellen. Daher kommt der Vertrag mit den Bedingungen zustande, die zuletzt angenommen wurden.[548] Die Annahme muss dabei nicht ausdrücklich geschehen, sondern kann auch durch die Ausführung der vertraglich geschuldeten Leistung erfolgen.[549] Dabei ist unerheblich, ob der zuerst Anbietende in seinen Bedingungen eine Abwehrklausel aufnimmt, in der er festlegt, dass diese anderen Bedingungen stets vorzugehen haben.[550] Wird das Gegenangebot nicht angenommen, so kann das dazu führen, dass es an einem Vertragsschluss fehlt. Die Gerichte untersuchen in diesen Fällen aber, ob es vor dem Austausch der Standardbedingungen schon einen (mündlichen) Vertragsschluss gegeben hat.[551] In diesen Fällen unterliegt der Vertrag dann den damaligen Absprachen und subsidiär dem *common law*.

6.1.1.2.4.2 Rechtslage nach deutschem Recht

Im deutschen Recht kommt es hingegen darauf an, inwieweit die Geschäftsbedingungen übereinstimmen, da diese in diesem Umfang als einbezogen gelten (sog. Restgültigkeitstheorie).[552] Ausgangspunkt der Diskussion um kollidierende AGB war auch in Deutschland lange Zeit der § 150 Abs. 2 BGB. Danach stellten AGB der Gegenpartei ein neues Angebot dar, welches angenommen werden musste, sodass auch hier die Regel des „letzten Wortes" galt.[553] Die Annahme wurde – wie auch heute noch im englischen Recht – konkludent in der Tatsache gesehen, dass die vertraglich geschuldete Leistung widerspruchslos entgegengenommen wurde.[554] In anderen Fällen half die Rechtsprechung über unbillige Er-

548 Zambia Steel & Building Supplies Ltd. v. James Clark & Eaton Ltd. [1986] 2 Lloyd's Rep. 225, 233 ff. (CA); Butler Machine Tool Co. Ltd. v. Ex-Cell-O Corp. (England) Ltd. [1979] 1 W.L.R. 401, 405 (CA).

549 G. Percy Trentham Ltd. v. Archital Luxfer Ltd. [1993] 1 Lloyd's Rep. 25, 29 (CA); Stone, The modern law of contract, S. 43 f.

550 Butler Machine Tool Co. Ltd. v. Ex-Cell-O Corp. (England) Ltd. [1979] 1 W.L.R. 401, 405 (CA).

551 So in Hertford Foods Ltd. v. Lidl UK GmbH, unreported, zitiert nach und dargstellt bei Stone, The modern law of contract, S. 41.

552 BGH LM § 150 Nr. 3; OLG Köln MDR 1971, 762, 763; Ventsch/Kluth, IHR 2003, 61, 64; Ebenroth, ZVglRWiss (77) 1978, 161, 165.

553 BGHZ 18, 212, 215; BGH BB 1951, 456; BGH NJW 1963, 1248.

554 Ulmer/Brandner/Hensen-Ulmer, § 305 BGB, Rn. 185.

gebnisse mittels § 242 BGB hinweg, indem sie es den Parteien versagte, sich auf die Unwirksamkeit des Vertragsschlusses zu berufen.[555]

Aufgrund der Tatsache, dass die Theorie des letzten Wortes zu einem Rechtsunsicherheit schürenden, unendlichen „Ping-Pong-Spiel“[556] von Vertragserklärungen führen kann und es zudem weniger um den Vertragsschluss als um den Inhalt der Vertragspflichten geht, hat sich die Meinung durchgesetzt, die Regelungen zum Dissens anzuwenden.[557] Verwenden die Parteien unterschiedliche und sich widersprechende Geschäftsbedingungen, so liegt in aller Regel ein offener Einigungsmangel vor, § 154 Abs. 1 BGB.[558] Da die Norm nur eine Vermutung der Unwirksamkeit des Vertrages vorsieht, kann diese widerlegt werden. Das ist insbesondere dann der Fall, wenn die Parteien den Vertrag ordnungsgemäß erfüllt haben und damit deutlich machen, dass sie diesen nicht von einer Einigung über die Einbeziehung der AGB abhängig machen wollten.[559] In der Praxis steht ohnehin der geschäftliche Gewinn und nicht die „rechtliche Perfektion“ im Vordergrund.[560] Dieses Ergebnis lässt sich zudem mit der Auslegungsregel des § 306 BGB stützen, die dem Vertrag als solchen eine gewisse Restgültigkeit einräumen will.[561]

Damit ist jedoch nur festgehalten, dass der Vertragsschluss als solcher nicht scheitert, über den Inhalt an sich, ist freilich noch keine Aussage getroffen. Der BGH hat jedoch lediglich zu den Fällen Stellung bezogen, in denen der Anbietende in seine AGB eine sogenannte „Abwehrklausel“ aufgenommen hatte und sich damit ausdrücklich gegen die Akzeptanz fremder AGB aussprach.[562] Jedoch

---

555 BGHZ 61, 282, 288 f.; BGH WM 1957, 1064, 1066; OLG Karlsruhe BB 1972, 1162; ferner BGH WM 1973, 1198, 1200; BGH BB 1974, 1136 f.

556 Striewe, JuS 1982, 728, 729; Sandrock/Beckmann, Handbuch der internationalen Vertragsgestaltung, Abschn. B Rn. 47.

557 Vgl. dazu insb. die „Wärmehaltungssilo-Entscheidung“ BGHZ 61, 282, 288 f. und folgend: BGH BB 1974, 1136, 1137; Bork, Allgemeiner Teil des Bürgerlichen Gesetzbuchs, Rn. 1767; v. Graf Westphalen, DB 1976, 1317, 1318.

558 Ulmer/Brandner/Hensen-Ulmer, § 305 BGB, Rn. 188.

559 Vgl. BGH BB 1974, 1136, 1137; BGH NJW 1980, 449; BGH WM 1990 1671, 1672.

560 Striewe, JuS 1982, 728; vgl. dazu auch die von Kegel beschriebene Szene aus einem Londoner Gerichtssaal: „Warum haben Sie nicht klargestellt, wessen allgemeine Geschäftsbedingungen gelten sollten, Ihre oder die des Gegners?“ „Wir würden keinen Vertrag hinkriegen, wenn wir so was machten, haben auch keine Zeit.“ „Na, wozu haben Sie dann überhaupt Bedingungen?“ „Wozu? Die hat doch jeder!“ in Kegel, JZ 1952, 501.

561 Staudinger-Schlosser, § 305 BGB, Rn. 206.

562 BGH NJW 1991, 2633, 2635; BGH NJW-RR 1986, 984; NJW 1985, 1838, 1839; BGH WM 1990, 1671, 1672; BGH NJW 1991, 1604, 1606.

kann es richtigerweise nicht darauf ankommen, ob eine ausdrückliche Abwehrklausel enthalten ist, oder sich aus den Umständen und damit im Wege der Vertragsauslegung ergibt, dass der Anbieter lediglich zu seinen Bedingungen kontrahieren will.[563] Die überwiegende Meinung geht daher mittlerweile davon aus, dass die übereinstimmenden Bestandteile gelten. Im Übrigen finden die sich widersprechenden AGB keine Anwendung und es gilt entsprechend § 306 Abs. 2 BGB das dispositive Gesetzesrecht.[564]

6.1.1.2.4.3 Rechtslage nach dem UN-Kaufrecht

Im UN-Kaufrecht richtet sich die Kollision allgemeiner Geschäftsbedingungen mangels einer Sonderregelung[565] nach Art. 19 CISG. Demnach stellt eine Annahme unter Ergänzungen, Einschränkungen oder sonstigen Änderungen eine Ablehnung dar, die mit einem neuen Angebot verbunden ist. Bei lediglich unwesentlichen Abweichungen kommt der Vertrag gem. Art. 19 Abs. 2 CISG mit den Abweichungen zustande, wenn die Gegenseite die Änderungen nicht unverzüglich rügt.[566] Verwenden die Parteien unterschiedliche GAFTA-Kontrakte, wird wegen deren Ähnlichkeit meist nur eine unwesentliche Abweichung vorliegen.[567] Anders kann es sein, wenn nur eine der Parteien in ihren AGB eine ergänzende Geltung der GAFTA-Kontrakte vereinbart. Dann ist im Einzelfall auszulegen, inwieweit eine Übereinstimmung vorliegt.

---

563 OLG Köln BB 1980, 1237, 1238; OLG Stuttgart ZIP 1981, 176, 177; OLG Hamm BB 1983, 1814, 1815; Staudinger-Schlosser, § 305 BGB, Rn. 207; Ulmer/Brandner/Hensen-Ulmer, § 305 BGB, Rn. 188.

564 BGH NJW 1991, 2633, 2634; OLG Hamm BB 1983, 1814, 1815; LG Hamburg, ZIP 1981, 1238, 1239; OLG Saarbrücken NJW-RR 1998, 1664; Bunte, JA 1982, 321, 324; Striewe, JuS 1982, 728, 728 ff.; Ulmer/Brandner/Hensen-Ulmer, § 305 BGB, Rn. 192; aA Ebel, NJW 1978, 1033; vgl. auch Art. 2.22. der UNIDROIT-Principles, die den Vertragsschluss nicht daran scheitern lassen, dass Angebot und Annahme sich auf verschiedene Geschäftsbedingungen beziehen. Dazu: Ulmer, FS-Tilmann (2003), 1001, 1008; v. Bar/Zimmermann, Grundregeln des Europäischen Vertragsrechts, S. 206 ff.

565 Zwar war diese angedacht wurde aber bei der Ausarbeitung abgelehnt, vgl. Staudinger-Magnus, Art. 19 CISG, Rn. 20; Schlechtriem/Schwenzer-Schlechtriem, Art. 19 CISG, Rn. 20.

566 Staudinger-Magnus, Art. 19 CISG, Rn. 12; Lookofsky, Understanding the CISG, S. 58 f.

567 So auch Hammerschmidt, Kollision allgemeiner Geschäftsbedingungen im Geltungsbereich des UN-Kaufrechts, S. 55 f., die darauf hinweist, dass die Branchenverträge regelmäßig die Interessen beider Seiten berücksichtigen. Beachte aber auch AG Kehl NJW-RR 1996, 565 f. wonach schon bei der Verwendung von AGB eine wesentliche Abweichung vorliegen solle. Anders aber Staudinger-Magnus, Art. 19 CISG, Rn. 19.

Insofern legt der Gesetzeswortlaut des CISG die Anwendung der *last-shot-rule* zugrunde, da das neue Angebot mit den gegnerischen AGB zunächst noch angenommen werden musste, was im Extremfall zu einem fehlenden Vertragsschluss führt.[568] Dieses entspricht auch der Rechtsprechung zur gleichlautenden Regelung der Haager Kaufgesetze.[569] Wegen der unbilligen und häufig auch zufälligen Ergebnisse regt sich jedoch sowohl in der Rechtsprechung[570] als auch der Literatur[571] Widerstand gegen diese Lösung. Es wird daher wie im deutschen internen Recht die Restgültigkeitstheorie vertreten. Dieser hat sich mittlerweile auch der BGH für CISG-Fälle angeschlossen.[572] Im Hinblick auf den internationalen Entscheidungseinklang und die Praxisbedeutung von kollidierenden AGB ist eine einheitliche Lösung im CISG wichtig. Da auch Art. 2.22 der *UNIDROIT Principles* und Art. 2:209 der *Lando-Principles* die Restgültigkeitstheorie favorisieren, sollte auch das CISG entsprechend ausgelegt werden. Konstruktiv setzt das allerdings voraus, sich über den eindeutigen Wortlaut von Art. 19 Abs. 1 CISG mittels einer teleologischen Reduktion hinwegzusetzen.

6.1.1.2.4.4 Zwischenergebnis

Alle beteiligten Rechtsordnungen kennen das Problem von kollidierenden Geschäftsbedingungen. Während das englische Recht die Problematik sehr formal anhand der Grundbegriffe von *offer* und *acceptance* klärt, sind im deutschen und neuerdings auch UN-Kaufrecht, wertende Betrachtungen vorherrschend. Diese bergen dabei freilich immer die Gefahr, dass nicht ermittelt werden kann, inwieweit sich die Bedingungen bis in die letzte Konsequenz decken. Nach englischer Sichtweise wird dieses Problem vermieden, jedoch wird der Vertragsschluss dabei vorschnell geopfert. Es mag bezweifelt werden, dass dieses Vorgehen, dem Interesse der beteiligten Kreise entspricht. Die Parteien sind schließlich primär daran interessiert, einen wirksamen Vertrag zu haben. Die einzelnen Bedingungen werden ohnehin erst dann interessant, wenn eine ordnungsgemäße Vertragsabwicklung scheitert.

---

568 Vgl. OLG Frankfurt IPRax 1982, 242; anders Lookofsky, Understanding the CISG, S. 60.

569 Vgl. OLG Hamm NJW 1983, 523, 524.

570 Vgl. AG Kehl NJW-RR 1996, 565: Hier wurde herausgestellt, dass die Parteien auf die Geltung ihrer AGB verzichtet haben müssen, wenn sie den Vertrag trotzdem durchführen.

571 Lookofsky, Understanding the CISG, S. 60.

572 BGH IHR 2002, 16, 18, auch wenn die dogmatische Konstruktion undeutlich ist, vgl. Staudinger-Magnus, Art. 19 CISG, Rn. 24; ferner Huber/Kröll, IPRax 2003, 309, 311.

6.1.1.3 Rechtsvergleich

Aus deutscher Sicht handelt es sich bei den Kontrakten der GAFTA und den Einheitsbedingungen um AGB im Sinne der §§ 305 ff. BGB, da sie für eine Vielzahl von Fällen vorformuliert worden sind und von einer Partei in den Vertrag eingeführt werden.[573] Das hat insbesondere zur Konsequenz, dass diese wirksam in den Vertrag einbezogen werden müssen. Zudem können die Klauseln im Wege einer AGB-rechtlichen Kontrolle verworfen werden.[574]

Die GAFTA-Kontrakte und die Einheitsbedingungen sind jedoch – auch wenn sie häufig verwendet werden – kein Handelsbrauch iSd § 346 HGB.[575] Sie gelten daher nicht automatisch. Vielmehr sind sie rechtsgeschäftlich einzubeziehen.[576] Unter Unternehmern reicht dafür eine rechtsgeschäftliche Vereinbarung (§ 310 Abs. 1 S. 1 BGB). Die Bedingungen müssen daher jedenfalls im Inlandsverkehr nicht noch einmal gesondert zugänglich gemacht werden,[577] sodass sie

---

573 Kritisch aber MüKo-Basedow, § 305 BGB, S. 26; Starck, Kommentar zu den Einheitsbedingungen im deutschen Getreidehandel, S. 13. Vgl. dazu insbesondere unten zur Problematik der Inhaltskontrolle Seite 111.

574 Die Klauseln wurden jedoch von einer Branchenorganisation entwickelt, die beide Vertragsparteien vertritt. Insofern ist davon auszugehen, dass in den meisten Fällen eine interessengerechte Lösung vorliegt, die keine der beiden Parteien entgegen Treu und Glauben wesentlich benachteiligt. Zudem werden die Klauseln kaum überraschend iSd § 305c BGB sein, da sie die Gegebenheiten im Getreide- und Futtermittelhandel festhalten, die ohnehin zwischen den Kaufleuten gelebt werden.

575 Am Anfang des 20. Jahrhunderts wurden allgemeine Geschäftsbedingungen oft vorschnell zu Handelsbräuchen erklärt, vgl. Nörr, Zwischen den Mühlsteinen, S. 54.

576 Starck, Kommentar zu den Einheitsbedingungen im deutschen Getreidehandel, S. 12.

577 BGH NJW 1952, 1369, 1370; BGH NJW 1976, 1886, 1887; BGH WM 1989, 1227, 1228; OLG Düsseldorf VersR 1996, 1394; Ulmer/Brandner/Hensen-Ulmer, § 305 BGB, Rn. 169; kritisch MüKo-Basedow, § 305 BGB, Rn. 95, der zwischen branchenüblichen und sonstigen AGB differenziert. Nur bei Ersteren könne darauf verzichtet werden, dass diese zugänglich gemacht werden müssen. Da die Einheitsbedingungen branchenüblich sind, sind diese daher auch nach dieser Ansicht einbezogen. Hinsichtlich der Einbeziehung im internationalen Rechtsverkehr, hat der BGH allerdings für das CISG entschieden, dass die AGB übersendet werden müssen (BGH NJW 2002, 370, 371 f.). Es ist davon auszugehen, dass diese Rechtsprechung nicht nur nach dem CISG gilt sondern auch dann, wenn unvereinheitlichtes deutsches Recht zur Anwendung kommt, da die Wertung des BGH sich nicht aus dem CISG ergab (vgl. BGH aaO 372; ebenso Ulmer/Brandner/Hensen-Schmidt, Anh. § 305 BGB, Rn. 16). Derzeit dürfte eine der BGH also eine Übersendung von GAFTA-Kontrakten fordern. Richtigerweise sollte aber zumindest bei branchenüblichen Kontrakten, wie denen der GAFTA auf eine Übersendung verzichtet werden. Siehe dazu die Argumentation zum CISG, die auch im internen Recht gelten sollte, unten Seite 110.

wie im englischen Recht *(incorporation by reference)* durch den Verweis einbezogen sind.[578]

Unter Geltung des UN-Kaufrechts richtet sich die Einbeziehung von Allgemeinen Geschäftsbedingungen danach, inwieweit diese Bestandteil des Angebots iSd Art. 14 CISG geworden sind.[579] Einigkeit besteht jedoch nur darüber, dass der Empfänger in zumutbarer Weise von ihnen Kenntnis nehmen können muss. Ob das nur dann der Fall ist, wenn die Bedingungen auch übersendet wurden, ist lebhaft umstritten. Der Bundesgerichtshof und Teile der Literatur haben sich unter dem UN-Kaufrecht für eine generelle Übersendungspflicht ausgesprochen.[580] Treten Marktteilnehmer auf, die regelmäßig unter GAFTA-Bedingungen handeln, so wäre nach der Ansicht des BGH eine Übersendung nur dann entbehrlich, wenn die Voraussetzungen des Art. 9 Abs. 1 CISG vorliegen. Das führt jedoch dazu, dass neue Marktteilnehmer strengeren Anforderungen unterworfen werden, als bereits am Markt etablierte Parteien. Zudem dürfte ebenfalls oft unsicher sein, ab wann ein hinreichender Brauch zwischen den Parteien im Sinne des Art. 9 Abs. 1 CISG vorliegt.

Damit ist das UN-Kaufrecht bezüglich der Einbeziehung strenger als die deutschen und englischen Einbeziehungsvorschriften. Der Grund für diese Ansicht liegt darin, dass die Vertragsparteien im internationalen Handel meist nicht hinreichend vorhersehen können, welchen Inhalt die AGB des Vertragspartners haben werden. Das rechtfertigt strengere Anforderungen.[581] Bei den GAFTA- und Einheitsbedingungen handelt es sich jedoch um Branchenwerke, die unter Getreide- und Futtermittelhändlern weltweit bekannt sind. Die Gefahr der Verunsicherung besteht hier daher nicht. Aus diesem Grunde lässt sich erwägen, die Übersendungspflicht wenigstens für anerkannte Branchenverträge abzulehnen.[582]

---

578 Siehe oben Seite 101.

579 Siehe BGHZ 149, 113, 117; Staudinger-Magnus, Art. 14 CISG, Rn. 40; Herber/Czerwenka, Internationales Kaufrecht, Art. 14 Rn. 11.

580 BGHZ 149, 113, 117; LG Trier IHR 2004, 115, 116; OLG Düsseldorf, 25.07.2003, CISG-online Nr. 919; wohl auch AG Kehl, 06.10.1995, CISG-online Nr. 162; Staudinger-Magnus, Art. 14 CISG, Rn. 41; Ventsch/Kluth, IHR 2003, 61, 62 f.; Piltz, IHR 2004, 133, 134; aA jedoch OGH, 06.02.1996, CISG-online Nr. 224; LG Heilbronn, 15.09.1997, CISG-online Nr. 562; Schlechtriem/Schwenzer-Schmidt-Kessel, Art. 8 CISG, S. 53; Berger/Horn, Zivil- und Wirtschaftsrecht im europäischen und globalen Kontext, S. 17; Schmidt-Kessel, NJW 2002, 3444, 3445; Holthausen, RIW 1989, 513, 517.

581 Schrammen, Grenzüberschreitende Verträge im Internet, Bd. 3, S. 253.

582 Im Ansatz Schmidt-Kessel, NJW 2002, 3444, 3446; wohl auch Schrammen, Grenzüberschreitende Verträge im Internet, Bd. 3, S. 253; Huber/Kröll, IPRax 2003, 309, 311 der jedoch nur die INCOTERMS als international vereinheitliche AGB nennt.

Oft wird jedoch unklar sein, welche Kontrakte hinreichende Bekanntheit haben, sodass auf eine Übersendung verzichtet werden kann.[583] Aus rechtsberatender Sicht müsste daher sicherheitshalber immer eine Übersendung empfohlen werden. Eine differenzierte Betrachtung führt damit lediglich zu Abgrenzungsproblemen. Insofern ist eine Übersendungspflicht von Allgemeinen Geschäftsbedingungen insgesamt abzulehnen,[584] sodass eine rechtsgeschäftliche Einbeziehung kraft Hinweises möglich sein sollte.

Im Ergebnis lässt sich festhalten, dass englisches und deutsches Recht unproblematisch eine Einbeziehung auch ohne Übersendung anerkennen. Lediglich im UN-Kaufrecht wird dieses bezweifelt. Der Grund dafür liegt in den vermeintlichen Unsicherheiten, die der Inhalt ausländischer Klauselwerke mit sich bringt. Richtigerweise sollte dieses aber nicht zu einer strengeren Sichtweise führen.

6.1.2 Auslegung von *standard terms*

Im Grundsatz gelten für *standard terms* die gleichen Auslegungsregeln, wie für sonstige Vertragserklärungen auch, sodass von dem Verständnis eines Durchschnittsmenschen unter Berücksichtigung der beteiligten Verkehrskreise auszugehen ist.[585] Oft hat sich im Laufe der Zeit eine umfangreiche Rechtsprechung zur Auslegung von Standardformularen entwickelt.[586] Diese hat sich am häufigsten mit Haftungsausschlussklauseln beschäftigt.[587]

6.1.2.1 Zweideutige Klauseln und „contra proferentem rule“

Die objektive Auslegung wird im englischen Recht durch die *contra proferentem rule* ergänzt, die sowohl für Individualvereinbarungen als auch Standardbe-

583 Für die internationalen Kontrakte der GAFTA und FOSFA müsste man eine solche Verkehrsgeltung annehmen. Anders würde es hingegen bei der Vereinbarung von Einheitsbedingungen aussehen. Diese sind lediglich im Inland hinreichend bekannt, nicht aber im internationalen Wirtschaftsverkehr. Hier wäre nach der Rechtsprechung des BGH eine Übersendung der Bedingungen notwendig.

584 So auch Tribunal Commercial de Nivelles, 19.09.1995, UNILEX Nr. R.G. 1707/93.

585 Vgl. Allgemein zur Auslegung von internationalen Standardverträgen: Sieber, Die autonome Auslegung internationaler Standardverträge.

586 McMeel, The construction of contracts, Rn. 1.41.

587 McMeel, The construction of contracts, Rn. 6.01.

dingungen gilt.[588] Demnach werden Bedingungen bei Doppeldeutigkeit oder Unklarheiten immer zulasten desjenigen ausgelegt, der sie in den Vertrag eingeführt hat und sich auf sie berufen will.[589] Bei Branchenbedingungen ist dieses aber problematisch, da sie von keiner der Parteien erstellt wurden. Ob die *contra-proferentem rule* Anwendung findet, wenn beide Vertragspartner einer gemeinsamen Organisation wie der GAFTA angehören, ist bis jetzt nicht ausdrücklich entschieden worden. Bis jetzt äußerte sich lediglich *Roche J.* im Fall *British Steamship Owners Association v. Chapman & Son*[590] zu einer ähnlich gelagerten Problematik. Dort stritt ein P&I-Club *(Protection & Indemnity Club*[591]*)* gegen eines seiner Mitglieder. Bei diesen handelt es sich um Versicherungsvereine auf Gegenseitigkeit zwischen mehreren Reedern, Charterern und Ausrüstern.[592] Die allgemeinen Versicherungsbedingungen der P&I Clubs werden oft als *club rules* bezeichnet und regeln die Struktur der Clubs, ihre Leistungen und die zu leistenden Beiträge.[593] Sie gelten zwischen dem Mitglied und dem Verein.[594] Bei der Ausarbeitung der *club rules* sind der P&I Club und dessen Mit-

---

588 Arnold, Die Bürgschaft auf erstes Anfordern im deutschen und englischen Recht, S. 55 Fn. 18; allgemein auch Lando/Beale, The principles of European contract law, S. 294.

589 Arnold, Die Bürgschaft auf erstes Anfordern im deutschen und englischen Recht, S. 55; Stone, Modern law of contract, S. 228; Sayn-Wittgenstein-Berleburg, Allgemeine Geschäftsbedingungen im englischen Recht, S. 26; vgl. auch die kanadische Entscheidung Dryburgh v. Oak Bay Marina Ltd. [2001] 1 F.C. 192; 191 F.T.R. 99. In Deutschland so anfänglich auch noch BGH NJW 1979, 1406; aufgehoben seit BGH NJW 1995, 2034.

590 British Steamship Owners Association v. Chapman & Son [1934] 47 Ll. L. Rep. 351 (CA).

591 P&I Clubs sind eine besondere Art der Seeversicherung. Die Clubs decken die Gefahren für Reeder und Charterer ab, die von der herkömmlichen Kaskoversicherung nicht gedeckt sind und in der Police enumerativ aufgezählt sind. Gedeckt werden insbesondere der Verlust oder die Beschädigung von Ladung, Personenschäden oder teilweise auch Bußgelder. Allgemein zu P&I-Clubs: Kathert, Piraterie auf See, S. 60 f.; Müller/Krauß/Helmers, Schiffahrtsrecht II, Bd. 2, S. 212 f.; zur internationalprivatrechtlichen Anknüpfung Mankowski, Seerechtliche Vertragsverhältnisse im internationalen Privatrecht, S. 567 ff.

592 In England war dieses lange Zeit umstritten. Es wurde angenommen, dass das nur ein Rechtsverhältnis zwischen den Mitgliedern des Vereins bestünde, nicht aber zum P&I Club selbst, vgl. Schleif, Die Seerechtsschutzversicherung, S. 48. Diese Ansicht ist mittlerweile überholt: Wooding v. Monmouthshire & South Wales Mutual Indemnity Society [1939] 4 All E.R. 570 (HL); Re Allobrogia Steamship Corporation ("The Allobrogia") [1979] 1 Lloyd's Rep. 190, 194.

593 Herber, Seehandelsrecht, S. 423.

594 Schleif, Die Seerechtsschutzversicherung, S. 12.

glieder an der Ausarbeitung beteiligt. Der Richter zögerte, in diesem Fall die *contra proferentem* Regel anzuwenden:

> „I shoud have found great difficulty in saying that the rule [of contra proferentem] should be used against the association by the member".[595]

Diese Zurückhaltung lag vor allem an deren Sinn und Zweck. Sie dient dazu, Ungleichgewichte bei den Vertragsverhandlungen abzuschwächen. Sind jedoch beide Beteiligte an der Ausarbeitung beteiligt, so gibt es keinen Grund die Bedingungen zulasten einer Partei auszulegen.

Dieser Gedanke aus der Entscheidung *British Steamship Owners Association v. Chapman & Son*[596] kann auch auf Branchenkontrakte wie die der GAFTA übertragen werden. Auch hier sind die Vertragspartner über die Branchenorganisation zumindest mittelbar an der Aushandlung beteiligt. Die englischen Gerichte sind hinsichtlich der Wirksamkeit meist ohnehin großzügig. Da die Kontrakte weit verbreitet sind, allgemeingültige Überzeugungen im Handel widerspiegeln und die Verhandlungspositionen von Kaufleuten meist ausgeglichen sind, spricht eine starke Vermutung dafür, dass die Klauseln fair und angemessen sind.[597] Überwiegend wird daher vertreten, dass die *contra proferentem rule* für Branchenverträge überflüssig sei und daher nicht gelte.[598]

Auch in Deutschland wird die Einordnung von Branchenbedingungen als AGB bezweifelt, was insbesondere zur Konsequenz hätte, dass sich eine Inhaltskontrolle verbietet. Auch hier wird maßgeblich infrage gestellt, wer eigentlich Verwender sein solle.[599] Letztlich geht aber immer noch von einer Partei die Initiative zur Einbeziehung aus und diese macht sich so die Vertragsbedingungen zu eigen, sodass sie auch Verwenderin der AGB nach § 305 Abs. 1 BGB

595 British Steamship Owners Association v. Chapman & Son [1934] 47 Ll. L. Rep. 351, 355 (CA).

596 British Steamship Owners Association v. Chapman & Son [1934] 47 Ll. L. Rep. 351 (CA).

597 A. Schroeder Music Publishing Co. Ltd. v. Macaulay [1974] 1 W.L.R. 1308, 1316, (HL) per Lord Diplock.

598 Lüderitz, Auslegung von Rechtsgeschäften, S. 250; McMeel, The construction of contracts, Rn. 6.22 mwN; Murdoch/Hughes, Construction Contracts: Law and Management, S. 140; vgl. Tersons Ltd. v. Stevenage Development Corp. [1963] 2 Lloyd's Rep. 333, 368 (C.A.) per Pearson, LJ; vgl. auch Hazelwood, P & I clubs zur Auslegung von Bedingungen der P&I Clubs.

599 MüKo-Basedow, § 305 BGB, S. 26; Ulmer/Brandner/Hensen-Ulmer, § 305 BGB, Rn. 29; krit. auch Starck, Kommentar zu den Einheitsbedingungen im deutschen Getreidehandel, S. 13.

ist.[600] Während das englische Recht also davon ausgeht, dass es an einem Verwender fehlt und dementsprechend Instrumente des AGB-Rechts, die zulasten des Verwenders gehen nicht greifen, ist die deutsche Ansicht insoweit strenger. Dennoch wird bei einer Inhaltskontrolle auch nach deutschem Recht zu berücksichtigen sein, dass die Einbeziehung gegebenenfalls von beiden Vertragspartnern initiiert wurde.[601] Im CISG finden sich hingegen keine Bestimmungen, da die Wirksamkeit von allgemeinen Geschäftsbedingungen nach Art. 4 lit. a CISG vom sachlichen Anwendungsbereich ausgenommen wurde.

6.1.2.2 Widersprüchliche Klauseln und *„main purpose rule"*

Bei Widersprüchen *(inconsistency)* zwischen einzelnen Klauseln eines Vertrages galt früher, dass die Klausel, die einer vorgelagerten Vereinbarung im Vertragstext widerspricht, unwirksam ist.[602] Heute werden widersprüchliche Klauseln mit dem ganzen Vertragszweck verglichen. Laufen sie diesem zuwider, so finden sie keine Anwendung *(main purpose rule)*.[603] Liegt hingegen ein Widerspruch zwischen den *standard terms* und einer individuellen Absprache vor, so haben die individuellen Vereinbarungen wie auch in Deutschland Geltung (§ 305b BGB).[604] Derartige Widersprüche kommen vor allem dann vor, wenn die Parteien die vorgefertigten Kontrakte um eigene Klauseln ergänzen.

Ein gutes Beispiel dafür ist die Entscheidung *Pagnan SpA v. Tradax Ocean Transportation SA*.[605] In diesem Fall wurde thailändische Tapiokastärke unter GAFTA 119 Bedingungen verkauft. Nach cl. 17 GAFTA 119 galt der Vertrag als beendet, wenn der Export der Ware behördlich verboten war. Zusätzlich sah

---

600 So auch BGHZ 101, 369, 374; siehe auch BGH NJW 1999, 3558; BGH NJW 1997, 2043, 2044; BGH NJW 1995 2034, 2035; Ulmer/Brandner/Hensen-Ulmer, § 305 BGB, Rn. 59, 74; Schack, BGB - Allgemeiner Teil, Bd. 1, Rn. 345; Schlosser, ZIP 1985, 449, 452 f.; Stein, Die Inhaltskontrolle vorformulierter Verträge des allgemeinen Privatrechts, S. 99 ff.; vgl. aber auch Heinrichs, NJW 1977, 1505, 1509, der eine Individualvereinbarung dann annimmt, wenn die Parteien maßgeblich persönlich an der kollektiven Aushandlung beteiligt waren. Das ist bei den Einheitsbedingungen jedoch nicht der Fall.

601 Siehe auch Ulmer/Brandner/Hensen-Ulmer, § 305 BGB, Rn. 29 mwN.

602 Vgl. Forbes v. Git [1922] 1 A.C. 256, 259.

603 Adamastos Shipping Co. Ltd. v. Anglo-Saxon Petroleum Co. Ltd. [1959] A.C. 133, 167 (HL).

604 Robertson v. French [1803] 4 East 130, 136; Couchman v. Hill [1947] K.B. 554, 558 (CA); Sayn-Wittgenstein-Berleburg, Allgemeine Geschäftsbedingungen im englischen Recht, S. 23.

605 [1987] 2 Lloyd's Rep. 342 (CA).

das Formular aber *„special clauses"* vor. In diesen besonderen Bedingungen wurde der Verkäufer dazu verpflichtet, eine Exporterlaubnis beizubringen. Es stellte sich damit die Frage, welche Bestimmung wirksam war. Entweder war dem Verkäufer durch die Individualvereinbarung das gesamte Exportrisiko auferlegt worden oder er konnte sich nach cl. 17 für den Fall eines Exportverbotes entlasten.

Die Richter prüften zunächst, ob die Klauseln überhaupt widersprüchlich waren. Nur dann mussten sie sich für die Wirksamkeit einer der beiden entscheiden. Im konkreten Fall gingen sie jedoch davon aus, dass gar keine Widersprüchlichkeit vorlag: Der Verkäufer sollte zwar verpflichtet sein, die Exportgenehmigung zu beschaffen, für den Fall, dass der Export der Ware verboten war, sollte er von dieser Verpflichtung aber durch cl. 17 GAFTA 119 freigestellt sein. Insofern machten die Klauseln im Zusammenhang durchaus Sinn. In Ermangelung eines Widerspruches konnte daher offengelassen werden, welche Klausel nach der *main purpose rule* unwirksam war.[606]

6.1.3 Rechtsvergleich und Schlussfolgerung

Da auch internationale Standardverträge Teil der nationalen Rechtsordnung sind, ist das nationale Recht für deren Einbeziehung und Auslegung immer der Ausgangspunkt.[607] Sowohl das englische, als auch das deutsche Recht setzen sich mit der Problematik von unklaren und widersprüchlichen Klauseln in Standardbedingungen auseinander. Sind beide Parteien an deren Aushandlung zumindest mittelbar über Branchenorganisationen beteiligt, so präferieren es die englischen Juristen, die Klauseln nicht per se zulasten einer Partei auszulegen. Die in Deutschland herrschende Ansicht ist insoweit strenger, da sie den Begriff des Verwenders sehr formal auslegt. In praktischer Hinsicht dürfte es aber auch

---

606 Vgl. auch University of Keele v. Price Waterhouse [2004] P.N.L.R. 43, p. 888, 895 ff.; Klotz, International sales agreements, S. 101; Lewison, The interpretation of contracts, Rn. 7.04.

607 Anders aber Sieber, Die autonome Auslegung internationaler Standardverträge, S. 157 f., der – analog zum internationalen Einheitsrecht eine autonome Auslegung von Standardverträgen fordert. Dieses ist jedoch zu weitgehend. Wie bereits festgestellt, sind Standardverträge kein eigener Rechtskreis, sondern sie integrieren sich in die nationale Rechtsordnung. Daher muss diese auch Ausgangspunkt für die Auslegung sein. Eine autonome Auslegung macht zudem meist auch keinen Sinn, da die Standardverträge (wenn auch unbewusst) auf die Rechtsordnung zugeschnitten sind, derer ihrer Ersteller zugehörig sind; so ist dieses bei den Kontrakten der GAFTA das common law.

in Deutschland nur selten zum Streit kommen, da die in den Formularen niedergelegten Regeln oft einer langen Übung entstammen. Selten dürfte daher eine Klausel unklar oder doppeldeutig formuliert sein.

6.2 Am Vertrag beteiligte Personen

6.2.1 Käufer und Verkäufer

Der Kaufvertrag wird zwischen Käufer und Verkäufer geschlossen. Andere Personen können wegen der Relativität der Schuldverhältnisse aus dem Kaufvertrag grundsätzlich keine Rechte herleiten *(privity of contract)*. Dabei ist es ratsam, die Parteien im Vertrag möglichst genau mit dem Sitz des Unternehmens oder der Niederlassung zu bezeichnen. Dazu sollte auch die Adresse aufgenommen werden. Häufig sind die Parteien an dieser Stelle nachlässig,[608] sodass sich später manchmal die Frage stellt, wer genau Vertragspartner ist. So ist es in der Folge – wegen mangelnder Bezeichnung der Niederlassung – sogar schon vorgekommen, dass ein FOB-Käufer versuchte, die Anzeige für die Nominierung eines Schiffes an die Niederlassung an der Westküste Amerikas zu schicken, da an der Ostküste die Nominierungsfrist schon abgelaufen war.[609]

6.2.2 Beteiligung von Mittelspersonen (*broker*)

Im Getreide- und Futtermittelhandel werden von beiden Seiten häufig Mittelspersonen eingesetzt, die den Vertragsschluss initiieren. Rechtlich gesehen kann es sich aus deutscher Sicht um verschiedene Gestaltungen handeln. So kann der Vermittler sowohl als Handelsvertreter (§§ 84 ff. HGB), als Handelsmakler (§§ 93 ff. HGB) oder auch als Kommissionär (§§ 383 ff. HGB) tätig werden.

Die GAFTA Verträge bezeichnen die Mittelsperson als *broker*. Der englische *broker* ist dem deutschen Makler dabei nicht gleichzusetzen.[610] Während der Makler in Deutschland nur die Gelegenheit zum Vertragsschluss nachweist, schließt der englische *broker* den Vertrag für seinen Geschäftsherren ab, ist also

608 Paschke, Hamburger Handbuch des Exportrechts, Abschn. 6 Rn. 27.

609 Slabotzky, Grain contracts and arbitration, S. 26 f.

610 Triebel, Englisches Handels- und Wirtschaftsrecht, Bd. 15, Rn. 465.

zugleich auch Stellvertreter *(agent)*.[611] Der *broker* entspricht daher eher dem deutschem Handelsvertreter, wenn dieser als Abschlussagent auftritt.[612]

Die *broker* spielen in England eine weitaus größere Rolle, als die Handelsmakler in Deutschland, die meist auf einen bestimmten Markt und bestimmte Ware spezialisiert sind. In der Regel schließen sie an Warenbörsen die Geschäfte für ihre Kunden ab und sorgen gegebenenfalls auch als Vertreter der Schiffseigentümer für die Be- und Entladung der Schiffe.[613]

Bei der Beteiligung eines oder mehrerer Broker sind vor allem drei Fragen relevant. Einerseits stellt sich die Frage nach dem Provisionsanspruch. Andererseits ist zu klären, ob der Broker den Kaufvertrag wirksam für Käufer oder Verkäufer schließen konnte. Zuletzt wird das Geschäft oft mehr oder weniger komplett über den *broker* abgewickelt, sodass wichtig ist, inwiefern Erklärungen, die gegenüber dem Broker abgegeben wurden, auch zwischen den Vertragsparteien Wirkungen entfalten.

6.2.2.1 Provisionsanspruch des broker

Der Provisionsanspruch des *broker* ist nicht unmittelbar in den Kontrakten der GAFTA geregelt. Die dortige *brokerage clause* gilt nur zwischen Käufer und Verkäufer und soll in deren Verhältnis regeln, wer die Kosten des Brokers zu tragen hat.

> "BROKERAGE.................................per tonne, to be paid by Sellers on the mean contract quantity, goods lost or not lost, contract fulfilled or not fulfilled unless such non-fulfilment is due to the cancellation of the contract under the terms of the Prohibition or Force Majeure Clause. Brokerage shall be due on the day shipping documents are exchanged or, if the goods are not appropriated then brokerage shall be due on the 30th consecutive day after the last day for appropriation."[614]

Der Broker selbst wird nicht Vertragspartner im Rahmen des GAFTA-Vertrages, sondern unterliegt einem eigenständigen Vertrag mit seinem Ge-

---

611 Vgl. Chitty/Guest, Chitty on contracts, Bd. 2, Rn. 31-009.

612 Der Handelsvertreter kann jedoch auch nur mit der Aufgabe der Vermittlung betraut sein, sodass er in diesem Fall keine Vollmacht hat und die Wirksamkeit des Geschäftes von der Genehmigung des Geschäftsherren abhängt, vgl. § 91a HGB.

613 Heskell v. Continental Express Ltd. [1950] 1 All E.R. 1033, 1037 (KBD) per Devlin J.; Triebel, Englisches Handels- und Wirtschaftsrecht, Bd. 15, Rn. 467; Gordon, Modern Accounting Systems, S. 182; vgl. auch Harris, Annals of the American Academy of Political and Social Science (38) 1911, 36, 55 ff.

614 Vgl. cl. 4 GAFTA 100.

schäftsherrn.[615] Zudem liegt in der Klausel keine Drittbegünstigungsabrede, sodass der *broker* einen eigenständigen Anspruch im Sinne eines Vertrages hätte, da der *Rights of Third Parties Act 1999* im GAFTA-Vertrag ausdrücklich ausgeschlossen wird.[616]

Die Provision für den *broker* trägt demnach regelmäßig der Verkäufer.[617] Diese ist von ihm aufzubringen, egal ob der Vertrag erfüllt wurde oder nicht.[618] Betrachtet man den Anspruch der Mittelsperson selbst, so entspricht das der deutschen Rechtslage für den Handelsvertreter (§ 87a HGB) und den Handelsmakler (§ 652 BGB). Insofern ist es gleichgültig, ob Ware auf dem Transport verloren ging, der Verkäufer seinen Kaufpreis überhaupt vom Käufer erhalten hat oder der Kontrakt später aufgehoben wurde. Die Regelung ist also strenger, als im deutschen Recht. Dort entfällt der Provisionsanspruch des Handelsvertreters nämlich, wenn der Dritte nicht leistet (vgl. § 87a Abs. 2 HGB). Der Freihalteanspruch des Käufers entfällt nur, wenn der Vertrag wegen der *force majeure clause* oder *prohibition clause* aufgehoben wurde. In diesen Fällen, ist es dem Verkäufer nicht mehr zuzumuten die Provision zahlen zu müssen.

Die Provision wird anhand der vertraglich geschuldeten Menge berechnet, sodass unerheblich ist, wenn es auf dem Transport zu Schwund kommt. Werden den Parteien Mengenspielräume eröffnet, so ist die mittlere Vertragsmenge maßgeblich *(„mean contract quality“)*, sodass unerheblich ist, ob Käufer bzw. Verkäufer von ihren Optionsrechten Gebrauch gemacht haben.[619]

Bei CIF-Verträgen ist die Courtage am Tag der Dokumentenandienung fällig. Liegt noch keine Verladeanzeige vor, so tritt Fälligkeit spätestens 30 Tage nach dem Zeitpunkt ein, an dem die Verladeanzeige abgegeben werden muss.[620] Bei FOB-Geschäften ist ebenfalls der Dokumentenaustausch maßgeblich. Im Falle der Nichtlieferung wird die Provision auch hier 30 Tage nach dem Liefertermin fällig.[621]

---

615 Vgl. dazu auch cl. 3.2 und 3.3 der GAFTA Code of Practice for Brokers, <http://www.cmi-plc.com/publications/NSF%20CMi%20Brokerage%203.0.pdf>, abrufbar am 05.10.2010.

616 Vgl. cl. 28 lit. e GAFTA 100: “Unless the contract contains any statement expressly to the contrary, a person who is not a party to this contract has no right under the Contract (Rights of Third Parties) Act 1999 to enforce any term of it.”

617 cl. 4 GAFTA 100 bzw. cl. 4 GAFTA 119.

618 Siehe auch Loock/Straatmann, Handelsrechtliche Schiedsgerichts-Praxis, Schiedsspruch G 2 Nr. 14.

619 Siehe unten Seite 173 ff.

620 Vgl. 2007 GAFTA 100 CIF Terms cl. 4.

621 Vgl. 2000 GAFTA FOB Terms cl. 4.

6.2.2.2 Vertragsschluss durch den broker

Ob ein Mittelsmann ein Geschäft für seinen Geschäftsherren *(principal)* abschließen kann, richtet sich im englischen Recht nach den Grundsätzen der *agency*. Damit der *agent* den *principal* vertreten kann, ist wie im deutschen Recht die Erteilung einer rechtsgeschäftlichen Vertretungsmacht nötig, die ausdrücklich oder konkludent,[622] mündlich oder schriftlich erfolgen kann.[623] Anders als im deutschen Recht handelt es sich dabei nicht um eine einseitig empfangsbedürftige Willenserklärung, sondern um einen Vertrag *(agency agreement)*.[624] Der Umfang der Vertretungsmacht richtet sich grundsätzlich danach, was im Vertretungsvertrag ausdrücklich festgehalten wurde *(express authority)*.[625] Allerdings kann der Umfang auch durch eine sogenannte *implied authority* erweitert werden.[626] Demnach erstreckt sich die Vollmacht auch auf alle Tätigkeiten, die notwendigerweise mit dem Geschäft zusammenhängen.[627] Der eigentliche Vertrag kommt dann zwischen dem Geschäftsherren und dem Dritten zustande. Der *agent* kann aus dem Vertrag weder klagen noch verklagt werden.[628] Er kann insbesondere aus der *brokerage clause* keine eigenen Rechte gegen die andere Partei auf Zahlung der Provision verlangen.

Wie entscheidend die Frage der Vertretung sein kann, zeigt der Fall *Oleaginosa Moreno Hermanos v. Moinho Paulista Ltda*. Hier kam der Vertrag telefonisch unter Einschaltung zweier *broker* zustande. Einer der *broker* versendete ein Bestätigungsfax, welches eine Schiedsklausel zugunsten der GAFTA vorsah. Dieses wurde jedoch nie von der Gegenseite unterzeichnet.[629] Als der GAFTA-Schiedsspruch zugunsten von *Oleaginosa Moreno Hermanos* erging, wollten

622 Pole v. Leask [1860] 28 Beav. 562, 579; Townsend Carriers Ltd. v. Pfizers Ltd. [1977] 33 P&CR 361.

623 Niemann, Die rechtsgeschäftliche und organschaftliche Stellvertretung und deren kollisionsrechtliche Einordnung, S. 81 f.

624 Triebel, Englisches Handels- und Wirtschaftsrecht, Bd. 15, Rn. 404.

625 Hely-Hutchinson v. Brayhead Ltd. [1968] 1 Q.B. 549, 583 (CA).

626 Chitty/Guest, Chitty on contracts, Bd. 2, Rn. 31–45.

627 Vgl. Niemann, Die rechtsgeschäftliche und organschaftliche Stellvertretung und deren kollisionsrechtliche Einordnung, S. 85, der aber von einer „konkludenten Vollmacht" spricht. Dieses bezeichnet aber den Modus der Erteilung, nicht den Umfang der Vertretungsmacht.

628 Sharman v. Brandt [1871] L.R. 6 Q.B. 720, 722 (Ex. Ch.); Fairlie v. Fenton [1870] L.R. 5 Ex. 169, 171; Southwell v. Bowditch [1876] L.R. 1 C.P.D. 374, 377 (CA).

629 Oleaginosa Moreno Hermanos Sociedad Anónima Comercial Industrial Financeira Immobiliaria y Agropecaria (Argentina) v. Moinho Paulista Ltda (Brazil), Yearbook Commercial Arbitration 33 (2008), 371 ff.

diese ihn bei den Beklagten in Brasilien für vollstreckbar erklären lassen. Letztere wehrten sich, da ihr Makler nicht bevollmächtigt gewesen und dementsprechend keine Schiedsabrede zustande gekommen sei. Dieser Einwand wurde letztlich verworfen, da die fehlende Vertretungsmacht bereits im Schiedsverfahren behandelt wurde und demnach im Exequaturverfahren nicht wieder aufgerollt werden durfte (Verbot der *revision au fond*).[630] Die Anerkennung wurde letztlich aber doch verweigert, da das Bestätigungsfax nicht unterzeichnet wurde und es dementsprechend an einer wirksamen Schiedsvereinbarung fehlte.

6.2.2.3 Entgegennahme von Anzeigen

Eine weitere Problematik tritt auf, wenn Anzeigen über den Makler mitgeteilt werden. Bei der Einschaltung von Mittelspersonen stellt sich grundsätzlich die Frage, ob es ausreicht, die Erklärung an die Mittelsperson zu übergeben oder diese noch an den jeweiligen Geschäftsherren weitergeleitet werden muss.[631]

6.2.2.3.1 Zurechnung von Erklärungen

Nach dem englischen Recht kann eine Erklärung grundsätzlich auch dem *agent* gegenüber abgegeben werden.[632] Gehört es zur Vertretungsmacht des *agent*, derartige Anzeigen entgegenzunehmen, so ist diese automatisch auch dem Geschäftsherren gegenüber erfolgt.[633] Das Risiko der tatsächlichen Weiterleitung trägt daher letzterer.[634] Entscheidend ist jedoch, dass der Broker die Vertre-

---

630 Vgl. allgemein Kropholler, Internationales Privatrecht, S. 666.

631 Vgl. für das deutsche Recht Brinkmann, Der Zugang von Willenserklärungen, S. 102; Brexel, Zugang verkörperter Willenserklärungen, S. 49; vgl. auch London Arbitration 14/87 1 LMLN 205, 12. September 1987 im Streit um einer Charterpartie, ob der „shipper“ agent des „charterer“ ist, obwohl letzterer den ersteren nicht benannte.

632 Siehe auch Loock/Straatmann, Handelsrechtliche Schiedsgerichts-Praxis, Schiedsspruch E 6b Nr. 5, wonach der Agent eines überseeischen Abladers nach ständiger Schiedsgerichtsrechtsprechung berechtigt und verpflichtet ist, Mängelrügen entgegenzunehmen, siehe aber auch Loock/Straatmann, Handelsrechtliche Schiedsgerichts-Praxis, Schiedsspruch G 2 Nr. 6.

633 Financings Ltd. v. Stimson [1962] 1 W.L.R. 1184, 1187 ff. (CA); vergleiche aber auch Tate & Sons v. Hyslop [1885] L.R. 15 Q.B.D. 368, 374 (CA) - für einen Anwalt; Tanham v. Nicholson [1872] L.R. 5 H.L. 561, 567 f. (HL); vgl. auch zur Wissenszurechnung Dresser v. Norwood [1864] 17 C.B. N.S. 466, 481 per Pollock , C.B.; ferner Kennedy v. Green, [1834] 3 My. & K. 699, 719 ff.

634 Tanham v. Nicholson [1872] L.R. 5 H.L. 561, 575 (HL); Bowstead, Bowstead on agency, S. 334.

tungsmacht hat, um die Erklärungen entgegenzunehmen. In *Roche v. Roberts*[635] reichte eine Erklärung an den Broker einer Versicherung nicht aus, da er nach der Versicherungspolice nicht dazu berechtigt war, Erklärungen anzunehmen. Allerdings haben Gerichte vereinzelt auch entschieden, dass der Erklärende darauf vertrauen darf, dass die Erklärung weitergeleitet wird, wenn die Mittelsperson jedenfalls dazu autorisiert ist, Erklärungen weiterzuleiten.[636]

6.2.2.3.2 Zurechnung von Erklärungen im GAFTA-Vertrag

Die Verträge der GAFTA regeln ebenfalls, inwieweit Erklärungen dem *broker* gegenüber abgegeben werden können. Allgemein heißt es dazu in cl. 20 GAFTA 100:

> „A notice to the Brokers or Agent shall be deemed a notice under this contract".

Die Anzeigen werden damit in dem Moment wirksam, wie sie dem broker gegenüber erfolgen.[637] Für die Verladeanzeige[638] beim CIF-Kauf ist dieses noch einmal gesondert klargestellt. Das Übermittlungsrisiko trägt nach obigen Grundsätzen der Geschäftsherr.[639]

Setzt jede Partei einen eigenen *broker* ein, so ist cl. 20 so zu verstehen, dass die Mitteilung jeweils an den *broker* der anderen Partei gemacht werden muss.[640] Eine Mitteilung an den eigenen *broker* ist nur dann ausreichend, wenn beide Parteien denselben *broker* einsetzen. Dabei ist die genaue Bezeichnung des *broker* essenziell. Wird ein anderer im Vertrag als *broker* bezeichnet als derjenige, der wirklich den Vertragsschluss initiierte, so dürften die Gerichte wegen der

---

635 Roche v. Roberts [1921] 9 Ll. L. Rep. 59.

636 A/S Rendal v. Arcos Ltd. [1937] 58 Ll. L. Rep. 287 (HL); Brewin, Assignees of Warner v. Briscoe [1859] 2 El. & El. 116, 132; Saffron Walden Second Benefit Building Society v. Rayner [1879] L.R. 10 Ch. D. 696, 704; Bowstead, Bowstead on agency, S. 335.

637 Siehe auch OLG Karlsruhe RIW/AWD 1975, 225 – Vertragsschluss durch englischen Broker.

638 Siehe cl. 10 GAFTA 100.

639 In den Kontrakten der FOSFA heißt es hingegen in cl. 19 FOSFA 53: „Notice from a broker shall be valid notice under this contract". Daraus wurde teilweise gefolgert, dass unter FOSFA Kontrakten der Erklärende des Weiterleitungsrisiko trägt, da die Erklärung erst wirksam wird, wenn der Broker sie weiterleitet ("from a broker"), siehe Slabotzky, Grain contracts and arbitration, S. 27. Da jedoch die Bedingungen der GAFTA und FOSFA von zwei völlig unterschiedlichen Organisationen ausgearbeitet wurden, darf man den Wortlaut in einem systematischen Vergleich nicht überbewerten.

640 Bunge Corp. v. Tradax Export S.A. [1981] 2 Lloyd's Rep. 1, 11 (HL).

parol evidence rule dazu verleitet sein, lediglich auf den im Vertrag bezeichneten *broker* abzustellen. Wurde die Anzeige diesem gegenüber nicht abgegeben, so ist diese unwirksam.

Problematisch ist jedoch, dass cl. 20 GAFTA 100 sich im Kaufvertrag befindet. Der Broker ist an diesem jedoch nicht beteiligt. Seine Vertretungsmacht folgt alleine aus dem *agency contract* mit seinem Geschäftsherren. Insofern kann es im Einzelfall durchaus an einer wirksamen Vertretungsmacht zur Entgegennahme von Anzeigen fehlen. In diesen Fällen wird man davon ausgehen müssen, dass nach den Grundsätzen des *estoppel* sich die Partei, der gegenüber die Erklärung erfolgen sollte, sich nicht auf das Fehlen der Vertretungsmacht berufen kann.[641] Wegen der ausdrücklichen Anordnung im Vertrag, dass eine Nachricht an den Broker ausreiche, wäre das Berufen auf eine fehlende Vertretungsmacht rechtsmissbräuchlich.

6.2.2.3.3 Vergleich mit dem deutschen Recht

Werden im deutschen Recht Mittelspersonen eingeschaltet, so können diese entweder Empfangsvertreter, Empfangsbote oder auch Erklärungsbote sein. Diese Abgrenzung ist entscheidend für die Frage, wer das Risiko einer verspäteten oder unterlassenen Weiterleitung trägt. Die Einheitsbedingungen enthalten dazu keine Risikoverteilung, sodass die gesetzlichen Grundsätze gelten.

Relevant ist insbesondere § 91 Abs. 2 HGB. Demnach gilt der Handelsvertreter – auch wenn er keine Abschlussvollmacht hat – als ermächtigt, Mängelrügen und Verladeanzeigen entgegen zu nehmen. Diese Erklärung wird daher schon mit dem Zugang beim Handelsvertreter wirksam, da er insofern regelmäßig Empfangsvertreter (§ 164 Abs. 3 BGB) ist.[642] Wird eine andere Anzeige als die in § 91 Abs. 2 HGB bezeichnete erbracht oder ist die Mittelsperson lediglich Handelsmakler, so ist im Einzelfall abzugrenzen, ob Vertretungsmacht zur Entgegennahme von Erklärungen besteht. Beim Handelsmakler, der gerade nicht zur Aktivvertretung berechtigt ist, ist davon auszugehen, dass er regelmäßig kein Empfangsvertreter ist.[643]

---

641 Zum Grundsatz von estoppel by conduct vgl. oben Seite 77 ff.

642 Vgl. dazu BGH NJW 1965, 965, 966; BGH NJW-RR 1989, 757, 758; ferner OLG Karlsruhe RIW/AWD 1975, 225 – Vertragsschluss durch englischen Broker; Brexel, Zugang verkörperter Willenserklärungen, S. 49.

643 Brinkmann, Der Zugang von Willenserklärungen, S. 105 f.; Richardi, AcP (169) 1969, 385, 400.

6.2.3 Zusammenfassung

Die Kontrakte der GAFTA behandeln lediglich das Rechtsverhältnis zwischen Verkäufer und Käufer. Dritte, wie etwa Makler, können daraus keine Rechte herleiten. Daher betreffen die Vereinbarungen hinsichtlich der *brokerage fees* nur die Frage, ob eine Partei die andere von diesen freizustellen hat.

Regelmäßig wird auch vereinbart, dass die Mittelspersonen dazu ermächtigt gelten, Anzeigen und Erklärungen anzunehmen, sodass diese mit der Abgabe an den *broker* wirksam werden. Damit sind die Kontrakte der GAFTA für beide Parteien vorteilhafter, als die Einheitsbedingungen, die dazu nichts Regeln. Zudem gilt nach deutschem Verständnis nur der Handelsvertreter für die Entgegennahme von Anzeigen als ermächtigt – das jedoch auch nur in beschränktem Umfang. In allen anderen Fällen ist es eine Frage des Einzelfalles. Die Parteien tragen damit unter Einheitsbedingungen eine größere Verantwortung dafür, dass ihre Erklärungen dem Vertragspartner auch rechtswirksam zugehen.

6.3 Die Ware

6.3.1 Identität, Qualität und Beschaffenheit der Ware

In den Kontrakten der GAFTA sind unterschiedliche Vertragsgestaltungen hinsichtlich der Qualität zu finden. Viele Kontrakte lauten auf Basis *tale quale*, bei denen der Käufer die Ware so akzeptiert, wie sie gerade anfällt. Diese wird dazu schon bei der Verladung offiziell durch Vertreter beider Parteien analysiert. Die so festgestellte Qualität ist dann für beide Parteien bindend *(certificate final terms)* und der Käufer trägt alle Gefahren ab der Verladung. Die Parteien können die *certificate final* Klausel jedoch auch streichen und stattdessen vereinbaren, dass der Käufer nach *fair average quality terms* eine gute Durchschnittsqualität liefern muss. In anderen Kontrakten, wie beispielsweise unter *rye terms* ist hingegen die Entladequalität maßgeblich und der Verkäufer trägt die Gefahren der Seestrecke. Diese Vereinbarungen sind nicht nur im Hinblick auf die Qualität und Beschaffenheit relevant, sondern auch für die Frage der Gefahrtragung. Sie sollen daher im nachfolgenden Kapitel gesondert behandelt werden. Zunächst soll sich nur die Frage stellen, welche Anforderungen die Ware aufweisen muss, damit sie erfüllungstauglich ist.

6.3.1.1 Erscheinungsformen in den Verträgen

Die Kontrakte der GAFTA sind meist auf einen bestimmten Warentyp zugeschnitten. So dienen GAFTA 120 und 122 beispielsweise für die Verschiffung von Reis, GAFTA 27-38 für Getreide und GAFTA 100 für Futtermittel im Allgemeinen. Die genaue Bezeichnung des Vertragsgegenstandes liegt in der Hand der Parteien:

> "GOODS- .... Broken cakes and/or meal in a proportion, having regard to the characteristics of the goods and methods of handling, to be taken and paid for as cakes. [...] Wherever the word "cakes" is used, this is agreed to mean goods of the contractual description."[644]

Gerade beim Verkauf von Getreide lassen sich verschiedene Vorgehensweisen bei der Beschreibung des Vertragsgegenstandes beobachten. Meist wird Getreide anhand eines numerischen Grades verkauft. Getreide aus den USA wird beispielsweise durch den *Federal Grain Inspection Service (FGIS)* behördlich klassifiziert. Die Einordnung richtet sich dabei nach dem *United States Grain Standards Act Part 810* und gibt Aufschluss über Verunreinigungen und Wertigkeit der Ernte. Je höher die Klassifizierung ist, umso mehr enthält das Getreide beschädigte Körner, Fremdkörper oder Tierverunreinigungen.[645] So darf Weizen nur dann die Klassifizierung „Grade No. 1" erhalten, wenn maximal 3% beschädigte Körner enthalten sind. Für „Grade No. 5" dürfen hingegen ganze 20% vorhanden sein.[646] Derartige Qualitätskontrollen gibt es auch in anderen Ländern. So ist in Argentinien beispielsweise die *Junta Nacional de Granos* für die Klassifizierung des Getreides zuständig, die aber nur in drei Klassen unterteilt.[647] Getreide, das für den Export bestimmt ist, erhält von der Junta ein offizielles Exportzertifikat.[648] In Frankreich, dem größten Weizenerzeuger in der EU, gibt es hingegen keine offiziellen numerischen Klassifizierungen.[649] Hat das exportierende Land kein offizielles Klassifizierungssystem, so wird die Ware meist nach *fair average quality terms (F.A.Q.)*, einem Muster oder nach freier Beschreibung verkauft. Auf diese besonderen Vereinbarungen soll weiter unten gesondert eingegangen werden.[650]

---

644 Vgl. cl. 1 GAFTA 100.

645 United States Grain Standards Act, Part § 810.2204.

646 United States Grain Standards Act, Part § 810.2204.

647 U.S. Congress, Grain Quality in International Trade, S. 18.

648 U.S. Congress, Grain Quality in International Trade, S. 21.

649 U.S. Congress, Grain Quality in International Trade, S. 74, 76.

650 Vgl. unten Seite 141.

Nachfolgend soll zunächst der Frage nachgegangen werden, wann der Verkäufer ordnungsgemäß erfüllt hat. Dafür kommt es auf zwei wesentliche Punkte an: Einerseits muss die richtige Warengattung geliefert worden sein (6.3.1.). Andererseits muss die Ware an sich mangelfrei sein, wobei Kaufleute traditionell zwischen Qualität und Kondition unterscheiden (6.3.2.).

6.3.1.2 Erfüllung hinsichtlich der Gattung (Art)

6.3.1.2.1 GAFTA-Kontrakte als sale by description

Wie bereits gezeigt, wird Getreide oft anhand eines numerischen Grades verkauft, sodass die Parteien beispielsweise *„No. 2 Soft Red Winter Wheat"* kontrahieren. Dabei handelt es sich meist um einen Gattungskauf *(unascertained goods)*, bei dem die Ware im Einzelnen noch nicht bestimmt ist.

6.3.1.2.1.1 Grundlagen zum Kauf nach Beschreibung

Der Vertragsgegenstand folgt in diesen Fällen lediglich aus der Umschreibung der Gattung, aus der sich der Verkäufer bedienen darf. Das englische Recht kennt dafür einen eigenständigen Vertragstypus, den sogenannten Kauf nach Beschreibung *(sale by description)*. Dieser liegt immer dann vor, wenn nur die im Vertrag näher bezeichnete Ware erfüllungstauglich sein soll.[651] In diesen Fällen enthält der Vertrag nach s. 13 SoGA einen *implied term*, dass die gelieferte Ware der Beschreibung entsprechen müsse. Im obigen Beispiel müsste der Verkäufer also roten Winterweichweizen des Grades Nr. 2 liefern.

Insofern dient die *description* als dazu, die vertraglich geschuldete Ware zu identifizieren.[652] Qualität, Kondition und Menge der Ware sind hingegen nicht Bestandteil der *description*,[653] auch wenn es teilweise zu Überschneidungen kommen kann, da Qualität und Art der Ware sich nicht immer randscharf trennen lassen.[654]

---

651 Vgl. Alfred C. Toepfer v. Continental Grain Co [1974] 1 Lloyd's Rep. 11: Hier wurde "No 3 Hard Amber Durum Wheat" verkauft. Tatsächlich lag jedoch eine geringe Klassifizierung als No. 3 vor.

652 Guest, Benjamin's sale of goods, Rn. 11–14.

653 Guest, Benjamin's sale of goods, Rn. 11–16.

654 Siehe Total International Ltd. v. Addax B.V. [1996] 2 Lloyd's Rep. 333, 341 (QBD) für den Fall, dass "usual Dakar refinery quality" vereinbart wird. Dieses sei nicht Bestandteil der description sondern eine reine Qualitätsangabe. Zu diesem Problem in Verbindung mit Analysezertifikaten noch unten Seite 198.

Da Rohstoffe nur anhand äußerer Merkmale beschrieben werden können,[655] liegt bei deren Verkauf meist ein *sale by description* vor.[656] Wird hingegen eine bestimmte Schiffsladung kontrahiert, so liegt ein Stückkauf *(specific goods)* vor. Während der Kauf nach Beschreibung ursprünglich nur auf den Gattungskauf angewendet wurde,[657] dehnten die Gerichte ihn in ihrer Anwendung auch auf den Stückkauf aus. Allerdings wurde einschränkend verlangt, dass der Käufer die Ware bei Abschluss des Vertrages nicht gesehen hat und auf die Äußerungen des Verkäufers vertraut.[658] In diesen Fällen steht daher nicht die Präzisierung der geschuldeten Ware im Vordergrund, sondern vielmehr der Vertrauensschutz des Käufers, der sich auf die Äußerungen seines Vertragspartners verlassen muss und deswegen besonders schützenswert ist.

6.3.1.2.1.2 Erweiterung der Beschreibung auf sonstige Transaktionsumstände

Allerdings beschränkt sich die Beschreibung im englischen Recht nicht lediglich auf die Warengattung. Stattdessen erheben die Gerichte auch sonstige Vertragspflichten, die nichts mit der Warenidentität zu tun haben, mit zur Beschreibung. Insofern wird weniger die Ware als solche, sondern vielmehr der geplante Handel in seiner Gesamtheit beschrieben.[659] Das führt dazu, dass auch der Verlade-

---

655 Reardon Smith Line Ltd. v. Hansen-Tangen („The Diana Prosperity") [1976] 1 W.L.R. 989, 998 (HL) per Lord Wilberforce; beachte aber auch Ashington Piggeries Ltd. v. Christopher Hill Ltd. [1972] A.C. 441, 472 (HL) für den Fall dass die Parteien ein bestimmtes Mischverhältnis zugrundelegen. Dieses führt bei abeichender Mischung nicht ohne weiteres dazu, dass gegen die Beschreibung verstoßen wird.

656 Insofern dient die description dazu, den Vertragsgegenstand festzulegen und ist nicht lediglich eine Erklärung im Sinne einer representation. Vgl. Kidman v. Fisken Bunning & Co. [1907] S.A.L.R. 101, 107; Taylor v. Combined Buyers Ltd [1924] N.Z.L.R. 627, 635 ff.; Arcos Ltd. v. E.A. Ronaasen and Son [1933] A.C. 470, 476 (HL); Guest, Benjamin's sale of goods, Rn. 11-008.

657 Für alle anderen Käufe, insbesondere den Stückkauf, galt der Grundsatz „caveat emptor" – der Käufer sei auf der Hut. Demnach musste der Käufer sämtliche Eigenschaften hinsichtlich der Ware selbst vereinbaren, wenn er wegen eines Fehlens Mängelrechte herleiten wollte, vgl. Kircher, Die Voraussetzungen der Sachmängelhaftung beim Warenkauf, S. 123.

658 Varley v. Whipp [1900] 1 Q.B. 513, 516 (QBD). Das ungeschriebene Merkmal des Vertrauens des Käufers auf die Äußerungen des Verkäufers stellt heraus Harlingdon & Leinster Enterprises Ltd. v. Christopher Hull Fine Art Ltd. [1991] 1 Q.B. 564, 574 (CA); Bridge, The sale of goods, Rn. 7.30.

659 Dafür spricht sich vor allem aus: Takahashi, J.B.L. 2003, 102, 112; vgl. auch Patrick, IHR 2009, 100, 103.

ort,[660] die Transportroute oder der Zeitraum der Verschiffung mit zur Beschreibung gehören können.[661] Insofern ist Reis, der nicht *„during the months of March and/or April"* verschifft wurde ein *aliud* zu Reis, der während dieses Zeitraumes verschifft wurde. Dass jenes so gesehen wird, hängt insbesondere mit den Bedürfnissen der Kaufleute zusammen, die die Ware oft weiterhandeln. Dabei wird weniger die Ware selbst, als der ganze Kontrakt weitergehandelt, der eine konkrete, in einem bestimmen Monat, von einem bestimmen Abgangshafen aus verschiffte Ware betrifft. Diese Faktoren sind häufig für die Kaufpreisgestaltung relevant, da Ware eines anderen Monats qualitativ hoch- oder geringwertiger sein kann. Der Käufer ist daher darauf angewiesen, nicht nur irgendeinen Reis, sondern Reis aus März/April-Abladung zu erhalten. Deutlich macht dieses vor allem Lord Blackburn in der Entscheidung *Bowes v. Shand*[662]:

> „I think in this case what the parties bargained for was rice, shipped at Madras or the coast of Madras. Equally good rice might have been shipped a little to the north or a little to the south of the coast of Madras [...] and probably equally good rice might have been shipped in February as was shipped in March or equally good rice might have been shipped in May as was shipped in April, and I dare say equally good rice might have been put on board another ship as that which was put on board the Rajah of Cochin. *But the parties have chosen, for reasons best known to themselves, to say: We bargain to take rice, shipped in this particular region, at that particular time, on board that particular ship* [...]."

Auch in dem Fall *Messers v. Morrison's Export Company*[663] entschied das Gericht, dass bei einer Holzlieferung die Klausel *„to be loaded on deck 1/3"* zu der Beschreibung des Holz selbst gehörte. Holz, das nicht auf Deck 1/3 geladen war, stellt daher eine gattungsfremde Sache dar.

6.3.1.2.2 Rechte des Käufers bei Lieferung gattungsfremder Sachen

Die Einhaltung der *description* ist eine *condition.*[664] Das führt dazu, dass der Käufer bei jeder Abweichung berechtigt ist, die Ware zurückweisen, den Vertrag aufheben und gegebenenfalls Schadensersatz zu verlangen.[665] Nur vereinzelt

---

660 Vgl. Petrotrade Inc. v. Stinnes Handel GmbH [1995] 1 Lloyd's Rep. 142, 150 (QBD).

661 Guest, Benjamin's sale of goods, Rn. 11–18.

662 Bowes v. Shand [1877] L.R. 2 App. Cas. 455, 480 (HL) per Lord Blackburn.

663 Messers v. Morrison's Export Co. [1939] 62 Ll. L. Rep. 217.

664 Siehe s. 13(1A) SoGA.

665 Vgl. auch Wieler v. Schlizzl, The American Law Register, Vol. 4, Issue 7 , pp. 502; Josling v. Kingsford [1863] 13 C.B. N.S. 447: Hier wurde Oxalsäure verkauft, welche zu 10 Prozent mit Sulphat und Magnesium verunreinigt war und es stellte sich die Fra-

sehen die Kontrakte Sonderregelungen für die Lieferung gattungsfremder Ware vor; so beispielsweise GAFTA 110:

> "The Buyers under this contract shall not be entitled to reject a tender of a higher grade of grain of the same colour and description."[666]

Damit wird dem Käufer das Recht versagt, bei einem höherwertigen aliud Rechte wegen einer Schlechtleistung geltend zu machen.

Gerade bei Schüttgut kann es vorkommen, dass die Ware durch Fremdkörper verunreinigt ist. Es stellt sich dann die Frage, ob die Ware lediglich in ihrer Qualität mangelhaft ist, der Beschreibung aber noch entspricht oder ob sie wegen der Defizite nicht einmal mehr der Beschreibung entspricht. An sich scheint diese Differenzierung unerheblich, da es sich in beiden Fällen um den *breach of condition* handelt, der zur Vertragsaufhebung berechtigt.[667] Jedoch sehen die GAFTA-Kontrakte für Qualitätsmängel häufig vor, dass die Ware nicht zurückgewiesen werden darf, während gattungsfremde Sachen nicht angenommen werden müssen.[668] Diese Abgrenzung war auch im alten deutschen Schuldrecht problematisch, hat sich mit der Gleichstellung der Aliudlieferung als Sachmangel (§ 434 Abs. 3 BGB) aber weitgehend erübrigt.

Abgrenzungsprobleme entstehen gerade deswegen, da die Qualität meist auch Bestandteil der Beschreibung selbst ist.[669] Für die Abgrenzung muss man sich vor Augen halten, dass die *description* primär dazu dient, die Identität der Warengattung und nicht die Qualität der aus dieser entnommenen Ware festzulegen.[670] Entscheidend ist daher Folgendes: Führen die Verunreinigungen aus kaufmännischer Sichtweise dazu, dass lediglich die Qualität gemindert wird, so

---

ge, ob es sich trotz der Verunreinigung noch um Oxalsäure handelte. Siehe auch Stoljar, Mod. L. Rev. (15) 1952, 425, 439 f.

666 Cl. 5 GAFTA 110, GAFTA 13.

667 Vgl. s. 13(1A) und s. 14(6) SoGA.

668 Vgl. cl. 5 GAFTA 62: „Difference in quality shall not entitle Buyers to reject except under the award of arbitrator(s) or board of appeal, as the case may be, referred to in the Arbitration Rules specified in the Arbitration Clause."

669 Vgl. Alfred C. Toepfer v. Continental Grain Co [1974] 1 Lloyd's Rep. 11, 14; Toepfer v. Warinco AG [1978] 2 Lloyd's Rep. 569, 576 (QBD); Tradax Internacional S.A. v. Goldschmidt S.A. [1977] 2 Lloyd's Rep. 604, 612 f. (Q.B.D.); Chitty/Guest, Chitty on contracts, Bd. 2, Rn. 43–77; dazu auch noch unten Seite 198.

670 T & J Harrison v. Knowles [1917] 2 K.B. 606, 610: Hier wurden zwei Schiffe à 460 Tonnen Ladekapazität verkauft. Eines der Schiffe hatte jedoch lediglich 360 Tonnen Kapazität. Lord Bailhache J war der Meinung, dass kein Verstoß gegen die Beschreibung vorliege: „the absence of such quality or the possession of it to a smaller extent [did not make] the thing sold different in kind from the thing described in the contract"; Bridge, The sale of goods, Rn. 7.25.

liegt kein Verstoß gegen die *description* vor. Ist jedoch keine Identität mehr mit der geschuldeten Gattung vorhandenen, so hat der Verkäufer Ware geliefert, die nicht mehr der *description* entspricht.[671]

Wird die Ware beispielsweise *„on a pure basis"* verkauft, so kann auch eine Reinheit von 98% noch der Gattung entsprechen, wenn es auf dem Markt nur diesen Reinheitsgehalt gibt.[672] Wird hingegen fein gemahlenes Sojabohnenmehl verkauft, das sich hinterher aber als grobkörnig herausstellt, so liegt nicht nur eine mangelhafte Qualität vor, sondern auch ein Verstoß gegen die Beschreibung, da keine Gattungsidentität mehr vorliegt.[673]

Da für Getreide meist Klassifizierungen vorgenommen werden, lässt sich leicht feststellen, ob die Ware noch der Geschuldeten entspricht.[674] Wird beispielsweise *„US Wheat No. 2"* verkauft, so entspricht *„US Wheat No. 4"* nicht mehr der geschuldeten Gattung, da die Klassifizierung nicht nur anhand der Qualität des Getreides, sondern anhand einer Vielzahl von Kriterien erfolgt. Unterschiedliche Klassifizierungen sind daher nicht lediglich Qualitätsbeschreibungen einer einheitlichen Gattung, sondern führen dazu, dass Ware einer anderen *description* geschuldet wird.[675]

6.3.1.2.3 Rechtsvergleich

6.3.1.2.3.1 Deutsches Recht / Einheitsbedingungen

Nach den Einheitsbedingungen muss der Verkäufer Ware mittlerer Art und Güte und damit Durchschnittsqualität liefern (vgl. § 26 S. 1 EB), womit jedoch ledig-

---

671 Vgl. Pinnock Bros. v. Lewis & Peat Ltd. [1923] 1 K.B. 690, 699 (KBD); Robert A. Munro & Co. v. Meyer [1930] 2 K.B. 312, 327 f. (KBD); vgl. auch N.V. Bunge v. Compagnie Noga d'Importation et d'Exportation S.A. („The Bow Cedar") [1980] 2 Lloyd's Rep. 601 (QBD); Chitty/Guest, Chitty on contracts, Bd. 2, Rn. 43–77.

672 Peter Darlington Partners Ltd. v. Gosho Co. Ltd. [1964] 1 Lloyd's Rep 149 (QBD). In dem Fall bestand allerdings auch die Besonderheit, dass es auf dem Markt nur Saatgut mit 98%iger Reinheit zu diesem Zeitpunkt gab. Daher wurde ein Handelsbrauch angenommen, dass derartiges Saatgut als pure anzusehen sei.

673 Toepfer v. Warinco AG [1978] 2 Lloyd's Rep. 569, 576 (QBD); vgl. auch die Entscheidung Wieler v. Schlizzl, The American Law Register, Vol. 4, Issue 7, p. 502. Besprechung und Darstellung siehe unten Seite 151 f.

674 Problematisch kann in diesen Fällen sein, dass die Qualität zwar tatsächlich minderwertig ist, ein Analysenzertifikat, welches nach dem Vertrag endgültig über die Warenqualität entscheiden soll, fälschlicherweise die Konformität bestätigt. Vergleiche dazu noch unten Seite 192 ff.

675 Vgl. dazu Bridge, The international sale of goods, Rn. 2.19.

lich die Gesetzeslage wiederholt wird, da nach §§ 243 Abs. 1 BGB, 360 HGB handelsübliche Qualität mittlerer Art und Güte geschuldet wird.

Fraglich ist, inwieweit Leistungszeit und Verladehafen zur verkauften Gattung gehören. Wie bereits festgestellt, geht die englische Ansicht dahin, beides zur *description* und damit zur gattungsmäßigen Beschreibung zu erheben. Eine derartige Verquickung von Leistungszeit und Gattungsbeschreibung wurde auch im deutschen Recht für das Abladegeschäft vertreten. Vor der Schuldrechtsreform hat vor allem *Haage* angenommen, dass die Abladezeit nach § 480 Abs. 2 BGB a.F. eine zugesicherte Eigenschaft sei. Wurde also November-Abladung kontrahiert, jedoch erst im Dezember verladen, so lag demnach ein *aliud* vor.[676] Sieht man in der Abladezeit sogar eine Fixschuld,[677] so wäre Nacherfüllung unmöglich[678] und der Käufer konnte auch ohne Fristsetzung zu Schadensersatz und Rücktritt optieren. Da der Begriff der zugesicherten Eigenschaft mittlerweile nicht mehr existiert, müsste man den Abladetermin als eine Beschaffenheitsvereinbarung im Sinne von § 434 Abs. 1 S. 1 BGB sehen.[679] Anerkannt ist, dass auch Umstände, die der Kaufsache nicht unmittelbar anhaften als Beschaffenheit in Betracht kommen, wenn sie nach der Verkehrsauffassung Einfluss auf die Wertschätzung der Sache haben.[680] Da Ort und Zeit der Abladung wie oben beschrieben im Handelsverkehr Einfluss auf die Handelbarkeit von CIF-Kontrakten haben, wäre das ein Faktor, der sich auf den Wert auswirkt, sodass eine Einordnung als Beschaffenheitsvereinbarung denkbar wäre. Dem ist im Ergebnis jedoch nicht zuzustimmen. Das deutsche Recht trennt traditionell zwischen Warenqualität, respektive Sachmängelgewährleistungsansprüchen, einerseits und der Einhaltung der Leistungszeit andererseits. Lädt der Verkäufer bei-

---

676 Haage, Das Abladegeschäft, S. 11.

677 Haage, Das Abladegeschäft, S. 8 ff. Nach den Einheitsbedingungen liegt hingegen für die CIF-Abladung keine Fixschuld vor, siehe unten.

678 Vgl. auch OLG Hamburg HansGZ 1924 Hauptbl. 80. Die Entscheidung stellt klar, dass im Überseehandel nur ein einmaliger Erfüllungsversuch zulässig ist. Allerdings bezieht sich die Entscheidung primär auf die Dokumentenandienung, lässt sich aber vom Rechtsgedanken her übertragen, da der Käufer sich häufig in einer Lieferkette befindet und es ihm nicht zuzumuten ist eine Frist in der Hoffnung zu setzen, dass der Verkäufer gehörig nacherfüllt. Vielmehr muss der Käufer eigene Lieferverpflichtungen meist zeitnah erfüllen.

679 Darin sollte die zugesicherte Eigenschaft aufgehen: Staudinger-Matusche-Beckmann, § 434 BGB, S. 42; Eidenmüller, ZGS 2002, 290, 295; Wunderlich, WM 2002, 981, 984 f.

680 Vgl. RGZ 52, 1, 2; BGH NJW 2001, 65; BGH NJW 1992, 2564, 2565; Staudinger-Matusche-Beckmann, § 434 BGB, S. 49. Zudem sollten die Rechte des Käufers durch die Schuldrechtsreform nicht beschnitten werden, vgl. BT-Drks. 14/6040, 212.

spielsweise Erdnüsse aus „November-Abladung" zu spät ab, so liegen auch im Dezember noch ein und dieselben Erdnüsse vor; lediglich vom Leistungszeitraum wurde abgewichen. Ein *aliud* liegt daher nicht vor.[681] Vielmehr ist der Käufer durch die Vorschriften zum Verzug und zum Fixhandelskauf in § 376 HGB ausreichend geschützt.[682] Lädt der Verkäufer zu spät ab, so kann der Käufer Schadensersatz und Rücktritt meist sogar ohne Fristsetzung verlangen, da im Rohstoffhandel oft eine Fixschuld vereinbart wird.[683]

Insofern sind Leistungszeit und Warenart im deutschen Recht zu trennen. Hinsichtlich anderer Umstände, wie beispielsweise der Provenienz der Ware, können die Parteien hingegen auch nach dem deutschen Recht die geschuldete Gattung eingrenzen.[684] Das führt dann beispielsweise dazu, dass aus einem anderen Erzeugergebiet gelieferte Ware ein *aliud* darstellt.[685] Ein aliud kann auch dann vorliegen, wenn Novemberernte verkauft, stattdessen aber Dezemberernte abgeladen wurde. In diesem Fall ist jedoch nicht die Leistungszeit betroffen, sondern die Warengattung, da der Erntezeitraum ein Kriterium für die Gattung ist. Es muss daher im Einzelfall abgegrenzt werden, ob die Parteien mit dem Abladezeitraum die Gattung individualisieren wollten (dann aliud) oder ob der Abladezeitraum lediglich Leistungszeitbestimmung iSd § 271 BGB ist.

Bei Lieferung einer gattungsfremden Sache liegt nach neuem Schuldrecht ein Sachmangel nach § 434 Abs. 3 BGB vor, sodass dem Käufer die Rechte aus

---

681 Im Ergebnis auch Soergel-Huber, § 433 BGB, Anhang III Rn. 30. Ebenso schon RGZ 71, 308. Selbst wenn man ein aliud annähme, so wäre dieses wegen § 434 Abs. 3 BGB einem Sachmangel gleichgestellt. Da eine Nacherfüllung wegen des Fixschuldcharakters beim Überseekauf praktisch häufig unmöglich ist, entfällt auch die Nachfristsetzung (§ 326 Abs. 5 BGB), sodass der Käufer auch nach dieser Ansicht ohne weiteres zurücktreten kann. Die Diskussion hat daher an Brisanz verloren, insbesondere deswegen, weil § 480 Abs. 2 BGB a.F. aufgehoben wurde. Die Norm gab dem Käufer früher beim Fehlen einer zugesicherten Eigenschaft einen verschuldensunabhängigen Schadensersatzanspruch.

682 Daher auch ablehnend HGB-Großkommentar-Koller, vor § 373 HGB, Rn. 90.

683 Dieses folgt aber nicht schon per se aus einer Vereinbarung der Klausel CIF sondern erst in Verbindung mit der Verschiffung von Ware, die Preisschwankungen ausgesetzt ist, wie das bei Rohstoffen regelmäßig der Fall ist. Nach den Einheitsbedingungen liegt hinsichtlich der Abladung regelmäßig aber keine Fixschuld iSd § 18 Abs. 9 lit. b vor.

684 Vgl. Sieveking, Die Geschäftsbedingungen des Waren-Vereins der Hamburger Börse e.V., § 8 WVB Rn. 6 f.

685 Vgl. auch § 29 Abs. 1 EB.

§§ 437 ff. BGB zustehen. Das entschärft die früher notwendige Abgrenzung zwischen *aliud* und Qualitätsmangel.[686]

Die Einheitsbedingungen sehen, anders als beispielsweise die Warenvereinsbedingungen,[687] für diese Fälle keine Sonderregeln vor. Wegen der gesetzlichen Einordnung als Sachmangel kann insbesondere keine Nichtleistung im Sinne des § 19 EB angenommen werden. Auch liegt kein Fall von § 37 EB vor, da sich dieser nur auf abfallende Kondition und Qualität bezieht. Ein *aliud* ist jedoch kein Qualitätsmangel.[688] Sähe man das anders, so wäre eine Vorschrift wie § 434 Abs. 3 BGB überflüssig, die das *aliud* dem Qualitätsmangel erst gleichstellt. Insofern gelten bei einer *aliud*-Lieferung nach Einheitsbedingungen die gesetzlichen Gewährleistungsvorschriften der §§ 437 ff. BGB, sodass der Verkäufer grundsätzlich das Recht einer zweiten Andienung hat und der Käufer eine Neulieferung verlangen muss. Das ist für den Verkäufer ein Vorteil, denn in Abweichung zu § 37 EB muss der Käufer die Ware nicht abnehmen und sich mit einer Minderwertvergütung abgeben.

Nach dem englischen Recht kann der Vertrag hingegen ohne Weiteres aufgehoben werden. Da die *description* den Handel in seiner Gesamtheit erfasst, hat das kann der Käufer den Kontrakt schon bei geringfügigen Abweichungen beenden, was für den Verkäufer nachteilig sein kann.

Damit ist festzuhalten, dass der Käufer bei der Lieferung von gattungsfremden Sachen nach GAFTA-Kontrakten sofort zurücktreten kann, während er im deutschen Recht erst eine Nachfrist setzen muss.

---

686 Vgl. die Kasuistik bei Sieveking, Die Geschäftsbedingungen des Waren-Vereins der Hamburger Börse e.V., § 19 WVB Rn. 20; sowie Loock/Straatmann, Handelsrechtliche Schiedsgerichts-Praxis, Schiedssprüche E 6a 33/34.

687 In den Warenvereinsbedingungen wird insbesondere zwischen Lieferung einer gattungsfremden Sache und einer mangelhaften Sache unterschieden. Nach § 19 Abs. 5 WVB kann der Käufer Ware zurückweisen, die nicht der geschuldeten Gattung entspricht. Diese Differenzierung führt häufig zu der schweren Abgrenzungsfrage, ob eine gattungsfremde oder eine der Gattung entsprechende, jedoch mangelhafte Ware geliefert wurde. Diese Differenzierung der WVB basiert noch auf dem alten Schuldrecht, wo sich diese Frage ebenfalls stellte. Dadurch, dass § 459 BGB a.F. abgeschafft wurde und nach § 434 Abs. 3 BGB ein aliud einem Sachmangel gleichgestellt wurde, stellt sich diese Frage im BGB nicht mehr. Unter den WVB bleibt sie hingegen bestehen. Dadurch, dass die EB diese Differenzierung nicht vornehmen, richtet sich die Betrachtung alleine nach den gesetzlichen Vorschriften.

688 Starck, Kommentar zu den Einheitsbedingungen im deutschen Getreidehandel, S. 137.

6.3.1.2.3.2 UN-Kaufrecht

Unter dem CISG ist eine *aliud*-Lieferung nicht vertragsgemäß im Sinne von Art. 35 Abs. 1 CISG.[689] Der Gattungsbegriff wird dabei sehr weit verstanden, sodass jedes *aliud* – sei es auch noch so krass – zur Erfüllung der Lieferpflicht führt. Insofern führt selbst eine Abweichung in der Graduierung des Getreides zur Erfüllung. Der Verkäufer macht sich lediglich für die abfallende Qualität ersatzpflichtig.[690] Eine Ersatzlieferung kann jedoch nur dann verlangt werden, wenn eine wesentliche Vertragsverletzung iSd Art. 25 CISG vorliegt (Art. 46 Abs. 2 CISG).[691] Damit ist das CISG für den Käufer an dieser Stelle nachteiliger, da er nach dem deutschen Recht immer eine Neulieferung gem. §§ 437 Nr. 1, 439 Abs. 1 BGB verlangen kann.

6.3.1.2.3.3 Bewertung

Nach GAFTA-Kontrakten und englischer Auffassung gilt für die erfüllungstaugliche Ware ein weiter Gattungsbegriff, indem auch sonstige Umstände des Kontraktes Bestandteil der *description* und damit der Gattung sind. Der Verkäufer muss nach GAFTA bei der Lieferung gattungsfremder Ware einen sofortigen Rücktritt fürchten, da ein Verstoß gegen die *description* einen *breach of condition* begründet.

---

689 Vgl. OGH, 29.06.1999, CISG-online Nr. 483; OLG Stuttgart, 12.03.2001, CISG-online Nr. 841, S. 15; Grunewald/Gernhuber, Handbuch des Schuldrechts in Einzeldarstellungen, § 7 III Rn. 86; Staudinger-Magnus, Art. 35 CISG, Rn. 9; Herber/Czerwenka, Internationales Kaufrecht, Art. 35 CISG Rn. 2; einschränkend Honsell-Ernst/Lauko, Art. 30 CISG, Rn. 10, die davon ausgehen, dass eine Nichtleistung vorliege, wenn die Ware dem Vertrag gar nicht mehr zugeordnet werden kann.

690 Commentary on the Draft Convention on Contracts for the International Sale of Goods, prepared by the Secretariat (A/CONF.97/5) 1981, Art. 29 CISG Nr. 3: "Therefore, the handing over to the carrier of No. 3 grade corn when No. 2 grade was called for [...] would constitute deliver of "the goods"."; Schlechtriem/Schwenzer-Schwenzer, Art. 35 CISG, Rn. 10; aA Welser, in: Doralt (Hrsg.), Das UNCITRAL-Kaufrecht im Vergleich zum österreichischen Recht (1985), 105, 131 (Diskussionsbeitrag von Bydlinski).

691 BGHZ 132, 290; Staudinger-Magnus, Art. 46 CISG, Rn. 35; Bianca/Bonell, Commentary on the international sales law, Art. 46 Anm. 2.1.1.1. Diese wird regelmäßig nur dann vorliegen, wenn der Käufer das aliud auch mit angemessenen Bemühungen nicht absetzen kann, vgl. Schlechtriem/Schwenzer-Müller-Chen, Art. 46 CISG, Rn. 24. Das dürfte im Rohstoffhandel nur selten vorkommen, wenn nicht ein krasses aliud vorliegt. So Holthausen, RIW 1990, 101, 106.

Im deutschen Recht gilt hingegen der herkömmliche Gattungsbegriff, der lediglich die Ware identifiziert. Wird Ware geliefert, die nicht der geschuldeten Gattung entspricht, so liegt ein *aliud* vor. Dieses ist seit der Schuldrechtsreform einem Sachmangel gleichgestellt. Unter den Einheitsbedingungen ergeben sich deswegen noch Abgrenzungsschwierigkeiten hinsichtlich der Rechtsfolgen. Da für Qualitätsmängel meist Sonderregelungen (vgl. 37 EB) aufgestellt werden, ist abzugrenzen, ob die Ware ein *aliud* oder nur eine Schlechtleistung im engeren Sinne (gem. § 434 Abs. 1 BGB) war. In jedem Fall muss der Käufer aber eine Frist zur Nacherfüllung setzen, bevor er Rechte wegen Nichterfüllung geltend machen kann.

Wird hingegen Ware angedient, die nicht der vertraglichen Abladezeit entspricht, so liegt nach deutscher Auffassung kein *aliud* vor, sondern es gelten hier die Regelungen bezüglich einer verspäteten Leistung. Wie im englischen Recht kann auch hier ein sofortiger Rücktritt ohne Fristsetzung in Betracht kommen, wenn es sich bei der Abladung um einen Fixtermin gehandelt hat, sodass bei verspäteter Abladung gem. § 376 HGB analog sofort Schadensersatz gefordert werden kann.[692] Grundsätzlich wird angenommen, dass CIF-Geschäften hinsichtlich der Abladezeit Fixcharakter zukommt. Insofern könnte der Käufer nach deutschem Recht grundsätzlich sofort zurücktreten, sodass die Rechtsfolgen die gleichen, wie nach GAFTA sind. Unter den Einheitsbedingungen liegt in der Abladezeit beim CIF-Geschäft jedoch kein Fixtermin. Hier muss der Käufer zunächst eine Nachfrist setzen.[693]

Damit bleibt festzuhalten, dass die Kontrakte der GAFTA für den Verkäufer nachteilig sind, da er einen schnellen Rücktritt fürchten muss. Nach den Einheitsbedingungen ist hingegen immer erst eine Fristsetzung erforderlich, wenn nicht kontraktliche Ware abgeladen wird.

Im Ergebnis lässt sich damit ein Käufervorteil für die GAFTA-Kontrakte erblicken. Der Verkäufer ist wegen der generellen Nachfristsetzung hingegen unter Einheitsbedingungen besser geschützt.

---

692 Vgl. weiter unten.

693 Siehe unten Seite 207.

6.3.2 Erfüllung bzgl. der Beschaffenheit der Ware (Qualität / Kondition)

6.3.2.1 Unterscheidung in Qualität und Kondition

In der Praxis des Getreide- und Futtermittelhandels wird hinsichtlich der Warenbeschaffenheit traditionell zwischen Qualität *(quality)* und Kondition *(condition)* unterschieden. Unter Qualität ist die der Ware dauerhaft anhaftende Beschaffenheit zu verstehen. Dazu gehören Körnung, Farbe, Besatz, Klebergehalt oder auch Ergiebigkeit der Ware.[694] Zur Kondition gehören hingegen alle äußeren Merkmale, die sich verändern können, wie beispielsweise Feuchtigkeit, Geruch oder Schimmelbildung.[695]

Diese Unterscheidung ist ein besonderes Bedürfnis des Handels mit Getreide und Futtermittel und damit ein Charakteristikum der Kontrakte aus dieser Branche.[696] Die Abgrenzung ist ferner für die Rechtsfolge wichtig, da Zurückweisungsrechte beispielsweise nur für Qualitätsmängel ausgeschlossen werden. In den nationalen Rechten und dem CISG gehen diese beiden Bestandteile hingegen in der Vertragsgemäßheit der Ware bzw. der Beschaffenheitsvereinbarung auf und eine Differenzierung erübrigt sich.

6.3.2.2 Vereinbarungen bezüglich der Qualität *(quality)*

6.3.2.2.1 Beschaffenheitsanforderungen

Fast alle Verträge enthalten Ausführungen zu Qualitätsanforderungen. Diese resultieren aus den Bedürfnissen des Handels, da die chemische Zusammensetzung beispielsweise über die Zweckeignung als Speise- oder Futtermittel entscheiden kann. Der Standardvertrag für Futtermittel GAFTA 100 lautet in cl. 5 beispielsweise wie folgt:

> „QUALITY - Not less than ....% of oil and protein combined, and not more than 2.50% of sand and/or silica. […] The goods are warranted free from castor seed and/or castor seed husk […].“[697]

---

694 Starck, Kommentar zu den Einheitsbedingungen im deutschen Getreidehandel, S. 127; Jöhlinger, Die Praxis des Getreidegeschäftes an der Berliner Börse, S. 238.

695 Starck, Kommentar zu den Einheitsbedingungen im deutschen Getreidehandel, S. 127.

696 Auch die Einheitsbedingungen differenzieren nach diesen Begriffen (§ 26 EB) und auch einige Schlussscheine, wie beispielsweise Hamburger Hülsenfrucht Schlussschein Nr. 5 und Nr. 3.

697 Cl. 5 GAFTA 100.

Damit werden Grenzwerte für den Proteinanteil oder Verunreinigungen mit Fremdstoffen wie Sand, Kieselerde oder Rizinussamen bzw. -hülsen festgelegt. Andere Kontrakte bestimmen hingegen Grenzwerte für die Feuchtigkeit oder den Salzgehalt.[698] Teilweise werden die Anforderungen auch erst durch Zusatzformulare konkretisiert. So gibt es beispielsweise die Bedingungen GAFTA No. 93, die an die europäischen Qualitätsstandards für Futtermittel angepasst sind und dem Verkäufer dementsprechend einen höheren Pflichtenmaßstab auferlegen.[699]

6.3.2.2.2 Kontraktliche Rechtsfolgen bei abfallender Qualität

Fällt die gelieferte von der vertraglich geschuldeten Qualität ab, so richtet sich die Rechtsfolge nach der rechtlichen Einordnung der Qualitätsvereinbarung als *condition*, *warranty* oder *innominate term.*[700] Finden sich keine Anhaltspunkte im Vertrag über die Einordnung, so findet der SoGA Anwendung. Demnach gilt: Wird keine zufriedenstellende Qualität iSd s. 14(1) SoGA *(satisfactory quality)* geliefert oder ist die Ware nicht für den Vertragszweck geeignet iSd s. 14(3) SoGA *(fit for purpose)*, so liegt grundsätzlich ein *breach of condition* vor, der zur Vertragsaufhebung berechtigt.

Hinsichtlich mancher Warenanforderungen sehen die Kontrakte aber besondere Regelungen vor. So wird beispielsweise die chemische Zusammensetzung in den Verträgen ausdrücklich als *warranty* ausgestaltet.[701] Bei einer Abweichung kommt daher lediglich ein Schadensersatzanspruch, jedoch keine Vertragsaufhebung in Betracht.[702] In diesen Fällen kleinerer Abweichungen ist eine Vertragsaufhebung wegen weiter (Rück-)Transportwege meist nicht sinnvoll. Die Kontrakte folgen daher der weitverbreiteten Praxis, dass der Käufer dann die vertragswidrige Ware abnehmen muss *(non-rejection clause)*:

> „Difference in quality shall not entitle Buyers to reject, except under the award of arbitrator(s) or board of appeal, as the case may be, referred to in the Arbitration Rules specified in the Arbitration Clause."[703]

Dieses gilt jedoch nur für die Fälle, in denen eine Minderqualität vorliegt. Wird hingegen Ware geliefert, die so sehr von der Kontrahierten abweicht, dass keine

---

698 Vgl. cl. 5 GAFTA 104.

699 2007 GAFTA No. 93 „European Quality Terms for Feedingstuffs Contracts".

700 Zu diesen Begriffen siehe oben Seite 84 ff.

701 Cl. 5 GAFTA 100: „Warranted to contain…". Siehe auch cl. 5 GAFTA 111: "Quality and condition warranted at the time of delivery at destination."

702 Siehe oben Seite 84.

703 Vgl. fast alle GAFTA Kontrakte, beispielhaft nur cl. 5 GAFTA 100.

Identität mehr mit der geschuldeten Gattung vorliegt, so besteht kein *„difference in quality"*, sondern ein *aliud*, sodass der Käufer seine Rechte nach dem SoGA wegen Nichtübereinstimmung mit der *description* geltend machen kann, was auch die Zurückweisung der Ware umfasst.

Dabei muss immer darauf geachtet werden, für welche Fälle eine solche *non-rejection clause* vereinbart wird. Diese Klauseln können einerseits so zu verstehen sein, dass der Käufer bei jeder Abweichung in der Warenqualität die Ware entgegennehmen muss. Die soeben zitierte cl. 5 GAFTA 100 ist derartig formuliert. Hier wird festgehalten, dass bei jedem Qualitätsunterschied ein Zurückweisungsrecht ausgeschlossen ist.

Diese Klausel findet sich aber nicht in jedem Kontrakt. In anderen Kontrakten kann die Formulierung dahin gehend gemeint sein, dass der Käufer die Ware nur bei bestimmten Mängeln abnehmen muss und ansonsten seine allgemeinen Rechte bestehen bleiben. Dann kann er die Ware nur zurückweisen, wenn die Qualitätsvereinbarung eine *condition* ist oder eine wesentliche Vertragsverletzung im Rahmen eines *innominate term* vorliegt. Ein Beispielsfall für diese Abgrenzung ist die Entscheidung *R.G. Grain Trade LLP (UK) v. Feed Factors International Ltd.*[704] Hier wurde Ware unter GAFTA 119 verkauft. Die Richter entschieden, dass es sich dabei nicht um eine grundsätzliche *non-rejection clause* handele, die bei jeglichem Qualitätsmangel Annahme verpflichte. In dem Fall hatte der Käufer die Ware zurückgewiesen, da im Vertrag „fibre max 23%" vereinbart war, der tatsächliche Wert an *fibre* jedoch darüber lag. Zwar enthält cl. 5 GAFTA 119 einen Ausschluss des Zurückweisungsrechts, jedoch steht dieser mit dem vereinbarten Öl- und Proteingehalt im Zusammenhang.[705] Daraus schlossen die Richter, dass das Zurückweisungsrecht nur dann ausgeschlossen sein sollte, wenn eine Abweichung vom Öl- oder Proteingehalt vorliegt. Einen allgemeinen Ausschluss des Zurückweisungsrechts für alle Qualitätsmängel war der Klausel daher nicht zu entnehmen.[706] Insofern kam es für die Frage einer möglichen Zurückweisung darauf an, ob die Vereinbarung „fibre max 23%" als *condition* einzuordnen war oder eine wesentliche Vertragsverletzung im Rah-

704 [2011] 2 Lloyd's Rep. 433 (QBD).

705 „Warranted to contain [...] of oil and protein combined and not more than 1.50% of sand and/or silica. Should the whole, or any portion, not turn out equal to warranty, the goods must be taken at an allowance [...]".

706 Der Kontrakt GAFTA 119 enthält in cl. 5 zudem auch keinen Passus, wie in cl. 5 GAFTA 100 am Ende, wo festgehalten wird, dass jegliche Qualitätsunterschiede nicht zur Zurückweisung berechtigen. Unter GAFTA 100 wäre die Entscheidung daher wohl anders ausgefallen.

men eines *innominate term* vorlag. Diese Frage hatte das Schiedsgericht nicht ausreichend geklärt, sodass der Streit zurückverwiesen wurde.

6.3.2.2.2.1 Recht auf Kaufpreisminderung

Im Rahmen von *non-rejection clauses* wird dem Käufer meist das Recht eingeräumt, für den Mangelunwert den Kaufpreis zu mindern.[707,708] Eine typische Klausel für abfallende Qualität im Hinblick auf den Proteingehalt oder Kontaminanten findet sich in GAFTA 100:

> "Should the whole, or any portion, not turn out equal to warranty, the goods must be taken at an allowance to be agreed or settled by arbitration as provided for below, except that for any deficiency of oil and protein there shall be allowances to Buyers at the following rates, viz.: 1% of the contract price for each of the first 3 units of deficiency under the warranted percentage; 2% of the contract price for the 4th and 5th units and 3% of the contract price for each unit in excess of 5 and proportionately for any fraction thereof."[709]

Wie hoch die Minderung ausfällt, hängt von der Einigung der Parteien ab. Häufig werden in den Verträgen bereits Minderungsbeträge für bestimmte Abweichungen vorgeschrieben, die nach Verunreinigung oder Minderwertigkeit gestaffelt sind. Für die ersten drei Prozent Verunreinigung ist beispielsweise um 1% des Vertragspreises zu mindern, für vier und fünf Prozent Verunreinigung sind 2% und für mehr als fünf Prozent 3% anzusetzen.

Ist eine Einigung über die Höhe nicht zu erzielen, so entscheidet das Schiedsgericht. Dabei sind die Fristen der *GAFTA-Arbitration Rules No. 125* zu beachten. Insofern muss die Schiedsklage innerhalb von 21 Tagen nach der Entladung eingereicht werden, unter *rye terms* sogar innerhalb von 10 Tagen.[710] In Schiedsverfahren, die lediglich die Qualität der Ware betreffen, ist von sogenannten *look-sniff arbitrations* oder *quality arbitrations* die Rede.[711] In diesen

---

707 Dieses geht im Ergebnis auf die Entscheidung E. Hardy & Co. (London) Ltd. v. Hillerns & Fowler [1923] K.B. 490 (CA) zurück. Auch hier hatte man einem CIF-Käufer das Zurückweisungsrecht des mangelhaften Getreides versagt.

708 So auch in § 37 EB und § 19 Abs. 3 WVB. Besonders deutlich auch in § 13 Hamburger Hülsenfrucht Kontrakt: „Bei Abweichungen von der kontraktlichen Beschaffenheit/Qualität hat der Käufer die Ware gleichwohl zu empfangen und kontraktgemäß zu bezahlen.“ .

709 Vgl. cl. 5 GAFTA 100.

710 Vgl. cl. 2.1 GAFTA 125.

711 Blessing, Introduction to Arbitration, S. 67; Bernstein/Tackaberry/Marriott, Bernstein's handbook of arbitration and dispute resolution practice, S. 960; Redfern/Hunter/Blackaby, Law and practice of international commercial arbitration,

Fällen nimmt der Schiedsrichter selbst die Ware in Augenschein und beurteilt die Ware anhand ihrer Beschaffenheit. Dieses verursacht regelmäßig nur sehr geringe Kosten trägt aber zu einer schnellen und effektiven Streitbeilegung bei. Dabei geht die englische Auffassung dahin, dass in diesen Fällen ein reguläres Schiedsverfahren vorliegt.[712]

6.3.2.2.2.2 Vertragsaufhebung

Eine Aufhebung des Vertrages ist bei *non-rejection clauses* grundsätzlich ausgeschlossen. Für den Ausnahmefall lassen die Klauseln ihn jedoch zu, nämlich dann, wenn bestimmte im Vertrag näher bezeichnete Margen hinsichtlich Zusammensetzung oder Kontaminanten überschritten werden:

> „Should the goods contain over 5% of sand and/or silica the Buyers shall be entitled to reject the goods, in which case the contract shall be null and void for such quantity rejected."[713]

sowie

> "Should the parcel contain castor seed husk in excess of 0.005% Buyers shall be entitled to reject the parcel, in which case the contract shall be null and void for such quantity rejected."[714]

Der Vertrag kann aber nur insoweit aufgehoben werden, wie die jeweilige Lieferung betroffen ist. Das folgt daraus, dass nach GAFTA jeder Rate als eigenständiger Vertrag anzusehen ist.[715] Allerdings wird dem Käufer meist auch die Option eingeräumt, die Ware trotz der abfallenden Qualität zu behalten und eine weitere Preisminderung einzufordern:

Rn. 8–63. In deutschen Schiedsverfahren ist hingegen von einer „Organoleptischen Untersuchung" die Rede, da die Untersuchung auf Basis von Geruch, Geschmack, Aussehen und Farbe stattfindet.

712 Powell-Smith, Construction Arbitrations, S. 12; Blessing, Introduction to Arbitration, S. 67. Ob aus deutscher Sicht bei der Qualitätsarbitrage ein Schiedsverfahren oder ein Schiedsgutachten vorliegt hängt meist von der Ausgestaltung in den Verfahrensordnungen ab. Meist nimmt die Qualitätsarbitrage eine Art Zwitterstellung zwischen beiden ein. Siehe dazu Straatmann, FS-Stödter (1979), 109, 113 ff. Siehe auch Seite 146 und Seite 141.

713 Cl. 5 GAFTA 100.

714 Cl. 5 GAFTA 100. Eine weitere, sehr ausführliche Klausel findet sich beispielsweise in GAFTA 76, in dem ein Rücktrittsrecht beispielsweise für die Überschreitung vereinbarter Proteingehalte, der Feuchtigkeit oder der Verunreinigung aufgestellt wird.

715 Dazu noch mehr unten Seite 180.

„Nevertheless, should Buyers elect to retain the parcel they shall be entitled to a further allowance for any excess over 0.005% of castor seed husk, to be settled by agreement or arbitration."[716]

Damit bleibt festzuhalten, dass die Kontrakte der GAFTA bei abfallender Qualität primär auf Vertragserhaltung gerichtet sind. Das entspricht der Interessenlage der Parteien. Häufig werden Kaufleute auch bei mangelhafter Ware noch eine Möglichkeit finden, diese abzusetzen. Der dabei erzielte geringe Kaufpreis würde normalerweise über den Schadensersatz erfasst werden, was jedoch eine konkrete Darlegung durch den Käufer erfordern würde. Dieses wird umgangen, indem die Parteien feste Minderungsraten vereinbaren. Insofern liegt hierin ein Element der Streitvermeidung, da über die konkrete Schadenshöhe nicht prozessiert werden muss. Dass der Vertrag nicht ohne Weiteres aufgehoben werden kann, erspart den Parteien teure Rücktransportkosten.

Das Aufhebungsrecht ist jedoch nicht in allen Kontrakten ausgeschlossen. In GAFTA 64 fehlt eine *non-rejection clause* beispielsweise.[717] Ein Rücktritt kommt aber erst dann in Betracht, wenn man die Qualitätsvereinbarung als *condition* einordnet oder ein *innominate term* zusammen mit einer wesentlichen Vertragsverletzung vorliegt.[718] In Ermangelung konkreter Absprachen richtet sich das nach der Vertragsauslegung. Insbesondere wenn die Parteien eigene Absprachen in den Vertrag aufnehmen, ohne sich an der englischen Terminologie zu orientieren, ist die Einordnung häufig unklar. Das wird insbesondere dann oft der Fall sein, wenn Kaufleute außerhalb des *common law* Systems eigene Qualitätsvereinbarungen einbringen.

Bei der Auslegung können durchaus unterschiedliche Ergebnisse hervortreten, die für die Vertragspartner nicht immer vorhersehbar sind. In *Tradax Internacional v. Goldschmidt*[719] wurde Gerste verkauft, deren Qualität mit *„4 per cent foreign matters"* angegeben wurde. Diese Klausel wurde für einen *innominate term* gehalten. In einer anderen Entscheidung wurde die Vereinbarung, dass Sojabohnenmehl *„maximum 7.5 per cent fibre"* enthalten, dürfe hingegen als *condition* aufgefasst.[720] Das *Board of Appeal* der GAFTA-Schiedsgerichtsbarkeit hatte die Klausel allerdings noch als *warranty* angesehen.[721]

---

716 Vgl. z.B. GAFTA Nr. 99, 100, 101, 102, 112, 119.

717 Ferner enthalten GAFTA 108, 110, 115, 117, 120, 122 gar keine Anforderungen an die Qualität, sondern überlassen die Vereinbarung vollständig den Parteien selbst.

718 Takahashi, J.B.L. 2003, 102, 108, vgl. oben Seite 84.

719 [1977] 2 Lloyd's Rep. 604 (QBD).

720 Tradax Export S.A. v. European Grain & Shipping Ltd. [1983] 2 Lloyd's Rep. 100, 105 (QBD). Hier wurde die Vereinbarung wegen der räumlichen Nähe im Schriftbild als Bestandteil der description aufgefasst, die nach s. 13(1) SoGA eine condition ist.

Entscheidend ist in jedem Fall, welche Bedeutung die Parteien der Qualität zugemessen haben und ob eine Vertragsaufhebung der Interessenlage der Parteien entspricht. Im Zweifel ist davon auszugehen, dass lediglich eine *warranty* oder ein *innominate term* vorliegt. Schließlich sind die Parteien im Überseehandel wirtschaftlich meist nicht an einer vollständigen Rückabwicklung interessiert.[722] Um derartige Unsicherheiten zu vermeiden, empfiehlt es sich daher den Rang der Klausel ausdrücklich zu bezeichnen, wie beispielsweise *"warranted to contain maximum 7.5 per cent fibre"*.

6.3.2.2.3 Exkurs: Ergänzung durch den Sale of Goods Act 1979

Die Kontrakte greifen jedoch immer nur die spezifischen Warenanforderungen für die jeweilige Warengattung auf. Daher muss die Ware über diese hinaus, den Anforderungen des SoGA und dem *common law* entsprechen.

6.3.2.2.3.1 Zufriedenstellende Qualität, s. 14 SoGA

Bei Handelskäufen[723] kommt es darauf an, ob die Ware eine zufriedenstellende Qualität *(satisfactory quality)* aufweist, s. 14(2) SoGA. Die Einhaltung dieser ist eine *condition* (s. 14(6) SoGA).

Wann die Qualität zufriedenstellend ist, richtet sich primär danach, ob ein verständiger Käufer die Ware als befriedigend ansieht. Die s. 14(2A) SoGA normiert dafür nunmehr Wertungskriterien, da unter Geltung des früheren SoGA häufig streitig war, wann das der Fall ist.[724] Dazu gilt es zu beurteilen, ob aus objektiver Sicht und unter Berücksichtigung von Beschreibung, Preis und der vertraglichen Umstände die Ware akzeptabel ist.[725] Die Auflistung in s. 14 (2A)

Siehe auch R.G. Grain Trade LLP (UK) v. Feed Factors International Ltd. [2011] 2 Lloyd's Rep. 433.

721 Takahashi, J.B.L. 2003, 102, 104.

722 Tradax Internacional S.A. v. Goldschmidt S.A. [1977] 2 Lloyd‘s Rep. 604, 612 f. per Slynn J: "[…] in the absence of any clear agreement or prior decision that this was to be a condition, the Court should lean in favour of construing this provision as to impurities as an intermediate term, only a serious and substantial breach of which entitled rejection". Ferner R.G. Grain Trade LLP (UK) v. Feed Factors International Ltd. [2011] 2 Lloyd's Rep. 433.

723 Wann ein solcher vorliegt ausführlich: Kircher, Die Voraussetzungen der Sachmängelhaftung beim Warenkauf, S. 127.

724 Prieß, Der Begriff des Sachmangels im deutschen und im englischen Kaufrecht, S. 134.

725 Vgl. s. 14 (2A) SoGA.

SoGA ist dabei nicht abschließend. Insofern ist für die Frage, wann die Qualität zufriedenstellend ist, ist ein kurzer historischer Rückgriff hilfreich: Vor dem Jahr 1979 fand sich im SoGA noch die Bestimmung, dass die Ware handelsübliche Qualität aufweisen müsse *(merchantable quality)*. Eine handelsübliche Qualität lag dann nicht mehr vor, wenn sich die Ware zu *keinem* Zweck mehr eignete, zu dem derartige Waren gewöhnlich verwendet werden.[726] Dieser Begriff wurde nun durch den der zufriedenstellenden Qualität ersetzt.

Während *merchantable quality* lediglich voraussetze, dass die Ware sich für die gewöhnlichen Verwendungszwecke des Kaufmanns eignete, erfordert zufriedenstellende Qualität nun, dass sich die Ware sich für *alle* denkbaren Zwecke eignet, zu denen die Ware üblicherweise gekauft wird.[727] Dieses folgt vor allem aus s. 14(2B) lit. a SoGA.[728] Damit wird das englische Recht dem Verkäufer gegenüber nun strenger. Um die Haftung des Verkäufers allerdings nicht ausufern zu lassen, beschränkt der SoGA die Zweckeignung. Der Käufer kann sich nur dann auf die fehlende Eignung berufen, wenn dieses angebracht ist.[729] Das bedeutet, dass die Eignung für einen bestimmten Zweck durch den Käufer nicht völlig fernliegend sein darf. Insofern kann der Käufer sich nicht darauf berufen, dass die Ware nicht zu irgendeinem Zweck tauge, den er selber gar nicht mit der gekauften Ware verfolgt.[730]

Der Begriff der zufriedenstellenden Qualität und die Abgrenzung zur handelsüblichen Qualität lässt sich gut an der Entscheidung *Cehave NV v. Bremer*

---

726 Cammell Laird & Co. Ltd. v. Manganese Bronze and Brass Co. Ltd. [1934] A.C. 402, 430 (HL); Gardiner v. Gray [1815] 4 Campbell 144, 145; Jones v. Bright [1829] 5 Bing. 533, 544; Henry Kendall & Sons v. William Lillico & Sons Ltd. [1969] 2 A.C. 31, 77 ff. (HL); Prieß, Der Begriff des Sachmangels im deutschen und im englischen Kaufrecht, S. 134; Bridge, The sale of goods, Rn. 7.40.

727 Dieses wurde aus der Formulierung "purpose or purposes" in s. 14(6) SoGA herausgelesen. Dennoch gab es Entscheidungen, bei denen die Richter der Ansicht waren, dass die gesetzliche Definition nicht strenger als die alte Rechtsprechung sein sollte, so M/S Aswan Engineering Establishment Co. v. Lupdine Ltd. [1987] 1 W.L.R. 1, 13 (CA).

728 "For the purposes of this Act, the quality of goods includes their state and condition and the following (among others) are in appropriate cases aspects of the quality of goods fitness for all the purposes for which goods of the kind in question are commonly supplied […]".

729 Wann das der Fall ist, ist noch unklar. Offengelassen wurde diese Frage bei Balmoral Group Ltd. v. Borealis (UK) Ltd. [2006] 2 C.L.C. 220, 265 (QBD): „In appropriate cases the question as to whether goods are of satisfactory quality may be determined by considering whether they are fit for all purposes for which goods of the kind in question are commonly supplied."

730 Bridge, The sale of goods, Rn. 7.62.

Handelsgesellschaft mbH, The Hansa Nord[731] veranschaulichen. Dort war die Ware durch Überhitzung beschädigt, nicht aber völlig wertlos geworden. Zu einem geringeren Wert war sie nach wie vor verwertbar. Legt man den Begriff der *merchantable quality* zugrunde, so kommt es darauf an, ob die Ware überhaupt noch für irgendeine Verwendung taugt.[732] Da die Ware mit geringerem Wert noch verarbeitet werden kann, taugt sie nach wie vor zur weiteren Verwendung, sodass an sich kein Mangel vorliegt. Legt man hingegen den Begriff der zufriedenstellenden Qualität an, so ergibt sich ein anderes Bild: Da die Ware zu allen gewöhnlichen Zwecken taugen muss, gehört dazu auch die vom Käufer ursprünglich geplante Verwendung. Ist diese nicht mehr uneingeschränkt möglich, liegt keine zufriedenstellende Qualität mehr vor. Aus heutiger Sicht besteht daher Zweifel daran, ob sich so eine Entscheidung wiederholen würde.

Insofern liegt durch die Änderung des SoGA nicht nur ein terminologischer Wechsel vor, vielmehr wird die Verkäuferhaftung ausgedehnt. Da die zufriedenstellende Qualität jedoch der Oberbegriff einer handelsüblichen Qualität ist, kann die alte Rechtsprechung zur Konkretisierung der neuen Begrifflichkeiten herangezogen werden.[733]

6.3.2.2.3.2 Eignung der Ware für einen bestimmten Zweck

In den Fällen, in denen der Käufer die Ware für einen bestimmten Vertragszweck benötigt und diesen dem Verkäufer mitteilt, so enthält der Vertrag nach s. 14(3) SoGA einen *implied term,* dass die Ware für diese Zweckbestimmung hinreichend geeignet sei *(reasonable fit for purpose).*

6.3.2.2.3.3 Anforderungen an Zweck und Mitteilung

Der Zweck der Verwendung muss dem Verkäufer dafür ausdrücklich mitgeteilt werden.[734] Kann die Ware üblicherweise nur für einen Zweck verwendet werden oder handelt es sich um den gewöhnlichen Verwendungszweck, so muss dieser allerdings nicht noch einmal gesondert erwähnt werden.[735] In diesen Fällen weist

---

731 Cehave NV v. Bremer Handelsgesellschaft mbH („The Hansa Nord“) [1975] 3 All E.R. 739.

732 Vgl. zum Begriff Gardiner v. Gray [1815] 4 Campbell 144, 145; Jones v. Bright [1829] 5 Bing. 533, 544; Bridge, The sale of goods, Rn. 7.40.

733 Kircher, Die Voraussetzungen der Sachmängelhaftung beim Warenkauf, S. 129; Bridge, The sale of goods, Rn. 7.32; aA Goode, Commercial law, S. 320.

734 Chitty/Guest, Chitty on contracts, Bd. 2, Rn. 43–95.

735 Preist v. Last [1903] 2 K.B. 148, 153 (CA) per Collins M.R.; Chitty/Guest, Chitty on contracts, Bd. 2, Rn. 43–95. Die Kenntnis des Verkäufers kann sich aber auch schon

die Ware dann aber meist auch schon keine *satisfactory quality* auf, sodass s. 14(3) SoGA keine eigenständige Bedeutung mehr zukommt. Will der Käufer die Ware hingegen zu außergewöhnlichen Zwecken einsetzen, so muss er dieses dem Verkäufer aber auch hinreichend mitteilen, um sich auf s. 14(3) SoGA berufen zu können.[736] Zu der *fitness* der Ware kann auch gehören, ob der Käufer die Ware wegen öffentlich-rechtlicher Vorschriften überhaupt verwenden darf. Enthalten Lebensmittel beispielsweise gesundheitsschädigende Zusatzstoffe, die im Importland verboten sind und eine Weiterverwendung nicht möglich ist, so kann auch dieses der Zweckeignung entgegenstehen.[737] Zudem muss die Ware dahin gehend beschaffen sein, dass sie den Transport übersteht und nicht schon unterwegs verdirbt.[738]

6.3.2.2.3.4 Rechtsfolgen bei ungeeigneter Ware

Eignet sich die Ware nicht für den benötigten Zweck, so liegt ein *breach of condition* vor, der zur Vertragsaufhebung berechtigt. Ob der vereinbarte Zweck nicht erreicht wird, ist objektiv zu beurteilen.[739]

Entscheidend ist, dass sich der Käufer hinsichtlich der Zweckeignung auf den Verkäufer verlassen hat.[740] Dieses resultiert aus der Tatsache, dass dem Verkäufer meist eine größere Kenntnis hinsichtlich der ausgesuchten und verschifften Ware zugebilligt wird. Hat allerdings auch der Käufer Erfahrung im Handel derartiger Ware, so schwächt dieses ein Vertrauen meist ab.[741] Insofern dürfte es im Handel zwischen professionellen Marktteilnehmern in der Regel am Vertrauen fehlen, es sei denn dass der Verkäufer besondere Kenntnisse für die Eignung

---

aus vorherigen Vertragsverhandlungen oder den Umständen ergeben, siehe: Bristol Tramways Carriage Co. Ltd. v. Fiat Motors Ltd. [1910] 2 K.B. 831, 840 (CA).

736 Jewson Ltd. v. Leanne Teresa Boyhan [2004] 1 Lloyd's Rep. 505, 517 (CA).

737 Britvic Soft Drinks Ltd. v. Messer UK Ltd. [2002] 1 Lloyd's Rep. 20, 44 (QBD).

738 Bridge, The sale of goods, Rn. 7.115. Aus diesem Grunde enthalten die meisten Kontrakte auch eine Bestimmung, dass die Ware in good condition verschifft sein muss. Vgl. dazu noch unten Seite 160. Siehe aber auch die Entscheidung KG Bominflot Bunkergesellschaft für Mineralöle mbH v. Petroplus Marketing AG ("The Mercini Lady") [2010] 2 C.L.C 637, 652 (CA), wo ein derartiger implied term verneint wurde, weil unter certificate final Bedingungen verkauft wurde. Näher dazu unten Seite 196.

739 Kircher, Die Voraussetzungen der Sachmängelhaftung beim Warenkauf, S. 152 mwN. Minimale Abweichungen sind nach s. 15A SoGA hingegen unbeachtlich.

740 Grant v. Australian Knitting Mills Ltd. [1936] A.C. 85, 99 (Privy Council Australia).

741 Henry Kendall & Sons v. William Lillico & Sons Ltd. [1969] 2 A.C. 31, 124 (HL): Hier gehörten beide Händler der London Cattle Food Trade Association an. Lord Wilberforce entschied, dass sich deswegen kein gesteigertes Vertrauen feststellen lasse.

der Ware erklärt hat. Dieses gilt insbesondere dann, wenn beide Parteien einer gemeinsamen Branchenorganisation, wie der GAFTA angehören, deren Standardformulare sie benutzen. Selbiges gilt im Hinblick auf öffentlich-rechtliche Spezifikationen. Wenn der Käufer sich selbst im Importland befindet, hat er oft bessere Kenntnisse bezüglich der Warenverwendbarkeit, als der im Ausland befindliche Exporteur.[742] Dieses war auch der Fall in *Phoenix Distributors Ltd. v. L.B. Clarke (London) Ltd., Cullen Allen & Co. (Third Parties)*.[743] Hier wurden Kartoffeln FAS Belfast nach Polen verkauft. Die polnischen Behörden ließen den Import der Kartoffeln wegen einer Kontaminierung nicht zu. Die Käufer verweigerten die Kaufpreiszahlung, da sie der Ansicht waren, dass sich die Ware auch für den Verkauf in Polen eignen müsse. Die Verkäufer klagten und bekamen recht, da die Käufer unter anderem[744] nicht nachweisen konnten, dass sie auf die Äußerungen des Verkäufers vertraut hatten.[745]

Nach dem CISG ist die Vereinbarkeit mit öffentlich-rechtlichen Vorschriften ebenfalls das Verwendungsrisiko des Käufers, sodass meist keine Vertragsverletzung iSd Art. 35 CISG vorliegt.[746] Anders wird das nur dann gesehen, wenn der Käufer den Verkäufer ausdrücklich auf diese Vorschriften hinweist oder der Verkäufer überlegende Sachkunde suggeriert hat.[747] UN-Kaufrecht und englisches Recht decken sich insoweit also.

Nach § 32 Abs. 1 EB hat der Käufer bei der Überschreitung gesetzlich festgelegter Höchstgehalte von Kontaminanten hingegen ein generelles Zurückweisungsrecht. Damit wird Streit über die Frage vermieden, wer das Verwendungs-

---

742 Teheran-Europe Co. Ltd. v. S.T. Belton (Tractors) Ltd. [1968] 2 Q.B. 545, 554 f. (CA).

743 Phoenix Distributors Ltd. v. L.B. Clarke (London) Ltd., Cullen Allen & Co. (Third Parties) [1966] 2 Lloyd's Rep. 285.

744 Zu den weiteren Gründen warum der Klage stattgegeben wurde Sassoon, C.I.F. and F.O.B. contracts, Rn. 326.

745 Diese Entscheidung erging allerdings noch vor dem SoGA, bei dem die Beweislast noch anders geregelt war. Mittlerweile wird das Vertrauen vermutet, es sei denn dass der Verkäufer etwas Gegenteiliges beweist. Vgl. Sassoon, C.I.F. and F.O.B. contracts, Rn. 326; und den Wortlaut von s. 14(3) SoGA: "[...] except where the circumstances show that the buyer does not rely, or that it is unreasonable for him to rely, on the skill or judgment of the seller or credit-broker."

746 BGHZ 129, 75, 81; OGH IPrax 2001, 149, 152; Staudinger-Magnus, Art. 49 CISG, Rn. 14; Daun, NJW 1996, 29; Herber/Czerwenka, Internationales Kaufrecht, Art. 35 CISG Rn. 5; Achilles, Kommentar zum UN-Kaufrechtsübereinkommen (CISG), Art. 35 CISG Rn. 6.

747 BGHZ 129, 75, 82 f.; Lurger, IHR 2001, 91, 99; Staudinger-Magnus, Art. 49 CISG, Rn. 14; Schlechtriem, IPRax 1996, 12, 12 ff.; kritischer Schlechtriem/Schwenzer-Schwenzer, Art. 35 CISG, Rn. 17.

risiko der Ware tragen muss. Der Käufer muss in diesen Fällen die Ware weder abnehmen, noch sich mit einer Minderwertvergütung zufriedengeben, wie dieses bei sonstigen Qualitätsmängeln der Fall ist. Eine derartige Regelung ist in den Kontrakten der GAFTA nicht zu finden. Vielmehr besteht im englischen, wie auch dem UN-Kaufrecht für den Käufer das Risiko der Nichtverwendbarkeit. Die Einheitsbedingungen sind – jedenfalls was die Vereinbarkeit mit öffentlichrechtlichen Vorschriften anbelangt – insofern für den Käufer vorteilhafter.

6.3.2.2.4 Rechtsvergleich

Nach den Einheitsbedingungen hat der Käufer bei abfallender Qualität innerhalb von 15 Geschäftstagen das Schiedsgericht anzurufen, § 37 Abs. 1 S. 1 Alt. 2 EB. Dabei handelt es um eine sogenannte Qualitätsarbitrage.[748] Bei der Qualitätsarbitrage entscheiden Schiedsgerichte regelmäßig in einem vereinfachten Verfahren über die Warenqualität.

Wird die Ware als nichtkontraktlich befunden, so muss der Käufer die Ware grundsätzlich behalten. Während nach GAFTA in manchen Kontrakten nur für bestimmte Fälle eine *non-rejection clause* vorliegt, beispielsweise für den Öl- und Proteingehalt,[749] schließen die Einheitsbedingungen die Zurückweisung per se aus. Dafür kann der Käufer wie bei den GAFTA-Kontrakten eine Minderwertvergütung verlangen (§ 37 Abs. 2 EB). Erst wenn die Minderwertvergütung einen vorher festgelegten Prozentsatz (z. B. bei Getreide 5% des Vertragspreises) überschreitet, so ist der Käufer zum Rücktritt berechtigt (vgl. § 37 Abs. 3 EB), es sei denn dass er die Ware bereits weiterversandt hat (vgl. § 37 Abs. 4 EB) und dadurch die Identität der ursprünglich verkauften Ware nicht mehr sichergestellt werden kann.[750] Alternativ zum Rücktritt kann der Käufer eine einmalige Ersatzlieferung verlangen.

Der Verkäufer hat nach Einheitsbedingungen also kein generelles Recht zur zweiten Andienung. Das widerspricht grundlegend der Systematik der §§ 437 ff. BGB, die den Vorrang der Nacherfüllung postuliert, dürfte im Hinblick auf die langjährigen Usancen im Getreidehandel aber interessengerecht sein.[751] Erst wenn die Mangelhaftigkeit so gravierend ist, dass auch ein Rücktritt möglich ist,

---

748 Ausführlich zur Qualitätsarbitrage Straatmann, FS-Stödter (1979), 109; vgl. ferner Rauscher, Das Schiedsgutachtenrecht, S. 84.

749 Siehe oben Seite 137.

750 Straatmann, FS-Stödter (1979), 109, 110, der insoweit auch auf einen bestehenden Handelsbrauch verweist.

751 Zu den Gründen, die für eine Minderwertvergütung und für eine Abbedingung der §§ 437 ff. BGB sprechen oben Seite 52.

kommt eine Neulieferung in Betracht. Dazu muss der Käufer diese bis spätestens zum Fristablauf der Qualitätsarbitrage fordern. Der Verkäufer kann allerdings auch selbst auf eine Neulieferung bestehen (vgl. § 37 Abs. 7 EB). Diese Anordnung ist mit dem UN-Kaufrecht vergleichbar. Auch hier kommt eine Ersatzlieferung erst dann in Betracht, wenn die Schlechtleistung eine wesentliche Vertragsverletzung im Sinne des Art. 25 CISG darstellt, vgl. Art. 46 Abs. 2 CISG.[752]

Problematisch ist, wie die Qualitätsarbitrage dogmatisch einzuordnen ist. Richtigerweise ist aus deutscher Sicht zu differenzieren, wie die Vertragswerke und die Verfahrensordnungen sich ausdrücken. Zieht man zum Vergleich den Wortlaut der Warenvereinsbedingungen in § 31 Abs. 1 WRV heran, so heißt es:

> „Die streitige Beschaffenheit einer Ware [...] können durch ein nach der Verfahrensordnung für Sachverständige erwirktes Gutachten bewiesen werden.".

Diese Formulierung legt nahe, dass es sich bei der Qualitätsarbitrage nach § 31 WRV um ein Schiedsgutachten[753] handelt, welches durch einen Sachverständigen erbracht wird.[754] Die tatsächlichen Feststellungen hinsichtlich der Qualität und einer etwaigen Minderwertvergütung wären dann eine Leistungsbestimmung (analog) § 317 BGB. Die Parteien sind insofern frei, einen Schiedsgutachtervertrag zu vereinbaren, bei dem ein Dritter tatsächliche Tatbestandselemente feststellen soll.[755] Ein derartiges Schiedsgutachten wäre sodann unter den Voraussetzungen des § 319 BGB analog in materiell-rechtlicher Hinsicht angreifbar.[756] Die Qualitätsarbitrage ist insofern nach WVB lediglich ein gutachterliches Verfahren, in dem über die tatsächliche Qualität der Ware und ggf. eine Minderwertvergütung befunden wird. Die dort getroffenen Feststellungen sind

---

752 BGHZ 132, 290; Staudinger-Magnus, Art. 46 CISG, Rn. 35; Bianca/Bonell, Commentary on the international sales law, Art. 46 Anm. 2.1.1.1. Diese wird regelmäßig nur dann vorliegen, wenn der Käufer das aliud auch mit angemessenen Bemühungen nicht absetzen kann, vgl. Schlechtriem/Schwenzer-Müller-Chen, Art. 46 CISG, Rn. 24. Das dürfte im Rohstoffhandel nur selten vorkommen, wenn nicht ein krasses aliud vorliegt. So Holthausen, RIW 1990, 101, 106.

753 Zur Abgrenzung auch vgl. BGHZ 48, 25, 30. Demnach liegt ein echter Schiedsspruch dann vor, wenn das Ergebnis letztverbindlich und unanfechtbar sein soll. Soll die Entscheidung hingegen auf grobe Fehler iSd § 319 BGB überprüfbar sein, so handelt es sich nur um ein Schiedsgutachten.

754 So auch Sieveking, Die Geschäftsbedingungen des Waren-Vereins der Hamburger Börse e.V., § 31 WVB Rn. 3 ff.

755 Vgl. BGH NJW 1952, 1296.

756 Starck, Kommentar zu den Einheitsbedingungen im deutschen Getreidehandel, S. 30.

aber noch kein Titel für eine etwaige Vollstreckung.[757] Zahlt der Verkäufer auf Basis der Qualitätsarbitrage nicht für die minderwertige Qualität, so muss der Verkäufer das Schiedsgericht (erneut) anrufen und auf Zahlung einer Minderwertvergütung klagen. Dabei handelt es sich dann um das „eigentliche Schiedsverfahren“ (auch „Spruchverfahren“ genannt). Das Schiedsgericht ist dann an die tatsächlichen Feststellungen aus der Qualitätsarbitrage (auch „Gutachtenverfahren“ genannt) gebunden.[758] Die Gutachterverfahren und das Spruchverfahren sind also grundsätzlich zwei selbstständige Verfahren.

Unter den Einheitsbedingungen scheint jedoch indes eine andere Betrachtung angezeigt zu sein. Der Wortlaut von § 37 EB legt nahe, dass es sich bei der Qualitätsarbitrage nicht um ein Schiedsgutachten handelt, sondern um ein reguläres Schiedsverfahren (vgl. den Wortlaut „[…] Antrag auf Durchführung eines *Schiedsgerichts* […]“). Dieses entspricht der englischen Sichtweise, die generell dazu tendiert, bei Qualitätsarbitragen einen Spezialfall eines regulären schiedsgerichtlichen Verfahrens anzunehmen.[759] Dafür, dass es sich um ein einschichtiges Verfahren handelt, also das Schiedsgericht gleich selbst über die Warenqualität entscheidet, spricht auch die einschlägige Schiedsordnung des Vereins der Getreidehändler (SOVdG).[760] Dort heißt es in § 15 SOVdG:

> „Bei Konditionsstreitigkeiten soll der Kläger das Muster unverzüglich nach Einreichung der Klage *dem Schiedsgericht* vorlegen […]“

Ferner ergeht die Entscheidung über Qualität und eine etwaige Minderwertvergütung nicht als Sachverständigengutachten, sondern als Schiedsspruch, vgl. § 22 Abs. 2 SOVdG:

> „Der *Schiedsspruch* soll außerdem bei Bemängelung der Ware die Angabe enthalten, ob auf einen Minderwert wegen eines Konditions- oder eines Qualitätsmangels erkannt worden ist. Werden zugleich Konditions- oder Qualitätsmängel festgestellt, so soll der Schiedsspruch angeben, welcher Teil der Vergütung auf Konditions- und welcher Teil auf Qualitätsmängel entfällt.“

Insofern beziehen die Einheitsbedingungen das Gutachterverfahren mit in das Spruchverfahren ein.[761] Dieses hat für den Käufer den Vorteil, dass er nicht noch ein zweites Verfahren auf Zahlung der Minderwertvergütung anstrengen muss,

---

757 Straatmann, FS-Stödter (1979), 109, 115; Starck, Kommentar zu den Einheitsbedingungen im deutschen Getreidehandel, S. 30.

758 Starck, Kommentar zu den Einheitsbedingungen im deutschen Getreidehandel, S. 31.

759 Dazu bereits oben Seite 136.

760 Schiedsordnung Verein der Getreidehändler vom 01.08.1998.

761 Siehe auch Straatmann, FS-Stödter (1979), 109, 121, der wegen der engen Verbindung beider Verfahren davon spricht, dass wohl nur Beweisregeln im eigentlichen Schiedsverfahren vorliegen, nicht aber ein eigenständiges Verfahren.

wenn der Verkäufer das Gutachterverfahren nicht honoriert. Für den Verkäufer ist die einschichtige Qualitätsarbitrage nach den Einheitsbedingungen hingegen nachteilig. Ergeht nämlich zunächst ein Schiedsgutachten, wie unter den WVB, so hat der Verkäufer eine weitere Verteidigungsmöglichkeit. Er kann nämlich im Spruchverfahren einwenden, dass die Voraussetzungen des § 319 BGB analog vorliegen und das Schiedsgutachten des Gutachtenverfahrens nicht bindend ist. Nach den Einheitsbedingungen entscheidet hingegen das Schiedsgericht selbst im Rahmen eines Schiedsspruches über die Qualität. Zwar kann auch das Schiedsgericht nach § 17 Abs. 2 SOVdG Sachverständige zur Qualität der Ware vernehmen, ob es die Feststellungen der Sachverständigen für überzeugend hält, spielt dann jedoch nur noch im Rahmen der freien Beweiswürdigung durch das Schiedsgericht eine Rolle. Eine materiellrechtliche Prüfung nach § 319 BGB analog ist hingegen ausgeschlossen, da das Schiedsgericht an der Stelle des ordentlichen Gerichts die Leistung endgültig gem. § 317 BGB (analog) bestimmen soll.[762] Eine grundsätzliche rechtliche Nachprüfung muss daher ausscheiden, da auch sonstige Schiedssprüche nicht umfassend nachprüfbar sind.[763] Hält der Käufer das Gutachten oder die Würdigung des Schiedsgerichtes für falsch, so bleibt ihm nur die Möglichkeit der Anrufung des Oberschiedsgerichtes.[764] Dem Verkäufer wird damit bei der Qualitätsarbitrage nach Einheitsbedingungen eine Verteidigungsmöglichkeit abgeschnitten.

Die Einordnung der Qualitätsarbitrage hat auch Auswirkungen auf die Frage, was die Rechtsfolge ist, wenn der Käufer die Qualitätsarbitrage nicht innerhalb der vorgeschriebenen Fristen einreicht.[765] Nach § 31 Abs. 1 S. 2 WVB kann die streitige Beschaffenheit einer Ware beispielsweise nur durch das Gutachten-

---

762 Dass es zulässig ist, ein Schiedsgericht einzusetzen, um eine endgültige Leistungsbestimmung iSd § 317 BGB zu erwirken folgt aus RGZ 153, 195, 196 f. Im Ergebnis auch BGH NJW 1952, 1296, 1297. Anders Starck, Kommentar zu den Einheitsbedingungen im deutschen Getreidehandel, S. 31, der betont, dass das Schiedsgericht wie die Gutachterkommission rechtsgestaltend gem. §§ 317 ff. BGB eingreife und deswegen kein echter Schiedsspruch vorliege. Das ist jedoch mit dem Wortlaut der Schiedsordnung nicht vereinbar, das von einem regulären Schiedsverfahren spricht. Das schließt per se nicht aus, dass das Schiedsgericht zudem nach § 317 BGB (analog) endgültig eine Leistung bestimmt, wie aus RGZ 153, 195, 196 f. folgt.

763 Siehe BGH NJW 1952, 1296, 1297.

764 Beachte aber, das für Konditionsstreitigkeiten die Feststellungen des Schiedsgerichts nicht mehr angefochten werden können, vgl. § 27 Abs. 1 S. 2 SOVdG.

765 Die Vereinbarung von festen Fristen für die Qualitätsarbitrage führt im kaufmännischen Verkehr regelmäßig zu Problemen. So wurden die Fristen für die Anmeldung der Arbitrage aus den WVB wieder entfernt, vgl. Sieveking, Die Geschäftsbedingungen des Waren-Vereins der Hamburger Börse e.V., § 31 WVB Rn. 20.

verfahren geklärt werden. Damit soll vermieden werden, dass der Käufer im Spruchverfahren andere Beweismittel vorbringen will, um die Mangelhaftigkeit der Ware zu beweisen.[766] Eine solche Vorschrift fehlt in den Einheitsbedingungen jedoch. Dennoch ist davon auszugehen, dass eine versäumte Qualitätsarbitrage die Rechte des Käufers präkludiert. Schließlich kann der Käufer seine Mängelrechte lediglich einschichtigen Verfahren nach § 37 EB geltend machen. Für dieses werden feste Fristen vorgegeben. Versäumt der Käufer diese Fristen, so versäumt er wegen der einschichtigen Ausgestaltung eben nicht nur die Einholung eines vorbereitenden Gutachtenverfahrens, sondern das Spruchverfahren selbst.

6.3.2.2.5 Bewertung

Mit der Durchführung der Qualitätsarbitrage ist das deutsche Verfahren stark formalisiert. Die GAFTA-Kontrakte verpflichten die Parteien hingegen darauf, sich selbst über die Minderung zu einigen und geben teilweise auch feste Minderungsbeträge vor. Damit wird eine Anrufung des Schiedsgerichtes primär vermieden, während sie unter Einheitsbedingungen der *modus operandi* ist. Dabei sind auch die unterschiedlichen Fristen zu beachten. Unter den Einheitsbedingungen muss das Schiedsverfahren schon innerhalb von 10 Tagen eingereicht werden, während unter GAFTA bis zu 21 Tage dafür zur Verfügung stehen.

In England liegt bei der *quality arbitration* ein reguläres Schiedsverfahren vor. Während beispielsweise unter WVB ein Schiedsgutachten vorliegt, ist die Qualitätsarbitrage auch nach den Einheitsbedingungen ebenfalls ein Schiedsverfahren, das nicht nach § 319 BGB analog überprüfbar ist. Da sowohl nach englischem Recht als auch nach Einheitsbedingungen die Qualitätsfeststellung ein reguläres Schiedsverfahren ist,[767] führt die Nichtgeltendmachung innerhalb der festgelegten Fristen auch dazu, dass eine später eingereichte Schiedsklage verfristet ist und der Käufer keine Mängelansprüche wegen der gelieferten Qualität mehr geltend machen kann. Insbesondere kann er im Rahmen der Zahlungsarbitrage kein Zurückbehaltungsrecht wegen mangelhafter Erfüllung des Verkäufers

766 Dieser Zusatz dürfte nur deklaratorisch wirken. Das eigentliche Schiedsverfahren dürfte wohl als unbegründet abzuweisen sein, wenn die Fristen zur Qualitätsarbitrage versäumt wurden. Sieht man das Schiedsgutachten der Qualitätsarbitrage mit der materiellrechtlichen Theorie als Vorbedingung für das eigentliche Schiedsverfahren, so führt ein Versäumen der Qualitätsarbitrage auch zu einer Unbegründetheit der eigentlichen Schiedsklage, vgl. dazu Sieveking, Die Geschäftsbedingungen des Waren-Vereins der Hamburger Börse e.V., § 31 WVB Rn. 4 ff.

767 Powell-Smith, Construction Arbitrations, S. 12; Blessing, Introduction to Arbitration, S. 67.

einwenden, da er die Mängel im Rahmen der Qualitätsarbitrage hätte geltend machen müssen.

Die Bedeutung der Qualitätsarbitrage hat jedenfalls unter den Einheitsbedingungen stark nachgelassen. Früher wurde die Ware tatsächlich vom Schiedsgericht selbst begutachtet und über die kontraktliche Eignung befunden. Diese gutachterliche Tätigkeit des Schiedsgerichtes ist in den letzten Jahren jedoch stark zurückgegangen. Stattdessen lässt der Käufer die Ware häufig durch Prüforganisationen selber begutachten und macht dann das Analysegutachten zur Grundlage eines Streites, sodass das Schiedsgericht dann häufig nur noch auf Basis dessen entscheidet.

6.3.2.3 Besondere Qualitätsklauseln

In den Kontrakten finden sich häufig Sonderklauseln, für den Maßstab der Erfüllungstauglichkeit verschieben. Dabei handelt es sich überwiegend[768] um Besonderheiten des kaufmännischen Verkehrs. Praktisch relevant sind die Klauseln *tale quale, fair average quality (F.A.Q.)* sowie der Verkauf nach Probe und Hektolitergewicht. Alle diese Klauseln sind in den Kontrakten der GAFTA häufig zu finden.

6.3.2.3.1 Die Klausel: tale quale („Tel-Quel")

Im Überseehandel wird die oft Klausel *„tale quale"* vereinbart.[769] Auch etliche Verträge der GAFTA sehen diese vor.[770] Staatliche Gerichte haben sich mit dem Inhalt dieser Klausel wegen der Schiedsabrede allerdings eher selten zu beschäftigen.[771]

Die Abkürzung stammt aus dem Französischen und bedeutet, dass der Verkäufer die Ware so liefern kann, wie sie gerade anfällt.[772] Selbst wenn die Ware Qualitätsmängel aufweist, so ist sie dennoch erfüllungstauglich. Insofern erfüllt

---

768 Abgesehen vom Verkauf nach Probe (sale by sample).

769 Rabel, Das Recht des Warenkaufs, S. 57.

770 Siehe nur GAFTA Nr. 14, 16, 25, 27, 31, 60, 97, 98, 99, 100, 102, 112 und viele weitere. Zur vollständigen Übersicht vergleiche die Kontraktübersicht oben Seite 19 ff.

771 Boden, ZHR (51) 1902, 339.

772 Vgl. dazu auch § 22 WVB „Bei telquel verkaufter Ware ist der Käufer verpflichtet, jede Ware ohne Rücksicht auf Gattung, Qualität, Verpackung, Herkunft oder Ernte zu empfangen". Diese Klausel wurde später nicht mehr übernommen, da der Inhalt mittlerweile zum Handelsbrauch erstarkt war; Schiedsspruch vom 19.09.1971 in Loock/Straatmann, Handelsrechtliche Schiedsgerichts-Praxis, E 6a Nr. 13 mit Anmerkung Tim.

der Schuldner auch mit schlechtester Qualität, solange es sich dabei noch um Handelsgut handelt.[773] Es werden also der Maßstab für die Erfüllungstauglichkeit der Ware im Hinblick auf die Gattung herabgesetzt und Gewährleistungsansprüche wegen abfallender Beschaffenheit ausgeschlossen. Es handelt sich somit um eine Wiederauferstehung des früheren *common law* Grundsatzes *caveat emptor* („Der Käufer möge sich hüten"), wonach der Käufer selbst achtgeben müsse, welche Ware er kauft.[774]

Diese Klausel wird vor allem dann vereinbart, wenn sich die Ware noch auf dem Transport befindet. CIF-Kontrakte werden regelmäßig weitergehandelt, sodass der Verkäufer sich oft nicht sicher sein kann, in welchem Zustand sich die Ware gerade befindet. Das gilt insbesondere dann, wenn er die Ware nicht einmal selbst abgeladen, sondern nur schwimmend eingekauft hat.[775] Durch die Vereinbarung *tale quale* kann er sich vor Mängeln der schwimmenden Ware schützen. Der Käufer wird dann nur insoweit geschützt, als dass der Verkäufer verpflichtet war, die Ware zumindest *„in good condition"* abzuladen.[776]

Ist die Ware allerdings nicht einmal mehr Handelsgut sondern Ausschuss, so kann der Käufer seine Gewährleistungsansprüche weiterhin geltend machen. Der Verkäufer muss also eine Mindestübereinstimmung mit der geschuldeten Gattung erreichen. Auch wenn die Lieferung ein *aliud* ist, kann der Verkäufer sich nicht auf die *tale quale* Klausel berufen.[777] So wurden im Fall *Wieler v. Schlizzl* Leinsamen *tale quale* aus Kalkutta verkauft. Die Lieferung enthielt allerdings zu 15% andere Samen, sodass die Lieferung nicht mehr als *„Calcutta linseed"* verkauft werden konnte und ihren *„distinctive character"* verloren hatte. Üblich wären 2-3% andere Samen gewesen. Das Gericht entschied, dass hier kein *„Calcutta linseed"*, sondern ein *aliud* vom Verkäufer geliefert wurde. Dieser konnte sich daher nicht durch die *tale quale* Klausel entlasten.

Dieses Verständnis entspricht der deutschen Auffassung.[778] Darüber hinausgehend wird jedoch einschränkend vertreten, dass die Klausel nur solche Män-

---

773 Siehe für Deutschland RG JW 1938, 2411, 2412; BGH LM § 346 [D] HGB Nr. 5; Gernhuber, Das Schuldverhältnis, S. 233; Schlodtmann, ZHR (38) 1891, 353, 355; Starck, Kommentar zu den Einheitsbedingungen im deutschen Getreidehandel, S. 55.

774 Mittlerweile wurde dieser Grundsatz durch die ss. 13-15 SoGA verdrängt, die ein Gewährleistungsrecht aufstellen.

775 Vgl. aus der deutschen Rechtsprechung RG JW 1902, 398.

776 Siehe dazu unten Seite 160.

777 Wieler v. Schlizzl, The American Law Register, Vol. 4, Issue 7, p. 502; vgl. auch Stoljar, Mod. L. Rev. (15) 1952, 425, 439.

778 So auch BGH LM § 346 [D] HGB Nr. 5, wonach Mischerbsen eine andere Gattung als „ungarische gelbe Erbsen" darstellen und der Verkäufer sich wegen der Gattungsverschiedenheit nicht auf die Klausel tel quel berufen könne.

gel ausschließt, die dem Herkunftsland eigentümlich sind wie die Abladung zu feuchter, nicht ordentlich sortierter, unreifer, schlecht behandelter oder mangelhaft verpackter Ware.[779] Früher wurde zudem erwogen, dass die Gewährleistungsansprüche auch dann nicht entfielen, wenn der Verkäufer eine Eigenschaft zugesichert hat.[780] Seit der Schuldrechtsreform wird jedoch nicht mehr nach den Mängeln der Kaufsache und dem Fehlen zugesicherter Eigenschaften unterschieden, sodass die zugesicherte Eigenschaft in dem Beschaffenheitsbegriff aufgegangen ist.[781] Insofern ist heute entscheidend, ob eine besondere Vereinbarung vorliegt, wonach die Ware eine bestimmte Beschaffenheit zwingend aufweisen muss. Dann ist eine Berufung auf *tel quel* dann nicht mehr möglich.[782] Auch wenn der Verkäufer Mängel arglistig verschwiegen hat, kann er sich nicht auf den Haftungsausschluss berufen,[783] was aus § 444 BGB folgt.

6.3.2.3.2 Die Klausel: fair average quality (FAQ)

Viele Kontrakte der GAFTA enthalten eine F.A.Q. Klausel. Diese steht für *fair average quality*.[784]

> „F.A.Q. (fair average quality) of the season's shipment at time and place of loading, to be assessed upon the basis of, and by comparison with GAFTA F.A.Q. standard of the month during the bill of lading is dated. […]"

6.3.2.3.2.1 Erscheinungsformen

In diesen Fällen verpflichtet sich der Verkäufer dazu, eine gute Durchschnittsqualität der Verschiffung zur Zeit und am Ort der Verladung zu liefern.[785] Refe-

---

779 Schlodtmann, ZHR (38) 1891, 353, 353; Boden, ZHR (51) 1902, 339, 366; HGB-Großkommentar-Canaris, § 360 HGB, Rn. 6.

780 BGH LM § 346 [D] HGB Nr. 5 zu einer Entscheidung unter Zugrundelegung der Einheitsbedingungen.

781 Freytag, Grundstrukturen des Kaufvertrages, S. 79; Bamberger/Roth-Faust, § 434 BGB, Rn. 4.

782 In diese Richtung schon Schiedsspruch vom 19.09.1971 in Loock/Straatmann, Handelsrechtliche Schiedsgerichts-Praxis, E 6a Nr. 13.

783 Koller/Canaris/Staub, in: HGB-Großkommentar, Rn. 290.

784 Vgl. GAFTA 12, 13, 14, 16, 23, 24, 25, 35, 36, 41, 43, 59, 120. Zu dieser Klausel vgl. ferner: Tradax Export S.A. v. Andre & Cie. S.A. [1978] 1 Lloyd's Rep. 639 (QBD); Kiril Mischeff Ltd v. Constant Smith & Co. [1950] 2 K.B. 616 (KBD).

785 Diese Klauseln wurden vor allem im Hinblick auf ihre sprachliche Ungenauigkeit kritisiert, da es keine gute oder schlechte Durchschnittsqualität gebe, sondern Durchschnitts eben schon der Mittelwert sei, vgl. Jöhlinger, Die Praxis des Getreidegeschäftes an der Berliner Börse, S. 114. Dennoch hat sich dieser Ausdruck auch in deutschen

renzwert ist dabei ein von der GAFTA gebildeter Maßstab.[786] Dieser richtet sich nach der durchschnittlichen Qualität aller gelieferten Ware der entsprechenden Gattung vom jeweiligen Export- in das Importland. Dabei ist nicht die Durchschnittsqualität aller Exporthäfen der Welt maßgeblich; es ist lediglich auf die Durchschnittsqualität des jeweiligen Abgangshafens abzustellen.[787] Die Klausel wurde früher vor allem in Kontrakten für die Lieferung von Getreide aus Argentinien und Australien verwendet. In diesen Ländern wurde das zu exportierende Getreide nicht in offizielle Graduierungen eingeteilt, wie dieses beispielsweise in den Vereinigten Staaten der Fall ist.[788] Um eine einheitliche Beurteilung der Warenqualität zu erreichen, wurde auf den F.A.Q.-Wert abgestellt. Da sich die Warenqualität im Hinblick auf unterschiedliche Erntejahre durchaus ändern kann, wird so ein flexibles Qualitätsniveau festgelegt.

Um den Referenzwert festzustellen, werden von jedem Schiff Proben im Verladehafen entnommen und versiegelt an die GAFTA gesendet. Aus diesen Proben wird am Monatsende eine Gesamtprobe gebildet, die als Referenz für die einzelnen Verträge gilt:[789]

> „An average sample of the delivery shall be taken and sealed jointly at port of loading by the Representatives of the Shipper and the Representatives of the Buyers and shall be forwarded immediately to the Association for the purpose of establishing the F.A.Q. Standard."

Für den Fall, dass für diesen Zeitraum kein verbindlicher F.A.Q. Standard festgelegt wurde, ist dieser durch einen Schiedsrichter zu bestimmen.[790] Die Kosten für die Probenziehung und Übersendung an die GAFTA fallen jeweils zur Hälfte dem Käufer und dem Verkäufer anheim.

Kontrakten eingebürgert – auch wegen der Formulierung in den englischen Kontrakten, vgl. für Deutschland Hamburger Hülsenfrucht-Schlussschein Nr. 3: „gute gesunde Durchschnittsqualität der Ernte […]". Dabei bedeuten Durchschnittsqualität und gute Durchschnittsqualität das gleiche, vgl. Starck, Kommentar zu den Einheitsbedingungen im deutschen Getreidehandel, S. 54.

786 Vgl. Stroud, The judicial dictionary of words and phrases judicially interpreted, S. 271 zu Fair Average Quality.

787 Vgl. auch Jones v. Clarke [1858], 2 Hurl. & N. 725, 727; Stroud, The judicial dictionary of words and phrases judicially interpreted, S. 271 ("Fair Average Quality").

788 Zu den Gründen der Entwicklung des FAQ Systems gerade in Australien und Argentinien vgl. Pirrong, J. Legal Stud. (229) 1995, 229, 236 ff.

789 U.S. Congress, Enhancing the quality of U.S. grain for international trade, S. 207; Slabotzky, Grain contracts and arbitration, S. 34; Pirrong, J. Legal Stud. (229) 1995, 229, 236.

790 2006 GAFTA No. 8 "Contract for locust beans in Bags or Bulk, Tale Quale, CIF" cl. 5.

Die gelieferte Ware wird mit der Probe des Monats verglichen, in dem auch das Konnossement ausgestellt wurde. Dazu müssen die Proben innerhalb von 21 Tagen nach der Veröffentlichung der Referenzprobe der GAFTA analysiert werden.[791] Da die Vereinbarung einer guten Durchschnittsqualität normalerweise durch die Inaugenscheinnahme festgestellt wird, sind nur solche Abweichungen erheblich, die auch bei einer solchen Untersuchung auffindbar gewesen wären.[792]

Bei negativen Abweichungen liegt regelmäßig kein Verstoß gegen s. 13 SoGA und damit gegen die *description* vor, da der F.A.Q.-Standard die Qualität und nicht der Identität der Ware festlegt.[793] Die Klauseln folgen dabei dem allgemein zu beobachtenden Grundsatz,[794] dass die vertragswidrige Ware abgenommen werden muss. Stattdessen kann der Käufer lediglich eine Preisminderung im Wertverhältnis der gelieferten Ware zur Ware nach dem F.A.Q.-Standard vornehmen.[795] Eine Minderung ist allerdings dann ausgeschlossen, wenn der Minderungsbetrag unter 0,50% des Vertragspreises liegt. Beispiel: A liefert an B 20 Tonnen Mais F.A.Q zum Preis von $100,- pro Tonne. Der gelieferte Mais weist einen Anteil an fehlerhaften Körnern von 8% auf. Die von der GAFTA herausgegebene Referenz liegt hingegen bei 4% Fremdkörper und hat einen Marktpreis von $120,- pro Tonne. In diesem Fall kann A den Kaufpreis um $20,- pro Tonne mindern. Beträgt der Marktpreis hingegen nur $104,- pro Tonne, würde eine Minderung an der 0,50% Grenze scheitern.

6.3.2.3.2.2 Rechtsvergleich und Bewertung

Es lässt sich feststellen, dass die F.A.Q. Vereinbarung eine Besonderheit der englischen Kontrakte ist. In den Einheitsbedingungen gibt es lediglich in § 29 Abs. 1 EB eine vergleichbare Bestimmung, wenn Ware eines bestimmten Erzeugergebietes oder Erntejahres geliefert werden soll. In diesen Fällen ist die Ware in zeitgemäßer Durchschnittsqualität zu liefern.

---

791 2006 GAFTA No. 125 Sampling Rules cl. 5.2. lit. b.

792 Atiyah/Adams/MacQueen, Sale of goods, S. 172.

793 Ashington Piggeries Ltd. v. Christopher Hill Ltd. [1972] A.C. 441, 475 (HL), per Lord Guest; Foster/Ziegel, Aspects of comparative commercial law: sales, consumer credit, and secured transactions, S. 292; Bridge, The sale of goods, Rn. 7.24; vgl. aber auch Loock/Straatmann, Handelsrechtliche Schiedsgerichts-Praxis, Schiedsspruch E 6a Nr. 11 zu der Abgrenzung wann ein aliud vorliegt, das nicht mehr angenommen werden muss.

794 Vgl. oben Seite 136.

795 Zur Problematik wie Schadensersatz zu bemessen ist wenn die Ware nicht dem FAQ-Standard entspricht vgl. Obaseki Bros. v. Reif & Son Ltd. [1952] 2 Lloyd's Rep. 364, 367 (QBD).

Für den Verkäufer ist das FAQ-System vorteilhaft, da er – gerade in schlechten Erntejahren – mehr Spielräume für die ordnungsgemäße Erfüllung hat. Häufig wird auch Ware verkauft, ohne dass sie überhaupt schon gewachsen ist. Der Verkäufer kann dann meist nicht im Voraus sagen, welche Graduierung die Ware später erhalten wird. Durch die Vereinbarung von F.A.Q. reicht es dann aus, wenn der Wuchs immerhin durchschnittliche Qualität erreichen wird.

Im Vergleich zum deutschen und UN-Kaufrecht wirken sich die F.A.Q. Klauseln für den deutschen Käufer aber nachteilig aus. Die Einheitsbedingungen schließen die Minderwertvergütung auch bei geringen Qualitätsmängeln nicht aus. Im deutschen Recht ist lediglich der Rücktritt bei unerheblichen Pflichtverletzungen ausgeschlossen (§ 323 Abs. 5 S. 2 BGB), für die Minderung gilt diese Vorschrift hingegen nicht, vgl. § 441 Abs. 1 S. 2 BGB. Auch im CISG finden sich keine Einschränkungen für das Minderungsrecht bei geringfügigen Abweichungen.[796] Bei Geschäftswerten im Millionenbereich können Abweichungen von 0,5% sich immerhin im unteren fünfstelligen Bereich bewegen. Diese sind nach der F.A.Q. Klausel der GAFTA nicht realisierbar. Allgemein gesprochen weiß der Käufer zudem im Voraus noch nicht, welche Qualität und Zusammensetzung die später gelieferte Ware aufweisen wird. Nicht nur deswegen, sondern auch aufgrund der Tatsache, dass viele Länder ihr Getreide mittlerweile klassifizieren, ist die Verwendung dieser Klausel in den letzten Jahren zurückgegangen.

6.3.2.3.3 Ware nach Probe "sale as per sample"

Die Ware kann nicht nur durch eine Beschreibung, sondern auch nach einem Muster verkauft werden. Das englische Recht spricht dann von einem *sale by sample.* Im Unterschied zum *sale by description* wird in die Ware diesen Fällen nicht mündlich oder schriftlich, sondern gegenständlich durch eine Probe beschrieben. Der Vertrag enthält in diesen Fällen den *implied term*, dass die Ware dem Muster entspricht, vgl. s. 15(2) lit. a SoGA. Ist jenes nicht der Fall, so liegt der Bruch einer *condition* vor. Die Verwendung eines Musters ist in manchen Kontrakten festgehalten:

> "QUALITY – Sample, at time and place of shipment about as per sealed sample marked … in possession of …"[797]

Dieses Verkaufsmuster wird an den Käufer oder die GAFTA weitergeleitet und bei der Ankunft des Schiffes mit der entladenen Ware verglichen. Dabei ist jedoch darauf zu achten, dass Abweichungen nur insoweit beachtlich sind, als sie

---

796 Vgl. Art. 50 CISG.

797 Eine derartige Klausel findet sich beispielsweise auch in GAFTA 12, 16, 23, 24, 80.

durch die Inaugenscheinnahme oder oberflächliche Untersuchung auch auffallen. Weicht lediglich die chemische Zusammensetzung ab, ohne dass dieses ohne eine handelsübliche Analyse erkennbar wäre, so kann der Käufer die Abweichung nicht rügen.[798] Im UN-Kaufrecht ist man strenger; hier muss die Ware alle Eigenschaften aufweisen, die auch die Probe hat,[799] während im deutschen Recht nicht verlangt wird, dass Probe und Lieferung in allen Punkten übereinstimmen müssen,[800] sondern im Hinblick auf die kaufmännische Verkehrssitte ebenfalls nur die Abweichungen erheblich sind, die bei handelsüblicher Untersuchung entdeckt werden können.[801]

Welche Rechtsfolge bei Nichtübereinstimmung eintritt, hängt von der Art des Musters ab. Dabei ist zwischen „konformen Mustern" und „Typenproben" zu unterscheiden.[802] Bei konformen Mustern muss die Ware dem Verkaufsmuster ganz genau entsprechen. Bei Letzteren sind hingegen kleine Abweichungen zulässig. In den Kontrakten der GAFTA liegt regelmäßig eine Typenprobe zugrunde, da es *„about as per sealed sample"* heißt. Inwieweit Abweichungen zulässig sind, ist in vielen Kontrakten gleich festgelegt. So sind Wertabweichungen in Höhe von 0,5% vom Vertragspreis nicht zu beanstanden. Fällt die Qualität hinter das Muster zurück, so muss der Käufer die Ware nach allgemeiner Regel abnehmen.[803] Allerdings muss die Ware sowohl mit dem Muster als auch der vertraglichen *description* übereinstimmen, vgl. s. 13(2) SoGA.[804] Weicht die Ware daher so stark vom Muster ab, dass sie nicht einmal mehr der vereinbarten

---

798 F.E. Hookway & Co. Ltd. v. Alfred Isaacs & Sons [1954] 1 Lloyd's Rep. 491, 511 ff.; vgl. auch Gill & Duffus S.A. v. Berger & Co Inc. [1984] 1 Lloyd's Rep. 227, 233 (H.L.); Bridge, The sale of goods, Rn. 7.134.

799 Schlechtriem/Schwenzer-Schwenzer, Art. 35 CISG, Rn. 24.

800 Vgl. RGRK-BGB-Mezger, § 494 BGB aF, Rn. 4; Soergel-Huber, § 494 BGB aF, Rn. 6. Dieses wurde noch zu § 494 BGB aF vertreten. Die Vorschrift ist im Zuge der Schuldrechtsreform ersatzlos gestrichen worden, da bei der Verwendung einer Probe diese Bestandteil des Beschaffenheitsbegriffes iSd § 434 Abs. 1 S. 1 BGB wird. In diesen Fällen stellt sich dann die Frage, wie weit die Beschaffenheitsvereinbarung zu fassen ist, wofür auf die zu § 494 BGB aF entwickelten Grundsätze zurückgegriffen werden kann.

801 Unter dem UN-Kaufrecht sollte allerdings wegen Art. 7 Abs. 1 CISG ebenfalls erwogen werden, nur durch handelsübliche Untersuchungen aufdeckbare Abweichungen für relevant zu halten, da mehr als eine solche von den Parteien nicht vernünftigerweise gefordert werden kann.

802 Jöhlinger, Die Praxis des Getreidegeschäftes an der Berliner Börse, S. 113.

803 Siehe oben Seite 136 f.

804 Gill & Duffus S.A. v. Berger & Co Inc. [1984] 1 Lloyd's Rep. 227, 233 (H.L.); Rabel, Das Recht des Warenkaufs, S. 156.

description und damit der kontrahierten Gattung entspricht, so kann der Käufer die Ware trotzdem obiger Klausel zurückweisen.

Auch in den Einheitsbedingungen kann nach § 27 Abs. 1 EB ein Warenmuster über zu liefernde Ware entscheiden. Wird nur eine Typenprobe vereinbart, so sind kleine Abweichungen in Farbe, Körnung, Mahlung und Besatz ausdrücklich erlaubt. Liegen größere Abweichungen vor, so kann nach § 37 Abs. 2 EB eine Minderwertvergütung gefordert werden. Wo allerdings genau die Grenze verläuft, ist unsicher. Insofern geben die GAFTA-Kontrakte durch die Vereinbarung des 0,5%-Minderwerts eine verlässlichere Grenze vor. Zudem sind Abweichungen unter Einheitsbedingungen nur im Hinblick auf die in § 27 Abs. 2 EB genannten Merkmale zulässig,[805] wohingegen sich in den GAFTA-Kontrakten derartige Einschränkungen nicht finden. Weicht die Lieferung so sehr von der Probe ab, dass keine Gattungsidentität mehr vorliegt, so stehen dem Käufer die deutschen gesetzlichen Rechte zu, da die Einheitsbedingungen *aliud*-Lieferungen nicht behandeln.[806]

6.3.2.3.4 Verkauf nach Naturalgewicht (Hektolitergewicht)

Getreide wird oft nach Natural- oder Hektolitergewicht *(natural weight)* verkauft. Dieses ist für die Wertigkeit des Getreides entscheidend, sodass es Teil der vereinbarten Warenqualität ist. So erhöhen beispielsweise Trockenheit und Stärkegehalt das Gewicht, während Feuchtigkeit es verringert. Da trockenes Getreide besser zu lagern ist und eine größere Kornsubstanz enthält, ist die Qualität der Ware dementsprechend höher.[807]

Wichtig ist es dabei, zu unterscheiden an welchem Ort und zu welcher Zeit der Verkäufer das Naturalgewicht zusichert, da sich dieses beispielsweise durch Feuchtigkeitsaufnahme oder Verdunstung verändern kann. Während GAFTA 35, 36, 41 diese Frage offen lassen, stellen GAFTA 62 auf das Gewicht zur Entladung und GAFTA 78 zum Zeitpunkt der Beladung ab:

> „Natural weight- of … kilograms per hectolitre guaranteed at time and place of … to be ascertained and allowances determined according to the GAFTA Sampling Rules No. 124."[808]

---

805 Starck, Kommentar zu den Einheitsbedingungen im deutschen Getreidehandel, S. 56.

806 Siehe dazu weiter oben.

807 Vgl. dazu Schmorl, Zeitschrift für Lebensmitteluntersuchung und -Forschung (74) 1937, 26.

808 Vgl. cl. 5 GAFTA 36.

Wird ein bestimmtes Naturalgewicht zum Zeitpunkt der Ankunft garantiert, so trägt der Verkäufer abweichend von CIF-Grundsätzen das Risiko, dafür, dass die Ware ihr Naturalgewicht auf der Reise ändert.[809]

Um das Naturalgewicht zu bestimmen, werden entweder bei der Abladung oder Löschung gesonderte Proben gezogen,[810] die schnellstmöglich an die GAFTA oder andere vereinbarte Gutachter gesendet werden müssen.[811] Das von diesen ausgestellte Zertifikat über das Naturalgewicht ist dann für die Parteien bindend.[812] Weicht das Naturalgewicht vom vertraglich vereinbarten Gewicht ab, so muss der Käufer die Ware nach allgemeiner Regel annehmen.[813] Er kann jedoch für jedes abweichende Kilogramm/Hektoliter den Kaufpreis um 1% mindern. Beträgt die Differenz des Naturalgewichts mehr als 2,5 kg, so müssen sich die Parteien auf eine Minderung einigen oder das Schiedsgericht anrufen.[814]

Diese Regelungen decken sich weitgehend mit § 33 EB. Auch hier ist das Mindernaturalgewicht zu 1% des Vertragspreises zu vergüten. Allerdings kann das Schiedsgericht erst ab 3 kg Gesamtabweichung angerufen werden. Zudem trägt bei einem vermuteten Mindergewicht der Unterliegende die Kosten der Untersuchung (vgl. § 33 Abs. 2 S. 2 EB), während diese Kosten nach GAFTA geteilt werden.[815]

6.3.2.4 Zeitpunkt der Mangelfreiheit

Entscheidend für den Maßstab der Mangelfreiheit ist der Zeitpunkt des Vertragsschlusses,[816] auch wenn die Ware freilich erst bei Gefahrübergang die entsprechende Qualität aufweisen muss. Bei CIF und FOB Verkäufen trägt der Käufer dann mit der Verschiffung das Risiko einer Verschlechterung, sodass regelmäßig „eingeladene Qualität" vereinbart ist.[817] Bei CIF-Kontrakten finden sich häufig abweichende Vereinbarungen, wonach der Verkäufer die Qualität noch bei der Entladung garantiert. Dieses soll im Rahmen der Gefahrtragung vertieft werden.

---

809 Generell zur abweichenden Regelung der Gefahrtragung siehe unten Seite 296 ff.

810 Vgl. GAFTA Sampling Rules 124 cl. 5:1.

811 Vgl. GAFTA Sampling Rules 124 cl. 7:7:1.

812 Vgl. GAFTA Sampling Rules 124 cl. 7:7:2.

813 Siehe oben Seite 136.

814 Vgl. GAFTA Sampling Rules 124 cl. 7:2.

815 Vgl. GAFTA Sampling Rules 124 cl. 7:7:5.

816 Chitty/Guest, Chitty on contracts, Bd. 2, Rn. 43–92; Kircher, Die Voraussetzungen der Sachmängelhaftung beim Warenkauf, S. 130.

817 Oleificio Zucchi SpA v. Northern Sales Ltd [1965] 2 Lloyd's Rep. 496, 518 (QBD).

6.3.3 Vereinbarungen bezüglich der Kondition *(condition)*

Nur wenige Verträge sehen Bestimmungen zur Kondition der Ware vor. Lediglich GAFTA 115, 23, 24, 25 legen fest, dass die Ware *sound* sein muss,[818] was der deutschen Verpflichtung entspricht, gesunde Ware zu liefern (vgl. § 26 S. 2 EB).

> "Condition - Goods must be sound, uniform, free from live, and practically free from dead insect infestation."[819]

Die Ware ist dann gesund, wenn sie aus kaufmännischer Sichtweise für den Weiterhandel geeignet ist und insbesondere keine Konditionsschäden, wie beispielsweise Schimmel- oder Geruchsbildung[820] vorliegen. Zu welchem Zeitpunkt die Ware gesund sein muss, wird unterschiedlich geregelt. In einigen Fällen vereinbaren die Parteien in Ergänzung zu den Kontrakten, dass das Analysezertifikat der Einladung über die Einhaltung von Qualität und Kondition bindend entscheiden soll.[821] Nur wenn es sich – wie beispielsweise in GAFTA No. 111 – um einen Ankunftsvertrag handelt, verpflichtet sich der Verkäufer sogar dazu, die Ware gesund auszuliefern.

> „Quality and condition warranted at the time of delivery at destination."

In allen anderen Fällen muss der Verkäufer die Ware lediglich in gesund abliefern bzw. verschiffen.

6.3.3.1 Die Klausel „Shipment / Delivery in good condition“

Die meisten Verträge der GAFTA sehen daher vor, dass sich die Ware bei der Verschiffung oder Lieferung in guter Kondition befinden muss *„shipment shall be made in good condition“*.[822,823] Dieses ist eigentlich selbstverständlich, da Er-

---

818 Vgl. GAFTA 115, 23, 24, 25. Zu welchem Zeitpunkt die Ware gesund sein muss, richtet sich danach, ob eingeladene oder ausgelieferte Qualität vereinbart wurde. Im letzteren Fall lautet die Klausel „sound delivered“. Inwieweit dadurch die Gefahrtragung verändert wird, noch unten Seite 306 ff.

819 Vgl. oben zitierte Kontrakte.

820 Vgl. Jöhlinger, Die Praxis des Getreidegeschäftes an der Berliner Börse, S. 132.

821 So beispielsweise in Soufflet Negoce v. Bunge S.A. [2010] 1 Lloyd‘s Rep. 718, 719 (QBD); aff. [2011] 1 Lloyd's Rep. 531; ferner KG Bominflot Bunkergesellschaft für Mineralöle mbH v. Petroplus Marketing AG ("The Mercini Lady") [2010] 2 C.L.C 637, 652 (CA).

822 Vgl. 2003 GAFTA TaleQuale - CIF Terms No. 100, cl. 5 am Ende.

füllungsort der Abladeort ist und die Ware hier die vereinbarte Kondition aufweisen muss.[824] Ist dieses nicht der Fall, so begeht der Verkäufer eine Vertragsverletzung. Hat die Ware sich hingegen erst auf dem Transport verschlechtert, so trägt dieses Risiko bei einem CIF-Verkauf naturgemäß der Käufer, sodass er den Schaden lediglich von der Transportversicherung ersetzt verlangen kann.[825] Dennoch ist die Bestimmung gerechtfertigt, da in schlechter Kondition eingeladene Ware dem weiteren Verderb ausgesetzt ist und die Verkäuferpflichten insoweit noch einmal klargestellt werden.[826] Meist wird diese Klausel im Zusammenhang mit dem *tale quale* Geschäft verwendet. Da der Verkäufer hier auch noch mit schlechtester Qualität erfüllt, muss er die Ware zumindest in guter Kondition abladen, damit sie sich nicht noch erheblich weiter verschlechtert.

6.3.3.1.1 Die Entscheidung Cehave NV v. Bremer Handelsgesellschaft mbH

Wird *„shipment shall be made in good condition"* vereinbart und wird die Ware mit abfallender Kondition verschifft, so fragt sich, welche Rechte der Käufer hat. Zunächst ist festzuhalten, dass das Zurückweisungsrecht vertraglich in diesen Fällen nicht ausgeschlossen ist, da sich dieses nur auf Qualitäts-, nicht aber Konditionsunterschiede bezieht.[827]

Ob der Käufer die Ware also zurückweisen kann, hängt von der Einordnung der Klausel als *condition* oder *warranty* ab. Diese Streitfrage wurde in *Cehave NV v. Bremer Handelsgesellschaft mbH, The Hansa Nord*[828] ausgetragen – einer kontrovers durch die Instanzen diskutierten Entscheidung.[829] Die Richter ent-

---

823 Wird hingegen FOB verkauft, so muss die Kondition bei Lieferung der Ware gut sein, sodass von delivery in good condition die Rede ist, vgl. cl. 5 GAFTA 109; 110; 111; 115; 118.

824 Starck, Kommentar zu den Einheitsbedingungen im deutschen Getreidehandel, S. 19.

825 In der Praxis stellt sich freilich dann schnell die Frage der Beweisbarkeit des Schadenseintritts, denn die Versicherung mag behaupten wollen, dass der Schaden schon bei der Verladung bestanden habe,vgl. Foster/Ziegel, Aspects of comparative commercial law: sales, consumer credit, and secured transactions, S. 158.

826 Jöhlinger, Die Praxis des Getreidegeschäftes an der Berliner Börse, S. 238.

827 Vgl. "Difference in quality shall not entitle Buyers to reject except under the award of arbitrator(s) or board of appeal, as the case may be, referred to in the Arbitration Rules specified in the Arbitration Clause." Und "Condition – Shipment shall be made in good condition" beide in GAFTA 100 cl. 5. Siehe auch oben Seite 136.

828 Cehave NV v. Bremer Handelsgesellschaft mbH („The Hansa Nord") [1975] 3 All E.R. 739.

829 So hieß es in der ersten Instanz noch von, dass eine Bestimmung entweder eine „condition" oder eine „warranty" sein muss, [1974] 2 Lloyd's Rep. 216, 225; ausführliche Darstellung bei Beale/Bishop/Furmston, Contract, S. 570 ff.

schieden sich letztlich weder für das eine noch das andere, sondern sahen einen *innominate term* als gegeben an.[830] Die Entscheidung ist geradezu ein Schulbeispiel für die Klassifizierung von Vertragsklauseln im englischen Recht.

Zum Fall: Über die Lieferung von jeweils 6.000 Tonnen Zitrus-Pellets (einem Nebenprodukt bei der Orangensaftherstellung) wurden zwei Verträge nach GAFTA 100 Bedingungen geschlossen, die in *„good condition"* verschifft werden sollten.[831] Bei der Entladung stellte der Käufer fest, dass die Ware durch Überhitzung[832] teilweise beschädigt worden war. Er wies die gesamte Lieferung zurück und wollte Rückerstattung des Kaufpreises. In der ersten Instanz der GAFTA-Schiedsgerichtsbarkeit wurde die Klausel für eine *condition* gehalten, was den Käufer zur Zurückweisung der Lieferung berechtigte.

> "[...] on the balance of propability, not all the goods in hold no. 1 were shipped in good condition as required by the contract, nor the balance of propability were they reasonably fit to be carried on the contemplated voyage."[833]

Der *Court of Appeal* urteilte hingegen, dass die Klausel lediglich ein *innominate term* sei. Das lässt sich auch aus einem systematischen Vergleich mit cl. 5 GAFTA 100 folgern. Hier legen die Parteien fest, dass bestimmte Qualitätsanforderungen lediglich den Rang einer *warranty* haben und dass das Zurückweisungsrecht bei abfallender Qualität ausgeschlossen sein soll.[834] Da eine derartige Bestimmung für die Kondition fehlt, dürfte eine Zurückweisung *e contrario* dort gerade nicht in Betracht kommen. Allerdings erscheint es unwahrscheinlich, dass die Parteien an die Kondition, die gewisserweise ein Unterfall der Beschaffenheit insgesamt ist, strengere Anforderungen als an die Qualität stellen.[835] Zudem entsprechen Zurückweisungsrechte im internationalen Handel ohnehin meist nicht dem Parteiwillen. Es überzeugt daher anzunehmen, dass jedenfalls keine *condition*, sondern ein *innominate term* vorliegt. Ob die Zitrus-Pellets in diesem Fall zurückgewiesen werden konnten, hing damit von der Schwere der

830 Cehave NV v. Bremer Handelsgesellschaft mbH („The Hansa Nord") [1976] Q.B. 44, 82 ff. (CA).

831 Sehr ausführlich zum Sachverhalt Foster/Ziegel, Aspects of comparative commercial law: sales, consumer credit, and secured transactions, S. 152 ff.

832 Citrus-Pellets neigen durch bestimmte oxidative und enzymatische Vorgänge leicht zur Selbsterhitzung oder sogar Selbstentzündung, vgl. Fachinformationen der Deutschen Transportversicherer (GDV) unter http://www.tis-gdv.de/tis/ware/futter/pellets/citrus/citrus.htm <Abrufbar am 27.12.2011>.

833 Vgl. Schwenzer/Müller-Chen/Schwenzer-Müller-Chen, Rechtsvergleichung, S. 138.

834 Vgl. 2003 GAFTA TaleQuale - CIF Terms No. 100, cl. 5: "Warranted to contain…"

835 Ein ähnliches Ergebnis im konkreten Fall erreicht Foster/Ziegel, Aspects of comparative commercial law: sales, consumer credit, and secured transactions, S. 158, der den Vertrag ebenfalls auf den Parteiwillen auslegt.

Vertragsverletzung ab. *Lord Ormrod* stellte dabei entscheidend heraus, dass es nicht darauf ankomme, ob ein anderer Käufer in einer vergleichbaren Situation die Ware zurückgewiesen hätte. Vielmehr sei entscheidend, ob die Ware im konkreten Fall wertlos sei. Nur dann liege eine Vertragsverletzung vor, die wesentlich sei und damit eine Vertragsaufhebung rechtfertige. Da der geringe Anteil beschädigter Ware die Lieferung nicht komplett wertlos machte und eine Weiterverarbeitung zu Futtermittel in diesem Fall noch möglich war, war die Zurückweisung nicht gerechtfertigt.[836]

6.3.3.1.2 Bewertung und Einordnung aus heutiger Sicht

Ob diese Einordnung auch heute – nach in Kraft treten des SoGA – noch Bestand hat, lässt sich allerdings bezweifeln. Der SoGA sieht nämlich lediglich eine Zweiteilung in *conditions* und *warranties* vor. In s. 14(6) SoGA ist dabei festgehalten, dass die Beschaffenheit der Ware als *condition* einzuordnen ist.[837] Daraus wird teilweise gefolgert, dass die Klausel *„shipped in good condition"* nunmehr zwingend als *condition* anzusehen ist,[838] da die Kondition ein Unterfall der Beschaffenheit sei.

Jedoch bedeutet die Zweiteilung der Vertragspflichten im SoGA nicht, dass der Gesetzgeber damit auch die *intermediate terms* ausklammern wollte.[839] Vielmehr stellt s. 62(2) SoGA ausdrücklich klar, dass das *common law* neben dem SoGA weiterhin Anwendung findet.[840] Zudem heißt es im Wortlaut:

> „[...] there is an *implied term* that the goods supplied under the contract are of satisfactory quality [...]".

---

836 Im vorliegenden Fall wurde die beschädigte Ware nach dem Entladen weiterverkauft und vom Käufer anschließend sogar wieder zurückgekauft und letztlich zu Futtermitteln weiterverarbeitet. Das mag auch zu dem Schluss verleiten, dass das Gericht aus diesem Grunde von einer condition absah, da es diese Vorgehensweise nicht billigte, vgl. Giesen, JZ 1993, 16, 21.

837 „As regards England and Wales and Northern Ireland, the terms implied by subsections (2) and (3) above are conditions."

838 Davis/Oughton, Sourcebook On Contract Law, S. 470; ähnlich aber allgemeiner Takahashi, J.B.L. 2003, 102, 114.

839 Bridge, The international sale of goods, Rn. 2.32; Furmston/Cheshire-Fifoot-Furmston, Cheshire, Fifoot and Furmston's law of contract, S. 200; Campbell, Remedies for International Sellers of Goods, S. 110; Koffman/Macdonald, The law of contract, Rn. 8.30; vgl. auch Tradax Internacional S.A. v. Goldschmidt S.A. [1977] 2 Lloyd's Rep 604, 612 (QBD); Total International Ltd. v. Addax B.V. [1996] 2 Lloyd's Rep. 333, 341 (QBD).

840 Kircher, Die Voraussetzungen der Sachmängelhaftung beim Warenkauf, S. 69.

Demnach sind die Bestimmungen des SoGA nur dann anwendbar, wenn nicht eine ausdrückliche Vereinbarung über die Qualität und den Zustand der Ware erfolgt ist. Regelungstechnisch ist ein *implied term* nämlich nur dann nötig, wenn die Parteien keine ausdrückliche Vereinbarung getroffen haben. Liegt jedoch wie hier eine ausdrückliche Vereinbarung bezüglich der Kondition der Ware vor, so ist diese weiterhin als *innominate term* einzuordnen,[841] sodass die Rechtsprechung aus *Cehave NV v. Bremer Handelsgesellschaft mbH* nach wie vor anwendbar ist.

6.3.3.2 Zwischenergebnis und Rechtsvergleich

Sieht der Vertrag den Zusatz *„shipment / delivery in good condition"* vor, so muss die Ware gesund verschifft bzw. angeliefert werden. Ist dieses nicht der Fall, so kann der Käufer den Vertrag nur dann aufheben, wenn die mangelhafte Kondition ein wesentlicher Vertragsbruch ist, was nur dann infrage kommen wird, wenn die Ware trotz abfallender Kondition nicht mehr verwendbar ist.[842] In allen anderen Fällen kommt Schadensersatz in Betracht.

Im deutschen und dem UN-Kaufrecht liegt im Falle ungesunder Ware immer ein Sachmangel nach § 434 BGB bzw. Art. 35 CISG vor, sodass das allgemeine Gewährleistungsrecht gilt. Unter Einheitsbedingungen muss der Käufer die Ware hingegen abnehmen und kann nur eine Minderwertvergütung verlangen. Es gelten dabei die obigen Ausführungen hinsichtlich der Qualitätsarbitrage analog, abgesehen davon, dass diese schon innerhalb von 10 Geschäftstagen beantragt werden muss (vgl. § 37 Abs. 1 S. 1 Alt. 1 EB).[843] Insofern muss der Käufer sowohl nach Einheitsbedingungen als auch GAFTA die Ware abnehmen und kann nur den Minderwert ersetzt verlangen. Die Einheitsbedingungen sind jedoch insofern für ihn vorteilhafter, als er pauschal eine Minderwertvergütung erhalten kann. Nach GAFTA kann er bei unwesentlichen Vertragsverletzungen hingegen nur einen Schadensersatzanspruch wegen *breach of warranty* geltend

---

841 Im Ergebnis auch Kircher, Die Voraussetzungen der Sachmängelhaftung beim Warenkauf, S. 107 ff.

842 Dazu mehr oben Seite 161.

843 Die verkürzte Frist erklärt sich dadurch, dass die Kondition Schwankungen unterliegen kann (z.B. beim Feuchtigkeitsgehalt) und daher zeitnah über deren Kontraktlichkeit entschieden werden soll. Da heutzutage das Schiedsgericht meist gar nicht mehr selbst über die Kontraktlichkeit befindet sondern nur noch auf Basis von Analysezertifikaten urteilt, sind die kurzen Fristen daher eigentlich obsolet geworden. Zur Qualitätsarbitrage vgl. oben Seite 146.

machen, wozu er seinen Schaden erst einmal konkret darlegen und beweisen muss.

6.3.4 Abschließende Bewertung zur Beschaffenheit

Die Kontrakte der GAFTA folgen – wie auch die Einheitsbedingungen – der Praxis im internationalen Handel, dass der Käufer mangelhafte Ware abnehmen muss und dafür lediglich eine Minderwertvergütung erhält. Während deren Festsetzung unter GAFTA Kontrakten meist vorgegeben ist, bleibt dieses bei der Qualitätsarbitrage der Einheitsbedingungen meist dem Schiedsgericht überlassen. Eine Zurückweisung kommt erst dann in Betracht, wenn bestimmte, im Vertrag näher bezeichnete, Margen überschritten werden. Wird hingegen Ware der falschen Art geliefert, so kann der Käufer die Ware im englischen Recht sofort zurückweisen und Schadensersatz verlangen. Unter Einheitsbedingungen muss dem Verkäufer grundsätzlich das Recht zur zweiten Andienung gegeben werden. Beide Kontrakte sind daher annährend gleichwertig, da sie die ohnehin international bestehenden Gepflogenheiten des Handels nur kodifizieren. Lediglich bei der Lieferung gattungsfremder Ware sind das deutsche Recht und die Einheitsbedingungen für den Verkäufer vorteilhafter, da sie dem Verkäufer ein Nachlieferungsrecht geben, wenn kein Fixgeschäft vorliegt. Im UN-Kaufrecht kommt die Vertragsaufhebung hingegen erst in Betracht, wenn eine wesentliche Vertragsverletzung iSd Art. 25 CISG vorliegt.

6.3.5 Quantität

6.3.5.1 Gewicht und Menge

Schüttgüter und Rohprodukte werden nach Gewicht verkauft und bezahlt.[844] Für die Parteien ist es daher wichtig, sich über die Maßeinheit für das verkaufte Gewicht zu einigen. Zudem muss dafür gesorgt sein, dass die Verwiegung der Ware sorgfältig geschieht, da deren Ergebnis darüber entscheidet, ob der Verkäufer seine Lieferpflichten hinsichtlich der Menge eingehalten hat.

844 Haage, Das Abladegeschäft, S. 217.

6.3.5.1.1 Gewichtseinheiten

Die Vertragsformulare sehen einen Platzhalter vor, in den die Parteien das geschuldete Gewicht eintragen können. Da im internationalen Handel als Maßeinheiten regelmäßig die metrische Tonne (= 1.000 kg) und die englische Tonne (= 1.016 kg, *long ton*) verwendet werden, sehen die Formulare Vordrucke für beide Arten vor.[845] Auch der Preis wird anhand der Gewichtseinheiten pro Tonne angegeben. Maßgeblich ist dabei nach den Verträgen das Rohgewicht *(„gross weight“).*[846]

6.3.5.1.2 Gewichtsfeststellung: die GAFTA Weighing Rules No. 123

Alle Verträge der GAFTA enthalten eine allgemeine Wiegeklausel *(weighing clause)*. Diese verweist meist[847] auf das Zusatzwerk der *GAFTA Weighing Rules No. 123*, das somit in den Vertrag einbezogen wird:

> "WEIGHING - the terms and conditions of GAFTA Weighing Rules No. 123 are deemed to be incorporated into this contract."[848]

6.3.5.1.2.1 Vorgehensweise bei der Verwiegung

Die *weighing rules* legen fest, wie die Ware gewogen werden soll. Diese legen fest, dass die Verwiegung im Regelfall durch die Kaidienststellen, öffentlich vereidigtes Wiegepersonal vorzunehmen ist.[849] Eine Bezugnahme auf *draft surveys* ist dabei grundsätzlich unzulässig, auch wenn seit Jahren immer wieder versucht wird, die GAFTA Weighing Rules dahin gehend zu ändern.[850] Bei der Verwiegung dabei ist auf die Gebräuche im jeweiligen Land der Verwiegung hinreichend Rücksicht zu nehmen. Die Parteien, deren Agenten oder die von den Parteien benannten *GAFTA-superintendents* haben das Recht, bei der Verwiegung anwesend zu sein.[851]

---

845 Vgl. Auch Paschke, Hamburger Handbuch des Exportrechts, Abschn. 6 Rn. 32.

846 Werden Gewichtseinheiten in den Kontrakten vereinbart, so liegt aus deutscher Sicht eine Individualvereinbarung vor, die die Auslegungsregel des § 361 HGB verdrängt, wonach die Gewichtseinheit am Erfüllungsort maßgeblich ist. Vgl. dazu Albers, Gewichtsklauseln im Überseekauf, S. 5.

847 Das ist beispielsweise nicht der Fall bei GAFTA Nr. 119, 113.

848 Vgl. cl. 14 GAFTA 100.

849 GAFTA 123 Weighing Rules cl. 1:1.

850 2006 GAFTA 123 Weighing Rules cl. 4. Eine Ausnahme besteht nur dann, wenn beide Parteien mit deren Verwendung einverstanden sind.

851 Vgl. auch §§ 63, 23 Abs. 3 EB.

Eine Frist für die Verwiegung gibt es, wie auch in den Einheitsbedingungen, nicht. Schließlich steht die Einhaltung solcher Fristen nicht alleine in der Macht desjenigen, der die Verwiegung zu organisieren hat. Sie richtet sich vielmehr nach den Gegebenheiten im Hafen und den Kaidienststellen.[852] Die Verwiegung ist dabei grundsätzlich auf dem Hafengelände vorzunehmen, solange die Parteien nicht etwas Abweichendes vereinbart haben.[853] Zudem werden Mitwirkungspflichten festgelegt, sodass die Vertragsparteien beispielsweise dazu angehalten sind, den Zugang zur Ware zu ermöglichen.[854]

Das so festgestellte Gewicht ist für die Beurteilung einer ordnungsgemäßen Erfüllung maßgeblich. Eine Ausnahme besteht nur dann, wenn die Wiegeanlagen fehlerhaft oder gar nicht arbeiten. In diesen Fällen haben die Parteien sich über die tatsächlich gelieferte Menge zu einigen. Kommt eine derartige Einigung nicht zustande, so ist der Streit darüber an das Schiedsgericht der GAFTA zu verweisen.[855]

6.3.5.1.2.2 Kosten der Verwiegung

Die *weighing rules* selbst enthalten keine Ausführungen dazu, wer die Gebühren der Verwiegung trägt. Dieses ist in den Kontrakten selbst geregelt. Während nach den INCOTERMS grundsätzlich der Verkäufer belastet wird,[856] ist in den GAFTA-Kontrakten zu differenzieren. Entscheidend ist, ob eingeladenes oder ausgeliefertes Gewicht vereinbart ist. Im ersten Fall trägt der Verkäufer die Kosten,[857] während es im letzteren Fall der Käufer[858] ist. Insofern lässt sich der allgemeine Grundsatz aufstellen, dass die Kostentragung mit der Gefahrtragung parallel läuft.[859]

Die Einheitsbedingungen enthalten keine Ausführungen zu der Frage, wer die Kosten der Gewichtsfeststellung zu tragen hat. Regelmäßig wird nach CIF- und FOB INCOTERMS der Verkäufer mit diesen Kosten belastet, da er bis zum Verbringen der Ware an Bord nicht nur die Gefahr, sondern auch die Kosten

---

852 Vgl. Sieveking, Die Geschäftsbedingungen des Waren-Vereins der Hamburger Börse e.V., § 37 WVB Rn. 1.

853 2006 GAFTA 123 Weighing Rules cl. 1:7.

854 2006 GAFTA 123 Weighing Rules cl. 1:2.

855 2006 GAFTA 123 Weighing Rules cl. 1:11.

856 Vgl. A 9 INCOTERMS 2010. Allerdings sind die INCOTERMS in den GAFTA Kontrakten ausgeschlossen, siehe dazu oben Seite 45.

857 Für eingeladenes Gewicht siehe cl. 15 GAFTA 119; cl. 16 GAFTA 120.

858 Für ausgeliefertes Gewicht siehe cl. 14 GAFTA 100; cl. 14 GAFTA 101; cl. 15 GAFTA 112; cl. 16 GAFTA 12.

859 Albers, Gewichtsklauseln im Überseekauf, S. 24.

trägt. Nach der Vereinbarung in den INCOTERMS wäre grundsätzlich der Verkäufer in der Pflicht. Dieses folgt auch aus § 448 Abs. 1 BGB. Daraus ergibt sich, dass der Verkäufer die Kosten für die Verwiegung übernehmen muss, wenn er sie zuvor aus einem größeren Bestand aussondern muss.[860] Bei Rohstoffen ist das grundsätzlich der Fall. Hier muss der Verkäufer eine Verwiegung vornehmen, um die verkaufte Menge abzusondern.

Problematisch ist die Kostentragung hingegen, wenn ausgeliefertes Gewicht vereinbart wurde. In diesen Fällen muss der Käufer nur die Ware bezahlen, die er auch tatsächlich erhalten hat.[861] Dieses macht eine (weitere) Verwiegung im Bestimmungshafen notwendig. Aus § 448 Abs. 1 BGB folgt, dass der Käufer alle anderen Kosten ab der Übergabe tragen muss.[862] Da die Verwiegung erst im Bestimmungshafen erfolgt und somit der Abnahme nachgelagert ist, muss der Käufer dafür die Kosten tragen. Dabei darf nicht angenommen werden, dass die zweite Verwiegung letztlich dem Verkäufer zugutekommt, da dieser das Löschgewicht dafür benötigt, um seine endgültige Rechnung zu erstellen und er deswegen die Kosten tragen müssen. Der Verkäufer hat die Ware wie bereits dargelegt schon bei der Aussonderung verwogen und dem Käufer darüber eine vorläufige Rechnung ausgestellt.[863] Nun ist es der Käufer, der diesen Betrag zu kürzen versucht, da weniger Ware ausgeliefert wurde, als der Verkäufer ablud. Insofern profitiert der Käufer, von der abweichenden Teilgefahrtragung, da er entgegen üblicher CIF-Grundsätze eine Mindermenge nicht bezahlen muss. Daher ist es auch gerechtfertigt, die Kosten für die (weitere) Verwiegung nach der Entladung dem Käufer aufzubürden.[864] Dass der Käufer bei ausgeliefertem Gewicht die Kosten der Gewichtsfeststellung zu tragen hat, entspricht der überwiegenden

---

860 Jauernig/Berger, Bürgerliches Gesetzbuch, Rn. 2; MüKo-Westermann, § 448 BGB, Rn. 4.

861 Zu der Klausel „ausgeliefertes Gewicht" noch ausführlich unten Seite 298 ff.

862 Staudinger-Beckmann, § 448 BGB, Rn. 10.

863 Diese Erwägung gilt auch für den Fall einer Sammelladung, bei der Ware für mehrere Empfänger durch einen Verkäufer verschifft wird. Auch hier kommt es zu zwei Verwiegungen. Einerseits muss der Verkäufer die Gesamtmenge aussondern. Andererseits wird die Ware im Löschhafen noch ein weiteres mal verwogen, um sie unter den Ladungsbeteiligten aufzuteilen. Die Kosten für diese zweite Verwiegung sind ebenfalls von den Empfängern und nicht dem Verkäufer zu tragen.

864 So auch Albers, Gewichtsklauseln im Überseekauf, S. 96. Ähnlich Staudinger-Beckmann, § 448 BGB, Rn. 3 und KG Berlin OLGE 20, 167, die darauf abstellen dass der Käufer die Wägekosten tragen muss, wenn die Ware nicht zur Aussonderung, sondern aus Anlass der Abnahme und Untersuchung gewogen wird.

Ansicht in Deutschland. Teilweise wird im Hinblick auf Kontraktgewohnheiten sogar schon von einer *usance* gesprochen.[865]

6.3.5.2 Rechtsfolgen bei Differenzen in der Quantität

6.3.5.2.1 Englisches Recht

Wird eine geringere[866] oder auch größere[867] Menge als die Kontrahierte geliefert, so liegt ein *breach of contract* nach s. 30 (1) SoGA vor. Der Käufer kann demnach die gesamte Lieferung zurückweisen;[868] verpflichtet ist er dazu allerdings nicht.[869] Im Falle einer Zuviellieferung kann der Käufer sich allerdings auch darauf beschränken, nur den überschießenden Teil zurückzuweisen. Nimmt der Käufer die Lieferung hingegen an, so kann er regelmäßig keine Rechte mehr geltend machen. In der Zuviel- oder Zuweniglieferung sieht das englische Recht nämlich ein Angebot auf Abschluss eines neuen Vertrags hinsichtlich der abweichenden Menge.[870] Nimmt der Käufer die Zuviellieferung an, so gelten für den neuen Vertrag die vertraglichen Regelungen des alten Vertrages analog. Ist der Kaufpreis pro Tonne bestimmt, so ist der Käufer dann verpflichtet, die Überlieferung zum vereinbarten Vertragspreis zu bezahlen, s. 30(3) SoGA. Bei einer Minderlieferung gelten diese Erwägungen spiegelbildlich, sodass der Käufer auch nur einen um die Menge verringerten Kaufpreis zahlen muss.[871]

---

865 Albers, Gewichtsklauseln im Überseekauf, S. 96 unter Verweis auf die Praxis im Kontraktwesen und der Herausbildung einer dementsprechenden usance; vgl. auch Grafe/Brogle, Kaufmännische Grundlagen der Warenkunde und Warenkenntnis, S. 96; Hellauer, System der Welthandelslehre, S. 356. Für das CISG finden sich keine nährend Bestimmungen, wer die Kosten der Verwiegung zu tragen hat. Im Hinblick auf die Gebräuche und der CIF-Bestimmungen sollte aber wie auch im deutschen und englischen Recht hinsichtlich die Kostentragung mit der Gefahrtragung parallel laufen. Dieses wird regelmäßig aus Art. 9 Abs. 2 CISG folgen.

866 s. 30(1) SoGA.

867 s. 30(2) SoGA.

868 Es sei denn es liegt nur eine mikroskopische Abweichung nach s. 15A SoGA vor; vgl. auch Jydsk Andels-Foderstofforretning v. Grands Moulins de Paris [1931] 39 Ll. L. Rep. 223 (KBD).

869 Kircher, Die Voraussetzungen der Sachmängelhaftung beim Warenkauf, S. 130.

870 Gabriel, Wade & English, Ltd. v. Arcos Ltd. [1929] 34 Ll. L. Rep. 306; Bridge, The sale of goods, Rn. 6.48.

871 Vgl. s. 30(1) SoGA; Shipton v. B. Casson [1826] 5 B. & C. 378, 382.

6.3.5.2.2 Rechtsvergleich und Bewertung

6.3.5.2.2.1 Teilerfüllung unter Einheitsbedingungen; deutschem Recht

Wie die Minderlieferung unter Einheitsbedingungen zu behandeln ist, bereitet Probleme. Diese ist dort nicht explizit geregelt. Es finden sich lediglich Bestimmungen für Schlechtleistungen (§ 37 EB) und die allgemeine Nichtleistung (§ 19 EB). Es fragt sich daher, ob die Mankolieferung von einer dieser beiden Klauseln erfasst ist. Sollte das nicht der Fall sein, so besteht insoweit eine Lücke im Vertragswerk. In diesem Fall würden die gesetzlichen Regelungen aufleben. Die Einheitsbedingungen sind schließlich nur AGB.[872] Für nicht erfasste Fragen kommt daher keine Analogie oder ergänzende Vertragsauslegung in Betracht, sondern es gilt das Gesetzesrecht.

Es ließe sich erwägen, dass eine Mankolieferung eine teilweise Nichtleistung ist. Das entspricht der Sichtweise, die in Deutschland schon vor der Schuldrechtsreform herrschte. Auch im einzigen Kommentar zu den Einheitsbedingungen wurde in den 50er Jahren vertreten, dass der Käufer im Fall einer Teillieferung nur die Rechte wegen Verzuges aus §§ 24-27 EB a.F. (= §§ 18 ff. EB n.F.) geltend machen könne.[873] Insofern wurde die Teilleistung als teilweise Nichtleistung angesehen.[874] Es könnte daher auch heute noch anzunehmen sein, dass § 19 EB daher auch die Mankolieferung erfasst.

Allerdings wird die Mankolieferung seit der Schuldrechtsreform nach § 434 Abs. 3 BGB als Sachmangel und gerade nicht Unterfall der Nichtleistung eingeordnet. Diese Wertung ist auch den Einheitsbedingungen zugrunde zu legen. Dort ist die Schlechtleistung jedoch nur partiell geregelt. Genau genommen finden sich in § 37 EB nur Ausführungen für den Fall, dass die Qualität oder Kondition der Ware abweicht. Eine Mankolieferung lässt sich darunter aber nicht fassen. Insofern liegt seit der Schuldrechtsreform hinsichtlich der Mankolieferung eine Lücke in den Einheitsbedingungen vor.[875] Wäre gewollt gewesen, die Mankolieferung unter § 19 EB zu fassen, so hätte dieses durch die Arbeitsgemeinschaft der deutschen Getreide- und Produktenbörsen in einer der Änderungen nach 2002 erfolgen müssen.

---

872 Vgl. zu dieser Einordnung OLG München, Beschluss v. 29.03.2012, Az.: 34 SchH 12/11.

873 Starck, Kommentar zu den Einheitsbedingungen im deutschen Getreidehandel, S. 134.

874 Schwab, AGB-Recht, Rn. 659; Soergel-Wolf, § 266 BGB, Rn. 2, 4.

875 Starck, Kommentar zu den Einheitsbedingungen im deutschen Getreidehandel, S. 137 hat schon vor der Schuldrechtsreform vertreten, dass die Aliudlieferung nicht unter § 37 EB falle, sodass der Käufer seine gesetzlichen Rechte geltend machen könne.

Es ist damit auf die gesetzlichen Regelungen der §§ 437 ff. BGB zurückzugreifen. Das führt insbesondere dazu, dass der Käufer nur dann vom ganzen Vertrag zurücktreten kann, wenn er an der Minuslieferung kein Interesse hat (vgl. § 323 Abs. 5 S. 1 BGB).[876] Sollte der Käufer dieses Interesse nachweisen können, so stellt sich aber die Frage, ob das Rücktrittsrecht nicht aus anderen Gründen ausgeschlossen wird. *Starck* vertritt, dass ein Rücktritt vom gesamten Vertrag unter Einheitsbedingungen ausgeschlossen sei.[877] Dafür stützt er sich auf die Vorschrift zu den Mengenspielräumen, § 10 EB a.F. (= § 25 EB n.F.). Diese Vorschrift besagt jedoch nur, dass Mindermengen innerhalb einer vorher festgelegten Marge angenommen werden müssen. Damit ist aber noch nichts über den Fall gesagt, dass eine Mindermenge *außerhalb* der kontrahierten Marge vorliegt. Ein allgemeiner Grundsatz, dass auch Mankolieferungen immer anzunehmen sind, lässt sich nicht aus dieser Klausel ableiten.

Insofern kommt eine Beschränkung des Rücktrittsrechts nur gem. § 242 BGB in Betracht. Das ist dann der Fall, wenn die Zurückweisung der nicht gelieferten Menge eine rein formale Ausübung des Rücktrittsrechts wäre. In diesen Fällen wäre ein Rücktritt treuwidrig und damit unwirksam. *Starck* scheint eine generelle Treuwidrigkeit darin zu sehen, dass der Käufer bei einer Zurückweisung der gesamten Menge regelmäßig einen Deckungskauf durchführen wird. Bei einem Deckungskauf wegen der gesamten Menge erhielte er wirtschaftlich gesehen aber (erneut) die Ware, die er zuvor schon vom Verkäufer geliefert bekam. Deswegen sei der Rücktritt lediglich eine unzulässige formale Ausübung.[878]

Diese pauschale Lösung dürfte aber nicht zutreffend sein. Gerade im Überseegeschäft herrschen häufig Lieferketten vor, bei denen der Käufer an der Ware

876 Ob bei einer Minuslieferung § 323 Abs. 5 S. 1 oder S. 2 BGB anzuwenden ist, ist seit der Schuldrechtsreform lebhaft umstritten. Es zeichnet sich die wohl überwiegende Ansicht ab, dass nach § 323 Abs. 5 S. 1 BGB anzuwenden ist. Dafür Thier, AcP (203) 2003, 399, 425; Grigoleit/Riehm, ZGS 2002, 115, 120; Canaris, ZRP 2001, 329, 334 f.; Windel, Jura 2003, 793, 796 f.; Schwab, AGB-Recht, Rn. 662; dagegen die Gesetzesbegründung BT-Drks. 14/6040, S. 187; Huber/Faust/Huber-Faust, Schuldrechtsmodernisierung, S. 187; Brors, JR 2002, 133, 136; MüKo-H. P. Westermann, § 434 BGB, Rn. 42. Die Anwendung von § 323 Abs. 5 S. 1 BGB ist jedoch richtig, da diese Alternative ansonsten kaum noch einen praktischen Anwendungsbereich hätte. Daher wird der Käufer meist nicht vom ganzen Vertrag zurücktreten können, da bei Massengütern wohl kaum ein Interessenfortfall bejaht werden könnte. Anders sähe das aus, wenn man § 323 Abs. 5 S. 2 BGB anwenden würde, da dann meist eine erhebliche Pflichtverletzung vorläge, wenn auch die Mengenspielräume von regelmäßig 10% überschritten wären, vgl. Thier, AcP (203) 2003, 399, 425.

877 Starck, Kommentar zu den Einheitsbedingungen im deutschen Getreidehandel, S. 134.

878 Starck, Kommentar zu den Einheitsbedingungen im deutschen Getreidehandel, S. 134.

gar nicht physisch interessiert ist. Insofern wird der Schaden regelmäßig auf Basis einer Preisfeststellung ermittelt werden. Der Käufer erhält daher gar oft gar keine Ware. In diesen Fällen ist die Ausübung des Rücktrittsrechts daher bei einem Interessenfortfall des Käufers iSd § 323 Abs. 5 S. 1 BGB nicht treuwidrig.

Das Rücktrittsrecht bei einer Mankolieferung ist daher entgegen Starck nicht per se eingeschränkt. Dabei muss aber immer im Einzelfall geprüft werden, ob die Ausübung treuwidrig ist, was bei der Vornahme eines Deckungsgeschäftes der Fall sein kann.

6.3.5.2.2.2 Teilerfüllung im UN-Kaufrecht

Nach dem UN-Kaufrecht ist eine Teillieferung eine Vertragsverletzung. Allerdings beschränkt Art. 51 Abs. 1 CISG die Rechte des Käufers grundsätzlich auf den fehlenden Teil. Daher kommt regelmäßig auch nur eine Teilaufhebung des Vertrages in Betracht. Kraft Verweises in Art. 51 CISG kann der Verkäufer aber nach Art. 48 CISG nacherfüllen.

Nach Art. 51 Abs. 2 CISG kann der Käufer den gesamten Vertrag nur dann aufheben, wenn die unvollständige Leistung eine wesentliche Vertragsverletzung darstellt. Dieses wird meist dann der Fall sein, wenn wie im deutschen internen Recht, die Teilleistung für den Käufer nicht von Interesse ist. Der Anwendungsbereich ist jedoch nicht auf den Interessenfortfall begrenzt, vielmehr kommt es darauf an, dass Art. 25 CISG bejaht werden kann, sodass im UN-Kaufrecht letztlich eine Synthese aus § 323 Abs. 5 BGB und den dortigen Sätzen 1 und 2 vorliegt. Für Schäden, die wegen der Unvollständigkeit der gesamten Lieferung entstehen, kann der Käufer aber nach Art. 45 Abs. 1 lit. b CISG immer Schadensersatz verlangen.[879]

6.3.5.2.2.3 Zwischenergebnis

Während der Käufer bei Teillieferungen nach englischem Recht die gesamte Ladung zurückweisen kann, gehen das deutsche und das UN-Kaufrecht von einer partiellen Vertragserhaltung aus. Insofern kommt ein Rücktritt vom ganzen Vertrag erst dann in Betracht, wenn eine gesteigerte Pflichtverletzung vorliegt, die sich entweder als wesentliche Vertragsverletzung (Art. 51 Abs. CISG) oder durch einen Interessenfortfall (§ 323 Abs. 5 S. 1 BGB) manifestieren muss. Unter den Einheitsbedingungen wird sogar ein weitgehender Ausschluss des Rücktrittsrechts diskutiert, der aber wegen der vertraglichen Systematik nicht zu überzeugen vermag.

---

879 Staudinger-Magnus, Art. 51 CISG, Rn. 9.

6.3.5.3 Spielräume in der Menge

Die im Vertrag festgehaltene Menge ist durch den Verkäufer zu liefern. Fast alle Kontrakte gewähren dabei jedoch einen Mengenspielraum, sodass der Verkäufer in deren Grenzen von der vereinbarten Menge abweichen kann.[880] So heißt es in GAFTA 100 beispielsweise:

> "QUANTITY – […] 2% more or less. Sellers shall have the option of shipping a further 3% more or less than the contract quantity."

Bei der Verwendung derartiger Mengenspielräume stellt sich regelmäßig die Frage, wer von der Option Gebrauch machen darf und wie groß der Spielraum in Prozent bemessen ist. Wurde die Option ausgeübt, so muss die Minder- oder Mehrmenge abgerechnet werden. Dazu kommen entweder der Vertrags- oder der Tagespreis in Betracht. Wichtig ist auch, ob diese sich auch bei Leistungsstörungen auswirken. Diese praktischen Probleme sollen nachfolgend erörtert werden. Der Frage, ob die Mengenspielräume bei Ratenlieferungen oder Teilleistungen gelten, wird hingegen im nächsten Abschnitt nachgegangen.[881]

6.3.5.3.1 Optionsberechtigter

Wer dazu berechtigt ist, den Mengenspielraum wahrzunehmen, richtet sich in erster Linie nach dem Typus des Vertrages als Liefer- oder Abnahmekontrakt. Dabei ist die Grundregel aufzustellen, dass im Zweifel demjenigen das Optionsrecht zusteht, der auch den Schiffsraum zu organisieren und die Verschiffung vorzunehmen hat. Bei CIF-Verträgen steht dementsprechend dem Verkäufer das Recht zu, einen bestimmten Prozentsatz mehr oder weniger als vereinbart zu verschiffen. So heißt es im CIF-Vertrag GAFTA 85: *„10% more or less, at Seller's option at contract price"*.[882] Bei FOB-Geschäften darf spiegelbildlich der Käufer mehr oder weniger abnehmen.[883]

---

880 Allgemein zur Lage im internationalen Kontraktwesen UNCITRAL Yearbook Bd. IV (1973) 85 Nr. 44. Zur Geschichte dieser Klauseln Barty-King, Food for Man and Beast, S. 26.

881 Siehe dazu unten Seite 185.

882 2006 GAFTA 85 "Contract Addendum for Shipment from Origin with Provision for Transhipment", cl. 2.

883 Albers, Gewichtsklauseln im Überseekauf, S. 30; Vgl. GAFTA 119 cl. 2: „Quantity: … 5% more or less at Buyer's option. In the event of the quantity contracted being a full and complete cargo and/or cargoes the margin of contract quality shall be 10% more or less, any excess or deficiency over 5% shall be settled at the F.O.B. price on date of last bill of lading; value shall be fixed by arbitration unless mutually agreed."

Diese Grundregel erklärt sich im Hinblick auf die Besonderheiten bei der Verschiffung: Wie viel Platz an Bord des Schiffes benötigt wird oder genutzt werden kann, hängt regelmäßig davon ab, wie die Ware sicher zu stauen ist, welches Volumen sie einnimmt und wie der Tiefgang des Schiffes sowie die Wassertiefe im Hafen sind. Häufig wird den Parteien beim Abschluss des Kaufvertrages auch noch nicht bewusst sein, wie groß der Schiffsraum sein wird, der nachher tatsächlich zu erlangen ist. Das kann dazu führen, dass der letztlich zur Verfügung stehende Frachtraum minimal größer oder kleiner als die zu befördernde Menge ist.[884]

Ist nun der zur Verfügung stehende Platz geringfügig größer oder kleiner als die zu transportierende Menge, so soll es der jeweiligen Partei erlaubt sein, den Schiffsraum optimal auszunutzen. Gerade wenn das Schiff unter eine Reise- oder Zeitcharter gebucht wird, darf der Charterer das Schiff der Wirtschaftlichkeit halber vollständig beladen.[885] Das soll aber nicht dazu führen, dass der Charterer sich im Kaufvertrag unkontraktlich verhält, weil er innerhalb gewisser Grenzen mehr oder weniger verschifft. Gerade bei Kettenverkäufen, wie sie bei CIF-Verträgen zahlreich sind,[886] besteht ein praktisches Interesse an Gewichtsklauseln. Häufig wird die auf dem Transport befindliche Ware mehrfach weitergehandelt, bevor sie physisch ausgeliefert wird. Insofern besteht die Gefahr, dass der erste Käufer in der Kette beispielsweise wegen Schwunds zu gering beliefert wird und sich nun gegenüber seinem Abnehmer schadensersatzpflichtig macht. Dadurch, dass in der Lieferkette regelmäßig die gleichen Vertragsformulare der GAFTA verwendet werden, relativiert sich das Risiko von Gewährleistungsansprüchen und Regressen, solange sich alle Abweichungen innerhalb der vereinbarten Margen halten.

---

884 Schiedsgericht des Hamburger Getreidevereins DNV 627/34 vom 19.11.1934: Hier hatte der Verkäufer 80/100t zu liefern, belud das Schiff aber nur mit 81 Tonnen, obwohl das Schiff 110 Tonnen fasste. Das Gericht stellte fest, dass der Verkäufer sich vertragsbrüchig verhielt, da die Klausel nur dazu diene, passenden Schiffsraum zu finden; Slabotzky, Grain contracts and arbitration, S. 30; Albers, Gewichtsklauseln im Überseekauf, S. 27.

885 Liegt hingegen eine Teilcharter vor, so stellt sich die Problematik nicht, da die Frachtberechnung mit dem Vercharterer meist nach dem Gewicht der Ware vereinbart wird. In diesen Fällen gibt es für den Charterer kein Bedürfnis den Schiffsraum optimal auszunutzen.

886 Vgl. dazu oben Seite 15.

6.3.5.3.2 Annahme der Ware und Verrechnung

Liegt die Über- oder Mankolieferung innerhalb der vereinbarten Spanne, so kann die andere Vertragspartei keine Rechte wegen eines Vertragsbruches geltend machen. Vielmehr ist die Lieferung kontraktlich; der Käufer muss die abweichende Menge also auch nicht rügen.[887] Damit soll insbesondere verhindert werden, dass bei geringen Mengenabweichungen ein Rücktritt erfolgt.[888] Wird die Marge hingegen über- oder unterschritten, so liegt ein *breach of contract* vor.[889]

Da die Lieferung vertragsgemäß ist, muss der Käufer die Ware auch vollständig bezahlen. Wie die Bezahlung zu erfolgen hat, wird unterschiedlich geregelt. In manchen Kontrakten wird zum Kontraktpreis abgerechnet, z. B. in GAFTA 85:

> „[...] 10% more or less, at Sellers' option at contract price."

Andere Verträge, wie GAFTA 100, sehen komplexere Regelungen vor:

> „The excess above 2% or the deficiency below 2% shall be settled on the quantity thereof at shipment at market value on the last day of discharge of the vessel at the port of destination; the value to be fixed by arbitration, unless mutually agreed. Should Sellers exercise the option to ship up to 5% more, the excess over 2% shall be paid for provisionally at contract price. The difference between the contract price and the market price calculated in accordance with the provisions of this clause shall be adjusted in a final invoice."

Nach GAFTA 100 hat der Verkäufer zunächst einmal das Recht ±2% zu liefern. Zudem kann er darüber hinaus weitere ±3% liefern, insgesamt also 5% von der kontrahierten Menge abweichen. Macht der Verkäufer von seinem Recht Gebrauch, mehr oder weniger als 2% zu liefern, so muss der Käufer die tatsächlich erhaltene Ware zunächst auf Basis des Vertragspreises vorläufig bezahlen. Erst anschließend erfolgt eine Verrechnung der Mehr- oder Mankolieferung. Dazu

---

887 Vgl. auch Starck, Kommentar zu den Einheitsbedingungen im deutschen Getreidehandel, S. 62; Beachte aber, dass nach deutscher Schiedsgerichtsrechtsprechung nur entscheidend ist, dass das in der Verladeanzeige angegebene Gewicht sich innerhalb der Marge bewegt. Wird versehentlich mehr abgeladen, so kann der Käufer die Dokumente nicht zurückweisen. Schließlich besteht die Möglichkeit, dass die zu viel eingeladene Ware für einen dritten Empfänger bestimmt ist, vgl. Loock/Straatmann, Handelsrechtliche Schiedsgerichts-Praxis, Schiedsspruch J 6 Nr. 14; Ohne diese Regelung könnte der Käufer die Lieferung als Nichtkontraktlich zurückweisen, vgl. für das CISG Staudinger-Magnus, Art. 60 CISG, Rn. 19.

888 Albers, Gewichtsklauseln im Überseekauf, S. 39.

889 Es sei denn, es liegt nur eine mikroskopische Abweichung vor, vgl. Arcos Ltd. v. E.A. Ronaasen and Son [1933] A.C. 470, 479 (HL); vgl. ferner S. 15A SoGA.

wird der Marktpreis im Ankunftsort am letzten Entladetag herangezogen.[890] Können die Parteien sich nicht einigen, so ist die Höhe durch das Schiedsgericht zu klären.[891] Die Differenz zwischen Vertrags- und Marktpreis ist dann in einer Abschlussrechnung auszugleichen. Sind beispielsweise 50.000 Tonnen zu $100/to nach GAFTA 100 verkauft, so kann der Verkäufer bis zu 52.500 Tonnen verschiffen. Die ersten 2% (= 1.000 Tonnen) sind nach dem Kontrakt nicht gesondert zu vergüten. Für die restlichen 1.500 Tonnen muss der Käufer vorläufig den Kontraktpreis zahlen, damit also insgesamt $515.000. Ist der Marktpreis zwischenzeitlich gefallen, sodass er am letzten Entladetag im Bestimmungshafen nur noch $89/to beträgt, so kann der Käufer die Differenz von $11/to anschließend vom Verkäufer für die Überlieferung von 3% zurückverlangen, mithin $16.500.

6.3.5.3.3 Schadensersatz bei Toleranzklauseln

Liefert der Verkäufer nicht oder nimmt der Käufer nicht ab, so kommt regelmäßig ein Schadensersatzanspruch wegen Nichtleistung nach der *default clause* in Betracht.[892] Sieht der Vertrag allerdings eine Ladetoleranz vor, so ist problematisch, wie sich diese auf die Berechnung des Schadensersatzes auswirkt.

6.3.5.3.3.1 Englisches Recht und GAFTA-Kontrakte

Im englischen Recht ist die Frage umstritten. Teilweise wird darauf abgestellt, dass die vertragsbrüchige Partei sich auch für die Bemessung des Schadensersatzes auf ihre Optionsrechte berufen konnte.[893] Diese blieben auch bei einem Vertragsbruch grundsätzlich bestehen. Überwiegend wird dieses Vorgehen aber für unbillig gehalten.[894] Die ohnehin säumige Partei solle die Schadensberech-

---

890 Vgl. auch Loock/Straatmann, Handelsrechtliche Schiedsgerichts-Praxis, Schiedsspruch J 6 Nr. 13.

891 2007 GAFTA 100 "CIF-Terms – Tale Quale", cl. 2.

892 Siehe unten Seite 359 ff.

893 Re Thornett v. Yuills Ltd. [1921] 1 K.B. 219, 230 (KBD) per The Earl of Reading C.J.: Demnach kann der Verkäufer sich für die Bemessung des Schadensersatzes darauf berufen, dass er innerhalb der Marge die geringste nach dem Vertrag zulässige Menge angedient hätte.

894 Vgl. Phoebus D. Kyprianou Coy. v. WM. H. Pim Jnr. & Co. Ltd. [1977] 2 Lloyd's Rep. 570, 581 (QBD), wo auf die Praxis bei der GAFTA Schiedsgerichtsbarkeit hingewiesen wurde, die die mittlere Vertragsmenge zugrunde legt. Dieses ist allerdings kein überzeugendes Argument, da die meisten Verträge der GAFTA in ihren Default-clauses ohnehin auf die mittlere Vertragsmenge abstellen. Siehe auch Bridge, The international sale of goods, Rn. 10.57.

nung schließlich nicht noch zu ihrem Vorteil abändern können. Liefert beispielsweise der Verkäufer die vereinbarten 100.000 Tonnen ±10% nicht und steigt in der Folge der Marktpreis, so kann er sich nicht darauf berufen, dass er nur 90.000 Tonnen hätte liefern müssen.[895] Wer sich jedoch vertragstreu verhält, der darf die Optionsrechte unstreitig zu seinem Vorteil gebrauchen. Will der Verkäufer im obigen Beispiel die 100.000 Tonnen ±10% verschiffen, erklärt der Käufer jedoch schon vorher, dass er diese nicht annehmen werde *(repudiatory breach)*, so kann der Verkäufer für 110.000 Tonnen Schadensersatz verlangen. Dazu muss er aber darlegen, dass er von dieser Option Gebrauch gemacht hätte.

Die Kontrakte der GAFTA entschärfen die obige Problematik, indem sie das Verhältnis zwischen der Schadensersatzberechnung und den Ladetoleranzen klären. So heißt es in den Verträgen in der *default clause*:

> „Damages, if any, shall be computed on the quantity appropriated if any but, if no such quantity has been appropriated then on the *mean contract quantity* […].“

Für die Bemessung des Schadensersatzes ist daher die Menge entscheidend, die in der Verladeanzeige bezeichnet wurde.[896] Wurde die Menge in der Verladeanzeige nicht angegeben oder erfolgte diese vonseiten des Verkäufers noch gar nicht, so ist die mittlere Vertragsmenge maßgeblich.[897] Wird dem Käufer oder Verkäufer das Optionsrecht eingeräumt, mehr oder weniger zu übernehmen, so ist für die Bemessung nicht maßgeblich, ob die geschädigte Partei dieses Recht ausgeübt hätte. Vielmehr ist – wie auch nach § 25 Abs. 3 EB – auf die mittlere Menge *(„mean contract quantity“)* abzustellen. Beim Verkauf von 100.000 Tonnen ±5 Prozent und einem *default price* von $10 pro Tonne muss der Verkäufer bei Nichtlieferung daher $1.000.000 Schadensersatz zahlen.

In früheren Formularen galt dieses jedoch nur, wenn der Verkäufer nicht ablud, da die *default clause* sich auf diese Fälle beschränkte: *„in the event of default in shipment, damages, if any […]“*. Damit wurde diese lediglich bei fehlender Verschiffung angewendet. Beging hingegen der Käufer einen Vertragsbruch, so wurde der Schadensersatz des Verkäufers nicht anhand der mittleren Menge berechnet, sondern er konnte Schadensersatz für die volle kontrahierte Menge inklusive des Optionsrechtes verlangen, solange er nachweisen konnte, dass er die Option auch ausgeübt hätte.[898] Da dieses für unbillig gehalten wurde, wurden die aktuellen Formulare geändert, sodass der Passus mittlerweile gestri-

---

895 So Bridge, The international sale of goods, Rn. 10.57.

896 Cl. 23 lit. e GAFTA 100.

897 Cl. 23 lit. e GAFTA 100.

898 vgl. Toprak Mahsulleri Ofisi v. Finagrain Compagnie Commerciale Agricole et Financière S.A. [1979] 2 Lloyd's Rep. 98, 110 (CA) per Robert Goff J.

chen ist und der Schadensersatz immer auf Basis der mittleren Vertragsmenge berechnet wird.

6.3.5.3.3.2 Deutsche Sichtweise

In Deutschland ist ebenfalls umstritten, wie Schäden bei Mengenspielräumen zu berechnen sind. Der Streit rankt dabei meist um die Verwendung von Circa-Klauseln, die nach überwiegender Auffassung eine fünf- bis zehnprozentige Abweichung erlauben.[899] Teilweise wird pauschal vertreten, dass sich die Berechnung anhand der Mindestmenge zu vollziehen habe.[900] Da der Schuldner auch mit dieser noch erfüllen kann, müsse auch nur diese zugrunde gelegt werden.[901] Für diese Ansicht lässt sich auch der Kompensationsgedanke des Schadensersatzes anführen. Der Gläubiger darf schließlich nicht besser als bei ordnungsgemäßer Erfüllung stehen.

Wird jedoch eine „circa" Lieferung vereinbart, so ist richtigerweise nach dem verobjektivierten Empfängerhorizont (§§ 133, 157 BGB) auszulegen, ob diese Klausel auch für die Schadensberechnung gelten soll. Dazu ist auch der Sinn und Zweck der vereinbarten Klausel heranzuziehen. Wie bereits dargestellt, dienen Mengenspielräume dazu, passenden Frachtraum zu finden und diesen effizient genug ausnutzen zu können.[902] Liegt eine Nichtlieferung vor, so muss die Ware nicht mehr eingeladen werden, sodass der Sinn der Ladetoleranz obsolet wird.[903]

Geschuldet wird daher die vertraglich vereinbarte Menge – die Toleranzgrenzen sollen diese nicht grundlegend ändern, sondern nur weitergehende Spielräume eröffnen, die sich zwar auf der Erfüllungs-, nicht aber Schadensersatzebene auswirken sollen.[904] Zudem ist das Argument, der Schuldner hätte

---

899 Üblich sind allgemein 5%. Allerdings können Handelsbräuche nach § 346 HGB auch bis zu 10% Abweichung zulassen, wie dieses beispielsweise im Stahlhandel der Fall ist: OLG Düsseldorf NJW-RR 1991, 679, 680; vgl. auch Loock/Straatmann, Handelsrechtliche Schiedsgerichts-Praxis, Schiedsspruch J 6 Nr. 6, 15 für 5% im internationalen Häute-und-Felle-Handel.

900 OLG München NJW-RR 1994, 886, 887; HGB-Großkommentar-Koller, vor § 373 HGB, Rn. 198; Loock/Straatmann, Handelsrechtliche Schiedsgerichts-Praxis, Schiedsspruch J 6 Nr. 2 und Schiedsspruch J 6 Nr. 16.

901 RG JW 1917, 971; OLG Hamburg LZ 1923 Sp. 619.

902 Siehe oben Seite 173.

903 Albers, Gewichtsklauseln im Überseekauf, S. 42.

904 Siehe OLG Hamburg LZ 1917 Sp. 1010: Die Zirka-Klausel dient dem vertragstreuen Verkäufer; OLG Frankfurt JW 1924, 547; OLG Düsseldorf NJW-RR 1991, 679, 680; Loock/Straatmann, Handelsrechtliche Schiedsgerichts-Praxis, Schiedsspruch J 6 Nr. 14

auch mit der Mindestmenge erfüllen können, reine Fiktion. Im Einzelfall kann nämlich durchaus das Gegenteil der Fall sein. Könnte der Gläubiger nämlich substanziiert darlegen und beweisen, dass der Schuldner die vollständige Menge geliefert hätte, so bliebe für diese Argumentation kein Raum mehr. In der Praxis wird der Gläubiger dazu jedoch oft – wegen fehlender Tatsachenkenntnis – nichts vortragen können. Das darf aber nicht dazu führen, dass der säumige Schuldner planmäßig begünstigt wird.

Gerechter ist daher, die vertragliche Menge als Maßstab zu wählen und vereinbarte Margen außen vor zu lassen. Diese sollte nur dann Berücksichtigung finden, wenn sich die Parteien nach Vertragsschluss aber vor Nichterfüllung auf eine bestimmte Liefermenge innerhalb der Spanne geeinigt haben. Da dann eine abändernde Vereinbarung über die vertragliche Liefermenge vorliegt, ist diese für die Schadensberechnung maßgeblich.

6.3.5.3.4 Bewertung zu Mengenspielräumen

Mengenspielräume finden sich in fast allen Kontrakten der GAFTA. Auch die Einheitsbedingungen enthalten eine derartige Klausel. Hier wird ebenfalls der Modus eingehalten, dass die Partei ein Optionsrecht hat, welche den Transport organisiert. Wie groß der Spielraum ist, richtet sich auch hier nach dem Kontrakt. Bei „circa"-Vereinbarungen ist eine Marge von ±5% vereinbart, vgl. § 25 Abs. 1 EB. Bei CIF-Kontrakten hat der Verkäufer bei Binnenschiffen einen Spielraum von 5% und bei Seeschiffen einen von 10% (vgl. § 55 Abs. 1 EB). Dabei sind die ersten 2% zum Kontraktpreis und der Rest zum Tagespreis am letzten Entladetag im Löschhafen (§ 55 Abs. 5 EB) zu verrechnen. Macht der Berechtigte von seinem Optionsrecht Gebrauch und dient innerhalb der festgelegten Grenzen mehr Ladung als eigentlich geschuldet, so kann er sich nachträglich nicht wieder davon lösen, da er eine Lieferverpflichtung übernommen hat, von der er nicht einseitig wieder abrücken kann.[905] Dient der Verkäufer beim Verkauf von 100 Tonnen also ein Konnossement über 105 Tonnen an, so ist dieses vertragsgemäß. Kommen allerdings nur 95 Tonnen am Lieferort an, so liegt ein Vertragsbruch vor. Der Verkäufer kann sich nicht darauf berufen, dass sich die Lieferung noch innerhalb der Toleranz bewegt.

---

mit Anm. Liebig; Palandt-Ellenberger, § 157 BGB, Rn. 18; vgl. auch § 13 rheinisch-westfälische Handelsgebräuche und Loock/Straatmann, Handelsrechtliche Schiedsgerichts-Praxis, Schiedsspruch J 6 Nr. 13.

905 Loock/Straatmann, Handelsrechtliche Schiedsgerichts-Praxis, Schiedsspruch J 6 Nr. 15 mit Anm. Liebig.

Bei Nichterfüllung gilt, wie auch nach der *default clause* in GAFTA-Kontrakten, die mittlere Menge als Verrechnungsgrundlage, vgl. § 55 Abs. 3 EB. Dieses ist im Getreidehandel ohnehin ständiger Brauch.[906] Spiegelbildlich gilt dieses für den Käufer unter FOB-Kontrakten, vgl. § 66 EB.

Damit ist festzuhalten, dass Mengenspielräume zur festen Praxis im Überseegeschäft gehören. Da Optionsberechtigter und Verrechnungsmethoden von vornherein in gleicher Weise festgelegt werden, sind englische und deutsche Kontrakte gleichwertig.

6.3.5.4 Sukzessivlieferungsverträge

In vielen Fällen kontrahieren die Parteien über eine Gesamtmenge, die in mehreren Raten ausgeliefert wird. Ist die Leistung teilbar, so soll jede Lieferung separat gehandhabt werden. Diesen Grundsatz stellen die meisten Verträge der GAFTA klar, indem es heißt:

> „In the event of more than one shipment being made, each shipment shall be considered a separate contract, [...]".[907]

Eine ähnliche Bestimmung enthält § 24 EB, der sich mit der Teilerfüllung beschäftigt. Auch dort heißt es, dass jede Vertragsrate bzw. Teilerfüllung als selbstständiger Vertrag gilt. Dem Verkäufer soll damit erlaubt werden, die Ware auf unterschiedlichen Schiffen zu verladen. Der Käufer erhält im Gegenzug über jede Teillieferung ein Konnossement angedient, sodass er jede Einzellieferung selbstständig weiterhandeln kann.[908]

6.3.5.4.1 Teilbarkeit der Leistung

Mit beiden Vorschriften ist jedoch noch nicht gesagt, ob die Leistung überhaupt teilbar ist. Die oben genannten Klauseln setzen ihrem Wortlaut die Teilbarkeit des Vertrages nämlich voraus und sollen sie nicht begründen.[909] Insofern hängt es nach dem englischen Recht von der Ausgestaltung des Vertrages ab, ob die Leistung teilbar sein soll. Nach s. 31(1) SoGA sind nämlich auch in England

---

906 Starck, Kommentar zu den Einheitsbedingungen im deutschen Getreidehandel, S. 63.

907 2007 GAFTA 100 „Tale Quale – CIF Terms", cl. 2.

908 J. Rosenthal & Sons Ltd. v. Esmail [1965] 1 W.L.R. 1117, 1131 (HL) per Lord Pearson.

909 Cobec Brazilian Trading and Warehousing Co v. Alfred C. Toepfer [1982] 1 Lloyd's Rep. 528, 531 f.; aff. [1983] 2 Lloyd's Rep. 386. Dieser Fall bezog sich allerdings auf das Formular FOSFA 22, welches aber den entscheidenden Passus ebenfalls enthält; Bridge, The sale of goods, Rn. 6.40; vgl. auch Reuter Hufeland & Co. v. Sala & Co. [1879] L.R. 4 C.P.D. 239, 249 ff. (CA).

Teilleistungen ohne gesonderte Vereinbarung unzulässig.[910] Der Kontrakt kann dieses zwar ausdrücklich bestimmen;[911] fehlt es jedoch an einer solchen Bestimmung, so muss ausgelegt werden. Die Tatsache, dass mehrere Konnossemente für eine Lieferung ausgestellt werden, reicht an sich jedoch noch nicht aus, um Teilbarkeit anzunehmen.[912] In *Cobec Brazilian Trading and Warehousing Corpn. v. Alfred C Toepfer*[913] vereinbart, dass von insgesamt 25.000 Tonnen, 19.000 Tonnen in Santander und 6.000 Tonnen in Sevilla entladen werden sollten. Die Verschiffung sollte bis spätestens zum 10. Juli erfolgen. Während die erste Lieferung fristgerecht verschifft wurde, war die Zweite zu spät verschifft worden. Der Vertrag sah die oben zitierte Klausel vor, wonach jede Vertragsrate als eigenständiger Vertrag gelten solle. Die Richter lasen daraus allerdings noch nicht, dass der Vertrag teilbar wäre. Zudem fehlten weitere Umstände, die für eine Teilbarkeit gesprochen hätten. Daher konnte der Käufer die gesamte Ladung wegen Zuspätlieferung zurückweisen. Eine Teilbarkeit ist auch dann noch nicht ohne Weiteres anzunehmen, wenn mehrere Lieferungen erfolgen, die monatlich abgerechnet werden.[914]

---

910 Dieselbe Rechtslage ergibt sich für Deutschland über § 266 BGB. In der alten Fassung von § 24 Einheitsbedingungen hieß es noch: „Gewohnheitsmäßige Teillieferungen sind zulässig.“ Dieser Passus wurde mittlerweile gestrichen. Er sollte lediglich klarstellen, dass Teillieferungen aufgrund eines Handelsbrauches zulässig sind, vgl. Starck, Kommentar zu den Einheitsbedingungen im deutschen Getreidehandel, S. 90. Im Hinblick auf § 346 HGB ist die Vorschriftlich allerdings überflüssig, da Handelsbräuche ohnehin verbindlich sind. Für das CISG wird aus Art. 51 CISG gefolgert, dass Teillieferungen nicht erlaubt sind, vgl. Staudinger-Magnus, Art. 51 CISG, Rn. 10.

911 Jackson v. Rotax Motor and Cycle Co [1910] 2 K.B. 937 (CA); Regent oHG Aisestadt & Barig v. Francesco of Jermyn Street Ltd. [1981] 3 All E.R. 327 (QBD).

912 J. Rosenthal & Sons Ltd. v. Esmail [1965] 1 W.L.R. 1117, 1131 (HL): “When the respondent forwarded the separate bills of lading and other documents to the appellants, he would not reasonably be regarded as inviting them to resell the two lots of goods separately. The appellants had been told that there were two quotas, which accounted for the two sets of documents. On the particular facts of this case I do not think that the respondent's forwarding of the two sets of documents is conclusive to show that he was electing to divide the contract into two transactions, in other words to make the contract severable.” per Lord Pearson. Siehe aber auch das Votum von Lord Guest, p. 1122.: “If the sellers were entitled to procure two separate bills of lading without breach of contract — as I think they were — then by doing so two separate contracts were entered into”.

913 [1982] 1 Lloyd’s Rep. 528; aff. [1983] 2 Lloyd’s Rep. 386.

914 Longbottom & Co. Ltd. v. Bass Walker & Co. [1922] 12 Ll. L. Rep. 192 (CA): Vertrag über die Lieferung von Textilwaren. Monatlich sollte über die Vormonatsware abgerechnet werden. Der Vertrag wurde für unteilbar gehalten.

6.3.5.4.2 Rechtsfolgen bei Nicht- oder Schlechterfüllung

Liegt nur im Hinblick auf eine Rate eine Leistungsstörung vor, so fragt sich, ob die enttäuschte Partei durch diese Regelung ihre Rechte nur hinsichtlich dieser Rate (6.3.5.4.2.1.) geltend machen kann oder gegebenenfalls der gesamte Vertrag (6.3.5.4.2.2.) von der Schlechtleistung betroffen wird, sodass von diesem insgesamt zurückgetreten werden kann.

6.3.5.4.2.1 Hinsichtlich der einzelnen Rate

In jedem Fall kann die enttäuschte Partei ihre Rechte hinsichtlich der fehlerhaften Rate geltend machen. Fällt beispielsweise die geschuldete Qualität ab, so kann sie den Kaufpreis für die jeweilige Rate mindern. Liegt die Verletzung einer *condition* vor, so kann hinsichtlich der jeweiligen Rate auch ein Teilrücktritt geltend gemacht werden und nach der *default clause* Schadensersatz verlangt werden. Mit der Vereinbarung, dass jede Rate als selbstständiger Vertrag gelten solle,[915] machen die Parteien klar, dass sie die Leistungsstörungsrechte auf jede Einzellieferung anwenden wollen.[916] Das führt auch dazu, dass die Annahme einer fehlerfreien Teilleistung nicht zur Akzeptanz *(waiver)* der gesamten Lieferung führt.[917]

Die Regelung entspricht der Vorgehensweise unter den Einheitsbedingungen. Da auch dort jede Rate als eigenständiger Vertrag gilt,[918] ist jede fehlende Teillieferung nach § 18 EB gesondert zu befristen. Wird eine Lieferung trotz Fristsetzung nicht durchgeführt, so kann der Käufer hinsichtlich dieser Liefe-

915 Siehe oben Seite 180 f.

916 So auch Taylor v. Oakes Roncoroni & Co. [1922] 27 Com. Cas. 261.

917 Vgl. s. 11(4) SoGA; Bradgate/Fennell/White, Commercial law, Rn. 11.3.1.7; Diese Problematik stellte sich vor allem in J. Rosenthal & Sons Ltd. v. Esmail [1965] 1 W.L.R. 1117, 1132 f. (HL), wurde jedoch in der Sache nicht entschieden, vgl. dazu Sassoon, C.I.F. and F.O.B. contracts, Rn. 365. Vgl. aber BGH BB 1954, 116 wonach in der vorbehaltslosen Annahme einer mangelhaften Teillieferung eine Verzichtserklärung für zukünftige Lieferungen liegen kann.

918 Aus der alten Fassung von § 24 EB geht hervor, dass ein einheitlicher Vertrag nicht unzulässigerweise in rechtlich mehrere Verträge aufgespalten werden soll. Dort hieß es noch: „[...] sie gelten in Ansehnung der Bemängelung, Wandelung und des Verzuges als selbständige Verträge [...]". Damit wird klar, dass die Parteien nicht den einheitlichen Vertrag aufspalten wollen sondern sich nur darüber einigen, dass Rügen und Benachfristungen für jede Vertragsrate gelten sollen. Das ist wegen der Privatautonomie möglich, vgl. auch BGH LM § 346 [D] HGB Nr. 5.

rung nach § 19 EB vorgehen und von dieser Vertragsrate zurücktreten.[919] Zudem muss der Käufer jede mangelhafte Teillieferung gesondert rügen.[920] Dass bei Raten- oder Sukzessivlieferungsverträgen sämtliche Rechtsbehelfe auch für die Einzellieferung geltend gemacht werden können, ist auch in Deutschland geltendes Recht.[921] Für das UN-Kaufrecht wird in dieses in Art. 73 Abs. 1 CISG ausdrücklich klargestellt.[922]

6.3.5.4.2.2 Hinsichtlich des ganzen Vertrages

Problematischer ist hingegen, ob die enttäuschte Partei auch vom ganzen Vertrag zurücktreten kann, wenn nur eine einzelne Lieferung fehlerhaft ist. Das englische Recht lässt bei Sukzessivlieferungsverträgen einen Rücktritt vom ganzen Vertrag nur zu, wenn die Umstände des Einzelfalls, das Gewicht der Vertragsverletzung und die Wiederholungsgefahr dieses rechtfertigen, vgl. 31(2) SoGA.[923] Liest man die Vereinbarung in den GAFTA-Kontrakten wortwörtlich,

---

919 Starck, Kommentar zu den Einheitsbedingungen im deutschen Getreidehandel, S. 90; beachte aber Sieveking, Die Geschäftsbedingungen des Waren-Vereins der Hamburger Börse e.V., § 19 WVB Rn. 5, die sich darauf beziehen, dass ein Handelsbrauch bestehe, wonach der Gewährleistungsanspruch einheitlich ausgeübt werden müsse. Der Käufer könne daher nicht bei einer mangelhaften Partie vom Vertrag zurücktreten, bei einer anderen mangelhaften Lieferung hingegen Schadensersatz verlangen. Diese Auslegung scheint wohl weniger mit einem Handelsbrauch, als vielmehr mit § 19 Abs. 9 S. 1 WVB zusammenzuhängen, wonach jede Partie (= Gesamtlieferung) als Ganzes zu beurteilen ist.

920 RGZ 138, 331, 338; OLG Köln BB 1954, 613; Starck, Kommentar zu den Einheitsbedingungen im deutschen Getreidehandel, S. 90.

921 vgl. auch BGH LM § 346 [D] HGB Nr. 5; BGH WM 1985, 61, 63; Grunewald/Gernhuber, Handbuch des Schuldrechts in Einzeldarstellungen, § 5 I Rn. 11; MüKo-Ernst, § 323 BGB, Rn. 218.

922 Vgl. Schiedsgericht der Hamburger freundschaftlichen Arbitrage vom 29.12.1998, IHR 2001, 35, 37; Staudinger-Magnus, Art. 73 CISG, Rn. 10 weist in Übereinstimmung mit dem Wortlaut der Kontrakte darauf hin: „Die Teillieferung wird wie ein selbständiger Vertrag behandelt."; vgl. auch Honnold/Flechtner, Uniform law for international sales under the 1980 United Nations Convention, Rn. 400; Schlechtriem/Schwenzer-Hornung, Art. 73 CISG, Rn. 14.

923 Maple Flock Co. Ltd. v. Universal Furniture Products (Wembley) Ltd. [1934] 1 K.B. 148, 157 f.: Hier waren die ersten 15 Lieferungen in Ordnung. Die sechzehnte war hingegen fehlerhaft, sodass der Käufer insgesamt zurücktrat. Die Richter hielten die Vertragsverletzung für nicht so wesentlich, als dass sie einen Rücktritt insgesamt rechtfertigte; Robert A. Munro & Co. v. Meyer [1930] 2 K.B. 312 (KBD): Hier wurde Tiermehl in wöchentlichen Chargen ausgeliefert. Die Hälfte war kontaminiert, was den

so müsste man jedoch davon ausgehen, dass diese Vorschrift abbedungen wurde. Schließlich soll jede Lieferung als eigenständiger Vertrag gelten, sodass es gar keinen „ganzen Vertrag" gäbe, von dem zurückgetreten werden kann. Die englischen Gerichte halten jedoch weniger am Wortlaut der Klausel fest. In mehreren Entscheidungen stellten sie klar, nur *ein* Vertrag über die kontrahierte Gesamtmenge vorliege. Dieser wird lediglich hinsichtlich der Erfüllung modifiziert, indem ausbedungen wird, dass diese in Raten erfolgen könne.[924] Da ein einheitlicher Vertrag vorliegt, findet auch s. 31(2) SoGA Anwendung, sodass der Käufer vom ganzen Vertrag zurücktreten kann. Damit entzieht er die vertragliche Grundlage für vergangene als auch zukünftige Lieferungen.

Das entspricht auch der Rechtslage im UN-Kaufrecht. Hier kann die enttäuschte Partei ebenfalls den gesamten Vertrag für die Zukunft aufheben, wenn die einzelne vertragswidrige Rate eine wesentliche Vertragsverletzung des ganzen Vertrages ist, Art. 73 Abs. 2 CISG. Das wird dann der Fall sein, wenn mit hinreichender Sicherheit weitere verspätete oder mangelhafte Teillieferungen erfolgen werden.[925] Nach Art. 73 Abs. 3 CISG kommt eine Aufhebung für die Vergangenheit jedoch nur in Betracht, wenn der Zweckzusammenhang fortgefallen ist.[926]

Im deutschen Recht kommt eine Aufhebung für die Zukunft hingegen nur dann in Betracht, wenn der Liefervertrag ein Dauerschuldverhältnis iSd § 314 BGB darstellt. Lässt die Säumnis auf weitere erhebliche Unzuverlässigkeit schließen, die dem Käufer ein weiteres Festhalten am Vertrag unzumutbar machen, so kann er kündigen.[927] In der bloßen Vereinbarung mehrerer Raten liegt regelmäßig aber noch kein Dauerschuldverhältnis.[928] Der Käufer kann sich daher

---

Käufer zum Rücktritt vom ganzen Vertrag berechtigte; Bradgate/Fennell/White, Commercial law, Rn. 11.3.1.7.

924 Robert A. Munro & Co. v. Meyer [1930] 2 K.B. 312, 318 (KBD); Ross T. Smyth & Co. Ltd. v. T. D. Bailey Son & Co. [1940] 3 All E.R. 60 (HL).

925 Vgl. Handelsgericht Zürich, 05.02.1997, CISG-online Nr. 327; Schiedsgericht der Hamburger freundschaftlichen Arbitrage, 29.12.1998, CISG-online Nr. 638; LG Ellwangen, 21.08.1995, CISG-online Nr. 279; Schiedsgericht der Börse für landwirtschaftliche Produkte in Wien, 10.12.1997, CISG-online Nr. 351; Staudinger-Magnus, Art. 73 CISG, Rn. 19.

926 Freilich kann der Käufer auch bzgl. vergangener Lieferungen zurücktreten, wenn die Voraussetzungen von Art. 73 Abs. 1 CISG vorliegen. Dann muss er nicht die im Einzelfall möglicherweise nicht gegebenen Voraussetzungen von Art. 73 Abs. 3 CISG darlegen und beweisen.

927 MüKo-Grunewald, § 376 HGB, Rn. 18.

928 BGH NJW 1981, 679, 680; vgl. ferner BGHZ 116, 37, 46; MüKo-Gaier, § 314 BGB, Rn. 8; Michalski, JA 1979, 401, 402; MüKo-Westermann, vor § 433 BGB, Rn. 39.

nur dann vom ganzen Vertrag lösen, wenn er zurücktritt oder Schadensersatz[929] statt der ganzen Leistung verlangt. Für einen Rücktritt muss der Verkäufer aber nachweisen, dass sein Interesse an der Gesamtlieferung fortgefallen ist, vgl. § 323 Abs. 5 S. 1 BGB.[930] Dazu müssen die einzelnen Partien so miteinander verknüpft sein, dass sie ohneeinander nicht sinnvoll brauchbar sind. Bei der Lieferung von Rohstoffen dürfte das freilich nur sehr selten der Fall sein.

6.3.5.4.3 Teillieferungen und Toleranzgrenzen

Problematisch ist, wie die Toleranzgrenzen bei Teillieferungen gelten. Dabei sind drei Fälle zu unterscheiden, was anhand eines Beispiels verdeutlicht werden soll. Schuldet der Verkäufer 1.000 Tonnen Getreide ±5%, und liefert er einen Teil an, der innerhalb der Marge liegt, so tritt ordnungsgemäße Erfüllung ein. Der Verkäufer kann also bis zu 50 Tonnen weniger liefern. Eine Teillieferung liegt dann schon begrifflich nicht mehr vor, da der Anspruch auf Lieferung der restlichen 50 Tonnen durch Erfüllung untergegangen ist.

Fehlen bei der Lieferung des Verkäufers hingegen mehr als 50 Tonnen, so kommt es für die weiteren Folgen darauf an, ob der Vertrag teilbar ist oder nicht. Ist er es nicht, so begeht der Verkäufer einen Vertragsbruch und der Käufer kann Abstand vom Vertrag nehmen. Ist der Vertrag hingegen teilbar, so sieht der GAFTA-Vertrag vor, dass jede Teillieferung als eigener Vertrag gelten soll.[931] Dann gelten die Margen auch für jede Teillieferung.[932] Der Verkäufer muss sich unter GAFTA-Kontrakten nicht darauf berufen, dass er die Marge in Anspruch nehme. Dieses ist in den Einheitsbedingungen anders geregelt. Dort muss sich die Partei darauf berufen, die von ihr profitieren will.[933]

Ein Beispiel soll die Toleranzklauseln verdeutlichen: Nehmen wir an, dass der Verkäufer die 1.000 Tonnen ± 5% in vier Lieferungen à 250 Tonnen liefern sollte. Dann gilt für jede Lieferung die 5%-Marge. Der Verkäufer kann also bei jeder Lieferung 12,5 Tonnen weniger liefern, sodass er nach drei Lieferungen

---

929 Siehe auch zum Schdensersatz BGH NJW 1972, 246; Palandt-Grüneberg, vor § 311 BGB, Rn. 31.

930 Vgl. AG Köln NJW 2004, 3342, 3343; Palandt-Grüneberg, vor § 311 BGB, Rn. 31.

931 Dieses ist ebenso geregelt in § 2 Hamburger Hülsenfrucht Schlussschein Nr. 5 und § 24 EB.

932 Vgl. auch § 25 Abs. 4 EB.

933 Vgl. § 25 Abs. 4 EB: „Bei Geschäften auf Lieferung ist der Verkäufer, bei solchen auf Abnahme der Käufer berechtigt, den Mengenspielraum bis zu 5 % für jede Teilerfüllung in Anspruch zu nehmen, sofern dies spätestens bei der jeweiligen Teilerfüllung erklärt wird. wird. Anderenfalls besteht das Recht, mehr oder weniger zu erfüllen, nur für die noch zu liefernde bzw. abzunehmende Menge."

nur 712,50 Tonnen angeliefert wurden. Bei der letzten Lieferung darf der Verkäufer nun aber nicht die restliche Menge von 287,5 Tonnen anliefern. Da auch für die letzte Lieferung (von 250 Tonnen) eine Marge von 5% gilt, kann er höchstens 262,50 Tonnen anliefern (250 Tonnen + 5% (= 12,5 Tonnen)).[934] Dieses stellen die Verträge klar, indem es heißt, dass nicht mehr als ±5% der Gesamtmenge geliefert werden dürfen:

> „but the margin of the mean quantity sold shall not be affected [by the fact that each shipment is regarded as a contract]."[935]

Demnach wird festgehalten, dass die Marge nicht dadurch verändert werden soll, dass der Vertrag rechtlich gesehen in mehrere Verträge aufgeteilt wird. Eine ähnliche Formulierung findet sich in § 66 Abs. 3 S. 2 EB, wo es heißt:

> „Jedoch muss die insgesamt empfangene Menge innerhalb des Spielraums für die Gesamtmenge des jeweils vereinbarten Erfüllungszeitraumes liegen."

6.3.5.4.4 Zwischenergebnis

Es lässt sich festhalten, dass die oben genannte Klausel nicht dazu führt, dass der Vertrag rechtlich aufgespalten wird.[936] Vielmehr fingieren die Parteien, dass mehrere Verträge vorliegen und hinsichtlich einer jeden Rate die Rechte wegen Vertragsbruches erhoben werden können. Diese Vereinbarung wirkt aber lediglich deklaratorisch, da nach allen betrachteten Rechtsordnungen die Rechte pro Rate ohnehin selbständig geltend gemacht werden können.

Hinsichtlich des Gesamtvertrages ändert sich dadurch nichts. Vielmehr kann auch der gesamte Vertrag aufgehoben werden, wenn die Voraussetzungen dafür vorliegen. Nach englischem Recht und dem UN-Kaufrecht[937] reicht dafür sogar schon die konkrete Vermutung, es werde auch in Zukunft zu Fehlleistungen kommen. Da bei Ratenlieferungsverträgen in Deutschland meist kein Dauerschuldverhältnis vorliegt, muss der Käufer hingegen erst einen Interessenfortfall nach § 323 Abs. 5 S. 1 BGB nachweisen, was ihm selten möglich sein wird. Das

---

934 Nach Albers, Gewichtsklauseln im Überseekauf, S. 32 f. und Starck, Kommentar zu den Einheitsbedingungen im deutschen Getreidehandel, S. 63.

935 Vgl. 2007 GAFTA No. 100 CIF-Terms cl. 2; 2006 GAFTA No. 21 CIF Terms, cl. 2.

936 Aus der alten Fassung von § 24 EB geht hervor, dass ein einheitlicher Vertrag nicht in rechtlich mehrere Verträge aufgespalten werden soll. Dort hieß es noch: „[...] sie gelten in Ansehnung der Bemängelung, Wandelung und des Verzuges als selbständige Verträge [...]". Damit wird klar, dass die Parteien nicht den einheitlichen Vertrag aufspalten wollen sondern sich nur darüber einigen, dass Rügen und Benachfristungen für jede Vertragsrate gelten sollen. Das ist wegen der Privatautonomie möglich.

937 Vgl. Art. 73 Abs. 2, 3 CISG.

deutsche interne Recht ist für den Käufer bei Ratenlieferungsverträgen daher nachteiliger.

6.3.5.5 Bewertung

Sowohl die englischen Kontrakte der GAFTA, als auch die Einheitsbedingungen enthalten ausführliche Bestimmungen zur Quantität. Die Wahrnehmung von Mengenspielräumen ist wegen der praktischen Bedürfnisse[938] unter beiden Verträgen mit der Pflicht gleichlaufend, den Transport zu organisieren. Bezüglich einer Minderlieferung ist das englische Recht gewohnt strenger, als das deutsche, indem es sofort einen Vertragsbruch annimmt, während in Deutschland nach überwiegender Ansicht ein Interessenfortfall nach § 323 Abs. 5 S. 1 BGB vorliegen muss. Aus praktischer Sicht wird dieser im Handel mit Rohstoffen meist aber nicht vorliegen, da der Käufer oft nur Zwischenhändler ist und geringere Mengen ebenso gut weiterverkaufen kann.

Insofern lässt sich im Hinblick auf die Ausgestaltungen zur Quantität kein wesentlicher Unterschied zwischen den englischen und deutschen Kontrakten feststellen. Die Kontrakte der GAFTA sind nur insoweit vorteilhafter, als sie Vereinbarungen hinsichtlich der Verwiegungskosten vorsehen, während die Umlegung in Deutschland gerade bei abweichender Gefahrtragung Schwierigkeiten bereitet.[939]

6.3.6 Zertifikate und Proben

Vorgehend wurde aufgezeigt, welche Qualität und Quantität der Verkäufer nach GAFTA-Kontrakten schuldet. In der Praxis muss jedoch für jede Lieferung ermittelt werden, ob die Lieferverpflichtungen auch eingehalten wurden. Gerade im Rohproduktenhandel muss dieses schnell und verlässlich erfolgen. Da eine Verpackung bei Schüttgütern fehlt, ist die Ladung äußerlichen Einflüssen ausgesetzt und kann sich daher nach Entladung stetig verändern.[940] Zur Beurteilung werden daher aus der gesamten Ladung Proben entnommen. Teilweise vereinbaren die Parteien auch, dass ein aus der Probe erstelltes Analysezertifikat bindend über die Einhaltung der kontraktlichen Verpflichtungen entscheiden soll.

---

938 Siehe oben Seite 173.

939 Siehe oben Seite 167.

940 Vgl. Straatmann, FS-Stödter (1979), 109, 109.

6.3.6.1 Proben und Analysezertifikate

Die Proben dienen vor allem dazu, die Kontraktlichkeit der Ware zu bestimmen.[941] Insbesondere wenn Ware in den USA abgeladen wird, vereinbaren die Parteien oft, dass ein Analysenzertifikat bei der Verladung letztverbindlich über die Warenqualität entscheiden soll.[942] Ferner wird die Ware stetig weitergehandelt, sodass die Proben dazu dienen, etwaige Mängel auch später noch nachweisen zu können. Jedoch werden die Proben nicht nur bei vermeintlich mangelhaft gelieferter Ware gezogen, sondern für jede Lieferung. Damit soll vorsorglich Beweismaterial gesichert werden,[943] um spätere Streitigkeiten zu vermeiden. Wird die Ware nach „Naturalgewicht" *(natural weight)* verkauft, so dienen die Proben auch für deren Feststellung.[944]

Die Proben sind von den Prüfern für mindestens drei Monate aufzubewahren. Erbittet keine der Parteien schriftlich eine längere Aufbewahrung, so können diese anschließend entsorgt werden.[945]

6.3.6.1.1 Probenentnahme nach den GAFTA Sampling Rules No. 124

Inwieweit die Verpflichtung zur Entnahme von Proben und der Vornahme einer Analyse besteht, ergibt sich erst im Zusammenhang mit den *GAFTA Sampling Rules No. 124*. Eine nach den Bestimmungen der *Sampling Rules* gezogene Probe kann von den Parteien nicht als ungenügend gerügt werden. Wegen deren Umfangs können nachfolgend jedoch nur wichtige Eckpunkte dargestellt werden. Dieses ergänzende Regelwerk wird in die meisten Kontrakte mit einbezogen:

> „SAMPLING, ANALYSIS AND CERTIFICATES OF ANALYSIS - the terms and conditions of GAFTA Sampling Rules No.124, are deemed to be incorporated into this contract."[946]

---

941 Zu den Analysezertifikaten noch unten Seite 192 ff.

942 Cerealmangimi SpA v. Toepfer ("The Eurometal") [1981] 1 Lloyd's Rep. 337 – hier allerdings für Ware mit Abladehafen in Spanien.

943 Starck, Kommentar zu den Einheitsbedingungen im deutschen Getreidehandel, S. 171.

944 Getreide wird oft nach Natural- oder Hektolitergewicht (natural weight) verkauft. Dieses ist für die Wertigkeit des Getreides entscheidend, sodass es Teil der vereinbarten Warenqualität ist, siehe oben Seite 158.

945 Vgl. 2003 GAFTA Sampling Rules No. 124 cl. 11:1.

946 Vgl. cl. 16 GAFTA 100.

6.3.6.1.1.1 Ort und Zeit der Probenentnahme

Für die Frage, wann unter den GAFTA-Kontrakten Proben gezogen werden müssen, ist zu differenzieren. Meist sehen die Verträge ausgeliefertes Gewicht[947] und ausgelieferte Qualität vor. Dann trägt der Verkäufer abweichend vom CIF-Grundsatz die Gefahr für die Seestrecke. Daher sind die Proben bei diesen CIF-Kontrakten auch erst im zum Zeitpunkt der Entladung zu ziehen:[948]

> "Samples shall be taken at the time of discharge on or before removal from the ship or quay, unless the parties agree that quality final at loading applies, in which event samples shall be taken at the time and place of loading."[949]

Haben die Parteien hingegen eingeladene Qualität vereinbart, so sind die Proben bereits im Verschiffungshafen zu ziehen.

> „Samples shall be taken at time and place of loading. The parties shall appoint superintendents, for the purposes of supervision and sampling of the goods, from the GAFTA Register of Superintendents."[950]

Dient der Verkäufer die im Abladehafen erstellten Zertifikate über die Proben nicht an, so sehen manche Verträge vor, dass der Käufer spätestens im Ankunftshafen Proben entnehmen lassen kann. Damit soll er selbst überprüfen können, ob die Ware vertragsgemäß ist. Die Kosten werden in diesen Fällen jeweils zur Hälfte umgelegt.[951]

Bei FOB-Kontrakten müssen die Proben hingegen schon bei der Beladung gezogen werden, da der Verkäufer mit dem Transport nichts mehr zu tun hat.[952]

Die Proben sind in jedem Fall durch beide Parteien oder ihre Beauftragten gemeinsam zu ziehen.[953] Käufer und Verkäufer benennen dafür Prüfer, die aus dem *GAFTA Approved Register of Superintendents* und damit den eigenen Reihen der GAFTA stammen müssen.[954] Ist eine der Parteien nicht vertreten, so darf

---

947 Zu dieser Vereinbarung siehe unten Seite 298 ff.

948 Vgl. auch Gill & Duffus S.A. v. Berger & Co Inc. [1984] 1 Lloyd's Rep. 227 (H.L.), wo die Untersuchung kontraktlich in den Entladehafen verlegt wurde.

949 Vgl. cl. 16 GAFTA 100.

950 Vgl. cl. 17 GAFTA 118.

951 2006 GAFTA No. 24 „Contract for pulses for human consumption, Tale Quale, CIF and C&F", cl. 6.

952 Vgl. cl. 15 GAFTA 119: "Samples required for the purposes of the contract shall be taken at the time and place of shipment, in accordance with the GAFTA Sampling Rules Form No: 124 and analysis tests shall be carried out in accordance with the GAFTA Methods of Analysis in Form No: 130."

953 2003 GAFTA Sampling Rules No. 124 cl. 1:3; zu den Einheitsbedingungen Starck, Kommentar zu den Einheitsbedingungen im deutschen Getreidehandel, S. 171.

954 2003 GAFTA Sampling Rules No. 124 cl. 1:2.

die nichtsäumige Partei eine von der GAFTA unabhängige Prüforganisation benennen, die dann wiederum einen *superintendent* für die säumige Partei benennt, der die Probenahme durchführt.[955]

Im Vertrag kann auch bestimmt sein, dass das Prüfzertifikat einer unabhängigen Prüforganisation oder einer Behörde für die Kontraktlichkeit der Ware maßgeblich sein soll.[956] In diesen Fällen ist die zertifizierende Stelle allein für die Proben und deren Analyse verantwortlich. Dass eine solche Inspektion durch eine Behörde zu erfolgen hat, wird in vielen Ländern sogar vorgeschrieben. Gerade in Entwicklungs- und Schwellenländern sind solche Prüfzertifikate bekannt.[957] Die Behörde stellt dann eine amtliche Bescheinigung[958] über die Analyse der Proben aus. Auch in den Vereinigten Staaten findet eine derartige staatliche Kontrolle statt. Im *United States Grain Standards Act* ist vorgesehen, dass zu exportierende Getreide offiziell inspiziert und mit einem Zertifikat versehen werden muss, welches den Warentyp, die Klassifizierung, den Zustand, die Menge und den Verladeort angibt. In diesen Fällen müssen die Parteien bei der Probenentnahme nicht selbst mitwirken:

> „Where the contract provides that a certificate of inspection of a superintendent, government or authority at time of loading shall be final as to quality, then the superintendent, government or authority shall be solely responsible for drawing samples and Rules 1:3, 1:4 and 5 do not apply."[959]

6.3.6.1.1.2 Modus der Probenentnahme

Die *sampling rules* legen ferner fest, wie viele Proben gezogen werden müssen, wo diese zu entnehmen sind und unter welchen Bedingungen dieses zu erfolgen hat. Dabei wird zwischen Ware in Säcken und losem Schüttgut unterschieden. Da bei gesackter Ware nicht aus jedem Beutel eine Probe entnommen werden kann,[960] ist nur ein festgelegter Prozentsatz an Säcken zu prüfen.[961] Bei losem Schüttgut sind stattdessen an unterschiedlichen Stellen mehrere Einzelproben zu

---

955 2003 GAFTA Sampling Rules No. 124 cl. 1:3.

956 So kann im Vertrag beispielsweise vereinbart werden: „Certificate of SGS shall be binding as to quality.".

957 Beispielsweise in Angola, Bangladesch, Elfenbeinküste, Ecuador, Saudi Arabien. Vgl. Johnson/Bade, Exportimport procedures and documentation, S. 132 .

958 Ein solches ist abgedruckt bei Häberle/Aden, Handbuch der Akkreditive, Inkassi, Exportdokumente und Bankgarantien, S. 641.

959 2003 GAFTA Sampling Rules No. 124 cl. 4.

960 Vgl. Starck, Kommentar zu den Einheitsbedingungen im deutschen Getreidehandel, S. 172.

961 2003 GAFTA Sampling Rules No. 124 cl. 2:3.

nehmen. Diese ergeben dann zusammen ein Gesamtmuster. Dieses Gesamtmuster ist letztlich für die Frage entscheidend, ob die gesamte Ladung kontraktlich ist. Zweifel können gerade dann entstehen, wenn die Ware beispielsweise in Containern transportiert wird. Dann kann es vorkommen, dass lediglich der Inhalt eines Containers beschädigt, die Ware in den anderen Containern aber ordnungsgemäß ist. Nehmen wir an, die Ware eines Containers von insgesamt 200 Containern ist zu 100% durchnässt. Insgesamt darf die Ware nach der vertraglichen Vereinbarung eine Feuchtigkeit von 1,5% aufweisen. Die Tatsache, dass ein Container vollständig durchnässt ist, führt nicht *per se* zu einer unkontraktlichen Lieferung. Entscheidend ist, ob das Gesamtmuster unkontraktlich ist. Dieses wird aber erst durch das Vermischen der Einzelproben gebildet:

> "The increment samples representing the total contractual quantity shall be thoroughly mixed into a bulk sample."[962]

Beträgt die Feuchtigkeit des Gesamtmusters mehr als 1,5% so liegt vertragswidrige Ware vor. Angenommen, es wird aus jedem Container eine Probe gezogen, so ergibt sich für das Gesamtmuster nur eine Feuchtigkeit von 0,5%. Sinn und Zweck der Bildung einer Gesamtprobe ist es, die Durchschnittsqualität zu bestimmen, sodass einzelne – stärkere – Verunreinigungen unerheblich sind.

Wie viele dieser Muster insgesamt zu erstellen sind, hängt vom jeweiligen Kontrakt ab. Die *sampling rules* enthalten für die unterschiedlichen Vertragstypen eigene Bestimmungen. Für Getreideverkäufe unter FOB muss für die Arbitrage, die Analyse, die Feststellung der Feuchtigkeit und des Naturalgewichts je ein Muster erstellt werden. Ist Qualität nach FAQ vereinbart, ist dafür ein weiteres Muster notwendig.[963] Wie groß die jeweils zu entnehmende Musterprobenmenge ist, hängt vom Gesamtgewicht der Ladung ab. Für die Qualitätsfeststellung ist bei bis zu 1.000 Tonnen beispielsweise mindestens 1 kg an Proben zu ziehen.[964] Andere vertragliche Regeln sind möglich.

Sehen die GAFTA-Kontrakte *rye terms* vor,[965] so gelten besondere Probenbestimmungen. Es muss dann je ein eigenes Muster für beschädigte sowie verunreinigte Ware erstellt werden. Zudem ist ein Vergleichsmuster unbeschädigter

---

962 2003 GAFTA Sampling Rules No. 124 cl. 2:2:5.

963 2003 GAFTA Sampling Rules No. 124 cl. 5:1:1. Für andere, wie beispielsweise ex silo oder CIF Kontrakte gelten hingegen andere Bestimmungen, die sich allesamt aus den Sampling Rules ergeben.

964 2003 GAFTA Sampling Rules No. 124 cl. 5:1.

965 Zu den rye terms vgl. unten Seite 306 ff.

Ware notwendig. Diese Muster müssen dann innerhalb von 7 Tagen an die GAFTA weitergeleitet werden.[966]

6.3.6.1.1.3 Rechtsvergleich und Bewertung

Auch die Einheitsbedingungen sehen Probenahmebestimmungen für Getreide und Futtermittel (Anhang II) und für Ölsaaten (Anhang III) vor. Die Regelungen in den Einheitsbedingungen entsprechen denen der GAFTA weitgehend. Auch hier hängt nach §§ 63 Abs. 1, 2 EB der Entnahmeort bei CIF-Kontrakten davon ab, ob eingeladene/s oder ausgelieferte/s Qualität oder Gewicht vereinbart wurde, da insofern auch die Gefahrtragung abweichend geregelt wird. Es gelten die obigen Erwägungen spiegelbildlich. Bei FOB-Geschäften sind die Proben ebenfalls noch bei der Beladung zu ziehen, vgl. § 74 EB.

6.3.6.1.2 Analysezertifikate

Nachdem die Proben gezogen wurden, werden sie analysiert. Hinsichtlich der Frage, welche Eigenschaften analysiert werden müssen, ist das *common law* sehr großzügig. In der australischen Entscheidung *Commercial Banking Co. of Sydney Ltd. v. Jalsard Pty. Ltd.*[967] wurde klargestellt, dass derjenige, der im Kaufvertrag lediglich die Erstellung eines Inspektionszertifikates vereinbart, auch nur eine Sichtprüfung der Ware erwarten könne.[968] Sieht der Vertrag also keine weiteren Ausführungen zu dem Inhalt des Analysenzertifikates vor, so müssen weder die Zusammensetzung der Ware noch deren Qualität geprüft werden. Aus diesem Grunde sehen die *GAFTA Sampling Rules* auch genaue Pflichten für den Inhalt der Analyse vor. Zudem wird in den *GAFTA Methods of Analysis No. 130* eine genaue Vorgehensweise abgesteckt, die die von der GAFTA berufenen Analyseunternehmen einhalten müssen.

Die Analysenzertifikate dienen vor allem zur Beurteilung, ob die Ware kontraktlich ist. Dazu gehört nicht nur die Frage, ob die die verschiffte Ware mit der verkauften Gattung übereinstimmt, sondern auch, ob die Ware die Qualität oder chemische Zusammensetzung aufweist, die im Kaufvertrag vereinbart wurde.

---

966 Vgl. 2003 GAFTA Sampling Rules No. 124 cl. 5:1:9.

967 Commercial Banking Co. of Sydney Ltd. v. Jalsard Pty. [1973] A.C. 279, 282 ff.

968 Vgl. auch Gill & Duffus S.A. v. Berger & Co Inc. [1984] A.C. 382, 394: "It must have been the intention of the parties that the conclusiveness of the certificate would be limited to those characteristics of the contract goods that would be apparent on reasonable examination of the sample."

6.3.6.1.2.1 Vertragliche Vereinbarungen

Wird die Analyse nicht durch eine staatliche Stelle vorgenommen,[969] so werden unabhängige private Gutachter eingesetzt, die ein Qualitäts- und/oder Quantitätszertifikat ausstellen.[970] Ein Beispiel für eine derartige Gutachterorganisation ist die *Société Générale de Surveillance (SGS)*. Die *Sampling Rules* legen meist schon im Voraus fest, welche Agentur die erste und welche gegebenenfalls weitere Analysen durchführen soll.[971] Häufig werden mehrere Testreihen vorgesehen; sollten diese voneinander abweichen, so ist der Mittelwert entscheidend. Beide Parteien haben ferner das Recht eine dritte Analyse einzufordern. Diese ist dann jedoch endgültig.

Auch unter den Einheitsbedingungen ist eine Analyse vorgesehen; dort jedoch nur für Ölsaaten. Auch hier haben beide Parteien das Recht eine zweite (Nach-) Analyse und eine dritte Prüfung zu verlangen.[972] Damit liegt kein Unterschied zu den GAFTA-Kontrakten vor. Hinsichtlich der Kosten für die Analyse sind die Einheitsbedingungen jedoch käuferfreundlicher als die GAFTA-Kontrakte. Nach den Einheitsbedingungen muss nämlich der Verkäufer die Kosten der ersten Analyse tragen (vgl. XI Abs. 1 Anhang II EB).[973] Gemäß *cl. 8:7 GAFTA Sampling Rules No. 124* hat hingegen der Käufer für die Kosten der ersten Analyse aufzukommen. Nur wenn sich aufgrund der Untersuchung ein Mangel der Ware ergibt, der den Käufer zu einer Preisminderung berechtigt, fallen die Kosten nach GAFTA dem Verkäufer anheim.[974]

6.3.6.1.2.2 Vorrangwirkung der *sampling rules*

Da im internationalen Handel meist eine Vielzahl von Personen beteiligt ist, ist Rechtssicherheit für alle wichtig. Deshalb zeigen sich die Richter zurückhaltend, die allgemeinen Regeln des *common law* neben den *Sampling Rules* anzuwen-

---

969 Siehe auch oben Seite 189.

970 Häberle/Aden, Handbuch der Akkreditive, Inkassi, Exportdokumente und Bankgarantien, S. 640.

971 Vgl. 2003 GAFTA Sampling Rules No. 124 cl. 5:1:10.

972 Vgl. VII Abs. 2 Anhang III EB.

973 Die Kosten der zweiten Analyse trägt hingegen der Antragsteller, wohingegen die Kosten der dritten Analyse je zur Hälfte getragen werden.

974 2003 GAFTA Sampling Rules No. 124 cl. 8:7. Eine derartige Differenzierung wird in Deutschland hingegen abgelehnt, da der Käufer bei Schlechterfüllung nicht besser gestellt werden dürfe, als bei ordnungsgemäßer Leistung, in deren Fall er die Kosten ohnehin zu tragen gehabt hätte, vgl. Sieveking, Die Geschäftsbedingungen des Waren-Vereins der Hamburger Börse e.V., § 25 WVB Rn. 1; auch unter Verweis auf die anderslautende Schiedsgerichtspraxis.

den. Vielmehr sollen Letztere abschließend gelten. Deutlich wird dieses an der Entscheidung *Soules CAF v. Louis Dreyfus Negoce SA.*[975] Hier wurde Sojabohnenmehl in Pellets verkauft, die mindestens einen Protein- und Fettgehalt von 48% aufweisen sollten. Es wurden zwei Proben gezogen, die von unterschiedlichen Agenturen analysiert werden sollten. Verbindlich war nach den *Sampling Rules* der Mittelwert beider Proben, solange sie nicht um mehr als 0,5% voneinander abwichen. Lag die Abweichung darüber, so hatte jede Partei das Recht innerhalb von 14 Tagen eine dritte Analyse einzufordern. Nach Ablauf der Frist waren beide Parteien an den Mittelwert der ersten Proben gebunden.[976] Im konkreten Fall lagen beide Analysenergebnisse mehr als 0,5% auseinander, jedoch veranlasste keine der Parteien eine dritte Analyse. Daraufhin minderte der Käufer den Kaufpreis. Der Verkäufer stellte anschließend fest, dass zwei Zahlen in einem der beiden Analysenzertifikate vertauscht wurden, sodass der Proteingehalt in Wahrheit wesentlich höher war. Der Käufer hätte deswegen nur einen viel geringeren Minderungsbetrag verlangen können. Die Prüfagentur stellte daraufhin ein geändertes Zertifikat aus. Vor dem GAFTA-Schiedsgericht argumentierte der Verkäufer, dass die *sampling rules* nicht das Recht ausschlössen, Rechtschreibfehler nachträglich zu korrigieren. Im *Court of Appeal* vertraten die Richter allerdings das Gegenteil. Sinn und Zweck der Fristenregelung *Sampling Rules* sei es, schnelle Ergebnisse über die Warenqualität zu erhalten, insbesondere auch deswegen, um bei Kettenverkäufen Sicherheit zwischen allen Vertragsparteien zu schaffen. Insofern waren die *Sampling Rules* abschließend und der Verkäufer hätte innerhalb von 14 Tagen eine dritte Analyse veranlassen müssen, wenn er das Ergebnis – egal aus welchem Grund – angreifen wollte.

6.3.6.1.3 Bindungswirkung der Zertifikate (final as to quality / quantity)

Bei CIF-Geschäften trägt der Käufer das Risiko für die Seestrecke. Daher ist normalerweise eingeladene Qualität bzw. eingeladenes Gewicht vereinbart. Kommt die Ware im Bestimmungshafen beschädigt an, so entsteht oft Streit darüber, ob die Verunreinigung schon vor der Abladung auftrat und demnach zulasten des Verkäufers geht oder erst an Bord des Schiffes erfolgte, was zulas-

---

975 [2001] C.L.C. 797.

976 Vgl. cl. 5:1:5 GAFTA Sampling Rules No. 124: "If the variation stated in Rule (b) above does exceed 0.50% then at the request of either party, made within 14 consecutive days of receipt (by them) of the true copy of the certificate of the second analysis, and on notice being given to the other party a third sealed sample shall be dispatched without delay to Eclipse for analysis, and the mean of the two analyses of all three tests nearest to each other shall be accepted as final and binding on both parties.".

ten des Käufers ginge. Da der Käufer bei der Verschiffung nicht im Abladehafen anwesend ist, kann er nicht persönlich sichergehen, ob die Ware in ordnungsgemäßem Zustand eingeladen wurde und er die Zahlung mittels Akkreditivs anweisen lassen soll.[977] Deswegen wird die Warenqualität meist schon vor der Verschiffung untersucht *(preshipment inspection)* und der Verkäufer lässt ein Analysenzertifikat über das Ergebnis ausstellen.

Um spätere Streitigkeiten zu vermeiden, enthalten die Verträge oft den Zusatz, dass das Zertifikat letztverbindlich über die Warenqualität entscheiden soll *(„final as to quality“)*:

> „Official ....certificate of inspection, at time of loading into the ocean carrying vessel, shall be final as to quality."[978]

In diesen Fällen ist lediglich der Verkäufer für die Probenahme verantwortlich.[979] Alle Beteiligten sind anschließend an den Inhalt des Zertifikates gebunden. Sowohl das Gericht als auch die Parteien müssen sich an diesem festhalten lassen[980] – selbst wenn dieses objektiv falsch ist.[981] Weist das Zertifikat beispielsweise aus, dass 200 Tonnen verschifft wurden, waren es tatsächlich aber nur 195 Tonnen, so muss der Käufer die vollen 200 Tonnen bezahlen.[982] Gegen den Verkäufer hat er keine Mängel- oder Nichtleistungsansprüche; ihm verbleibt

---

977 Häberle/Aden, Handbuch der Akkreditive, Inkassi, Exportdokumente und Bankgarantien, S. 239.

978 Vgl. z.B. cl. 5 GAFTA 100.

979 Vgl. cl. 4 GAFTA Sampling Rules No. 124. Anders ist es aber, wenn die Parteien vereinbaren, dass der Käufer selber einen Gutachter schicken darf. Dann ist cl. 4 GAFTA 124 regelmäßig abbedungen. Das führt dazu, dass der Käufer auch nach cl. 5 GAFTA 124 eine weitere Analyse einer unanbhängigen Prüfgesellschaft einfordern kann, die dann letztverbindlich ist (z.B. cl. 5:1:6 GAFTA 124). Siehe PR.G. Grain Trade L.L.P. v. Feed Factors International Ltd [2011] 2 Lloyd‘s Rep. 433.

980 British Shipbuilders v. VSEL Consortium Plc. [1997] 1 Lloyd’s Rep. 106, 110 f. (Ch. Div.), per Lord Lightman; Tradigrain SA v. State Trading Corp of India [2005] [2005] 2 C.L.C. 589, 591 f. (QBD).

981 Arenson v. Arenson [1973] Ch. 346, 357 (CA); Alfred C. Toepfer v. Continental Grain Co [1974] 1 Lloyd's Rep. 11, 13; KG Bominflot Bunkergesellschaft für Mineralöle mbH v. Petroplus Marketing AG (“The Mercini Lady”) [2010] 2 C.L.C 637, 650 (CA); vgl. auch Minster Trust Ltd. v. Traps Tractors Ltd. [1954] 1 W.L.R. 963 , 973 (QBD); Frank H. Wright (Constructions) Ltd. v. Frodoor Ltd. [1967] 1 W.L.R. 506, 524; Klotz, International sales agreements, S. 108.

982 Medema, Coasean economics, S. 99. Dieses gilt freilich nicht, wenn die Klausel ausgeliefertes Gewicht vereinbart wurde, da der Käufer dann nur auf Basis der tatsächlich ausgelieferten Menge zu zahlen hat.

lediglich ein Schadensersatzanspruch gegen den Gutachter[983] oder gegebenenfalls den Verfrachter.

Zuletzt wurde dieses in der Entscheidung *The Mercini Lady* bestätigt.[984] In dem Fall wurde Schweröl FOB verkauft. Bei der Verladung war die Ware noch vertraglich. Nach der Ankunft im Löschhafen stellte sich bei der Analyse aber heraus, dass die Ware nicht mehr der vereinbarten Beschaffenheit entsprach. Der Verkäufer berief sich darauf, dass das Öl unter *certificate final terms* verkauft wurde. Da die Ware bei der Einladung kontraktlich war, sollte kein Vertragsbruch vorliegen. Die Gegenseite argumentierte hingegen, dass aus s. 14(2) und s. 14(3) SoGA folge, dass die Ware zufriedenstellende Qualität *(satisfactory quality[985])* aufweisen müsse, wozu auch gehöre, dass die Ware sich eine gewisse Zeit nach der Abladung halte. Dieses sei hier nicht der Fall gewesen, da sie bei der Ankunft ihre Konsistenz verändert hatte. In der ersten Instanz folgten die Richter dieser Argumentationen und nahmen einen diesbezüglichen *implied term* an.

Dieses wurde sodann vom Court of Appeal verworfen. Der Richter begründete dieses mit der Rechtssicherheit, die durch die Vertragsklausel erzeugt werden soll. Ließe man dem Käufer sozusagen durch die Hintertür des SoGA den Nachweis zu, dass die Ware sich bei Verladung nicht in einem haltbaren Zustand befand, so würde das zu erheblicher Rechtsunsicherheit führen. Schließlich soll einzig und allein die zertifizierte Verladequalität entscheiden. Der Richter LJ Rix führte aus:

---

983 Hat die geschädigte Partei selbst den Gutachtervertrag abgeschlossen, so kann sie gegen diesen selbst wegen eines Vertragsbruches vorgehen. Hat hingegen die andere Vertragspartei den Gutachter beauftragt, so bleiben meist nur deliktische Ansprüche gegen den Gutachter wegen tort of deceit oder negligence. Jedoch muss immer ein Vertrauen im Hinblick auf das Gutachten entstanden sein, vgl. JEB Fasteners Ltd. v. Marks, Bloom & Co. [1983] 1 All E.R. 583, 589 (CA) per Lord Stephenson; vgl. auch Twomax Ltd. v. Dickinson, McFarlane & Robinson [1983] S.L.T. 98; Alfred C. Toepfer v. Continental Grain Co [1974] 1 Lloyd's Rep. 11, 14; zu alledem Medema, Coasean economics, S. 99 ff. Zur Gutachterhaftung Caparo Industries Plc. v. Dickman [1990] 2 W.L.R. 358; Bank of Credit & Commerce International (Overseas) Ltd. v. Price Waterhouse & Anor (No. 2) [1998] B.C.C. 617, 631 per Sir Brian Neill; Smith v. Eric S. Bush [1990] 1 A.C. 831 (H.L.); Details zum Drei-Stufen-Test bei Richter, Die Dritthaftung der Abschlussprüfer, Bd. 110, S. 135 ff.; vgl. auch Müller, Auskunftshaftung nach deutschem und englischem Recht, S. 233.

984 KG Bominflot Bunkergesellschaft für Mineralöle mbH v. Petroplus Marketing AG ("The Mercini Lady") [2010] 2 C.L.C 637, 652 (CA).

985 Dazu näher oben Seite 141.

> "All certainty in international sale of goods, which such inspection clauses are designed to provide [...] would be utterly broken."

Vereinbaren die Parteien also, dass das Zertifikat bei der Abladung letztverbindlich über die Warenqualität entscheiden soll, ist einzig und allein auf dieses abzustellen.

6.3.6.1.3.1 Rechtsnatur der Zertifikate

Da die Ansprüche des Käufers durch das Zertifikat gegebenenfalls ausgeschlossen werden, wurde teilweise vertreten, dass es sich um Haftungsausschlussklauseln *(exemption clauses)* handele.[986] Schließlich bindet das Zertifikat die Parteien, gleich ob dessen Inhalt richtig oder falsch ist. Das hätte zur Konsequenz, dass die jeweiligen Klauseln eng und gegen den Verwender ausgelegt werden.[987]

Haftungsausschlussklauseln wirken jedoch typischerweise nur zugunsten einer Partei. Das Zertifikat ist jedoch die Grundlage für Ersatzansprüche. Diese können sowohl zum Vor- als auch zum Nachteil beider Parteien entstehen. Wird z. B. falsch bescheinigt, dass die Ware mangelfrei sei, so sind Ersatzansprüche des Käufers ausgeschlossen. Wird hingegen die Mangelhaftigkeit bestätigt, obwohl die Ware einwandfrei ist, so kann der Käufer dennoch den Kaufpreis mindern. Insofern wirkt sich ein bindendes Zertifikat typischerweise nicht zuungunsten nur einer Partei aus. Es ist daher überzeugender in der Klausel *„final as to quality"* keine Haftungsausschlussklausel zu sehen. Das entspricht auch der in England mittlerweile überwiegenden Meinung.[988]

6.3.6.1.3.2 Vertragliche Vereinbarung der Bindungswirkung

Damit dem Analysenzertifikat eine derartige Bindungswirkung zukommt, muss diese im Vertrag ausdrücklich vereinbart sein.[989] In *Rolimpex Centrala Handlu Zagranicznego v. Haji E. Dossa & Sons Ltd.*[990] wurde Futtermittel FOB Karachi

---

986 Kollerich & Cie S.A. v. State Trading Corp of India [1979] 2 Lloyd's Rep. 442, 448 (QBD) per Parker J.: "The clause is one which is, as to the certificate, an exemptions clause and must therefore be narrowly construed." ; aff. [1980] 2 Lloyd's Rep. 32; Sassoon, C.I.F. and F.O.B. contracts, Rn. 325; Medema, Coasean economics, S. 100.

987 Vgl. dazu Seite 89 ff.

988 So auch Alfred C. Toepfer v. Continental Grain Co [1974] 1 Lloyd's Rep. 11; vgl. auch N.V. Bunge v. Compagnie Noga d'Importation et d'Exportation S.A. („The Bow Cedar") [1980] 2 Lloyd's Rep. 601, 603; Lewison, The interpretation of contracts, S. 283 f.

989 Sassoon, C.I.F. and F.O.B. contracts, Rn. 325.

990 [1971] 1 Lloyd's Rep. 380 (QBD).

verkauft. Zudem sollte ein Gutachter eingesetzt werden, der am Verladeort ein Analysenzertifikat ausstellen sollte. Dieses wies die Ware als fehlerfrei aus – dennoch kam sie modernd an. Da die Parteien dem Analysenzertifikat in ihrem Vertrag keine hinreichende Bindungswirkung zugeschrieben hatten, konnten die Käufer trotz des entgegenstehenden Zertifikates Schadensersatz verlangen, da die Ware nicht kontraktlich war.

Die Verträge der GAFTA sind in Bezug auf diese Sache meist eindeutig, so heißt es in cl. 5 GAFTA 100 beispielsweise:

> „Official [...] certificate of inspection, at time of loading into the ocean carrying vessel, shall be final as to quality."

In diesen Fällen ist das Qualitätszertifikat bei der Abladung für die Parteien bindend.

6.3.6.1.3.3 Reichweite der Bindungswirkung

Die Bindungswirkung tritt aber nur in dem Umfang ein, wie die Untersuchung erfolgt. Soll das Zertifikat nur die Warenqualität klären, nicht aber die Identität der Ware im Hinblick auf die gattungsmäßige Beschreibung *(description)*, so ist das Zertifikat nur im Hinblick auf die Qualität bindend. Wird ein *aliud* geliefert, kann der Verkäufer sich nicht darauf berufen, dass das Zertifikat eine gute Qualität des aliud aufweist.[991]

Illustriert wird dieses anhand der Entscheidung in *N.V. Bunge v. Compagnie Noga d'Importation et d'Exportation S.A. („The Bow Cedar").*[992] Hier wurde brasilianisches Erdnussrohöl unter FOSFA 53 verkauft, das während der Reise mit Sojabohnenöl vermischt wurde.[993] Der Verkäufer berief sich auf das Analysenzertifikat, welches nach FOSFA *„final at time of shipment"* sein sollte und bezüglich Säuregehalt, Verunreinigungen und Feuchtigkeit eine zufriedenstellende Warenqualität aufwies. Allerdings wurden lediglich chemische Parameter überprüft, die Identität der Ware als brasilianisches Erdnussrohöl wurde aber nicht kontrolliert. Insofern konnte das Zertifikat dahin gehend auch keine Bindungswirkung entfalten und die Ware war nicht kontraktlich.

Anders kann dann zu urteilen sein, wenn zwar nur die Qualität analysiert wird, die Qualität jedoch Bestandteil der geschuldeten *description* ist. In diesen Fällen sind die Feststellungen über die Qualität auch für die Frage bindend, ob

---

991 CH. Daudruy van Cauwenberghe & Fils S.A. v. Tropical Products Sales S.A. [1986] 1 Lloyd's Rep. 535, 542 (QBD); Lewison, The interpretation of contracts, S. 417.

992 [1980] 2 Lloyd's Rep. 601 (QBD).

993 FOSFA 53 Vegetable and Marine oil in bulk FOB-terms.

die geschuldete Gattung geliefert wurde. In *Toepfer v. Continental Grain Co.*[994] wurde *„No. 3 Hard Amber Durum Wheat of U.S. origin – quality/condition final at loading as per official certificate"* verkauft. Daraufhin wurde fälschlicherweise ein Zertifikat ausgestellt, das die Verladung von hartem Durumweizen bestätigte. In Wirklichkeit wurde jedoch kein Hartweizen verladen. Der Verkäufer berief sich darauf, dass das Zertifikat bindend sei. Der Käufer argumentierte nach dem oben aufgestellten Grundsatz, dass das Zertifikat lediglich hinsichtlich der Qualität binden sollte, nicht jedoch dahin gehend, ob die Ware überhaupt der *description* entspricht. Vielmehr habe hier ein *aliud* vorgelegen. Der *Court of Appeal* ließ sich allerdings auf diese Argumentation nicht ein und Lord Denning führte aus:

> „The description of goods often includes a statement of their quality. Thus new-laid eggs contains both quality and description all in one. Quality is often part of the description. In this very case the word 'hard' is a word both of quality and of description."

Lassen sich Beschreibung und Qualität teilweise nicht voneinander trennen,[995] so ist das Qualitätszertifikat auch für die Frage bindend, ob die Ware der *description* entspricht.[996]

6.3.6.1.3.4 Ausnahmen der Bindungswirkung

Die Bindungswirkung tritt jedoch nur insoweit ein, wie die Parteien dieses kontrahiert haben. Klärt das Gutachten beispielsweise Fragen, die außerhalb des Aufgabenbereichs der zertifizierenden Stelle liegen, so sind diese Feststellungen nicht bindend.[997]

Ansonsten verliert das Zertifikat nur dann seine Bindungswirkung, wenn es entweder vom Aussteller widerrufen wird,[998] arglistig falsch ausgestellt wurde[999]

---

994 Alfred C. Toepfer v. Continental Grain Co [1974] 1 Lloyd's Rep. 11; siehe aber auch Total International Ltd. v. Addax B.V. [1996] 2 Lloyd's Rep. 333, 341 (QBD) für den Fall, dass "usual Dakar refinery quality" vereinbart wird. Dieses sei nicht Bestandteil der description.

995 Diese Rechtsprechung lässt sich jedoch nicht auf den obigen Fall des Erdnussöls übertragen. Dort wurden nur einzelne Parameter hinsichtlich der Qualität analysiert. Diese waren jedoch so unpezifisch, dass sie nichts über die description der Ware aussagten. Daher trat in dem Fall keine Bindungswirkung ein.

996 Gill & Duffus S.A. v. Berger & Co Inc. [1984] 1 Lloyd's Rep. 227, 233 (H.L.).

997 British Shipbuilders v. VSEL Consortium Plc. [1997] 1 Lloyd's Rep. 106, 109 (Ch. Div.), per Lord Lightman.

998 Klotz, International sales agreements, S. 108.

999 Vgl. Gray v. T.P. Bennett & Son (1987) 43 B.L.R. 63 für den Fall eines Bauvorhabens.

oder nicht in der vertraglich vorgesehen Art und Weise zustande gekommen ist. Letzteres ist dann der Fall, wenn der Gutachter von seinen Anweisungen wesentlich abweicht. Dann bindet das Zertifikat die Parteien nicht.[1000] So heißt es in der Entscheidung *British Shipbuilders v. VSEL Consortium plc*:[1001]

> „If the expert in making his determination goes outside his remit, eg by determining a different question from that remitted to him or in his determination falls to comply with any conditions which the agreement requires him to comply with in making his determination, the court may set his decision aside."

Dabei ist grundsätzlich jede Abweichung relevant, es sei denn dass sie als belanglos charakterisiert werden könnte.[1002] Wird beispielsweise nur ein Teil der gesamten Warenmenge analysiert, so fragt sich, ob das Zertifikat trotzdem wirksam ist. In *Gill & Duffus S.A. v. Berger & Co. Inc.*[1003] wurden insgesamt 500 Tonnen *„Argentine bolita beans - 1974 crop CIF Le Havre*" verkauft. Die Ware sollte durch das Unternehmen GSC analysiert werden. Das Analysenzertifikat wurde allerdings auf Basis von 445 Tonnen erstellt, da 55 Tonnen fälschlicherweise nach Rotterdam weiterverschifft wurden. Der Käufer wies die gesamte Ladung zurück, da nicht die vollständige Menge analysiert wurde. Die Analyse einer Mindermenge kann jedoch nicht automatisch dazu führen, dass das Zertifikat unverbindlich ist. Dieses kommt nur dann in Betracht, wenn er nachweisen kann, dass das Zertifikat bei Beachtung der vollständigen Menge nicht erteilt worden wäre,[1004] da gewisse Grenzwerte dann beispielsweise überschritten worden wären.

Anders mag es hingegen aussehen, wenn das Zertifikat durch eine andere als die im Vertrag vereinbarte Agentur das Zertifikat ausstellt. Dieses ist dann nicht

---

1000 British Shipbuilders v. VSEL Consortium Plc. [1997] 1 Lloyd's Rep. 106, 109 (Ch. Div.), per Lord Lightman; vgl. auch Veba Oil Supply and Trading GmbH v. Petrograde Inc. ("The Robin") [2002] C.L.C. 405 (CA): Hier bestand zudem die Besonderheit, dass der Vertrag sogar ausdrücklich festschrieb „final and binding for both parties save fraud or manifest error"; Dazu auch KG Bominflot Bunkergesellschaft für Mineralöle mbH v. Petroplus Marketing AG ("The Mercini Lady") [2010] 2 C.L.C. 637, 641 f. (CA); Veba Oil Supply and Trading GmbH v. Petrograde Inc. ("The Robin") [2002] C.L.C. 405 (CA); vgl. auch Davies, Shipping and Trade Law ((1) 2001, 1, 2.

1001 British Shipbuilders v. VSEL Consortium Plc. [1997] 1 Lloyd's Rep. 106, 109 (Ch. Div.), per Lord Lightman.

1002 Veba Oil Supply and Trading GmbH v. Petrograde Inc. ("The Robin") [2002] C.L.C. 405 (CA) per Simon Brown and Tuckey L.J.J; Jones v. Sherwood Computer Services Plc. [1992] 1 W.L.R. 277, 287 (CA) per Dillon LJ: "departed from his contractual instructions in a material respect"; Lewison, The interpretation of contracts, S. 415.

1003 Gill & Duffus S.A. v. Berger & Co Inc. [1984] 1 Lloyd's Rep. 227 (H.L.).

1004 Vgl. auch Alfred C. Toepfer v. Continental Grain Co [1974] 1 Lloyd's Rep. 11.

bindend.[1005] Das resultiert aus der Tatsache, dass die Zertifikate meist die einzige Entscheidungsgrundlage für den Käufer sind, die Zahlung zu veranlassen oder die Ware zurückzuweisen. Er hat daher ein Interesse daran, die Ware nur durch eine anerkannte und vertraglich festgelegte Agentur begutachten zu lassen.

6.3.6.1.4 Zwischenergebnis und Rechtsvergleich

Sowohl die Einheitsbedingungen als auch die GAFTA-Kontrakte sehen detaillierte Bestimmungen für die Probenahme und deren Analyse vor. Ohne diese vertraglichen Bestimmungen verbliebe nach deutschem Recht nur die gesetzliche Obliegenheit des Käufers, die Ware nach § 377 HGB oder Art. 38 Abs. 1 CISG zu untersuchen. Inhaltlich unterscheiden sich beide Kontrakte kaum; wenn überhaupt nur in der Anzahl der zu ziehenden Proben. Der Prüfer darf nach den englischen Kontrakten aber nur aus einem GAFTA-internen Register stammen, was die Wahl der Parteien einschränkt und das Monopol der Londoner Organisation verstärkt. Zudem sind die Prüfgesellschaften dort von vornherein vertraglich festgehalten, wohingegen die Parteien nach den Einheitsbedingungen in ihrer Wahl freier sind.

Bei den Analysezertifikaten handelt es sich im deutschen Recht um ein Schiedsgutachten im engeren Sinne und nicht um einen Schiedsspruch,[1006] da ein Dritter – hier die Prüfstelle – über zweifelhafte Tatsachen – hier die Warenqualität – mit materiellrechtlicher Wirkung entscheiden soll.[1007] Insofern sind die §§ 317 ff. BGB analog[1008] anzuwenden. Das führt dazu, dass auch § 319 BGB entsprechende Anwendung findet. Das Schiedsgutachten ist danach nur eingeschränkt überprüfbar und kann nur im Falle offenbarer Unbilligkeit oder Unrich-

---

1005 Kollerich & Cie S.A. v. State Trading Corp of India [1979] 2 Lloyd's Rep. 442, 449; aff. [1980] 2 Lloyd's Rep. 32: Hier sollte die Inspektion durch eine von zwei Agenturen ausgeführt werden. Der Verkäufer benannte einer der Agenturen, die das Zertifikat jedoch nicht selbst ausstellte sondern diese Aufgabe delegierte. Das Gericht hielt das Zertifikat daher nicht für bindend; vgl. auch Ess v. Truscott [1837] 2 M. & W. 385; Jones v. Jones [1971] 1 W.L.R. 840 und Equitable Trust Co. of New York v. Dawson Partners Ltd. [1927] 24 Ll. L. Rep. 261; Guest, Benjamin's sale of goods, Rn. 19–67.

1006 So wohl auch OLG Hamburg HRR 1930 Nr. 2086: Die Rede ist nur von einem Sachverständigengutachten; Rabel, Das Recht des Warenkaufs, S. 205.

1007 Siehe zur Bindungswirkung von Feststellungen durch Dritte auch RG WarnRspr. 1915 Nr. 57; HGB-Großkommentar-Brüggemann, § 377 HGB, Rn. 99.

1008 Vgl. RGZ 96, 57, 60; BGH LM § 317 Nr. 7.

tigkeit[1009] verworfen werden. Eine offenbare Unrichtigkeit liegt jedoch erst dann vor, wenn sich die Fehler einem sachkundigen und unparteiischen Dritten aufdrängen müssen und das Ergebnis dadurch maßgeblich beeinflusst wird.[1010] Dieses entspricht der Rechtslage nach dem *common law*. Hier tritt ist die Bindungswirkung nur dann zu verneinen, wenn ein wesentlicher Verfahrensfehler vorliegt. Beides wird freilich selten der Fall sein.

Im UN-Kaufrecht ist der Käufer normalerweise nach Art. 38 Abs. 1 CISG zur Untersuchung der Ware verpflichtet. Die Parteien können jedoch eine gemeinsame Untersuchung, wie nach den *GAFTA Sampling Rules*, vereinbaren. Auch eine neutrale Prüfstelle kann mit dieser Pflicht betraut werden.[1011] Ist das der Fall, so ist die Untersuchungspflicht des Käufers abbedungen.[1012] Inwieweit das Gutachten der Prüfstelle die Parteien auch bei Unrichtigkeit bindet, wird nicht ausdrücklich durch das CISG bestimmt. Richtigerweise ist das durch Auslegung der Vereinbarung zu ermitteln. Dabei darf das so herbeigeführte Maß an Rechtssicherheit nicht dazu führen, dass die tatsächliche Sachlage vorschnell übergangen wird. Eine Bindungswirkung bei objektiver Falschheit wir daher nur dann anzunehmen sein, wenn das Zertifikat ausdrücklich als letztverbindlich angesehen wird.[1013] Lässt sich ein derartiger Wille nicht ermitteln, so ist für diese Frage der Bindungswirkung von Schiedsgutachten auf die *lex causae* abzustel-

---

1009 Siehe auch Loock/Straatmann, Handelsrechtliche Schiedsgerichts-Praxis, Schiedsspruch B4 Nr. 22; beachte aber auch OLG Hamburg HRR 1930 Nr. 2086: Hiernach sollten grundsätzlich weitere Beweismittel zugelassen sein, um die Unrichtigkeit des Zertifikates nachzuweisen, wenn die Feststellungen alleine vom überseeischen Käufer durchgeführt werden.

1010 BGHZ 43, 374, 376; BGHZ 81, 229, 237; BGH NJW 1979, 1885, 1886; BGH WM 1986, 1384, 1385; Heymann-Horn, Einleitung IV HGB, Rn. 49.

1011 Staudinger-Magnus, Art. 38 CISG, Rn. 15 f.; Schlechtriem/Schwenzer-Schwenzer, Art. 38 CISG, Rn. 10; Enderlein/Maskow/Strohbach, Internationales Kaufrecht, Art. 38 Rn. 1.

1012 ICC International Court of Arbitration, 01.06.1999, CISG-online Nr. 705; HGB-Großkommentar-Brüggemann, § 377 HGB, Rn. 99 weist für das deutsche interne Recht hingegen darauf hin, dass das Analysezertifikat Tatbestandsvoraussetzung für die Mängelgewährleistung sei und insofern nichts mit der Rügeverpflichtung zu tun habe. So auch Tribunale di Appello di Lugano, 15.01.1998, UNILEX Nr. 12.97.00193: Hier wurde das Qualitätszertifikat lediglich als notwendig erachtet, um die Zahlung unter dem Akkreditiv zu erlangen. Die Mängelrechte des Käufers sollten dadurch nicht präkludiert werden.

1013 Nach ICC International Court of Arbitration, 01.06.1999, CISG-online Nr. 705 ist von einer absoluten Bindungswirkung immer dann auszugehen, wenn sich beide Parteien auf eine neutrale Prüfstelle einigen, die über die Qualität letztverbindlich entscheiden soll.

len. Die Einschränkung des internationalen Entscheidungseinklangs ist hinzunehmen, da sich dem CISG insoweit keine allgemeinen Grundsätze entnehmen lassen.

Abgesehen von der verkäuferfreundlichen Kostenregelung der Einheitsbedingungen, lässt sich kein relevanter Unterschied der Kontrakte erkennen. Die Parteien sollten sich aber bewusst sein, dass die GAFTA-Verträge ein starres Gerüst für Proben und Analyse vorgehen, während den Parteien nach den Einheitsbedingungen mehr Spielraum bleibt.

6.3.6.2 Ursprungszeugnis (certificate of origin)

Nur wenige Verträge der GAFTA sehen vor, dass der Verkäufer ein Ursprungszeugnis *(certificate of origin)* beigebracht werden muss. Dieses sind amtliche Bescheinigungen darüber, in welchem Land eine Ware erzeugt wurde. So ordnet lediglich GAFTA No. 120 für die Verschiffung von thailändischem Reis an, dass die Zahlung nur gegen Vorlage eines Ursprungszeugnisses erfolgen muss.[1014] In diesen Fällen ist das Zertifikat vom Exporteur zu organisieren.[1015] Häufig erfahren Waren aus bestimmten Ländern bei der Verzollung eine bevorzugte Behandlung (sogenannte Präferenzzollsätze). Die Ursprungszeugnisse dienen dann als Nachweis für die vereinfachte Behandlung. Teilweise werden diese aber auch dafür benötigt, um Quotenregelungen hinsichtlich bestimmter Rohstoffe im Importland zu überprüfen oder um ein Akkreditiv zu eröffnen.[1016] In Ermangelung einer Vereinbarung hat nach internationalem Handelsbrauch in der Regel der Käufer die Kosten für die Ausstellung des Ursprungszeugnisses zu tragen,[1017] da nur er dieses für den Import benötigt.

Unter den Einheitsbedingungen muss der Verkäufer nur dann ein Ursprungszeugnis beibringen, wenn dieses vom Käufer angefordert wurde und es nach der Sachlage alleinig von ihm beschafft werden kann, da nur er beispielsweise nötige Angaben machen oder Anträge stellen kann, vgl. § 59 Abs. 5 EB.

Auch nach Art. 30 CISG hat der Verkäufer nicht nur die Dokumente beizubringen, die der Käufer benötigt, um die Ware in Besitz zu nehmen, sondern auch die sonst im Zusammenhang mit der Ware stehenden Dokumente. Damit sind die Ursprungszeugnisse nicht per se anzudienen. Welche das genau sind,

---

1014 2006 Contract for Thai Rice, FOB Terms, No. 120 cl. 13 lit. a.

1015 2000 GAFTA „General Contract for Feedingstuffs in Bags or Bulk" – FOB Terms, No. 119 cl. 12; die aktuelle Version von 2007 sieht hingegen die Bereitstellung einer Exportlizenz vor.

1016 Klotz, International sales agreements, S. 105.

1017 Klotz, International sales agreements, S. 105.

folgt erst aus der Vertragsauslegung (oder einer entsprechenden Abrede). Ein Ursprungszeugnis muss daher dann geliefert werden, wenn dieses für den Käufer erkennbar von Bedeutung ist und dieser sich das Zeugnis nicht unschwer selber ausstellen lassen kann.[1018]

6.4 Die Lieferung beim CIF Geschäft

6.4.1 Die Pflicht zur Verschiffung *(shipment)*

6.4.1.1 Vertragliche Ausgestaltung und Grundlagen

Bei der Frage, wann der Verkäufer seine Lieferpflicht erfüllt hat, sind denklogisch zwei Zeitpunkte zu unterscheiden. Einerseits kann es ausreichen, dass er die Ware dem Beförderer übergibt, also *ablädt*. In diesen Fällen wird ein sogenanntes Übergabekonnossement ausgestellt. Möglicherweise muss der Verkäufer die Ware auch an Bord bringen lassen. Dann ist von *Verschiffung* die Rede und es wird ein Bordkonnossement ausgestellt.

Nach englischem Recht muss der CIF-Verkäufer die kontrahierte Ware verschiffen *(shipment)*.[1019] Die Verschiffung ist erst dann erfolgt, wenn die Ware an Bord geliefert wurde.[1020] Dafür räumen die Kontrakte dem Verkäufer einen Verschiffungszeitraum ein. Es reicht daher nicht aus, die Ware innerhalb der Frist lediglich am Kai zu übergeben. Alternativ kann der Verkäufer seine Lieferpflicht dadurch erfüllen, dass er von einem Dritten abgeladene Ware kauft und dem Käufer Dokumente andient, aus denen sich ergibt, dass die Ware innerhalb des vereinbarten Zeitraumes von dem Dritten verschifft wurde. Hinsichtlich des Verschiffungszeitraumes heißt es in GAFTA 100:[1021]

> "PERIOD OF SHIPMENT- as per bill(s) of lading dated or to be dated .... The bill(s) of lading to be dated when the goods are actually on board. Date of the bill(s)

1018 Vgl. BGH, 03.04.1996, CISG-online Nr. 135; Audiencia Provincial de Barcelona 12.02.2002 CISG-online Nr. 1324; Grunewald/Gernhuber, Handbuch des Schuldrechts in Einzeldarstellungen, § 6 v. Rn. 48; strenger wohl Schlechtriem, Internationales UN-Kaufrecht, S. 96. Siehe auch zur Frage einer wesentlichen Vertragsverletzung BGHZ 132, 290, 301.

1019 Siehe oben Seite 11.

1020 Suzuki & Co. v. Burgett & Newsam [1922] zitiert nach Wüstendörfer, HansRZ 1926, 482, 488; Sassoon, C.I.F. and F.O.B. contracts, Rn. 52; Wüstendörfer, HansRZ 1926, 482, 488.

1021 Cl. 6 GAFTA 100.

of lading shall be accepted as proof of date of shipment in the absence of evidence to the contrary."

Damit steht es den Parteien frei, einen kalendermäßigen Zeitraum für die Abladung zu bestimmen. Wann der Verkäufer ablädt, steht in seinem Belieben. Er kann den Zeitraum vollständig ausnutzen, sodass er auch dann keinen Vertragsbruch begeht, wenn die Lieferung erst gegen Ende des Zeitraumes unmöglich wird.[1022] Kommt es zum Streit über die Rechtzeitigkeit der Abladung, geschieht der Beweis der Verschiffung mittels des Bordkonnossements. Daher bestimmen die Kontrakte – wie auch in obiger Klausel – dass das Konnossement *prima facie* als Beweis für die Einhaltung der Leistungszeit gilt. Der Gegenbeweis wird allerdings zugelassen.

6.4.1.2 Rechte des Käufers bei Nichtlieferung

Die Abladezeit ist nach dem *common law* Bestandteil der *description* der Ware.[1023] Wird die Ware verspätet abgeladen, so stimmt sie nicht mehr mit der vertraglich vereinbarten *description* überein. Daher liegt ein *breach of condition* vor und der Käufer kann vom Vertrag zurücktreten und Schadensersatz verlangen.[1024] Für die weiteren Rechtsfolgen greift dann die *default clause*, auf die an späterer Stelle[1025] noch gesondert eingegangen werden soll.

6.4.1.3 Rechtsvergleich

6.4.1.3.1 Deutsches Recht / Einheitsbedingungen

Aus deutscher Sicht wird zwischen Abladung, Verladung und Verschiffung differenziert. Sind Abladung oder Verladung ausbedungen, so muss der Verkäufer in der jeweiligen Zeitspanne die Ware nur an das Transportunternehmen übergeben. Die fristgerechte Übergabe weist er dann durch ein Übernahmekonnossement nach. Bei Verschiffung sind – in Übereinstimmung mit der englischen Verpflichtung zum *shipment* – die Verladung der Ware und ein Bordkonnossement geschuldet, vgl. § 642 Abs. 1 HGB.[1026] Da die drei Begriffe trotz ihrer un-

---

1022 Re Anglo-Russian Merchant Traders Ltd. v. John Batt & Co. (London) Ltd. [1917] 2 K.B. 679, 688 (CA); Chitty/Guest, Chitty on contracts, Bd. 2, Rn. 19-013.

1023 Siehe oben Seite 126 ff.

1024 Zu alledem siehe oben Seite 126 ff.

1025 Siehe unten Seite 359 ff.

1026 Siehe auch BGH WM 1963, 1185; HGB-Großkommentar-Koller, vor § 373 HGB, Rn. 19.

terschiedlichen Bedeutung oft synonym benutzt werden,[1027] verzichten die Einheitsbedingungen auf diese. Sie legen vielmehr fest, dass der Verkäufer mit der Einladung in das Schiff erfüllt, also Verschiffung schuldet (vgl. § 52 Abs. 1 EB).

Auch hier gilt das Datum des Konnossements als Beweis für den Zeitpunkt der Verladung, wobei der Gegenbeweis statthaft bleibt, vgl. § 52 Abs. 1 EB.[1028] Auch nach deutscher Auffassung hat der Schuldner das Recht, die ausbedungene Zeitspanne vollständig auszunutzen. Fälligkeit tritt erst am Ende des Leistungszeitraumes auf. Dieses stellt auch § 52 Abs. 3 EB klar. Dort heißt es, dass der Verkäufer bis zum Ende der vereinbarten Frist erfüllen muss, bevor die Rechte wegen einer Nichterfüllung geltend gemacht werden können. Vor Beginn des Verladezeitraumes darf der Verkäufer jedoch nicht leisten, da bei Massengütern die Vermutung des § 271 Abs. 2 BGB regelmäßig widerlegt sein dürfte.[1029]

Verschifft der Verkäufer die Ware nicht im ausbedungenen Zeitraum, so kommt er nach § 18 Abs. 1 EB in Verzug. Die verspätete Verschiffung macht die Ware, anders als im englischen Recht[1030], nicht zu einem *aliud*. Der Käufer muss in diesen Fällen regelmäßig eine Nachfrist setzen (§ 18 Abs. 2 EB). Anschließend können die Rechte nach § 19 EB geltend gemacht werden, sodass Rücktritt, Schadensersatz statt der Leistung oder eine Preisfeststellung in Betracht kommen.

Eine Nachfrist ist nur dann entbehrlich, wenn ein Fixgeschäft nach § 18 Abs. 9 lit. b EB vorliegt. Ein solches besteht immer dann, wenn auch die Voraussetzungen des § 376 HGB vorliegen, die Parteien also vereinbart haben, dass der Vertrag mit der rechtzeitigen Erfüllung stehen oder fallen soll. Nach den Einheitsbedingungen führt die Angabe eines Liefertermins für sich genom-

---

1027 Vergleiche zu den Unsicherheiten bezüglich dieser Begriffe Sieveking, Die Geschäftsbedingungen des Waren-Vereins der Hamburger Börse e.V., § 39 WVB Rn. 1.

1028 Starck, Kommentar zu den Einheitsbedingungen im deutschen Getreidehandel, S. 89. Ein derartiger Gegenbeweis ist insbesondere praktisch relevant. So kommt es vor, dass Konnossemente rückdatiert werden, damit diese – trotz verspäteter Verschiffung – noch den Akkreditivbedingungen entsprechen. Der Ablader stellt dann meist eine Freihalteerklärung zugunsten des Reeders aus. Fallen die Preise, so wird der Käufer versuchen dieses aufzudecken und den Beweis zu erbringen, dass die Güter außerhalb der Verschiffungsperiode verschifft wurden.

1029 Starck, Kommentar zu den Einheitsbedingungen im deutschen Getreidehandel, S. 80; ebenso Sieveking, Die Geschäftsbedingungen des Waren-Vereins der Hamburger Börse e.V., § 39 WVB Rn. 4 für die WVB.

1030 Dazu siehe oben Seite 126 f.

men noch nicht zu einem Fixgeschäft.[1031] Die Parteien müssen dafür explizit vereinbaren, dass der Leistungszeit Fixcharakter zukommt (beispielsweise durch den Zusatz „fix").

Fraglich ist, ob, beim CIF-Geschäft dem Abladedatum auch ohne gesonderte Abrede ein Fixschuldcharakter zukommt, sodass der Käufer auch ohne vorherige Fristsetzung (vgl. § 18 Abs. 9 lit. b EB) die Rechte des § 19 EB geltend machen kann. Für das direkte Abladegeschäft gilt nach deutscher Auffassung, das die Verwendung von CIF und FOB Klauseln im Überseekauf für sich genommen noch nicht zu einem Fixgeschäft führt. Wird allerdings zusätzlich ein fester Abladetermin vereinbart, so spricht nach der Rechtsprechung zumindest im Rohproduktenhandel[1032] eine Vermutung dafür, dass die Parteien ein Fixgeschäft vereinbaren wollten, sodass der Käufer auch ohne Fristsetzung seine Nichterfüllungsrechte geltend machen kann.[1033] Das folgt aus daraus, dass die Märkte dort oft sehr volatil sind. Eine verzögerte Abladung kann erhebliche Auswirkungen auf den kalkulierten Gewinn des Käufers haben. Die Parteien sind daher meist an einer zügigen Erfüllung interessiert, sodass bei der Vereinbarung eines festen Abladetermins unter CIF-Kontrakten regelmäßig ein Fixgeschäft vorliegt. Das entspricht auch der Regelung in den WVB. Dort wird angeordnet, dass alle Abladegeschäfte hinsichtlich der rechtzeitigen Abladung ein Fixgeschäft sind (§ 39 Abs. 4 WVB).

Ob diese Auffassung auch unter den Einheitsbedingungen gilt, ist fraglich. Eine ausdrückliche Anordnung wie in § 39 Abs. 4 WVB fehlt. Auch führt die Vereinbarung eines CIF-Geschäftes mit festem Abladetermin nicht zu zu der Vermutung, dass die Abladung nach § 18 Abs. 9 lit. b EB zur Fixschuld wird. Denn § 52 Abs. 3 EB legt für CIF-Kontrakte ausdrücklich fest, dass bei verspäteter Erfüllung dem Nichtsäumigen Rechte wegen Nichterfüllung erst nach Ablauf der in § 18 EB vorgesehenen Nachfrist zustehen. Würde jedoch bei jedem CIF-Kontrakt die Nachfrist nach § 18 Abs. 9 lit. b. EB schon deswegen entbehrlich sein, weil auf Basis CIF kontrahiert wurde, so wäre § 52 Abs. 3 EB überflüssig, da faktisch nie eine Frist gesetzt werden muss. Unter Einheitsbedingun-

---

1031 Starck, Kommentar zu den Einheitsbedingungen im deutschen Getreidehandel, S. 98; siehe für die WVB Sieveking, Die Geschäftsbedingungen des Waren-Vereins der Hamburger Börse e.V., § 17 Rn. 18.

1032 Nach BGH NJW 1959, 933 ist daher außerhalb des Handels mit Massengütern daher regelmäßig keine Fixschuld anzunehmen.

1033 RGZ 30, 59, 60; RG WarnRspr. 1916 Nr. 216; OLG Karlsruhe VersR 1975, 1042, 1043 (zu einem FOB Geschäft); OLG Hamburg RIW/AWD 1981, 262, 264 mit Anm. Kronke (FOB-Geschäft); HGB-Großkommentar-Koller, § 376 HGB, Rn. 7; Sieveking, Die Geschäftsbedingungen des Waren-Vereins der Hamburger Börse e.V., § 39 WVB Rn. 8.

gen muss daher bei unterbliebener Abladung immer eine Frist nach § 18 Abs. 3 EB gesetzt werden, bevor ein Rücktritt erfolgen kann.

Fraglich ist jedoch, ob § 52 Abs. 3 EB auch dann anwendbar ist, wenn ein indirektes Abladegeschäft vorliegt. Beim indirekten Abladegeschäft lädt der Verkäufer weder selbst, noch durch einen Erfüllungsgehilfen (§ 278 BGB) ab. Stattdessen kauft er Ware ein, die zuvor von einem Dritten abgeladen wurde. Er dient sodann die Dokumente über diese fremde Abladung an.[1034] Das indirekte Abladegeschäft scheint von § 52 Abs. 1 EB aber nicht geregelt zu werden. Der § 52 Abs. 1 S. 1 EB spricht nämlich davon, dass der Verkäufer beim CIF-Geschäft damit erfüllt, dass *er* die Ware in das Schiff einlädt:

> „Wird auf Verladung verkauft, so erfüllt der Verkäufer mit der Einladung in das Schiff."

Lädt der Verkäufer die Ware selber ab, so liegt ein direktes Abladegeschäft vor. Der § 52 Abs. 1 S. 1 EB erfasst daher nur das direkte Abladegeschäft, nicht aber das indirekte Abladegeschäft, bei dem der Verkäufer lediglich Dokumente über eine fremde Abladung andient. Das entspricht auch der Entstehungsgeschichte der Einheitsbedingungen. Diese erfassen primär den innerdeutschen Handel, der meist zwischen Landwirten, Ölmühlen und Zwischenhändlern stattfindet. Transporte über Wasser finden, wenn überhaupt, meist nur mit Binnenschiffen statt. Dort sind die Transportwege regelmäßig kurz. Daher gibt es häufig keinen Markt für abgeladene Ware, die während des Transportes weitergehandelt wird. Anders ist das hingegen im Überseegeschäft. Wegen der weiten Transportwege kann die Ware bis zur Ankunft mehrfach weitergehandelt werden.[1035] Das indirekte Abladegeschäft ist im Binnenhandel daher kaum anzutreffen und demnach auch nicht von § 52 EB erfasst.[1036]

Ausnahmsweise kann es auch unter Einheitsbedingungen Transporte unter Einschluss einer Seestrecke geben. Wenn überhaupt werden das meist jedoch nur grenznahe Länder sein. Die praktische Bedeutung dürfte indes gering sein. Lädt der Verkäufer in diesen Fällen nicht selber ab (indirektes Abladegeschäft),

---

1034 Siehe auch oben Seite 11.

1035 Siehe unten Seite 415 ff.

1036 Das bedeutet allerdings nicht, dass der Verkäufer unter Einheitsbedingungen lediglich Ware aus eigener Abladung andienen darf. Es ist allgemeiner Grundsatz, dass der CIF-Verkäufer auch Dokumente über Ware aus fremder Abladung andienen darf. Aus § 52 Abs. 1 EB folgt wohl nicht das Gegenteil. Um keine Unklarheiten aufkommen zu lassen, regelt § 33 WVB daher ausdrücklich, dass eine Drittabladung zulässig ist. Eine Beschränkung kann sich aber dann ergeben, wenn der Verkäufer nach Vertragsauslegung gerade eigene Ware schuldet, beispielsweise weil er Urerzeuger ist. Dann folgt aus dem Kaufvertrag, dass er lediglich eigene Abladung andienen darf.

so findet aus obigen Erwägungen § 52 Abs. 3 EB keine Anwendung. Vielmehr gelten die allgemeinen Regeln und Usancen. Ob der Käufer beim indirekten Abladegeschäft eine Frist zur Andienung kontraktlicher Dokumente setzen muss, ist umstritten. Früher wurde angenommen, dass eine Fristsetzung kraft Handelsbrauches beim indirekten Abladegeschäft entbehrlich sei.[1037] Diese Ansicht dürfte aber überholt sein, da sich ein derartiger Handelsbrauch auch im Hinblick auf viele divergierende Schiedsgerichtsentscheidungen nicht nachweisen ließ.[1038] Demnach dürfte es beim allgemeinen Grundsatz des deutschen Leistungsstörungsrechts bleiben, dass zunächst eine Frist zur zweiten Andienung gesetzt werden muss.[1039] Innerhalb dieser Frist kann der Verkäufer noch kontraktliche Dokumente besorgen. Wie lang die Nachfrist zu bemessen ist, richtet sich nach § 18 Abs. 2 EB. Das gilt nicht wegen des Verweises in § 52 Abs. 3 EB, da dieser nur für das direkte Abladegeschäft gilt. Jedoch ist nach § 18 EB jede unterbliebene Erfüllung zu benachfristen.

6.4.1.3.2 UN-Kaufrecht

Im UN-Kaufrecht richtet sich der Lieferzeitpunkt nach Art. 33 lit. b CISG. Wird ein Zeitraum für die Verschiffung ausbedungen, so kann der Verkäufer jederzeit innerhalb dieser Zeitspanne liefern, wenn nicht die Umstände ergeben, dass der Käufer den Lieferzeitpunkt aussuchen soll. Da der CIF-Verkäufer das Schiff chartert, ist es jedoch regelmäßig an ihm, den genauen Verschiffungszeitpunkt zu wählen, da dieser von der Ankunft des Seeschiffes im Verladehafen abhängt.

Ob der Verkäufer Abladung oder Verschiffung erbringen muss, ergibt sich aus Art. 31 lit. b CISG. Demnach schuldet der Verkäufer die Übergabe an den ersten Beförderer zur Übermittlung. Ist der erste Beförderer auch für den Seefrachttransport zuständig, so schuldet der Verkäufer lediglich die Übergabe an

---

1037 OLG Hamburg HansGZ 1924 Hauptbl. 80; Loock/Straatmann, Handelsrechtliche Schiedsgerichts-Praxis, Schiedsspruch J 5a Nr. 56; J 5a Nr. 68 (Kaffeehandel); J 5a Nr. 17 (Häute und Felle); differenzierend Haage, Das Abladegeschäft, S. 94 f. jedenfalls für die unrichtige Dokumentenandienung, weil beispielsweise ein falsches Abladedatum aus dem Konnossement folgt.

1038 Sieveking, Die Geschäftsbedingungen des Waren-Vereins der Hamburger Börse e.V., § 45 WVB Rn. 1.

1039 So auch Nolte, ZHR (89) 1926, 1, 103; Loock/Straatmann, Handelsrechtliche Schiedsgerichts-Praxis, Schiedsspruch J 5a Nr. 10 mit Anm. Timmermann; J 5a Nr. 11; J 5a Nr. 25; Soergel-Huber, § 433 BGB, Anh. III Rn. 32. Ebenso wohl Sieveking, Die Geschäftsbedingungen des Waren-Vereins der Hamburger Börse e.V., § 45 WVB Rn. 1 ff.

ihn, damit also Abladung.[1040] Insofern wird in der Konsequenz nach Art. 30 CISG ein Übernahmekonnossement geschuldet. Meist wird jedoch noch ein Transport zum Hafen nötig sein. In diesen Fällen ist die Lieferpflicht schon dann erfüllt, wenn die Ware dem ersten Beförderer ausgehändigt wird – was auch der Spediteur iSd §§ 453 ff. HGB sein kann.[1041] Wird jedoch ein CIF-Geschäft vereinbart, so werden diese Regelungen durch die INCOTERMS modifiziert. In diesen Fällen muss der Verkäufer die Ware an Bord bringen[1042] – er schuldet also Verschiffung.

Dient der Verkäufer unter dem CISG vertragswidrige Dokumente an, beispielsweise weil das Konnossement ein falsches Abladedatum ausweist,[1043] so liegt darin eine Vertragsverletzung iSd Art. 45 CISG.[1044] Der Käufer kann daher Schadensersatz verlangen. Der Verkäufer hat aber gem. Art. 34 S. 2, 3 CISG ein grundsätzliches Recht zur zweiten Andienung, wenn er die Dokumente vorzeitig übergeben hat. Ab dem Zeitpunkt, zu dem die Dokumente spätestens zu übergeben waren, gilt für eine zweite Andienung nur noch Art. 48 CISG. Eine solche ist dann nur noch möglich, wenn die nachgeholte Leistung nicht zu einer unzumutbaren Verzögerung führt.

Eine Vertragsaufhebung kommt hingegen nicht ohne Weiteres in Betracht. Eine wesentliche Vertragsverletzung bei der Andienung kontraktwidriger Dokumente liegt nach dem UN-Kaufrecht nämlich nur dann vor, wenn dem Käufer durch die Fehlerhaftigkeit der Dokumente im Wesentlichen das entgeht, was er nach dem Vertrag erwarten durfte.[1045] Kann der Käufer die Ware auch ohne die

---

1040 Teilweise wird allerdings betont, dass der Verkäufer im Zweifel die Ware auch in das Transportmittel zu laden haben, vgl. Staudinger-Magnus, Art. 31 CISG, Rn. 21. Folgt man dieser Ansicht, so würde der Verkäufer auch demnach Verschiffung und nicht lediglich die Abladung schulden. Wie hier jedoch Honsell-Karollus, Art. 31 CISG, Rn. 15.

1041 AG Albstadt, IPRax 1989, 247 – jedenfalls für den Fall, dass der Spediteur die Beförderung selbst teilweise ausführt; Schlechtriem/Schwenzer-Widmer, Art. 31 CISG, Rn. 20, 25; Bianca/Bonell, Commentary on the international sales law, Art. 31 Rn. 2.4; Al-Deb'i, Überseekauf und Abladegeschäft, S. 127; Achilles, Kommentar zum UN-Kaufrechtsübereinkommen (CISG), Art. 31 CISG Rn. 4; Honsell-Karollus, Art. 31 CISG, Rn. 18; einschränkend Staudinger-Magnus, Art. 31 CISG, Rn. 18; Herber/Czerwenka, Internationales Kaufrecht, Art. 31 CISG Rn. 6.

1042 Vgl. A4 CIF-INCOTERMS 2010.

1043 Honsell-Karollus, Art. 34 CISG, Rn. 11.

1044 BGH NJW 1996, 2364, 2366; Al-Deb'i, Überseekauf und Abladegeschäft, S. 144; Staudinger-Magnus, Art. 34 CISG, Rn. 9.

1045 BGH NJW 1996, 2364, 2366; HGB-Großkommentar-Koller, § 346 HGB, Rn. 225; Witz/Salger-Witz, Art. 34 CISG, Rn. 10; Honsell-Karollus, Art. 34 CISG, Rn. 12.

richtigen Dokumente absetzen, so wird eine wesentliche Vertragsverletzung regelmäßig abzulehnen sein. Kauft der Käufer also „November-Abladung“, dient der Verkäufer aber ein Dokument über eine „Dezember-Abladung“ an, so muss der Käufer versuchen, diese weiterzuhandeln. Entsteht ihm dabei ein Verlust, ist dieser gem. Art. 45 Abs. 1 lit. b CISG als Schadensersatz zu ersetzen.

Wird das Konnossement hingegen gar nicht angedient, so führt das dazu, dass der Käufer die Verfügungsmacht über die Ware nicht erhält. Denn die Übertragung des Konnossements ersetzt wegen seiner Traditionswirkung die Übergabe.[1046] In diesen Fällen liegt daher eine Nichtlieferung vor. Spätestens, wenn der Käufer erfolglos eine Nachfrist (analog Art. 49 Abs. 1 lit. b CISG) gesetzt hat, begeht der Verkäufer eine wesentliche Vertragsverletzung, die zum Rücktritt berechtigt.[1047]

Diese Ansicht entspricht dem Dogma des UN-Kaufrechts, eine Vertragsaufhebung erst als allerletztes Mittel einzusetzen. Zuvor muss der Käufer sich mit seinen anderweitigen Rechtsbehelfen zufriedengeben. Während der Käufer nach dem deutschen Recht beim direkten Abladegeschäft kontraktwidrige Dokumente sofort zurückweisen kann, muss er sich im UN-Kaufrecht weiter am Vertrag festhalten lassen.[1048]

6.4.1.4 Bewertung

Unter allen beteiligten Rechtsordnungen und Kontrakten hat der CIF-Verkäufer die Ware zu verschiffen, also an Bord des Seeschiffes zu bringen. Die dafür vorgesehene Zeitspanne kann er vollständig auszunutzen. Der Beweis der rechtzeitigen Verschiffung wird sowohl nach GAFTA als auch Einheitsbedingungen über das Konnossement erbracht. Das CISG sieht allerdings keine derartige Beweisregel vor, doch wird auch hier das Konnossement maßgebliches (und meist

---

1046 Honsell-Karollus, Art. 34 CISG, Rn. 12.

1047 Schlechtriem/Schwenzer-Widmer, Art. 34 CISG, Rn. 5; Staudinger-Magnus, Art. 34 CISG, Rn. 9; MüKo-Benicke, Art. 34 CISG, Rn. 8.

1048 Anders Witz/Salger-Witz, Art. 34 CISG, Rn. 8, wonach die Grundsätze des Abladegeschäftes gem. Art. 7 Abs. 2 CISG die zweite Andienung einschränken sollen. Richtigerweise dürfte es aber wohl auf Art. 9 CISG ankommen, um den internationalen Entscheidungseinklang beizubehalten. Da sich auch in der Kontraktpraxis ein Recht zur zweiten Andienung durchzusetzen scheint, ist zweifelhaft, ob ein Handelsbrauch dahingehend bejaht werden kann, dass eine zweite Andienung im Abladegeschäft ausscheidet, vgl. auch Honsell-Karollus, Art. 34 CISG, Rn. 17 sowie Schlechtriem/Schwenzer-Widmer, Art. 45 CISG, Rn. 19, der kraft Handelsbrauchs den Grundsatz der Dokumentenstrenge einfordert, dennoch aber eine zweite Andienung zulässt. Siehe auch oben Seite 207 ff.

auch einziges verlässliches) Beweismittel sein. Hinsichtlich der Verpflichtung des CIF-Verkäufers zur Lieferung sind daher keine Abweichungen der Kontraktpraxis zu registrieren.

Ein Unterschied besteht jedoch für den Fall, dass der Verkäufer nicht oder nicht rechtzeitig erfüllt. Nach der grundsätzlichen Dogmatik des deutschen Leistungsstörungsrechts muss der Käufer auch nach den Einheitsbedingungen zunächst eine Nachfrist setzen. Das gilt in jedem Fall beim direkten Abladegeschäft (§§ 52 Abs. 3, 18 Abs. 3 EB). Beim indirekten Abladegeschäft muss der Käufer nach richtiger Ansicht ebenfalls eine Nachfrist setzen (§ 18 Abs. 2 EB). Damit liegt ein bedeutender Unterschied zwischen den GAFTA Kontrakten und den Einheitsbedingungen vor. Während der Käufer nach GAFTA wegen eines *breach of condition* sofort zurücktreten kann, erhält der Verkäufer nach Einheitsbedingungen eine Chance zur zweiten Andienung. Auch nach dem UN-Kaufrecht muss dem Verkäufer die Chance zur zweiten Andienung gegeben werden. Eine wesentliche Vertragsverletzung wird regelmäßig erst dann zu bejahen sein, wenn diese Frist erfolglos verstrichen ist.

6.4.2 Abgabe der Verschiffungsanzeige *(notice of appropriation)*

6.4.2.1 Erscheinungsformen, Sinn und Zweck

Neben der Verschiffung legen fast alle GAFTA-Kontrakte dem Verkäufer als weitere Pflicht die Abgabe einer Verschiffungsanzeige auf.[1049] So heißt es in cl. 10 GAFTA 100:

> "(a) Notice of appropriation shall state the vessel's name, the approximate weight shipped, and the date or the presumed date of the bill of lading."

Das englische Recht kennt die Pflicht zur Abgabe einer solchen Anzeige nicht,[1050] diese folgt erst aus den jeweiligen Kontrakten. Die Verschiffungsanzeige hat mehrere Gründe:

1049 Bridge, The international sale of goods, Rn. 4.22, der allerdings auch darauf hinweist, dass sich nach dem business efficacy test ein implied term ergeben kann, dass eine solche Anzeige vorzunehmen ist; vgl. auch Bradgate/Fennell/White, Commercial law, Rn. 21.3.3.2.

1050 Beim Überseekauf sieht lediglich s. 32(3) SoGA vor, dass der Verkäufer den Käufer über die Verschiffung informieren muss. Dieses dient jedoch zuvörderst dazu, damit der Käufer die Ware eventuell ergänzend versichern kann.

Einerseits dient sie der Zeitersparnis und dem frühen Aufdecken von Vertragsverletzungen. Ob der Verkäufer innerhalb eines vereinbarten Verschiffungszeitraumes die Ware abgeladen hat, kann der Käufer meist erst dann herausfinden, wenn er das Konnossement tatsächlich in seinen Händen hält. Durch die Verschiffungsanzeige werden diese Informationen hingegen schon vorher übermittelt. Zudem kann der Käufer bereits Dispositionen hinsichtlich der Ware treffen. So kann er bereits für die Entladung Vorkehrungen treffen oder die Ware weiterverkaufen, wenn er sie selbst physisch nicht benötigt. Schließlich kann die Notwendigkeit bestehen, die Ware für die Seestrecke ergänzend zu versichern, wenn die CIF-Police des Verkäufers bestimmte Gefahren nicht abdeckt.[1051]

Andererseits wird die Anzeige benötigt, um die Ware dem Vertrag zuzuordnen.[1052] Will der Verkäufer mit eigener – bereits verschiffter – oder von einem Dritten eingekaufter schwimmender Ware erfüllen, so muss dem Käufer angezeigt werden, welche Ware zur Erfüllung dienen soll.

6.4.2.1.1 Konkretisierung (contractual appropriation)

In rechtlicher Hinsicht dient die Verschiffungsanzeige auch der Konkretisierung. Im Rohstoffhandel wird Ware meist anhand einer Gattungsbezeichnung *(description)* verkauft.[1053] Zum Zeitpunkt des Vertragsschlusses steht die konkrete Ware daher noch nicht fest. Vielmehr ist der Verkäufer frei, sich die Ware der vertraglichen *description* aus einer beliebigen Quelle zu beschaffen. Damit liegt eine unbeschränkte Gattungsschuld vor *(unascertained goods)*. Zudem wird der Verkäufer regelmäßig zunächst eine größere Warenmenge verschiffen, die er erst auf dem Transport sukzessive verkauft.[1054] Welcher Käufer welchen Teil erhalten wird, ist bei Verschiffung damit noch unsicher. Um die einzelnen Kaufverträge letztlich zu erfüllen, muss der Verkäufer in beiden Fällen seine Verpflichtung schließlich auf eine konkrete Ware konzentrieren. Anderenfalls wäre es nicht möglich, die Gefahrtragung und den Eigentumsübergang einem spezifi-

---

1051 Nach den INCOTERMS reicht der Abschluss einer sogenannten FPA-Versicherung, die lediglich seefahrtspezifsche Gefahren bei einer Mindestdeckung von 110% abdeckt. Will der Käufer weitergehende Gefahren versichern, wie dieses beispielsweise unter einer ARI-Versicherung möglich ist, oder will er mehr als 10% des imaginären Gewinns abdecken, so muss er die Ware ergänzend versichern. Vgl. dazu Sassoon, C.I.F. and F.O.B. contracts, Rn. 199 und zu der Versicherungspflicht unter GAFTA-Kontrakten unten Seite 439 ff.

1052 Vgl. schon oben.

1053 Vgl. oben Seite 125.

1054 Bridge, The sale of goods, Rn. 3.64.

schen Gut zuzuordnen. Gerade wenn der Verkäufer mehrere Kaufverträge abgeschlossen hat, ist durch die Lieferung der Ware an Bord des Schiffes regelmäßig noch nicht hinreichend deutlich, welchen Vertrag der Verkäufer mit der jeweils verschifften Ware erfüllen will. Auch durch die Ausstellung des Konnossements wird dieses ebenfalls nicht ersichtlich, da dieses zunächst ein interner Vorgang zwischen Ablader und dem Verfrachter bleibt.[1055] Zudem wird das Konnossement regelmäßig zunächst an Order des Abladers ausgestellt, damit dieser die Ware eventuell noch nicht verkaufte Ware noch handeln kann. In diesen Fällen kann der Verkäufer bei der Absendung mehrerer Warenpartien nach wie vor wählen, welche Ware er den jeweiligen Käufern zuweisen will.[1056] Eine Konkretisierung kann daher erst dann eintreten, wenn der Verkäufer dem Käufer das Konnossement indossiert und ihm anschließend übersendet.[1057] In den Kontrakten wird dieses langwierige Vorgehen regelmäßig durch die Verschiffungsanzeige ersetzt.

Wird die Ware über See transportiert, so wird der Verkäufer dem Käufer mitteilen, dass er gedenke, mit der Ware auf dem Seeschiff X zu erfüllen. Die Ware kann er entweder selbst auf Schiff X abgeladen oder schwimmend angekauft haben. Mit dieser Anzeige bindet der Verkäufer sich selbst, indem er sich verpflichtet nur noch die so näher bezeichnete Ware des Schiffes X oder einen Teil der gesamt verschifften Ladung aus diesem Schiff zu liefern. Insofern verdichtet sich die ursprüngliche unbeschränkte Gattungsschuld entweder auf eine Speziesschuld (im ersten Fall) oder eine Vorratsschuld (im zweiten Fall). Diese Zuordnung wird im englischen Recht als *appropriation in the contractual sense* bezeichnet, da deutlich wird, mit welcher Ware der Verkäufer zu erfüllen gedenkt, wie in der Entscheidung *The Vladimir Ilich* deutlich wird:[1058]

1055 Digenopoulos, Die Abwandlung der CIF- und FOB-Geschäfte im modernen Überseekaufrecht, S. 69; Harder, Die überseeische Sammelsendung mit besonderer Berücksichtigung der Getreideteilladungen, S. 41.

1056 Wüstendörfer, HansRZ 1926, 482, 494.

1057 Anders ist hingegen der Fall zu beurteilen, in dem das Konnossement direkt an Order des Käufers ausgestellt wird. In diesem Fall liegt nicht lediglich ein interner Vorgang vor. Allerdings kann auch in diesen Fällen offen bleiben, in Erfüllung eines welchen Kontraktes der Verkäufer die Ware verschifft hat. Vgl. Bridge, The international sale of goods, Rn. 8.10; vergleiche für Deutschland RGZ 88, 389, 391; RG JW 1929, 919, 920; Wüstendörfer, HansRZ 1926, 482, 496, der die Übersendung für unpraktisch hält; Al-Deb'i, Überseekauf und Abladegeschäft, S. 78.

1058 Waren Import Gesellschaft Krohn & Co v. Alfred C. Toepfer („The Vladimir Ilich") [1975] 1 Lloyd's Rep. 322, 328 (QBD) per Donaldson J.; Carr/Stone, International trade law, S. 14; Bradgate/Fennell/White, Commercial law, Rn. 21.3.3.2.

„The seller is free to appropriate to the contract any goods which answer the contract description. This he does by the notice of appropriation which specifies and defines the goods to which the contract attaches [...] The giving of a valid notice of appropriation narrows the contract to a particular parcel or parcels of goods being carried in a named vessel under a bill of lading of a given date."[1059]

Nötig ist aber in jedem Fall ein rechtlicher Bindungswille des Verkäufers. Die bloße Tatsache, dass er Ware an Bord eines bestimmten Schiffes verbracht hat, reicht dazu nicht aus.[1060] Vielmehr muss der Verkäufer seine Leistungspflicht auf den Inhalt des jeweiligen Schiffes auch tatsächlich beschränken wollen. Daher wird in der englischen Literatur darauf hingewiesen, dass die Verschiffungsanzeige mit einem zweiten Rechtsgeschäft verglichen werden könne.[1061] Dieses lege fest, dass der Verkäufer nun nicht mehr aus der gesamten Gattung schulde, sondern sich die Schuld nur noch auf die Ware erstreckt, die sich auf dem in der Anzeige angegebenen Schiff befindet.[1062] Lässt V beispielsweise 5.000 Tonnen Weizen transportieren, so kann er in der *notice of appropriation* dem K 1.000 Tonnen von dem transportierenden Schiff zuweisen. Damit ist freilich nicht gesagt, welche 1.000 Tonnen der K konkret erhalten wird. Insofern liegt nicht zwingend eine Konkretisierung zur Stückschuld vor.[1063] Vielmehr kann der Verkäufer irgendwelche 1.000 Tonnen der Schiffsladung liefern.[1064] Aus deutscher

1059 Ross T. Smyth & Co. Ltd. v. T. D. Bailey Son & Co. [1940] 3 All E.R. 60, 66 (HL) per Lord Wright.

1060 Produce Brokers Co. Ltd. v. Olympia Oil & Cake Co. Ltd. [1917] 1 K.B. 320, 329 (CA); C. Groom Ltd. v. Barber [1915] 1 K.B. 316, per Atkin J.: In diesem Fall ging Atkin J. davon aus, die appropriaton führe lediglich zum Eigentumsübergang der Ware („appropriation in the proprietary sense"). Dieser liegt bei CIF-Verkäufen aber erst vor, wenn dem Käufer die Verschiffungsdokumente angedient wurden. Verkannt wurde, dass vorher eine bestimmte Ware dem geschlossenen Vertrag zugeordnet wird („appropriation in the contractual sense"). In dem Fall war jedoch entscheidend, dass die Ware bereits untergegangen war, bevor der Verkäufer diese dem Vertrag vertraglich zugeordnet hatte. Das führte dazu, dass der Verkäufer die Verschiffungsdokumente andienen durfte, obwohl die Ware längst untergegangen war. Zu der Frage, ob der Verkäufer bereits untergegangene Ware noch dem Vertrag zuordnen darf, ausführlich: vgl. unten Seite 319 ff.

1061 Allerdings handelt es sich weniger um einen Vertrag, da die Verschiffungsanzeige auch aus englischer Sicht lediglich eine einseitige Erklärung und kein Vertrag ist.

1062 Bridge, in: Worthington (Hrsg.), Commercial law and commercial practice (2003), 213, S. 219 Fn. 24.

1063 Waren Import Gesellschaft Krohn & Co v. Alfred C. Toepfer („The Vladimir Ilich") [1975] 1 Lloyd's Rep. 322, 328 (QBD) per Donaldson J.

1064 Bridge, The sale of goods, Rn. 3.64; zu den Problemen einer Sammelladung vgl. noch unten Seite 329 ff.

Sicht ist dieses damit zu vergleichen, dass die Gattungsschuld nachträglich beschränkt wird und nunmehr eine beschränkte Gattungsschuld im Sinne einer Vorratsschuld vorliegt.[1065] Damit dient sie der Zuordnung einer konkreten Schiffsladung zu dem geschlossenen Vertrag, nicht jedoch dem Eigentumsübergang. Für diesen ist nach s. 18 SoGA Rule 5(1) nämlich nötig, dass der Käufer noch zustimmt *(assent of the buyer)*. Die Verschiffungsanzeige ist jedoch nichts weiter als eine einseitige Erklärung des Verkäufers.

6.4.2.1.2 Abgrenzung zum Eigentumsübergang

Der Begriff der *appropriation* führt im englischen Recht begrifflich zu Unsicherheit. Das Wort wird nämlich auch im Zusammenhang mit dem Eigentumsübergang verwendet. *Baron Parke* hat dieses anschaulich in der Entscheidung *Wait v. Baker*[1066] klargestellt:

> „The word appropriation may be understood in different senses. It may mean a selection on the part of the vendor, where he has the right to choose the article which he has to supply in performance of the contract. [...] Or the word may mean, that both parties have agreed that a certain article shall be delivered in pursuance of the contract, and yet the property may not pass in either case. [...] Appropriation may also be used in another sense [...] where both parties agree upon the specific article in which the property is to pass, and nothing remains to be done in order to pass it."

Um die Bedeutung der *notice of appropriation* abzugrenzen, soll nachfolgend erläutert werden, inwieweit die Verschiffungsanzeige zum Eigentumsübergang beiträgt. Dazu soll nachfolgend zunächst geklärt werden, was die Voraussetzungen für den Eigentumsübergang sind und welche Bedeutung die *appropriation* dabei hat.

6.4.2.1.2.1 Voraussetzungen des Eigentumsüberganges

Welche Voraussetzungen für den Eigentumsübergang der verkauften Ware bestehen, richtet sich nach dem jeweilig anwendbaren Recht. Wie auch in Deutschland (Art. 43 Abs. 1 EGBGB), entscheidet aus Sicht des englischen IPR das Recht des Belegenheitsortes *(lex rei sitae)* über das anwendbare Recht.[1067]

1065 Haage, Das Abladegeschäft, S. 38; Loock/Straatmann, Handelsrechtliche Schiedsgerichts-Praxis, Schiedsspruch E 1 a Nr. 7; Loock/Straatmann, Handelsrechtliche Schiedsgerichts-Praxis, Schiedsspruch E 1 a Nr. 9.

1066 Wait v. Baker [1848] 2 Ex. 1, 8 f.

1067 Vgl. auch Hardwick Game Farm v. Suffolk Agricultural Poultry Producers Association Ltd. (S.A.P.P.A.) [1966] 1 W.L.R. 287, 330 (C.A.); Glencore International AG and others v. Metro Trading International Inc. [2001] 1 Lloyd's Rep. 284, 291 (QBD); Air

Bei internationalen Kaufverträgen dürfte die Ware häufig außerhalb des *common law* Rechtskreises verschifft werden, sodass das englische Recht für die Frage des Eigentumsüberganges nicht zum Zuge kommt. Da vorliegend abgegrenzt werden soll, inwiefern die *notice of appropriation* etwas mit dem Eigentumsübergang gemein hat, soll nachfolgend exemplarisch der Eigentumsübergang nach englischem Recht dargestellt werden.

Wann das Eigentum übergeht, hängt davon ab, wann die Parteien das Eigentum übertragen wollen. Daher kommt es zuvörderst auf die Bestimmungen des Vertrages an, s. 17(1) SoGA.[1068] Die Verträge der GAFTA sehen allerdings keine vertraglichen Regeln zum Eigentumsübergang vor,[1069] auch die INCOTERMS behandeln diese Frage nicht.[1070] Insofern kommt es auf den auszulegenden Parteiwillen an. Zur Ermittlung desselbigen, gibt s. 18 SoGA Auslegungsregeln vor.

Wird eine Gattungsschuld vereinbart, so kann das Eigentum an der Ware erst dann übergehen, wenn die für den Käufer bestimmte Ware spezifiziert *(ascertained)* wurde, vgl. s. 16 SoGA.[1071] Dieses folgt aus der Tatsache, dass ein Eigentumsübergang nur dann möglich ist, wenn auch feststeht, an welchen konkreten Gegenständen die Eigentumsübertragung stattfinden soll.[1072] Dieses hat auch *Lord Mustill* in der Entscheidung *Karlshamns Olefabfiker v. Eastport Navigation Corp.* klargestellt:

> "What is needed for ascertainment is that the buyer should be able to say, 'Those are my goods' [...]"[1073]

Foyle Ltd. v. Center Capital Ltd. [2004] I.L.Pr. 15, p. 280, 281 (QBD); Dicey/Morris/Collins, Dicey, Morris and Collins on the conflict of laws, Rn. 24-002.

1068 Vgl. Nippon Yusen Kaisha v. Ramjiban Serowgee [1938] A.C. 429, 432 ff.

1069 Allerdings sehen die Verträge der Refined Sugar Association in cl. 20 eine Regelung vor.

1070 Diese sind nach den GAFTA Verträgen aber ohnehin ausgeschlossen, vgl. oben Seite 45.

1071 Zu dem problematischen Fall, dass die Ware bereits bezahlt, aber noch nicht dem Vertrag zugeordnet wurde Re Wait [1927] 1 Ch. 606 (CA). In diesem Fall wurde unbestimmte Ware bereits bezahlt. Anschließend wurde der Verkäufer insolvent und der Käufer konnte seine Ansprüche lediglich als Insolvenzgläubiger geltend machen. Dieser Fall ist nunmehr durch s. 20A SoGA entschärft, da der Käufer einen Eigentumsanteil an der Gesamtmenge erhält, wenn er bereits den Kaufpreis bezahlt hat, vgl. Kaul, PL WebJour (13) 2003.

1072 Re Goldcorp Exchange Ltd. [1995] 1 A.C. 74, 75, 79 per Lord Mustill; Schmitthoff/Cheng, Clive M. Schmitthoff's select essays on international trade law, S. 295; Campbell, Remedies for International Sellers of Goods, S. 498.

1073 Karlshamns Olje Fabriker v. Eastport Navigation Corp. ("The Elafi") [1981] 2 Lloyd's Rep. 679, 685 (QBD) per Mustill J.

In der Regel wird die Spezifizierung durch Aussonderung vorgenommen, kann aber auch durch Markierung erfolgen. Beschränkt der Verkäufer durch die *contractual appropriation* seine Schuld auf die Ware eines bestimmten Schiffes, liegt eine Spezifizierung vor, da damit nur noch die an Bord befindlichen Rohstoffe geschuldet werden. Problematischer ist es, wenn eine Schiffsladung Schüttgut an mehrere Empfänger verkauft wird, sodass eine Sammelsendung vorliegt.[1074] In diesen Fällen fehlt es bis zur tatsächlichen Auseinandersetzung regelmäßig[1075] an einer räumlichen Separierung. In diesen Fällen kann das Eigentum daher höchstens in Bruchteilen übergehen.[1076]

Ist die Ware hinreichend spezifiziert worden, so geht nach s. 18 Rule 5(1) SoGA das Eigentum erst dann über, wenn die Ware sich in einem auslieferfähigen Zustand *(deliverable state)* befindet[1077] und eine *unconditional appropriation* vorliegt:

> "Where there is a contract for the sale of unascertained or future goods by description, and goods of that description and in a deliverable state are unconditionally appropriated to the contract, either by the seller with the assent of the buyer or by the buyer with the assent of the seller, the property in the goods then passes to the buyer; and the assent may be express or implied, and may be given either before or after the appropriation is made."

Die *unconditional appropriation* soll sicherstellen, dass die Ware für den Eigentumsübergang hinreichend bestimmt ist. In der Regel findet diese dann statt, wenn der Verkäufer alles für die Lieferung erforderliche getan hat.[1078] Beim Überseekauf muss er die Ware daher verschiffen. Jedoch ist die *appropriation* im eigentumsrechtlichen Sinne ein zweiseitiger Akt. Daher muss der Käufer dieser noch zustimmen.[1079] Sieht man den Verfrachter als *agent* des CIF-Käufers an, und stellt dieser über die Ware ein Konnossement aus, so ist davon auszugehen,

---

1074 Zur Sammelsendung vgl. noch unten Seite 329 ff.

1075 Es sei denn die Ware ist auf näher spezifizierte und zugewiesene Zwischendecks verladen.

1076 Das macht auch s. 16 SoGA deutlich, indem es die Spezifizierung unter den Vorbehalt des Art. 20A SoGA stellt. Demnach ist eine Aussonderung in den Fällen einer Sammelsendung entbehrlich, da der Käufer dann nach Art. 20A SoGA einen ideellen Eigentumsbruchteil an der Sammelsendung erlangt.

1077 Vgl. Philip Head & Sons Ltd. v. Showfronts [1970] 1 Lloyd's Rep. 140, 144 (QBD).

1078 Carlos Federspiel & Co. SA v. Charles Twigg & Co. Ltd. [1957] 1 Lloyd's Rep. 240, 249, 255 f.; Bridge, The international sale of goods, Rn. 8.06.

1079 Vgl. s. 18 SoGA Rule 5: "[...] are unconditionally appropriated to the contract, either by the seller with the assent of the buyer or by the buyer with the assent of the seller, the property in the goods then passes to the buyer [...]".

dass der Verfrachter die Zustimmung für den Käufer durch die Annahme der Ware als Stellvertreter erklärt.[1080]

6.4.2.1.2.2 Besonderheiten bei CIF-Geschäften

Auch bei CIF-Geschäften gelten die oben aufgestellten Grundregeln. Der letzte Akt des Verkäufers ist regelmäßig die Verschiffung der Ware, sodass nach s. 18 Rule 5(2) SoGA zu diesem Zeitpunkt das Eigentum übergehen würde:

> "Where, in pursuance of the contract, the seller delivers the goods to the buyer or to a carrier or other bailee or custodier (whether named by the buyer or not) for the purpose of transmission to the buyer, and does not reserve the right of disposal, he is to be taken to have unconditionally appropriated the goods to the contract."

Dabei ist jedoch zu berücksichtigen, dass sich Käufer und Verkäufer in verschiedenen Ländern befinden, was die Durchsetzung etwaiger Zahlungsansprüche nach Auslieferung der Ware erheblich erschweren würde. Es spricht daher viel dafür, dass der Verkäufer sich solange das Eigentum vorbehalten will *(right of disposal)*, wie der Käufer die Ware noch nicht bezahlt hat.[1081] Die obige Regel der s. 18 Rule 5(2) SoGA ist zudem nur eine widerlegbare Vermutung für den Zeitpunkt des Eigentumsüberganges. Insofern können die Parteien ausdrücklich oder durch ihren mutmaßlichen Willen von dieser Regelung abweichen bzw. sie konkretisieren. Die GAFTA-Kontrakte beinhalten jedoch keine konkreten Regelungen zu der Frage, wann das Eigentum übergehen soll und ob möglicherweise ein Eigentumsvorbehalt[1082] besteht.

Die Auslegung ergibt jedoch regelmäßig, dass das Eigentum erst dann übergehen soll, wenn der Käufer auch die die Ware repräsentierenden Dokumente erhalten hat. Diese Auslegung wird auch durch s. 19(2) SoGA gestützt, die die Vermutung aufstellt, dass der Verkäufer sich das Eigentum vorbehält, wenn ein Konnossement an seine Order ausgestellt wird und er die Verschiffungsdokumente zunächst zurückhält.[1083] Daher soll das Eigentum nach dem Parteiwillen

---

1080 Vgl. Wardar's (Import & Export) Co. Ltd. v. W. Norwood & Sons Ltd. [1968] 2 Q.B. 663, 671 (CA): Hier kauften die Kläger 600 Kartons Ware bei den Beklagten. Insgesamt befanden sich 1.500 Kartons in einem Lagerhaus. Der Spediteur der Kläger holte die Ware gegen eine „delivery note“ ab. Das Gericht ging davon aus, dass der Spediteur der appropriation für die Kläger zugestimmt hatte.

1081 Kaul, PL WebJour (13) 2003.

1082 Allgemein zum Eigentumsübergang bei CIF und FOB Verträgen: Al-Anbaki, Passing of property in C.I.F. and F.O.B. contracts.

1083 Mitsui & Co. Ltd. v. Flota Mercante Grancolombiana S.A. [1988] 2 Lloyd's Rep. 208, 213 (CA); allerdings ist dieses nur eine Vermutung, die widerlegbar ist. Vgl. dazu Browne v. Hare [1859] 4 Hurl. & N. 822, 823 f.; Ogle v. Atkinson [1814] 5

erst dann übergehen, wenn dem Käufer das Konnossement angedient wurde und dieser den vollen Kaufpreis gezahlt hat.[1084] Aus diesem Grunde liegt regelmäßig auch die Vereinbarung der Zahlungsklausel *cash against documents* vor.[1085] Das Eigentum kann allerdings nach dem Parteiwillen[1086] auch dann schon übergehen, wenn die Dokumente dem Käufer lediglich angedient wurden und dieser zwar nicht den Kaufpreis bezahlt, sondern eine Sicherheit gestellt hat.[1087] Die Vermutungsregel der s. 18 Rule 5(2) SoGA, wonach das Eigentum schon bei Verschiffung übergehen solle, ist damit für CIF-Verträge regelmäßig widerlegt.[1088]

6.4.2.1.2.3 Zwischenergebnis

Damit lässt sich festhalten, dass im englischen Recht das Eigentum dann übergeht, wenn die Parteien dieses intendieren. Wird Gattungsware verkauft, so muss jedoch zunächst eine Spezifizierung vorliegen, damit bestimmbar ist, an welchen Waren das Eigentum verschafft werden soll. Dieses erfolgt durch eine *unconditional appropriation* und liegt regelmäßig in der Verladung der Ware an Bord des Schiffes. Diese *proprietary appropriation* hat jedoch nichts mit der Verschiffungsanzeige zu tun sondern ähnelt eher der Erfüllung des auch in Deutschland bekannten sachenrechtlichen Bestimmtheitsgrundsatzes. Zudem muss diese eine Zustimmung der anderen Partei erfolgen. Die Konkretisierung, die durch die Verschiffungsanzeige erfolgt, ist hingegen ein einseitiger Akt. Mit der *notice of appropriation* ist in den GAFTA-Kontrakten jedoch regelmäßig nur die Konkretisierung *(contractual appropriation)* gemeint.[1089] Freilich können die Konkretisierung *(contractual appropriation)* und die *proprietary appropria-*

Taunt. 759, 764 f.; vgl. auch Ross T. Smyth & Co. Ltd. v. T. D. Bailey Son & Co. [1940] 3 All E.R. 60, 68 (HL).

1084 Mitsui & Co. Ltd. v. Flota Mercante Grancolombiana S.A. [1988] 2 Lloyd's Rep. 208, 213 (für eine FOB-Transaktion); Procurator General v. MC Spencer (Controller of Mitsui & Co Ltd) (The Glenroy) [1945] A.C. 124, 134; The Miramichi [1915] P. 71, 78; Concord Petroleum Corp. v. Gosford Marine Panama S.A. ("The Albazero") [1977] A.C. 774, 796 (HL).

1085 Zu den Zahlungspflichten vgl. noch unten Seite 344 ff.

1086 Primär kommt es für den Zeitpunkt des Eigentumsüberganges auf den Parteiwillen an, vgl. s. 17 SoGA. Da der Parteiwille meist allerdings nicht expliciter festgelegt ist, stellt s. 18 SoGA Vermutungsregeln für den Zeitpunkt des Eigentumsüberganges auf.

1087 Carr/Stone, International trade law, S. 26.

1088 Comptoir d'Achat et de Vente du Boerenbond Belge S/A v. Luis de Ridder Ltda. ("The Julia") [1949] A.C. 293, 309 (HL); Carr/Stone, International trade law, S. 26.

1089 Produce Brokers Co. Ltd. v. Olympia Oil & Cake Co. Ltd. [1917] 1 K.B. 320, 329 (CA).

tion auch zusammenfallen. Es ist für den Eigentumsübergang nicht notwendig, dass der Verkäufer sich vorher vertraglich bindet, nur noch Ware aus einem bestimmen Vorrat zu liefern. Spätestens mit der *proprietary appropriation* erfolgt daher auch die Konkretisierung.

6.4.2.1.3 Rechtsvergleich

Auch im deutschen internen Recht ist der CIF-Verkäufer verpflichtet, dem Käufer eine Verschiffungsanzeige zu erteilen.[1090] Eine ausdrückliche Regelung findet sich dazu nicht, sie Verpflichtung folgt vielmehr aus den Gewohnheiten oder einer ergänzenden Vertragsauslegung, Handelsbrauch ist sie aber nicht.[1091] Aus diesem Grunde ist sie in § 58 EB auch ausdrücklich vorgeschrieben. Es handelt sich dabei um eine Mitteilung bezüglich der Ausführung des entsprechenden Vertrages,[1092] sodass sie eine Willenserklärung ist.[1093] Sie dient dazu, die Schuld des Verkäufers im Sinne des § 243 Abs. 2 BGB zu konkretisieren.[1094] Dazu muss sie so spezifiziert sein, dass der Käufer in Erfahrung bringen kann, ob die Ware vertragsgemäß verschifft wurde. Insofern entspricht die Verschiffungsanzeige der *appropriation clause* der GAFTA.

Im UN-Kaufrecht findet sich die Verschiffungsanzeige in Art. 32 Abs. 1 CISG. Übergibt der Verkäufer die Ware dem Beförderer und ist die Ware nicht hinreichend durch Kennzeichen oder die Beförderungsdokumente dem Vertrag zugeordnet, so muss der er dem Käufer die Versendung anzeigen und die Ware dabei im Einzelnen bezeichnen. Das wird regelmäßig bei Sammelsendungen der Fall sein.[1095] Zweck der Regel ist es auch hier, die Ware dem Vertrag zuzuordnen, damit der Verkäufer bei Verlust oder Beschädigung nicht nachträglich das Schadensrisiko auf den Käufer verlagern kann.[1096] Es geht also auch hier um die

---

1090 Digenopoulos, Die Abwandlung der CIF- und FOB-Geschäfte im modernen Überseekaufrecht, S. 70; HGB-Großkommentar-Koller, vor § 373 HGB, Rn. 36; Liesecke, WM 1966, 174, 176; Haage, Das Abladegeschäft, S. 34; Wüstendörfer, HansRZ 1926, 482, 489; etwas kurz A 7 CIF-INCOTERMS 2010; aA Grossmann-Doerth, Das Recht des Überseekaufs, S. 263.

1091 Wüstendörfer, HansRZ 1926, 482, 500.

1092 Haage, Das Abladegeschäft, S. 40.

1093 Zu der lange umstrittenen Frage, ob es sich um eine empfangsbedürftige oder nicht empfangsbedürftige Willenserklärung handelt, Haage, Das Abladegeschäft, S. 42 f.; ferner Wüstendörfer, HansRZ 1926, 482, 497 ff.

1094 Vgl. Sieveking, Die Geschäftsbedingungen des Waren-Vereins der Hamburger Börse e.V., § 41 WVB Rn. 2.

1095 Zur Sammelsendung vgl. noch unten Seite 329 ff.

1096 Schlechtriem/Schwenzer-Widmer, Art. 32 CISG, Rn. 1.

Verteilung der Leistungsgefahr. Damit entspricht Art. 32 Abs. 1 CISG dem Sinn und Zweck der deutschen Konkretisierung bzw. der *notice of appropriation* der GAFTA Kontrakte.

6.4.2.2 Inhalt der Anzeige

6.4.2.2.1 Regelungen der GAFTA-Kontrakte

Welchen Inhalt die Verschiffungsanzeige haben muss, ergibt sich aus den Vertragsformularen. Nach GAFTA 100 muss die Benachrichtigung den Namen des transportierenden Schiffes, das nach dem Konnossement vermutete[1097] verschiffte Gewicht und das Datum oder voraussichtliche Datum des Konnossements enthalten.[1098] Das Konnossementsdatum ist vor allem deswegen anzugeben, damit der Käufer prüfen kann, ob die Ware innerhalb des vereinbarten Zeitraumes verschifft wurde.[1099] Allerdings wird zugleich festgehalten, dass das angegebene Datum des Konnossements lediglich vorläufig gilt und maßgeblich lediglich das richtige Ausstellungsdatum ist.[1100] Insofern kann der Käufer keine Rechte geltend machen, wenn das mutmaßliche Datum der Verschiffungsanzeige und das tatsächliche Datum des Konnossements divergieren.[1101] Durch die Verladeanzeige wird die Schuld des Verkäufers auf die im Konnossement bezeichnete Ladung konzentriert; daher darf der Verkäufer dann nur noch Ware liefern, die auch unter dem angegebenen Konnossement verschifft wurde.[1102]

Grundsätzlich muss in der Verladeanzeige auch das Schiff namentlich genau bezeichnet werden.[1103] Der genaue Name des Schiffes oder dessen Schreibweise ist jedoch oft nicht bekannt. Deswegen wird in diesen Fällen meist der Zusatz *„or better name (OBN)"* verwendet. Dieses erlaubt es dem Verkäufer, das

---

1097 Beachte die Veränderung im Wortlaut. Bis zum 1. September 2010 hieß es noch, dass das circa Gewicht („approximate") anzugeben sei. Nunmehr ist das nach dem Konossement vermutete („presumed") Gewicht anzugeben. Da der Inhalt des Konnossements als richtig vermutet wird, muss nicht ein voraussichtliches Gewicht angegeben sondern kann sich direkt auf das dort angegebene bezogen werden, vgl. GAFTA World Issue 182, Februar 2010, unter http://www.wxtrends.com/files/GaftaWorld-Feb_2010.pdf <Einsehbar am 02.09.2010>. Dabei handelt es sich jedoch eher um eine sprachliche Präzisierung, als um eine Änderung der Rechtslage.

1098 GAFTA 100 cl. 10 lit. a.

1099 Sassoon, C.I.F. and F.O.B. contracts, Rn. 279.

1100 GAFTA 100 cl. 10 lit. e.

1101 Bridge, The international sale of goods, Rn. 4.45.

1102 Loock/Straatmann, Handelsrechtliche Schiedsgerichts-Praxis, Schiedsspruch E 1 a Nr. 9.

1103 Vgl. aber auch Grain Union Co. S.A. v. Hans Larsen A/S [1933] 46 Ll. L. Rep. 246.

Schiff nachträglich zu präzisieren. So bezeichnete der Verkäufer in *Waren Import Gesellschaft Krohn & Co. v. Alfred C. Toepfer („The Vladimir Ilich")*[1104] das Schiff in der Verschiffungsanzeige als „Vladimir (or better name)". Diese Anzeige wiesen die Verkäufer zurück, da die Ware an Bord der „Vladimir Ilich" und nicht der „Vladimir" geladen war. Da die Verwendung dieses Zusatzes im Überseehandel Handelsbrauch ist, wies die Anzeige die nötige Bestimmtheit auf, sodass sie nach Auffassung der Richter wirksam war.[1105] Insofern reicht es aus, wenn das Schiff im Rahmen der *„or better name"* Klausel hinreichend bestimmbar ist.

6.4.2.2.2 Rechtsvergleich

Die Lage unter den GAFTA-Kontrakten entspricht damit weitestgehend dem deutschen Recht, bei dem die Anzeige ebenfalls den Abladehafen, die Warengattung und das beladene Schiff enthalten muss. Das Konnossementsdatum ist hingegen nicht anzugeben, da der Käufer dieses bei der Reederei erfragen kann.[1106] Unter Einheitsbedingungen ist neben dem Schiffsnamen, dem Verladehafen und dem ungefähr eingeladenen Gewicht hingegen auch das Datum des Konnossements anzugeben.[1107] Das UN-Kaufrecht hält sich in Art. 32 Abs. 1 CISG hingegen beim genauen Inhalt der Verschiffungsanzeige bedeckt, vielmehr muss diese nur so erfolgen, dass die Ware im Einzelnen bestimmt werden kann.[1108] Dazu muss die Anzeige die Ware bezeichnen, beim Transport per Seeschiff auch den Namen desselbigen.[1109]

1104 [1975] 1 Lloyd's Rep. 322 (QBD).

1105 Waren Import Gesellschaft Krohn & Co v. Alfred C. Toepfer („The Vladimir Ilich") [1975] 1 Lloyd's Rep. 322, 329 (QBD) per Donaldson J.

1106 HGB-Großkommentar-Koller, vor § 373 HGB, Rn. 36.

1107 Vgl. § 58 Abs. 1 EB; ferner Loock/Straatmann, Handelsrechtliche Schiedsgerichts-Praxis, Schiedsspruch E 1 e Nr. 28.

1108 Reinhart, UN-Kaufrecht, Art. 32 Rn. 2; Achilles, Kommentar zum UN-Kaufrechtsübereinkommen (CISG), Art. 32 Rn. 3; Honsell-Ernst/Lauko, Art. 32 CISG, Rn. 9; Schlechtriem/Schwenzer-Widmer, Art. 32 CISG, Rn. 5. Was jedoch im Einzelfall ausreichend ist, um die Ware genau zu bezeichnen, mag unklar sein und später einen Grund für Rechtsstreitigkeiten darstellen. Die deskriptive Regelung der deutschen und englischen Kontrakte ist damit im Vorteil.

1109 Schlechtriem/Schwenzer-Widmer, Art. 32 CISG, Rn. 5; Honsell-Ernst/Lauko, Art. 32 CISG, Rn. 9.

6.4.2.3 Empfänger der Anzeige

Die Anzeige ist dem Käufer gegenüber zu machen. Eine Anzeige gegenüber dem Makler oder Verkaufsagenten gilt aber nach GAFTA 100 ebenfalls als wirksame Anzeige gegenüber dem Käufer.[1110] Erhält die Mittelsperson eine Anzeige, so ist diese nach den Bestimmungen des Vertrages dazu verpflichtet, die Anzeige weiterzuleiten. Erfolgt die Weiterleitung nicht, so kann der Käufer jedoch per se keine Schadensersatzansprüche geltend machen. Diese Pflicht muss sich aus dem Maklervertrag ergeben und kann nicht schon aus dem Kaufvertrag folgen. Anderenfalls läge ein Vertrag zulasten Dritter vor, den auch das englische Recht nicht kennt.[1111] Freilich ist auch nach Einheitsbedingungen (§ 58 Abs. 1 aE EB) und dem UN-Kaufrecht (Art. 32 Abs. 1 CISG) der Käufer Empfänger der Anzeige.

6.4.2.4 Anzeigefrist

6.4.2.4.1 Vertragliche Bestimmungen

Die Anzeige muss ferner innerhalb eines bestimmten Zeitraums nach der Ausstellung des Konnossements erfolgen. Wie lange diese Frist ist, richtet sich nach der durchschnittlichen Dauer der Verschiffung. In GAFTA 100 beträgt die Frist zehn Tage.[1112] Die Klausel über Geschäftstage findet allerdings keine Anwendung,[1113] sodass Kalendertage zu zählen sind. Wird die Anzeige zu spät erbracht, so ist sie unwirksam.

6.4.2.4.2 Besonderheiten in Lieferketten

Diese Fristen gelten auch in Lieferketten.[1114] Jeder nachfolgende Verkäufer muss daher innerhalb von zehn Tagen seinen jeweiligen Käufer in der Lieferkette über

1110 GAFTA 100 cl. 10 lit. d; vgl. dazu auch oben zur Entgegennahme von Erklärungen durch Vertreter Seite 120.

1111 Dieses folgt aus dem Prinzip der "privity of contract", vgl. Zweigert/Kötz/Zweigert-Kötz, Einführung in die Rechtsvergleichung, § 34 IV.

1112 GAFTA 100 cl. 10 lit. b. In den älteren Kontrakten vor dem Jahr 2010 wurde danach differenziert, wo der Verschiffungshafen lag. Von der US-Golfküste oder den Atlantikhäfen in den Vereinigten Staaten bzw. Kanada waren es 10 Tage, anderenfalls 14 Tage.

1113 GAFTA 100 cl. 10 lit. b.

1114 Die Regelung gilt sogar bei der Weiterleitung von den Anzeigen zwischen verschiedenen Büros eines einheitlichen Unternehmens. In Bremer Handelsgesellschaft mbH v. Toepfer empfing das Büro in München die Anzeige nach 16 Uhr an einem Freitag. Das

die Verschiffung informieren. Auch für die nachfolgenden Anzeigen gilt die Anzeigefrist, die schon mit der Ausstellung des Konnossements beginnt. Dieses kann zu Problemen führen, wenn der erste Verkäufer die ihm gegebene Anzeigefrist vollständig ausnutzt, bis er dem ersten Käufer die Verschiffung anzeigt. Dann können nachfolgende Käufer die Anzeige nicht mehr fristgerecht weiterleiten. In diesen Fällen reicht es nach GAFTA 100 aber aus, wenn die nachfolgenden Käufer die Anzeige jeweils am selben Tag des Empfangs weiterleiten.[1115] Damit liegt eine besondere Regelung gegenüber der *notices clause* vor.[1116] Sollte die Anzeige hingegen erst nach 16 Uhr oder nicht an einem Geschäftstag eintreffen, so muss die Anzeige erst am nächsten Geschäftstag bis spätestens 16 Uhr weitergeleitet werden.[1117] Eine ähnliche Regelung sehen auch die Verträge der FOSFA vor, jedoch gibt es dort keine eindeutige Zeitregelung. Nach FOSFA 24 reicht es aus, wenn die Weiterleitung mit *„due despatch"* und damit zügiger Weiterleitung erfolgt.[1118]

Ein Beispiel mag diese Ausführungen verdeutlichen. A verschifft am Freitag, den 13. August die Ware von der US Golfküste. Die Anzeige erbringt er am Montag, den 16. August an B. B leitet die Anzeige erst am 23. August an C weiter, was in Ordnung ist, da der Verkäufer innerhalb von 10 Tagen ab Verschiffung frei ist, die Anzeige zunächst nicht weiterzuleiten. Die Anzeige trifft nun bei D am Dienstag, den 24. August um 12.00 Uhr ein. D muss die Anzeige daher noch am selben Tag an E weiterleiten, da die 10-Tagesfrist mittlerweile verstrichen ist. Geht die Anzeige bei E erst um 16.30 Uhr ein, so muss E an diesem Tag nicht mehr weiterleiten. Vielmehr reicht es aus, wenn er am nächsten Tag die Anzeige an F weiterleitet.

Freilich kann dieser Mechanismus dazu führen, dass die Verladeanzeige dem Letztkäufer erst zugeht, nachdem das Schiff den Entladehafen erreicht hat,

---

Gericht entschied, dass die Anzeige nach GAFTA 100 cl. 10 lit. c 2. erst am Montag weitergeleitet werden musste, da die Anzeige nach 16 Uhr empfangen wurde, vgl. Bremer Handelsgesellschaft mbH v. Toepfer [1980] 2 Lloyd's Rep. 43 (CA).

1115 GAFTA 100 cl. 10 lit. c 1.

1116 Zu dieser noch unten Seite 427.

1117 GAFTA 100 cl. 10 lit. c 2.

1118 FOSFA 24 cl. 11; der Begriff "due dispatch" entstammt dabei dem Recht der Charterverträge. Dort wird das Überliegegeld fällig, wenn der Charterer das Schiff nicht mit „due despatch" lädt, vgl. Tiberg, The law of demurrage, S. 186 f. Ebenso muss die Reise mit „due despatch" durchgeführt werden, vgl. Carr/Stone, International trade law, S. 217. Nach den Einheitsbedingungen müssen die Erklärungen von Zwischenparteien in Lieferketen hingegen unverzüglich weitergeleitet werden, vgl. § 46 Abs. 2 EB, was wohl ein schnelleres Handeln erfordert.

dieser aber noch gar nicht identifiziert ist.[1119] In diesen Fällen liegt kein *breach of contract* des Verkäufers vor. Schließlich muss die Anzeige lediglich innerhalb des vereinbarten Zeitplanes weitergeleitet werden. Solange dieser eingehalten wird, ist damit unerheblich, wann die Anzeige dem Letztkäufer tatsächlich zugeht.[1120] Dann muss die Ware beispielsweise zwischengelagert werden, wodurch Kosten entstehen. Da es an einem Vertragsbruch fehlt, können diese nicht als Schadensersatz geltend gemacht werden. Daher ordnet cl. 10 lit. g GAFTA 100 an, dass in diesem Fall der Verkäufer die entstandenen Mehrkosten zu tragen hat:

> "Should the vessel arrive before receipt of the appropriation and any extra expenses is incurred thereby, such expenses shall be borne by Sellers."[1121]

Insofern wird die Verzögerungsgefahr dem Verkäufer auferlegt.

Wird die Anzeige hingegen nicht im vorgesehenen Zeitplan weitergeleitet, so kann der Käufer sie als verspätet zurückweisen und seinen jeweiligen Verkäufer in Anspruch nehmen.[1122] Eine Besonderheit besteht allerdings hinsichtlich der Beweislast bei einem solchen Schadensersatzanspruch. Wird die Anzeige vom letzten Käufer der Kette (N) wegen Verspätung gegenüber seinem Verkäufer C zurückgewiesen, so kann C seinen Verkäufer B auf Schadensersatz in Anspruch nehmen, wenn dieser die Anzeige nicht rechtzeitig weitergeleitet hatte. Dann liegt es allerdings nicht am C, die Voraussetzungen des Schadensersatzes und damit die Verzögerung zu beweisen. Vielmehr muss der Verkäufer B beweisen, dass jeder Verkäufer in der Lieferkette vor ihm die Anzeige rechtzeitig weitergeleitet hat.[1123] Dieses folgt zwar nicht aus dem Vertrag, jedoch aus bereits ergangener Rechtsprechung.[1124] Damit erfolgt eine Beweislastumkehr zugunsten des Käufers. Dieses ist auch interessengerecht, da der Käufer einer langen Lieferkette gegebenenfalls gar nicht nachvollziehen kann, welchen Weg die Anzeige bereits genommen hat und ob die Parteien jeweils rechtzeitig weitergeleitet haben.

1119 Slabotzky, Grain contracts and arbitration, S. 60.

1120 Vgl. oben.

1121 Vgl. cl. 10 lit. g GAFTA 100.

1122 So auch in der deutschen Schiedsgerichtspraxis Loock/Straatmann, Handelsrechtliche Schiedsgerichts-Praxis, Schiedsspruch E 5 b Nr. 56.

1123 Tradax Export S.A. v. Andre & Cie. S.A. [1977] 2 Lloyd's Rep. 484, 493 (QBD) per Donaldson J., Bremer Handelsgesellschaft mbH v. C. Mackprang Jr. [1977] 2 Lloyd's Rep. 467, 482 (QBD) per Robert Goff J.

1124 Bridge, Canadian Business Law Journal (19) 1991, 485, 490.

6.4.2.4.3 *Rechtsvergleich*

Nach § 58 Abs. 1 EB muss die Verladeanzeige sogar innerhalb eines Geschäftstages abgesendet werden. Bei Lieferketten findet sich hingegen eine ähnliche Regelung wie in den GAFTA-Kontrakten. Nach § 58 Abs. 3 EB müssen Weiterverkäufer die Anzeige unverzüglich und damit ohne schuldhaftes Zögern (§ 122 Abs. 2 BGB) weiterleiten. Geht die Anzeige jedoch nicht innerhalb der üblichen Geschäftsstunden ein, so kann sie im Umkehrschluss zu § 58 Abs. 3 S. 3 EB auch am nächsten Tag noch weitergeleitet werden. Damit wird dem Weiterverkäufer ähnlicher Zeitplan wie bei GAFTA auferlegt. Da unverzüglich nicht mit „sofort" gleichzusetzen ist,[1125] ist davon auszugehen, dass auch der Verkäufer unter EB spätestens bis zum Geschäftsschluss des jeweiligen Geschäftstages weiterleiten muss.

Das UN-Kaufrecht schweigt hingegen hinsichtlich der Tatsache, wann die Anzeige abgegeben werden muss. Es ist daher davon auszugehen, dass diese innerhalb eines angemessenen Zeitraumes zu erbringen ist,[1126] der im Einzelfall bestimmt werden muss.

6.4.2.4.4 *Bewertung*

Die Einheitsbedingungen sehen mit nur einem Geschäftstag eine wesentlich kürzere Frist für die Erbringung der Verschiffungsanzeige vor, während GAFTA 10 Tage gewährt. Das hängt allerdings damit zusammen, dass die Transportwege unter den Einheitsbedingungen regelmäßig wesentlich kürzer sind.

Dass im UN-Kaufrecht lediglich ein angemessener Zeitraum erforderlich ist, ist unbefriedigend, da im Einzelfall unklar bleibt, wie schnell die Erklärungen abzugeben sind. Wie lang der angemessene Zeitraum ist, sollte sich richtigerweise danach richten, wie lange eine Verschiffung aus objektiver Sicht regelmäßig dauert, da die Anzeige noch vor der Ankunft der Ware erfolgen soll.

In Lieferketten bestimmen die englischen Kontrakte einen festen Zeitplan, innerhalb dessen die Weiterleitung zu erfolgen hat, während die Einheitsbedingungen nur eine unverzügliche Weiterleitung fordern. Was im Einzelfall unver-

---

1125 Sofort ist im Wortsinn zu verstehen. Wird hingegen nur eine unverzügliche Handlung geschuldet, so darf zu der objektiv erforderlichen Vorbereitungszeit noch ein entschuldbarer Zeitverlust hinzutreten; vgl. auch Korenke, Bürgerliches Recht, S. 224 Fn. 12; Arbeitsrecht-BGB-Röhsler, § 625 BGB, Rn. 22.

1126 Al-Deb'i, Überseekauf und Abladegeschäft, S. 151; Bianca/Bonell, Commentary on the international sales law, Art. 32 Rn. 2.2.2.; Schlechtriem/Schwenzer-Widmer, Art. 32 CISG, Rn. 7; aA Staudinger-Magnus, Art. 32 CISG, Rn. 10.

züglich ist, kann zwischen den Parteien schnell zu Streitigkeiten führen. Eine starre Fristenregelung ist daher vorzugswürdig.

6.4.2.5 Korrektur der notice of appropriation

Angenommen der Verkäufer erbringt eine inhaltlich falsche Anzeige. In diesen Fällen stellt sich die Frage, ob er diese dann widerrufen und in einer zweiten Anzeige eine andere Ladung dem Vertrag zuordnen kann. Auch kann es vorkommen, dass in einer Lieferkette die Anzeige nicht rechtzeitig weitergeleitet wird.[1127] Auch in diesen Fällen mag der Verkäufer auf die Idee kommen, eine erneute Anzeige zu erbringen, um diese dann in dem vertraglich vereinbarten Zeitplan bis zum Endkäufer in der Kette weiterleiten zu lassen.

6.4.2.5.1 Keine Bindung an unwirksame Verschiffungsanzeigen

In diesen Fällen ist zu differenzieren, warum die Anzeige korrigiert werden soll. Liegt von vornherein keine wirksame Verschiffungsanzeige vor, weil beispielsweise der Mindestinhalt nicht angegeben war, so gibt es auch nichts, was widerrufen und korrigiert werden könnte. Insofern ist eine „Korrektur" der vorherigen Anzeige zulässig, solange die nun wirksame Anzeige noch innerhalb der vertraglich vereinbarten Fristen erfolgt. Dieses lässt sich auch aus dem Wortlaut der GAFTA-Kontrakte herleiten. Dort heißt es, dass eine *wirksame* Verschiffungsanzeige nur mit dem Einverständnis der anderen Partei widerrufen werden könne:

> „When a valid notice of appropriation has been received by Buyers, it shall not be withdrawn except with their consent."[1128]

Wenn also eine wirksame Verschiffungsanzeige grundsätzlich bindend ist, dann muss das im Umkehrschluss bedeuteten, dass eine unwirksame Anzeige grundsätzlich frei widerruflich ist und daher erneut erbracht werden kann.[1129] Das zeigt auch der Fall *Borrowman Phillips and Co. v. Free & Hollis.*[1130] Dort wollte der Verkäufer Ware auf dem Schiff *Charles Platt* verschiffen. Der Käufer wies die

---

1127 Vgl. dazu oben Seite 224 ff.

1128 Vgl. cl. 10 lit. h GAFTA 100.

1129 Getreide Import Gesellschaft mbH v. Itoh Co. (America) Inc. [1979] 1 Lloyd's Rep. 592 (QBD): Dem Fall lag ein CIF-Vertrag nach FOSFA 24 zugrunde, der die Klausel 10(g) enthielt, wonach der Verkäufer eine wirksame Anzeige nur dann widerrufen könne, wenn der Käufer zugestimmt hatte („a valid declaration of shipment [...]"). Dieser Passus ist auch in cl. 10(h) GAFTA 100 enthalten.

1130 [1879] L.R. 4 Q.B.D. 500, 504 (CA).

Benachrichtigung aber zurück, da der Verkäufer die Verschiffungsdokumente nicht vorweisen, was für eine erfolgreiche Andienung nötig ist. Später erbrachte der Verkäufer dann die Verschiffungsanzeige für die *Maria D.* Der Käufer hielt das für unzulässig, da bereits eine Anzeige für die *Charles Platt* vorgelegen habe, die der Verkäufer nicht widerrufen könne. Nach dem *Court of Appeal* lag in der ersten Benachrichtigung allerdings wegen der fehlenden Dokumente keine *notice of appropriation,* sondern nur ein Versuch, die Ware anzudienen, welches vom Käufer in Ermangelung der Dokumente abgelehnt wurde.[1131] Daher konnte der Verkäufer später eine zweite und dann wirksame Verschiffungsanzeige vornehmen.

6.4.2.5.2 Korrektur inhaltlich falscher Anzeigen

In allen anderen Fällen ist die Anzeige grundsätzlich unwiderruflich,[1132] damit gerade in Lieferketten hinreichende Sicherheit bezüglich der zu liefernden Ware besteht. Wie bereits gezeigt, stellt cl. 10 lit. h GAFTA 100 dieses im Umkehrschluss fest. Wird also das transportierende Schiff fälschlicherweise als die „Iris“ bezeichnet, befindet sich die Ware aber an Bord der „Triton“, so kann der Verkäufer die Anzeige nicht widerrufen und der Käufer kann vom Vertrag zurücktreten.[1133] Insofern sollten die Vertragsparteien bei der Ausfertigung der Verladeanzeige sorgfältig vorgehen, da schon kleinste Abweichungen zur tatsächlichen Lage die Anzeige unwirksam machen. In einem fallenden Markt wird der Käufer dann meist gehalten sein, die Anzeige zurückzuweisen.

Nur wenn der Vertrag es ausdrücklich vorsieht, kann die Anzeige widerrufen werden. In welchem Umfang ein Widerruf möglich ist, richtet sich nach der jeweiligen Klausel.[1134] Nach cl. 10 lit. h GAFTA 100 ist ein Widerruf beispielsweise nur dann zulässig, wenn der Käufer zustimmt. Eine Ausnahme zum Zu-

---

1131 Carr/Stone, International trade law, S. 22; Sivesand, The buyer's remedies for non-conforming goods.

1132 Vgl. Coastal Petroleum Ltd. v. VTT Vulcan Petroleum S.A. (“The Marine Star”) [1993] 1 Lloyd’s Rep. 329, 332 (CA); Slabotzky, Grain contracts and arbitration, S. 40; Sassoon, C.I.F. and F.O.B. contracts, Rn. 279; Carr/Stone, International trade law, S. 14; beachte aber dass bei FOB-Verträgen der Austausch des bereits benannten Schiffes grundsätzlich zulässig ist. Siehe unten Seite 246.

1133 Siehe Grain Union Co S.A. v. Hans Larsen A/S [1933] 46 Ll. L. Rep. 246; Carr/Stone, International trade law, S. 14.

1134 Warren Import Gesellschaft, Krohn and Co v. Alfred C. Toepfer (“The Vladimir Ilich”) [1975] 1 Lloyd’s Rep. 322, 327 f. (QBD); Kleinjan and Holst N.V. Rotterdam v. Bremer Handelsgesellschaft mbH Hamburg [1972] 2 Lloyd’s Rep. 11, 21 (QBD).

stimmungserfordernis machen die Formulare häufig für Übertragungsfehler, die nicht aus der Sphäre des Verkäufers stammen. GAFTA 100 lautet dazu:

> „cl. 10 (f): Every notice of appropriation shall be open to correction of any errors occurring in transmission, provided that the sender is not responsible for such errors, and for any previous error in transmission which has been repeated in good faith.“

Übertragungsfehler dürfen damit nachträglich korrigiert werden.[1135] Jedoch ist genau abzugrenzen, ob es sich wirklich um einen Fehler des Übertragungsvorganges selbst handelt und etwaige Fehler nicht durch den Übertragenden selbst verursacht wurden.[1136] Ferner gilt diese Klausel für den Fall, dass in der ersten Anzeige ein Fehler auftrat, der von nachfolgenden Käufern falsch weitergeleitet wurde. Voraussetzung ist jedoch, dass der Käufer bezüglich des Inhalts gutgläubig war,[1137] da er anderenfalls nicht schutzwürdig ist und die falsche Anzeige zurückweisen muss.[1138]

6.4.2.5.3 Rechtsvergleich und Bewertung

6.4.2.5.3.1 Einheitsbedingungen / deutsches Recht

Im deutschen internen Recht ist zu differenzieren. Unstreitig ist es nicht möglich, eine Verladeanzeige nachträglich durch eine andere auszutauschen,[1139] insofern liegt ebenfalls eine Bindungswirkung wie im englischen Recht vor. Anders mag es sich hingegen verhalten, wenn die Anzeige lediglich inhaltlich falsch ist. Dann stellt sich die Frage, ob eine Berichtigung erlaubt ist. In der Praxis versuchen sich die Parteien ein solches Berichtigungsrecht durch den deklaratori-

---

1135 Kleinjan and Holst N.V. Rotterdam v. Bremer Handelsgesellschaft mbH Hamburg [1972] 2 Lloyd's Rep. 11 (QBD). In diesem Fall wurde das Schiff als „SS Mahout (or better name)“ bezeichnet. Später korrigierte der Verkäufer sich und teilte mit, dass das Schiff „SS Matisud“ heiße. Da kein Übertragsungsfehler vorlag, war eine Abänderung unzulässig.

1136 Kleinjan and Holst N.V. Rotterdam v. Bremer Handelsgesellschaft mbH Hamburg [1972] 2 Lloyd's Rep. 11, 20 (QBD); so auch in Grain Union Co. S.A. v. Hans Larsen A/S [1933] 46 Ll. L. Rep. 246.

1137 GAFTA 100 cl. 10 lit. f.; diesen Ansatz verfolgt auch Haage, Das Abladegeschäft, S. 37 für das deutsche Recht in Bezug auf die Änderung von Anzeigen, leitet dieses aber aus Treu und Glauben her. Vgl. dazu noch Seite 231.

1138 Zur Annahme inhaltlich falscher Anzeigen siehe unten Seite 238 ff.

1139 Sieveking, Die Geschäftsbedingungen des Waren-Vereins der Hamburger Börse e.V., § 41 WVB Rn. 10; Loock/Straatmann, Handelsrechtliche Schiedsgerichts-Praxis, Schiedsspruch E 1 a Nr. 7; HGB-Großkommentar-Koller, vor § 373 HGB, Rn. 38.

schen[1140] Zusatz „u.ü.V.“ (= unter üblichem Vorbehalt) einzuräumen.[1141] Auch in der Literatur und der Schiedsgerichtspraxis wird eine generelle Berichtigung für zulässig erachtet, solange der Verkäufer die Anzeige ohne Verschulden falsch abgegeben habe.[1142] *Haage* geht davon aus, dass eine falsche Anzeige nur dann berichtigt werden könne, wenn der Verkäufer die Anzeige gutgläubig fehlerhaft erstattet,[1143] also hinsichtlich des unzutreffenden Inhaltes keine oder keine zu vertretende Kenntnis im Sinne des § 122 Abs. 2 BGB hatte.[1144] Teilweise wird eine Berichtigungsmöglichkeit wie im englischen Recht aber auch generell abgelehnt, da die Formenstrenge des Abladegeschäfts keine Änderungen erlaube.[1145]

Im Hinblick auf die dogmatische Natur der Verladeanzeige ist diese eine Vorbereitungshandlung zur Erfüllung,[1146] nicht aber schon die Andienung selbst.[1147] Die Vorbereitung dieser Vorgänge ist dem Verkäufer grundsätzlich

---

1140 Loock/Straatmann, Handelsrechtliche Schiedsgerichts-Praxis, Schiedsspruch E 1 a Nr. 7.

1141 Einschränkend aber Loock/Straatmann, Handelsrechtliche Schiedsgerichts-Praxis, Schiedsspruch E 1 a Nr. 9, die eine Berichtigung wegen der Formstrenge im Abladegeschäft weitgehend vermeiden wollen. Allerdings bezieht sich diese Klausel nicht lediglich auf die Berichtigung, sondern erlaubt es dem Verkäufer auch die Verladeanzeige durch eine zweite, eine andere Partie betreffende Verladeanzeige zu ersetzen: HGB-Großkommentar-Koller, vor § 373 HGB, Rn. 39 mwN.

1142 Vgl. Loock/Straatmann, Handelsrechtliche Schiedsgerichts-Praxis, Schiedsspruch E 1e Nr. 23. Der Schiedsspruch bezieht sich zwar auf §§ 41, 58 WVB, jedoch wird teleologisch anhand des Sinn und Zwecks der Verladeanzeige argumentiert. Ebenso Sieveking, Die Geschäftsbedingungen des Waren-Vereins der Hamburger Börse e.V., § 41 WVB Rn. 11.

1143 Haage, Das Abladegeschäft, S. 37.

1144 In der schiedsgerichtlichen Praxis wurde diese Ansicht aufgegriffen und sogar dahingehend erweitert, dass sich in einer Lieferkette der jeweilige Verkäufer sogar das Wissen der Vordermänner zurechnen lassen müssen, da dieses seine Erfüllungsgehilfen seien, vgl. Loock/Straatmann, Handelsrechtliche Schiedsgerichts-Praxis, Schiedsspruch J 5 a Nr. 59, 60; vgl. ferner Loock/Straatmann, Handelsrechtliche Schiedsgerichts-Praxis, Schiedsspruch E 1 e Nr. 23, die eine Bereichtigung nur zulassen wollen, wenn die Anzeige ohne Verschulden des Verkäufers falsch ist, was letztlich mit der Gutgläubigkeit gleichbedeutend ist; ebenso Loock/Straatmann, Handelsrechtliche Schiedsgerichts-Praxis, Schiedsspruch E 1 e Nr. 15.

1145 HGB-Großkommentar-Koller, vor § 373 HGB, Rn. 38; Loock/Straatmann, Handelsrechtliche Schiedsgerichts-Praxis, Schiedsspruch E 1 a Nr. 7, 9 und Schiedsspruch E 1 e Nr. 14.

1146 Teilweise ist auch vom „Schlussstein“ der Erfüllung die Rede.

1147 Loock/Straatmann, Handelsrechtliche Schiedsgerichts-Praxis, Schiedsspruch J 5 a Nr. 59, S. 73.

selbst zu überlassen. Deswegen muss er auch frei sein, die Andienung in anderer Art und Weise als angekündigt vorzubereiten und die Anzeige damit ändern können. Mit der Gutgläubigkeit sollte diese Änderungsmöglichkeit jedoch nichts zu tun haben. Diese spielt vielmehr eine Rolle bei der Frage, ob sich er Verkäufer schadensersatzpflichtig macht, wenn er eine bereits erbrachte Anzeige nachträglich ändert. Aus § 241 Abs. 2 BGB folgt nämlich erst einmal die Leistungstreuepflicht, eine angekündigte Verladeanzeige nicht einseitig wieder zu ändern. Ändert der Verkäufer trotzdem, so verletzt er seine Nebenpflicht, was zu einem Schadensersatzanspruch aus §§ 280 Abs. 1, 241 Abs. 2 BGB führt. Die Frage der Gutgläubigkeit stellt sich daher erst auf der Ebene der Sekundäransprüche. Ob der Verkäufer gutgläubig hinsichtlich der Richtigkeit der ursprünglichen Verladeanzeige gutgläubig war oder nicht, ist für das Bestehen einer Pflichtverletzung unwesentlich. In diesen Fällen kann es allerdings am Verschulden im Sinne des § 276 BGB und damit am Vertretenmüssen fehlen, sodass Schadensersatzansprüche ausscheiden. Insofern sollte dem Verkäufer ein umfassendes Berichtigungsrecht eingeräumt werden, das nicht von dessen Verschulden abhängt. Wurde die Verladeanzeige hingegen schuldhaft erstattet, so ist mit Schadensersatzansprüchen (flexibler) zu reagieren.[1148]

Unter den Einheitsbedingungen wird die Problematik der Berichtigung durch § 58 Abs. 4 S. 1 EB entschärft. Demnach hat der Verkäufer für Übertragungsfehler nicht einzustehen. Auch ansonsten darf er fehlerhafte Angaben berichtigen. Der Schiffsname darf jedoch nur in dem Umfang berichtigt werden, als dass dessen Identität nicht verändert wird, vgl. § 58 Abs. 4 S. 2 EB. Insofern ist die Regelung der Einheitsbedingungen mit dem handelsüblichen und im englischen Recht ebenfalls gestatteten Zusatz *„or better name“*[1149] zu vergleichen.

6.4.2.5.3.2 UN-Kaufrecht

Ob der Verkäufer im UN-Kaufrecht an die Verladeanzeige gebunden ist, lässt sich dem Wortlaut der Konvention nicht direkt entnehmen. Grundsätzlich ist davon auszugehen, dass wie im englischen Recht eine Bindungswirkung entsteht, damit über das Schadensrisiko für den Käufer nicht nachträglich disponiert werden kann.[1150] Schließlich mag dieser im Hinblick auf die konkrete Ware bereits anderweitig verfügt haben. Bei unwillkürlichen Fehlern, wie Verwechse-

1148 In diese Richtung auch HGB-Großkommentar-Koller, vor § 373 HGB, Rn. 38.

1149 Vgl. oben Seite 222.

1150 Schlechtriem/Schwenzer-Widmer, Art. 32 CISG, Rn. 9; Staudinger-Magnus, Art. 32 CISG, Rn. 12; Achilles, Kommentar zum UN-Kaufrechtsübereinkommen (CISG), Art. 32 Rn. 3; aA MüKo-Benicke, Art. 31 CISG, Rn. 10; Soergel-Schüssler-Langeheine, Art. 32 CISG, Rn. 6.

lungen oder Übertragungsfehlern wird hingegen – wie auch in Deutschland[1151] – ein Berichtigungsrecht angenommen.[1152] Dieses wird regelmäßig daraus hergeleitet, dass der Verkäufer sich einer Berichtigung wegen Art. 7 CISG nicht entziehen könne, solange er noch keine schutzwürdigen Dispositionen getätigt hat.

6.4.2.5.3.3 Bewertung

Damit bleibt festzuhalten, dass im deutschen internen Recht eine Verladeanzeige nachträglich geändert werden und die Konkretisierung damit rückgängig gemacht werden kann, der Verkäufer sich bei einer vorsätzlichen oder fahrlässigen Falschausstellung jedoch schadensersatzpflichtig macht. Das deutsche und das UN-Kaufrecht lassen damit eher eine Berichtigung zu, als das an dieser Stelle sehr formale englische Recht.

6.4.3 Unwirksame oder verspätete *notice of appropriation*

Ist die Verschiffungsanzeige fehlerhaft und wurde sie nicht korrigiert, so stellt sie die Frage nach der Rechtsfolge. Dieses hängt maßgeblich von der Einordnung als *condition* oder *warranty* ab, es sei denn, der Käufer nimmt eine unwirksame Anzeige entgegen und billigt diese damit.

6.4.3.1 Vertragliche Einordnung der Klausel

6.4.3.1.1 Pflicht zur Erbringung der Anzeige als „condition“

Für die Einordnung als *condition* müsste der Vertag mit der Einhaltung dieser Pflicht stehen und fallen *(„of the essence“).*[1153] Die Klausel ist dabei vor allem vor dem Hintergrund der CIF-Geschäfte zu sehen. Charakteristisch für diese ist, dass die Ware weniger physisch gehandelt wird und stattdessen nur Dokumente angedient und in längeren Lieferketten weitergehandelt werden. So kann es vorkommen, dass der Verkäufer B bereits Ware an C verkauft, die er selber noch gar nicht eingekauft hat, da er auf fallende Marktpreise hofft. Fällt nun der Markt, so wird B bei A die geschuldete Ware einkaufen. Zur abgekürzten Leistung in der Lieferkette soll A schließlich direkt an C ausliefern. A verschifft sodann die Ware und überbringt dem B die *notice of appropriation.* Damit wird

1151 Dazu siehe oben Seite 230.

1152 Haage, Das Abladegeschäft, S. 36 ff.; Schlechtriem/Schwenzer-Widmer, Art. 32 CISG, Rn. 9; Honsell-Ernst/Lauko, Art. 32 CISG, Rn. 11.

1153 Siehe oben Seite 85.

die verkaufte Ware dem Vertrag zwischen A und B zugeordnet. Nunmehr erbringt auch B gegenüber C eine *notice of appropriation*, sodass sich der Kaufvertrag nun auf die bereits verschiffte Ware bezieht.

Der Käufer ist also auf die Verladeanzeige angewiesen, damit er gegenüber seinen nachfolgenden Käufern in der Lieferkette die eingekaufte Ware dem eigenen Vertrag zuordnen kann.[1154] Insofern ist eine ordnungsgemäße Verladeanzeige für das CIF-Geschäft zwingend notwendig, sodass eine Einordnung als *condition* angezeigt ist.[1155] Daher kann der Käufer grundsätzlich vom Vertrag zurücktreten und Schadensersatz verlangen, wenn diese entweder ausbleibt oder unvollständig vorgenommen wird.[1156] Wird die Verladeanzeige nicht erbracht, so liegt zudem eine Pflichtverletzung im Sinne der *default clause* vor.[1157] Der Käufer kann dann ein Deckungsgeschäft vornehmen und die Differenz zum Vertragspreis als Schadensersatz geltend machen.[1158] Fehlt es an einem Deckungsgeschäft, so ist der Schadensersatz in diesen Fällen am Tag nach[1159] der letzten Möglichkeit ihrer Erbringung zu berechnen.

6.4.3.1.2 Rechtsvergleich und Bewertung

6.4.3.1.2.1 Deutscher Ansatz: Einordnung als Hauptleistungspflicht

Im deutschen Recht ist strittig, ob es sich bei der Anzeige nur um eine leistungsbezogene Nebenpflicht handelt oder der Verkäufer zu deren Abgabe im Sinne einer Hauptleistungspflicht verpflichtet ist. Überwiegend wird der letztere Fall

---

1154 Vgl. Andre et Cié S.A. v. Vantol Ltd. [1952] 2 Lloyd's Rep. 282, 291 (QBD).

1155 Société Italo-Belge pour le Commerce et l'Industrie v. Palm & Vegetable Oils (Malaysia) Sdn. Bhd. ("The Post Chaser") [1981] 2 Lloyd's Rep. 695, 699 (QBD); vgl. auch Reuter Hufeland & Co. v. Sala & Co. [1879] L.R. 4 C.P.D. 239, 249 (CA); Sassoon, C.I.F. and F.O.B. contracts, Rn. 201; Kaul, PL WebJour (13) 2003.

1156 Bunge GmbH v. C.C.V. Landbouwbelang G.A. [1978] 1 Lloyd's Rep. 217, 223 (QBD); aff. [1980] 1 Lloyd's Rep. 458; Bunge S.A. v. Schleswig-Holsteinische Landwirtschaftliche Hauptgenossenschaft eingetr. GmbH [1978] 1 Lloyd's Rep. 480, 492 f. (QBD); Carr/Stone, International trade law, S. 14.

1157 Vgl. cl. 23 GAFTA 100 und die Entscheidung Tricerri Ltd. v. Crosfields & Calthrop Ltd. and others [1958] 1 Lloyd's Rep. 236, 243 (QBD) für einen Fall, bei dem die Bedingungen der Liverpool Corn Trade Association galten, die aber ebenfalls eine default-clause enthielten.

1158 Zur default clause siehe noch unten Seite 359 ff.

1159 Zu der Diskussion ob der letzte Tag des Leistungszeitraumes oder der Folgetag maßgeblich ist vgl. unten Seite 373 f.

vertreten.[1160] Dieses ist auch richtig, da der Käufer gegebenenfalls Dispositionen über die Ware trifft und jene insbesondere schwimmend weiterverkaufen will. Auch die deutschen Kontrakte erblicken in der Anzeige ihrem Wortlaut nach regelmäßig eine Hauptleistungspflicht. So heißt es beispielsweise im Hamburger Hülsenfrucht-Schlussschein Nr. 5:[1161]

> „Bei Verkäufen cif hat der Verkäufer unverzüglich von der erfolgten Verladung der Ware mit Angabe des Schiffsnamens dem Käufer Mitteilung zu machen. Die Unterlassung der Anzeige hebt den Vertrag nicht auf, jedoch haftet der Verkäufer dem Käufer für die daraus entstehenden Extrakosten."

Gibt der Verkäufer die Verschiffungsanzeige nicht ab, so gerät er in Schuldnerverzug und macht sich gem. §§ 280 Abs. 1, 2; 286 BGB schadensersatzpflichtig. Nach allgemeinen Grundsätzen ist für die Verzugsbegründung auch eine Mahnung nötig.[1162] Sehen die Kontrakte eine Frist für die Absendung der Verladeanzeige vor (vgl. § 58 Abs. 1 EB – ein Geschäftstag nach dem Datum des Konnossements), so tritt Verzug ohnehin automatisch gem. § 286 Abs. 2 Nr. 2 BGB ein. Eine Mahnung ist daher nach Einheitsbedingungen regelmäßig entbehrlich.

Will der Käufer wegen einer unterbliebenen Verladeanzeige vom Vertrag zurücktreten, so müssen nach deutschem Verständnis die Voraussetzungen des § 323 BGB erfüllt sein; es bedarf also der Setzung einer Nachfrist. Selbiges gilt gem. § 18 Abs. 2 EB unter den Einheitsbedingungen. Hier kann der Käufer nur dann zurücktreten, wenn die Voraussetzungen des § 19 EB erfüllt sind. Zwar nennen weder § 19 EB noch § 18 EB die Verladeanzeige, die Vorschriften dürften aber trotzdem anzuwenden sein. Schließlich regeln sie allgemein die Rechte der enttäuschten Partei für den Fall einer Nichterfüllung. Die Verladeanzeige ist eine Hauptleistungspflicht, die die Erfüllung unterstützt. Damit ist sie Bestandteil der Lieferpflicht und damit der Vertragserfüllung selbst, sodass §§ 18, 19 EB anzuwenden sind.[1163]

1160 Haage, Das Abladegeschäft, S. 34; aA Grossmann-Doerth, Das Recht des Überseekaufs, S. 263; vgl. auch Al-Deb'i, Überseekauf und Abladegeschäft, S. 70 der grundsätzlich eine Nebenpflicht annimmt, bei der Statuierung durch Verbandsrecht oder Vertragsformulare von einer Hauptpflicht ausgeht.

1161 § 5 lit. d Hamburger Hülsenfrucht-Schlussschein Nr. 5.

1162 OLG Hamburg, HansRGZ 1928 Hauptbl. Nr. 299, Sp. 727, 729; aA HGB-Großkommentar-Koller, vor § 373 HGB, Rn. 39, der eine Mahnung für entbehrlich hält, weil der Überseekauf auf eine strikte Zeiteinhaltung angewiesen sei.

1163 Dieses entspricht auch §§ 41 Abs. 5, 17 WVB, die die Verschiffungsanzeige ausdrücklich als Hauptpflicht einordnen und dementsprechend eine angemessene Fristsetzung fordern.

Dementsprechend muss der Käufer grundsätzlich erst eine Nachfrist setzen, bevor er zurücktreten oder Schadensersatz statt der Leistung fordern darf. Fraglich ist lediglich, ob die Nachfristsetzung gem. § 18 Abs. 9 lit. b EB entbehrlich sein kann. Dazu müsste der Vertrag hinsichtlich der rechtzeitigen Absendung der Verladeanzeige als Fixgeschäft eingeordnet werden. Das wäre für den Fall zu erwägen, dass die Abladung selber ein Fixgeschäft ist.[1164] Dann könnte auch der Erbringung der Verladeanzeige Fixschuldcharakter zukommen. Denn diese dient dem Käufer dazu, die bereits verschiffte Ware weiter zu handeln, bevor die Dokumente bei ihm überhaupt erst angedient werden. Der Käufer – meist eine Mittelsperson in der Lieferkette – ist regelmäßig nicht an der physischen Ware interessiert. Auch wird er die Ware weiterhandeln wollen, bevor die Dokumente tatsächlich angedient werden. Deswegen darf der CIF-Verkäufer auch nicht rein physisch erfüllen, sondern muss immer auch die Dokumente andienen.[1165] Für den Käufer ist die rechtzeitige Erbringung der Verladeanzeige daher genauso wichtig, wie die Rechtzeitigkeit der physischen Abladung. Wenn die Abladung wegen der Gefahr schwankender Preise im Rohstoffhandel grundsätzlich als Fixschuld einzuordnen ist,[1166] so könnte das auch für die Verladeanzeige gelten. Denn muss der Käufer die Anzeige erst anmahnen, so können sich die Marktpreise zu seinen Ungunsten verändern, bevor er die Ware überhaupt weiterhandeln kann.

Allerdings ist die Verladeanzeige lediglich untergeordneter Teil der Erfüllung. Der Verkäufer schuldet primär Abladung und Andienung der Dokumente. Mit der Verladeanzeige informiert er lediglich über die vorgenommene Erfüllung. Zudem trägt der Verkäufer im Falle einer verspäteten Verschiffungsanzeige mangels Konkretisierung gem. § 243 Abs. 2 BGB ohnehin die Leistungsgefahr, sodass er selbst an einer zügigen Anzeige interessiert ist. Dem Käufer ist es daher unter Abwägung der Interessenlage zuzumuten eine (wenn auch kurze[1167]) Frist zu setzen, um die Anzeige nachzuholen.[1168]

1164 Grundsätzlich besteht im Rohproduktenhandel mit volatilen Waren bei der Vereinbarung von CIF und FOB mit Abladezeitpunkt eine Vermutung für eine Wesentlichkeit der Abladezeit. Unter Einheitsbedingungen wird ein Fixgeschäft in § 52 Abs. 3 EB wohl vertraglich ausgeschlossen.

1165 Siehe BGH LM § 373 HGB Nr. 3; HGB-Großkommentar-Koller, vor § 373 HGB, Rn. 62; Digenopoulos, Die Abwandlung der CIF- und FOB-Geschäfte im modernen Überseekaufrecht, S. 126 und oben Seite 15.

1166 Siehe weiter oben.

1167 Haage, Das Abladegeschäft, S. 36 geht davon aus, dass im Hinblick auf § 17 Abs. 3 WVB generell eine Frist von drei Geschäftstagen angemessen sein sollte.

1168 Für die WVB Sieveking, Die Geschäftsbedingungen des Waren-Vereins der Hamburger Börse e.V., § 41 WVB Rn. 6. Daher muss der Käufer gem. § 17 Abs. 2 WVB eine

Damit bleibt festzuhalten: Während damit im englischen Recht eine Vertragsaufhebung bei fehlerhaften Anzeigen sofort möglich ist, muss der Käufer nach deutschem Recht (§ 323 BGB) und den Einheitsbedingungen (§§ 18 Abs. 2, 19 EB) zunächst eine Nachfrist zur ordnungsgemäßen Erfüllung setzen. Die Leistungszeit hinsichtlich der Verladeanzeige hat jedenfalls keinen Charakter als Fixgeschäft, sodass Schadensersatz und Vertragsrücktritt auch ohne Fristsetzung möglich wären. Das deutsche Recht hier für den Verkäufer wesentlich vorteilhafter.

6.4.3.1.2.2 Position des UN-Kaufrechts

Unterlässt der Verkäufer die Anzeige im UN-Kaufrecht, so verhindert dieses wie auch im deutschen Recht zuvörderst den Gefahrübergang. Erst mit der Beförderungsanzeige geht die Gefahr *ex nunc* auf den Käufer über, Art. 67 Abs. 2 CISG. Zudem liegt bei einer unterlassenen oder unrichtigen Verladeanzeige eine Pflichtverletzung vor, sodass die Rechtsbehelfe der Art. 45 ff. CISG gelten.[1169] Kann der Käufer also beispielsweise nachweisen, dass er die schwimmende Ware bei rechtzeitiger Verladeanzeige mit Gewinn hätte weiterverkaufen können, so kann er dieses als Schaden geltend machen.[1170]

Ob hingegen eine wesentliche Vertragsverletzung im Sinne des Art. 25 CISG vorliegt, die den Käufer zur Aufhebung des Vertrages nach Art. 49 Abs. 1 lit. a CISG berechtigt, ist zweifelhaft. Teilweise wird erwogen, der Käufer solle den Vertrag aufheben können, wenn erhebliche Nachteile durch die fehlende Verladeanzeige entstünden.[1171] Damit ist freilich nicht mehr gesagt, als der Wortlaut von Art. 25 CISG ohnehin hergibt. Insofern bleibt in der Literatur überwiegend unklar, wann erhebliche Nachteile vorliegen sollen. Wenn überhaupt, wird erwogen, eine wesentliche Vertragsverletzung dann anzunehmen, wenn der Verkäufer sich zur Verladeanzeige ausschweigt, sodass der Käufer befürchten

---

angemessene Frist für die Verschiffungsanzeige bestimmen. Ebenso Haage, Das Abladegeschäft, S. 36; siehe auch Loock/Straatmann, Handelsrechtliche Schiedsgerichts-Praxis, Schiedsspruch C 1 Nr. 6.

1169 Honsell-Ernst/Lauko, Art. 32 CISG, Rn. 14; Schlechtriem/Schwenzer-Widmer, Art. 32 CISG, Rn. 11.

1170 Vgl. allgemein dazu Haage, Das Abladegeschäft, S. 35.

1171 Kock, Nebenpflichten im Un-Kaufrecht, S. 110 f.; ähnlich Honsell-Ernst/Lauko, Art. 32 CISG, Rn. 14 aber auch offenlassend bzgl. CIF-Verkäufen; ebenso Honnold/Flechtner, Uniform law for international sales under the 1980 United Nations Convention, Rn. Art. 32 Rn. 213; Bianca/Bonell, Commentary on the international sales law, Art. 32 Rn. 2.2.2.; sehr kritisch Soergel-Lüderitz/Schüßler-Langeheine, Art. 32 CISG, Rn. 6 (eine wesentliche Vertragsverletzung ist „kaum vorstellbar“).

müsse, es sei gar keine Verschiffung erfolgt.[1172] Diesem ist zuzustimmen. Ansonsten dürfte nur in Ausnahmesituationen eine wesentliche Vertragsverletzung vorliegen. Diese vorschnell zu bejahen ist ohnehin nicht nötig, da der Verkäufer bei einer unterlassenen Anzeige schon mit der nicht übergehenden Leistungsgefahr belastet ist.[1173] Von der Literatur und Rechtsprechung wird hingegen nicht diskutiert, ob *per se* ein erheblicher Nachteil besteht, wenn die Anzeige bei einem CIF-Verkauf unterlassen wird. Dafür spricht, dass diese Geschäfte häufig in Lieferketten erfolgen, die eine rasche Zuordnung der Ware zum Vertrag erfordern, damit diese weitergehandelt werden kann.[1174] Zudem lässt sich auch unter dem UN-Kaufrecht erwägen, ob die Verladeanzeige als Fixschuld zu deklarieren ist, sodass die unterlassene Versendung zu einer wesentlichen Vertragsverletzung i.S.d. Art. 25 CISG führt. Nach den obigen Erwägungen dürfte diese Einordnung aber auch dann nicht naheliegen, wenn die Abladung selbst eine Fixschuld ist,[1175] denn auch nach dem UN-Kaufrecht bereitet die Verladeanzeige die eigentliche Erfüllung nur vor.[1176] Eine wesentliche Vertragsverletzung ist daher regelmäßig nicht denkbar.

Insofern ist das UN-Kaufrecht zurückhaltender, den Vertrag im Falle einer fehlerhaften Verladeanzeige aufzuheben, was dem konventionsinternen Dogma der Vertragserhaltung entspricht.

6.4.3.2 Entgegennahme unwirksamer Anzeigen

6.4.3.2.1 Englische Sichtweise

Fraglich ist jedoch, was gilt, wenn der Käufer die verspätete oder unrichtige Anzeige entgegennimmt und diese nicht zurückweist (z.B. Verschiffung von Barcelona statt von Genua).

1172 Honsell-Ernst/Lauko, Art. 32 CISG, Rn. 14; Schlechtriem/Schwenzer-Widmer, Art. 32 CISG, Rn. 12.

1173 Im Ergenbis ebenso zurückhaltend Soergel-Lüderitz/Schüßler-Langeheine, Art. 32 CISG, Rn. 6.

1174 Siehe Patrick, IHR 2009, 100, 103. Aus diesen Gründen ordnet das englische Recht die Verladeanzeige auch als condition ein, da sie für in Strings schlechthin notwendig für den weiteren Handelsablauf ist. Vgl. oben Seite 233.

1175 So die wohl überwiegende Meinung. Vgl. OLG Karlsruhe RIW/AWD 1975, 225; OLG Hamburg OLGR 1997, 149 mit krit. Anm. Mankowski, EWiR 1997, 791, 792; diff. Schlechtriem/Schwenzer-Schlechtriem/Schroeter, Art. 25 CISG, Rn. 20; aA Staudinger-Magnus, Art. 49 CISG, Rn. 10; Magnus/Lüsing, IHR 2007, 1, 12; Mankowski, EWiR 1997, 791, 792; Patrick, IHR 2009, 100, 100 lehnt ein Fixgeschäft jedenfalls außerhalb des Rohstoffhandels ab.

1176 Staudinger-Magnus, Art. 32 CISG, Rn. 14.

Akzeptiert der Käufer nämlich mangelhafte Ware, so verliert er nach s. 11(4) SoGA sein Recht, die Ware zurückzuweisen.[1177] Dieser Gedanke könnte auch auf die Akzeptanz einer unvollständigen oder verspäteten Anzeige zu übertragen sein. Dieses ist zwar nicht in s. 11(4) SoGA geregelt, mag jedoch aus dem Prinzip des *estoppel by conduct* folgen.[1178] Demnach darf der Käufer sich nicht in Widerspruch zu seinem vorherigen Verhalten setzen. Akzeptiert er die verspätete Anzeige, so könnte er deutlich machen, keine Rechte wegen der Verspätung zu erheben. Andererseits muss dem Empfänger einer unwirksamen Anzeige zumindest zugebilligt werden, diese an seinen Käufer weiterzuleiten, da die Möglichkeit besteht, dass jener sie akzeptiert.[1179] Daher darf die bloße Entgegennahme und Weiterleitung nicht schon dazu führen, dass die Rechte des Verkäufers ausgeschlossen sind. Zudem ist anerkannt, dass bei CIF-Transaktionen die Entgegennahme und das Weiterhandeln der Verschiffungsdokumente nicht zur Akzeptanz der Ware führen. Maßgeblich ist erst die Entgegennahme der Ware selbst.[1180] Da die *notice of appropriation* den Austausch der Verschiffungsdokumente nur vorbereitet, sollte dieses hier erst recht gelten.

6.4.3.2.2 Rechtsvergleich und Bewertung

Ähnlich wie im englischen Recht auch, wird in Deutschland diskutiert, ob die Rügeobliegenheit nach § 377 HGB anwendbar ist, wenn eine fehlerhafte Verladeanzeige erbracht wurde.[1181] Während eine direkte Anwendung am Wortlaut („die Ware […] nach der Ablieferung […] untersuchen.“) scheitert, fehlt für eine Analogie indes eine vergleichbare Interessenlage, da die Verladeanzeige die Warenlieferung erst vorbereiten soll. Eine vertragswidrige Verladeanzeige stellt vielmehr ein Angebot an den Käufer dar, den ursprünglichen Kaufvertrag zu den neuen Bedingungen hin abzuändern und nun im obigen Beispiel die Abladung in Genua zu akzeptieren. Zu diesem Abänderungsvertrag muss der Käufer jedoch seine Zustimmung erteilen und es schließt sich die Frage an, ob Schweigen als

---

1177 Bridge, The sale of goods, Rn. 10.53; vgl. auch Patrick, IHR 2009, 100, 103.

1178 Dazu oben Seite 77.

1179 Bremer Handelsgesellschaft mbH v. Deutsche Conti-Handelsgesellschaft mbH [1981] 2 Lloyd's Rep. 112, 116 (QBD); aff. [1983] 2 Lloyd's Rep. 45 (CA); vgl. auch Finagrain S.A. Geneva v. P. Kruse Hamburg [1976] 2 Lloyd's Rep. 508, 535 (CA).

1180 Kwei Tek Chao v. British Traders and Shippers Ltd. (Costs) [1954] 2 Q.B. 459, 468 (QBD); E. Hardy & Co. (London) Ltd. v. Hillerns & Fowler [1923] 2 K.B. 490, 499 per Atkin LJ (CA); Bridge, The sale of goods, Rn. 10.69; Bridge, The international sale of goods, Rn. 4.49.

1181 Vgl. die Diskussion bei Haage, Das Abladegeschäft, S. 40; HGB-Großkommentar-Koller, vor § 373 HGB, Rn. 41.

Zustimmung gilt. Insofern gelten die allgemeinen Regeln des deutschen Zivilrechts über das Schweigen. Dieses stellt grundsätzlich ein *nullum*[1182] dar, solange es nicht kraft Parteivereinbarung (beredetes Schweigen[1183]), gesetzlicher Anordnung oder durch Handelsbrauch einen gewissen Erklärungswert erhält.[1184] Grundsätzlich ist daher dem Schweigen keine Annahme des Angebots einen Abänderungsvertrag abzuschließen zu entnehmen.[1185] Die Annahme einer unrichtigen oder verspäteten Anzeige hat also auch im deutschen Recht keine Auswirkungen.

Für das UN-Kaufrecht wurde diese Frage – soweit ersichtlich – noch nicht diskutiert. Fraglich ist, ob unter den Wortlaut der Rügeobliegenheit (Art. 39 Abs. 1 CISG) auch die Rüge einer unkontraktlichen Verschiffungsanzeige zu fassen ist. Dafür ist anzuführen, dass deren Anwendungsbereich ungleich weiter als im deutschen internen Recht, da sie insbesondere nicht eine Ablieferung voraussetzen.[1186] Andererseits bezieht sich die Rüge nur auf die Vertragsgemäßheit iSd Art. 35 CISG der Ware selbst („lack of confirmity of goods").[1187] Zudem bezieht sie sich auch hier lediglich auf die bei der Untersuchung der Ware festgestellte Vertragswidrigkeit und nicht auf solche, die im Vorfeld schon auftreten.[1188] Andererseits ist gefestigte Ansicht, dass Art. 39 CISG analog auch auf vertragswidrige Dokumente anzuwenden ist.[1189] Jedoch gehört die Verschiffungsanzeige nicht zu den Dokumenten iSd Art. 34 CISG. Eine Analogie der Rügeobliegenheit ist daher nur dann angemessen, wenn die Dokumente die Ware repräsentieren, wie das beim Konnossement der Fall ist. Insofern handelt es

1182 Petersen, Jura 2003, 687, 687: 687.

1183 Petersen, Jura 2003, 687, 687: 688; Kramer, Jura 1984, 235, 238.

1184 Allgemein zum Schweigen im Rechtsverkehr Götz, Zum Schweigen im rechtsgeschäftlichen Verkehr; Krause, Schweigen im Rechtsverkehr, S. 4 ff.

1185 Loock/Straatmann, Handelsrechtliche Schiedsgerichts-Praxis, Schiedsspruch D 1 b Nr. 14 und Schiedsspruch D 1 b Nr. 36; Haage, Das Abladegeschäft, S. 41; aA BGHZ 1, 353, 355.

1186 Achilles, Kommentar zum UN-Kaufrechtsübereinkommen (CISG), Rn. Art. 39 CISG Rn. 1.

1187 Achilles, Kommentar zum UN-Kaufrechtsübereinkommen (CISG), Rn. Art. 39 CISG Rn. 2; Staudinger-Magnus, Art. 39 CISG, Rn. 10.

1188 Schlechtriem/Schwenzer-Schwenzer, Art. 39 CISG, Rn. 5.

1189 Staudinger-Magnus, Art. 39 CISG, Rn. 34; Herber/Czerwenka, Internationales Kaufrecht, Art. 34 Rn. 7; Honnold/Flechtner, Uniform law for international sales under the 1980 United Nations Convention, Rn. 256; Enderlein/Maskow/Strohbach, Internationales Kaufrecht, Art. 39 Rn. 2.

sich bei der Abgabe der Verschiffungsanzeige lediglich um eine Zusatzpflicht, deren Verletzung nicht gesondert zu rügen ist.[1190]

6.4.4 Abschließende Bewertung

Sowohl das deutsche interne Recht als auch das CISG sind primär auf Vertragserhaltung ausgelegt. Dieses entspricht auch der vertraglichen Gestaltung in den Einheitsbedingungen, wonach eine unterlassene Anzeige nicht per se zum Rücktritt berechtigt.[1191] Fehlt es an einer Anzeige oder ist diese unvollständig, so bleibt der Vertrag bestehen. Stattdessen hindert die fehlende Anzeige im CISG den Gefahrübergang, sodass der Verkäufer weiterhin die Leistungsgefahr trägt. Dieses ist auch im deutschen internen Recht so, denn in Ermangelung einer Verladeanzeige ist noch keine Konkretisierung gem. § 243 Abs. 2 erfolgt.

Im englischen Recht fehlt es nicht nur an der Konkretisierung und damit am Gefahrübergang, vielmehr liegt ein *breach of condition* vor, sodass der Käufer ohne Fristsetzung zurücktreten kann. Nach der Rücktrittsdogmatik des deutschen internen Rechts muss hingegen zunächst eine Frist gesetzt werden. Auch nach dem CISG liegt nicht sogleich eine wesentliche Vertragsverletzung vor, vielmehr müssen besondere Umstände hinzutreten. Welche das jedoch sind, ist im Einzelnen ungenau und sorgt derzeit für Rechtsunsicherheit. Für den Importeur mag daher die englische Regelung der schnellen Lösung vom Vertrag – insbesondere in einem fallenden Markt – ein Vorteil sein. Für den Exporteur stellen sich jedoch Risiken, da die Ware sich möglicherweise bereits im Importland befindet und zurücktransportiert oder dort unter Wert abgesetzt werden muss. Auch ansonsten ist das englische Recht strenger, denn die Anzeige ist grundsätzlich unwiderruflich und nachträglich nicht korrigierbar.[1192] Im deutschen Recht und dem CISG kann die Anzeige hingegen nachträglich geändert werden; erleidet der Käufer durch die Änderung einen Schaden, so ist dieser zu ersetzen. Diese Lösung ist für den kaufmännischen Verkehr flexibler, als die starre Unabänderlichkeit des englischen Rechts.

Im Ergebnis sind daher die Regelungen des deutschen internen Rechts denen des englischen Rechts vorzuziehen. Auch das CISG dürfte dem englischen Recht gegenüber vorzugswürdig sein, denn in einer fehlenden Verladeanzeige

---

1190 Vgl. Staudinger-Magnus, Art. 39 CISG, Rn. 12.

1191 Vgl. § 5 lit. d Hamburger Hülsenfrucht-Schlussschein Nr. 5.

1192 Eine Ausnahme besteht nur für Übertragungsfehler oder wenn die Parteien den Widerruf der Anzeige zugelassen haben.

liegt regelmäßig noch kein wesentlicher Vertragsbruch, wobei diese Frage derzeit noch nicht einheitlich beantwortet werden kann.

6.5 Die Lieferung beim FOB-Geschäft

6.5.1 Käuferpflicht zur Erteilung von FOB-Instruktionen

Bei einem FOB-Verkauf muss der Verkäufer die Ware bis an Bord des Seeschiffes im Abgangshafen liefern. Dazu ist es nötig, dass der Käufer eine sogenannte FOB-Instruktion *(preadvice)* erteilt. Da der Käufer das Schiff chartert, der Verkäufer aber an Bord liefern muss, sind die Parteien auf gegenseitige Mitwirkung und Informationen angewiesen. Aus dieser muss sich einerseits ergeben an Bord welches Schiffes geliefert werden soll, andererseits muss die Verladestelle im Hafen genau bezeichnet werden, was voraussetzt, dass auch der Hafen bezeichnet wird, sofern dieser im Vertrag noch nicht eindeutig festgelegt wurde. Diese dienen auch dazu, dem Verkäufer eine Vorbereitungszeit einzuräumen, damit dieser Dispositionen hinsichtlich des Warentransportes vornehmen kann.[1193] Daher wird die Pflicht zur Verladung auch erst dann fällig, wenn er die FOB-Instruktionen vom Käufer erhalten hat, sodass diese eine *condition precedent* für die Lieferverpflichtung des Verkäufers sind.[1194] Fehlen die Instruktionen, so ist der Verkäufer automatisch von seiner Lieferverpflichtung befreit[1195] und er kann Schadensersatz vom Käufer verlangen.

6.5.1.1 Benennung eines Seeschiffes *(nomination of ship)*

Damit der Verkäufer seine Lieferpflicht erfüllen kann, muss der Käufer vor allem das Seeschiff bezeichnen, in das die Ware einzuladen ist. Da der Verkäufer nach dem Empfang einer solchen Anzeige meist Dispositionen hinsichtlich der Verladung trifft, stellt sich auch die Frage, inwiefern das bereits benannte Schiff nachträglich ausgetauscht werden kann.

1193 Slabotzky, Grain contracts and arbitration, S. 38; Carr/Stone, International trade law, S. 42.

1194 Sutherland v. Allhusen [1866] 2 Mar. LC. 349, 350, per Pollock, C.B.; Armitage v. Insole [1850] 14 Q.B. 728, 729 (KBD); Stanton v. Austin [1872] L.R. 7 C.P. 651, 655; Sassoon, C.I.F. and F.O.B. contracts, Rn. 444.

1195 Vgl. Olearia Tirrena S.p.A. v. N.V. Algemeene Oliehandel ("The Osterbek") [1973] 2 Lloyd's Rep. 86, 88 (CA).

6.5.1.1.1 Nominierungsanzeige

Nach dem englischen Recht muss der Käufer dazu das Schiff benennen und angeben, wie groß die Ladekapazitäten sind. Ferner muss der Verkäufer über das voraussichtliche Ankunftsdatum im Exporthafen informiert werden.[1196] Bei der Bestimmung der Ankunftszeit im Verladehafen ist der Käufer grundsätzlich frei. Allerdings muss diese so gewählt werden, dass die Verladung im Hinblick auf die Gewohnheiten im Hafen und die dortigen Arbeitszeiten während des Verschiffungszeitraumes noch vollendet werden kann,[1197] da der Verkäufer grundsätzlich über diesen Zeitraum hinaus nicht mehr zur Lieferung verpflichtet ist,[1198] solange die Kontrakte nicht etwas anderes vorsehen.

Der Name des Schiffes ist allerdings nicht zwingend Bestandteil der Anzeige,[1199] da der Verkäufer dieses grundsätzlich auch noch bis zur Beladung austauschen kann.

6.5.1.1.1.1 Erscheinungsformen und Zweck der Anzeige

Die GAFTA-Kontrakte sehen eine Klausel für die Nominierung des Schiffes vor. Damit wird ein wichtiger Teilaspekt der FOB-Instruktionen geregelt. Zudem muss abweichend zum *common law* der Schiffsname angegeben werden. So heißt es in den meisten FOB Kontrakten:

> „Nomination of Vessel - Buyers shall serve not less than ... consecutive day's notice of the name and probable readiness date of the vessel and the estimated tonnage required."[1200]

Hat der Käufer ein taugliches Schiff nominiert, so ist der Verkäufer verpflichtet dieses auch zu beladen.[1201]

1196 J. & J. Cunningham Ltd. v. Robert A. Munro & Co. Ltd. [1922] 28 Com. Cas. 42, 45, per Hewart CJ; Klotz, International sales agreements, S. 57.

1197 Bunge & Co. Ltd. v. Tradax England Ltd. [1975] 2 Lloyd's Rep. 235, 239 (QBD).

1198 Bunge & Co. Ltd. v. Tradax England Ltd. [1975] 2 Lloyd's Rep. 235, 239 (QBD); zur Ausnahme, dass die Beladung auch über den Verladezeitraum hinausvorgenommen werden muss, siehe Seite 265.

1199 Bridge, The international sale of goods, Rn. 3.34.

1200 Vgl. GAFTA 118 cl. 7. Eine "Nomination of Vessel" Klausel enthalten auch GAFTA 119, 120, 129, 23, 49, 64, 79a, 82.

1201 Harlow & Jones Ltd. v. Panex (International) Ltd. [1967] 2 Lloyd's Rep. 509. 526 ff.; Murray/Holloway/Timson-Hunt, Schmitthoff's export trade, Rn. 2–12.

6.5.1.1.1.2 Zeitpunkt der Anzeige

Für den Zeitpunkt der Anzeige kommt es primär darauf an, ob die Parteien im Vertrag eine solche Frist vorgesehen haben. Eine feste Frist sehen die meisten Kontrakte nicht vor.[1202] Vielmehr ist nur ein Platzhalter in die Kontrakte eingefügt, sodass die Parteien die Frist an ihre Bedürfnisse anpassen können. Für die Berechnung der Frist zählen regelmäßig auch Sonn- und Feiertage, was sich aus der Formulierung *„consecutive day's"* ergibt. Teilweise sind die Anforderungen an die Anzeige aber auch detaillierter geregelt, wie beispielsweise im Formular GAFTA 79A.[1203] Demnach muss der (in einer Lieferkette) letzte FOB-Käufer drei Tage im Voraus die Nominierungsanzeige erbringen. Zudem finden sich in dem Kontrakt Informationspflichten für den Fall, dass sich das nominierte Schiff verspätet. Die anderen Kontrakte sind jedoch eher kurz gehalten, lediglich die Ergänzungsbedingungen für Verladungen von Häfen von Großbritannien *(Loading Terms for United Kingdom Ports)* sehen noch einen festen Zeitraum von 8 Tagen vor.

Enthält der Vertrag keine Nominierungsklausel oder wurde die Zeitspanne nicht eingetragen, so gelten die allgemeinen Regeln des *common law*. Demnach muss die Anzeige innerhalb angemessener Frist erfolgen.[1204] Was angemessen ist, richtet sich danach, ob der Verkäufer nach kaufmännischer Betrachtung die notwendigen Dispositionen über die Ware treffen und diese in den Exporthafen schaffen kann.[1205] Hat der Verkäufer die Ware beispielsweise nicht auf Lager und weiß der Käufer davon, so sind derartige Fakten für die Bestimmung der Angemessenheit zu berücksichtigen.[1206] Wird im Vertrag nur ein Lieferzeitraum vereinbart (beispielsweise *„during January"*) und hat der Verkäufer die Option, das genaue Verschiffungsdatum zu bestimmen, so muss der Käufer erst dann ein Schiff benennen, wenn der Verkäufer auch den Liefertermin eingegrenzt hat.[1207]

Der Zeitpunkt der Anzeigen ist insbesondere in Käuferketten wichtig. Das zeigt der Fall *Bunge Corp v. Tradax Export S.A.*[1208] Dort wurden 15.000 Tonnen ± 5% US Sojabohnenmehl FOB verkauft. Der Käufer musste innerhalb von 15 Tagen die Ladebereitschaft anzeigen. Allerdings war der Käufer lediglich das Zwischenglied einer Lieferkette. Insofern musste zunächst der Letztkäufer, der

---

1202 Vgl. GAFTA No. 23, 49, 64, 82, 118, 119, 120.

1203 2006 Gafta No.79A Contract for United Kingdom and Ireland Grain FOB Terms, cl.

1204 Bennett, L.M.C.L.Q. 1990, 466, 466.

1205 Bunge & Co. Ltd. v. Tradax England Ltd. [1975] 2 Lloyd's Rep. 235, 239 (QBD).

1206 Bridge, The international sale of goods, Rn. 3.22.

1207 Harlow & Jones Ltd. v. Panex (International) Ltd. [1967] 2 Lloyd's Rep. 509, 526 (QBD), per Lord Roskill J.

1208 So auch Bunge Corp. v. Tradax Export S.A. [1981] 2 Lloyd's Rep. 1, 5 (HL).

die letztlich physisch entgegennehmen wird, seine Ladebereitschaft anzeigen. Diese musste dann durch die Lieferkette bis hin zum Käufer weitergegeben werden. Bei der Weitergabe kam es zu einer Verzögerung, sodass der Zwischenkäufer seinem Verkäufer die Ladebereitschaft nicht rechtzeitig anzeigen konnte. Aus diesem Grunde sehen die Kontrakte der FOSFA beispielsweise vor,[1209] dass eine Nominierung in Lieferketten dem Erstverkäufer auch noch 10 Tage anstatt 15 Tage vor Beginn der Ladebereitschaft zugehen darf. Damit werden Verzögerungen abgefedert:

> „In the event of a string, the first Seller shall accept the nomination provided it has been received by him not later than 10 consecutive days before the date of the ships expected date of readiness to load."

Die Verträge der GAFTA regeln dieses hingegen nicht. Auch die Einheitsbedingungen machen keinen Unterschied für Lieferketten. Lediglich in den CIF-Kontrakten der GAFTA ist vorgesehen, dass eine verspätete Verschiffungsanzeige in Käuferketten auch dann noch wirksam ist, wenn sie innerhalb eines bestimmten Zeitplanes weitergeleitet wurde.[1210] Für FOB-Käufer bestehen bei Kettentransaktionen unter GAFTA und Einheitsbedingungen daher Risiken, dass die Anzeige nicht an den Verkäufer weitergeleitet wurde und die Ware daher möglicherweise nicht abgeladen wird.

6.5.1.1.2 Austausch des Schiffes

Eventuell kann beim Käufer der Wunsch entstehen, das in der Nominierungsanzeige bezeichnete Schiff nachträglich auszutauschen. Das mag der Fall sein, wenn das ursprünglich benannte Schiff den Zielhafen nicht rechtzeitig erreichen wird oder sich herausstellt, dass keine Ladekapazität vorliegt.

6.5.1.1.2.1 Vertragliche Vereinbarungen

Für diese Fälle sehen die Kontrakte teilweise ausdrückliche Regeln vor, wonach der Käufer das Schiff austauschen darf.[1211] In cl. 6 GAFTA 119 heißt es:[1212]

1209 Beispielsweise FOSFA 53 in cl. 4.

1210 Vgl. dazu oben Seite 224.

1211 So beispielsweise in GAFA 23, 49, 64, 79A, 82, 119, 120.

1212 Andere internationale Kontrakte bestimmen hingegen, dass das Schiff nicht ausgetauscht werden darf. Zwar findet sich eine derartige Klausel nicht in den Verträgen der GAFTA, aber beispielsweise im Formular NAEGA No. 2 Cl. 8 für die Fälle, dass der Verkauf mittels eines vorher benannten Schiffes getätigt wurde: „If this is a named

„Buyers have the right to substitute the nominated vessel, but in any event the original delivery period and any extension shall not be affected thereby."

Der Austausch des Schiffes ist demnach uneingeschränkt[1213] möglich und steht nur unter der Prämisse, dass dieser nicht zu einer Verlängerung der Lieferzeiten führen darf. Teilweise wird dieses Recht jedoch auch abgeschwächt. Unter GAFTA 79A muss das ersatzweise benannte Schiff spätestens innerhalb von fünf Tagen nach dem ursprünglich benannten Datum für die Ladebereitschaft vorgelegt werden.

Die Parteien sind allerdings frei, die Standardbedingungen der GAFTA-Kontrakte abzuändern, was zu wesentlich komplexere Regeln hinsichtlich der Nominierung führen kann. Ein solcher Sachverhalt lag bei *Cargill U.K. Ltd. v. Continental U.K. Ltd.*[1214] zugrunde. Hier enthielt die Klausel des GAFTA Vertrages[1215] die Bestimmung, dass 8 Tage vor der Ankunft des Schiffes eine *vorläufige* Nominierungsanzeige erfolgen sollte. Vier Tage vor der Ankunft sollte dann noch eine zweite – dieses Mal endgültige – Anzeige erfolgen. In diesem Fall entschieden die Richter, dass das Schiff nach der zweiten Anzeige nicht mehr ausgetauscht werden konnte, da nach der vorläufigen Bestimmung dann eine endgültige Nominierung erfolgen sollte.[1216] Die Parteien müssen also darauf achten, sich ihr Nominierungsrecht durch eigene Formulierungen nicht abzuschneiden.

6.5.1.1.2.2 Ohne Absprache: grundsätzlicher Austausch möglich

Hält der Vertrag keine Regelungen bereit, so ist unter Berücksichtigung der Besonderheiten des FOB-Geschäfts auszulegen, ob das einmal benannte Schiff

---

vessel contract, no substitution other than after a casualty as described above shall be permitted."

1213 Nicht immer findet sich aber eine derartig unbeschränkte Klausel in den internationalen Verträgen. Häufig werden schon in der Klausel Einschränkungen für die Austauschbarkeit gemacht. So darf nach FOSFA 53 cl. 6 das Ersatzschiff beispielsweise nicht früher und nicht mehr als 10 Tage später als das ursprünglich benannte Schiff ankommen. Zudem muss der Käufer seinen Verkäufer und bei Lieferketten auch den ersten Verkäufer über die Änderung schnellstmöglich und mindestens zwei Tage vor der erwarteten Ankunft des Schiffes unterrichten. Auch GAFTA 79A sieht genauere Bestimmungen für den Austausch des Schiffes vor.

1214 Cargill U.K. Ltd. v. Continental U.K. Ltd. [1989] 1 Lloyd's Rep. 193 (QBD); aff. [1989] 2 Lloyd's Rep. 290 (C.A.).

1215 Damals handelte es sich um das Formular 79A, welches um die Cargill UK Ltd fob Hull Terms ergänzt wurde.

1216 Ausführliche Besprechung bei Bennett, L.M.C.L.Q. 1990, 466.

ausgetauscht werden darf. Für ein Austauschrecht spricht insbesondere, dass der Käufer nach dem Wesen des FOB-Vertrages nur dazu verpflichtet ist, *irgendein* taugliches Schiff bereitzustellen.[1217] Die Anzeige kann nicht dahin verstanden werden, dass nur noch dieses Schiff beladen werden soll. Schließlich dient die Nominierung primär dazu, die voraussichtliche Lademenge und das Ladedatum bestimmen zu können. Die Ware gerade auf ein bestimmtes Schiff zu liefern, ist für den Verkäufer von untergeordnetem Interesse.[1218] Daher ist die Nominierung nicht bindend, sodass das Schiff nachträglich ausgetauscht werden kann.[1219] Dieses wurde in der Entscheidung *Agricultores Federados Argentinos v. Ampro S.A.* festgehalten. Das ursprünglich bestimmte Schiff konnte dort wegen Regenfällen den Ladehafen in Rosario nicht rechtzeitig erreichen. Daher benannten die Käufer ein Ersatzschiff, welches sich in Rosario befand und die Ware transportieren konnte.

6.5.1.1.2.3 Ersatzansprüche bei Austausch des Schiffes

Verlässt sich der Verkäufer auf die Nominierung des ursprünglichen Schiffes und entstehen ihm durch die Änderung Mehrkosten, so wird er diese vom Käufer als Schadensersatz ersetzt verlangt wollen. Das kann dann der Fall sein, wenn ein bestimmter Lieferzeitraum im Vertrag vorgesehen ist und der Verkäufer die Ware zu dem Zeitpunkt in den Hafen transportiert, zu dem das zuerst benannte Schiff dort ankommen soll. Wird nun das Schiff ausgetauscht und kommt dieses erst eine Woche später an, so entstehen für den Verkäufer Lagerkosten als Schadensposten. Auch wenn das Ersatzschiff einen anderen Liegeplatz als das ursprünglich benannte benötigt, können Kosten entstehen. Denn nun muss die Ware ggf. durch den Verkäufer umgefahren werden.

Unproblematisch ist der Ersatz, wenn der Austausch des Schiffes einen Vertragsbruch darstellt. Das kann der Fall sein, weil ein Austausch vertraglich aus-

---

1217 Siehe Bennett, L.M.C.L.Q. 1990, 466, 466. Das Schiff muss inbesondere noch nicht einmal geeignet sein, um die Ware aufzunehmen, siehe Soufflet Negoce v. Bunge S.A. [2010] 1 Lloyd‘s Rep. 718 (QBD); aff. [2011] 1 Lloyd's Rep. 531 und Seite 267.

1218 So auch das GAFTA Board of Appeal in Cargill U.K. Ltd. v. Continental U.K. Ltd. [1989] 1 Lloyd’s Rep. 193, 197.

1219 Agricultores Federados Argentinos Sociedad v. Ampro S.A. Commerciale, Industrielle et Financiere [1965] 2 Lloyd’s Rep. 157, 167 (QBD); vgl. auch den etwas anders gelagerten Fall von Cargill U.K. Ltd. v. Continental U.K. Ltd. [1989] 1 Lloyd’s Rep. 193 (QBD); [1989] 2 Lloyd’s Rep. 290 (C.A.); Sassoon, C.I.F. and F.O.B. contracts, Rn. 453.

drücklich verboten wurde oder die Beladung jetzt nicht mehr innerhalb des Lieferzeitraumes vorgenommen werden kann.[1220]

Schwerer ist die Situation zu entscheiden, in der der Austausch zugelassen ist und die Verladung auf das Ersatzschiff auch innerhalb der vereinbarten Lieferzeit erfolgen kann. Ein Ersatz von Kosten wurde für diese Fälle teilweise aus Gesichtspunkten des Vertrauensschutzes bejaht.[1221] Allerdings muss dabei Zurückhaltung bestehen, um nicht das grundsätzliche Recht des Käufers zu unterlaufen, das Schiff nachträglich auszutauschen.[1222] Gerade wenn der Vertrag ein Austauschrecht vorsieht, kann beim Verkäufer meist kein schutzwürdiges Vertrauen entstehen. Ein Ersatzanspruch kann also nur dann in Betracht kommen, wenn der Käufer durch die Anzeige ein gesteigertes Vertrauen hervorruft, indem er beispielsweise deutlich macht, dass ein Austausch des Schiffes nicht in Betracht kommen wird.

6.5.1.1.3 Rechtsfolgen bei fehlerhafter Nominierungsanzeige

Die Nominierung des Schiffes ist eine sogenannte *condition precedent* für die Lieferverpflichtung des Verkäufers. Erfolgt die Anzeige so spät, dass der Verkäufer keine Vorbereitungen für die rechtzeitige Lieferung mehr treffen kann, so kann der Käufer daraus keine Rechte wegen Nichterfüllung herleiten.[1223] Das bedeutet, dass die Pflicht zur Abladung erst fällig wird, wenn der Käufer auch ein Schiff benannt hat.[1224] Wird die Anzeige nicht vorgenommen, so ist der Verkäufer von seiner Lieferverpflichtung befreit.[1225]

Der Käufer begeht zudem einen *breach of condition*, wenn er das Schiff nicht nominiert. Der Verkäufer kann also vom Vertrag zurücktreten und Scha-

---

1220 Bennett, L.M.C.L.Q. 1990, 466, 470.

1221 J. & J. Cunningham Ltd. v. Robert A. Munro & Co. Ltd. [1922] 28 Com. Cas. 42, 46, per Hewart CJ: "[…] it is the doctrine that where one person makes a statement to another meaning that statement to be relied upon and acted upon by that other, if the other suffers damage by so relying and acting upon it he is entitled to recover such damage from the person making the statement."; so wohl auch Carr/Stone, International trade law, S. 43.

1222 Bennett, L.M.C.L.Q. 1990, 466, 470; Kritisch auch Sassoon, C.I.F. and F.O.B. contracts, Rn. 453; aA Murray/Holloway/Timson-Hunt, Schmitthoff's export trade, Rn. 2–12.

1223 Napier v. Dexters Ltd. [1926] 26 Ll. L. Rep. 184 (C.A).

1224 Armitage v. Insole [1850] 14 Q.B. 728, 729 (KBD); Stanton v. Austin [1872] L.R. 7 C.P. 651, 655; Sassoon, C.I.F. and F.O.B. contracts, Rn. 444.

1225 Vgl. Olearia Tirrena S.p.A. v. N.V. Algemeene Oliehandel ("The Osterbek") [1973] 2 Lloyd's Rep. 86, 88 (CA).

densersatz verlangen. Während zunächst noch Unsicherheit darüber bestand, ob es sich bei der Pflicht zur Nominierung um eine *condition* oder lediglich einen *intermediate term* handelte, entschieden die Richter in *Bunge Corp v. Tradax Export S.A.*,[1226] dass eine *condition* vorliegt. Dieses wurde unter anderem mit folgendem Argument begründet: Wenn schon die Pflicht des Verkäufers zur Beladung eine *condition* ist,[1227] so müsse das spiegelbildlich auch für die Pflicht zur Schiffsnominierung durch den Käufer gelten. Denn diese geht der Verladung voraus.[1228] Zudem sind die Parteien als Kaufleute auf eine schnelle und eindeutige Abwicklung angewiesen. Dieses lässt sich durch die Einordnung als *condition* wesentlich leichter erreichen, da die Rechtsfolgen nicht von der Schwere der Pflichtverletzung abhängen. Gerade im Hinblick auf Lieferketten führt die Einordnung als *condition* zu mehr Rechtssicherheit. Ordnete man die Schiffsnominierung lediglich als *intermediate term* ein, so müssen in jedem Vertragsverhältnis die Folgen der Pflichtverletzung betrachtet werden, was zu unterschiedlichen und unbilligen Ergebnissen führen kann, obwohl die Vertragsverhältnisse in Lieferketten bis auf den Preis meist alle inhaltlich identisch sind. Die *Hong Kong Fir*[1229] Entscheidung lässt sich vor allem deswegen nicht übertragen, da dort eine Vielzahl an Möglichkeiten bestand, wieso das Schiff nicht seetüchtig sein kann. Gegen eine Zeitbestimmung zu verstoßen ist hingegen nur in einer Weise möglich, nämlich dann, wenn man zu spät leistet.[1230] Insofern überzeugt die Einordnung als *condition*.[1231] Der Verkäufer kann bei fehlender Nominierung daher nicht nur Schadensersatz verlangen, sondern auch vom Vertrag zurücktreten.

In den Fällen einer fehlenden Nominierung kann der Käufer auch nicht eine anderweitige Lieferung verlangen, wie beispielsweise die Ablagerung an einem Lagerhaus anstelle der Einladung in ein Schiff.[1232] Spiegelbildlich kann auch der Verkäufer nicht am Kai abladen und dann Kaufpreiszahlung verlangen. Da er zur Lieferung an Bord verpflichtet war und diese wegen der fehlenden Nominie-

1226 So auch Bunge Corp. v. Tradax Export S.A. [1981] 2 Lloyd's Rep. 1, 5 f. (HL).

1227 Compagnie Commerciale Sucres et Denrees v. Czarnikow Ltd. ("The Naxos") [1989] 2 Lloyd's Rep. 462, 476 (CA) per Lloyd L.J.; Bridge, The international sale of goods, Rn. 3.74.

1228 Bridge, The international sale of goods, Rn. 3.25.

1229 Siehe oben Seite 86.

1230 So auch Bunge Corp. v. Tradax Export S.A. [1981] 2 Lloyd's Rep. 1, 5 (HL).

1231 Vgl. auch Murray/Holloway/Timson-Hunt, Schmitthoff's export trade, Rn. 2–11; Giesen, JZ 1993, 16, 22.

1232 Wackerbarth v. Masson [1812] 3 Camp. 270, 271; Cohen & Co. v. Ockerby & Co. Ltd. [1917] 24 C.L.R. 288, 299 ff.

rung unmöglich ist, beschränkt sich sein Anspruch auf Schadensersatz wegen *breach of contract.*[1233]

6.5.1.1.4 Rechtsvergleich und Bewertung

6.5.1.1.4.1 Einheitsbedingungen und deutsches Recht

Die Einheitsbedingungen enthalten ebenfalls eine Nominierungsklausel, § 69 EB. Der Käufer muss dazu den Namen des Schiffes und die ungefähr zu verladende Menge angeben. Die Frist beträgt mindestens drei Geschäftstage vor der voraussichtlichen Ladebereitschaft. Die Nominierungsanzeige ist zudem widerruflich, sodass der Käufer das nominierte Schiff ohne Weiteres austauschen kann. Damit entsprechen die Einheitsbedingungen der Rechtslage unter den GAFTA-Kontrakten.

Die Einheitsbedingungen sehen aber eine besondere Rechtsfolge für den Fall vor, dass der Käufer das nominierte Schiff nicht vorlegen kann. In diesen Fällen darf der Käufer das Schiff erneut nominieren und der Verkäufer ist darauf beschränkt den durch die erneute Nominierung entstandenen Schaden geltend zu machen, vgl. § 69 Abs. 2 EB. Dass eine Kostenregelung in den Einheitsbedingungen vorliegt, ist zu begrüßen, da eine solche Regelung in den GAFTA-Kontrakten fehlt. Die Ersatzpflicht tritt nach § 69 Abs. 2 EB unabhängig von einem Verschulden ein. Das entspricht dem deutschen gesetzlichen Leistungsstörungsrecht: Nimmt der Käufer die Nominierung nicht rechtzeitig vor, so gerät er in Annahmeverzug.[1234] Er hat daher insbesondere verschuldensunabhängig nach § 304 BGB die durch den Verzug entstandenen Mehrkosten zu tragen. Zudem geht nach § 300 Abs. 2 BGB die Leistungsgefahr auf ihn über.[1235] Ferner kann der Verkäufer die Ware hinterlegen oder versteigern, § 373 HGB. Da der Käufer nach § 433 Abs. 2 BGB auch zur Abnahme verpflichtet ist, liegen bei

---

1233 Colley v. Overseas Exporters [1921] 3 K.B. 302 (KBD). Der Kaufpreis kann wegen s. 49(2) SoGA nur dann verlangt werden, wenn sich der Zeitpunkt der Zahlung schon aus dem Vertrag ergibt, siehe unten Seite 356; Carr/Stone, International trade law, S. 43; Murray/Holloway/Timson-Hunt, Schmitthoff's export trade, Rn. 2–11; Sassoon, C.I.F. and F.O.B. contracts, S. 302; In Deutschland wird dieses nicht so streng gesehen. Vielmehr sollen Käufer oder Verkäufer nach § 242 BGB dazu verpflichtet werden können die Ware auch an Land abzunehmen bzw. zu übergeben, vgl. HGB-Großkommentar-Koller, vor § 373 HGB, Rn. 124 aA Wüstendörfer, HansRZ 1926, 482, 484.

1234 Vgl. auch BGH WM 1975, 917, 920; HGB-Großkommentar-Koller, vor § 373 HGB, Rn. 126, 124.

1235 Nach s. 20(2) SoGA führt auch im englischen Recht der Verzug einer Partei dazu, dass die säumige Partei die Gefahr für die Ware tragen muss.

Bestehen eines Verschuldens gleichzeitig die Voraussetzungen des Schuldnerverzuges vor, sodass der Verkäufer auch Verzugsschäden geltend machen kann (§§ 280 Abs. 1, 2; 286 BGB).

Der Verkäufer kann nach den Einheitsbedingungen ohne Weiteres die Mehrkosten ersetzt verlangen, die durch den Austausch des Schiffes entstehen.[1236] Das ist für ihn ein wesentlicher Vorteil. Denn nach englischer Auffassung hängt ein Ersatzanspruch des Verkäufers davon ab, ob er auf die Nominierung des Schiffes vertraut hat, was im Einzelfall durch ihn nachzuweisen wäre.

6.5.1.1.4.2 UN-Kaufrecht

Im UN-Kaufrecht gibt es keine gesonderte Regelung zur Nominierung eines Schiffes. Diese folgt bei FOB-Geschäften allerdings aus Art. 60 lit. a CISG. Den Käufer trifft also eine Mitwirkungspflicht. Er muss alles ermöglichen, damit der Verkäufer abladen kann.[1237] Insofern muss der Käufer nach dieser Norm die FOB-Instruktionen erbringen und insbesondere ein Seeschiff benennen.[1238] In Ermangelung einer Abrede hat dieses so rechtzeitig zu erfolgen, dass der Verkäufer noch disponieren kann – es gilt also eine angemessene Frist, deren Dauer von den Umständen des Einzelfalls abhängt.[1239]

Zweifelhaft ist, ob nach dem UN-Kaufrecht die Schiffsnominierung nachträglich wieder abgeändert werden darf. Im Hinblick auf Art. 7 Abs. 1 CISG könnte ein Austausch der Nominierungsanzeige unzulässig sein. Dazu müsste ein solcher Austausch aber gegen Treu und Glauben sprechen. Aus den Art. 16 Abs. 2 lit. b, Art. 29 Abs. 2 S. 2 und Art. 35 Abs. 2 lit. b CISG ergibt sich der allgemeine Grundsatz, dass derjenige, der eine besondere Vertrauenslage geschaffen hat, auch die Konsequenzen dafür tragen müsse.[1240] Nötig ist jedoch immer eine *gesteigerte* Vertrauenslage. Nach den bereits angestellten Erwägungen[1241] richtet sich das Vertrauen des Verkäufers nicht darauf, in ein bestimmtes Seeschiff einzuladen. Nur wenn der Verkäufer schutzwürdige Dispositionen tätigte, wird dieses anzunehmen sein. Widerruft der Käufer in diesen Fällen die

---

1236 Siehe oben Seite 247.

1237 Vgl. Schiedsspruch CIETAC vom 22.03.2001, CISG-online Nr. 1442; Honsell-Schnyder/Straub, Art. 60 CISG, Rn. 29.

1238 Vgl. Schlechtriem/Schwenzer-Hager, Art. 60 CISG, Rn. 2; Staudinger-Magnus, Art. 60 CISG, Rn. 13.

1239 Staudinger-Magnus, Art. 60 CISG, Rn. 15.

1240 Staudinger-Magnus, Art. 7 CISG, Rn. 44; Honnold/Flechtner, Uniform law for international sales under the 1980 United Nations Convention, Rn. 99; Achilles, Kommentar zum UN-Kaufrechtsübereinkommen (CISG), Art. 7 Rn. 8.

1241 Siehe oben Seite 246.

Schiffsnominierung, so verstößt er gegen seine Abnahmepflicht[1242] und macht sich schadensersatzpflichtig.

6.5.1.1.4.3 Schlussfolgerung

Insgesamt ist damit festzustellen, dass die GAFTA-Kontrakte und Einheitsbedingungen sowie das UN-Kaufrecht vergleichbare Regelungen treffen. Zu beachten gilt aber, dass die Frist für die Schiffsnominierung unter Einheitsbedingungen in Geschäftstagen, unter GAFTA hingegen in Kalendertagen zählt. Zudem betont das englische Recht für Ersatzansprüche des Verkäufers beim Austausch des Seeschiffes die Aspekte des Vertrauensschutzes und spricht solche nur im Ausnahmefall zu. Im UN-Kaufrecht kann die Bestimmung der Länge der Nominierungsfrist hingegen Schwierigkeiten bereiten, was zu Rechtsunsicherheit führt.

6.5.1.2 Benennung eines Verladehafens *(nomination of port)*

Im Kaufvertrag ist regelmäßig schon der Verladehafen benannt, da der Kaufpreis davon abhängt, in welchen Hafen der Verkäufer liefert. Ist das der Fall, so ist der Hafen bindend und kann nicht einseitig nachträglich geändert werden.[1243]

In anderen Fällen steht der Verladehafen nicht von Anfang an fest. Die Parteien umreißen diesen dann meist nur mit einer allgemeinen Beschreibung, wie beispielsweise „one good Gulf Coast port“[1244]. Teilweise wurde eine solche *range* für unwirksam gehalten, da der Verschiffungshafen bei einem FOB-Vertrag zum wesentlichen Vertragsinhalt gehöre, ohne dessen Bestimmung der Vertrag unvollständig sei.[1245] Ist der Verladehafen aber bestimmbar, entweder aus Handelsbräuchen oder im Wege der Auslegung, so wäre es unbillig den Vertragsschluss an einer fehlenden ausdrücklichen Bezeichnung scheitern zu lassen. Vielmehr entspricht des der Flexibilität der Parteien, den Verladehafen im Vertrag nur zu umreißen und eine *range* zu vereinbarten.

1242 Schlechtriem/Schwenzer-Widmer, Art. 31 CISG, Rn. 75.

1243 Petrotrade Inc. v. Stinnes Handel GmbH [1995] 1 Lloyd’s Rep. 142, 150 (QBD); Peter Turnbull & Co. Pty. v. Mundas Trading Co. (Australasia) Ltd [1954] 2 Lloyd’s Rep. 198, 208 (High Court of Autralia); Transcatalana de Commercio S.A. v. INCOBRASA Industrial e Commercial Brazileira S.A. [1995] 1 Lloyd’s Rep. 215, 219 ff. (QBD).

1244 Vgl. Pagnan S.p.A. v. Feed Products Ltd. [1987] 2 Lloyd’s Rep. 601, 605 (CA). Hier wurde vereinbart: “FOB stowed and trimmed on safe berth one US Gulf port”; Fielding & Platt Ltd. v. Selim Najjar [1969] 1 W.L.R. 357 (CA): “fob British port”.

1245 Siehe Cumming & Co. Ltd. v. Hasell [1920] 28 C.L.R. 508, wobei es sich allerdings um eine australische Entscheidung handelt.

In seltenen Fällen unterbleibt die Hafenbenennung im Kontrakt auch gänzlich. Dann ist für die Vertragsdurchführung entscheidend, dass diese noch rechtzeitig nachgeholt wird.

6.5.1.2.1 Pflicht zur Bestimmung des Ladehafens

Wird der Hafen nicht ausdrücklich bestimmt, sondern lediglich eine *range* festgehalten, so stellen sich zahlreiche Probleme. Diese sollen nachfolgend erörtert werden.

6.5.1.2.1.1 Kontraktliche Absprachen

Zunächst stellt sich die Frage, ob der Käufer oder der Verkäufer den konkreten Verladehafen bestimmen darf. In zwei GAFTA-Kontrakten finden sich dazu Ausführungen. Dort wird dem Verkäufer das Recht eingeräumt, den Verschiffungshafen innerhalb einer vereinbarten Zeit zu bestimmen:

> „If a range is given, Sellers to declare port/berth(s) … days prior to commencement of the delivery period." [1246]

Dass der Verkäufer das Recht hat den Hafen zu bestimmen, kann sich jedoch negativ auf den Käufer auswirken, wenn der Verkäufer den Hafen zu spät bestimmt und der Käufer dadurch keinen Schiffsraum mehr besorgen kann. Freilich können dann Schadensersatzansprüche entstehen.[1247]

6.5.1.2.1.2 Generell: Recht des Käufers zur Nominierung

Die meisten Kontrakte der GAFTA schweigen jedoch zu der Frage, wer den jeweiligen Hafen bestimmen darf.[1248] Dann stellt sich die Frage, ob der Verkäufer oder der Käufer das Recht dazu hat. Da der Verkäufer die Ware in den Hafen zu liefern hat, könnte man geneigt sein, ihm das Recht zur Auswahl zuzugeste-

---

1246 2006 GAFTA No. 49 Contract for the Delivery of Goods from Central and Eastern Europe in Bulk or Bags, FOB Terms, cl. 7. Auch GAFTA No. 79a stellt das Wahlrecht dem Verkäufer anheim.

1247 Gill & Duffus S.A. v. Societe pour l'Exportation des Sucres S.A. [1985] 1 Lloyd's Rep. 621. Hier wurde die Nominierung zudem als condition precedent für die Verpflichtungen des anderen Teils eingeordnet.

1248 Lusograin Comercio Internacional de Ceras Ltda. v. Bunge AG [1986] 2 Lloyd's Rep. 654, wo der Vertrag dem Verkäufer das Recht zur Wahl des Verladehafens anhand mehrerer Optionen gab.

hen.[1249] Allerdings hat der Käufer bei FOB-Verträgen das passende Schiff zu besorgen. Die Auswahl dessen hängt auch maßgeblich davon ab, welchen Tiefgang und welche Verladeeinrichtungen der Hafen hat. Dürfte der Verkäufer den Hafen bestimmen, so müsste er zunächst den Käufer über seine Wahl informieren, bevor dieser den Schiffsraum organisieren könnte. Dieses entspricht nicht der nötigen Flexibilität und Schnelligkeit im kaufmännischen Verkehr. Insofern ist es interessengerechter, dass der Käufer auch den Verladehafen zu wählen hat.[1250] Dabei muss dieser innerhalb angemessener Zeit den Hafen auswählen.[1251] Diese Pflicht tritt neben die Pflicht zur Nominierung des Schiffes.

6.5.1.2.2 Rechtsfolgen bei Nichtbestimmung

Kommt der Käufer der Bestimmung nicht nach, liegt ein *breach of contract* vor. Ob es sich bei der Nominierung des Hafens um eine *condition* oder einen *intermediate term* handelt ist unklar. Entschieden wurde bis jetzt nur der umgekehrte Fall. Obliegt es dem Verkäufer den Ladehafen zu bestimmen, so liegt ein *breach of condition* vor, da es für den Käufer essenziell sei, diesen zu erfahren, damit er den nötigen Schiffsraum besorgen kann.[1252] Diese Ansicht sollte auch auf den Fall übertragen werden, in dem der Käufer das Recht hat, den Hafen zu bestimmen. Zwar muss der Verkäufer keinen Schiffsraum besorgen, sondern die Ware lediglich in den Hafen bringen, doch besteht auch bei diesem ein schutzwürdiges Interesse an der rechtzeitigen Information, das nicht von der Schwere der Vertragsverletzung abhängig gemacht werden sollte. Zudem stellt auch die Nominierung des Schiffes eine *condition* dar.[1253] Die Nominierung des Schiffes setzt aber denklogisch die vorherige Nominierung eines Hafens voraus, den das Schiff anlaufen wird. Wenn damit schon die Schiffsnominierung eine *condition* ist, so muss das erst recht für die Bestimmung des Abladehafens gelten. Bei fehlender Bestimmung kann der Verkäufer daher nicht nur Schadensersatz verlangen, sondern auch vom Vertrag zurücktreten.

1249 Miserocchi and C. SpA v. Agricultores Federados Argentinos S.C.L. [1982] 1 Lloyd's Rep. 202, 207.

1250 David T. Boyd & Co. Ltd. v. Louis Louca [1973] 1 Lloyd's Rep. 209, 212 f. (QBD); Bulk Trading Corp. v. Zenziper Grains and Feedstuffs [2001] 1 Lloyd's Rep. 357, 360 (CA); Pagnan S.p.A. v. Feed Products Ltd. [1987] 2 Lloyd's Rep. 601, 612; Bridge, The international sale of goods, Rn. 3.58; Sassoon, C.I.F. and F.O.B. contracts, Rn. 446; Murray/Holloway/Timson-Hunt, Schmitthoff's export trade, Rn. 2–16.

1251 Klotz, International sales agreements, S. 59.

1252 Gill & Duffus S.A. v. Societe pour l'Exportation des Sucres S.A. [1985] 1 Lloyd's Rep. 621, 624.

1253 Siehe oben Seite 248.

6.5.1.2.3 Rechtsvergleich und Bewertung

6.5.1.2.3.1 Einheitsbedingungen

Nach § 67 Abs. 2 EB hat der FOB-Verkäufer das Recht, den Ladehafen jederzeit von sich aus zu bestimmen. Die Einheitsbedingungen entsprechen damit auch der gesetzlichen Lage im deutschen Recht. Nach § 262 BGB steht bei mehreren Leistungen im Zweifel dem Schuldner das Wahlrecht der Bestimmung zu. Dabei ist mit „mehreren Leistungen" nicht nur der Leistungsgegenstand selbst, sondern auch die Modalität der Erfüllung und damit den Leistungsort gemeint.[1254] Insofern ist es Sache des Verkäufers den Abladeort zu bestimmen.[1255]

Das kann zu Problemen führen, wenn der Käufer den passenden Schiffsraum noch organisieren muss, der Verkäufer den Ladehafen aber nicht bestimmt. Daher ist in § 67 Abs. 1 S. 1 EB bestimmt, dass der Käufer den Verkäufer zur Nominierung auffordern kann. Dann muss der Verkäufer den gewünschten Ladeplatz innerhalb von 2 Geschäftstagen angeben. Mehr als zehn Geschäftstage vor Beginn des Erfüllungszeitraumes muss er sich hingegen nicht festlegen.

Kommt der Verkäufer dem nicht nach, so muss der Käufer eine Frist von einem Geschäftstag setzen, bevor er die Nichterfüllungsrechte nach § 19 EB geltend machen kann, vgl. § 67 Abs. 1 S. 2 EB. Insofern folgen die Einheitsbedingungen auch bei der Hafenbenennung dem Prinzip der zweiten Andienung. Das englische Recht kennt eine solche zweite Andienung – wie grundsätzlich auch in allen anderen Fällen – nicht.

6.5.1.2.3.2 UN-Kaufrecht

Nach dem UN-Kaufrecht ist zweifelhaft, wem das Leistungsbestimmungsrecht für den Verladehafen zukommen soll. Eine dem § 262 BGB ähnliche Vorschrift ist nicht enthalten.[1256] Da der Verkäufer nach Art. 31 CISG zur Lieferung ver-

---

1254 RGZ 57, 138, 141; Ziegler, AcP (171) 1971, 193, 198; MüKo-Krüger, § 262 BGB, Rn. 3.

1255 Haage, Das Abladegeschäft, S. 169. Allerdings scheint Haage zu übersehen, dass auch der Käufer „Schuldner" im Sinne des § 262 BGB ist. Der Käufer schuldet nach § 433 Abs. 2 Alt. 2 BGB nicht nur die Kaufpreiszahlung sondern auch die Abnahme der Kaufsache. Insofern bleibt offen, ob § 262 BGB den Verkäufer oder den Käufer, der beim FOB-Geschäft die Abholung der Ware im Verladehafen schuldet, im Blick hatte.

1256 Ablehnend die Norm als Teil der lex causae im Wege der konventionsexternen Lückenfüllung heranzuziehen, vgl. Landgericht Zwickau, 19.03.1999, CISG-Online Nr. 519. Insofern ist es richtig, eine konventionsinterne Lösung zu finden, um den internationalen Entscheidungseinklang nicht zu gefährden.

pflichtet ist, ließe sich auch erwägen, dass er den Lieferort bestimmen darf. Art. 31 CISG hilft nicht unmittelbar weiter, da die Norm einen „anderen bestimmten [Liefer-]Ort“ voraussetzt. Hier stellt sich jedoch die Frage, wo der andere Ort gerade liegt. Ausgangspunkt dieser Lücke muss nach Art. 7 Abs. 2 CISG daher sein, wer die Lieferung maßgeblich ausgestaltet. Wie bereits festgestellt,[1257] muss der Käufer nach Art. 60 lit. a CISG im Rahmen seiner Mitwirkungspflicht die FOB-Instruktionen erteilen.[1258] Dazu gehört auch, dass er den Abladehafen bestimmt, da dessen Kenntnis für die Lieferung des Verkäufers zwingend notwendig ist. Die Lieferung hängt bei FOB-Geschäften daher primär davon ab, dass der Käufer dem Verkäufer Ort, Zeit und sonstige Modalitäten der Abladung mitteilt. Da der Käufer den Transport organisiert, ist es zweckmäßig, ihm im Zweifel auch das Bestimmungsrecht zuzuerkennen.

Damit steht das Wahlrecht dem Käufer zu. Kommt er dieser Pflicht nicht nach, so lässt sich eine entsprechende Anwendung des Art. 65 CISG erwägen.[1259] Dieses wird vor allem dann angenommen, wenn der Käufer Erfüllungsmodalitäten bestimmen darf, dieses aber unterlässt, sodass der Vertrag nicht durchgeführt werden kann.[1260] Unterlässt der Käufer damit die Wahl eines Ladehafens, so darf der Verkäufer diese wahrnehmen. Die fehlende Mitteilung über den Verladehafen führt außerdem dazu, dass der Käufer sich gem. Art. 80 CISG nicht auf eine Vertragsverletzung des Verkäufers berufen kann, wenn dieser die Ware wegen der fehlenden Mitteilung nicht abladen kann.[1261]

6.5.1.2.3.3 Schlussfolgerung

Im Bereich der Bestimmung des Verladehafens lassen sich relevante Unterschiede ausmachen. Nach dem deutschen Recht und den Einheitsbedingungen hat der Verkäufer das Wahlrecht hinsichtlich des Verladehafens.

Für den Käufer ist die englische Grundregel daher günstiger. Schließlich darf er hier den Ladehafen bestimmen. Dieser Vorteil entfällt freilich, wenn der jeweilige Kontrakt dem Verkäufer das Recht zur Nominierung zuweist.[1262] Im UN-Kaufrecht ist das Optionsrecht hingegen zweifelhaft. Meines Erachtens soll-

---

1257 Siehe oben Seite 251.

1258 Vgl. CIETAC, 22.03.2001, CISG-online Nr. 1442; Honsell-Schnyder/Straub, Art. 60 CISG, Rn. 29.

1259 Dabelow, Der Kauf mit Spezifikationsvorbehalt des Käufers nach HGB und UN-Kaufrecht, S. 573 zu den Voraussetzungen einer Analogie.

1260 Schlechtriem/Schwenzer-Hager, Art. 65 CISG, Rn. 7b.

1261 vgl. Staudinger-Magnus, Art. 80 CISG, Rn. 9.

1262 Selten: Beispielsweise GAFTA 49 cl. 7.

te das Wahlrecht wegen der konventionsinternen Systematik aber dem Käufer zustehen. Der Verkäufer darf dessen Wahlrecht nur dann ersetzen, wenn der Käufer nach Art. 65 CISG analog säumig ist.

6.5.1.3 Ergebnis zu den FOB-Instruktionen

Sowohl die GAFTA-Kontrakte als auch die Einheitsbedingungen geben den Parteien feste Pflichten hinsichtlich der FOB-Instruktionen an die Hand.

Dabei lassen sich wichtige Unterschiede feststellen. So gelten einerseits unterschiedliche Fristen, die die Parteien zu beachten haben. Andererseits gibt es Abweichungen bei der Frage, wer den Verladehafen bestimmen darf. Die GAFTA-Kontrakte und das UN-Kaufrecht sind hier günstiger für den Käufer.

In sonstigen Fragen herrschen gleiche Ansätze. So kann der Käufer das einmal benannte Schiff jederzeit austauschen. Entstehen dem Verkäufer dadurch Schäden, so ist das englische Recht jedoch zurückhaltender, diese dem Verkäufer zu ersetzen, wenn sich nicht ein besonderes Vertrauen eingestellt hat. Nach den Einheitsbedingungen sind derartige Schäden hingegen per se über § 69 Abs. 2 EB ersatzfähig. Die Einheitsbedingungen sind in diesem Punkt daher verkäuferfreundlicher.

6.5.2 Die Verkäuferpflicht zur Beladung

Beim FOB-Vertrag ist der Verkäufer lediglich dazu verpflichtet, die Ware an Bord des Schiffes zu liefern. Dieses wird auch daran deutlich, dass im englischen der Begriff *delivery* bei FOB-Verträgen verwendet wird, während die Leistungshandlung bei CIF-Transaktionen als *shipment* bezeichnet wird,[1263] da hier auch die Organisation des Transportes mit zu den Verkäuferpflichten zählt. Für die Einhaltung der Lieferpflicht des Verkäufers ist dabei immer nur die Verladezeit im Exporthafen entscheidend. Ob die Ware hingegen rechtzeitig im Bestimmungshafen ankommt, ist beim FOB-Verkauf irrelevant, da der Käufer das Risiko von Verzögerungen auf der Seestrecke trägt.[1264]

Ferner muss der Verkäufer die Ware auf seine Kosten verpacken.[1265] Dieses folgt nicht explizit aus den Verträgen der GAFTA; sondern regelmäßig aus den

---

1263 Slabotzky, Grain contracts and arbitration, S. 34.

1264 Frebold and Sturznickel (Panda OHG) v. Circle Products Ltd. [1970] 1 Lloyd's Rep. 499, 504 (CA).

1265 A. Hamson & Son (London) Ltd. v. S Martin Johnson & Co. Ltd. [1953] 1 Lloyd's Rep. 553, 554; Sime, Darby & Co. Ltd. v. Everitt & Co. [1923] 14 Ll. L. Rep. 120.

INCOTERMS.[1266] Allerdings sind diese in den GAFTA-Kontrakten abbedungen,[1267] sodass sich diese Pflicht direkt aus s. 29(6) SoGA ergibt.

6.5.2.1 Verladeort

Die Lieferung darf nur in dem Hafen erfolgen, der im Vertrag bestimmt ist oder durch ein Optionsrecht ausgewählt wurde.[1268] Die Wahl des Hafens ist dann bindend und kann nicht nachträglich durch einseitige Bestimmung geändert werden.[1269] Liefert der Verkäufer daher nicht im kontrahierten Hafen, so begeht er einen Vertragsbruch vom Rang einer *condition*,[1270] sodass der Käufer ohne Weiteres vom Vertrag zurücktreten kann.

6.5.2.2 Zeitpunkt des Verladebeginns

6.5.2.2.1 Englische Sichtweise

6.5.2.2.1.1 Generell: Optionsrecht des Käufers, *(„delivery at buyer's call")*

Wann genau die Beladung stattfindet, liegt im englischen Recht grundsätzlich in der Hand des Käufers, da dieser den Schiffsraum organisieren muss und eine Beladung erst stattfinden kann, wenn das gecharterte Schiff den Verladehafen erreicht.[1271] Da dieses wegen der Unwägbarkeiten in der Seefahrt meist nicht genau vorhergesagt werden kann, muss der Verkäufer sich nach den meisten Verträgen während eines vertraglich ausbedungenen Zeitraumes leistungsbereit halten *(delivery period)*. Der Käufer konkretisiert den genauen Leistungszeitraum mit der Schiffsnominierung, in der er mitteilt, wann genau das Schiff ankommen wird. Wie lang diese Lieferspanne zu bestimmen ist, folgt regelmäßig aus dem Vertrag. Sie beläuft sich bei FOB-Verträgen oft auf einen Monat. Teilweise behalten die Parteien sich im Vertrag auch das Recht vor, den Zeitraum durch Er-

---

1266 Siehe A 9 CIF/FOB INCOERMS 2010.

1267 Vgl. oben Seite 45.

1268 Siehe dazu oben Seite 252 ff.

1269 Petrotrade Inc. v. Stinnes Handel GmbH [1995] 1 Lloyd's Rep. 142, 150 (QBD); vgl. auch Peter Turnbull & Co. Pty. v. Mundas Trading Co. (Australasia) Ltd [1954] 2 Lloyd's Rep. 198, 208 (High Court of Autralia); Transcatalana de Commercio S.A. v. INCOBRASA Industrial e Commercial Brazileira S.A. [1995] 1 Lloyd's Rep. 215, 219 ff. (QBD).

1270 Carr/Stone, International trade law, S. 39.

1271 „delivery during [...] at buyers' call": vgl. GAFTA 119, 120, 82, 79a; vgl. auch Soufflet Negoce v. Bunge S.A. [2010] 1 Lloyd's Rep. 718 (QBD); aff. [2010] 2 C.L.C. 468, 470 (CA).

klärung später noch näher einzugrenzen, ohne dass jedoch schon das konkrete Datum des Verladebeginns feststeht.[1272] In diesen Fällen ist für den endgültigen Zeitraum dann von der *established delivery period* die Rede.

Problematisch kann sein, wann der Verkäufer mit der Beladung anfangen muss. Angenommen der Käufer dient das Schiff am dritten Tag eines einmonatigen Verschiffungszeitraumes an. Dann stellt sich die Frage, ob der Verkäufer am selbigen oder dem nächsten Tag noch mit der Beladung beginnen muss oder ob er sogar selbst entscheiden kann, wann er mit der Beladung beginnt, solange diese noch innerhalb des Verschiffungszeitraumes vollendet werden kann. Normalerweise liegt es im Ermessen des Verkäufers, wann er die Ware im Verschiffungszeitraum an Bord lädt.[1273] Das hat zur Konsequenz, dass der Käufer nicht nur für die Dauer der Beladung Liegegeld zu zahlen hat, sondern im schlechtesten Fall sogar für den gesamten Zeitraum von der Ankunft des Schiffes bis zum Ende der Beladung.

Anders ist hingegen zu urteilen, wenn der Vertrag eine Bestimmung enthält, wonach der Verkäufer die Ware zu jedem Zeitpunkt während der Verschiffungsperiode bereithalten muss. So eine Formulierung findet sich beispielsweise in GAFTA 64 (FOB-Verträge):[1274]

> "The Sellers shall have the goods ready to be delivered to the Buyers *at any time* within the contract period of delivery."

Die Klausel sagt eigentlich nur aus, dass der Verkäufer sich zu jedem Zeitpunkt lieferbereit halten muss. Diese Aussage ist streng genommen überflüssig, da dieses durch die Vereinbarung der Verschiffungsperiode ohnehin schon feststeht. Daher wird in der Klausel regelmäßig die eigenständige Verpflichtung des Verkäufers erblickt, dass er die Ware bereits mit Ankunft des Schiffes zur Verladung bereithalten muss. Demnach kann er sich den konkreten Verladezeitpunkt nicht aussuchen.[1275] Ebenso wird geurteilt, wenn dem Käufer das Recht zugestanden wird, den genauen Lieferzeitpunkt zu bestimmen *(„at buyers call")*.[1276] Dürfte der Verkäufer die Beladung nach eigener Entscheidung beginnen, so würde sich das Recht des Käufers in ein solches des Verkäufers umwandeln, was nicht gewollt sein kann.[1277] Enthalten die GAFTA-Kontrakte die Option *at*

1272 Slabotzky, Grain contracts and arbitration, S. 35.

1273 Compagnie Commerciale Sucres et Denrees v. Czarnikow Ltd. ("The Naxos") [1989] 2 Lloyd's Rep. 462, 476 (CA) per Lloyd L.J.; Fink, RIW 1991, 470, 471.

1274 Vgl. cl. 6 GAFTA 64.

1275 Fink, RIW 1991, 470, 471 für einen Fall, dem die Bedingungen der Refined Sugar Association (RSA) zugrunde lagen, die insoweit aber wortlautgleich sind.

1276 vgl. GAFTA 119, 120, 82, 79a.

1277 Fink, RIW 1991, 470, 472.

buyers call oder den Zusatz *ready to be delivered [...] at any time*, so muss der Verkäufer mit der Ankunft des Schiffes die Beladung beginnen. Anderenfalls kann er den Verladezeitraum ausschöpfen. Ähnlich wurde im Fall *Cie Commerciale Sucres et Denrees v. Czarnikow Ltd. („The Naxos")* entschieden. Dort sah der Vertrag vor, dass der Verkäufer unmittelbar bei Ankunft des Seeschiffes mit der Verladung beginnen müsse. Obwohl der Käufer rechtzeitig die FOB-Instruktionen gegeben hatte, war der Zucker nicht vorrätig. Das *House of Lords* urteilte, dass in dieser Klausel eine *condition* lag. Schließlich sollte die Bestimmung gerade verhindern, dass Unsicherheiten über die Möglichkeit zur Warenlieferung zulasten des Käufers gehen. Deswegen kann der Käufer sofort zurücktreten, wenn der Verkäufer nicht zum vereinbarten Zeitpunkt liefert.

6.5.2.2.1.2 Optionsrecht des Verkäufers, *(„delivery at seller's call")*

Ausnahmsweise kann auch der FOB-Verkäufer das Recht haben, den genauen Lieferzeitpunkt zu wählen. Dieses ist beispielsweise nach § 70 Abs. 2 EB für den Fall vorgesehen, dass „FOB-Lieferung" vereinbart ist. Da grundsätzlich der Käufer das Optionsrecht hat, muss sich die Tatsache eines Lieferkontraktes ausdrücklich aus dem Vertrag ergeben.[1278] Ist das der Fall und übt der Verkäufer sein Optionsrecht aus, so hat der Käufer das Schiff innerhalb von fünf Geschäftstagen nach der Aufforderung vorzulegen.

Die GAFTA-Kontrakte sehen jedoch kein Wahlrecht des Verkäufers vor. Ein FOB-Lieferkontrakt ist dem englischen Recht eher unbekannt, da es dem Grundtypus des FOB-Geschäftes zuwiderläuft, bei dem der Käufer die Ware abholt. Allerdings sind die Parteien frei, dem Verkäufer das Wahlrecht über den Leistungszeitpunkt zu überlassen. Dieser muss den Käufer dann rechtzeitig über den gewünschten Termin informieren, damit jener das Schiff zu dem gewünschten Zeitpunkt in den Hafen beordern kann.[1279] Auch wenn der Vertrag dieses nicht ausdrücklich vorsieht, so lesen Gerichte dieses Erfordernis als *implied term* in den Vertrag.[1280]

6.5.2.2.2 Rechtsvergleich

6.5.2.2.3 Einheitsbedingungen

Dass der Käufer den Verladezeitraum und auch den genauen Zeitpunkt der Verladung bestimmen kann, ist auch der Grundmodus in den Einheitsbedingun-

---

1278 Siehe oben Seite 258.

1279 Sassoon, C.I.F. and F.O.B. contracts, Rn. 459.

1280 Harlow & Jones Ltd. v. Panex (International) Ltd. [1967] 2 Lloyd's Rep. 509, 526.

gen.[1281] Diese unterscheiden grundsätzlich zwischen Kontrakten auf Abnahme- und solchen auf Lieferung.[1282] Beim Abnahmekontrakt hat der Käufer das Recht den Leistungszeitpunkt zu bestimmen *(„at buyer's call")*, beim Lieferkontrakt hingegen der Verkäufer *(„at sellers' call")*, vgl. §§ 6 Abs. 1 S. 1; 11 Abs. 1 S. 1 EB. Dass beide Typen auch beim FOB-Geschäft vorkommen können, wird in §§ 70 Abs. 1, 2 EB geregelt. Wird lediglich „FOB Hamburg" verkauft, so ist jedoch unklar, ob ein Kontrakt auf Abnahme oder Lieferung vorliegt.

Die Einheitsbedingungen enthalten dazu keine Auslegungsregel, sodass auf die gesetzlichen Vorschriften zurückzugreifen ist. Bei Vereinbarung einer Leistungsfrist steht es grundsätzlich im Ermessen des Schuldners, wann er die Leistung innerhalb dieses Zeitraumes er erbringt,[1283] sodass im Zweifel ein Lieferkontrakt vorliegt.[1284] Bei FOB-Geschäften besteht jedoch der Sonderfall, dass der Käufer das Schiff andienen muss, bevor eine Lieferung möglich ist. Insofern folgt bei Verkäufen *FOB Verladehafen* aus den Umständen, dass dem Käufer das Bestimmungsrecht zusteht.[1285] Im Zweifel liegt daher ein Abnahmekontrakt vor, sodass der Käufer die Leistungszeit bestimmen kann.

6.5.2.2.4 UN-Kaufrecht

Auch nach dem UN-Kaufrecht liegt regelmäßig ein Lieferkontrakt vor, da der Verkäufer nach Art. 33 lit. b CISG jederzeit innerhalb einer vereinbarten Zeit-

---

1281 Anders jedoch § 39 Abs. 1 S. 2 WVB: „Es steht im Belieben des Verkäufers, wann er die Ware innerhalb der Abladezeit übernehmen lässt."

1282 Der „Kontrakt auf Lieferung", wie er in den Einheitsbedingungen vorgesehen ist, bezieht sich nur auf die Frage, wer in zeitlicher Hinsicht auf die Erfüllung disponieren darf. Der Erfüllungsort wird dadurch nicht verschoben. Insofern ist von einem „echten" Lieferkontrakt abzugrenzen, bei dem der Erfüllungsort in das Bestimmungsland verschoben wird (was einem FOB-Geschäft zuwiderliefe).

1283 Gernhuber, Das Schuldverhältnis, § 3 II 2.

1284 Dieses folgt auch aus der Systematik der Einheitsbedingungen. In § 6 Abs. 1 S. 1 EB heißt es: „Die Lieferung erfolgt innerhalb der vereinbarten Lieferzeit nach Wahl des Verkäufers." Der Abnahmekontrakt ist in § 11 Abs. 1 S. 1 EB hingegen wie folgt definiert: „Wird auf Abnahme […] verkauft." Aus einem systematischen Vergleich lässt sich schließen, dass die Abnahme gesondert vereinbart werden muss, da die Parteien sich aktiv darauf einigen müssen, dass „auf Abnahme" verkauft wird. Insofern gehen die Einheitsbedingungen davon aus, dass der Kauf auf Abnahme der Sonderfall ist. Anders ist es hingegen bei FOB-Geschäften. Dort ergibt die Interessenlage regelmäßig, dass eine FOB-Abnahme gewollt ist, da der Käufer den Schiffsraum organisieren muss.

1285 So auch HGB-Großkommentar-Koller, vor § 373 HGB, Rn. 90; vgl. auch Lando/Beale, The principles of European contract law, S. 333.

spanne leisten darf. Jedoch gilt dieses nur, solange die Umstände nicht ein Wahlrecht des Käufers ergeben, Art. 33 lit. b aE CISG. Bei FOB-Geschäften wird – aus den oben bereits dargelegten Gründen – ein derartiges Bestimmungsrecht zugunsten des Käufers angenommen.[1286] Nimmt der Käufer die Bestimmung nicht vor, so kann er sich gem. Art. 80 CISG nicht darauf berufen, dass der Verkäufer nicht oder nicht rechtzeitig geliefert hätte.[1287]

6.5.2.2.5 Bewertung

Nach allen betrachteten Rechtsordnungen liegt bei FOB-Geschäften regelmäßig ein Abnahmekontrakt vor, sodass der Käufer die konkrete Leistungszeit innerhalb einer vereinbarten Zeitspanne bestimmen darf. In den GAFTA Kontrakten und Einheitsbedingungen ist das noch einmal klargestellt. Freilich sind die Parteien ungehalten, davon abweichende Vereinbarungen zu treffen, indem beispielsweise dem Verkäufer das Wahlrecht eingeräumt und damit ein Kontrakt auf Basis FOB-Lieferung vereinbart wird, so wie dieses in den Einheitsbedingungen in § 70 Abs. 2 EB angedacht ist.

6.5.2.3 Frist für die Beladung

6.5.2.3.1 Grundsätzlich

Dient der Käufer das Schiff schon am Anfang des Lieferzeitraumes an, so hat der Verkäufer nicht die gesamte Dauer für die Verladung zur Verfügung. Vielmehr muss er die Ware in einem angemessenen Zeitraum verladen.[1288] Was angemessen ist, richtet sich nach dem Einzelfall und den Bräuchen im Verschiffungshafen.[1289] Der Verkäufer muss nach dem *common law* die Beladung zudem bis zum Ende der vereinbarten Zeitspanne vollständig abgeschlossen haben.[1290]

1286 Al-Deb'i, Überseekauf und Abladegeschäft, S. 138; Schlechtriem/Schwenzer-Widmer, Art. 33 CISG, Rn. 10; Staudinger-Magnus, Art. 33 CISG, Rn. 18; Honsell-Karollus, Art. 33 CISG, Rn. 9.

1287 Vgl. Staudinger-Magnus, Art. 80 CISG, Rn. 9.

1288 Hick v. Raymond & Reid [1893] A.C. 22, 31 f. (HL); Carlton Steamship Co. Ltd. v. Castle Mail Packets Co. Ltd. [1898] A.C. 486, 489 (HL); Lewison, The interpretation of contracts, Rn. 6.13; Fink, RIW 1991, 470, 471 ff.

1289 Einar Bugge A/S v. Bowater Ltd. [1925] 21 Ll. L. Rep. 80 (C.A.); Pagnan S.p.A. v. Feed Products Ltd. [1987] 2 Lloyd's Rep. 601, 613.

1290 Nach der Kontraktpraxis ist der Verkäufer allerdings regelmäßig dazu verpflichtet, auch über den Leistungszeitraum hinaus eine bereits angefangene Beladung fortzuführen. Dazu sogleich mehr.

Anderenfalls liegt ein *breach of condition* vor und der Käufer kann zurücktreten. Der Verkäufer hat dabei auf die Gewohnheiten im Verladehafen Rücksicht zu nehmen. Daher kann es vorkommen, dass der letzte Tag der Spanne nicht um Mitternacht endet, sondern bereits mit dem Verstreichen der regelmäßigen Arbeitszeit im Hafen. Der Verkäufer begeht also einen Vertragsbruch, wenn er die letzte Ware um 16.30 Uhr anliefert, ab 16.45 Uhr jedoch keine Ware mehr aufgeladen wird und die Lieferung nicht in 15 Minuten vollständig eingeladen werden kann.[1291]

6.5.2.3.2 Laderaten in den GAFTA-Verträgen[1292]

Da die Frage des angemessenen Verladezeitraumes meist Rechtsunsicherheit mit sich bringt, werden in Überseekontrakten oft Laderaten, wie beispielsweise *„loading at a rate of 500 metric tons per day"* vereinbart.[1293] Die Vereinbarungen sind vielfältig, sodass auch Modifikationen möglich sind, wie beispielsweise *„500 tons metric per hatch per day"*. In diesen Fällen muss der Verkäufer jeden Tag die kontrahierte Menge pro Ladeluke liefern. Die Gesamtzeit der Verladung bestimmt sich demnach aus der Gesamtmenge, geteilt durch die Multiplikation der Anzahl der Luken mit der vereinbarten Menge. Ebenfalls typisch ist die Klausel *„as fast as the vessel can receive"*, was bedeutet, dass die Ware mit der Höchstgeschwindigkeit eingeladen werden muss.[1294]

In den Laderatenklauseln wird nicht nur die Geschwindigkeit festgelegt, sondern auch wer das Risiko für Schlechtwetter trägt. Da Rohprodukte als Schüttgut ohne Verpackung verladen werden, muss eine Verladung bei schlechtem, insbesondere feuchtem Wetter, ausscheiden, damit die Ware nicht durchnässt und anschließend verdirbt. Klauseln, wie *„per weather working day"* führen dazu, dass die Ladezeit nur dann läuft, wenn das Wetter eine Beladung ohne Beeinträchtigung der Ware zuletzt. In diesen Fällen trägt der Käufer das Risiko von Wetterverschlechterungen. Überschreitet das Schiff durch das Schlechtwetter die Liegezeit im Hafen, so kann Liegegeld fällig werden, sofern der Chartervertrag die Liegezeit für Schlechtwetter nicht unterbricht.

1291 All Russian Co-Operative Society Ltd. v. Smith & Sons [1923] 14 Ll. L. Rep. 351, 352 (CA) per Scrutton, L.J.

1292 Laderaten können freilich auch für die Entladung bei einem CIF-Vertrag vereinbart werden, da in diesen Fällen der Verkäufer Befrachter ist und deswegen bei einer verzögerten Entladung durch den Käufer an den Verfrachter Liegegeld zu zahlen hat, vgl. Etablissements Soules et Cie. v. Intertradex S.A. [1991] 1 Lloyd's Rep. 378 (C.A.).

1293 Vgl. Cargill Inc. v. Marpro Ltd. ("The Aegis Progress") [1983] 2 Lloyd's Rep. 570, 573 (QBD); Tiberg, The law of demurrage, S. 665.

1294 So beispielsweise in cl. 7 GAFTA 115.

Die Kontrakte der GAFTA geben regelmäßig keine festen Laderaten vor, da diese von den Gegebenheiten im Hafen und der jeweils transportierten Ware abhängen. Vielmehr heißt es beispielsweise in cl. 7 GAFTA 64:

> „Delivery - Vessel(s) to load in accordance with the custom of the port of loading unless otherwise stipulated."

Nur vereinzelt, wie in GAFTA 120, finden sich genauere Bestimmungen, wie

> "[loading] at the average rate of 1,200 tonnes, basis 5 workable hatches, or pro rata per weather working day of 24 hours, Saturday afternoons, Sundays, and public holidays excluded even if used."

Ohne derartige Absprachen richten sich die Laderaten nach den Bräuchen im Verladehafen. Den Parteien steht es aber ausdrücklich frei, etwas anderes zu vereinbaren,[1295] was anzuraten ist, da hinterher schnell Streit darüber entstehen kann, was genau zu den Bräuchen im Verladehafen gehört.

6.5.2.3.3 Schadensersatz bei Nichteinhaltung der Laderaten

Werden die Laderaten nicht eingehalten, so begeht der Verkäufer einen Vertragsbruch.[1296] Es handelt sich den Laderaten meist jedoch nicht um eine *condition*, deren Missachtung zur Vertragsaufhebung berechtigt.[1297] Der Verkäufer muss daher lediglich den durch die Verzögerung entstandenen Schaden ersetzen. Dieser wird regelmäßig in dem Überliegegeld bestehen, welches der Käufer seinem Vercharterer zu zahlen hat. Dabei bleibt der Käufer freilich seinem Vertragspartner – dem Vercharterer – zur Zahlung verpflichtet. Vielmehr muss er im Regresswege sich das Geld beim Verkäufer zurückholen.[1298] Dieses war auch im Fall *The World Navigator*[1299] so. Für eine verschiffte Partie Mais sah der Vertrag

---

1295 In manchen Verträgen finden sich auch darüber hinausgehende Regelungen, wie beispielsweise in dem „Addendum No. 1 Load guaranty" zum Vertrag NAEGA 2. In diesen Fällen garantiert der Verkäufer grundsätzlich die Einhaltung einer bestimmten Laderate. Bei Nichteinhaltung verpflichtet sich der Verkäufer die Kosten des Überliegegeldes zu ersetzen. Lädt er hingegen schneller als vereinbart ein, so muss der Käufer ihm ein Eilgeld für die schnelle Verladung (despatch money) bezahlen.

1296 Bridge, The international sale of goods, Rn. 3.79; Compagnie Commerciale Sucres et Denrees v. Czarnikow Ltd. ("The Naxos") [1989] 2 Lloyd's Rep. 462, 474 (CA) per Lloyd L.J.

1297 Tradax Export v. Italgrani di Francesco Ambrosio [1986] 1 Lloyd's Rep. 112, 117 (CA); Tiberg, The law of demurrage, S. 672.

1298 Tiberg, The law of demurrage, S. 670.

1299 Kurt A. Becher GmbH & Co. KG v. Roplak Enterprises S.A. and others ("The World Navigator") [1991] 2 Lloyd's Rep. 23 (CA).

vor, dass neben den GAFTA 64 Bedingungen auch die *Argentine Centro Conditions* gelten sollten. Diese sahen hinsichtlich der Verladung vor:

> „Loading rate: [...] sellers guarantee provided vessel is able to receive, a minimum average loading rate of 500 tons per weather working day [...]"

Vor Gericht verlangten die Käufer Schadensersatz, da das Schiff wegen fehlender Mitwirkung des Verkäufers[1300] nicht mit den vereinbarten Laderaten beladen werden konnte. Die Ansprüche der Käufer wurden jedoch abgewiesen, da es mangels Verpflichtung zur Überliegegeldzahlung an den Vercharterer an einem Schaden fehlte.[1301]

Ist der Käufer hingegen zur Zahlung verpflichtet, so kann den Schaden nur ersetzt verlangen, wenn das Überliegegeld gerade wegen der Pflichtverletzung des Verkäufers entstand und hinreichend vorhersehbar war *(test of remoteness)*.[1302] Dabei kann im Einzelfall schwierig zu beurteilen sein, ob der Verkäufer bei einer lediglich langsamen Verladung, vorhersehen können musste, dass der Käufer Überliegegeld wird zahlen müssen. Da es jedoch gängige Praxis und nicht gerade fernliegend ist, dass der Käufer das Schiff für eine Reise chartert und die Charterpartien Vereinbarungen zum Überliegegeld beinhalten, wird man dieses kaum verneinen können. Jedenfalls, wenn dem Verkäufer die Bedingungen des Chartervertrages zur Kenntnis gebracht werden oder der Kaufvertrag sich auf die Charterpartie bezieht, wird man eine Vorhersehbarkeit bejahen müssen.

Wegen der Schwierigkeiten, die sich bei Kausalität und Vorhersehbarkeit stellen können, sehen die Verträge in der Regel Überliegegeldklauseln vor, die per se eine Verpflichtung zur Zahlung von Überliegegeld vorsehen, ohne dass dieses im Wege des Schadensersatzes geltend gemacht werden müsste.[1303]

6.5.2.4 Weiterbeladung nach Zeitablauf

Dient der Käufer das Schiff so spät an, dass es zwar noch im Verladezeitraum den Hafen erreicht, binnen der Verladefrist aber nicht mehr vollständig (unter Einhaltung der vereinbarten Laderaten) beladen werden kann, so trägt dafür der Käufer dafür die Gefahr. Der Verkäufer ist nämlich nur innerhalb des kontra-

---

1300 Vgl. dazu oben Seite 242.

1301 Ausführlich zu diesem Fall und den Facetten: Davies, Commencement of laytime, S. 131 ff.

1302 Leitentscheidung ist Hadley v. Baxendale [1854] 9 Ex. 341, 352; Faust, Die Vorhersehbarkeit des Schadens gemäß Art. 74 Satz 2 UN-Kaufrecht (CISG), S. 189.

1303 Dazu ausführlich unten Seite 282.

hierten Lieferzeitraumes zur Beladung verpflichtet.[1304] Aus diesem Grunde gibt es beispielsweise die *GAFTA Loading Terms No. 129* für Häfen im Vereinigten Königreich. In ihnen wird vertraglich festgehalten, bis zu welchem Zeitpunkt das Schiff spätestens den Hafen erreichen muss, um noch eine ordnungsgemäße Beladung zu gewährleisten. Für Mengen bis zu 4.000 Tonnen muss das Schiff beispielsweise mindestens 36 Stunden vor Ende des Ladezeitraumes im Hafen ladebereit ankommen. Für größere Mengen gelten entsprechend längere Zeiträume.

6.5.2.4.1 Ausnahmeregelung in den Kontrakten der GAFTA

Zu der Grundregel, dass der Verkäufer nach Ablauf des Leistungszeitraumes nicht mehr zur Lieferung verpflichtet ist, sehen die meisten GAFTA-Kontrakte eine Ausnahme vor. Demnach muss der Verkäufer die Verladung in bestimmten Fällen auch dann noch fortführen, wenn der vereinbarte Ladezeitraum bereits verstrichen ist.[1305] So heißt es in cl. 6 GAFTA 119:

> "Provided the vessel is presented at the loading port in readiness to load within the delivery period, Sellers shall if necessary complete loading after the delivery period and carrying charges shall not apply."

Eine gleichlautende Regelung sieht § 70 Abs. 3 EB vor. Damit wird vermieden, der Verkäufer die überschüssige Ware nach Ablauf des Verladezeitraumes anderweitig absetzen und der Käufer mit einem möglicherweise nur halbgefüllten Schiff wieder abreisen muss.

6.5.2.4.2 Voraussetzungen: benanntes Schiff, begonnene Beladung

Damit der Verkäufer auch über den Leistungszeitraum hinaus zur Verladung verpflichtet ist, müssen zwei Voraussetzungen erfüllt sein:

Erstens muss der Käufer rechtzeitig ein Schiff präsentiert haben. Dazu gehört, dass er das Schiff benannt hat und dieses innerhalb des Verladezeitraumes im jeweiligen Hafen an einem für die Verladung geeigneten Ladeplatz vorgeführt hat.[1306]

1304 Bunge & Co. Ltd. v. Tradax England Ltd. [1975] 2 Lloyd's Rep. 235, 239 (QBD); Scandinavian Trading Co. A/B v. Zodiac Petroleum S.A. and William Hudson Ltd. ("The Al Hofuf") [1981] 1 Lloyd's Rep. 81, 89; Sassoon, C.I.F. and F.O.B. contracts, Rn. 455.

1305 Vgl. cl. 6 GAFTA 119.

1306 „Provided the vessel is presented at the loading port in readiness to load within the delivery period […]", vgl. cl. 6 GAFTA 49.

Zweitens muss die Beladung während dieses Zeitraumes bereits *begonnen* haben.[1307] Problematisch ist, ob es dafür ausreicht irgendein Schiff während des Verschiffungszeitraumes zu benennen oder ob das Schiff schon vollständig ladebereit sein muss. Um diese Auslegung stritten die Parteien in der Entscheidung *Soufflet Negoce v. Bunge SA*[1308]. Dort wurde Futtergerste FOB Nikotera (Ukraine) unter GAFTA 49 verkauft. Zudem war ein Verladezeitraum vom 09. bis 22. Oktober vorgesehen. Der Käufer erbrachte die Schiffsnominierung erst am letzten Tag des Lieferzeitraumes. Bei der Beladung stellte sich dann heraus, dass sich noch Rückstände von Kohle in den Laderäumen befanden. Der Verkäufer verweigerte daraufhin, die Beladung über den 22. Oktober hinaus vorzunehmen. Er stellte sich vor dem Schiedsgericht auf den Standpunkt, dass der Käufer nicht nur irgendein Schiff benennen müsste, um in den Genuss der Ladezeitverlängerung zu kommen. Es müsse sich vielmehr um ein solches handeln, das auch rein tatsächlich in der Lage ist, die Ware aufzunehmen[1309] – wozu in diesem Fall auch gehören sollte, dass die Laderäume am 22. Oktober bereits sauber sind. Die Argumentation wurde auf den Wortlaut der Klausel gestützt, die nicht nur die Bereitstellung irgendeines Schiff, sondern eines solchen *„in readiness to load"* erforderte. Die Richter verneinten dieses Argument jedoch, da es bei FOB-Geschäften Sache des Käufers sei, ob sich die Laderäume für den Transport eignen würden. Daher reicht es aus, wenn das Schiff rein tatsächlich in der Lage ist, die Ware aufzunehmen. Da das der Fall war, musste der Verkäufer auch über den 22. Oktober hinaus verladen.

6.5.2.4.3 Rechtsfolgen

Wird mit der Verladung innerhalb der Lieferfrist begonnen, so muss der Verkäufer auch über den ursprünglich kontrahierten Zeitraum hinaus beladen. Die Ver-

---

1307 Dieses folgt aus der Formulierung „[…] sellers shall complete loading […]", da nur eine bereits begonnene Verladung fortgeführt werden kann, vgl. cl. 6 GAFTA 49.

1308 Soufflet Negoce v. Bunge S.A. [2010] 1 Lloyd's Rep. 718 (QBD); aff. [2011] 1 Lloyd's Rep. 531.

1309 Zudem wurde die Argumentation der Verkäufer darauf gestützt, dass das Schiff den Zustand haben müsse, dass eine wirksame notice of readiness unter einer Reisecharter möglich wäre. Eine solche ist jedoch nur dann möglich, wenn das Schiff im Hinblick auf alle Gegebenheiten in der Lage ist, die Ware aufzunehmen (dunnaged, matted and all hatches ready for cargo) vgl. Puchta, Die Gencon-Charter : Probleme des Raumfrachtvertrages, dargestellt am Standardformular der Uniform General Charter, S. 36; Schofield, Laytime and demurrage, Rn. 3.260. Diese Sichtweise resultiere vor allem aus der Tatsache, dass der Vertrag Ausführungen zu Liegezeit und Überliegegeld vorsah und sich auf die Bedingungen der Charterpartie bezog, sodass man geneigt war die Ladebereitschaft auch erst dann anzunehmen, wenn diese nach der Charter vorlag.

ladung muss er dann nach den Kontrakten innerhalb eines angemessenen Zeitraumes fertigstellen.[1310] Entstehen ihm dabei Mehrkosten, so hat er diese selbst zu tragen. Er hat keine Ansprüche auf Ersatz der Verzögerungskosten, wie beispielsweise für die Zwischenlagerung und Versicherung (sog. *carrying charges*),[1311] wie wenn der Käufer eine *extension of shipment* ersucht hätte.[1312] Insofern wird der Käufer privilegiert, der zwar spät, aber immerhin noch innerhalb des Verschiffungszeitraumes ein Schiff benennt. Gäbe es diese Klausel nicht, so müsste der Käufer eine *extension of shipment* anstreben, wenn das Schiff nicht rechtzeitig beladen werden kann. In diesem Fall würden die *carrying charges* allerdings zu seinen eigenen Lasten gehen.

6.5.2.4.4 Rechtsvergleich und Bewertung

Unter Einheitsbedingungen gehen die entstandenen Mehrkosten im Falle einer verzögerten Beladung zulasten der Partei, die die Überschreitung der Lieferzeit zu vertreten hat, vgl. § 70 Abs. 3 S. 2 EB. Eine solche Betrachtung käme unter dem englischen Recht nach der *doctrine of estoppel* nur dann in Betracht, wenn es rechtsmissbräuchlich ist, dass der zu spät andienende Käufer die Zusatzkosten nicht ersetzen muss. Das scheint wegen der vertraglichen Wertung, die *carrying charges* grundsätzlich dem Verkäufer aufzuerlegen nur dann denkbar, wenn der Verkäufer das Schiff noch „in letzter Sekunde“ andient. Schließlich soll die Klausel dafür sorgen, dass eine bereits begonnene Verladung nicht unnützerweise abgebrochen wird. Sie soll dem Käufer aber nicht *per se* eine Verladung nach Ablauf des Lieferzeitraumes ermöglichen. Dieses ist interessengerechter, als lediglich dem Verkäufer das volle Risiko für etwaige Überschreitungen aufzuerlegen. Damit lässt sich festhalten, dass die FOB-Kontrakte der GAFTA in diesem Punkt wesentlich käuferfreundlicher sind als die Einheitsbedingungen.

Im UN-Kaufrecht finden sich keine Sonderregelungen für diese Fälle. Wird der Zeitraum für die Verladung überschritten, so muss der Verkäufer auch nicht weiter beladen, es sei denn dass eine fortgesetzte Beladung aus einem Handelsbrauch (Art. 9 Abs. 2 CISG) folgt. Eine Pflicht zur fortgesetzten Beladung aus

---

1310 Scandinavian Trading Co. A/B v. Zodiac Petroleum S.A. and William Hudson Ltd. (“The Al Hofuf”) [1981] 1 Lloyd’s Rep. 81, 90.

1311 Zum Begriff der carrying charges ausführlich Slabotzky, Grain contracts and arbitration, S. 39 f.

1312 Dieses war ebenfalls ein maßgebliches Argument, was die Verkäufer in Soufflet Negoce v. Bunge S.A. [2010] 2 C.L.C. 468 vorgebracht haben. Sie kritisierten, dass der Verkäufer ein vollständig ladeuntaugliches Schiff präsentieren konnte, was dazu führt dass der Verkäufer es auch über den kontrahierten Zeitraum hinaus beladen müsse, ohne dass er die carrying charges ersetzt verlangen könnte.

der allgemeinen Kooperationspflicht herzuleiten,[1313] würde diese jedoch überdehnen, da zugleich gegen einen anderen wichtigen Grundsatz der Konvention (Verbot der missbräuchlichen Rechtsausübung[1314]) verstoßen werden würde. Dient der FOB-Käufer das Schiff so spät an, dass die Beladung nicht mehr gesichert ist, so wäre es rechtsmissbräuchlich, vom Verkäufer eine Einhaltung der Kooperationspflicht zu fordern.

6.5.3 Exkurs: Eigentumsübergang bei FOB-Geschäften

Auch bei FOB-Verträgen[1315] richtet sich der Zeitpunkt des Eigentumsüberganges nach dem Parteiwillen, vgl. s. 17(1) SoGA. Wie schon beim CIF-Geschäft geht dieser regelmäßig dahin, dass das Eigentum erst dann übergehen soll, wenn der Verkäufer seine Lieferverpflichtung erfüllt hat. Da sich diese bei FOB-Geschäften nur auf die Lieferung an Bord bezieht, geht das Eigentum grundsätzlich mit dem Verbringen an Bord über.[1316] Nicht ausreichend ist hingegen, dass der Verkäufer die Ware lediglich ausgesondert hat und Anweisungen erteilt, die Ware in seinem Lager abholen zu lassen und zum Verschiffungshafen zu transportieren, da dieses nur Vorbereitungshandlungen zur Lieferung selbst sind.[1317]

Freilich wird jedoch auch in diesen Fällen grundsätzlich ein Eigentumsvorbehalt anzunehmen sein, insbesondere dann, wenn das Konnossement an den

---

1313 Staudinger-Magnus, Art. 7 CISG, Rn. 47; Schlechtriem/Schwenzer-Ferrari, Art. 7 CISG, Rn. 54; Bianca/Bonell, Commentary on the international sales law, Art. 7 Rn. 2.3.2.2.

1314 OLG München, 15.09.2004, CISG-online Nr. 1013; I.C.C. International Court of Arbitration, 01.01.1997, CISG-online Nr. 749; Schlechtriem/Schwenzer-Ferrari, Art. 7 CISG, Rn. 50.

1315 Zur gesamten Thematik vgl. Al-Anbaki, Passing of property in C.I.F. and F.O.B. contracts, S. 1 ff.

1316 Pyrene Co. Ltd. v. Scindia Steam Navigation Co Ltd [1954] 1 Lloyd's Rep. 321, 332 ff.; Browne v. Hare [1859] 4 Hurl. & N. 822, 823 f.; Carr/Stone, International trade law, S. 45; Kaul, PL WebJour (13) 2003; Bridge, The international sale of goods, Rn. 8.07; Connolly, Briefcase On Commercial Law, S. 226 ff.; Atiyah/Adams/MacQueen, Sale of goods, S. 423; Schmitthoff/Cheng, Clive M. Schmitthoff's select essays on international trade law, S. 300; vgl. auch Colonial Insurance Co. of New Zealand v. Adelaide Marine Insurance Co. [1886] L.R. 12 App. Cas. 128, 130 (HL). Ab diesem Zeitpunkt trägt regelmäßig (wenn vorhanden) die Transportversicherung des Käufers das wirtschaftliche Risiko.

1317 Carlos Federspiel & Co. SA v. Charles Twigg & Co. Ltd. [1957] 1 Lloyd's Rep. 240, 255; vgl. auch Schmitthoff/Cheng, Clive M. Schmitthoff's select essays on international trade law, S. 295.

Verkäufer ausgestellt wird und er dieses zurückhält.[1318] Dieses war in *The Kronprinsessan Margareta*[1319] der Fall. Hier verkaufte ein brasilianischer Verkäufer Kaffee FOB an europäische Käufer. Der Verkäufer ließ sich Konnossemente an Order der Käufer ausstellen, behielt diese aber zunächst zurück. Ginge man nach der Vermutungsregel des s. 19(2) SoGA, so hätte streng genommen kein Eigentumsvorbehalt vorgelegen, da das Konnossement nicht an Order des Verkäufers, sondern an Order des Käufers ausgestellt wurde.[1320] Allerdings darf nicht vergessen werden, dass es sich dabei lediglich um eine Auslegungsregel handelt, die durch den tatsächlichen Parteiwillen überspielt werden kann. So entschied das Gericht, dass die Ausstellung der Konnossemente nicht für den Eigentumsübergang ausreiche, auch wenn diese an Order des Käufers ausgestellt waren. Dafür spricht, dass weder der Käufer noch der Verkäufer tatsächlich über die Ware verfügen können. Der Käufer konnte die Ware nicht entgegennehmen, solange der Verkäufer noch in Besitz des Konnossements ist. Der Verkäufer kann allerdings auch nicht mehr über die Ware verfügen, solange der Käufer das Konnossement nicht an ihn zurückindossiert. Dieser Schwebezustand sollte erst beendet werden, wenn der Käufer für die Ware bezahlt hatte, sodass auch dann erst das Eigentum übergehen sollte. Insofern lag in diesem Fall ein Eigentumsvorbehalt vor, obwohl der Verkäufer das Konnossement an Order des Käufers ausstellen ließ.

6.5.4 Abschließende Bewertung

In puncto Lieferung beim FOB-Geschäft lässt sich eine käuferfreundliche Tendenz der GAFTA-Kontrakte erkennen. Diese erlauben dem Käufer gerade bei den FOB-Instruktionen größere Dispositionsmöglichkeiten. So liegt das Wahlrecht hinsichtlich des Ladehafens grundsätzlich beim Käufer und nicht dem Verkäufer wie im deutschen Recht. Zudem können die Instruktionen ohne Weiteres widerrufen und geändert werden. Das ist zwar auch im deutschen Recht so, jedoch gewährt dieses dem Verkäufer für jene Fälle grundsätzlich Ersatzansprüche. Nach dem englischen Recht kommt im Falle geänderter FOB-Instruktionen ein Ersatz nur dann in Betracht, wenn ein gesteigertes Vertrauen des Verkäufers vorlag. Zudem ist der Verkäufer unter GAFTA-Kontrakten verpflichtet, nach

---

1318 Pacific Molasses Co Ltd v. Entre Rios Naviera SA ("The San Nicholas") [1976] 1 Lloyd's Rep. 8, 11.

1319 The Kronprinsessan Margareta [1921] 1 A.C. 486, 491; Darstellung bei Connolly, Briefcase On Commercial Law, S. 226 f.

1320 Vgl. dazu oben Seite 219.

Ablauf des Lieferzeitraumes weiterhin zu laden, ohne dass er die Mehrkosten ersetzt verlangen kann. Zudem liegt bei einer zu langsamen oder gar nicht vorgenommenen Verladung die Verletzung einer wesentlichen Vertragspflicht vor, sodass der Käufer zurücktreten kann.

Damit bleibt festzuhalten, dass die FOB-Kontrakte der GAFTA im Sinne des Käufers verfasst sind. Dieser sollte aber beachten, dass die FOB-Instruktion im englischen Recht Vorbedingung für die Verladung ist und bei Nichtvornahme ein *breach of condition* besteht. Damit kann auch der Verkäufer unmittelbar zur Vertragsaufhebung berechtigt sein, während er im deutschen Recht erst eine Nachfrist setzen wird.

6.6 Die Extension of shipment clause

Bei FOB-Kontrakten muss der Käufer innerhalb des Ladezeitraumes im Verladehafen ein Schiff andienen. Bei CIF-Kontrakten muss der Verkäufer hingegen innerhalb einer bestimmten Zeitspanne verschiffen. Ist dieses nicht möglich, so begeht die jeweilige Partei einen Vertragsbruch. Gerade bei FOB-Geschäften wird der Käufer jedoch nicht genau voraussehen können, ob das Schiff auch zum geplanten Zeitpunkt im Abladehafen eintreffen wird. Aus diesem Grunde sehen die meisten Verträge Verlängerungsklauseln *(extension clauses)* vor.[1321] Diese sind ein typisches Instrument der FOB-Verträge, die aus der Notwendigkeit besonderer Rücksichtnahme zwischen Käufer und Verkäufer ausgelegt sind.[1322] Dennoch finden sich diese Bestimmungen auch in quasi allen CIF-Kontrakten.[1323] Allgemein dienen die Klauseln damit dazu, unvorhergesehene Verzögerungen abzufedern, wie sie in der Logistikbranche häufig sind. Diese Regelung ist eine Besonderheit der GAFTA-Kontrakte und findet sich weder in den Einheitsbedingungen noch im deutschen internen Recht oder dem CISG wieder.

6.6.1 Vertragliche Erscheinungsformen

Eine derartige Klausel findet sich in fast allen Kontrakten der GAFTA. Bei CIF-Geschäften liegt es in der Hand des Verkäufers, wann er die Ware verschifft, sodass ihm das Optionsrecht zusteht, welches sich *„extension of shipment"* nennt:[1324]

> „The contract period for shipment, if such be 31 days or less, shall be extended by an additional period of not more than 8 days, provided that Sellers serve notice claiming extension not later than the next business day following the last day of the

1321 Eine derartige Klausel wurde in Kurt A. Becher GmbH & Co. v. Voest Alpine Intertrading GmbH ("The Rio Apa") [1992] 2 Lloyd's Rep. 586 (QBD) angewendet, da das Schiff Rio Apa wegen großen Andrangs nicht sofort in den Ladehafen einlaufen konnte. Die Klauseln können allerdings auch zur Spekulation dienen: Erwartet der Verkäufer einen steigenden Markt, so wird er von der Verlängerungsklausel Gebrauch machen, um die Ware später zu einem höheren Preis abzusetzen, ohne diese selbst zwischenlagern zu müssen.

1322 Sassoon, C.I.F. and F.O.B. contracts, Rn. 459b.

1323 So beispielsweise in GAFTA No. 2, 8, 12, 13, 14, 16, 21, 24, 25, 27, 30, 31, 35, 36, 41, 43, 48, 59, 60, 62, 79, 80, 81, 96, 97, 98, 99, 100, 101, 102, 103, 104, 122.

1324 So beispielsweise in GAFTA (CIF) No. 2, 8, 12, 13, 14, 16, 21, 24, 25, 27, 30, 31, 35, 36, 41, 43, 48, 59, 60, 62, 79, 80, 81, 96, 97, 98, 99, 100, 101, 102, 103, 104, 122.

originally stipulated period. The notice need not state the number of additional days claimed.

In FOB-Verträgen steht es hingegen spiegelbildlich dem Käufer zu, da dieser über den genauen Lieferzeitraum bestimmen darf, und nennt sich daher *„extension of delivery"*:[1325]

> „The contract period for delivery, shall, if desired by Buyers, be extended by an additional period of 30 consecutive days, provided that Buyers give notice in accordance with the Notices Clause not later than the next business day following the last day of the delivery period. In this event Sellers shall carry the goods for Buyers' account and all charges for storage, interest, insurance and other such normal carrying expenses shall be for Buyers' account. [...]"

Die Klauseln regeln dabei ausführlich sowohl die Voraussetzungen als auch die Rechtsfolgen einer *extension.* Sie sind weitgehend identisch, sodass der Regelungsgehalt nachfolgend anhand der *extension of delivery clause* für den Fall einer FOB-Transaktion erläutert werden soll.

6.6.2 Voraussetzungen: Erklärung der *„extension"*

Zunächst muss die extension clause überhaupt anwendbar sein. Teilweise werden Einschränkungen hinsichtlich der Gewährung einer *extension* gemacht. So greifen die *extension of shipment clauses* in CIF-Verträgen regelmäßig nur, wenn der Abladezeitraum 31 Tage oder weniger beträgt. Ist der Zeitraum länger bemessen, so hat der Verkäufer regelmäßig genug Zeit, um die Abladung vorzunehmen, sodass eine Verlängerung nicht interessengerecht wäre. Für den FOB-Käufer gibt es unter den *extension of delivery clauses* hingegen keine Beschränkungen. Teilweise bedingen die Parteien die extension clauses auch durch Individualvereinbarungen ab. Gerade wenn der anderen Partei schon nach dem Kontrakt ein langer Lieferzeit- / Abnahmezeitraum von mehreren Monaten zugebilligt wird, macht eine *extension* wirtschaftlich oft keinen Sinn mehr.

Damit die Folgen der Klausel eintreten, muss die jeweilige Partei die Wahrnehmung der *extension* spätestens an dem Geschäftstag informieren, der auf den ursprünglichen Leistungszeitraum folgt. Dabei sind auch die Bestimmungen der *notice clause* zu berücksichtigen,[1326] was insbesondere in Käuferketten relevant wird. Nehmen wir an, V hat an K1 FOB Hamburg verkauft und dieser die Ware zu gleichen Bedingungen an K2 FOB Hamburg weiterverkauft. Verschiffungszeitraum ist der 01.01. bis 31.01. K2 erklärt K1 am 01.02. um 16:30 Uhr, dass er eine *extension* benötige. Der K1 muss diese Erklärung dann bis spätestens zum

---

1325 So in GAFTA (FOB) No. 23, 49, 64, 79a, 82, 111, 115, 118, 119, 120.

1326 Vgl. dazu unten Seite 427 ff.

nächsten Geschäftstag, also an den 02.02. an V weiterleiten, damit diese im Verhältnis K1 und K2 wirksam ist.

6.6.3 Rechtsfolgen

6.6.3.1 Verlängerung des Leistungszeitraumes

Machen Käufer oder Verkäufer die *extension* geltend, so verlängert sich der Leistungszeitraum um eine feste Zeitspanne. Diese ist in den jeweiligen Verträgen unterschiedlich geregelt. So wird dem CIF-Verkäufer unter GAFTA 100 lediglich eine *extension* von 8 Tagen eingeräumt, wohingegen der FOB-Käufer nach GAFTA 119 sogar eine Verlängerung von 30 Kalendertagen erhält. Macht der Käufer von diesem Recht Gebrauch, so begeht er keinen Vertragsbruch, wenn das Schiff erst innerhalb des Folgezeitraums ankommt und beladen werden kann.[1327] Ebenso wenig verhält der Verkäufer sich vertragsbrüchig, wenn er erst in der extension verschifft.

Wird auch während der *extension* kein ladebereites Schiff vorgelegt, so begeht der Käufer einen Vertragsbruch. Auch hier kann sich die Frage stellen, wann das Schiff ladebereit ist. Im Zweifel ist eine kaufvertragstypische Auslegung vorzunehmen. Das Schiff ist daher dann ladebereit, wenn es die Ware tatsächlich aufnehmen kann und nicht erst, wenn auch die Voraussetzungen einer *notice of readiness* nach der Charterpartie vorliegen.[1328]

6.6.3.2 Bei FOB: Benennung eines Seeschiffes nötig

Fraglich ist allerdings, ob sich der Käufer bei FOB-Geschäften nur dann auf die *extension* berufen kann, wenn er zumindest schon ein Seeschiff während des ursprünglichen Leistungszeitraumes benannt hat. Hätte er innerhalb der vereinbarten Fristen nämlich noch nicht einmal ein Schiff benannt, so könnte der Verkäufer regelmäßig schon zurücktreten, bevor der Leistungszeitraum überhaupt abläuft. Da der Käufer die *extension* regelmäßig erst mit dessen Ablauf erklären wird, wäre das Verlängerungsrecht praktisch wertlos.[1329]

Insofern lässt sich erwägen, dass ein Rücktritt des Verkäufers wegen fehlender Schiffsnominierung solange rechtsmissbräuchlich ist, wie der Käufer noch

1327 Bridge, The international sale of goods, Rn. 3.30.

1328 Siehe dazu die Diskussion oben, Seite 266 und die Entscheidung Soufflet Negoce v. Bunge S.A. [2010] 1 Lloyd‘s Rep. 718 (QBD); aff. [2011] 1 Lloyd's Rep. 531.

1329 Bridge, The international sale of goods, Rn. 3.28.

die Option hat, die *extension* zu erwirken. Würde man das so sehen, so verlängert die *extension of shipment clause* sowohl den Leistungszeitraum für die Benennung eines Schiffes als auch die Präsentation desselbigen im Verladehafen.[1330]

Allerdings soll die *extension* primär die Unwägbarkeiten der Schifffahrt abfedern, wenn das Schiff beispielsweise wegen Eisgang oder schlechtem Wetter nicht rechtzeitig im Verladehafen ist, um die Ware entgegenzunehmen. Verspätet sich die Ankunft des Schiffes im Hafen aus diesen Gründen, so soll nicht eine der Parteien das volle Risiko dafür tragen. Vielmehr ist dem FOB-Käufer in diesen Fällen eine nachträgliche Verlängerung des Lieferzeitraumes zuzugestehen, um das Schiff vorzulegen. Das setzt logischerweise aber voraus, dass überhaupt ein Schiff benannt und die Seereise angetreten wurde. Für diese Sichtweise spricht auch der Wortlaut der *extension clauses*, wie beispielsweise cl. 7 GAFTA 119. Dort heißt es:

> „Should Buyers fail to *present* a vessel in readiness to load[1331] under the extension period, Sellers shall have the option of declaring the Buyers to be in default [...]"

Aus dieser Klausel folgt, dass der Käufer eine Pflichtverletzung begeht, wenn er während der Verlängerungsperiode kein ladebereites Schiff physisch im Verladehafen präsentiert. Es wird nicht darauf abgestellt, ob der Käufer es unterlassen hat ein Schiff während der Verlängerung zu benennen. Dieses muss denklogisch also schon vor dem Verlängerungszeitraum passiert sein. Die fehlende physische Präsenz ist nur die Manifestation des Vertragsbruches. Zudem handelt es sich bei der Nominierung des Schiffes um eine eigenständige Pflicht in der Form einer *condition*,[1332] ohne deren Erfüllung der Vertrag ohne Weiteres aufgehoben werden kann.

Insofern muss der Käufer rechtzeitig ein taugliches Schiff benannt haben. Nur wenn das der Fall ist und sich das so benannte Schiff dann verspätet, kann der Verkäufer eine Verlängerung nach der *extension of shipment clause* anstreben.

1330 So in Bunge Corp. v. Tradax Export S.A. [1979] 2 Lloyd's Rep. 477, 488 (QBD); Bremer Handelsgesellschaft mbH v. J.H. Rayner & Co. Ltd. [1979] 2 Lloyd's Rep. 216, 227 f.

1331 Zu der Frage, wann Ladebereitschaft vorliegt siehe oben Seite 266 und Seite 274.

1332 Siehe oben Seite 248.

6.6.3.3 Ausgleichszahlungen des Käufers *(carrying charges)*

6.6.3.3.1 Erscheinungsformen

Nach der *extension of delivery clause* ist der Käufer im Gegenzug verpflichtet, dem Verkäufer sämtliche Haltekosten *(carrying charges)* zu ersetzen.[1333] Darunter versteht man die Nettofinanzierungskosten, die für die Vorhaltung von Waren anfallen. Diese enthalten die Lagerkosten, die Versicherung und andere Aufwendungen, die bei der Aufbewahrung der Ware entstehen.[1334] Zudem gehören die Zinsen für die verauslagten Beträge dazu. In CIF-Verträgen wird hingegen vorgesehen, dass der Verkäufer eine Ausgleichszahlung für jeden Tag der Verlängerung vorzunehmen hat, die meist prozentual anhand des Warenwertes oder Kaufpreises bemessen wird.[1335] Da CIF-Geschäfte meist Kettengeschäfte sind, hat der Verkäufer in den seltensten Fällen die Ware physisch. Vielmehr besitzt er nur die repräsentierenden Dokumente. Insofern wäre es fernliegend die Haltekosten zu ersetzen, sodass eine pauschale Ausgleichszahlung dem Parteiinteresse entspricht.

6.6.3.3.2 Wirksamkeit von Ausgleichszahlungen

Fraglich ist, wie diese Klauseln rechtlich einzuordnen sind. Während in Deutschland die Vereinbarung einer Vertragsstrafe möglich ist, ist eine solche *penalty* in England verboten;[1336] derartige Vereinbarungen sind unwirksam. Allerdings bleibt es den Parteien unbenommen sogenannte *liquidated damages* zu vereinbaren, wobei es sich um pauschalierten Schadensersatz handelt.[1337] In der Abgrenzung sind die Gerichte meist zurückhaltend, was die Bejahung einer *pe-*

1333 Vgl. Kurt A. Becher GmbH & Co. v. Voest Alpine Intertrading GmbH ("The Rio Apa") [1992] 2 Lloyd's Rep. 586 (QBD).

1334 Die carrying charges sind vergleichbar mit den Kosten für die Erhaltung der Ware, die im UN-Kaufrecht im Rahmen der Art. 85 ff. CISG ersetzt werden können. Dafür ist jedoch eine Vertragsverletzung nötig, während die Berufung auf die extension of shipment clause gerade keine Vertragsverletzung generiert.

1335 Vgl. Thos. P. Gonzales Corp. v. F. R. Waring (International) Ltd. [1980] 2 Lloyd's Rep. 160, 163 (CA); vgl. ferner cl. 9 GAFTA 100: "Sellers shall make an allowance to Buyers, to be deducted in the invoice from the contract price, based on the number of days by which the originally stipulated period is exceeded, in accordance with the following scale: - 1 to 4 additional days, 0.50% […]".

1336 Triebel, Englisches Handels- und Wirtschaftsrecht, Bd. 15, Rn. 180.

1337 President of India v. Lips Maritime Corporation ("The Lips") [1987] 2 Lloyd's Rep. 311, 315 (HL).

nalty anbelangt, da sie die Privatautonomie der Parteien beachten.[1338] Ob eine *penalty* tatsächlich vorliegt, ist dabei Rechtsfrage und hängt von der objektiven Auslegung in Einzelfall ab. Nach dem Grundsatz der *strict interpretation* ist der Wortlaut der Vereinbarung vorrangig, sodass es darauf ankommt, ob die Parteien die Zahlung als *penalty* oder *liquidated damages* beschreiben. Meist wird das aber nicht – wie auch in den GAFTA Verträgen – der Fall sein, sodass die Abgrenzung primär davon abhängt, ob die Parteien Kompensationsziele verfolgen (dann *liquidated damages*) oder der Sanktionscharakter der Pflichtverletzung im Vordergrund steht (dann unwirksame *penalty*).[1339]

6.6.3.3.2.1 Wirksamkeit von *carrying charges*

Bei der Einordnung der *carrying charges* bestehen Probleme. Einerseits erfassen diese Klauseln die Kosten, die beim Verkäufer real anfallen. Insofern liegt es nahe, einen pauschalierten Schadensersatz anzunehmen.[1340] Andererseits sieht der Vertrag gerade keine pauschale Summe vor sondern begnügt sich damit, die konkreten *carrying charges* für ersatzfähig zu erklären. Für die Annahme einer Schadenspauschale besteht daher eigentlich kein Raum.

Allerdings geht es bei den *carrying charges* zuvörderst darum, tatsächlich entstandene Schäden zu ersetzen, die durch die Überschreitung des vereinbarten Lieferzeitraumes durch Lagerkosten und Mehraufwendungen entstanden sind. Insofern liegt die Einordnung als *liquidated damages* näher als eine Vertragsstrafe. Dafür spricht auch ein Vergleich zum Überliegegeld *(demurrage)* in Charterverträgen. Dieses wird an den Vercharterer gezahlt, wenn das Laden bzw. Löschen über die vereinbarte Liegezeit hinaus andauert und dieser deswegen das Schiff in der Zeit nicht nutzen kann.[1341] Dazu wird häufig eine feste Rate

---

1338 Elsley v. Collins Insurance Agencies [1978] 83 D.L.R. (3d) 1, 15; Robophone Facilities Ltd. v. Blank [1966] 1 W.L.R. 1428, 1447 (CA); Chitty, Chitty on contracts, Bd. 1, Rn. 26–125.

1339 Clydebank Engineering and Shipbuilding Co Ltd. v. Don Jose Ramos Yzquierdo y Castaneda [1905] A.C. 6, 8 f. (HL); Bridge v. Campbell Discount Co. Ltd. [1962] A.C. 600, 622 (HL); Commissioner of Public Works v. Hills [1906] A.C. 368, 376 (HL); Webster v. Bosanquet [1912] A.C. 394; Chitty, Chitty on contracts, Bd. 1, Rn. 26–127.

1340 Vgl. auch Olearia Tirrena S.p.A. v. N.V. Algemeene Oliehandel ("The Osterbek") [1972] 2 Lloyd's Rep. 341, 354 (QBD).

1341 Dias Compania Naviera S.A. v. Louis Dreyfus Corp. ("The Dias") [1978] 1 Lloyd's Rep. 325, 328 (H.L.); President of India v. Lips Maritime Corporation ("The Lips") [1987] 2 Lloyd's Rep. 311, 315 (HL); Dockray, Carriage of goods by sea, S. 261; Gay, L.M.C.L.Q. 2004, 72, 72.

im Chartervertrag festgelegt. Dieses wird im englischen Recht[1342] ebenfalls als *liquidated damages* und nicht als Vertragsstrafe eingeordnet.[1343] In dem Fall *Lockhart v. Falk* hieß es von *Cleasby B.* dazu:[1344]

> „The word demurrage no doubt properly signifies the agreed additional payment (generally per day) for an allowed detention beyond a period either specified in or to be collected from the instrument [...]"

Auch hier wurde der Charakter als Zahlung für die Inanspruchnahme eines über die eigentliche Vertragsdauer gehenden Zeitraumes betont und damit jedenfalls nicht als Strafe eingeordnet. Nach der englischen Auffassung sind die in FOB-Verträgen anzutreffenden Klauseln über den Ersatz von tatsächlich angefallenen *carrying charges* daher wirksam.[1345]

6.6.3.3.2.2 Wirksamkeit von anderen Ausgleichszahlungen

In CIF-Kontrakten sind die Klauseln hingegen anders ausgestaltet. Dort wird eine Minderung des Kaufpreises vorgenommen, die prozentual von der Dauer der *extension* abhängt.

> "Sellers shall make an allowance to Buyers, to be deducted in the invoice from the contract price, based on the number of days by which the originally stipulated period is exceeded, in accordance with the following scale: -
> 1 to 4 additional days, 0.50%;
> 5 or 6 additional days, 1%;
> 7 or 8 additional days 1.50% of the gross contract price."[1346]

1342 Zu beachten ist aber, dass im englischen Recht das Liegegeld pauschalierter Schadensersatz und kein vertraglich geschuldetes Entgelt ist, während im deutschen Recht letzteres angenommen wird. Die Argumentation, dass das Liegegeld lediglich eine Gegenleistung für die verlängerte Liegezeit ist, dient daher nur dazu, um klarzustellen, dass jedenfalls kein Sanktionscharakter (in terrorem) und damit eine unwirksame Vertragsstrafe vorliegt. Vgl. dazu auch Gay, L.M.C.L.Q. 2004, 72, 73.

1343 President of India v. Lips Maritime Corporation ("The Lips") [1987] 2 Lloyd's Rep. 311, 315 (HL); siehe auch Chandris v. Isbrandtsen Moller Co. Inc. [1951] 1 K.B. 240, 249 (CA); Suisse Atlantique Societe d'Armement Maritime S.A. v. N.V. Rotterdamsche Kolen Centrale ("The General Guisan") [1966] 1 Lloyd's Rep 529, 564 (H.L.) per Lord Wilberforce; Schofield, Laytime and demurrage, Rn. 6.2; Siehe auch Aktieselskabet Reidar v. Arcos Ltd. [1926] 25 Ll. L. Rep. 513 (CA); vgl. auch Capelle, Die Frachtcharter in rechtsvergleichender Darstellung, S. 421 f.

1344 Lockhart v. Falk [1875] L.R. 10 Ex. 132, 135.

1345 Bunge AG v. Sesostrad S.A. ("The Alkeos") [1984] 1 Lloyd's Rep 687, 688; Fratelli Moretti S.p.A. v. Nidera Handelscompagnie B.V. [1981] 2 Lloyd's Rep. 47, 53 (CA).

1346 Vgl. cl. 9 GAFTA 100.

Insofern ist pro Verspätungstag ein Abschlag vorzunehmen, der sich nach dem oben dargestellten Schema bemisst. Diese Situation ist am besten mit der rechtlichen Einordnung von Schadensersatz bei Bauträgerverträgen im englischen Recht zu vergleichen. Auch hier werden häufig Zahlungen für die Verzögerung der Fertigstellung vereinbart, die nach Tag, Woche und Monat gestaffelt berechnet werden. Dabei handelt es sich um sogenannte *graduated damages*. Diese werden von den Gerichten als *liquidated damages* Klausel und damit für zulässig erachtet,[1347] da sie darin den Preis erblicken, den der Käufer für die Verlängerung der vertraglichen Lieferfrist zu zahlen hat.[1348] Insofern bleiben die Gerichte in diesem Punkt nicht in den soeben aufgezeigten Grundkategorien; sie ordnen derartige Klauseln daher weder als *penalty* noch als *liquidated damages* ein. Vielmehr verweisen sie darauf, dass die Klauseln dazu dienen, das Äquivalenzverhältnis zwischen den erbrachten Leistungen wiederherzustellen. Da dieses im Vordergrund steht, ist jedenfalls nicht der Sanktionscharakter prägend, sodass *graduated damages* nicht als *penalty* angesehen werden. Insofern sind auch die Ausgleichszahlungen in CIF-Kontrakten als *graduated damages* anzusehen, sodass im Einklang mit der oben dargestellt Rechtsprechung keine *penalty* vorliegt.

6.6.3.3.3 Ergebnis: Wirksamkeit von Ausgleichszahlungen

Insofern sind die Ausgleichszahlungen von *extension clauses* wirksam;[1349] entweder, weil es sich wie bei den *carrying charges* um *liquidated damages* handelt, oder weil die Ausgleichszahlung das für die Überschreitung der Leistungszeit geschuldete Entgelt ist. Bei Individualvereinbarungen ist hingegen genau auf die Formulierung des Vertrages zu achten und zu prüfen, ob nicht doch der Sanktionscharakter *(in terrorem)* überwiegen soll.

1347 Liegt allerdings ein Fixbetrag vor, so präferieren die Gerichte meist eine Einordnung als penalty: Commissioner of Public Works v. Hills [1906] A.C. 368, 376 (HL); Triebel, Englisches Handels- und Wirtschaftsrecht, Bd. 15, Rn. 181.

1348 Kurt A. Becher GmbH & Co. v. Voest Alpine Intertrading GmbH ("The Rio Apa") [1992] 2 Lloyd's Rep. 586, 592 (QBD).

1349 Fratelli Moretti S.p.A. v. Nidera Handelscompagnie B.V. [1981] 2 Lloyd's Rep. 47, 53; Thos. P. Gonzales Corp. v. F. R. Waring (International) Ltd. [1980] 2 Lloyd's Rep. 160, 165 (CA): "[…] as being a part of the consideration, in effect, for granting the extension."; ferner Richco International Ltd. V. Alfred C. Toepfer Interntional GmbH ("The Bonde") [1991] 1 Lloyd's Rep. 136, 145; Kurt A. Becher GmbH & Co. v. Voest Alpine Intertrading GmbH ("The Rio Apa") [1992] 2 Lloyd's Rep. 586, 592 (QBD).

6.6.3.4 Verhältnis zur force majeure clause

Ein Spannungsverhältnis besteht zwischen der *extension clause* und der *force majeure clause*. Nach Letzterer wird der Vertrag bei Erfüllungshindernissen teilweise angehalten und der Erfüllungszeitraum verlängert sich anschließend um den Zeitraum, für den das Hindernis bestand. Während dieses Zeitraums muss die verhinderte Partei jedoch nach der *force majeure* Klausel keinen Ausgleich zahlen. Ein Ausgleichsanspruch lässt sich für diese Fälle aber auch nicht aus der *extension clause* herleiten. Nehmen wir an, es ist FOB Juni Lieferung kontrahiert und vom 15.06 bis 30.06 kann infolge eines Streikes nicht verladen werden. In diesen Fällen verlängert sich nach der Streikklausel, wie sie beispielsweise in GAFTA 119 vorkommt, der Erfüllungszeitraum für die Dauer des Streikes, hier also um 15 Tage. Insofern wird der vertragliche Erfüllungszeitraum, der anfänglich „Juni" betrug, nunmehr diesen Zeitraum verlängert, sodass er sich bis zum 15.07. erstreckt. Der Vertrag wurde für diesen Zeitraum lediglich „angehalten", sodass dem Verkäufer trotz Verstreichens des Monats Juni keine *carrying charges* zustehen. Kann der Käufer jedoch bis zum 15.06. kein Schiff andienen, so muss er anschließend eine *extension of delivery* erwirken. Für diese hat er dann die Ausgleichszahlung vorzunehmen.[1350]

6.6.4 Zusammenfassung und Bewertung

Weder die deutsche Kontraktpraxis noch das CISG kennen eine *extension of shipment*. Dieses ist eine typische Erscheinung der englischen Standardkontrakte und der Tatsache geschuldet, dass das englische Recht keine Nachfristen vorsieht. Dennoch erkennen auch die Engländer, dass gerade in internationalen Kaufverträgen häufig Verzögerungen auftreten. Diese müssen abgefedert werden. Die *extension of shipment* soll daher Vertragsverletzungen vermeiden, wenn eine Partei erkennt, dass sie ihren Verpflichtungen zur Lieferung / Abnahme nicht rechtzeitig nachkommen kann.

Unter den Einheitsbedingungen gilt hingegen als allgemeines Prinzip des deutschen Leistungsstörungsrechts, dass Nachfristen zu setzen sind: Nimmt der FOB-Käufer die Ware nicht ab, so stehen dem Verkäufer die Rechte nach § 19 EB nach Setzung einer Nachfrist zu. Diese beträgt bei Erfüllungszeiträumen von weniger als einem Monat drei Geschäftstage, anderenfalls fünf Ge-

---

1350 So auch Loock/Straatmann, Handelsrechtliche Schiedsgerichts-Praxis, Schiedsspruch E 4d Nr. 23.

schäftstage.[1351] Die Benachfristung erfolgt hier allerdings durch den Verkäufer und nicht den Käufer. Zudem befindet sich der Käufer spätestens mit Setzung der Frist in Verzug und muss daher für den Verzögerungsschaden aufkommen. Nach den GAFTA-Kontrakten wird bei der Wahrnehmung einer *extension* hingegen die Fälligkeit hinausgeschoben. Das führt dazu, dass der Käufer schon keine Pflichtverletzung begeht. Wollen die Parteien unter den Einheitsbedingungen eine ähnliche Regelung erreichen, so muss der Verkäufer dem Käufer die Abnahmepflicht durch Individualvereinbarung stunden, sodass insoweit eine Vertragsänderung nötig wird. Wird die Abnahme jedoch lediglich gestundet, so kann der Verkäufer im deutschen Recht die Mehrkosten mangels Fälligkeit der Leistung weder über §§ 280 I, II, 286 BGB noch nach § 304 BGB ersetzt verlangen. Er müsste daher für diese Fälle individuell eine Ausgleichszahlung vereinbaren. Insofern ist festzuhalten, dass aus Sicht des Käufers die GAFTA-Kontrakte in diesem Punkt vorteilhafter sind. Diese sehen von vornherein Regelungen für eine Stundung der Abnahme vor, sodass diese nicht erst nachverhandelt werden muss. In einem sich ändernden Markt wird sich die durch die Marktentwicklung begünstigte Partei ohnehin meist nicht mehr auf eine solche nachträgliche Vereinbarung einlassen.

1351 Vgl. § 18 Abs. 3 lit. b, c EB.

6.7 Ersatz von Liegegeld *(demurrage)*

Nach dem Chartervertrag wird dem Charterer nur eine bestimmte Liegezeit im Hafen eingeräumt. Nach dem Ende dieses Zeitraumes muss das Schiff fertig be- oder entladen sein. Anderenfalls hat der Charterer das sogenannte Liegegeld *(demurrage)* an den Vercharterer zu zahlen.[1352]

Lädt der Verkäufer die Ware zu langsam in das vom FOB-Käufer gecharterte Schiff, so wird letzterer *demurrage* an den Vercharterer zahlen müssen, sobald die Liegezeit überschritten ist.[1353] Der Käufer will sich bei FOB-Verträgen daher beim Verkäufer schadlos halten.[1354] Bei CIF-Geschäften gestaltet sich die Lage umgekehrt. Hier muss der Käufer die Entladung vornehmen, während das Schiff vom Verkäufer gechartert wurde.[1355] Erfolgt die Entladung zu langsam, so will der Verkäufer Regress nehmen.[1356] Streitigkeiten entstehen in der Praxis überaus häufig über derartige Zusatzkosten. Häufig steht dabei auch im Streit, in welchen Zeiträumen die Be- oder Entladung beginnen hat und ob diese zwischenzeitlich unterbrochen wurde.

6.7.1 Liegegeldklauseln

Häufig finden sich in den Verträgen daher ausdrückliche Klauseln, die festlegen, ob eine Partei das Liegegeld zu übernehmen hat. Sinn und Zweck ist es, der Partei das Risiko für das Liegegeld aufzubürden, die auch für die Beladung des Schiffes verantwortlich ist.[1357]

1352 Vgl. für das deutsche Recht § 567 Abs. 4 HGB.

1353 Die Parteien versuchen dieses Problem bereits im Vorfeld zu vermeiden, indem sie feste Laderaten in den Vertrag aufnehmen, vgl. oben Seite 263.

1354 Einen seltenen Fall aus der deutschen Rechtsprechung zu dieser Problematik behandelt OLG Celle VersR 1981, 528. Vgl. auch Trappe, European Transport Law (27) 1992, 3, 9. Wurde die Beladung nicht mit den vereinbarten Laderaten vorgenommen, so kann ein Vertragsbruch vorliegen, vgl. oben Seite 263.

1355 OLG Hamburg, Urt. v. 01.03.2000, Az.: 4 U 74/96 zu einem CFFO-Vertrag, wiedergegeben bei Trappe, IHR 2008, 157, 158.

1356 Ein solcher Konstellation lag in folgendem Fall vor: Etablissements Soules et Cie. v. Intertradex S.A. [1991] 1 Lloyd's Rep. 378 (C.A.).

1357 Tiberg, The law of demurrage, S. 666.

6.7.2 Rechtsnatur der Klauseln

Kernproblem ist dabei regelmäßig die Rechtsnatur dieser Klauseln. Einerseits lässt sich in der Übernahme eine Freihalteerklärung der jeweils belasteten Partei erblicken. Wäre das der Fall, so müsste sie nur dann zahlen, wenn der Charterer selbst im konkreten Fall verpflichtet ist, an den Verfrachter Liegegeld zu zahlen. Hätte beispielsweise nicht der unmittelbare FOB-Käufer, sondern eine in der Lieferkette nachfolgende Partei den Chartervertrag abgeschlossen,[1358] so könnte der Käufer bei seinem Verkäufer nur dann Regress verlangen, wenn er selbst auf Freihaltung in der Lieferkette in Anspruch genommen wird.

Die zweite Möglichkeit besteht darin, in diesen Klauseln einen originären Zahlungsanspruch zu erblicken, sodass die andere Partei immer einen Anspruch auf Zahlung von Liegegeld hat, gleich, ob sie selbst unter der Charterpartie dazu verpflichtet ist.[1359]

6.7.2.1 Zahlung als Freihalteerklärung *(indemnity)*

Welcher Fall vorliegt, lässt sich nicht pauschal, sondern nur anhand der Auslegung der jeweiligen Klauseln im Einzelfall beantworten. Es lassen sich jedoch folgende Grundtendenzen festhalten:[1360] Wird in dem Passus lediglich festgelegt, dass die belastete Partei der anderen gegenüber verpflichtet ist, das Liegegeld dem Grunde nach zu ersetzen, so ist die Vereinbarung regelmäßig als Freihalteerklärung zu lesen. So heißt es in GAFTA 111:

> "In the event of there being any unreasonable delay by Buyers in discharging vehicles, Sellers shall be entitled to recover from Buyers any proved additional expenses."

Diese Klausel ist eine Freihalteerklärung; gezahlt werden muss daher nur, wenn der Gläubiger darlegen und beweisen kann, dass er selbst unter dem Chartervertrag in Anspruch genommen wurde.[1361] In diesen Fällen hätten die Liegegeldklauseln letztlich lediglich deklaratorischen Charakter, da die säumige Partei im Wege des Schadensersatzes die Mehrkosten ohnehin ersetzen müsste.

1358 So in S.L. Sethia Liners Ltd. v. State Trading Corp. of India Ltd. [1986] 1 Lloyd's Rep. 31 (CA).

1359 Siehe dazu OK Petroleum A.B. v. Vitol Energy S.A. [1995] 2 Lloyd's Rep. 160, 164 (QBD).

1360 Vgl. dazu auch Fal Oil Co. Ltd. v. Petronas Trading Corporation SDN BHD ("The Devon") [2004] 2 Lloyd's Rep. 282, 298 f. (CA).

1361 Vgl. cl. 12 GAFTA 111 für einen Ankunftsvertrag.

6.7.2.2 Zahlung als originärer Zahlungsanspruch

Davon ist der Fall zu unterscheiden, dass die belastete Partei bei Überschreiten der Ladezeit oder Nichteinhaltung der Laderaten ein Liegegeld nach einer festen Summe zu zahlen hat. Dann liegt regelmäßig ein eigenständiger Zahlungsanspruch vor,[1362] da die Parteien gerade einen neuen Ausgleichsanspruch für die Zeitüberschreitung begründen wollen. Ein Indiz für einen unabhängigen Anspruch ist auch, wenn Käufer und Verkäufer ein höheres oder niedrigeres Liegegeld vereinbaren, als der Charterer dem Reeder schuldet.[1363]

Problematisch ist lediglich der Fall, in dem keine feste Rate vereinbart, sondern pauschal auf den Chartervertrag verwiesen wird.[1364] Dieses ist geläufig, denn meist wird erst der Kaufvertrag und daran anschließend der Chartervertrag abgeschlossen. Ein Beispiel dafür findet sich in cl. 7 GAFTA 115:

> "In the event of failure, for whatever reason, to load the cargo as described above, Sellers shall pay demurrage to Buyers at the rate specified in the Charter Party. All other terms as per IMOL '78 Charter Party."

In diesen Fällen muss genau ausgelegt werden, ob die Parteien ein eigenes Regime für die Zahlung von Liegegeld schaffen wollten, das von der Charterpartie losgelöst ist oder ob der Ersatzanspruch von der Inanspruchnahme des Charterers durch den Reeder abhängen soll.

Die englische Rechtsprechung kommt für diese Klauseln zu widersprüchlichen Ergebnissen. Während ein pauschaler Verweis auf die Bedingungen der Charterpartie früher teilweise für eine Freihalteerklärung gehalten wurde,[1365] scheint die mittlerweile überwiegende Ansicht davon auszugehen, dass es sich in diesen Fällen um einen selbstständigen Zahlungsanspruch handelt.[1366] Dieses

---

1362 Fal Oil Co. Ltd. v. Petronas Trading Corporation SDN BHD ("The Devon") [2004] 2 Lloyd's Rep. 282, 299 (CA); vgl. auch Trappe, FG-Herber (2010), 19, 24, der (unter Berufung auf nicht näher bezeichnete Schiedsgerichtsrechtsprechung) darauf hinweist, dass Transportvertrag und Kaufvertrag rechtlich unterschiedlich sind, sodass es unerheblich sei, ob dem Verfrachter das Liegegeld tatsächlich gezahlt wurde.

1363 Vgl. Houlder Brothers & Co Ltd v. Public Works Commissioner [1908] A.C. 276, 278, 284 ff. (HL); Trappe, IHR 2008, 157, 159.

1364 Vgl. dazu den Fall Acada Chemicals v. Empresa Nacional Pasquera S.A. [1994] 1 Lloyd's Rep. 428, 432 (QBD); Tiberg, The law of demurrage, S. 667.

1365 Suzuki & Co. v. Companhia Mercantile Internacional [1921] 9 Ll. L.R. 171 (CA); beachte aber auch Trappe, IHR 2008, 157, 160, der darauf hinweist dass in diesem speziellen Fall der Vertrag eine cesser clause enthielt, sodass dewegen hier eine andere Bewertung angezeigt war.

1366 Gill & Duffus S.A. v. Rionda Futures Ltd. [1994] 2 Lloyd's Rep. 67, 73 f. (QBD); für FOB-Verträge: R. Pagnan & Fratelli v. Finagrain Compagnie Commericale Agricole et

gilt insbesondere dann, wenn die Zahlung als *demurrage* betitelt wird. Durch den Verweis und die Betitelung machen die Parteien deutlich, dass sie die Rechtswirkungen herbeiführen wollen, die dem Wort *demurrage* im Recht der Charterpartien zugeschrieben werden. Wird diese in einem Chartervertrag vereinbart, so hat der Charterer dem Reeder in jedem Fall die aufgeführte Rate als pauschalierten Schadensersatz zu zahlen, gleich ob jener von Dritten in Anspruch genommen wird.[1367] *Demurrage* ist damit keine Erklärung, bei der der Charterer den Reeder von Ansprüchen Dritter freihält, die durch die verlängerte Liegezeit entstehen. Daher ist davon auszugehen, dass die Parteien beim Verweis auf den Chartervertrag und der Betitelung als *demurrage* einen eigenständigen Zahlungsanspruch vereinbaren wollen, wie dieses auch im Charterrecht der Fall ist.[1368]

Der Verweis auf die Charterpartie gilt jedoch nur insoweit, wie diese dem Kaufvertrag nicht widerspricht.[1369] Dieses ist insbesondere für den Beginn und die Dauer der Berechnung des Liegegeldes wichtig.[1370] Wird beispielsweise im Chartervertrag eine Liegezeit von neun Tagen vereinbart, sieht der Kaufvertrag jedoch einen Beladezeitraum von 12 Tagen vor, so gilt primär der Kaufvertrag.[1371] Der Verkäufer muss also frühestens nach 12 Tagen Liegegeld zahlen.[1372]

Financiere S.A. ("The Adolf Leonhardt") [1986] 2 Lloyd's Rep. 395 (QBD); Fal Oil Co. Ltd. v. Petronas Trading Corporation SDN BHD ("The Devon") [2004] 2 Lloyd's Rep. 282, 298 f.; Bridge, The international sale of goods, Rn. 3.81; Trappe, IHR 2008, 157, 160; beachte aber auch S.L. Sethia Liners Ltd. v. State Trading Corp. of India Ltd. [1986] 1 W.L.R. 1398, 1403 (CA): "[...] in the nature of an indemnity provision [...]".

1367 President of India v. Lips Maritime Corporation ("The Lips") [1987] 2 Lloyd's Rep. 311, 315 f. (HL); siehe auch Chandris v. Isbrandtsen Moller Co. Inc. [1951] 1 K.B. 240, 249 (CA); Suisse Atlantique Societe d'Armement Maritime S.A. v. N.V. Rotterdamsche Kolen Centrale ("The General Guisan") [1966] 1 Lloyd's Rep 529, 565 (H.L.) per Lord Wilberforce; Schofield, Laytime and demurrage, Rn. 6.2; Aktieselskabet Reidar v. Arcos Ltd. [1926] 25 Ll. L. Rep. 513 (CA); vgl. auch Capelle, Die Frachtcharter in rechtsvergleichender Darstellung, S. 421 f.

1368 R. Pagnan & Fratelli v. Finagrain Compagnie Commericale Agricole et Financiere S.A. ("The Adolf Leonhardt") [1986] 2 Lloyd's Rep. 395, 404 (QBD) per Staughton J.

1369 Vgl. dazu auch Trappe, FG-Herber (2010), 19, 26 f. und Ventris, L.M.C.L.Q. 1984, 657, 658.

1370 Vgl. dazu Etablissements Soules et Cie. v. Intertradex S.A. [1991] 1 Lloyd's Rep. 378 (C.A.) und Trappe, European Transport Law (27) 1992, 3, 10.

1371 Tiberg, The law of demurrage, S. 670; vgl. Schiedsspruch zitiert in Petrofina S.A. v. AOT Ltd. ("The Maersk Nimrod") [1991] 1 Lloyd's Rep. 269, 271 (QBD); vgl. auch Wilson, Carriage of goods by sea, S. 242; Lewison, The interpretation of contracts, Rn. 3.06.

Die Parteien sollten allerdings in jedem Fall den Hinweis aufnehmen, dass der Chartervertrag subsidiär gilt. Anderenfalls kann leicht Streit entstehen, wenn bei einem CIF Geschäft das Schiff beispielsweise den Hafen wegen Überfüllung nicht anlaufen kann. Dann stellt sich die Frage, wann die Liegezeit beginnt. In den Charterpartien wird regelmäßig unterschieden, ob eine sogenannte *berth charter* oder eine *port charter* vorliegt. Bei ersterer muss das Schiff den Liegeplatz *(berth)* erreicht haben, damit die Liegezeit beginnt. Bei einer *port charter* reicht es hingegen aus, wenn das Hafengebiet, die sogenannte *commercial area* erreicht wird. Dann beginnt die Liegezeit bereits mit dem Erreichen der üblichen Warteplätze.[1373]

Wird im Kaufvertrag nicht vereinbart, zu welchem Zeitpunkt die Liegezeit beginnen soll, so tendieren die englischen Gerichte zu einer Auslegung, die dem Kaufvertrag entspricht. Daher beginnt die Liegezeit erst mit dem Erreichen des Ladeplatzes, da hier auch erst die Ware aufgenommen werden kann.[1374]

6.7.3 Weitere Schadensersatzposten

Problematisch ist, ob die ersatzberechtigte Partei neben dem Liegegeld auch noch andere Schadensersatzposten wegen einer Verzögerung geltend machen kann, beispielsweise dann, wenn die Ware wegen der verzögerten Beladung verdorben ist. Enthält der Kaufvertrag keine Liegegeldklausel, so wird im Rahmen des Verzugsschadensersatzes eine Schadensberechnung vorgenommen, bei der der Käufer sämtliche entstandenen Schäden konkret darlegen muss und ersetzt bekommt. Problematisch ist jedoch der Fall, wenn eine solche Klausel vorliegt. In diesen Fällen lässt sich erwägen, dass weitere Verzögerungsschäden bereits mit dem Ersatz des Liegegeldes abgegolten sein sollen. Diese Frage soll anhand eines Vergleichs zum Recht der Charterpartien geklärt werden.

6.7.3.1 Vergleich zum Recht der Charterpartien

Bei Charterverträgen ist das Liegegeld zu gewähren, wenn das Schiff über den vereinbarten Ladezeitraum hinaus im Hafen liegt. Aus deutscher Sicht geht man

---

1372 Tiberg, The law of demurrage, S. 671.

1373 Vgl. Leonis Steamship Co. Ltd. v. Rank Ltd. [1908] 1 K.B. 499, 521 (CA); E.L. Oldendorff & Co. GmbH v. Tradax Export S.A. ("The Johanna Oldendorff") [1973] 2 Lloyd's Rep. 285, 291 ff. (HL); Für das deutsche Recht Rabe, Seehandelsrecht, § 567 HGB Rn. 9.

1374 Vgl. Etablissements Soules et Cie. v. Intertradex S.A. [1991] 1 Lloyd's Rep. 378, 386 (C.A.).

davon aus, dass das Liegegeld lediglich das Äquivalenzinteresse wiederherstellen soll, indem der Charterer für die verlängerte Ladezeit für eben diese Zeit auch weiterhin auch zahlen muss.[1375] Dieses entspricht allerdings nicht mehr der heutigen englischen Sichtweise. Den Charterer trifft nämlich eine Garantiehaftung dafür, dass er das Schiff innerhalb der kontrahierten Zeit be- oder entlädt.[1376] Verletzt er diese Pflicht, so macht er sich schadensersatzpflichtig. Dieser Schadensersatz wird lediglich im Voraus pauschaliert[1377] und im Chartervertrag mit einer bestimmten Rate fixiert. Daher handelt es sich beim Liegegeld um pauschalierten Schadensersatz, also *liquidated damages*.[1378]

Neben den pauschal berechneten *liquidated damages* kann der Gläubiger im englischen Recht auch weitere Schäden *(unliquidated damages)* geltend machen, wenn er diese konkret darlegt. Da eine Überkompensation bei der auch im englischen Recht geltenden Totalreparation nicht stattfinden darf,[1379] dürfen Schadensposten, die schon im pauschalierten Schadensersatz enthalten sind, jedoch nicht noch einmal im Wege der *unliquidated damages* in Ansatz gebracht

1375 Vgl. BGHZ 1, 47, 49; Rabe, Seehandelsrecht, § 567 HGB Rn. 55 mwN; so auch in England noch Trading Society Kwik-Hoo-Tong of Java v. The Royal Commission on Sugar Supply [1924] 19 Ll. L. Rep. 90, 92 per Roche J.; Steel, Young & Co v. Grand Canary Coaling Co [1902] 7 Com. Cas. 213, 217 zitiert nach Schofield, Laytime and demurrage, Rn 6.4 Fn. 7.

1376 Suisse Atlantique Societe d'Armement Maritime S.A. v. N.V. Rotterdamsche Kolen Centrale ("The General Guisan") [1966] 1 Lloyd's Rep 529, 542 (H.L.); Dias Compania Naviera S.A. v. Louis Dreyfus Corp. ("The Dias") [1978] 1 Lloyd's Rep. 325, 328 (H.L.); President of India v. Lips Maritime Corporation ("The Lips") [1987] 2 Lloyd's Rep. 311, 315 (HL); Gay, L.M.C.L.Q. 2004, 72, 72; Wells, A&NZ (22) 2008, 76, 85; Herber, Seehandelsrecht, S. 258.

1377 Suisse Atlantique Societe d'Armement Maritime S.A. v. N.V. Rotterdamsche Kolen Centrale ("The General Guisan") [1966] 1 Lloyd's Rep 529, 542 (H.L.) per Lord Dilhorne.

1378 President of India v. Lips Maritime Corporation ("The Lips") [1987] 2 Lloyd's Rep. 311, 315 (HL).

1379 Livingstone v. Rawyards Coal Co. [1880] L.R. 5 App. Cas. 25, 39 per Lord Blackburn; Banco de Portugal v. Waterlow & Sons Ltd. [1932] A.C. 452, 474 f. (HL): "Where any injury is to be compensated by damages, in settling the sum of money to be given for reparation of damages you should as nearly as possible get at that sum of money which will put the party who has been injured, or who has suffered, in the same position as he would have been in if he had not sustained the wrong for which he is now getting his compensation or reparation."; Golden Strait Corporation v. Nippon Yusen Kubishika Kaisha ("The Golden Victory") [2007] 2 A.C. 353, 397 (HL), per Lord Brown; beachte aber zu den Ausnahmen: McGregor, McGregor on damages, Rn. 1-025 ff.

werden. Daher ist zunächst ein weiterer Schaden nötig, der nicht in den pauschalen Schadensersatz eingerechnet ist *(separate type of loss).*[1380]

Darüber hinausgehend fordern die Gerichte heutzutage aber auch, dass eine weitere Pflichtverletzung *(separate breach)* vorliegen müsse.[1381] Dieses wurde früher noch verneint und man wollte bei einem einzigen Vertragsbruch weitergehende Schäden auch dann ersetzen, wenn diese von den durch die Überliegeklausel erfassten Schäden grundlegend verschieden waren *(essentially distinct).*[1382] Es musste sich lediglich um einen Folgeschaden der Liegezeitüberschreitung handeln.[1383] Diesem Aspekt wurde allerdings in der Entscheidung *The Bonde* nicht mehr gefolgt, sodass er keine Anwendung mehr finden dürfte.[1384] So heißt es von *Potter J.*:

> „[…] where a charterparty contains a demurrage clause, then in order to recover damages in addition to demurrage for breach of the charterers‘ obligation to complete the loading within the lay days, it is a requirement that the plaintiff demonstrate that such additional loss is not only different in character from loss of use but stems from breach of an additional and/or independent obligation.“[1385]

Insofern lässt sich festhalten: Liegt nur die Verletzung der Pflicht zur rechtzeitigen Be- oder Entladung vor, so scheiden weitergehende Ansprüche aus. In die-

---

1380 Richco International Ltd. v. Alfred C. Toepfer Interntional GmbH (“The Bonde”) [1991] 1 Lloyd’s Rep. 136, 144: “[there must be] a breach additional to or separate from that of failing to load within the lay days and/or a the agreed rate”.

1381 Aktieselskabet Reidar v. Arcos Ltd. [1927] 1 K.B. 352, 362 (CA); McGregor, McGregor on damages, Rn. 13–23; Richco International Ltd. v. Alfred C. Toepfer Interntional GmbH (“The Bonde”) [1991] 1 Lloyd’s Rep. 136, 144 (QBD); vgl. auch Inverkip Steamship Co. Ltd. v. Bunge & Co [1917] 2 K.B. 193, 204 (CA), wo ein weiterer Ersatz abgelehnt wurde, da lediglich gegen die Verpflichtung zur rechtzeitigen Beladung verstoßen wurdee; siehe auch Gay, L.M.C.L.Q. 2004, 72, 74; aA Total Transport Corp. v. Amoco Trading Co. (“The Altus”) [1985] 1 Lloyd’s Rep. 423, 435 (QBD) per Webster J., der lediglichein “separate type of loss” fordert, nicht aber einen “separate breach”. Allerdings ging es um einen Anspruch auf Fautfracht, den der Richter lediglich mit dem Liegegeld verglich und deswegen wohl diese Grundsätze unangewendet ließ.

1382 Adelfamar S.A. v. Silos e Mangimi Martini S.p.A. (“The Adelfa”) [1988] 2 Lloyd’s Rep. 466, 472 (QBD).

1383 Total Transport Corp. v. Amoco Trading Co. (“The Altus”) [1985] 1 Lloyd’s Rep. 423, 435 (QBD).

1384 Dockray, Carriage of goods by sea, S. 263.

1385 Richco International Ltd. v. Alfred C. Toepfer Interntional GmbH (“The Bonde”) [1991] 1 Lloyd’s Rep. 136, 142 (QBD).

sen Fällen sind die Verzögerungsschäden bei Liegezeitüberschreitungen in Charterpartien bereits durch die Liegegeldklausel abgegolten.[1386]

Wann ein geforderter weiterer Vertragsbruch vorliegt, kann schwierig zu bestimmen sein. Der prominenteste Fall dazu ist *Aktieselskabet Reidar v. Arcos Ltd.*[1387] Hier verklagte ein Reeder seinen Charterer. Dieser war nach der Charterpartie verpflichtet, eine vollständige Ladung *(full and complete cargo)* einzuladen.[1388] Am Ende der Liegezeit war die Ladung jedoch nicht komplett an Bord. Hier stellte sich die Frage, ob der Charterer neben der Überschreitung der Liegezeit einen zweiten Vertragsbruch beging, da er kein *full and complete cargo* lud. Dieses wurde letztlich bejaht, auch wenn die Entscheidung sehr umstritten war.[1389]

6.7.3.2 Übertragung auf Kaufverträge

Diese Grundsätze wurden zwar für Charterverträge entwickelt, in den Entscheidungen *The Bonde*[1390] und *Erg Raffinerie Mediterranee SpA v. Chevron USA Inc. („The Luxmar")*[1391] aber auch auf Kaufverträge übertragen. In letzterem Fall verkaufte ERG an Chevron FOB 30.000mt ±10 % Benzin.[1392] Chevron benannte das Schiff *Luxmar*, welches im Verladehafen seine Ladebereitschaft anzeigte. Wegen Problemen bei ERG war die Ware jedoch nicht verladebereit. Vier Tage nachdem der Ladezeitraum abgelaufen war, trat Chevron vom Vertrag zurück. Im Prozess trug ERG vor, dass Chevron nicht zum Rücktritt berechtigt gewesen

---

1386 Erg Raffinerie Mediterranee S.p.A. v. Chevron USA Inc. ("The Luxmar") [2007] 2 Lloyd's Rep. 542, 547; Inverkip Steamship Co. Ltd. v. Bunge & Co [1917] 2 K.B. 193, 203 f. (CA).

1387 Aktieselskabet Reidar v. Arcos Ltd. [1926] 25 Ll. L. Rep. 513, 517 (CA).

1388 Was unter "full and complete cargo" zu verstehen ist, richtet sich auch nach den Gebräuchen im Verladehafen: Cuthbert v. Cumming [1855] 11 Ex. 405, 408 f.; Zu der Frage, was gemeint ist, wenn die Parteien über "wheat cargo" kontahieren: Colonial Insurance Co. of New Zealand v. Adelaide Marine Insurance Co. [1887] L.R. 12 App. Cas. 128, 134; siehe ferner Furness v. Tennant [1892] 8 T.L.R. 336 ("a full and complete cargo of sugar in hogsheads and in bags"); Angfartygs A/B Halfdan v. Price and Pierce Ltd. [1939] 64 Ll. L. Rep. 290; Boyd/Burrows/Foxton, Scrutton on charterparties and bills of lading, S. 165 ff.; vgl.auch GENCON C/P 1994 cl. 1.

1389 Vgl. dazu Wells, A&NZ (22) 2008, 76, 79; Gay, L.M.C.L.Q. 2004, 72, 75 ff.; Dockray, Carriage of goods by sea, S. 263.

1390 Richco International Ltd. v. Alfred C. Toepfer Interntional GmbH ("The Bonde") [1991] 1 Lloyd's Rep. 136 (QBD).

1391 Erg Raffinerie Mediterranee S.p.A. v. Chevron USA Inc. ("The Luxmar") [2007] 2 Lloyd's Rep. 542 (CA).

1392 Zu den Details des Vertrages Wells, A&NZ (22) 2008, 76, 78.

sei, wohingegen Chevron Schadensersatz und Liegegeld forderte. Die Richter entschieden, dass der Vertragsbruch von ERG in der Nichteinhaltung der Ladezeit lag und lediglich das Liegegeld als *liquidated damages* ersetzt werden musste. Um weitere Schäden geltend zu machen, wie beispielsweise einen zwischenzeitlichen Wertverlust der Ware *(separate type of loss)*, so hätte Chevron einen über die bloße Verspätung hinausgehenden Vertragsbruch des Verkäufers, darlegen und beweisen müssen, was jedoch nicht gelang.[1393]

Wann hingegen bei Kaufverträgen ein *separate breach* vorliegt, ist unklar. Auch die Entscheidung *Aktieselskabet Reidar v. Arcos Ltd.*[1394] hilft nicht weiter, da sie sich mit Spezialproblemen aus dem Charterrecht befasst. Kontrahieren die Partien dort ein *full and complete cargo*, so muss der Charterer den Schiffsraum komplett ausnutzen und dementsprechend Fracht zahlen.[1395] Liefert er weniger Ware an, so muss er für den nicht genutzten – aber kontrahierten – Schiffsraum die sogenannte Fehlfracht *(deadfreight)* zahlen.[1396] Insofern dient die Mengenvereinbarung dazu, den Frachtanspruch des Reeders zu sichern. Bei Kaufverträgen ist der Verkäufer hingegen immer verpflichtet, die kontrahierte Menge in der vereinbarten Zeit einzuladen. Ist die vereinbarte Ladezeit verstrichen und die Beladung noch nicht beendet, so liegt es in der Natur der Sache, dass noch nicht die vollständige Menge an Bord ist. Daraus aber einen *separaten* Vertragsbruch zu konstruieren würde den einheitlichen Lebensvorgang unzulässigerweise aufspalten. Insofern kann der Käufer nach englischer Auffassung die Fehlfracht nicht im Wege des Schadensersatzes als weiteren Schadensposten einfordern, da es insoweit an einem separaten Vertragsbruch fehlt.

Insgesamt hilft die Entscheidung *Reidar v. Arcos* für Kaufverträge nur begrenzt weiter, um abzugrenzen, wann hier bei der Überschreitung der Ladezeit

---

1393 Erg Raffinerie Mediterranee S.p.A. v. Chevron USA Inc. ("The Luxmar") [2007] 2 Lloyd's Rep. 542, 547 (CA); vgl. ferner Richco International Ltd. v. Alfred C. Toepfer Interntional GmbH ("The Bonde") [1991] 1 Lloyd's Rep. 136, 144 (QBD), per Potter J.; wann ein "separate type of loss" bei Charterverträgen vorliegt: Gay, L.M.C.L.Q. 2004, 72, 88 ff.; ein Fall von multiple breaches lag vor bei Aktieselskabet Reidar v. Arcos Ltd. [1926] 25 Ll. L. Rep. 513, 517 (CA).

1394 Aktieselskabet Reidar v. Arcos Ltd. [1926] 25 Ll. L. Rep. 513, 517 (CA); vgl. dazu oben Seite 286.

1395 Margaronis Navigation Agency Ltd. v. Henry W. Peabody & Co. of London Ltd. [1965] 1 Q.B. 300, 314 f. (QBD); Heathfield S.S. Co. v. Rodenacher [1896] 1 Com. Cas. 446; aff. 2 Com. Cas. 55 (C.A.); Wilson, Carriage of goods by sea, S. 69.

1396 McLean & Hope v. Fleming [1875] L.R. 2 Sc. 128 (H.L.); Boyd/Burrows/Foxton, Scrutton on charterparties and bills of lading, S. 400.

ein weiterer Vertragsbruch vorliegt.[1397] Bis dato ist daher unklar, wann die englische Rechtsprechung eine weitere Pflichtverletzung annehmen würde. In jedem Fall muss eine gesonderte Vertragspflicht ermittelt werden. Verdirbt die Ware beispielsweise, weil die Einladung zu lange dauert, so kann eine weitere Pflichtverletzung dann vorliegen, wenn der Verkäufer die Ware *„in good condition"* verladen muss.[1398] Dieser Schaden ist dann neben dem Liegegeld ersatzfähig.

6.7.4 Rechtsvergleich und Bewertung

6.7.4.1 Einheitsbedingungen und deutsches Recht

Die Einheitsbedingungen sehen keine Sonderregelungen für den Ersatz von Liegegeld vor und verweisen für diese Fragen auch nicht auf den Chartervertrag. Lediglich § 70 Abs. 3 EB bestimmt mittelbar, dass der FOB-Verkäufer gegebenenfalls das Liegegeld ersetzen muss, wenn er das Schiff schuldhaft nicht rechtzeitig belädt.

Da auch die INCOTERMS die Verpflichtung zu Übernahme des Liegegeldes nicht explizit regeln,[1399] sind die Parteien im deutschen Recht anderenfalls auf die allgemeinen Regeln des BGB angewiesen. Belädt der FOB-Verkäufer nicht rechtzeitig, so macht er sich für entstandenes Liegegeld nach §§ 280 I, II, 286 BGB haftbar, was freilich bedeutet, dass im Einzelfall auch ein Verschulden gegeben sein muss.[1400] Nimmt der CIF-Käufer die Ware hingegen nicht rechtzeitig an, so gelangt dieser in Annahmeverzug, sodass er nach § 304 BGB etwaige Mehraufwendungen des Verkäufers auch ohne ein Verschulden zu ersetzen hat.[1401]

1397 Die Entscheidung macht lediglich deutlich, dass überhaupt ein zweiter Vertragsbruch nötig ist.

1398 Vgl. cl. 5 GAFTA 119: „Delivery to be made in good condition."

1399 So findet sich für FOB-Geschäfte nur ein Passus, dass der Käufer die Kostenlast für Mehrkosten übernehmen muss, die dadurch entstehen dass das von ihm benannte Schiff nicht fristgerecht im Hafen eintraf oder sich nicht für die Ware eignete. Vgl. B 6 lit. b FOB INCOTERMS 2010. Hingegen trägt der Verkäufer die Kosten, bis die Ware aufs Schiff verbracht worden ist, vgl. A 6 FOB INCOTERMS 2010.

1400 Beachte aber, dass nach den Tradeterms der Verkäufer beim CIF-Geschäft und der FOB-Geschäft das Liegegeld zu tragen hat, wenn nicht der jeweils anderen Partei ein Verschulden anheimfällt, vgl. Schlegelberger/Liesecke, Seehandelsrecht, § 567 HGB Rn. 16; ferner Haage, Das Abladegeschäft, S. 141, 181.

1401 Nimmt der Empfänger die Ware hingegen bei Überschreitung der Löschzeit an, so ist er nach § 602 HGB selbst Schuldner des Liegegeldes, sodass es insoweit an einem Schaden oder auch Mehraufwendungen des Verkäufers fehlen kann. In diesem Fall ist

Wünschenswert wären in den Einheitsbedingungen Klauseln, die eine Verpflichtung zur Übernahme des Liegegeldes aufnehmen und den Beginn der Liegezeit festlegen. Dabei kommen grundsätzlich zwei Möglichkeiten in Betracht. Einerseits können Liegezeitbeginn und Liegegeldhöhe originär im Kaufvertrag vereinbart werden. Dieses ist jedoch für den FOB-Käufer nachteilig. Da dieser den Chartervertrag meist erst nach dem Abschluss des Kaufvertrages schließt, können so unausräumbare Widersprüche zwischen Charter und Kaufvertrag entstehen. Eine andere Möglichkeit wäre es, einen Verweis auf den Chartervertrag vorzunehmen. Damit würde Akzessorietät zwischen Kaufvertrag und Charter hergestellt werden. Dieses führt vor allem zu mehr Rechtssicherheit, da nur noch einheitliche Fristen und Liegegeldhöhen bestehen. Allerdings kann ein solches Vorgehen zur Benachteiligung des Verkäufers führen. Schließt der Käufer eine Charterpartie ab, die sehr hohe Liegegelder vorsieht, so muss der Verkäufer – ohne die Charterpartie jemals gesehen zu haben – diese im Falle der verzögerten Beladung ersetzen, solange kein Fall von § 254 BGB vorliegt.

Insofern ist den Parteien zu raten, im Kaufvertrag zwar auf die Charter zu verweisen, dort jedoch Margen für Liegezeit und Höhe des Liegegeldes anzugeben (z. B. „Liegegeld maximal $4.000/Tag" oder „Liegezeitbeginn frühestens mit Erreichen des Ladeplatzes"). So werden für den Verkäufer unliebsame Überraschungen vermieden; trotzdem wird Akzessorietät zwischen Kauf- und Transportvertrag hergestellt.

Werden in deutschen Verträgen selbstständige Liegegeldklauseln vereinbart,[1402] so können bei einer verspäteten Be- oder Entladung neben dem Liegegeld auch weitere Schadensposten über den Verzugsschadensersatz geltend gemacht werden. Dabei besteht im deutschen Recht nicht die Gefahr der Überkompensation, da dieses im Liegegeld nicht einen pauschalierten Schadensersatz, sondern die Vergütung erblickt, die für die verlängerte Bereitstellung des Schiffes zu zahlen ist.[1403] Das englische Recht weist in diesem Punkt hingegen

---

das Liegegeld ein Mindestschadensersatzanspruch und der Verfrachter kann weitere Schäden geltend machen, wenn er diese konkret darlegt, vgl. Rabe, Seehandelsrecht, § 602 HGB Rn. 7 f.; Schlegelberger/Liesecke, Seehandelsrecht, § 602 HGB Rn. 4 ff.; Vgl. auch OLG Hamburg, vom 08.07.2010, Az.: 6 U 90/09, die sich für einen Binnentransport lediglich auf § 412 Abs. 3 HGB gestützt haben.

1402 Die Tendenz in der deutschen Literatur scheint dahin zu gehen, regelmäßig keine Freihalteerklärungen sondern selbständige Liegegeldklauseln anzunehmen, vgl. Trappe, IHR 2008, 157, 159. Dieses darf jedoch nicht pauschalisiert werden, vielmehr muss auch hier nach §§ 157, 133 BGB ausgelegt werden, was die Parteien mit ihrer Vereinbarung bezwecken.

1403 BGHZ 1, 47, 49; Rossa, TranspR 1993, 177, 180; Rabe, Seehandelsrecht, § 567 HGB Rn. 55; Capelle, Die Frachtcharter in rechtsvergleichender Darstellung, S. 421 f.

erhebliche Unsicherheit auf. Es kann nur schwer vorhergesagt werden, wann die Gerichte einen nötigen weiteren Vertragsbruch annehmen werden und somit weitere Schäden ersatzfähig sind.[1404]

6.7.4.2 UN-Kaufrecht

Inwieweit im UN-Kaufrecht angefallenes Liegegeld als Schadensposten geltend gemacht werden kann, ist in der Literatur bislang nicht behandelt worden. Entsteht das Liegegeld infolge einer Vertragsverletzung, weil eine der Parteien das Schiff nicht rechtzeitig be- oder entlädt, so kann das Liegegeld nach Art. 45 Abs. 1 lit. b, 61 Abs. 1 lit. b CISG im Wege des Schadensersatzes liquidiert werden.[1405] Dieser Schaden ist regelmäßig auch vorhersehbar, wenn die Ware per Seeschiff transportiert werden soll, Art. 74 S. 2 CISG. Da die Haftung im UN-Kaufrecht als Garantiehaftung ausgestaltet ist, sind die Voraussetzungen indes schneller als im deutschen Recht erfüllt. Problematisch ist allerdings, woraus sich Beginn der Überliegezeit und Höhe des Liegegeldes ergibt, wenn der Kaufvertrag dazu schweigt. Teilweise wurde von den Schiedsgerichten erwogen, im Wege einer ergänzenden Vertragsauslegung die Bedingungen der Charterpartie in den Kaufvertrag hineingelesen.[1406] Dieses ist jedoch bedenklich, wenn der jeweils anderen Partei diese Bedingungen nicht zugänglich gemacht wurden. Nur wenn die andere Partei ausdrücklich gebilligt hat, dass sie das Schiff in Übereinstimmung mit der Charterpartie beladen wollen, kann dieses angenommen werden. Im Regelfall wird das jedoch nicht so sein. Dann ist alleinig nach dem Kaufvertrag zu beurteilen, ob eine die Pflicht zur Beladung in vertraglicher Zeit verletzt wurde.[1407] Fehlt es an einer Vereinbarung hinsichtlich der Ladezeit, so ist auf Art. 33 lit. c CISG abzustellen. Da das an Bord bringen mit zur Lieferpflicht des CIF-Verkäufers und das Entladen zur Pflicht des CIF-Käufers gehört, liegt

---

1404 Wells, A&NZ (22) 2008, 76, 86.

1405 WS China Import GmbH v. Longkou Guangyuan Food Company, 10.09.2004, High People's Court [Appellate Court] of Shandong Province, < http://cisgw3.law.pace.edu/cases/040910c1.html>; Russian Federation Arbitration 23.12.2004 <http://cisgw3.law.pace.edu/cases/041223r1.html>; Appellate Court Geneva, 11.11.2002 <http://cisgw3.law.pace.edu/cases/021111s2.html>; Valero Marketing v. Greeni Oy, United States Federal District Court [New Jersey], 04.06.2006 <http://cisgw3.law.pace.edu/cases/060404u1.html>.

1406 CIETAC Arbitration 17.12.1996 verfügbar unter <http://cisgw3.law.pace.edu/cases/961217c1.html>.

1407 Bei der Verladepflicht handelt es sich regelmäßig um eine zusätzliche Pflicht des Verkäufers, vgl. Schlechtriem/Schwenzer-Widmer, Art. 31 CISG, Rn. 54.

ein Vertragsbruch vor, wenn das Laden oder Löschen nicht innerhalb angemessener Zeit vorgenommen wird.[1408]

6.7.4.3 Bewertung

Damit bleibt Folgendes festzuhalten: An sich sind die GAFTA-Kontrakte vorzugswürdig, da sie im Gegensatz zu den Einheitsbedingungen bestimmen, wer von wem wann das Liegegeld ersetzt verlangen kann. Im deutschen Recht und dem UN-Kaufrecht ist ein Ersatz hingegen nur im Wege des gesetzlichen Schadensersatzes möglich. Allerdings bestehen im englischen Recht große Unsicherheiten über die Ersatzfähigkeit weiterer – über die Verzögerung der Be- oder Entladung hinausgehender – Schäden. Nach dem deutschen Recht sind diese jedoch unproblematisch ersatzfähig, sodass dieses letztlich vorzuziehen ist. Gegen das UN-Kaufrecht spricht dabei, dass in Ermangelung des Verschuldensprinzips die Haftung schneller eintritt.

1408 Staudinger-Magnus, Art. 33 CISG, Rn. 1 weist darauf hin, dass die Norm allgemein dazu diene, zu bestimmen, wann der Verkäufer seine Leistung zu erbringen hat.

6.8 Kontraktliche Besonderheiten der Gefahrtragung

Unter Gefahrtragung versteht das englische Recht die Tragung der Preisgefahr. Die mit der Gefahrtragung belastete Partei muss daher den Kaufpreis auch dann zahlen, wenn sie keine Ware erhält.

Nach s. 20(1) SoGA sind Eigentumsübergang und Gefahrtragung miteinander verknüpft. Die Gefahr geht dann auf den Käufer über, wenn dieser Eigentümer wird.[1409] In bestimmten Situationen können Eigentumsübergang und Gefahrtragung jedoch auch voneinander getrennt werden.[1410] Dieses kann aus dem Gesetz folgen oder aus einer Parteivereinbarung. Nach s. 20(2) SoGA führt beispielsweise der Verzug einer Partei dazu, dass die säumige Partei die Gefahr tragen muss. Kann beispielsweise der FOB-Käufer die Ware nicht vollständig übernehmen, da der besorgte Schiffsraum für die Ware nicht ausreicht, so trägt er die Gefahr für Verschlechterungen der noch nicht eingeladenen Ware.

Eine abweichende Gefahrtagung qua Parteivereinbarung liegt bei CIF und FOB Geschäften vor. Bei diesen geht nach englischer Auffassung die Gefahr mit dem Verbringen an Bord und damit mit Verschiffung auf den Käufer über.[1411] Der Käufer trägt daher ab diesem Zeitpunkt das Risiko von Verschlechterung oder Verlust. Bei schwimmender Ware wird die Interessenlage meist aber eine Abweichung von dieser Regel ergeben.[1412]

Ferner wird diese Grundregel vertraglich oft noch weiter modifiziert. Das geht so weit, dass dem Verkäufer sämtliche Transportgefahren auferlegt werden. Damit wird der für CIF typische Gefahrübergang so weitgehend geändert, dass

---

1409 Zur Frage des Eigentumsübergangs bei CIF siehe oben Seite 216 ff. für FOB oben Seite 269.

1410 So beispielsweise in Borden (UK) Ltd. v. Scottish Timber Products, [1981] Ch. 25 (CA).

1411 The Parchim [1918] A.C. 157, 168; Biddell Bros. v. E. Clemens Horst Co. [1911] 1 K.B. 934, 956 (CA); M. Golodetz & Co. Inc. v. Czarnikow-Rionda Co. Inc. ("The Galatia") [1980] 1 W.L.R. 495, 510 (CA) ("on shipment"); Guest, Benjamin's sale of goods, Rn. 19–92; Bridge, The international sale of goods, Rn. 8.53. Damit wird der Gefahrübergang vorverlagert. Regelmäßig liegt bei CIF und FOB Geschäften ein Eigentumsvorbehalt vor, sodass ein Gleichlauf zwischen Gefahrtagung und Eigentumsübergang hier dazu führen würde, dass der Käufer diesen durch bloße Nichtzahlung hinausschieben könnte. Zum Thema des Gleichlaufs zwischen Eigentumsübergang und Risikotragung: Comptoir d'Achat et de Vente du Boerenbond Belge S/A v. Luis de Ridder Ltda. ("The Julia") [1949] A.C. 293, 319 ff. (HL).

1412 Dazu noch unten Seite 313 ff.

sich die Frage stellt, ob der Charakter als CIF-Geschäft[1413] durch diese Vereinbarungen nicht denaturiert wird. Diese Probleme sollen nachfolgend näher beleuchtet werden.

6.8.1 Modifikation der Gefahrtragung

Die GAFTA-Kontrakte enthalten zwei maßgebliche Abweichungen hinsichtlich der Gefahrtragung beim CIF-Geschäft. Die *deficiency clause* bezüglich Gewichtsdifferenzen und die *rye terms clause*, die den Zustand der Ware garantiert. In älteren Verträgen fanden sich auch noch sogenannte *average clauses*, in denen dem Verkäufer das Risiko einer Havarie auferlegt wurde.[1414] In den heutigen Kontrakten sind diese Klauseln jedoch nicht mehr zu finden. Die beiden existenten Regelungen sollen nachfolgend erörtert werden. Ihnen ist gemein, dass sie dem Verkäufer gewisse Transportrisiken für Verschlechterung oder Teilverlust auferlegen. Dabei soll insbesondere geklärt werden, ob eine von CIF Geschäften abweichende Gefahrtragung für Teilaspekte überhaupt zulässig ist.

6.8.2 Gewichtsverluste während der Seereise

6.8.2.1 Grundsätzliche Gefahrtragung bei Gewichtsverlusten

Im Rohproduktenhandel wird der Kaufpreis anhand des Warengewichts berechnet. Regelmäßig stellt sich daher die Frage, ob dafür das Ablade- oder das Entladegewicht maßgeblich ist. Da der Erfüllungsort bei CIF- und FOB-Geschäften der Abladehafen ist, ist für die Beurteilung einer ordnungsgemäßen Erfüllung das Abladegewicht entscheidend.[1415]

Bei CIF-Verträgen ist daher meist das Abladegewicht maßgeblich, welches im Konnossement angegeben ist *(shipping weight)*.[1416] Insofern endet die Gefahrtragung des Verkäufers mit Verbringen der Ware an Bord des Seeschiffes und Mengenverluste auf dem Transport gehen zulasten des Käufers. Dieser kann einen natürlichen Schwund, wie er beispielsweise durch die Verdunstung von im

1413 Zwar sind die INCOTERMS in den Kontrakten der GAFTA von ihrer Anwendung ausgeschlossen, jedoch kann in diesen Fällen ein Verstoß gegen die Grundsätze der nationalen Trade Terms vorliegen.

1414 Siehe dazu Digenopoulos, Die Abwandlung der CIF- und FOB-Geschäfte im modernen Überseekaufrecht, S. 97 ff.

1415 So auch Albers, Gewichtsklauseln im Überseekauf, S. 49.

1416 Siehe Albers, Gewichtsklauseln im Überseekauf, S. 50.

Getreide enthaltener Feuchtigkeit auftritt, jedoch regelmäßig nicht als Versicherungsschaden bei seiner Transportversicherung geltend machen.[1417] Stellt sich beim Löschen der Ladung heraus, dass weniger Ware an Bord war, so ist davon auszugehen, dass sich die Ware auf dem Transport verringert hat. Da der Käufer für derartige Fehlmengen das Transportrisiko trägt, kann er sich nicht beim Verkäufer schadlos halten. Er muss vielmehr die verminderte Menge abnehmen und die kontrahierte Menge bezahlen. Anders stellt sich die Lage nur dar, wenn der Käufer beweisen kann, dass der Verkäufer tatsächlich weniger abgeladen hat, als im Konnossement angegeben und das Konnossement damit unrichtig ist.[1418] Dieses kann beispielsweise durch Verwiegungsfehler vor der Verladung geschehen. In diesen Fällen begeht der Verkäufer einen Vertragsbruch, sodass der Käufer die Lieferung zurückweisen kann. Wegen der regelmäßig großen Entfernungen zum Exportland und der gesteigerten Beweiskraft der inhaltlichen Richtigkeit des Konnossements[1419] wird dieses in der Praxis aber nur schwer möglich sein. Insofern trägt der Käufer wirtschaftlich meist das Risiko dafür, dass das Konnossement falsch ausgestellt wurde.

6.8.2.2 Eingeladenes Gewicht

Die Grundregel, dass das Abladegewicht maßgeblich ist, findet sich in einigen Kontrakten wieder. Aus diesem Grunde heißt es beispielsweise in cl. 15 GAFTA 119 für einen FOB-Vertrag:

> "[Weight] final at time and place of loading"[1420]

Um Streitigkeiten zu vermeiden, gilt der Beweis über die Verlademenge dann durch ein von einer unabhängigen Stelle ausgestelltes Verladezertifikat als erbracht. Dieses Zertifikat ist im Regelfall für beide Parteien bindend.[1421]

1417 Dieses resultiert daraus, dass weder WPA, noch ARI Versicherungen Schäden abdecken, die aus den natürlichen Gegebenheiten der Ware selbst resultieren, vgl. Dover, Analysis of marine insurance clauses, S. 151; vgl. Ziff. 2.5.1.2 DTV-Güterversicherungsbedingungen 2000/2008.

1418 Vgl. Enge, Transportversicherung, S. 145.

1419 Vgl. für Deutschland § 656 Abs. 2 HGB. Auch wenn sich dem Wortlaut der Vorschrift, die Beweiskraft nur auf das Rechtsverhältnis zwischen Verfrachter und Empfänger bezieht, so ist anerkannt, dass es zwischen allen Beteiligten Beweiswirkungen entfaltet, vgl. Schlegelberger/Liesecke, Seehandelsrecht, § 656 HGB Rn. 11; Haage, Das Abladegeschäft, S. 26; für Frankreich Cass. Req. vom 18.07.1928, Semaine juridique 28. 1239 mit Besprechung in RabelsZ 4 (1930), 139 f.

1420 2007 GAFTA 119 FOB Terms, cl. 15.

1421 Allgemein zu der Bindungswirkung von Zertifikaten vgl. oben Seite 194.

6.8.2.3 Ausgeliefertes Gewicht *(deficiency-clause)*

Eine andere Möglichkeit liegt in der Vereinbarung von Gewichtsklauseln. Der Käufer hat – wie bereits gezeigt – ein praktisches Interesse daran, die Mengenverluste auf dem Transport auf den Verkäufer abzuwälzen, sodass die Endabrechnung nur anhand der tatsächlich ausgelieferten Menge erfolgen soll.[1422] Daher vereinbaren die Parteien teilweise, dass der Kaufpreis nicht auf Basis des Abladegewichtes, sondern des im Löschhafen ausgelieferten Gewichtes zu berechnen ist.

6.8.2.3.1 Erscheinungsformen

Diese sogenannten *deficiency clauses* finden sich in vielen GAFTA-Kontrakten.[1423] In anderen Kontrakten heißt es *netweight*, *netlanded weights* oder *full outturn weight*, was jedoch dasselbe meint.[1424] Damit trägt der Verkäufer das volle Risiko für Mengenverluste, die während der Reise eintreten.[1425] Diese Klauseln sind im Getreidehandel häufig anzutreffen.[1426] So erfolgen auch CIF-Geschäfte nach den Einheitsbedingungen regelmäßig auf Basis des ausgelieferten Gewichts, vgl. § 51 Abs. 2 EB. So heißt es in den Kontrakten der GAFTA:

> „DEFICIENCY- Any deficiency in the bill of lading weight shall be paid for by Sellers and any excess over bill of lading weight shall be paid for by Buyers at contract price [...]."[1427]

Teilweise wird ausgeliefertes Gewicht auch noch einmal in den Wiegeklauseln vereinbart, wie beispielsweise in allen gängigen CIF-Verträgen der GAFTA heißt:

> „WEIGHING - Unless otherwise agreed, final settlement shall be made on the basis of gross delivered weights at time and place of discharge at Buyers' expense."[1428]

1422 Albers, Gewichtsklauseln im Überseekauf, S. 58 ff.; weitere Gründe für die Vereinbarung derartiger Klauseln bei Möller, HansRGZ 1940 Hauptbl., 253, 259 .

1423 Vgl. nur GAFTA Nr. 2, 12, 13, 14, 16, 21, 24, 25, 27, 30, 31, 35, 36, 41, 43, 48, 59, 60, 62, 79, 100, 101, 102, 103, 104, 112, 122 u.a.

1424 Im deutschen Sprachgebrauch wäre „cif-ausgeliefertes Gewicht" üblich.

1425 So sieht beispielsweise der Hamburger Hülsenfrucht Schlussschein Nr. 3 ebenfalls vor, dass das das Gewicht bei der Auslieferung zu bestimmen ist; vgl. auch Haage, Das Abladegeschäft, S. 218.

1426 Albers, Gewichtsklauseln im Überseekauf, S. 50; Möller, Cifgeschäft und Versicherung, S. 145.

1427 2007 GAFTA 100 CIF Terms, cl. 15.

1428 2007 GAFTA 100 CIF Terms, cl. 14.

Da meist die Zahlungspflicht gegen Vorlage der Dokumente *(cash against documents)* besteht, stellt der Verkäufer zunächst eine vorläufige Rechnung aus *(provisional invoice)*, die auf dem im Konnossement angegebenen Abladegewicht basiert und die der Käufer mit Empfangnahme der Dokumente zu zahlen hat.[1429] Teilweise wird in der Praxis auch gleich ein Abschlag vorgenommen, sodass beispielsweise nur 90 % des Abladegewichts in Rechnung gestellt werden. Bei Ankunft der Ware im Bestimmungshafen wird die tatsächlich ausgeladene Menge dann nach den *GAFTA Weighing Terms* verwogen. Wird eine geringere Menge als das Abladegewicht ausgeliefert, so hat der Verkäufer die Differenz zu vergüten. Bei einer Mehrauslieferung vice versa der Käufer. Diese Mehr- oder Mindervergütung erfolgt anhand des Vertragspreises. Liegt jedoch eine Sammelladung vor, so ist die *deficiency clause* ihrem Wortlaut nach ausgeschlossen.[1430] Dann wird die tatsächlich ausgelieferte Ladung an alle Ladungsbeteiligten aufgeteilt. Bleibt diese hinter dem abgeladenen Gewicht zurück, so soll eine Verrechnung anhand des Marktpreises erfolgen.[1431]

6.8.2.3.2 Verhältnis zu den Mengenspielräumen

Entscheidend ist auch das Verhältnis der *deficiency clause* zu der Klausel über die Mengenspielräume.[1432] Beide beschäftigen sich damit, wie Zuviel- oder Zuweniglieferungen auszugleichen sind. Während Erstere zur Ausgleichung zum Vertragspreis ausgeht, legt Letztere in der Regel den Marktpreis zugrunde.

Zur Abgrenzung lässt sich festhalten: Die Klauseln hinsichtlich der Mengenspielräume beziehen sich immer auf den Erfüllungsort.[1433] Dieser liegt bei CIF- und FOB-Geschäften jeweils im Abladehafen. Da der Verkäufer nur dazu verpflichtet ist, die Sache dort an Bord des Schiffes zu bringen, ist auch an diesem Ort zu beurteilen, ob er diese Pflicht nachgekommen ist. Insofern ist der Verkäufer verpflichtet, im Abladehafen die kontrahierte Menge abzuladen und ein Konnossement darüber auszustellen. Dabei darf er entsprechend des Mengenspielraumes mehr oder weniger verschiffen.

Verändert sich das Gewicht der Ware nun auf dem Transport beispielsweise durch Verdunstung, so tritt eine Abweichung zu der im Konnossement angegebenen Menge auf. Diese wird sodann über die *deficiency clause* ausgeglichen,

---

1429 Soon Hua Seng Co. Ltd. v. Glencore Grain Ltd. [1996] 1 Lloyd's Rep. 398 (QBD); Guest, Benjamin's sale of goods, Rn. 19–66.

1430 Zu Sammelladungen noch unten Seite 329 ff.

1431 Vgl. cl. 19 lit. d GAFTA 41; Siehe dazu noch unten Seite 332 ff.

1432 Zu diesen siehe oben Seite 173.

1433 Albers, Gewichtsklauseln im Überseekauf, S. 29.

sodass der Verkäufer einen Teil des Kaufpreises für die Mindermenge zurückzuerstatten hat. Die Mengenspielräume beziehen sich also darauf, in welchem Rahmen der Verkäufer Ware abladen muss. Die *deficiency clause* regelt hingegen, was geschieht, wenn die tatsächlich ausgelieferte Menge von der im Konnossement angegebenen abgeladenen Menge abweicht.

Ein Beispiel mag das verdeutlichen: V verkauft an K 100 Tonnen Weizen ± 5 % CIF Hamburg. Lädt V 95 Tonnen ab und dient ein Konnossement über diese Menge an, so hat er seine Lieferpflichten erfüllt. K erhält daher nach den Bestimmungen über den Mengenspielraum für die fehlenden 5 Tonnen eine Ausgleichszahlung, die nach dem Marktpreis am letzten Entladetag bemessen wird. Auf der Reise verdunstet nun ein Teil der im Getreide enthaltenen Feuchtigkeit. Die Ware wird nun im Entladehafen verwogen und es stellt sich heraus, dass nur 94 Tonnen entladen werden. Obwohl nun insgesamt eine Abweichung von 6 Prozent vorliegt, hat V trotzdem ordnungsgemäß erfüllt, da er nur verpflichtet war, im Abladehafen ± 5 % zu verschiffen. Die Differenz zwischen dem Konnossementsgewicht von 95 Tonnen und der ausgelieferten Menge von 94 Tonnen wird sodann in der Schlussabwicklung berücksichtigt. Der K erhält also für eine Tonne nach der *deficiency clause* den Vertragspreis zurückerstattet.

6.8.2.3.3 Vereinbarkeit mit CIF-Grundsätzen

Damit steht fest, dass dem Verkäufer ein Teil der Transportgefahr aufgebürdet wird. Dieses steht im Gegensatz zum CIF-Geschäft, bei dem die Gefahr von Gewichtsveränderungen während des Transportes zulasten des Käufers geht. Das bemerkte auch Rowlatt J. in *Law & Bonar Ltd. v. British American Tobacco Co. Ltd.*:[1434]

> "It seems to me that a term that, for a period after shipment, the goods were to be at the risk of the seller is repugnant to that [Anm.: a CIF contract], and the clause to that effect printed on the form used in this case is inapplicable to the transaction that actually was entered into."

Insofern fragt sich, ob eine *deficiency clause* überhaupt mit dem Wesen eines CIF-Vertrages vereinbar ist oder nicht eher ein Ankunftsvertrag vorliegt, bei dem die Klauseln DAT, DAP oder DDP passender wären.[1435]

1434 Law & Bonar Ltd v. British American Tobacco Co. Ltd. [1916] 2 K.B. 605, 608 (KBD).

1435 Davies, S.T.L. (3) 2003, 3, 5.

6.8.2.3.3.1 Die älteren englischen Ansichten

In England ist die Meinung über die Frage, welche Rechtsfolgen diese Klausel herbeiführt gespalten. Während teilweise betont wurde, dass keine Modifizierung des Gefahrüberganges vorliege und die Klauseln lediglich der endgültigen Preisberechnung dienen,[1436] stellten sich die Gerichte und Literatur teilweise auf den abweichenden Standpunkt, dass wegen der Unvereinbarkeit mit CIF-Grundsätzen derartige Klauseln keine Anwendung fanden.[1437] Teilweise wurden die Gesamtumstände auch so interpretiert, dass gar kein CIF-Geschäft mehr vorlag, sondern ein Ankunftsvertrag.[1438] Letzteres wurde vor allem auch von der Literatur favorisiert.[1439] Erst zuletzt wurde erkannt, dass möglicherweise auch eine Gefahrteilung vorliegen und insofern ein „*hybrid contract*" bestehen könnte, der nur die teilweise Verlustgefahr dem Verkäufer aufbürdet, während die Gefahr des vollständigen Unterganges weiter beim Käufer liegt.[1440] Dieses ist konsistent mit der Rechtsprechung aus *The Julia*, wo es hieß:[1441]

> „The true effect of all [...] terms must be taken into account, though, of course, the description CIF must not be neglected."

Insofern wurde klargestellt, dass zum CIF-Geschäft widersprüchliche Klauseln nicht automatisch unwirksam sind oder auf das Vorhandensein eines Ankunfts-

---

1436 Soon Hua Seng Co. Ltd. v. Glencore Grain Ltd. [1996] 1 Lloyd's Rep. 398, 405 (QBD); Eisser, Die Gefahrtragung beim Kaufvertrag in rechtsvergleichender Darstellung, S. 40; aA Kennedy, Contracts of sale C.I.F, S. 5; vgl. auch § 2-321(2) UCC: "An agreement described in subsection (1) or any warranty of quality or condition of the goods on arrival places upon the seller the risk of ordinary deterioration, shrinkage and the like in transportation but has no effect on the place or time of identification to the contract for sale or delivery or on the passing of the risk of loss."

1437 Law & Bonar Ltd v. British American Tobacco Co. Ltd. [1916] 2 K.B. 605, 608 (KBD); Carr/Stone, International trade law, S. 8.

1438 Gardano & Giampieri v. Greek Petroleum George Mamidakis & Co. [1961] 2 Lloyd's Rep. 259, 264; Comptoir d'Achat et de Vente du Boerenbond Belge S/A v. Luis de Ridder Ltda. ("The Julia") [1949] A.C. 293, 312.

1439 Boyd/Burrows/Foxton, Scrutton on charterparties and bills of lading, 190 Fn. 67.

1440 Oricon Waren-Handelsgesellschaft mbH v. Intergraan N.V. [1967] 2 Lloyd's Rep. 82, 94 f. (QBD); vgl. auch Colin & Shields v. Ministry of Supply [1944] 77 Ll.L. Rep. 517.

1441 Comptoir d'Achat et de Vente du Boerenbond Belge S/A v. Luis de Ridder Ltda. ("The Julia") [1949] A.C. 293, 310 (HL), per Lord Porter.

vertrages schließen lassen. Vielmehr muss ausgelegt werden, inwieweit dem Parteiwillen entsprochen werden kann.[1442]

6.8.2.3.3.2 Die neuere englische Rechtsprechung

Auch die neuere Rechtsprechung weist in *Soon Hua Seng Co. Ltd. v. Glencore Grain Ltd.*[1443] in die Richtung, den Parteien mehr Gestaltungsspielräume zu geben. Für die Frage, ob die *deficiency clause* mit einem CIF-Geschäft vereinbart ist, differenzierte das Gericht nach der Art der Beschädigung.[1444] Demnach sollen derartige Klauseln nur dann greifen, wenn es sich um *„weight differences arising in [...] ordinary circumstances"* handelt, also das Untergewicht aufgrund natürlicher Umstände erfolgte. Dazu kann beispielsweise die typischerweise auftretende Verdunstung von im Getreide enthaltenen Wasser gehören. Insofern handelt es sich bei typischen Schäden um einen sogenannten *transportation loss*. Davon ist der sogenannte *marine loss* zu unterscheiden, der dann vorliegt, wenn sich die seefahrttypischen Gefahren realisieren und beispielsweise die Ladung durch eine Havarie beschädigt wird oder verloren geht.[1445] Letztere Gefahren sollen regelmäßig nicht durch die Gewichtsklauseln auf den Verkäufer abgewälzt werden. Anderenfalls trüge dieser die vollständige Transport und auch die Verlustgefahr, sodass die Vereinbarung „CIF" keine Bedeutung mehr hätte. Will man den CIF-Charakter daher nicht völlig infrage stellen, so sind die Klauseln so auszulegen, dass der Käufer weiterhin das Risiko für den Verlust oder die Verschlechterung der Ware durch Gefahren der Seefahrt trägt.[1446]

6.8.2.3.3.3 Zwischenergebnis

Während in der *Entscheidung Oricon Warenhandels GmbH v. Intergraan*[1447] erst zaghaft angedeutet wurde, dass ein einheitlicher Vertrag durchaus eine geteilte Gefahrtragung beinhalten konnte, hat die Entscheidung *Soon Hua Seng* diesen

---

1442 Sassoon, C.I.F. and F.O.B. contracts, Rn. 12: "As a general rule, the designation by the parties of a contract as a cif contract creates a strong inference in favour of its so being construed, and, unless that inference is overcome by express provisions showing that the parties intended otherwise, its meaning is not vitiated."

1443 [1996] 1 Lloyd's Rep. 398, 405.

1444 Vgl. dazu auch Colin & Shields v. Ministry of Supply [1944] 77 Ll. L. Rep. 517.

1445 Flambouras, Int'l. Trade & Bus. L. Ann. (6) 2001, 87, 134 f.

1446 Die Tatsache, dass die Klausel „ausgeliefertes Gewicht" mit den CIF-Klauseln eigentlich inkompatibel ist, dürfte einer der Gründe dafür sein, dass die INCOTERMS in ihrer Geltung für die GAFTA-Verträge ausgeschlossen werden.

1447 [1967] 2 Lloyd's Rep. 82, 94 f.

Gedanken aufgegriffen und fortgeführt. Dabei wurde klargestellt, dass *deficiency clauses* zulässig sind, diese aber so auszulegen sind, dass sie den CIF-Charakter des Geschäftes nicht vollständig unterlaufen.

Die Entscheidung steht damit auch mit der versicherungsrechtlichen Lage im Einklang. Transportversicherungen decken nur Ladungsschäden, nicht aber für den natürlichen Schwund.[1448] Der Käufer kann sich also für natürliche Gewichtsverluste nicht bei der Versicherung schadlos halten. Ihm bleibt daher nichts anderes übrig, als den Verkäufer vertraglich mit dieser Gefahr zu belasten. Gefahren der Seeschifffahrt sind hingegen von WPA sowie ARI und teilweise auch der FPA-Versicherung gedeckt.[1449] Geht ein Teil der Ladung daher durch Havarie unter, so kann der Käufer den Schaden von Versicherung ersetzt verlangen. In diesem Fall wäre eine Umwälzung auf den Verkäufer unnötig und ist darum im Zweifel auch nicht gewollt. Insofern muss der Verkäufer nach *Soon Hua Seng Co. Ltd. v. Glencore Grain Ltd.*[1450] nur für die Schäden die Gefahr tragen, die nicht oder nur gegen Aufschlag versicherbar sind.[1451]

Damit zeichnet sich nunmehr endgültig die Tendenz ab, dass auch nach dem *common law* eine Gefahrteilung für diese Klauseln anzunehmen ist. Insofern haftet der Verkäufer lediglich für die Gewichtsverluste, die aus der natürlichen Beschaffenheit der Ware resultieren. Für darüber hinausgehende Mengeneinbußen wegen äußerer Ereignisse reist die Ware hingegen auf Gefahr des Käufers. Selbiges gilt für den Totalverlust der Ware. Damit bleibt das CIF-Geschäft in seinem Grundsatz bestehen und es ist nur ein Teilaspekt abweichend geregelt.

1448 Vgl. Ziff. 2.5.1.3 der DTV-Güterversicherungsbedingungen 2000/2008, die als nichtversicherte Schäden aufführen: „handelsübliche Mengen-, Maß- und Gewichtsdifferenzen oder -verluste, die jedoch als berücksichtigt gelten, sofern hierfür eine Abzugsfranchise vereinbart ist.“; siehe dazu auch Enge, Transportversicherung, S. 147.

1449 Eine Untergliederung in FPA, WPA und ARI ist heute überholt. An deren Stelle sind die neuen Institute Cargo Clauses (ICC) getreten. Nunmehr wird in eine ICC-A, B oder C Deckung unterteilt. Das Gegenstück zur alten ARI-Versicherung ist jetzt die ICC-A, zur WPA die ICC-B und zur FPA die ICC-C Klausel. Inhaltlich entsprechend die Klauseln sich jedoch nicht ganz; es gibt teilweise Unterschiede. Die Parteien können aber nach wie vor die alten ICC Klauseln verwenden, sodass die Deckung dann nach diesen zu gewähren ist. Während die INCOTERMS 2010 eine Anpassung an die neuen ICC Klauseln vorgenommen haben, ist in den GAFTA-Kontrakten noch die alte Terminologie zu finden, sodass auf diese auch hier Bezug genommen werden soll. Vgl. auch Enge, Transportversicherung, S. 128 f.

1450 [1996] 1 Lloyd's Rep. 398, 405.

1451 Digenopoulos, Die Abwandlung der CIF- und FOB-Geschäfte im modernen Überseekaufrecht, S. 99; strenger Möller, Cifgeschäft und Versicherung, S. 145 und Möller, HansRGZ 1940 Hauptbl., 253, 259 der davon augeht, dass der Verkäufer überhaupt gar keine Gefahren der Seeschifffahrt tragen soll.

Gleich einen Ankunftsvertrag anzunehmen, wäre jedenfalls übers Ziel hinausgeschossen. Frühere Klausen der GAFTA stellten diese Differenzierung noch ausdrücklich klar, indem sie zwischen natürlichen Gewichtsverlusten und durch einen Unfall verursachten differenzierten.[1452] Mittlerweile ist dieser Zusatz weggefallen. Aufgrund der Entscheidung *Soon Hua Seng Co. Ltd. v. Glencore Grain Ltd.*[1453] führt dieses aber nicht zu einer anderen Bewertung.

6.8.2.3.4 Rechtsvergleich und Bewertung

6.8.2.3.4.1 „Ausgeliefertes Gewicht Klauseln" im deutschen Recht

In Deutschland wird ganz überwiegend vertreten, dass derartige Klauseln die Gefahrtragung nicht berühren.[1454] Diese Aussage ist jedoch unscharf, denn Gegenstand der Gefahrtragung ist nach der herrschenden Meinung der Totalverlust oder die Verschlechterung der Ware. Indem klargestellt wird, der Gefahrübergang werde nicht berührt, soll lediglich ausgedrückt werden, dass der Verkäufer nicht für den vollständigen Verlust aufkommen muss und demnach jedenfalls kein Ankunftsgeschäft vorliegt.[1455] Damit ist in Deutschland eine echte Gefahrteilung anerkannt. Ob der Verkäufer nur für natürlichen Schwund oder auch für Gewichtsverluste wegen Seeunfällen einstehen muss, hängt primär von der Auslegung der jeweiligen Klausel ab. Regelmäßig wird diese – wie auch im englischen Recht – ergeben, dass Verkäufer nur das Risiko für natürliche Gewichts-

1452 So beispielsweise GAFTA Nr. 3, 11-14a, 16, 19, 26-28, 30, 31, 35, 48: „Any deficiency on B/L weight to be paid for by seller [...] In case of Sea Accident (pumping up grain excepted) causing a deficiency on Invoice weight, Provisional Invoice quantity to be final, except when such a deficiency cannot be accounted for by the nature of the accident, and is not recoverable from Underwriters." zitiert nach Digenopoulos, Die Abwandlung der CIF- und FOB-Geschäfte im modernen Überseekaufrecht, S. 97.

1453 [1996] 1 Lloyd's Rep. 398, 405.

1454 RGZ 90, 1, 3; RGZ 87, 134, 135; OLG Hamburg HansGZ Hauptbl. 1916 Nr. 39; OLG Hamburg HansGZ 1924 Hauptbl. 241; Haage, Das Abladegeschäft, S. 218; Eisser, Die Gefahrtragung beim Kaufvertrag in rechtsvergleichender Darstellung, S. 41; Nolte, ZHR (89) 1926, 1, 80 f.; Lebuhn, European Transport Law (16) 1981, 24, 25; anders noch RG HansGZ 1917 Hauptbl. Nr. 85, 87: Aus einer derartigen Vereinbarung folge, dass der Ankunftshafen zum Erfüllungsort werde; für eine Umkehr der Beweislast hingegen Enge, Transportversicherung, S. 146.

1455 So auch Digenopoulos, Die Abwandlung der CIF- und FOB-Geschäfte im modernen Überseekaufrecht, S. 84, 91. Besser Rabel, Das Recht des Warenkaufs, S. 307 f., der sogleich von einer Gefahrteilung spricht.

verluste tragen soll,[1456] da diese nicht von der Transportversicherung gedeckt werden. Die Auslegung kann jedoch auch ergeben, dass der Verkäufer Mengenverluste aufgrund von Seegefahren tragen muss. Dieser Schluss wird häufig dann naheliegen, wenn der Verkäufer nach den vertraglichen Bestimmungen auch die Gefahr von Transport*schäden* zu übernehmen hat. Eine solche Pflicht könnte unter Anwendung der Einheitsbedingungen beispielsweise aus § 51 Abs. 2 EB folgen. Nach diesem Passus schuldet der Verkäufer neben ausgeliefertem Gewicht auch ausgelieferte Qualität. Daraus lässt sich aber noch nicht entnehmen, dass er umfassend für die Gefahren der Seestrecke einzustehen hat. Vielmehr muss diese Gefahr bei der Auslegung im Grundsatz beim Käufer bleiben, damit die CIF-Grundsätze nicht vollständig umgangen werden. Wird „ausgelieferte Qualität" vereinbart, so hat der Verkäufer regelmäßig ebenfalls nur für natürliche Verschlechterungen einzustehen.[1457] Er trägt damit gerade nicht sämtliche Transportgefahren und muss daher auch nicht für transportbedingte Verluste im Rahmen der „ausgeliefertes Gewicht" Klausel einstehen.

6.8.2.3.4.2 „Ausgeliefertes Gewicht Klauseln" im CISG

In der Literatur zum UN-Kaufrecht sind Klauseln „ausgeliefertes Gewicht" nicht vertiefend behandelt worden. Einigkeit besteht nur darüber, dass der Begriff der Gefahrtragung auch Gewichtsschwund erfasst.[1458] Modifikationen des Gefahrüberganges haben in jedem Fall nach Art. 6 CISG Vorrang.[1459] Eine Spaltung der Gefahrteilung ist zudem zulässig, da das CISG sie auch vorsieht. Nach Art. 68 S. 3 CISG trägt nämlich der Verkäufer nur insoweit die Gefahr auf den Käufer über, wie er Kenntnis von einer etwaigen Beschädigung hatte.[1460]

Inwieweit die Modifikationen den Charakter als CIF-Geschäft letztlich unangetastet lassen, ist eine Frage der Auslegung, die zur Förderung des internationalen Entscheidungseinklangs autonom nach Art. 8 CISG zu erfolgen hat. Wegen des engen Sachzusammenhangs zur Transportversicherung sollte auch hier gefordert werden, dass der CIF-Käufer nur die Risiken auf den Verkäufer abzuwälzen kann, die nicht (ohne Aufschlag) versicherbar sind. Versucht er darüber

---

1456 Haage, Das Abladegeschäft, S. 218 f.; Liesecke, WM 1978, 37; HGB-Großkommentar-Koller, vor § 373 HGB, Rn. 78.

1457 Dazu oben Seite 307 ff.

1458 Schlechtriem/Schwenzer-Hager, Art. 66 CISG, Rn. 3.

1459 Honsell-Karollus, Art. 31 CISG, Rn. 29.

1460 Staudinger-Magnus, Art. 68 CISG, Rn. 19; Schlechtriem/Schwenzer-Hager, Art. 68 CISG, Rn. 5; Achilles, Kommentar zum UN-Kaufrechtsübereinkommen (CISG), Art. 68 Rn.5; Karollus, UN-Kaufrecht, S. 199 f.; vgl. aber auch aA Reinhart, UN-Kaufrecht, Art. 68 Rn. 4.

hinausgehend, dem Verkäufer die Gefahr aufzuerlegen, liegt vielmehr ein Ankunftsvertrag vor und kein CIF-Geschäft mehr vor.

6.8.2.3.4.3 Bewertung

Ein praktischer Unterschied besteht damit zwischen den englischen und deutschen Kontrakten nicht. Sowohl unter GAFTA als auch nach Einheitsbedingungen ist regelmäßig ausgeliefertes Gewicht vereinbart,[1461] sodass die CIF-Grundregel planmäßig umgangen wird. Zudem ist mittlerweile unter beiden Rechtsordnungen eine Gefahrteilung anerkannt, sodass nach dem englischen Recht die Gefahr geringer geworden ist, dass der Vertrag vorschnell in ein Ankunftsgeschäft umgedeutet wird. Jedoch sollten die Parteien sich bewusst sein, dass die Frage in England noch Gegenstand der derzeitigen Diskussion ist und ein Gericht durchaus (noch) zu einer anderen Auffassung kommen kann.

In der Praxis wird allerdings häufig ausgeliefertes Gewicht durch eine Individualvereinbarung abbedungen, da diese Regelung für den Verkäufer unbeliebt ist. Schließlich trägt er nicht nur eine erhöhte Gefahr für die Seestrecke, sondern auch das Risiko, dass die Gewichtsfeststellung bei der Entladung im Überseehafen ordnungsgemäß und anhand der *GAFTA Weighing Rules*[1462] erfolgt. Häufig wird der Verkäufer daher bei ausgeliefertem Gewicht einen eigenen Gutachter im Entladehafen einsetzen wollen, was letztlich den CIF-Preis erhöht und dieses Geschäft auch für den Käufer unvorteilhafter macht.[1463]

6.8.2.4 Ausgelieferte Qualität *(rye terms-clause)*

6.8.2.4.1 Erscheinungsformen

Die sogenannten *rye terms*[1464] werden häufig beim Verkauf von Getreide aus den Vereinigten Staaten nach CIF oder C&F vereinbart, wenn die Gefahr besteht, dass das Getreide auf dem Transport nicht hinreichend belüftet wird, was zu

1461 Siehe auch § 51 Abs. 2 EB.

1462 Vergleiche zu diesen Seite 166.

1463 Nach Umfragen zu dem praktischen Einsatz dieser Klausel unter Getreidehändlern hat sich ergeben, dass wegen dieser Gründe über 90% der Kontrakte nicht nach ausgeliefertem sondern eingeladenem Gewicht abeschlossen werden.

1464 Zu deutsch „Roggenbedingungen", vgl. auch Jöhlinger, Die Praxis des Getreidegeschäftes an der Berliner Börse, S. 121; Barty-King, Food for Man and Beast, S. 29.

Verderb oder Selbsterhitzung führen kann. Einige Verträge sehen diese *rye terms* vor; beispielsweise GAFTA 41:[1465]

> "Condition guaranteed on arrival, (subject to any country damaged grain in the fair average quality of the season's crop), slight dry warmth not injuring the grain not to be objected to. In the event of goods arriving at destination damaged or out of condition, Buyers shall be entitled to an allowance for deterioration calculated on a percentage based on the contract price to be fixed by arbitration unless mutually agreed."[1466]

Für den Käufer sind *rye terms* besonders vorteilhaft, da er nicht die Verschlechterungen während der Seereise zu tragen hat.[1467] Zudem muss er nicht beweisen, dass etwaige Schäden schon vor dem Gefahrübergang entstanden sind, was meist ohnehin schwierig durchzuführen ist.

6.8.2.4.2 Anwendungsbereich

Bei der Vereinbarung von *rye terms* garantiert der Verkäufer die ordnungsgemäße Kondition[1468] der Ware bei der Ankunft. Leichte trockene Erwärmungen *(slight dry warmth)* sind allerdings erlaubt.[1469] Zur Klärung der tatsächlichen Kondition wird im Zielhafen eine Probe entnommen und diese auf Mängel untersucht. Nach den *GAFTA Sampling Rules* ist die Probe noch an Bord zu nehmen, wobei dieses mit Zustimmung beider Parteien jedoch auch auf den Zeitpunkt nach dem Entladen verlegt werden kann.[1470] Die entnommenen Proben sind dann innerhalb von 7 Tagen nach der Entladung an die GAFTA zu übermitteln.[1471] Alternativ können die Parteien eine Begutachtung durch drei Schiedsrichter vornehmen lassen.[1472]

Damit trägt der Verkäufer das Risiko für Verschlechterungen, die aus der natürlichen Beschaffenheit der Ware resultieren. Fraglich ist jedoch, inwieweit darüber hinausgehende Transportschäden, wie beispielsweise eine Verunreinigung durch Öl oder Seewasser zu seinen Lasten gehen. Früher wurde dieses

---

1465 2006 GAFTA Contract for La Plata Grain in Bulk – Rye Terms, CIF Terms No. 41, cl. 18.

1466 Frühere Klauseln enthielten noch den Zusatz "[...] but damage by sea-water or otherwise to be taken by Buyer with an allowance for deterioration [...]".

1467 Jöhlinger, Die Praxis des Getreidegeschäftes an der Berliner Börse, S. 121.

1468 Zum Begriff der Kondition siehe oben Seite 135.

1469 2006 GAFTA Contract for La Plata Grain in Bulk – Rye Terms, CIF Terms No. 41, cl. 18.

1470 Vgl. 2003 GAFTA Sampling Rules No. 124 cl. 5:1:9 lit. a.

1471 Vgl. 2003 GAFTA Sampling Rules No. 124 cl. 5:1:9 lit. c.

1472 GAFTA No. 125 cl. 5.3.

meist bejaht und dem Verkäufer jegliche Beschädigungsgefahr zugewiesen.[1473] Dieses beruhte jedoch auf dem damaligen Wortlaut der GAFTA *rye terms* Klausel, in der es hieß:

> „Condition guaranteed on arrival [...] damage by sea-water or otherwise to be taken by Buyer with an allowance for deterioration."[1474]

Durch die Erfassung von Seewasserschäden war klar, dass auch unnatürliche Schadensursachen vom Verkäufer zu tragen sind. Dieser Passus wurde mittlerweile aber wieder gestrichen. Zur Auslegung ist auch hier davon auszugehen, dass der Käufer das Risiko auf den Verkäufer abwälzen will, welches seine Transportversicherung nicht trägt. Insofern bietet sich analog zur *deficiency clause* eine akzessorische Lösung zur Transportversicherung an. Im Falle einer WPA oder ARI-Versicherung hat der Verkäufer daher nur den natürlichen Schwund zu tragen, während er bei einer FPA-Police hingegen für Schäden gleich welcher Art aufkommen soll.[1475] Da der Verkäufer unter GAFTA meist dazu verpflichtet ist, eine WPA-Versicherung zu nehmen, muss er unter Anwendung der *rye terms* praktisch nur noch für natürliche Konditionsverschlechterungen haften.

6.8.2.4.3 Rechtsfolgen

6.8.2.4.3.1 Minderungsrecht des Käufers

Entspricht der Zustand nicht der vertraglich vereinbarten Kondition, so hat der Käufer kein Zurückweisungsrecht. Damit liegt eine umfassende non-rejection clause vor, während das Zurückweisungsrecht bei Qualitätsmängeln regelmäßig auf bestimmte Mängel beschränkt wird.[1476]

> "[...] Buyers shall be entitled to an allowance for deterioration calculated on a percentage based on the contract price to be fixed by arbitration unless mutually agreed."[1477]

1473 Lebuhn, European Transport Law (16) 1981, 24, 27; Möller, HansRGZ 1940 Hauptbl., 253, 259; Digenopoulos, Die Abwandlung der CIF- und FOB-Geschäfte im modernen Überseekaufrecht, S. 117.

1474 Zitiert nach Digenopoulos, Die Abwandlung der CIF- und FOB-Geschäfte im modernen Überseekaufrecht, S. 111.

1475 Siehe auch unten Seite 439 ff.

1476 Siehe oben Seite 136 f.

1477 Frühere Klauseln enthielten noch den Zusatz "[...] but damage by sea-water or otherwise to be taken by Buyer with an allowance for deterioration [...]".

Damit sollen im Überseehandel teure Rücktransporte vermieden werden. Vielmehr ist der Käufer darauf beschränkt, den Kaufpreis zu mindern. Dazu müssen sich die Parteien auf eine prozentuale Minderung des Kaufpreises einigen, oder – sollte dieses fehlschlagen – das Schiedsgericht zur Festsetzung anrufen.

6.8.2.4.3.2 Unterstützung beim Regress des Verkäufers

Da der Verkäufer den Kaufpreis nachlassen muss, ist er anschließend darauf angewiesen, beim Frachtführer Regress für die Beschädigungen zu nehmen. Ansprüche stehen ihm aus dem Frachtvertrag zu, den er bei CIF Verträgen selbst geschlossen hat. Ein Schaden entsteht dem Verkäufer – im Gegensatz zu sonstigen Schäden auf CIF-Transporten – wegen der abweichenden Gefahrtragung nun in Höhe des an den Käufer ausbezahlten Minderungsbetrages.

Der Käufer hat mit diesem Regress unmittelbar nichts zu tun, da die Erstattungspflicht des Verkäufers nach dem Kontrakt nicht damit zusammenhängt, dass Letzterer sich selbst schadlos halten kann. Dennoch sehen die *rye terms* für diese Fälle vor, dass den Käufer bei diesem Regress eine Mitwirkungspflicht trifft. Dazu kann es beispielsweise gehören, dass der Käufer Ansprüche aus dem Konnossement an den Verkäufer abtritt oder Beweismittel für die Beschädigungen zur Verfügung stellt. Problematisch ist in diesen Fällen freilich, ob der Käufer bei Schadensersatzansprüchen aus dem Konnossement überhaupt einen Schaden hat, da er ja den Kaufpreis wegen der verminderten Kondition mindern kann.[1478] Einen Anspruch gegen den Verfrachter wird man daher wohl nur bejahen können, wenn man in dem Anspruch des Empfängers gegen den Verfrachter einen Anspruch auf Wertersatz und nicht einen auf Schadensersatz erblickt, so wie das in § 659 HGB der Fall ist.[1479] Die Mitwirkungspflicht erstreckt sich ferner auf erfolgte Zahlungen. Zahlt der Reeder Ersatz an den Käufer, so muss dieser das erlangte Geld an den Verkäufer weiterleiten. Sollten dem Käufer bei der Unterstützung jedoch Kosten entstehen, so darf er diese nach den *rye terms* vom Verkäufer ersetzt verlangen.

6.8.2.4.3.3 Modifikationen im Schiedsverfahren

Unter Geltung der *rye terms*, gibt es ferner Modifikationen im Schiedsverfahren. Will der Käufer die eine mangelhafte Qualität rügen, so muss er innerhalb von zehn Tagen nach dem letzten Entladetag dem Verkäufer dieses mitteilen und

1478 Vgl. dazu OLG Hamburg HansRGZ 1935 B Sp. 119-121; Möller, HansRGZ 1940 Hauptbl., 253, 262 f.

1479 Vgl. Rabe, Seehandelsrecht, § 659 HGB Rn. 2.

eine Kopie der Benachrichtigung zusammen mit der Bezeichnung der Probe, die die Minderqualität beweist, an die GAFTA senden.[1480] Damit gilt eine wesentlich kürzere Frist für ein Schiedsverfahren. Für die Qualitätsarbitrage ist schließlich eine Frist von 21 Tagen vorgesehen. Die kürzere Frist rechtfertigt sich dadurch, dass es unter Anwendung der *rye terms* um Veränderungen in der Kondition der Ware geht. Die Kondition folgt jedoch aus der natürlichen Beschaffenheit.[1481] Diese kann sich aufgrund äußerer Einflüsse allerdings schnell verändern, sodass das Schiedsverfahren daher zügiger durchgeführt werden soll. Zuletzt ist anzumerken, dass für Schiedsverfahren, die die *rye terms* zum Gegenstand haben, ein *appeal* ausgeschlossen wird.[1482]

6.8.2.4.4 Vereinbarkeit mit CIF-Grundsätzen

Die englische Literatur und Rechtsprechung hat sich kaum mit der Zulässigkeit der *rye terms* beschäftigt. Nur vereinzelt wurde daher in der englischen Literatur bezweifelt, dass überhaupt noch ein CIF und nicht ein Ankunftsvertrag vorliege.[1483] Auch die Entscheidung *The Julia* ist nicht wegweisend: In dem Fall erkannte das Gericht bei einer *rye terms* Vereinbarung auf einen Ankunftsvertrag. Diese Entscheidung darf jedoch nicht überbewertet werden, denn in dem Fall gab es eine Vielzahl von Indizien, die auf einen Ankunftsvertrag schließen ließen und das Vorliegen der *rye terms* gab letztlich nicht den Ausschlag.[1484]

Vielmehr geltend die Grundsätze, wie sie schon für die *deficiency clauses* herausgearbeitet wurden, sodass eine Klausel mit einer dem CIF-Typus abweichenden Gefahrtragung nicht per se unwirksam ist.[1485] Zudem spricht die sich

---

1480 GAFTA No. 125 cl. 2.1 lit. a.

1481 Zum Begriff der Kondition vgl. oben Seite 135.

1482 GAFTA No. 125 cl. 6.4; Barty-King, Food for Man and Beast, S. 29.

1483 Sassoon, C.I.F. and F.O.B. contracts, Rn. 11; Boyd/Burrows/Foxton, Scrutton on charterparties and bills of lading, S. 190 Fn. 67; vgl. auch Comptoir d'Achat et de Vente du Boerenbond Belge S/A v. Luis de Ridder Ltda. ("The Julia") [1949] A.C. 293, 301 (HL): "This was not a c.i.f. contract, of which it lacked almost every essential element. It was in fact a "rye terms" contract. In a c.i.f. contract there is a transfer of rights against the shipowners, the persons in possession of the goods and the underwriters, and, assuming the goods have been shipped in proper condition, the sellers are under no liability for their condition on arrival or for non-arrival. In this case, on the contrary, the sellers guaranteed condition on arrival; all average was for their account [...]".

1484 Vergleiche auch Carr/Stone, International trade law, S. 8 ff., die veranschaulichen, welchen Inhalt der Vertrag hatte. Ferner Comptoir d'Achat et de Vente du Boerenbond Belge S/A v. Luis de Ridder Ltda. ("The Julia") [1949] A.C. 293, 312 (HL).

1485 The Parchim [1918] A.C. 157, 168, 172 (HL).

liberalisierende Auffassung hinsichtlich der Zulässigkeit einer Gefahrteilung[1486] dafür, *rye terms* zuzulassen. Schließlich werden mittlerweile auch *deficiency clauses* mit dem CIF-Geschäft als vereinbar angesehen. Es ist aber nicht ersichtlich, wieso der Verkäufer mit dem mengenmäßigen Verlust belastet werden darf, mit Konditionsverschlechterungen hingegen nicht.

Ob letztlich ein modifiziertes CIF-Geschäft oder ein Ankunftsvertrag vorliegt, hängt daher von der genauen Auslegung der Klausel ab. Nur wenn dem Verkäufer sämtliche Verlust- und Beschädigungsrisiken auferlegt werden, dürfte daher ein Ankunftsgeschäft vorliegen. Da die GAFTA *rye terms clause* dem Verkäufer jedoch nur natürliche Konditionsveränderungen aufbürdet, besteht diese Gefahr nicht.

6.8.2.4.5 Rechtsvergleich und Bewertung

Die *rye terms* sind mit den sogenannten Beschädigungsklauseln zu vergleichen, wie sie in deutschen Kontrakten häufig vorkommen. Auch sie legen dem Verkäufer das Risiko einer Beschädigung bei der Seereise auf.[1487] Dazu ist die Klausel „gesund ausgeliefert" gebräuchlich. Inwieweit sie den Gefahrübergang betrifft, war lange Zeit ungeklärt. Die deutsche Rechtsprechung erblickte in ihr früher teilweise eine Klausel zur Preiskalkulation.[1488] Andere Gerichte negierten hingegen den Charakter als CIF-Geschäft und verlegten den Erfüllungsort in den Ankunftshafen.[1489] Das würde aber dazu führen, dass der Verkäufer sämtliche Gefahren der Seestrecke zu tragen hat, was im Hinblick auf den Wortlaut der Beschädigungsklauseln meist zu weitgehend ist; sie stellen lediglich auf die Beschädigung und nicht auf den vollständigen Verlust ab.[1490] Lediglich eine Beweislastumkehr anzunehmen, sodass der Verkäufer beweisen müsse, die Beschädigung sei nach dem Gefahrübergang eingetreten, ist ebenfalls nicht zielführend.[1491] Schließlich treten während fast jeder Seereise auf dem Transport Beschädigungen auf. Gerade Getreide, insbesondere Mais, erhitzt sich sehr oft auf

1486 Siehe oben Seite 302.

1487 HGB-Großkommentar-Koller, vor § 373 HGB, Rn. 80.

1488 OLG Hamburg HansGZ 1918 Hauptblatt.

1489 RG HansGZ 1917 Hauptbl. 85, 87; RG HansGZ 1917 Hauptbl., 285, 288: Der Zusatz CIF sei als reine Spesenklausel aufzufassen gewesen.

1490 Vgl. cl. 17 GAFTA 101: "In the event of goods arriving at destination damaged or out of condition [...]". Die Klausel setzt die Ankunft der Ware dem Wortlaut nach voraus.

1491 So aber Liesecke, WM 1966, 174, 176, abl. HGB-Großkommentar-Koller, vor § 373 HGB, Rn. 80; Digenopoulos, Die Abwandlung der CIF- und FOB-Geschäfte im modernen Überseekaufrecht, S. 115 f.

dem Transport und kann dadurch teilweise verderben.[1492] Eine Beweislastumkehr würde daher regelmäßig ins Leere laufen, da letztlich doch der Käufer mit dem Risiko der Verschlechterung behaftet bleibt. Vielmehr handelt es sich bei der Verschlechterung der Kondition um ein typisches Transportrisiko. Da die Transportversicherung regelmäßig für dieses nicht aufkommt,[1493] soll das Risiko nach dem Parteiwillen auf den Verkäufer abgewälzt werden. Eine Beweislastumkehr wäre nach dem Parteiwillen wohl regelmäßig dafür nicht weitgehend genug. Mittlerweile besteht daher richtigerweise Einigkeit darüber, dass auch bei der Klausel „gesund ausgeliefert" eine echte Gefahrteilung vorliegt.[1494] Der Verkäufer trägt damit die Gefahr der Konditionsverschlechterung auf dem Transport. Das Verlustrisiko liegt hingegen weiterhin beim Käufer.[1495]

Die *rye terms* stellen damit das englische Pendant zu den „gesund ausgeliefert" Klausen des deutschen Kontraktwesens dar. Es bestehen wenige praktische Unterschiede. Zu beachten bleibt jedoch, dass die englische Ansicht zurückhaltender ist, eine Gefahrteilung vorzunehmen und das CIF-Geschäft eher in einen Ankunftsvertrag umdeutet. Allerdings wird eine solche Umdeutung nur erfolgen, wenn der Vertrag explizit deutlich macht, dass der Verkäufer auch die Verlustgefahr tragen soll.[1496] Zielt die Klausel – wie die aktuell verwendete *rye terms clause* der GAFTA – nur auf Verschlechterungen während der Seereise ab, so werden auch die englischen Gerichte kaum einen Ankunftsvertrag annehmen.

6.8.2.5 Ergebnis

Obwohl sie *deficiency* und *rye terms* den Grundsätzen eines CIF-Geschäfts zuwiderlaufen,[1497] ist mittlerweile anerkannt, dass diese Klauseln wirksam sind. Da

---

1492 Jöhlinger, Die Praxis des Getreidegeschäftes an der Berliner Börse, S. 121 f.

1493 Dazu bereits oben Seite 302.

1494 OLG Hamburg HansGZ 1923 Hauptbl. Sp. 97, 99; Haage, Das Abladegeschäft, S. 222; Nolte, ZHR (89) 1926, 1, 83 f.; Digenopoulos, Die Abwandlung der CIF- und FOB-Geschäfte im modernen Überseekaufrecht, S. 115 ff.; HGB-Großkommentar-Koller, vor § 373 HGB, Rn. 80; Rabel, Das Recht des Warenkaufs, S. 307 f.; Möller, HansRGZ 1940 Hauptbl., 253, 262.

1495 Anders RG HansGZ 1917 Hauptbl. 85, 87. Hier wurde hier eine vollständige Belastung des Verkäufers mit der Transportgefahr bejaht, da die Ware „delivered sound cif Hamburg" verkauft wurde. Das Gericht favorisierte deswegen einen Ankunftsvertrag.

1496 Sassoon, C.I.F. and F.O.B. contracts, Rn. 12.

1497 Siehe auch zur Unvereinbarkeit einer Gefahrtragungsklausel mit CIF-Grundsätzen Law & Bonar Ltd v. British American Tobacco Co. Ltd. [1916] 2 K.B. 605, 608 (KBD).

sie nur Teilaspekte behandeln und die Gefahrtragung nicht *per se* umkehren,[1498] können die Parteien daher durchaus zu abweichenden Vereinbarungen kommen. Damit lässt sich sowohl im englischen als auch im deutschen Recht eine flexible Gefahrteilung vornehmen, die sich von dem starren Gerüst der Käufergefahrtragung der CIF-Geschäfte einengen lassen muss.

Die Parteien sollten aber darauf achten, dass sich die Klauseln in ihre Geschäfte nahtlos einfügen. Insofern können die Vorteile einer *deficiency clause* für den Importeur diesen schnell wie ein Bumerang wieder einholen: Verkauft er die kontrahierte Menge weiter, erhält er aber von seinem Verkäufer unter der Anwendung der *deficiency clause* weniger ausgeliefert, so kann der Verkäufer seinen Folgekontrakt möglicherweise nicht vollständig erfüllen. Einer teilweisen Nichterfüllung kann er sich gegenüber seinem Käufer nur dann entziehen, wenn er in Folgeverträgen ebenfalls eine *deficiency clause* aufgenommen hat.

6.8.3 Besonderheiten bei schwimmender Ware

Bei CIF-Transaktionen liegt der Vorteil für den Verkäufer darin, dass er zunächst einmal eine größere Warenmenge verschiffen kann, die er dann erst sukzessive auf dem nachfolgenden Transport verkauft.[1499] CIF-Transaktionen beinhalten daher häufig den Verkauf schwimmender Ware. Das kann hinsichtlich der Gefahrtragung zu Problemen führen. Zwar sehen die Formulare für diese Verkäufe keine besonderen Regelungen vor, da der Verkauf schwimmender Ware in der Praxis jedoch überaus häufig vorkommt, ist es angezeigt, die Unterschiede zwischen englischem und deutschem Recht an dieser Stelle aufzuzeigen.

In diesen Fällen liegt meist ein Spezieskauf vor, da der Vertrag sich auf eine auf einem bestimmten Schiff abgeladene Partie bezieht.[1500] Anders ist das hingegen, wenn nur ein Teil einer schwimmenden Gesamtladung verkauft wird. Dann ist der Käufer nur verpflichtet, aus dieser Ladung zu liefern und es liegt nach englischem Recht ein *sale of unascertained goods* in Form von sogenannten *quasi-specific goods* und damit eine beschränkte Gattungsschuld vor.[1501]

1498 Rabel, Das Recht des Warenkaufs, S. 307.

1499 Bridge, The sale of goods, Rn. 3.64.

1500 Hager, Die Gefahrtragung beim Kauf, S. 142.

1501 Sterns v. Vickers [1923] 1 K.B. 78, 84 (C.A.): „[…] undivided interest in the larger bulk […]“.

6.8.3.1 Leistungsstörungen vor Vertragsschluss

Wird die Ware erst verkauft, dann verschifft und geht dann unter[1502] bzw. verschlechtert sich, so trägt der CIF-Käufer nach allgemeinen Grundsätzen dafür das Risiko; er kann dann keine erneute Lieferung verlangen. Problematischer ist der Fall, dass die Ware erst verschifft wird, sich anschließend verschlechtert und danach erst verkauft wird. Fraglich ist, wann hier die Gefahr auf den Käufer übergeht. Denklogisch sind zwei Zeitpunkte möglich: einerseits das Verbringen der Ware an Bord. Da dieses vor dem Vertragsschluss stattfand, müsste der Gefahrübergang dann auf den Zeitpunkt der Verschiffung zurückwirken. Andererseits könnte die Gefahr auch erst mit dem Vertragsschluss auf den Käufer übergegangen sein.

Grundsätzlich muss im englischen Recht danach differenziert werden, ob die Ware vor dem Vertragsschluss untergegangen (6.8.3.1.1.) ist oder sich lediglich verschlechtert hat (6.8.3.1.2.).[1503] Geht nur ein Teil der gesamten Lieferung unter, so ist dieses regelmäßig wie eine Verschlechterung zu behandeln.[1504]

6.8.3.1.1 Verkauf von nicht existenter Ware

6.8.3.1.1.1 Rechtslage nach s. 6 SoGA

Nach s. 6 SoGA ist ein Vertrag über eine Speziesschuld nichtig, wenn die Ware bei Vertragsschluss verdorben ist und der Verkäufer davon nicht wusste:

> "Where there is a contract for the sale of specific goods, and the goods without the knowledge of the seller have perished at the time when the contract is made, the contract is void."

6.8.3.1.1.2 Keine Anwendung bei nichtexistenter Ware

Die Vorschrift ist allerdings dann nicht anwendbar, wenn die geschuldete Ware von Anfang an gar nicht existiert. Ware, die nicht existiert, kann schließlich auch nicht verderben.[1505] Dieses folgt mittelbar aus der Entscheidung *McRae v. Commonwealth Disposals Commission.*[1506] In dem Fall wurde ein auf einem Riff gestrandetes Schiff verkauft, das jedoch nicht existierte. Der Käufer forderte vertraglichen Schadensersatz wegen der vergeblichen Suche nach dem Wrack.

1502 So z.B. in Law & Bonar Ltd v. British American Tobacco Co. Ltd. [1916] 2 K.B. 605 (KBD).

1503 Vgl. dazu Guest, Benjamin's sale of goods, Rn. 19–95.

1504 Guest, Benjamin's sale of goods, Rn. 19–95.

1505 Atiyah, L.Q.R. (73) 1957, 340, 348.

1506 [1951] 84 C.L.R. 377, 410.

Die s. 6 SoGA wurde nicht angewendet und der Vertrag wurde für wirksam befunden. Insofern bleibt festzuhalten, dass die Vorschrift bei von vornherein nicht existenter Ware nicht anwendbar ist. In diesen Fällen ist daher gem. s. 62(2) SoGA auf das *common law* zurückzugreifen.

6.8.3.1.1.3 Keine Anwendung im Rohstoffhandel bei Gattungsschulden

Zudem bleibt fraglich, ob die auf eine Speziesschuld zugeschnittene Norm im Rohstoffhandel überhaupt anwendbar ist, da hier regelmäßig Gattungsschulden vorliegen.[1507] Für die Frage, ob s. 6 SoGA anzuwenden ist, muss differenziert werden:

Existiert die geschuldete Gattung von Anfang an nicht, so findet s. 6 SoGA wie soeben dargestellt ohnehin keine Anwendung.[1508] Besteht die Warengattung hingegen (z. B. werden 500 Tonnen Weizen aus einer Schiffsladung mit 1.000 Tonnen verkauft), verdarb diese aber beispielsweise vor Vertragsschluss, greift die Norm ihrem Wortlaut nach eigentlich nicht, da sie auf *specific goods zugeschnitten ist.* Möglicherweise ist sie aber im Wege einer Analogie auf Gattungs- oder Vorratsschulden anwendbar.[1509] Urteile aus der Rechtsprechung gibt es dazu

---

1507 Ein denkbarer Anwendungsbereich erschließt sich, wenn die gesamte Ware eines Frachters schwimmend verkauft wird, da dann meist eine Speziesschuld vorliegt. Wird hingegen nur ein Teil einer schwimmenden Massengutladung verkauft (z.B. 5.000 Tonnen von 40.000 Tonnen auf Frachter X verschifftem Getreide), so liegt eine beschränkte Gattungsschuld (quasi-specific goods) vor, die in England als Unterfall der unascertained goods gesehen wird. Geht die Gesamtladung unter, so muss der Verkäufer sich nicht am Markt neu eindecken, da der Verkäufer das Risiko für den Verlust der Gesamtladung trägt, vgl. Sterns v. Vickers [1923] 1 K.B. 78, 85 (C.A.). Insofern kann auch beim Verkauf von schwimmender Ware durchaus eine Gattungsschuld vorliegen, die dem Wortlaut nach nicht unter s.6 SoGA fällt. Ferner ist zu beachten, dass nach s. 61 SoGA eine Stückschuld auch dann vorliegt, wenn der Käufer bei einer Sammelladung nur einen ideellen Teil der Gesamtladung erhält: "specific goods means goods identified and agreed on at the time a contract of sale is made and includes an undivided share, specified as a fraction or percentage, of goods identified and agreed on as aforesaid".

1508 Dieses ebenfalls wegen des Arguments, dass auch eine nicht existente Gattung nicht verderben kann.

1509 Siehe auch die Entscheidung Bell v. Lever Brothers Ltd. [1932] A.C. 161, 217 ff. (HL) per Lord Atkin: In dieser Entscheidung wurd festgehalten, dass ein beidseitiger Irrtum einen Vertrag nicht ohne weiteres unwirksam werden lässt. Dieses ist nur dann der Fall, wenn der Irrtum so grundlegend für den Vertrag ist, dass nicht davon ausgegangen werden kann, dass die Parteien den Vertrag abgeschlossen hätten, wenn sie über die wahren Umstände im Bilde gewesen wären: „[...] except by agreement was of such

(noch) nicht. Jedoch tendierten die Gerichte schon in der *McRae*-Entscheidung zu einer Lösung, die sich stark am Wortlaut orientiert. Zudem scheitert eine generelle Suspendierung der Leistungspflicht bei einer untergegangenen Gattungsschuld schon daran, dass der Verkäufer jederzeit andere als die konkret untergegangene Ware liefern kann. Daher ist davon auszugehen, dass s. 6 SoGA nicht auf Gattungsschulden angewendet werden kann und stattdessen das *common law* gem. s. 62(2) SoGA nach den folgenden Grundsätzen darüber entscheidet, ob der Vertrag wirksam ist.

6.8.3.1.1.4 Rechtslage nach dem *common law*

Wie gerade dargestellt ist s. 6 SoGA bei Gattungsware nicht anwendbar, sodass es beim Verkauf nichtexistenter Ware auf die Rechtslage nach dem *common law* ankommt.

Geht die Ware unter, bevor der Vertrag mit dem Käufer geschlossen wird, so ist der Vertrag im englischen Recht nichtig.[1510] Diese Fallgruppe fällt unter den Nichtigkeitsgrund *mistake*, da der Käufer über die Existenz des Vertragsgegenstandes irrt.[1511] *Lord Cranworth* stellte in der Leitentscheidung *Couturier v. Hastie* klar, dass die Parteien in einem Kaufvertrag nicht kontrahieren, weil die bloße Hoffnung besteht, etwas zu erhalten. Vielmehr ginge es um den Austausch einer konkreten existierenden Ware gegen Geld und nicht die Erlangung einer bloßen Erwerbschance:

> „[…] what the parties contemplated, those who sold and those who bought, was that there was an existing something to be sold and bought."[1512]

---

a fundamental character as to constitute an underlying assumption without which the parties would not have made the contract they in fact made […]" (p. 208). Siehe auch Nicholson and Venn v. Smith-Marriott [1947] 177 L.T. 189.

1510 Hager, Die Gefahrtragung beim Kauf, S. 143.

1511 Couturier v. Hastie [1853] 9 Ex. 102; aff. [1856] 5 H.L. Cas. 674; vgl. auch McRae v. Commonwealth Disposals Commission [1951] 84 C.L.R. 377, 410; Bell v. Lever Brothers Ltd. [1932] A.C. 161, 217 ff.; zu anderen dogmatischen Ansätzen Wallow, Risikozuweisung und Vertragshaftung, S. 44 ff.; teilweise wird auch angenommen, dass das Anbieten der Ware durch den Verkäufer eine condition precedent für die Zahlung sei. Da der Verkäufer die untergegangene Ware nicht anbieten kann, könne er auch keine Kaufpreiszahlung verlangen, vgl. in der älteren Rechtsprechung Hall v. Cazenove 4 East. 477, 482; Guest, Benjamin's sale of goods, Rn. 1–129.

1512 Pollock, Principles of Contract: Attreatise on the General Principles Concerning the Validity of Agreements, S. 400; In Deutschland läge ein sogenannter Hoffnungskauf (emptio spei) vor, der nach § 453 BGB zu behandeln ist. Vertragsgegenstand ist dann

Obwohl es in der Entscheidung *Couturier v. Hastie* um eine Stückschuld ging, so wird dieses Prinzip nach einhelliger Meinung auch auf Gattungsschulden übertragen.[1513] Teilweise wurde die Entscheidung auch so interpretiert, dass kein *mistake* vorliege, sondern das tatsächliche Anbieten der Ware eine notwendige Bedingung dafür sei, dass der Kaufpreis gefordert werden kann *(condition precedent)*.[1514] Geht die Ware daher vor Vertragsschluss unter, so kann der Verkäufer keine Kaufpreiszahlung verlangen, da er keine tatsächliche Ware hat, die er dem Käufer noch anbieten kann, um den Anspruch auf Kaufpreiszahlung zum Entstehen zu bringen.[1515] Wie auch immer man die Entscheidung interpretiert, feststeht: Geht die schwimmende Ware unter, bevor der Kaufvertrag geschlossen wurde, so kann der Verkäufer keine Kaufpreiszahlung verlangen, sodass er die Preisgefahr trägt.

Die Tatsache, dass der Verkäufer die Preisgefahr trägt, stellt jedoch nur die Grundregel dar. Wie immer können die Parteien in ihrem Vertrag eine abweichende Risikoverteilung anstreben, sodass zu prüfen ist, ob nicht der Käufer das Risiko dafür tragen soll, dass die verkaufte Ware nicht existiert. In diesen Fällen wäre der Vertrag wirksam und der Käufer müsste den Kaufpreis zahlen.[1516] Um die Entscheidung in *Couturier v. Hastie* aber nicht zu umgehen, sind hohe Anforderungen bei der Auslegung anzustellen. Der Käufer muss ausdrücklich deutlich machen, dass er gewillt ist, den Kaufpreis für die bloße Chance zu zahlen, dass er Ware erhält. Andersherum kann der Verkäufer im Sinne einer *warranty* dafür einstehen wollen, dass die Ware existiert. Kann er dann nicht liefern, so ist der Vertrag wirksam und er macht sich schadensersatzpflichtig.[1517]

---

nicht eine Sache sondern die bloße Erwartung, vgl. Staudinger-Beckmann, vor § 433 BGB, Rn. 151.

1513 Vgl. Barrow Lane & Ballard Ltd. v. Philipp Phillips & Co. Ltd. [1929] 1 K.B. 574, 583 (KBD); Guest, Benjamin's sale of goods, Rn. 19–95.

1514 Vgl. Solle v. Butcher [1950] 1 K.B. 671, 691 (CA) per Denning L.J.

1515 So in Solle v. Butcher [1950] 1 K.B. 671, 691 (CA) per Denning L.J.; vgl. auch Hager, Die Gefahrtragung beim Kauf, S. 142 ff.; Guest, Benjamin's sale of goods, Rn. 1–122.

1516 In diesen Fällen liegt begrifflich weniger ein Kaufvertrag einer Sache als der Erwerb einer Erwerbschance vor: Guest, Benjamin's sale of goods, Rn. 1–133.

1517 So in der Entscheidung McRae v. Commonwealth Disposals Commission [1951] 84 C.L.R. 377, 410; Couturier v. Hastie [1853] 9 Ex. 102; aff. [1856] 5 H.L. Cas. 674; vgl. auch Furmston/Cheshire-Fifoot-Furmston, Cheshire, Fifoot and Furmston's law of contract, S. 289; Atiyah, L.Q.R. (73) 1957, 340, 345 f.

6.8.3.1.2 Verkauf von verschlechterter Ware

Hat sich die Ware nach Verschiffung aber vor Vertragsschluss lediglich verschlechtert, so nehmen die englischen Gerichte einen rückwirkenden Gefahrübergang an. Die Gefahr geht dann grundsätzlich[1518] mit dem Zeitpunkt der Verschiffung über.[1519] Der Käufer hat damit den vollen Kaufpreis zu zahlen, obwohl er lediglich verschlechterte Ware erhält, und muss er sich bei der Transportversicherung oder dem Verfrachter schadlos halten. Insofern liegt ein entscheidender Unterschied zu dem Fall vor, dass die Ware vor Vertragsschluss *untergegangen* ist. In diesen Fällen lehnten die Gerichte eine rückwirkende Gefahrtragung ab. Entweder, weil Sie den Vertrag für nichtig befanden oder weil der Verkäufer das Risiko für die Existenz der Ware übernommen hatte.[1520]

6.8.3.1.3 Zwischenergebnis

Damit lässt sich die Rechtslage wie folgt zusammenfassen: Wird Stückgut verkauft, so ist zunächst zu differenzieren, ob entweder die Ware von Anfang an nicht existierte oder aber existierte, jedoch anschließend untergegangen ist. Im ersten Fall findet s. 6 SoGA dem Wortlaut nach keine Anwendung und es gelten die Grundsätze des *common law*.[1521] Im zweiten Fall ist zu entscheiden, ob ein Verderb der Ware vorliegt. Ist das der Fall, so ist der Vertrag nach s. 6 SoGA nichtig. Ansonsten bleibt der Vertrag weiter bestehen.

Liegt keine Stück-, sondern eine Gattungsschuld vor, so findet s. 6 SoGA ohnehin keine Anwendung, sodass es auch hier bei den Grundsätzen des *common law* bleibt. In diesen Fällen ist der Vertrag nach *Couturier v. Hastie* grundsätzlich nichtig, es sei denn dass die Auslegung ergibt, dass eine Partei das Risiko der Nichtexistenz übernommen hat.

Verschlechtert sich die Ware hingegen, so nehmen die englischen Gerichte eine rückwirkende Gefahrtragung zulasten des Käufers an.

6.8.3.2 Leistungsstörungen nach Vertragsschluss

Wird Ware erst verschifft und anschließend schwimmend verkauft, so erfolgt regelmäßig erst noch die *appropriation*, wodurch ein bestimmter verschiffter

---

1518 Es sei denn, dass die rye terms eingreifen. Vgl. dazu noch unten Seite 306 ff.

1519 Hager, Die Gefahrtragung beim Kauf, S. 143; Guest, Benjamin's sale of goods, Rn. 19–94.

1520 Vgl. oben Seite 316.

1521 McRae v. Commonwealth Disposals Commission [1951] 84 C.L.R. 377, 410.

Warenvorrat dem jeweiligen Kaufvertrag zugewiesen wird.[1522] Geht die Ware vor der *appropriation* unter oder verschlechtert sie sich, so ist fraglich, wer das Risiko dafür trägt. In England wird diese Problematik weniger im Rahmen der Gefahrtragung erörtert, sondern vielmehr die Frage gestellt, ob der Verkäufer noch wirksam die Dokumente über eine verschlechterte oder bereits untergegangene Ware andienen darf.[1523]

6.8.3.2.1 Nach der Verladeanzeige

Unproblematisch ist der Fall, in dem die verkaufte Ware erst dem Vertrag zugewiesen wird und sich anschließend verschlechtert oder untergeht. In diesen Fällen trägt der Käufer nach allgemeinen CIF-Regeln die Gefahr dafür. Ab diesem Zeitpunkt ist die Ware für ihn konkretisiert und er trägt damit das Risiko für die Seestrecke.[1524]

6.8.3.2.2 Vor der Verladeanzeige

Liegt eine Beeinträchtigung vor der Verladeanzeige vor, so muss unter dem englischen Recht differenziert werden, ob die Ware sich lediglich verschlechtert hat (6.8.3.2.2.1.) oder vor der Verladeanzeige untergegangen (6.8.3.2.2.2.) ist.

6.8.3.2.2.1 Verschlechterung vor der Verladeanzeige

Wird die Ware verschifft, verkauft und verschlechtert sich dann vor der Verladeanzeige, so trägt der Käufer die Gefahr. In diesen Fällen geht die Gefahr rückwirkend mit dem Kaufvertragsschluss auf ihn über.[1525] Das gilt selbst dann, wenn dem Käufer nur ein Teil einer schwimmenden Gesamtladung verkauft wurde. In diesen Fällen wurde noch keine Aussonderung vorgenommen, sodass fraglich ist, ob die Gefahr mangels Individualisierung überhaupt auf den Käufer übergehen kann. Die fehlende Aussonderung hindert im englischen Recht jedoch nur den Eigentumsübergang, nicht aber den Gefahrübergang.[1526]

1522 Zum Begriff der „appropriation“ vgl. oben Seite 212 ff.

1523 Hager, Die Gefahrtragung beim Kauf, S. 119.

1524 Guest, Benjamin's sale of goods, Rn. 19–94.

1525 Guest, Benjamin's sale of goods, Rn. 19–94.

1526 Vgl. auch Sterns v. Vickers [1923] 1 K.B. 78, 84 (C.A.); Guest, Benjamin's sale of goods, Rn. 18–240.

6.8.3.2.2.2 Untergang vor der Verladeanzeige

Sehr problematisch ist der Fall, bei dem der Vertrag geschlossen wird, die Ware anschließend untergeht und der Verkäufer die nun nicht mehr vorhandenen Güter dem Kaufvertrag im Wege der Verschiffungsanzeige zuweisen will.[1527]

6.8.3.2.2.3 Die Entscheidung C. Groom Ltd. v. Barber

Zur Beantwortung dieser Frage wird oft die Gerichtsentscheidung *Groom Ltd. v. Barber*[1528] herangezogen. In diesem Fall wurden Stoffballen CIF London verkauft. Am 20.08.1914 erbrachte der Verkäufer die *notice of appropriation* an den Käufer. Nunmehr stellte sich aber heraus, dass das bezeichnete Schiff bereits am 06.08.1914 versenkt wurde, die Ware zum Zeitpunkt der *appropriation* also nicht mehr existierte. Der Richter entschied, dass der Verkäufer die Dokumente andienen dürfe, obwohl die Ware bereits verloren gegangen war.

Dieses erklärt sich dadurch, dass der Richter *Atkin J.* der Ansicht war, dass noch keine *appropriation* vorlag und die Dokumente deshalb angedient werden dürfen. Die Entscheidung ist vor dem Hintergrund zu erklären, dass *Atkin J.* einer Unsicherheit über die Bedeutung des Begriffs *appropriation* unterlag.[1529] Er ging davon aus, dass eine *appropriation* erst dann vorliege, wenn auch der Eigentumsübergang erfolgt *(„appropriation in the proprietary sense“)*. Der Eigentumsübergang erfolgt aber regelmäßig frühestens dann, wenn dem Käufer die Verschiffungsdokumente angedient wurden.[1530] Der Richter verkannte damit, dass vorher schon eine vertragliche *appropriation („appropriation in the contractual sense“)* stattfindet, womit konkretisiert wird, aus welcher Schiffsladung die Ware entnommen werden soll.[1531] In dem beschriebenen Fall hatte der Verkäufer dem Vertrag schon eine bestimmte Ware zugeordnet.[1532] Insofern lag in der Entscheidung tatsächlich ein Fall zugrunde, bei dem die Ware *nach* der *appropriation* unterging.

1527 Vgl. auch folgende Fälle, die jedoch nicht CIF-Verträge als Gegenstand hatten und deswegen nur geringe Aussagekraft für diese Darstellung haben: Manbré Saccharine Co. Ltd. v. Corn Products Co. Ltd. [1919] 1 K.B. 198, 203 f. (KBD); Produce Brokers Co. Ltd. v. Olympia Oil & Cake Co. Ltd. [1917] 1 K.B. 320, 329 ff.

1528 C. Groom Ltd. v. Barber [1915] 1 K.B. 316.

1529 Zu der Vielzahl der Bedeutungen des Begriffs, vgl. oben Seite 212.

1530 Vgl. oben Seite 219.

1531 Vgl. Guest, Benjamin's sale of goods, Rn. 19–72.

1532 Guest, Benjamin's sale of goods, Rn. 19–73: Dieses ergab sich aus der Korrespondenz, die der Verkäufer mit der Transportversicherung geführt hatte.

Die Aussage, dass Dokumente angedient werden können, obwohl die Ware bereits untergegangen ist, lässt sich daher nicht aus *Groom Ltd. v. Barber* ableiten.

6.8.3.2.2.4 Die Entscheidung Manbré Saccharine C. Ltd. v. Corn Products Co. Ltd.

Das Urteil aus *C. Groom Ltd. v. Barber* wurde jedoch in der Entscheidung *Manbré Saccharine C. Ltd. v. Corn Products Co. Ltd.* bestätigt.[1533] Auch hier versuchte der Verkäufer, die Dokumente über bereits untergegangene Ware anzudienen. Der Richter urteilte, dass dieses möglich sei. Die Besonderheit lag in dem Fall darin, dass der Verkäufer sogar Kenntnis vom Untergang der Ware vor der Verschiffungsanzeige hatte. Trotzdem wurde die Andienung der Dokumente für wirksam erachtet. Anderenfalls liefe der Verkäufer Gefahr, sich immer erst erkundigen zu müssen, ob die Ware überhaupt noch existiert. Liegt beispielsweise eine Lieferkette vor, so führte das dazu, dass ein in der Mitte befindlicher Verkäufer erst dann eine Verladeanzeige abgeben kann, wenn er selbst von seinem Verkäufer eine erhalten hat. Bis zu diesem Zeitpunkt könnte er anderenfalls nicht sichergehen, dass überhaupt Ware existiert.

6.8.3.2.2.5 Schlussfolgerung

Dass in England überhaupt die Ansicht vertreten wird, der Verkäufer dürfe untergegangene Ware dem CIF-Vertrag zuweisen, resultiert daraus, dass das CIF-Geschäft teilweise noch als Dokumentenkauf gesehen wird. Solange der Verkäufer daher ein Konnossement über die untergegangene Ware andienen kann, könnte er ordnungsgemäß erfüllen. Mittlerweile ist aber auch in England anerkannt, dass der CIF-Vertrag die Lieferung einer realen Ware zum Gegenstand hat und das Konnossement diese lediglich repräsentiert.[1534] Wurde jedoch nicht einmal die *appropriation* vorgenommen, so ist von vornherein nicht ersichtlich, welche Ware der Verkäufer zu liefern gedenkt. Die bloße Tatsache, dass gerade die Ware untergeht, auf die er den Vertrag zu konkretisieren gedachte, kann nicht ausreichen, um einen Gefahrübergang anzunehmen. Vielmehr ist der Ver-

---

1533 Manbré Saccharine Co. Ltd. v. Corn Products Co. Ltd. [1919] 1 K.B. 198 (KBD).

1534 Hardwick Game Farm v. Suffolk Agricultural Poultry Producers Association Ltd. (S.A.P.P.A.) [1966] 1 W.L.R. 287, 330 (C.A.); Arnhold Karberg & Co. v. Blythe, Green, Jourdain & Co. [1916] 1 K.B. 495, 510, 514 (CA); Manbré Saccharine Co. Ltd. v. Corn Products Co. Ltd. [1919] 1 K.B. 198, 203 (KBD); Bridge, The international sale of goods, Rn. 8.65.

käufer dann gehalten, dem Vertrag eine andere Ware zuzuweisen.[1535] Bei Gattungsschulden trägt schließlich der Verkäufer die Leistungsgefahr, solange die Ware nicht individualisiert ist. Das ist auch beim Überseekaufvertrag so.

Favorisiert man hingegen die in England anerkannte Lösung, dass eine Verschlechterung *vor* der *appropriation* zulasten des Käufers geht,[1536] so ist es konsequent, den Untergang erst recht so zu behandeln. Schließlich kann die Unterscheidung zwischen Untergang und Verschlechterung der Ware zu Abgrenzungsschwierigkeiten führen und es ist nicht ersichtlich, warum der Verkäufer in einem der beiden Fälle besser gestellt sein solle. Insofern trägt der Käufer vor der *appropriation* nicht nur das Verschlechterungs-, sondern auch das Verlustrisiko.[1537] Dieses gilt für alle Fälle – egal, ob der Verkäufer gut- oder bösgläubig hinsichtlich des Verlustes ist.[1538]

6.8.3.3 Rechtsvergleich und Bewertung

Die deutschen Kontrakte wie die Einheitsbedingungen enthalten, wie auch die internationalen Verträge, keine besonderen Ausführungen zum Gefahrübergang bei schwimmender Ware. Vielmehr werden die entstehenden Probleme den gesetzlichen Regelungen überlassen.

6.8.3.3.1 Gefahrtragung nach deutschem internen Recht

Wird unter deutschem Recht schwimmende Ware verkauft, die gar nicht mehr existiert, so ist der Vertrag trotz anfänglicher Unmöglichkeit wirksam, § 311a Abs. 1 BGB. Allerdings ist die Leistungspflicht des Verkäufers nach § 275 BGB

1535 Guest, Benjamin's sale of goods, Rn. 19–72.

1536 Dazu siehe oben Seite 319.

1537 Anders ist kann nur dann zu urteilen sein, wenn eine Lieferkette vorliegt und der Verkäufer sich ausdrücklich ausbedungen hat, eine notice of appropriation lediglich weiterzuleiten. Erhält der Erstkäufer von seinem Lieferanten eine notice of appropriation und geht die Ware dann unter, bevor er diese an seinen Käufer weiterleitet, so ist dieses wirksam. Dieses folgt aus der Tatsache, dass der Verkäufer nur verpflichtet ist die selbst empfangene Anzeige weiterzuleiten. Er nimmt insofern keine eigene appropriation vor. Daher sind die oben entwickelten Grundsätze nicht anwendbar. Vgl. Re Olympia Oil and Cake Co. v. Produce Brokers Co. [1915] K.B. 233, 239 ff. per Rowlatt J., wo diese Sichtweise geteilt wird, allerdings nur für den Fall, dass der Verkäufer nichts von den zwischenzeitlich verlorenen Waren weiß. Weiß der Verkäufer, dass die Ware verloren ging, so soll davon auszugehen sein, dass die Ware niemals verschifft wurde, sodass es auch ein einer appropriation fehle.

1538 Hager, Die Gefahrtragung beim Kauf, S. 123.

suspendiert. Stattdessen ist der Verkäufer zum Schadensersatz verpflichtet, wobei er sich von der Ersatzpflicht exkulpieren kann, wenn er vom Leistungshindernis keine Kenntnis hatte und dieses auch nicht kennen musste, vgl. § 311a Abs. 2 BGB. Grundsätzlich würde damit auch die Gegenleistungspflicht des Käufers entfallen (§ 326 Abs. 1 BGB). Nach § 447 BGB trägt beim Versendungskauf allerdings der Käufer die Preisgefahr ab Übergabe an die Transportperson. Jedoch ist dazu nötig, dass die Ware der Transportperson auf Verlangen des Käufers übergeben wird. Wird die Ware erst verschifft und dann verkauft, so ging das Versendungsverlangen jedenfalls nicht vom Käufer aus.[1539] Aus diesem Grunde wird teilweise erwogen, stattdessen auf § 446 BGB abzustellen. Da dem Konnossement Traditionswirkung zukommt, würde dessen Übergabe den Gefahrübergang nach § 446 BGB herbeiführen.[1540] Eine derartige Vorgehensweise führt jedoch zu Beweisproblemen, da später kaum nachgewiesen werden kann, ob eine Beschädigung vor oder nach Übergabe des Konnossements entstanden ist. Aus diesem Grunde – und da die Gefahrtragungsregeln der §§ 446 f. BGB grundsätzlich dispositiv sind – ist bei CIF-Geschäften anzunehmen, dass der Käufer die Gefahr für die gesamte Seestrecke tragen soll, da die Ware durch die Transportversicherung ohnehin gegen Verlust und Beschädigung abgesichert ist.[1541] Insofern wirkt die Preisgefahr entgegen der Regel des § 446 BGB auf den Zeitpunkt des erstmaligen Überschreitens der Seereling zurück.[1542] Damit wird –

1539 MüKo-Westermann, § 447 BGB, Rn. 13; Erman-Grunewald, § 447 BGB, Rn. 9; Die Gefahrtragung des Käufers wurde vor allem im alten Schuldrecht abgelehnt. Damals war ein Vertrag in den Fällen einer anfänglichen Unmöglichkeit nach § 306 BGB a.F. jedoch nichtig. Da die Verträge nun aber trotz anfänglicher Unmöglichkeit wirksam sind ist diese Argumentation nicht mehr haltbar.

1540 RGZ 52, 352, 354; LG Mannheim LZ 1916, Sp. 492; Loock/Straatmann, Handelsrechtliche Schiedsgerichts-Praxis, Schiedsspruch E 2b Nr. 5 und Schiedsspruch J 3 Nr. 9; Soergel-Huber, § 447 BGB, Rn. 22; Hager, Die Gefahrtragung beim Kauf, S. 144 weist darauf hin, dass staatliche Gerichte bis jetzt kaum mit dieser Frage konfrontiert wurden.

1541 Hager, Die Gefahrtragung beim Kauf, S. 145 geht aber sogar soweit und wendet diese Regel immer an, egal ob die Ware versichert ist oder nicht. Dieses ist zu weitgehend, denn der ökonomische Aspekt der Streitvermeidung kann nicht soweit gehen, dass dem Käufer alleine das gesamte Risiko des Transportes auch vor Vertragsschluss schon auferlegt wird. Man wird in diesen Fällen daher dem Verkäufer zubilligen müssen, den Nachweis zu erbringen, dass die Ware auch schon Vertragsschluss untergegangen war, sodass in diesen Fällen der Verkäufer die Gegenleistungsgefahr trägt. So auch HGB-Großkommentar-Koller, vor § 373 HGB, Rn. 76.

1542 Erman-Grunewald, § 447 BGB, Rn. 9; jedenfalls für den Fall, dass die schwimmende Ware aufgrund einer Weisung des Käufers umdirigiert wird: Vgl. BGHZ 50, 32, 36;

anders als im englischen Recht – nicht zwischen Verlust und Beschädigung unterschieden.

6.8.3.3.2 Gefahrtragung nach UN-Kaufrecht

Auch im UN-Kaufrecht sind Verträge trotz anfänglicher Unmöglichkeit wirksam.[1543] Der Gefahrübergang richtet sich bei schwimmender Ware nach Art. 68 CISG. Dabei geht die Gefahr in dem Moment über, in dem der Vertrag geschlossen wird (Art. 68 S. 1 CISG), sodass eine rückwirkende Gefahrtragung nicht der Regelfall ist.

Allerdings können die Umstände es nahelegen, dass die Gefahr rückwirkend in dem Zeitpunkt übergehen soll, in dem die Ware dem Beförderer ausgehändigt wurde, Art. 68 S. 2 CISG. Einigkeit besteht aber darüber, dass das Bestehen einer Transportversicherung zugunsten des Käufers zu einem rückwirkenden Gefahrübergang führt,[1544] was bei einem CIF-Verkauf regelmäßig der Fall ist. Teilweise wird auch diskutiert, ob ein rückwirkender Gefahrübergang immer dann anzunehmen ist, wenn der Zeitpunkt des Schadensereignisses ungewiss ist.[1545] Allerdings wird in der Praxis über den Zeitpunkt des genauen Schadenseintritts regelmäßig Streit bestehen, sodass Art. 68 S. 1 CISG dann weitgehend bedeutungslos wäre. Daher kann dieser Ansicht nicht gefolgt werden. Insofern bleibt für den CIF-Verkauf festzuhalten, dass die Gefahr beim Verkauf schwimmender Ware rückwirkend zum Zeitpunkt der Übergabe an den Beförderer übergeht.[1546]

Fraglich ist jedoch, wie zu entscheiden ist, wenn die Ware verschifft, verkauft und vor der Verladeanzeige beeinträchtigt wird.

Nach obigen Grundsätzen müsste der Käufer nach Art. 68 S. 2 CISG das Risiko dafür tragen. Schließlich wirkt der Gefahrübergang auf den Zeitpunkt der

---

MüKo-Westermann, § 447 BGB, Rn. 13; im Ergebnis auch HGB-Großkommentar-Koller, vor § 373 HGB, Rn. 76; Haage, Das Abladegeschäft, S. 212.

1543 Karollus, UN-Kaufrecht, S. 199; Staudinger-Magnus, Art. 68 CISG, Rn. 22; Herber/Czerwenka, Internationales Kaufrecht, Art. 68 Rn. 8; Schlechtriem/Schwenzer-Hager, Art. 68 CISG, Rn. 2.

1544 Bianca/Bonell, Commentary on the international sales law, Art. 68 Rn. 2.2.; Soergel-Lüderitz/Budzikiewicz, Art. 68 CISG, Rn. 3; Schlechtriem/Schwenzer-Hager, Art. 68 CISG, Rn. 4; Staudinger-Magnus, Art. 68 CISG, Rn. 11; Herber/Czerwenka, Internationales Kaufrecht, Art. 68 Rn. 3; Karollus, UN-Kaufrecht, S. 199; Hager, Die Gefahrtragung beim Kauf, S. 145.

1545 Honsell-Schönle, Art. 68 CISG, Rn. 12.

1546 Der rückwirkende Gefahrübergang findet allerdings dann nicht statt, wenn der Verkäufer bei Vertragsschluss bösgläubig war, also von der Beschädigung der Ware wusste, vgl. Erman-Grunewald, § 447 BGB, Rn. 9 mwN.

Verschiffung zurück. Andererseits ist zu dieser Zeit noch nicht deutlich, auf welche Ware sich der Vertrag bezieht. Daher könnte Art. 67 Abs. 2 CISG eingreifen. Demnach geht die Gefahr frühestens dann über, wenn die Ware hinreichend konkretisiert wurde. Da die Konkretisierung durch die Verladeanzeige erfolgt, trägt der Verkäufer das Risiko, wenn sich die Ware nach Vertragsschluss, jedoch vor der Verladeanzeige verschlechtert.[1547] Anders wäre das nur, wenn der Verladeanzeige Rückwirkung zuerkannt werden würde, was jedoch nach überwiegender Ansicht nicht der Fall ist.[1548]

Fraglich ist jedoch, ob Art. 67 Abs. 2 CISG im Falle schwimmender Ware überhaupt angewendet werden kann.[1549] Dagegen könnte sprechen, dass Art. 68 CISG *lex specials* zu dieser Norm für den Fall von Ware auf dem Transport ist. Allerdings soll Art. 67 Abs. 2 CISG gerade verhindern, dass dem Käufer das Risiko für Ware zugeschoben wird, die gar nicht für ihn gedacht war.[1550] Zudem ist ein Gefahrübergang nur dann möglich, wenn auch deutlich ist, auf welche Ware sich dieser bezieht.[1551] Insofern verdrängt Art. 68 CISG den Art. 67 Abs. 2 CISG nicht.[1552] Auch bei schwimmender Ware muss für den Gefahrübergang die Ware individualisiert worden sein. Solange dieses durch die Verladeanzeige nicht geschah, trägt der Verkäufer die Gefahr.[1553] Damit besteht ein Unterschied zum englischen Recht, in dem für diese Fälle der Käufer das Risiko trägt.

Allerdings trägt der Verkäufer nach Art. 68 S. 3 CISG weiterhin die Preisgefahr, wenn er den Verlust oder Untergang bei Vertragsschluss kannte oder kennen musste.[1554] Das entspricht der Rechtslage zum englischen Recht. Geht die Ware schon vor Vertragsschluss unter, so muss der Verkäufer Schadensersatz leisten, wenn er den Untergang kannte und die Ware trotzdem verkauft. Zwar gibt keinen Fall, der sich ausdrücklich mit der Kenntnis des Verkäufers für diese

---

1547 Davon ist der Fall zu unterscheiden, dass eine Sammelsendung verschifft wird. In diesen Fällen hindert Art. 67 Abs. 2 CISG nach hier vertretener Ansicht nicht den Gefahrübergang, auch wenn noch nicht ersichtlich ist, welche Partie die jeweiligen Empfänger im Einzelnen erhalten werden. Vielmehr geht die Gefahr pro rata auf alle Ladungsbeteiligten über. Allerdings ist auch hierfür nötig, dass zumindest eine Verladeanzeige vorliegt. Die Verladeanzeige ist daher nach Art. 67 Abs. 2 CISG die Mindestbedingung für einen Gefahrübergang.

1548 Staudinger-Magnus, Art. 67 CISG, Rn. 27; Schlechtriem/Schwenzer-Hager, Art. 67 CISG, Rn. 10.

1549 Das erwägt Bridge, The international sale of goods, Rn. 8.55.

1550 Karollus, UN-Kaufrecht, Rn. 195.

1551 Staudinger-Magnus, Art. 67 CISG, Rn. 25.

1552 So auch Witz/Salger-Witz, Art. 68 CISG, Rn. 10.

1553 Staudinger-Magnus, Art. 32 CISG, Rn. 11.

1554 Hager, Die Gefahrtragung beim Kauf, S. 144.

Fälle beschäftigt, jedoch ist die Entscheidung *Couturier v. Hastie* der Ausgangspunkt. Aus dieser ergibt sich, dass wenn die Existenz der Ware in den Risikobereich einer Partei fällt, diese für die Existenz auch einzustehen hat. Kennt der Verkäufer den Verlust oder die Beschädigung der Ware, trägt er das Risiko dafür. Die Gefahr geht daher nicht auf den Käufer über.[1555]

Anders liegt der Fall jedoch, wenn die Ware nach Vertragsschluss aber vor der Verschiffungsanzeige untergeht. In diesen Fällen sind die englischen Gerichte der Auffassung, dass der Verkäufer – auch wenn er Kenntnis vom Untergang hat – die untergegangene Ware dem Vertrag zuweisen kann.[1556] Nach dem UN-Kaufrecht wird dieses in Art. 68 S. 3 CISG ausdrücklich ausgeschlossen. Das UN-Kaufrecht ist in diesen Fällen für den Verkäufer also strenger.

6.8.3.3.3 Bewertung

Während der Kaufvertrag bei nichtexistenter Ware sowohl nach deutschem als auch UN-Kaufrecht wirksam ist, ist er nach englischem Recht regelmäßig nichtig. Während unter CISG und dem deutschen Recht eine Rückwirkung der Gefahrtragung der Regelfall ist, kommt diese nach englischem Recht nur bei verschlechterter Ware in Betracht, da der Vertrag anderenfalls schon unwirksam ist.

Diese Differenzierung kann zu erheblichen Abgrenzungsproblemen führen. Wird beispielsweise Mais verkauft, der sich so erhitzt, dass er nicht mehr als Speisemittel, sondern nur noch als Tierfutter verwendet werden kann, so würde sich unter dem englischen Recht die Frage stellen, ob die Ware untergegangen ist oder lediglich eine Verschlechterung vorliegt.[1557] Sähe man darin einen Untergang der Ware, so würden Schadensersatzansprüche gegen den Verkäufer zudem nur entstehen, wenn dieser die Existenz der Ware ausdrücklich zugesichert hatte, während ein Verkäufer unter deutschem Recht bei anfänglicher Unmöglichkeit grundsätzlich nach § 311a Abs. 2 BGB haftet.

Andererseits gibt das englische Recht mit seiner Lösung eine abgestufte Haftung her. So trägt bei bloßen Verschlechterungen vor Vertragsschluss der Käufer das Risiko dafür. Existiert hingegen gar keine Ware, so muss der Ver-

---

1555 So wohl auch Hager, Die Gefahrtragung beim Kauf, S. 122.

1556 Manbré Saccharine Co. Ltd. v. Corn Products Co. Ltd. [1919] 1 K.B. 198, 203 (KBD); Clark v. Cox, McEuen & Co [1921] 1 K.B. 139, 146 ff. (CA): Hier enthielt der Vertrag allerdings eine Bestimmung dahingehend, dass der Vertrag nichtig ist, falls das Schiff vor der declaration of shipment untergeht.

1557 Vgl. Bridge, The international sale of goods, Rn. 8.53, 8.65.

käufer das Risiko tragen.[1558] Ob für eine derartige Regelung aber eine praktische Notwendigkeit besteht, ist zweifelhaft. Vielmehr kann der Käufer sowohl untergegangene als auch verschlechterte Ware über die CIF-Transportversicherung ersetzen lassen. Was bleibt, ist damit die Ungewissheit über die Differenzierung von Untergang und Beschädigung. Damit sind letztlich die Rechtsfolgen bei Beeinträchtigungen auf dem Transport im deutschen und UN-Kaufrecht vorhersehbarer. Ihnen ist damit hinsichtlich des Gefahrüberganges schwimmender Ware bei Verschlechterungen vor Vertragsschluss der Vorzug zu geben.

6.8.4 Schlussfolgerungen

Im Bereich der Gefahrtragung lassen sich teilweise erhebliche Unterschiede zwischen den betrachteten Rechtsordnungen ausmachen. Zunächst einmal ist aber zu bemerken, dass in allen Rechtsordnungen anerkannt ist, dass der Gefahrübergang durch die Parteien vertraglich modifiziert werden kann. Sowohl nach Einheitsbedingungen als auch den GAFTA-Kontrakten wird davon rege Gebrauch gemacht. In diesen Fällen trägt der Verkäufer oft ein größeres Risiko, als in einem herkömmlichen CIF-Geschäft. Die Klauseln sind jedoch nach allen Rechtsordnungen so auszulegen, dass sie den Charakter der CIF-Transaktion nicht denaturieren. Dazu muss im Einzelfall immer gefragt werden, welche Risiken dem Verkäufer genau auferlegt werden sollen. Sowohl in Deutschland als auch in England geht die überwiegende Ansicht dahin, dem Verkäufer nur die Risiken aufzubürden, die der Käufer nicht oder nur gegen Aufschlag versichern kann.

Hinsichtlich des Verkaufs schwimmender Ware, wie er dem internationalen Getreide- und Futtermittelhandel bei CIF immanent ist, sind hingegen wichtige Unterschiede auszumachen. Diese ergeben sich nicht aus dem Kontraktwesen, aber dem zugrunde liegenden staatlichen Recht. Dort dreht sich die Frage meist darum, ob der Verkäufer bei bereits untergegangener Ware noch die Dokumente andienen darf, während dieses in Deutschland als Frage des Gefahrüberganges einzuordnen ist. Die Trennung zwischen verschlechterter und untergegangener Ware erschwert zudem die Vorhersehbarkeit der Rechtsfolgen. Allerdings darf

1558 Beachte aber Staudinger-Magnus, Art. 68 CISG, Rn. 18; Achilles, Kommentar zum UN-Kaufrechtsübereinkommen (CISG), Art. 68 Rn.5 nach denen im CISG ein Gefahrübergang insgesamt ausscheiden solle, wenn die Ware zum Zeitpunkt des Kaufvertragsschlusses nicht mehr existiert. Hat sich die Ware lediglich verschlechtert, so komme auch bei Kenntnis des Verkäufers ein Gefahrübergang zum Zeitpunkt des Kaufvertragsschlusses in Betracht.

der Verkäufer nach *common law* noch die Dokumente andienen, auch wenn er positiv weiß, dass die Ware bereits untergegangen ist. Das UN-Kaufrecht gestattet dieses hingegen nicht. Insofern lässt sich eine verkäuferfreundliche Tendenz des englischen Rechts in diesem Punkt erkennen.

6.9 Sammelsendungen *(pro-rata clause)*

Massengüter wie Getreide und Futtermittel werden in Schüttgutfrachtern verschifft. Häufig ist bei CIF-Geschäften nicht nur Ware für einen, sondern mehrere Empfänger an Bord. Bei diesen Sammelsendungen treten spezifische Probleme auf. Sie resultieren daraus, dass die an einer Sammelsendung beteiligten Partien, nur einen ideellen Bruchteil an der Gesamtmenge innehaben. Welcher konkrete Teil der Gesamtmenge ihnen zugewiesen ist, ist nicht meist nicht ersichtlich. Schwierigkeiten entstehen daher immer dann, wenn rechtliche Vorgänge die nötige Bestimmtheit aufweisen müssen, um wirksam zu sein. So stellt sich beispielsweise die Frage, wann Konkretisierung eintritt und damit die Leistungsgefahr auf den Käufer übergeht.[1559] Andererseits fragt sich, wie die Eigentumsverhältnisse an der Ladung sind und wer das Risiko für einen Teilverlust oder Teilverschlechterungen tragen muss. Zuletzt muss die Ware im Entladehafen auf die verschiedenen Empfänger der Sammelsendung aufgeteilt werden. Zur Regelung dieser Probleme sehen die GAFTA-Kontrakte besondere Klauseln vor.

6.9.1 Die Sammelsendung

6.9.1.1 Definition einer Sammelsendung

Eine Sammelsendung[1560] liegt immer dann vor, wenn Waren der gleichen Gattung für verschiedene Käufer gemeinsam verschifft werden, ohne dass eine gesonderte Trennung oder Markierung vorliegt.[1561] Üblich ist diese vor allem bei Rohöl, Getreide oder Düngemitteln.[1562] Der Beförderer, Empfangsspediteur oder

1559 Dazu bereits oben Seite 213.

1560 Begrifflich existiert im deutschen Recht auch der Begriff Sammelladung. Diese liegt aber vor, wenn mehrere Stückgüter zusammen zu verschiedenen Empfänger transportiert werden. Die Durchführung wird dann von einem Sammelladungsspediteur übernommen, vgl. auch § 460 HGB. Ferner Bull, Die Sammelsendung, S. 3.

1561 Harder, Die überseeische Sammelsendung mit besonderer Berücksichtigung der Getreideteilladungen, S. 1; Bull, Die Sammelsendung, S. 1; vgl. auch die englische Definition in s. 61(1) SoGA: “bulk means a mass or collection of goods of the same kind which (a) is contained in a defined space or area; and is such that any goods in the bulk are interchangeable with any other goods therein of the same number or quantity”.

1562 Wüst, Die Interessengemeinschaft, ein Ordnungsprinzip des Privatrechts, S. 94 Fn. 5.

die Kaiverwaltung erhält regelmäßig die Weisung, die Ware am Bestimmungsort an die verschiedenen Empfänger auseinanderzusetzen.[1563]

So kann A beispielsweise 1.000 Tonnen Weizen verschiffen und davon je 250 Tonnen an vier verschiedene Empfänger verkaufen, die in einem gemeinsamen Schiffsraum verschifft werden. Wird die Ware in vier verschiedenen Laderäumen transportiert, liegt wegen der räumlichen Trennung keine Sammelsendung in dem hier verstandenen Sinne vor. Sammelsendungen dienen vor allem der optimalen Ausnutzung des Schiffsraumes und damit auch der Einsparung von Fracht.[1564] Ist der Schiffsraum eines Frachters zu groß, um nur die Ladung aufzunehmen, die für einen Empfänger bestimmt ist, ist eine Sammelsendung für denjenigen von Interesse, der die Fracht zu bezahlen hat. Bei einem CIF-Verkauf profitiert der Verkäufer unmittelbar von niedrigeren Transportkosten, der Käufer allerdings auch mittelbar, da der Verkäufer die Frachtraten über den Kaufpreis an ihn regelmäßig weitergibt.

Eine Sammelversendung liegt aber sowohl im deutschen, als auch im CISG[1565] und dem englischen Recht[1566] nur dann vor, wenn eine bewusste gemeinsame Versendung geschieht. Vermengt sich die Ware unbewusst auf dem Transport, so gelten die Regelungen der Sammelsendung nicht.[1567] Die bewusste Vermengung wird daher in den meisten Verträgen ausdrücklich erlaubt. So heißt es in GAFTA 100:

> „Should any of the above mentioned quantity form part of a larger quantity of the same or a different period of shipment of bags of the same mark, or of a similar quality, whether in bags or bulk or whether destined to more than one port, no separation or distinction shall be necessary."[1568]

Die Klausel erlaubt es daher, die Ware für unterschiedliche Empfänger gemeinsam zu verschiffen, ohne dass eine Trennung nach Empfängern erfolgen muss, die praktisch auch gar nicht durchführbar wäre.[1569] Die Einheitsbedingungen sehen derartige Bestimmungen allerdings nicht vor. Meist ergibt aber die Ver-

---

1563 Soergel-Huber, § 447 BGB, Rn. 31.

1564 Zu den Nachteilen einer räumlichen Trennung der Ware für verschiedene Empfänger: Slabotzky, Grain contracts and arbitration, S. 55.

1565 Schlechtriem/Schwenzer-Hager, Art. 67 CISG, Rn. 10a.

1566 Bridge, The international sale of goods, Rn. 8.24.

1567 Bull, Die Sammelsendung, S. 2.

1568 GAFTA 100 cl. 22(a).

1569 Eine gleichlautende Bestimmung findet sich auch in FOSFA 24 cl. 17.

tragsauslegung, insbesondere im Hinblick auf die Wahl des Transportmittels,[1570] dass eine Sammelsendung zulässig ist.[1571]

6.9.1.2 Rechtliche Würdigung von Sammelsendungen

Eine explizite Regelung zur Sammelsendung findet sich im englischen Recht nicht. Kodifiziert sind lediglich Bestimmungen hinsichtlich der Eigentumsverhältnisse.

Nach s. 20B(1) lit. b SoGA darf jeder Miteigentümer Sachen entnehmen oder veräußern, soweit die Menge seinem Miteigentumsanteil entspricht. Die anderen Miteigentümer müssen nicht noch einmal gesondert zustimmen. Ihre Zustimmung gilt nach der Norm vielmehr als erteilt.[1572] Entnimmt einer der Ladungsbeteiligten zu viel, so begeht er ein Delikt und die anderen Ladungsbeteiligten können dann wegen des *tort of wrongful interference with goods*,[1573] Herausgabe der Sachen verlangen. Es handelt sich damit um einen *restitutionary proprietary claim*.[1574] Allerdings handelt es sich bei der Herausgabe um *specific performance*. Diese wird von den Gerichten jedoch nur dann gewährt, wenn es um bestimmte Gegenstände geht.[1575] Bei Gattungsware muss es sich jedenfalls um ausgesonderte und konkretisierte Gegenstände handeln,[1576] was bei Sammelsendungen regelmäßig nicht der Fall ist. Daher werden die Gerichte in diesen Fällen regelmäßig eher Schadensersatz und keine Herausgabe in natura zusprechen.

Im deutschen Recht liegt bei Sammelsendungen eine Bruchteilsgemeinschaft vor. Jeder Teilhaber kann daher nach § 749 Abs. 1 BGB die Aufhebung der Gemeinschaft und dementsprechend nach § 752 BGB Teilung in Natur verlangen. Insofern entstehen dingliche Herausgabeansprüche gegen diejenigen, die zu viel Ware erhalten haben. Stimmen die anderen Teilhaber einer Teilung nicht zu, so muss nötigenfalls eine Teilungsklage erhoben werden. Das Verfahren der

---

1570 Insbesondere dann wenn Schiffstransport im Überseekauf vereinbart ist, kann davon ausgegangen werden, dass eine Sammelsendung zulässig sein soll. Das gilt vor allem dann, wenn die Ladung wesentlich geringer ist, als der regelmäßig vorliegende Schiffsraum. In diesen Fällen kann kein Käufer vernünftigerweise erwarten, dass seine Ladung alleine auf einem halb leeren Schiff transportiert wird.

1571 Bull, Die Sammelsendung, S. 2.

1572 Hahn, Die Eigentumsübertragung von beweglichen Sachen beim Kauf im englischen und deutschen Recht, S. 201.

1573 Siehr, in: Carl/Güttler/Siehr (Hrsg.), Kunstdiebstahl vor Gericht (2001), 53, 53.

1574 Siehr, in: Carl/Güttler/Siehr (Hrsg.), Kunstdiebstahl vor Gericht (2001), 53, 53.

1575 Remien, Rechtsverwirklichung durch Zwangsgeld, S. 144.

1576 Remien, Rechtsverwirklichung durch Zwangsgeld, S. 144 mwN.

Auflösung einer Bruchteilsgemeinschaft ist im deutschen Recht damit stark formalisiert. Dort muss es zunächst zur ordentlichen Auseinandersetzung kommen. Im englischen Recht gibt es diese hingegen nicht.

Im UN-Kaufrecht finden sich keine besonderen Regelungen zur Sammelsendung. Das hängt vor allem damit zusammen, dass dingliche Rechtsfragen vom sachlichen Anwendungsbereich der Konvention ausgenommen sind, vgl. Art. 4 lit. b CISG. Insofern entscheidet die *lex rei sitae* über die Eigentumsverhältnisse bei Sammelladungen.

6.9.2 Vertragliche Vereinbarungen, *pro-rata clause*

Bei der Ankunft im Löschhafen muss die Sammelsendung an die verschiedenen Ladungsbeteiligten auseinandergesetzt werden. Regelmäßig kann die Sendung aus praktischen Gesichtspunkten nicht von Anfang an so verteilt werden, dass jeder Empfänger sogleich die kontrahierte Menge erhält. Häufig steht die genaue Menge der angekommenen Ware noch gar nicht fest. Durch Schwund oder Verdunstung können verschiffte und entladene Menge divergieren. Die angekommene Ware wird daher zunächst entladen, verwogen und nur vorläufig verteilt. In den Häfen hat sich häufig eine gewisse Verfahrenspraxis herausgebildet.[1577] Die genauere Aufteilung erfolgt erst, wenn die gesamte Ladung verwogen und vorläufig verteilt wurde.

6.9.2.1 Verteilung zwischen den Empfängern

Die genaue Vorgehensweise wird in den Kontrakten der GAFTA in den sogenannten *pro-rata clauses* festgehalten. Die Formulare enthalten regelmäßig die Formulierung:[1578]

> „All loose collected, damaged goods and sweepings shall be shared by and apportioned pro-rata in kind between the various Receivers thereof at the port of discharge named in the contract, buying under contracts containing this clause."

6.9.2.1.1 Realer Ausgleich anhand der Beteiligungsquoten

Insofern werden Fehlmengen, Fegsel und beschädigte Ware anhand der jeweiligen Beteiligungsquoten auf die Empfänger aufgeteilt.[1579] Um das zu gewährleisten, ist bei der Entladung und Verwiegung regelmäßig ein Kontrolleur des Ver-

---

1577 Slabotzky, Grain contracts and arbitration, S. 55.

1578 Vgl. GAFTA 100 cl. 22 lit. f.

1579 GAFTA 100 cl. 22 lit. b.

käufers anwesend. Dieser ermittelt, wie viel jeder Empfänger erhalten hat und berechnet sodann, wie viel er nach der entladenen Gesamtmenge hätte erhalten dürfen. Die Differenz zwischen diesen Mengen muss dann unter den Parteien zum Ausgleich gebracht werden.

Ein Beispiel dazu: A, B und C sind an einer Sammelsendung beteiligt. A kaufte 250 Tonnen, B 510 Tonnen und C 2.400 Tonnen. Insgesamt wurden also 3.160 Tonnen verkauft. Entladen wurden an A 240 Tonnen, an B 492 Tonnen und an C 2.100 Tonnen. Damit steht fest, dass insgesamt 2.832 Tonnen entladen wurden. Nunmehr ist festzustellen, in welchem Verhältnis A, B und C an der verkauften Gesamtmenge beteiligt sind. A ist mit 7,91 %, B mit 16,14 % und C mit 75,95 % beteiligt. Diese Anteile sind nunmehr auf die entladene Menge umzurechnen. Damit stehen A 224,01 Tonnen, B 457,09 Tonnen und C 2.150,90 Tonnen zu. A muss daher 15,99 Tonnen und B 34,91 Tonnen an C herausgeben.

Der Verkäufer ist an diesem Ausgleich nicht beteiligt.[1580] Vielmehr soll sichergestellt werden, dass alle Empfänger entsprechend ihrer Beteiligung an der Gesamtladung auch tatsächlich beliefert werden. Im Verhältnis zum Verkäufer bestehen keine weiteren Lieferansprüche.[1581] Dieses stellt cl. 22 lit. c GAFTA 100 ausdrücklich klar:

> „The above pro-rata apportionment between Receivers shall have no bearing on the establishment of final invoices with Sellers and for the purpose of these invoices, the total quantity of loose collected, damaged goods and sweepings shall be regarded as delivered to those Receivers who did not receive their full invoiced quantity.“[1582]

Der Verkäufer schuldet daher lediglich seine Mitwirkung an der Aufteilung unter den Empfängern.[1583]

6.9.2.1.2 Alternativ: Ausgleich in Geld

Für den Fall, dass eine tatsächliche Aufteilung nicht praktikabel ist oder eine Partei mehr oder weniger, als ihr zustehend erhält, findet keine tatsächliche Auseinandersetzung statt:

> "In the event of this [viz. eine Realaufteilung] not being practicable or any of them receiving more or less than his pro-rata share or apportionment, he shall settle with

---

1580 Siehe auch Loock/Straatmann, Handelsrechtliche Schiedsgerichts-Praxis, Schiedsspruch J 6 Nr. 15.

1581 Siehe dazu noch unten Seite 334 ff.

1582 Vgl. GAFTA 100 cl. 22 lit. f.

1583 Vgl. GAFTA 100 cl. 22 lit. b: "The pro-rata statement shall be established by the Sellers or their Representatives in conjunction with the Receivers or their Representatives."

> the other(s) on a pro-rata basis in cash at the market price and each Receiver shall bear his proportion of the depreciation in market value. The pro-rata statement shall be established by the Sellers or their Representatives in conjunction with the Receivers or their Representatives."

Vielmehr ist dann ein Ausgleich in Geld zu zahlen. Insofern hat derjenige, der zu viel erhalten hat, demjenigen, der zu wenig erhalten hat, den Wert der Ware zu ersetzen. Maßgeblich ist dafür der Marktpreis. Dabei ist der Marktpreis am letzten Entladetag im Entladehafen maßgeblich. Können sich die Parteien über diesen nicht einigen, so ist dieser durch das Schiedsgericht festzustellen.[1584]

Meist wird dieses die bevorzugte Auseinandersetzungsmöglichkeit sein, da die Ware der anderen Empfänger schon weiter transportiert wurde, bevor sich beim letzten Empfänger plötzlich eine Fehlmenge herausstellt. In diesen Fällen wäre es nur mit unverhältnismäßigen Kosten möglich, die Ware teilweise wieder zurückzutransportieren und tatsächlich auszugleichen.[1585]

6.9.2.1.3 Anspruch auf Auseinandersetzung bzw. Ausgleichung

Fraglich ist jedoch, ob die *pro-rata clause* auch rechtlich Ansprüche zwischen den verschiedenen Empfängern begründen und ob damit ein zu wenig belieferter Empfänger einen Anspruch gegen einen zu viel Belieferten auf eine Ausgleichszahlung hat.

6.9.2.1.3.1 Deutsche Sichtweise

In Deutschland ist dieses ungeklärt.[1586] Überwiegend wird ein vertraglicher Anspruch verneint. Die pro-rata Vereinbarung im Kaufvertrag diene nur zum Schutz des Verkäufers. Es solle klargestellt werden, dass der Käufer nicht mehr als eine pro-ratarische Verteilung schulde. Darüber hinaus sollten grundsätzlich keine Rechte zwischen den Empfängern begründet werden.[1587] *Harder*, der dieses maßgeblich vertritt, gibt aber zu, dass in Klauseln, wie den von der GAFTA Verwendeten durchaus eine Drittbegünstigungsabrede liegen könnte, wenn man

1584 Vgl. GAFTA 100 cl. 22 lit. g.

1585 Harder, Die überseeische Sammelsendung mit besonderer Berücksichtigung der Getreideteilladungen, S. 59.

1586 Nach den Einheitsbedingungen gibt es keinen Anspruch zwischen den Ladungsbeteiligten, da hier der Verkäufer die Verteilung vorzunehmen hat, vgl. dazu unten Seite 342.

1587 So OLG Hamburg HansGZ 1911 Hauptbl. 9, 10; Harder, Die überseeische Sammelsendung mit besonderer Berücksichtigung der Getreideteilladungen, S. 64.

sie denn dem deutschen Recht unterwerfen würde.[1588] Diesem ist zuzustimmen. Jeder zu wenig belieferte Empfänger erhält so einen Anspruch auf Ausgleichung gegen den jeweiligen Ladungsbeteiligten. Da jeder Beteiligte sich der Klausel unterworfen und damit einer Ausgleichung zugestimmt hat, liegt jeweils ein Vertrag zugunsten des Minderbelieferten vor (§ 328 Abs. 1 BGB). Dass dieser anfänglich noch nicht bestimmt ist, ist unschädlich, da es ausreicht, wenn der Dritte hinreichend bestimmbar ist.[1589] Dieses ist durch die Eigenschaft als Ladungsbeteiligter der Sammelsendung gegeben.

Eine Einschränkung ist jedoch zu machen: Haben die Empfänger unterschiedliche Kaufverträge, bei denen nicht alle eine pro-rata Klausel enthalten, so können Ansprüche zwischen den Beteiligten nicht ohne Weiteres entstehen, da es dann an einer Drittbegünstigungsabrede fehlen kann. Solange die proratarische Verteilung dann nicht aus einem Handelsbrauch folgt, müssen weitere vertragliche Ansprüche ausscheiden. Anderenfalls läge ein Vertrag zulasten Dritter vor. In diesen Fällen gelten dann nur die sachenrechtlichen Auseinandersetzungsansprüche der Gemeinschaft, jedoch keine vertraglichen Ansprüche. Daneben können aber auch Ansprüche aus §§ 812 ff. BGB treten. Nimmt ein Ladungsbeteiligter mehr Ware an, als ihm nach dem Konnossement zusteht, so ist die Auslieferung eine Verfügung des Verfrachters, die aufgrund der im Konnossement angegebenen Menge gegenüber den anderen Ladungsbeteiligten auch wirksam ist. Durch diese Verfügung erlangt er den ihm nicht zustehenden Miteigentumsanteil der jeweils anderen Ladungsbeteiligten. Er ist daher gem. § 816 Abs. 2 BGB zum Ausgleich verpflichtet.[1590] Meist wird dieser wegen § 818 Abs. 1, 2 BGB auf Wertersatz und damit eine Ausgleichung in Geld gerichtet sein.

6.9.2.1.3.2 Englische Sichtweise

In der englischen Literatur wird diese Frage, soweit ersichtlich, nicht vertieft behandelt. Es wird lediglich betont, dass eine pro-rata Verteilung nur funktioniere, wenn alle Verträge eine derartige Klausel hätten.[1591] Anderenfalls läge ein

---

1588 Harder, Die überseeische Sammelsendung mit besonderer Berücksichtigung der Getreideteilladungen, S. 64; offenlassend Bull, Die Sammelsendung, S. 39.

1589 RGZ 106, 120, 126; RGZ 117, 143, 149; vgl. auch OLG Karlsruhe WM 1997, 1476, 1477.

1590 Siehe OLG Hamburg HansGZ 1911 Hauptbl. 9, 11; ferner OLG Hamburg HansGZ 1899 Nr. 22.

1591 Nakamura, L.M.C.L.Q. 2005, 65, 75.

Vertrag zulasten Dritter vor, der auch dem englischen Recht fremd ist.[1592] Kaufen alle Empfänger einheitlich unter GAFTA-Bedingungen, so ist nach wie vor fraglich, wie etwaige Ausgleichsansprüche einzuordnen sind.

6.9.2.1.3.3 Vereinbarung als Vertrag zugunsten Dritter

Auch im englischen Recht liegt eine Einordnung als Vertrag zugunsten Dritter nahe. Bis vor Kurzem kannte das englische Recht einen solchen Vertragstypus wegen der Doktrin der *privity*[1593] nicht, was sich aber durch den *Contracts (Rights of Third Parties) Act 1999* geändert hat.[1594]

Insofern ist fraglich, ob die Ladungsbeteiligten gegenseitige Ansprüche nach dem *Rights of Third Parties Act* erwerben. Ein derartiger Anspruch entsteht nur, wenn die Drittbegünstigung im Vertrag ausdrücklich genannt wird,[1595] woran es bei pro-rata Klauseln regelmäßig fehlt. Allerdings erwirbt der Dritte auch dann ein eigenes Recht, wenn die Vertragsklausel einen Vorteil für ihn birgt *(„purports to confer a benefit on him“)*.[1596] Das ist regelmäßig der Fall, wenn ein Empfänger Ausgleich bei den anderen Empfängern fordern darf. Der Dritte muss dabei – wie auch im deutschen Recht – nicht namentlich bezeichnet werden, dessen Bestimmbarkeit reicht aus.[1597] Die Drittbegünstigung nach s. 1(1) lit. b. gilt aber dann nicht, wenn die Auslegung des Vertrages gegen eine Drittbegünstigung spricht.[1598] Nach den GAFTA-Verträgen heißt es ausdrücklich, dass sich die Parteien *untereinander* hinsichtlich der Verteilung zu einigen haben.[1599] Insofern soll nach dem Parteiwillen gerade noch kein Forderungsrecht aus den jeweiligen Kaufverträgen entstehen.[1600] Insofern ist die Annahme eines Vertrages zugunsten Dritter abzulehnen und die dogmatische Einordnung im *common law*

1592 Müller, RabelsZ (67) 2003, 140, 154.

1593 Rösch, Vertragliche Ansprüche Dritter in England und Deutschland, Bd. 485, S. 23; Tweddle v. Atkinson [1861] 121 E.R. 762.

1594 Vgl. Lorenz, JZ 1997, 105, 105; v. Bernstorff, RIW 2000, 435, 435 ff.; Windthorst, RIW 2005, 900, 900.

1595 Contracts (Rights of third Parties) Act 1999 s. 1(1) lit. a.

1596 Contracts (Rights of third Parties) Act 1999 s. 1(1) lit. b.

1597 Müller, RabelsZ (67) 2003, 140, 152.

1598 Contracts (Rights of third Parties) Act 1999 s. 1(2); v. Bernstorff, RIW 2000, 435, 437.

1599 Vgl. GAFTA 100 Cl. 22 lit. f.: “All Shippers, Sellers and Buyers of any part of such larger quantity as aforesaid under contracts containing this clause shall be deemed to have entered into mutual agreements with one another […]”.

1600 Vgl. auch Nisshin Shipping Co. Ltd. v. Cleaves & Co. Ltd. [2003] 2 C.L.C. 1097, 1105 (QBD); besprochen bei Windthorst, RIW 2005, 900, 902 ff.

zu suchen. Dieses ist möglich, da der *Rights of Third Parties Act* nicht die richterrechtlich entwickelten Ausnahmen zur *privity of contract* ablösen sollte.[1601]

6.9.2.1.3.4 Pro-rata Vereinbarung als *collateral contract*

Um die Grundsätze der *privity*-Doktrin zu umgehen, haben die Richter immer schon Alternativen gesucht.[1602] Eine Möglichkeit lag in sogenannten Nebenverträgen (*collateral contracts*).[1603] In diesen Fällen folgen Rechte und Pflichten des Dritten nicht aus dem Hauptvertrag, sondern aus einem Nebenvertrag, den eine der Vertragsparteien mit dem Dritten schließt.[1604] Diese *collateral contracts* sind vor allem bei Bauleistungen anzutreffen.[1605] Dort schließt der Bauherr regelmäßig einen Bauvertrag mit einem Bauunternehmer ab. Setzt jener Subunternehmer ein, so entstehen gegen diesen keine direkten vertraglichen Ansprüche. Um den Subunternehmer bei Pflichtverletzungen dennoch in Anspruch nehmen zu können, schließt der Grundstückseigentümer regelmäßig einen Nebenvertrag mit dem Subunternehmer ab. Dieser dogmatische Ansatz lässt sich auch auf die prorata Klauseln übertragen. Insofern lässt sich annehmen, dass ein *collateral contract* zwischen den Empfängern der Sammelsendung geschlossen wird. Die-

---

1601 Privity of Contract: Contracts for the Benefit of Third Parties Law Commision Report No. 242 [1996], para. 12.1; Müller, RabelsZ (67) 2003, 140, 161.

1602 Windthorst, RIW 2005, 900, 901; Vgl. zu den Möglichkeiten Müller, RabelsZ (67) 2003, 140, 142 ff.

1603 Peel/Treitel, The law of contract, Rn. 14-005; der Fall ist abzugrenzen von der Annahme eines collateral contract, um die parol evidence rule zu umgehen, vgl. Baumann, Regeln der Auslegung internationaler Handelsgeschäfte, Bd. 19, S. 96. Müller, RabelsZ (67) 2003, 140, 144 spricht daher auch von unilateral contracts.

1604 Vgl. Shanklin Pier Ltd. v. Detel Products Ltd. [1951] 2 K.B. 854, 855 f. (KBD) zu der Frage, ob eine warranty auch zwischen einem Vertragspartner und einem Dritten bestehen kann.

1605 Vgl. Murphy v. Brentwood District Council [1991] 1 A.C. 398; Vgl. zuvor aber noch D&F Estates v. Church Commissioners for England [1989] A.C. 177 (H.L.), wo vertragliche Ansprüche abgelehnt wurden; ein weiteres Beispiel für einen collateral contract aus dem Bereich der Schifffahrt sind die sogenannten Himalaya-Klauseln. Hierbei handelt es sich um Konnossementsklauseln, die dafür Sorge tragen, dass die Leute des Verfrachters vom Versender nicht wegen außervertraglicher Ansprüche in Anspruch genommen werden dürfen. Die Gerichte haben in derartigen Klauseln auch einen collateral contract zwischen dem Versender und den Leuten des Verfrachters gesehen: New Zealand Shipping Co. Ltd. v. AM Satterthwaite & Co Ltd. („The Eurymedon") [1975] A.C. 154, 175 ff. (die Vorinstanzen sahen diesen Punkt noch anders); Müller, RabelsZ (67) 2003, 140, 144; zu Haftungsfreizeichnungen zugunsten Dritter im deutschen Recht Blaurock, ZHR (146) 1982, 238, 244 ff.

ses entspricht auch der Intention der GAFTA-Klausel, in der von *„mutual agreements"* zwischen den Empfängern die Rede ist.[1606] Es fragt sich lediglich, wie diese Verträge zustande kommen. Allerdings nehmen die Gerichte häufig auch konkludent geschlossene Nebenverträge an, bei denen der Vertragsschluss durch einen Stellvertreter initialisiert werden kann.[1607]

Ein Beispiel mag das verdeutlichen: Nehmen wir an, V verkauft eine Sammelsendung an K1 und K2. K1 erhält zu viel Ware, sodass er nach den Bestimmungen der GAFTA *pro-rata clause* an K2 Ersatz leisten muss. Um einen Anspruch des K2 gegen K1 zu begründen, müsste zwischen beiden also ein Nebenvertrag zustande gekommen sein. Es ist davon auszugehen, dass dieser konkludent über V als *agent* geschlossen wurde. Als K1 bei V die Ware einkaufte, gab er zugleich das konkludente Angebot ab, sich gemäß der pro-rata Klausel zum Ausgleich gegenüber zukünftigen weiteren Empfängern der Sammelsendung zu verpflichten. Mit dem Kauf von K2 hat dieser wiederum erklärt, mit dem Angebot der Ausgleichsverpflichtung des K1 einverstanden zu sein. Dieses Angebot ist dem K1 gegenüber durch die Bekanntgabe gegenüber V als Stellvertreter wirksam geworden. Insofern lässt sich ein Nebenvertrag unter den Ladungsbeteiligten konstruieren. Dieses ist jedoch nur dann möglich, wenn auch hier alle Verträge eine *pro-rata clause* enthalten.

6.9.2.1.3.5 Collateral contract und die fehlende consideration

Problematisch ist jedoch, worin die *consideration* liegt, die notwendig ist, damit das Versprechen des Nebenvertrages durchsetzbar ist. In unserem Beispiel müsste also K2 eine *consideration* an K1 erbringen, um seinen Ausgleichsanspruch durchsetzen zu können.

Man könnte die *consideration* des K2 darin sehen, dass er sich gegenüber V zur Kaufpreiszahlung verpflichtet. Dieses wäre möglich, da zwar die *consideration* vom Versprechensempfänger (K2) ausgehen muss, jedoch nicht zwingend dem Versprechenden (K1) selbst zufließen muss.[1608] Entscheidend ist lediglich,

---

1606 Vgl. GAFTA 100 Cl. 22 lit. f.: "All Shippers, Sellers and Buyers of any part of such larger quantity as aforesaid under contracts containing this clause shall be deemed to have entered into mutual agreements with one another [...]".

1607 Rösch, Vertragliche Ansprüche Dritter in England und Deutschland, Bd. 485, S. 39.

1608 Jones v. Padavatton [1969] 1 W.L.R. 328, 336 (CA) (hier hielt das Gericht es als consideration fü ausreichend, dass der Verprechenempfänger einen sicheren Arbeitsplatz und den bisherigen Lebenstandard aufgab; Tanner v. Tanner [1975] 1 W.L.R. 1346, 1352 (CA); vgl. aber Horrocks v. Forray [1976] 1 W.L.R. 230, 239 (CA); Peel/Treitel, The law of contract, Rn. 3–24; Beyer, Misrepresentation : Haftung für fehlerhafte vorvertragliche Erklärungen nach englischem Recht, S. 37.

dass der Versprechensempfänger eine Einbuße erleidet. Allerdings liegt dann keine *consideration* vor, wenn die Einbuße auch ohne das Versprechen eingetreten wäre.[1609] Da K2 den Kaufpreis an V auch dann zahlen müsste, wenn keine weiteren Empfänger wie der K1 bereitstehen, wäre die Einbuße keine wirksame *consideration* für den Nebenvertrag zwischen K1 und K2.

Allerdings existieren Gerichtsentscheidungen, die nahelegen, dass die Erfüllung einer vertraglich geschuldeten Pflicht an den Vertragspartner, auch wirksame *consideration* für das Versprechen eines Dritten darstellen kann.[1610] In *The Eurymedon*[1611] entlud K2 das Schiff des V. Dabei wurde auch die Ware des K1 mit entladen. K1 versprach, den K2 nicht zu verklagen, falls dessen Ware beschädigt werden würde. Das Gericht nahm an, dass K2 für dieses Versprechen des K1 *consideration* geleistet hatte, indem er die Ware von K1 entladen hatte, obwohl er V gegenüber dazu verpflichtet war. Ob sich der Fall allerdings übertragen lässt, scheint fraglich, da in der Entscheidung zumindest dem K1 ein Vorteil durch die Entladung entstanden ist. Insofern spricht eher für eine *consideration*, dass auch K2 sich verpflichtet, spiegelbildlich zu viel erhaltende Ware herauszugeben. Dieses mutet zunächst merkwürdig an, da bei gegenseitigen Verträgen dann immer eine *consideration* in Form des Gegenversprechens vorliegen würde. Insofern ist auch anerkannt, dass die Übernahme einer ohnehin geschuldeten Pflicht keine wirksame *consideration* darstellt.[1612] Indes besteht hier aber die Besonderheit, dass eine Zuviel- oder Zuwenigliefrung eigentlich mit dem Verkäufer ausgeglichen werden müsste. K2 ist daher K1 gar nicht zum Ausgleich verpflichtet. Dadurch, dass K2 doch die vertragliche Ausgleichspflicht übernimmt, erleidet er eine Einbuße gegenüber K1, die er sonst ihm gegenüber nicht hätte. Insofern liegt eine wirksame *consideration* vor.[1613]

1609 Arrale v. Costain Civil Engineering Ltd. [1976] 1 Lloyd's Rep. 98, 106; Brikom Investments Ltd. v. Carr [1979] Q.B. 467, 490 f. (CA); Peel/Treitel, The law of contract, Rn. 3–29.

1610 Scotson v. Pegg [1861] 6 Hurl. & N. 295, 300; Chichester v. Cobb [1866] 14 L.T. 433 zitiert nach Furmston/Cheshire-Fifoot-Furmston, Cheshire, Fifoot and Furmston's law of contract, S. 140; Lancelot Shadwell v. Cayley Shadwell and Another, Executor and Executrix of Charles Shadwell, Deceased [1860] 9 C.B. N.S. 159, 178.

1611 New Zealand Shipping Co. Ltd. v. AM Satterthwaite & Co Ltd. („The Eurymedon") [1975] A.C. 154, 175 ff; vgl. auch Glebe Island Terminals Pty. Ltd. v. Continental Seagram Pty. Ltd. ("The Antwerpen") [1994] 1 Lloyd's Rep. 213 (Aust. CA).

1612 Vgl. die Diskussion und die Nachweise bei Scotson v. Pegg [1861] 6 Hurl. & N. 295, 298 per Pollock C.

1613 So wohl im Ergebnis auch Harder, Die überseeische Sammelsendung mit besonderer Berücksichtigung der Getreideteilladungen, S. 64, der allerdings nicht diskutiert, ob

6.9.2.1.3.6 Erst-recht-Schluss zu Art. 20B SoGA

Konkreter wird in der Literatur lediglich gefordert, dass bei Teilbeschädigung einer Sammelladung eine Verteilung pro rata zu erfolgen habe. Dabei entstehe jedoch kein Anspruch gegen den Verfrachter, sondern die Aufteilung habe zwischen den Empfängern selbst zu erfolgen.[1614] Zur Begründung wird sich dabei vorsichtig auf s. 20B SoGA bezogen. Diese Norm beschäftigt sich jedoch mit den Eigentumsverhältnissen bei Sammelsendungen und nicht der Risikotragung bei teilweise beschädigter Ware. Nach s. 20B(1) lit. a SoGA muss jedoch jeder Teilhaber der Gesamtladung Verfügungen der anderen über ihre jeweiligen Anteile zustimmen. Wenn jedoch die Parteien verpflichtet sind, der Verfügung fremder Teilhaber zuzustimmen, so müssen sie *a fortitori* daran mitwirken, die jeweiligen Teilhaberschaften zu ermitteln und eine Auseinandersetzung unter allen Beteiligten vorzunehmen.

6.9.2.1.3.7 Zwischenergebnis

Damit bleibt festzuhalten: Unterliegen alle Verträge derselben pro-rata Verteilungsklausel, so liegt im englischen Recht wegen des Wortlautes kein Vertrag zugunsten Dritter vor, sondern ein Nebenvertrag zwischen den Beteiligten der Sammelsendung vor. Einen solchen Nebenvertrag im deutschen Recht anzunehmen, ist hingegen ausgeschlossen. Eine Annahme eines derartigen Rechtsbindungswillens wäre reine Fiktion und unterliefe den schuldrechtlichen Relativitätsgrundsatz. Hier liegt eine dogmatische Einordnung als Vertrag zugunsten Dritter näher. *Collateral contracts* sind vor allem deswegen entwickelt worden, weil England ein nur schwaches Deliktsrecht hat. Unerlaubte Handlungen können nur dann geltend gemacht werden, wenn die Voraussetzungen anerkannter *actions* vorliegen.[1615] Der deliktsrechtliche Schutz ist damit unvollkommen, sodass über *collateral contracts* eine vertragliche Haftung konstruiert wird. Für eine derartige Vorgehensweise besteht jedoch in Deutschland wegen der Anspruchsgrundlagenkonkurrenz zwischen Schuld- und Deliktsrecht keine Notwendigkeit. Daher ist es überzeugender, pro-rata Klauseln als Drittbegünstigungsabrede und nicht als eigenständige Vertragserklärung anzusehen. Das gilt jedoch nur, wenn die Klauseln eine Ausgleichung zwischen den Empfängern

---

eine derartige Gestaltung nach dem englischen Recht dogmatisch zulässig ist und die Frage weitgehend offenlässt.

1614 Guest, Benjamin's sale of goods, Rn. 18–246.

1615 Meurer, FS-Leser (1998), 105, S. 109 Fn. 18; v. Bar, Die Kernbereiche des Deliktsrechts, seine Angleichung in Europa und seine Einbettung in die Gesamtrechtsordnungen, Rn. 254.

vorsehen. Wird – wie in den Einheitsbedingungen[1616] – nur ein Ausgleich mit dem Verkäufer vorgesehen, so fehlt es mangels einer Drittbegünstigungsabrede an Ansprüchen der Empfänger untereinander.

Haben die Verträge keine einheitliche Verteilungsklausel, so können sich Verteilungsansprüche lediglich aus einem Handelsbrauch ergeben. Existiert auch ein solcher nicht, so sind die Beteiligten für Ansprüche untereinander auf die Instrumente des Sachenrechtes angewiesen. Wird also in Deutschland entladen, so gelten wegen der *situs*-Regel (Art. 43 Abs. 1 EGBGB) die Vorschriften der Gemeinschaft und die Beteiligten können nach § 752 BGB grundsätzlich nur Teilung in Natur, nicht aber Ausgleich in Geld verlangen.[1617] Ein Ausgleich in Geld kommt allerdings nach § 816 Abs. 2 BGB in Betracht.[1618]

6.9.2.2 Verrechnung mit dem Verkäufer

Gegenüber dem Verkäufer ist der Käufer verpflichtet, zunächst den vollen Kaufpreis zu zahlen, auch wenn er bei der Entladung nicht die ihm verkaufte oder anteilig zustehende Menge erhalten hat. Dieses hat vor allem den Grund, dass der CIF-Käufer die Gefahr für Ladungsverluste auf der Seestrecke trägt. Er muss daher grundsätzlich die eingeladene und nicht die ausgeladene Menge bezahlen. Eine Ausnahme besteht nur, wenn ausgeliefertes Gewicht im Sinne der *deficiency clause* vereinbart ist.[1619] Allerdings findet die *deficiency clause* bei Sammelsendungen ausdrücklich keine Anwendung.[1620]

Wird also eine größere oder kleinere Menge ausgeladen als insgesamt verschifft, so hat mit dem Verkäufer anschließend ein Ausgleich in Geld zu erfolgen. Dazu werden die Fehlmengen zum Tagespreis am letzten Entladetag verrechnet und zwischen Käufer und Verkäufer anteilig ausgeglichen. Die Ausglei-

---

1616 § 57 Abs. 2 EB: „Die Verteilung ist vom Verkäufer innerhalb von 20 Geschäftstagen nach vollständiger Löschung des Schiffs vorzunehmen.“ In die Richtung der Wahrnehmung des Rechts aus § 752 BGB weist der nächste Satz für den Fall, dass der Verkäufer die Verteilung nicht vornimmt: „Nach diesem Zeitraum hat der Käufer das Recht die Verteilung abzulehnen oder sie von sich aus vorzunehmen.“.

1617 So auch OLG Hamburg HansGZ 1911 Hauptbl. 9, 10. Allerdings ist die Vorschrift des § 752 BGB dispositiv, sodass die Parteien etwas anderes vereinbaren können, vgl. Staudinger-Langhein, § 752 BGB, Rn. 1. Zudem kann auch der Handelsbrauch in den entsprechenden Häfen dazu führen, dass ein Geldausgleich zu erfolgen hat.

1618 Siehe oben Seite 335.

1619 Siehe oben Seite 298.

1620 Siehe cl. 15 GAFTA 100: „Any deficiency in the bill of lading weight shall be paid for by Sellers and any excess over bill of lading weight shall be paid for by Buyers at contract price, (unless the Pro-rata clause applies).“

chung zwischen den verschiedenen Empfängern hat im Verhältnis zum Verkäufer allerdings außer Betracht zu bleiben. Sie betrifft nur die Frage, ob die Ladungsbeteiligten entsprechend ihrer Anteile an der Gesamtmenge richtig beliefert wurden, nicht ob insgesamt mehr oder weniger ausgeliefert wurde, als der Verkäufer insgesamt kontrahiert hatte.

Um etwaige Fehlbetragsmengen zu ermitteln, schreiben die Verträge oft vor, dass für den Ausgleich mit dem Verkäufer fingiert wird, dass der Minderbelieferte Fegsel und beschädigte Ware erhalten hat. Erhält der K1 beispielsweise nur 995 Tonnen anstatt 1.000 Tonnen ausgeliefert, finden sich aber 12 Tonnen beschädigte Ware und Fegsel an Bord des Schiffes, so ist für das Verhältnis zum Verkäufer (V) anzunehmen, dass K1 1.007 Tonnen erhalten hat. Er muss daher 7 Tonnen gegenüber V ausgleichen. Übersteigen die 12 Tonnen den selbst zu tragenden Anteil an defekter Ware bzw. Fegseln, so kann der Empfänger einen anteiligen Ausgleich für die erhaltene beschädigte Ware von den anderen Ladungsbeteiligten K2 bis K*n* erlangen.

Insofern bleibt festzuhalten, dass die Auseinandersetzung zuvörderst zwischen den verschiedenen Empfängern erfolgen soll.[1621] Der Verkäufer erhält vorläufig seinen vollen Kaufpreisanspruch und wird aus der Abwicklung zwischen den Empfängern herausgehalten. Er muss im Verhältnis zum Käufer lediglich anteilig für Abweichungen zwischen der tatsächlich ausgelieferten Menge und kontraktlich geschuldeten Menge einstehen.

6.9.3 Rechtsvergleich und Bewertung

Auch die Einheitsbedingungen sehen in § 57 EB für CIF-Geschäfte eine Verteilung pro-rata für Sammelsendungen vor. Eine Sammelsendung wird auch hier ausdrücklich gestattet, wenn Ware gleicher Art und Güte vorliegt. Fegsel, beschädigte Ware und etwaige Mindermenge sind nach der oben beschriebenen Praxis[1622] auf die verschiedenen Empfänger gemäß ihrer Anteile zu verteilen. Ein wichtiger Unterschied besteht aber insoweit, dass hier der Verkäufer die Verteilung vornehmen muss. Damit bleibt für Ansprüche zwischen den Ladungsbeteiligten aus einer Drittbegünstigungsabrede kein Raum. Zu viel empfangene Ware ist in diesen Fällen zum Preis des letzten Löschtages zu vergüten, sofern dieser ein Geschäftstag ist. Ist das nicht der Fall, so gilt der folgende Geschäftstag.

1621 Zur Diskussion, wessen Pflicht die Verteilung ist Harder, Die überseeische Sammelsendung mit besonderer Berücksichtigung der Getreideteilladungen, S. 4 ff.

1622 Vgl. dazu Seite 332.

Der Vorteil der Einheitsbedingungen liegt dabei insbesondere beim Insolvenzrisiko. Erfolgt die Verteilung unter den Empfängern, so müssen die Parteien auch deren Ausfallrisiko tragen. Im Verhältnis zum Verkäufer sind sie nämlich zur vollen Kaufpreiszahlung verpflichtet, auch wenn sie bei Löschung nicht entsprechend ihrer Anteile an der Gesamtmenge bedacht wurden. Von dem Verkäufer können sie zudem nur die anteilige Differenz zwischen ausgelieferter Gesamtmenge und Kontraktmenge verlangen. Erhält ein Empfänger hingegen mehr Fegsel oder beschädigte Ware, als er anteilig tragen muss, so muss er sich mit den anderen Ladungsbeteiligten auseinandersetzen. Diese kennt der einzelne Käufer jedoch möglicherweise gar nicht und kann auch nicht deren Solvenz beurteilen. Insofern besteht für ihn ein erhebliches Insolvenzrisiko hinsichtlich der Ausgleichsforderungen.

6.10 Verpflichtung zur Kaufpreiszahlung

Dass der Käufer den Kaufpreis zu zahlen hat, ist keine Besonderheit der GAFTA-Verträge. Dennoch sehen diese – geschuldet durch die Besonderheiten des überseeischen Handels – einige Besonderheiten vor. Dabei befinden sich die Parteien in einer Spannungssituation: Nach Möglichkeit soll vermieden werden, dass eine der Parteien vorleisten muss, sodass die Aushändigung der Ware nur gegen Zahlung zu erfolgen hat. Nur so können sich die Beteiligten vor einer Insolvenz des (meist weit entfernten) Vertragspartners schützen.[1623] An dieser Stelle soll nur kurz auf die Besonderheiten eingegangen und für die genaue Abwicklung des Akkreditivgeschäftes auf die einschlägige Literatur verwiesen werden.[1624]

6.10.1 Kasse gegen Dokumente

Die Zahlungsklauseln in den GAFTA-Verträgen bestimmen regelmäßig, dass die Zahlung in bar gegen Dokumente erfolgen solle, sodass eine Kassaklausel vorliegt.[1625]

> "(a) Payment .... % of invoice amount by cash in ....
>
> * In exchange for and on presentation of shipping documents;
>
> * In exchange for shipping documents on or before arrival of the vessel at destination, at Buyers' option;
>
> Sellers, however, have the option of calling upon Buyers to take up and pay for documents on or after.. consecutive days from the date of the bill(s) of lading."[1626]

Diese Zahlweise ist am häufigsten bei Trockenladung anzutreffen[1627] und entspricht auch dem Standardmodell des CISG.[1628] Der Käufer verpflichtet sich alleine deswegen zur Zahlung, weil ihm die im Vertrag näher bezeichneten Dokumente vorgelegt werden. Damit wird s. 28 SoGA abbedungen, indem der

1623 Paschke, Hamburger Handbuch des Exportrechts, Abschn. 13 vor Rn. 1.

1624 Stober/Bretthauer, Deutsches und Internationales Wirtschaftsrecht, S. 552 ff.; Capelle, Das Akkreditivgeschäft; Ehrlich/Haas/Zahn, Zahlung und Zahlungssicherung im Außenhandel, S. 37 ff.

1625 Vgl. cl. 11 GAFTA 100; GAFTA 119; cl. 10a GAFTA 115.

1626 Vgl. cl. 11 GAFTA 119.

1627 Bridge, in: Worthington (Hrsg.), Commercial law and commercial practice (2003), 213, 239.

1628 Vgl. Art. 58 Abs. 1, 2 CISG.

Käufer zur Zahlung gegen Annahme der Dokumente und nicht der Ware selbst verpflichtet wird.[1629]

Die Zahlweise „Kasse gegen Dokumente" ist für die Parteien freilich mit einem gewissen Risiko verbunden. So muss der Käufer die Ware bezahlen, ohne diese gesehen zu haben geschweige denn überprüfen zu können.[1630] Zwar wird die Ware durch die Transportversicherung abgedeckt, doch tritt diese nur für Schäden ein, die auf der Seestrecke auftreten. Verschifft der Verkäufer schon mangelhafte Qualität, so kann er sich bei der Versicherung nicht schadlos halten. Aus diesem Grunde sehen die Verträge regelmäßig vor, dass ein Analysenzertifikat einer offiziellen Prüfagentur ausgestellt werden muss, damit der Käufer sich über die Warenqualität bei Verschiffung sicher sein kann.[1631]

Auch für den Verkäufer ist das Vorgehen nachteilig. Er muss die Ware verschiffen, um das Konnossement zu erlangen, welches er dem Käufer präsentieren kann. Da die Bank lediglich einen Inkassoauftrag übernimmt und nicht wie beim Akkreditiv ein abstraktes Zahlungsversprechen abgibt, geht der Verkäufer das Risiko ein, die Ware bereits verschifft zu haben, vom Käufer aber keinen Kaufpreis erlangen zu können und die Ware nun anderweitig absetzen muss.

6.10.1.1 Abwicklung der Zahlung

6.10.1.1.1 Anzudienende Dokumente

Die Verträge bestimmen, welche Dokumente angedient werden müssen. Dabei handelt es sich um dieselben Dokumente, die auch nach § 59 Abs. 2 EB gefordert werden. Nötig sind regelmäßig:

- die Handelsrechnung,
- der vollständige Satz an Konnossementen oder *delivery orders*,
- die Versicherungspolice oder das Versicherungszertifikat
- sowie sonstige Dokumente, sofern diese nach dem Vertrag gefordert werden, wie z. B. ein Ursprungszeugnis.[1632]

Dass diese Dokumente angedient werden müssen, ist bei CIF-Geschäften der Regelfall. Im Grundsatz gilt dieses auch für FOB-Transaktionen. Dort ist hin-

---

1629 Guest, Benjamin's sale of goods, Rn. 19–66.

1630 E. Clement Horst Co. v. Biddell Brothers [1912] A.C. 18, 21 (HL); vgl. für Deutschland auch BGH WM 1987, 503, 504. Auch nach dem CISG kann der Käufer die Ware nicht untersuchen, da Art. 58 Abs. 3 CISG bei „Kasse gegen Dokumente" abbedungen ist, vgl. Schlechtriem/Schwenzer-Hager/Maultzsch, ARt. 58 CISG, Rn. 12.

1631 Siehe oben Seite 192 ff.

1632 Vgl. cl. 11 GAFTA 100.

sichtlich des Konnossements aber zu differenzieren. Nach englischer Sichtweise ist der FOB-Käufer der *shipper,* das heißt, dass er das Konnossement erhält.[1633] Da der Verkäufer dieses nicht hat, muss er auf anderem Wege nachweisen, dass er ordnungsgemäß erfüllt hat. Daher muss er in diesen Fällen den Bordempfangsschein *(mate's reciept)* vorlegen, der die erfolgte Verladung und damit die Erfüllung vonseiten des Verkäufers dokumentiert.[1634] Einige wenige GAFTA-FOB-Kontrakte sehen vor, dass die Zahlung gegen Vorlage des *mate's receipt* erfolgen kann, so z. B. cl. 12 lit. a GAFTA 118 (FOB) und cl. 12 lit. a GAFTA 79a (FOB). Die Klauseln lauten dort:

> "PAYMENT- (a) By cash against Bill of Lading or Mate's Receipt on presentation of ....„[1635]

Soll der FOB-Verkäufer die Dokumente dem Käufer hingegen andienen, so wird er nach englischem Recht dadurch selbst zum *shipper.* In diesem Fall erhält er das Konnossement vom Reeder. In diesem Fall muss er das Konnossement an den Käufer weiterleiten,[1636] da erst dann Zahlung verlangt werden kann.

6.10.1.1.2 Abwicklung des dokumentären Inkassos

Diese Dokumente werden dem Käufer meist durch eine Bank vorgelegt, die zur Einziehung der Zahlung eingeschaltet ist. Man spricht dann auch vom dokumentären Inkasso.[1637] Die Bank zieht anschließend die Zahlung ein.[1638] Der Verkäufer weist gleichzeitig die Bank an, die Dokumente nur Zug-um-Zug gegen Zahlungseinzug herauszugeben. Die Kosten für die Inkassoleistung der Bank werden regelmäßig vertraglich dem Verkäufer auferlegt, es sei denn, dass der Käufer darauf besteht, nur an eine Bank seiner Wahl zu zahlen. In diesen Fällen

---

1633 Sassoon, C.I.F. and F.O.B. contracts, Rn. 466.

1634 Der Bordempfangsschein ist eine Quittung, die vom Ladungsoffizier ausgestellt wird und bestätigt, welche Güter tatsächlich in das benannte Schiff verladen wurden.

1635 cl. 12 lit. a GAFTA 118.

1636 Sassoon, C.I.F. and F.O.B. contracts, Rn. 480.

1637 Das Dokumenteinkasso unterliegt regelmäßig den einheitlichen Richtlinien für Inkassi der ICC (ERI 522).

1638 Dazu reicht der Verkäufer einen Inkassoaufrag bei seiner Bank (remitting bank) ein, die diesen an die Inkassobank (collecting bank) weiterleitet. Zuletzt unternimmt die vorlegende Bank (presenting bank) einen unverbindlichen Einziehungsversuch beim Käufer. Paschke, Hamburger Handbuch des Exportrechts, Abschn. 13 Rn. 1. In Folge der Finanzkrise 2009 kam es deswegen in der Praxis zu Problemen der Zahlungsabwicklung, da viele Verkäufer den (ausländischen) Banken beim Einzug der Forderung misstrauten.

muss der Käufer nach den GAFTA-Kontrakten eventuelle Zusatzkosten selbst tragen.[1639]

6.10.1.1.3 Zahlungsmodalitäten im Detail

6.10.1.1.3.1 Zeitpunkt der Zahlung

Grundsätzlich ist bei Vorlage der Dokumente zu zahlen. Das entspricht auch Art. 58 Abs. 1 CISG.[1640] Allerdings muss der Käufer das Geld nicht permanent zur Verfügung haben, da er regelmäßig nicht weiß, wann der Verkäufer die Dokumente andient. Daher räumt ihm das englische Recht einen angemessenen Zeitraum für die Zahlung nach Präsentation der Dokumente ein. Was angemessen ist, richtet sich dem Einzelfall, die Zahlung muss jedoch zügig erfolgen und damit innerhalb weniger Geschäftstage.[1641] Bei verderblichen Gütern muss die Zahlung sogar noch schneller erfolgen. In diesen Fällen ist eine Zahlung eine Woche nach der Dokumentenandienung in jedem Fall verspätet.[1642] Dieses wird auch unter dem CISG so gesehen, wenn der Käufer über den Zeitpunkt der Andienung im Unklaren gelassen wurde.[1643]

Teilweise wird auch ein abweichender Zahlungszeitpunkt in den Kontrakten festgelegt.[1644] Während der Käufer grundsätzlich bei Andienung der Dokumente zahlen muss, wird in manchen Vertragsklauseln der Zahlungszeitpunkt auf die Ankunft des Schiffes durch folgende Formulierung verlagert: *„[payment] in exchange for shipping documents on [...] arrival of the vessel at destination"*.[1645] Damit wird jedoch lediglich der Fälligkeitszeitpunkt der Zahlung hinausgeschoben, nicht die Preisgefahr abgeändert.[1646] Kommt das Schiff nicht an, weil es beispielsweise auf Grund gelaufen ist, so berührt dieses die Zahlungspflicht nicht, wenn der Verkäufer dennoch die Dokumente andient. Lediglich der Zahlungs-

---

1639 Vgl. cl. 11 lit. f GAFTA 100.

1640 Die Untersuchungspflicht nach Art. 58 Abs. 3 CISG ist bei CIF-Geschäften regelmäßig abbedungen, da die Ware sich bei der Übergabe der Dokumente auf hoher See befindet und ohnehin nicht untersucht werden kann.

1641 Sassoon, C.I.F. and F.O.B. contracts, Rn. 270; Guest, Benjamin's sale of goods, Rn. 19–75.

1642 Ryan v. Ridley & Co. [1902] 8 Com. Cas. 105.

1643 Staudinger-Magnus, Art. 25 CISG, Rn. 11; Huber, RabelsZ (43) 1979, 413, 515; Bianca/Bonell, Commentary on the international sales law, Art. 58 CISG Rn. 2.4; aA Reinhart, UN-Kaufrecht, Art. 58 CISG Rn. 3.

1644 So beispielsweise in Cl. 11 lit. a GAFTA 100.

1645 Vgl. cl. 11 lit. a GAFTA 100.

1646 So auch im deutschen Recht: RGZ 87, 134, 136; Liesecke, WM 1966, 174, 176; vgl. aber Möller, HansRGZ 1940 Hauptbl., 253, 256.

zeitpunkt bereitet Probleme, da bereits feststeht, dass das Schiff nicht mehr im Hafen ankommen wird. In diesen Fällen ist Zahlungszeitpunkt dann, wenn das Schiff normalerweise angekommen wäre.[1647]

6.10.1.1.3.2 Ort der Zahlung

Hinsichtlich des Leistungsortes gilt: Grundsätzlich muss der Käufer am Geschäftssitz des Verkäufers zahlen.[1648] Da die Zahlung beim CIF-Geschäft jedoch gegen Austausch der Dokumente erfolgt, ist anerkannt, dass die Zahlung dort auch an dem Ort erfolgen muss, an dem die Dokumente angedient werden.[1649]

6.10.1.2 Nichtverfügbarkeit der Dokumente

Der heutige Handel ist durch optimierte Transportprozesse relativ schnelllebig. Das klassische Konnossement in Papierform braucht jedoch eine gewisse Zeit, bis es den Empfänger erreicht.[1650] Das kann dazu führen, dass der Empfänger die Ware vor dem Konnossement erhält und dementsprechend nicht entgegennehmen kann, da erst das Konnossement den Auslieferungsanspruch gegen den Verfrachter verbrieft. Droht die Ware beispielsweise zu verderben, so sind die Parteien auf eine praxisgerechte Ersatzlösung angewiesen.

Daher finden sich meist Sonderregeln in den GAFTA-Verträgen zu diesen Fällen. Dem Verkäufer wird es dann freigestellt, andere Dokumente anzudienen, mit denen der Käufer die Ware in Empfang nehmen kann. Alternativ kann der Verkäufer dem Käufer ein Empfängerrevers *(letter of indemnity)* ausstellen.[1651] Ohne Vorlage der Dokumente wird der Reeder die Ware an den Käufer nicht herausgeben, da er nicht weiß, wer der Berechtigte ist und seine P&I Versiche-

---

1647 Vgl. Fragano v. Long [1825] 4 B. & C. 219, 222: Einen angemessenen Zeitraum nach Beginn der Unmöglichkeit der Leistung; ferner Guest, Benjamin's sale of goods, Rn. 19–71.

1648 Rein v. Stein [1892] 1 Q.B. 753, 758 (CA); Guest, Benjamin's sale of goods, Rn. 19–76.

1649 Guest, Benjamin's sale of goods, Rn. 19–76.

1650 Mankowski, Seerechtliche Vertragsverhältnisse im internationalen Privatrecht, S. 195; Basedow, Der Transportvertrag, S. 376.

1651 Vgl. cl. 11 lit. c GAFTA 100; siehe auch Herber, Seehandelsrecht, S. 303. Gehrke, Das elektronische Transportdokument, S. 113 bezweifelt allerdings die rechtliche Wirksamkeit dieser formularmäßigen Freizeichnung, da die Klausel - zumindest der deutschen Vorlagepflicht aus § 648 HGB – planmäßig zuwiderlaufe. Erkennt man aber die Praxis des Empfängerrevers grundsätzlich an (siehe Seite 350), so spricht nichts dagegen dieses im Kontrakt auch noch einmal festzuhalten.

rung den Schaden nicht deckt, der durch die Auslieferung an den Nichtberechtigten entsteht. Der Reeder wird daher nur bereit sein, die Ware ohne Dokumente auszuliefern, wenn eine Sicherheit gestellt wird. Diese Freihalteerklärung kann der Verkäufer selbst ausstellen, häufiger ist wegen der Absicherungsfunktion in der Praxis aber eine Konossementsgarantie durch eine Bank. Diese beläuft sich regelmäßig auf 100 bis 150% des Warenwertes.[1652] Machen später der Reeder oder Dritte Ansprüche gegen den Käufer wegen der unberechtigten Entgegennahme der Ware geltend, so kann er beim Verkäufer bzw. der Bank Regress nehmen.

Der Käufer hat in diesen Fällen Zug-um-Zug gegen die Gestellung der Sicherheit zu zahlen. Eine solche Freihalteerklärung kann beispielsweise wie folgt lauten:

> „In consideration of your paying us the sum of … being the purchase price of the above mentioned goods, without having in hand any original documents required by the letter of credit No. … we hereby guarantee irrevocably to indemnify you against any and all damages, losses, liabilities, costs, council, feeds and any other expenses including but not limited to any claims or demands which may be made by the carrier consigner consignee or any holder or transferees of the original B/L or by any third party claiming an interest or lien in the cargo or proceeds which may arise out of our failure to provide such original documents as required under letter of credit No. … covering the cargo of … metric tons of … loaded on the … "[1653]

Sollte der Verkäufer weder die Dokumente noch eine derartige Garantie andienen, so kann der Käufer die Ware auch dann in Empfang nehmen, wenn er selbst dem Reeder eine Bankgarantie stellt. Die Zahlung an den Verkäufer muss dann jedoch erst erfolgen, wenn dieser auch die Dokumente andient. In jedem Fall erhält der Käufer gegen den Verkäufer einen Anspruch auf Ersatz der zusätzlichen Kosten, die durch die verspätete Andienung entstehen, wozu vor allem die Kosten für die Gestellung der Konnossementsgarantie.[1654]

Fast identisch sind für diese Fälle die Einheitsbedingungen.[1655] Allerdings wird dem Verkäufer hier nicht die Pflicht auferlegt, gegebenenfalls eine Bank-

---

1652 Ventris, L.M.C.L.Q., 479, 480; Zahn/Ehrlich/Neumann, Zahlung und Zahlungssicherung im Außenhandel, Rn. 9/63.

1653 Diese Erklärung lag im Fall Gatoil International Inc. v. Tradax Petroleum Ltd. ("The Rio Sun") [1985] 1 Lloyd's Rep. 350, 354 (QBD) vor.

1654 Vgl. cl. 11 lit. d. GAFTA 100.

1655 Damit wird dem Käufer in § 59 Abs. 10 EB die Pflicht auferlegt, die Ware gegen Revers anzunehmen. Dieses ist beachtlich, denn normalerweise fällt es nicht unter die Schadensminderungspflicht des Empfängers, ein Revers auszustellen, vgl. Loock/Straatmann, Handelsrechtliche Schiedsgerichts-Praxis, Schiedsspruch J 5a Nr. 55.

garantie zu stellen. Vielmehr muss der Käufer die Garantie stellen.[1656] Insofern sind Einheitsbedingungen und GAFTA-Verträge für den Fall der Nichtverfügbarkeit der Dokumente praktisch gleichwertig.

6.10.1.3 Zulässigkeit der Praxis „Ware gegen Empfängerrevers"

Problematisch ist, ob diese Praxis zulässig ist. Dabei ist sie jedoch nicht mit dem „Abladerrevers" zu verwechseln. Hier wirken Verfrachter und Ablader so zusammen, dass der Verfrachter im Falle beschädigter Ladung ein reines Konnossement ausstellt und der Ablader im Gegenzug verspricht, den Reeder von Ansprüchen des Empfängers freizuhalten („Reine Konnossemente gegen Revers"). Teilweise datieren die Reeder das Konnossement auf Wunsch des Abladers auch vor, um eine vertragsgerechte Verschiffung zu „dokumentieren". Es ist einhellige Meinung, dass diese Freihalteerklärungen sowohl im englischen[1657] als auch im deutschen Recht[1658] unwirksam sind, wenn sie abgegeben werden, um den Empfängers über die Ordnungsgemäßheit der Ware zu täuschen und ihn so zur Zahlung zu veranlassen.

Ob diese gefestigte Ansicht auch auf den Fall zu übertragen ist, dass der Empfänger ein Revers ausstellt, ist jedoch fraglich. In Rechtsprechung[1659] und

---

1656 Vgl. § 59 Abs. 10 S. 2 Halbs. 2 EB.

1657 Im englischen Recht fehlt es hingegen an der consideration des Reeders, wenn dieser als Gegenleistung eine arglistig falsche Erklärung (fraudulent misrepresentation) abgibt. Dann liegt der Fall einer „unlawful consideration" vor, die unwirksam ist. Mangels consideration ist der Vertrag dann nicht durchsetzbar, vgl. Brown Jenkinson & Co. Ltd. v. Percy Dalton Ltd. [1957] 2 Q.B. 621, 636 (CA); Gaskell/Asariotis/Baatz, Bills of lading, Rn. 7.98; Mittelbach, Das Verfahren "Reines Konnossement gegen Revers" und seine Lösungsmöglichkeiten, S. 44; zusammenfassend BGHZ 60, 102, 104 ff.

1658 Zum Vorwurf der Sittenwidrigkeit in Deutschland nach § 138 BGB vgl. BGHZ 60, 102, 104 ff.; OLG Hamburg, MDR 1970, 146, 147; OLG Hamburg, TranspR 2000, 315, 316 – Wirksamkeit des Reversvertrages wenn Zweifel über Mängel bestehen; OLG Hamburg HansRGZ 1933 A, Sp. 495, 496; Mittelbach, Das Verfahren "Reines Konnossement gegen Revers" und seine Lösungsmöglichkeiten, S. 30 ff. In jedem Fall haften Ablader und Verfrachter als Gesamtschuldner einer gemeinschaftlichen unerlaubten Handlung, was einen anteiligen Regress im Innenverhältnis zulässt, vgl. OLG Hamburg, MDR 1970, 146, 147.

1659 Ein Fall, indem der Empfänger keine Konnossemente vorweisen konnte und die Ware gegen Empfängerrevers ausgeliefert wurde, findet sich in BGHZ 36, 329; vgl. auch BGH WM 1960, 1405, 1406.

Literatur[1660] finden sich wenige Anhaltspunkte dafür. Das Empfängerrevers wird nur stiefmütterlich behandelt. Der BGH geht allerdings davon aus, dass die Praxis des Empfängerrevers dazu diene, *„im Interesse aller an der Beförderung Beteiligten durch deren loyale Zusammenarbeit unnötig erscheinende Unkosten und Weiterungen durch Einlagerung der Güter, Verlängerung der Liegezeiten usw. zu vermeiden"*.[1661] Auch die englischen Entscheidungen billigen diese Praxis meist unreflektiert.[1662] Nur vereinzelt[1663] wird daher gefordert, dass die Rechtsprechung zum Abladerrevers auch auf das Empfängerrevers ausgedehnt werden solle. Anderenfalls würden die Parteien primär gegen Revers und nicht gegen Konnossement die Auslieferung anstreben. Dadurch werde der durch das Konnossement verbriefte Auslieferungsanspruch unterlaufen. Dieses mag zwar rechtspolitisch erstrebenswert sein, *de lege lata* ist für eine solche Ansicht aber kein Raum. Schließlich ist auch nicht jedes Abladerrevers per se sittenwidrig.[1664] Vielmehr ist sorgsam zu prüfen, ob die Beteiligten im Einzelfall gemeinsam zum Nachteil eines Dritten handeln oder nicht. Nur wenn das der Fall ist, so liegt Sittenwidrigkeit vor. Dieser Prüfschritt ist auch beim Empfängerrevers vorzunehmen. Allerdings sind nur mit mehr Aufwand Fälle denkbar, in denen ein solches zum Nachteil eines Dritten ausgestellt wird. Das wäre beispielsweise lediglich dann denkbar, wenn die Ware regen Revers herausgegeben wird, der Empfänger das später eintreffende Konnossement an einen Dritten weiterveräußert, und der Reeder davon wusste.[1665] Die Gerichte müssen also nicht ihre Rechtsprechung überdenken,[1666] sondern die allgemeinen Grundsätze zur Sittenwidrigkeit oder *unlawful consideration* – wie bisher auch – im Einzelfall richtig anwenden. Dem Problem, dass das Konnossement als Wertpapier bedroht ist, hat wenn überhaupt der Gesetzgeber entgegenzutreten, indem er das Empfängerrevers verbietet.

1660 Gar nicht problematisiert beispielsweise bei Schlegelberger/Liesecke, Seehandelsrecht, § 642 HGB Rn. 14; Rabe, Seehandelsrecht, § 648 HGB Rn. G 2 a; Guest, Benjamin's sale of goods, Rn. 19–66.

1661 BGHZ 36, 329, 342.

1662 vgl. Enichem Anic SpA v. Ampelos Shipping Co. Ltd. („The Delfini") [1990] 1 Lloyd's Rep. 252, 266; Gatoil International Inc. v. Tradax Petroleum Ltd. ("The Rio Sun") [1985] 1 Lloyd's Rep. 350 (QBD); siehe auch Ventris, L.M.C.L.Q., 479, 480.

1663 Basedow, Der Transportvertrag, S. 376.

1664 Mittelbach, Das Verfahren "Reines Konnossement gegen Revers" und seine Lösungsmöglichkeiten, S. 7 f., 32.

1665 Beispiel nach Basedow, Der Transportvertrag, S. 377.

1666 So gefordert von Basedow, Der Transportvertrag, S. 376.

6.10.2 Dokumente gegen Akkreditiv

Eine weitere – jedoch nicht ganz so häufig in den GAFTA-Verträgen anzutreffende Option – ist die Zahlung gegen Dokumente.[1667] Meist wird diese in den Verträgen als Alternative zur Kassaklausel angeboten und es steht im Belieben der Parteien, sich für eine der beiden Zahlweisen zu entscheiden. In diesen Fällen eröffnet der Käufer das Akkreditiv und der Verkäufer sendet die Ware ab. Anschließend erhält Letzterer gegen Vorlage der Dokumente, Zahlung aus dem Akkreditiv. Da der Verkäufer als Begünstigter ein abstraktes Zahlungsversprechen der eröffnenden Bank erhält, ist er besser abgesichert als beim Dokumenteninkasso.

6.10.2.1 Vertragliche Voraussetzungen

Da der Verkäufer bestimmte Dokumente andienen muss, damit die Bank die Zahlung aus dem Akkreditiv veranlasst, finden sich in den Kontrakten Ausführungen, welche Dokumente beizubringen sind. In Anlehnung an die UCP 600 sind diese

- Konnossement,
- Handelsrechnung und
- Gewichtszertifikat.
- Teilweise schreiben die Formulare aber auch weitere Dokumente vor, wie z. B. Herkunftsbescheinigungen oder Begasungszertifikate.[1668]

Die Verträge stellen meist dabei meist auch die Bedingungen des Akkreditives klar. So muss ein

- unwiderrufliches[1669] Akkreditiv gestellt werden,
- das ein Sicht-Akkreditiv[1670] sein muss und
- durch die Akkreditivstelle bestätigt[1671] wurde.

1667 Diese findet sich beispielsweise in cl. 10b GAFTA 115; cl. 13 GAFTA 120; GAFTA 21, 23, 24, 25.

1668 Vgl. cl. 13 GAFTA 120.

1669 Dieses ist der Regelfall nach den UCP 600.

1670 Bei einem Sicht-Akkreditiv erfolgt die Zahlung an den Begünstigten bei Einreichung ordnungsgemäßer Dokumente ohne Berücksichtigung etwaiger Zahlungsziele.

1671 Bei einem bestätigten Akkreditiv haftet neben dem Importeur und der Akkreditivbank auch die Akkreditivstelle für die Zahlung. Dieses erhöht die Sicherheit für den Verkäufer.

Wichtig ist auch der Zeitpunkt, zu dem ein Akkreditiv eröffnet werden muss. Dabei wird oft auf einen bestimmten Zeitpunkt Bezug genommen, wie den Verschiffungszeitraum[1672] oder den Tag des Vertragsschlusses, so bei GAFTA 120.

> „Buyers shall open an irrevocable, confirmed letter of credit payable at sight, [...] not later than ... business days after the date of the Contract“.[1673]

Sehen die Verträge hingegen kein Datum vor, so fragt sich, ob das Akkreditiv schon zum ersten Verschiffungstag eröffnet sein muss oder ob der Käufer dieses auch erst an einem beliebigen anderen Tag während des Verschiffungszeitraumes eröffnen kann. Die englische Rechtsprechung geht jedoch sogar so weit, dass das Akkreditiv schon einen angemessenen Zeitraum *vor* dem Verschiffungszeitraum eröffnet werden,[1674] spätestens aber mit dem ersten Tag der Verschiffungsperiode vorliegen muss.[1675] Welcher Zeitpunkt genau maßgeblich ist, ist jedoch nach wie vor unsicher, da es an entsprechenden Urteilen mangelt. Bestehen allerdings Unsicherheiten darüber, ob die Ware überhaupt exportiert werden kann, weil beispielsweise eine behördliche Genehmigung aussteht, so darf der Käufer mit der Eröffnung noch warten, bis diese Zweifel ausgeräumt sind.[1676] Diese Unsicherheit besteht auch für FOB-Verträge. Hier scheint die Sichtweise vorzuherrschen, dass das Akkreditiv erst zum Verschiffungstag zu eröffnen ist.[1677]

6.10.2.2 Bewertung

In der deutschen schiedsgerichtlichen Praxis herrscht ebenfalls die Auffassung vor, dass das Akkreditiv spätestens zum ersten Tag der Verschiffungsperiode vorliegen muss.[1678] In der Literatur wird diese Problematik kaum behandelt. Nur vereinzelt[1679] wird darauf abgestellt, dass das Akkreditiv dann gestellt werden müsse, wenn der Verkäufer die kontraktgemäßen Dokumente andienen will. Al-

---

1672 So z.B. cl. 11 GAFTA 21.

1673 Vgl. beispielsweise cl. 13 lit. a GAFTA 120.

1674 Sinason-Teicher Inter-American Grain Corp. v. Oilcakes and Oilseeds Trading Corp. [1954] 1 W.L.R. 1394, 1399 f. (CA); A.E. Lindsay & Co. Ltd. v. Cook [1953] 1 Lloyd's Rep. 328, 332.

1675 Pavia & Co S.p.A. v. Thurmann Nielsen [1952] 2 Q.B. 84, 88, per Summervell LJ.

1676 Pavia & Co S.p.A. v. Thurmann Nielsen [1952] 2 Q.B. 84, 88, per Summervell LJ.

1677 Vgl. die Diskussion bei Ian Stach Ltd. v. Baker Bosly Ltd. [1958] 2 Q.B. 130, 144.

1678 Vgl. Vierheilig, Das Kaufrecht der Bedingungen der Bremer Baumwollbörse, S. 165; Loock/Straatmann, Handelsrechtliche Schiedsgerichts-Praxis, Schiedsspruch J 5 a Nr. 72; vgl. ferner Liesecke, WM 1978, 21.

1679 Haage, Das Abladegeschäft, S. 91 f.

lerdings findet die Dokumentenandienung immer erst nach der Verschiffung statt. Es ist daher sinniger, dem Verkäufer bereits *mit* Verschiffung eine Sicherheit in Form des Akkreditivs an die Hand zu geben. Anderenfalls muss er die Ware verschiffen, ohne sich überhaupt darüber sicher sein zu können, dass er die Zahlung erhalten wird.[1680] Versäumt der Käufer die Gestellung, so muss der Verkäufer eine Nachfrist setzen (vgl. § 59 Abs. 9 EB) bzw. eine Mahnung aussprechen, um Schadensersatz geltend machen oder zurücktreten zu können,[1681] da bei einem Akkreditiv nicht ohne Weiteres[1682] eine Fixschuld vorliegt.[1683] Damit unterscheidet sich das deutsche Recht wesentlich vom englischen, welches unmittelbar einen Rücktritt zulässt. Ob der Verkäufer nach dem CISG zurücktreten kann, wenn das Akkreditiv nicht rechtzeitig gestellt wird, hängt primär davon ab, ob eine wesentliche Vertragsverletzung nach Art. 25 CISG vorliegt. Regelmäßig wird dieses jedoch zu verneinen sein, da die Akkreditiveröffnung nur erfüllungshalber an die Stelle einer gewöhnlichen Zahlung tritt und eine reine Zahlungsverspätung *per se* auch noch keine wesentliche Vertragsverletzung darstellt.[1684]

1680 So auch Al-Deb'i, Überseekauf und Abladegeschäft, S. 208, der zudem darlegt, dass nicht auf § 271 BGB abgestellt werden kann, da die Umstände des Einzelfalles beim Überseegeschäft eine abweichende Betrachtung erfordern. Wohl auch Starck, Kommentar zu den Einheitsbedingungen im deutschen Getreidehandel, S. 68.

1681 Haage, Das Abladegeschäft, S. 91 f.

1682 Eine Fixschuld liegt nur dann vor, wenn die Parteien auch deutlich machen, dass der Vertrag mit der Einhaltung dieser Verpflichtung stehen oder fallen soll. Daher reicht die Vereinbarung eine Datums zur Akkreditiveröffnung nicht aus. Vielmehr muss durch eine Vereinbarung wie „Akkreditiv fix zum ..." der Fixschuldcharakter klargestellt werden.

1683 Loock/Straatmann, Handelsrechtliche Schiedsgerichts-Praxis, Schiedsspruch J 5 a Nr. 72; Al-Deb'i, Überseekauf und Abladegeschäft, S. 208.

1684 LG Kassel vom 21.09.1995, Az.: 11 O 4261/94; Magnus, ZEuP 1997, 823, 839 f.; Herber/Czerwenka, Internationales Kaufrecht, Art. 65 Rn. 5; Staudinger-Magnus, Art. 25 CISG, S. 24; Al-Deb'i, Überseekauf und Abladegeschäft, S. 209.

6.10.3 Rechte des Verkäufers bei Nichtzahlung / Verweigerung der Dokumentenannahme

6.10.3.1 Rücktritt und Schadensersatz

Zahlt der Käufer nicht oder nicht rechtzeitig, so liegt ein Vertragsbruch vor. Nach s. 10(1) SoGA ist die Zeit der Zahlung jedoch grundsätzlich[1685] nicht vertragswesentlich. Zahlt der Käufer bei Präsentation nicht augenblicklich, so kann der Verkäufer nicht vom Vertrag zurücktreten. Erst wenn ein für die Zahlung angemessener Zeitraum verstrichen ist, steht dem Verkäufer dieses Recht zu.[1686] Etwas anderes gilt hingegen bei der Eröffnung des Akkreditivs. Hierbei handelt es sich um eine Vorbedingung *(condition precedent)* zur Lieferpflicht des Verkäufers.[1687] Eröffnet der Käufer das Akkreditiv nicht rechtzeitig, so kann der Verkäufer zurücktreten. Dabei kommt es wie immer nicht auf ein Verschulden an,[1688] sodass es sich entgegenhalten lassen muss, wenn das Akkreditiv wegen Kommunikationsproblemen zwischen den Banken nicht rechtzeitig eröffnet werden kann.[1689]

Daneben kann der Verkäufer auch Schadensersatz fordern[1690] – insbesondere dann, wenn er ein Deckungsgeschäft vornimmt. In diesen Fällen richtet sich die Bemessung des Schadens nicht nach s. 50(1) SoGA, sondern nach der *default clause*. Dabei gelten die oben dargelegten Regeln für den Fall der Nichtlieferung analog. Es kommt also für die abstrakte Schadensberechnung im Falle eines fehlenden Deckungsgeschäftes darauf an, wann der Käufer die Dokumente hätte aufnehmen müssen oder die Annahme unberechtigt verweigerte.[1691] Der Marktpreis wird dann regelmäßig am Ort der Dokumentenaufnahme und alternativ am

---

1685 Folgt allerdings eine andere Intention aus dem Kaufvertrag, so kann auch die Zahlungszeit eine condition sein, vgl. Sohio Supply Co. v. Gatoil (USA) Inc. [1989] 1 Lloyd's Rep. 588, 590 (CA).

1686 Ryan v. Ridley & Co. [1902] 8 Com. Cas. 105: Hier erfolgte die Zahlung nicht binnen einer Woche nach Andienung der Dokumente, sodass der Verkäufer zurücktreten konnte.

1687 Knotz v. Fairclough, Dodd and Jones Ltd. [1952] 1 Lloyd's Rep. 226, 231.

1688 Im englischen Recht tritt die Haftung auch ohne ein Verschulden ein, sogenannte strict liability, vgl. oben Seite 83.

1689 A.E. Lindsay & Co. Ltd. v. Cook [1953] 1 Lloyd's Rep. 328, 335.

1690 Vgl. s. 48(4) SoGA.

1691 Guest, Benjamin's sale of goods, Rn. 19–189.

Bestimmungsort[1692] bestimmt, da der Verkäufer hier den Deckungsverkauf vornehmen muss.[1693]

6.10.3.2 Kaufpreiszahlung, s. 49 SoGA

Vertragserfüllung, mithin also Zahlung des Kaufpreises, kann der Verkäufer allerdings nur dann fordern, wenn das Eigentum auf den Käufer bereits übergegangen ist, s. 49(1) SoGA. Wurde bei einem CIF-Geschäft das Konnossement bereits übergeben, so ist dieses unproblematisch der Fall.[1694] Schwieriger ist es, wenn der Käufer die Annahme der Dokumente (unberechtigterweise) verweigert, da das Eigentum an der Ware dann nicht übergehen kann. Für diese Konstellation wurde vereinzelt vertreten, dass dann s. 49(2) SoGA greife, wonach der Kaufpreis auch dann gefordert werden kann, wenn der Preis an einem festgelegten Tag zu zahlen ist,[1695] wobei dieser derjenige sein soll an dem die Dokumente angedient werden müssen.[1696] Diese Ansicht wurde aber durch zahlreiche Gerichtsentscheidungen verworfen, die s. 49(2) SoGA dahin gehend auslegten, dass der festgelegte Tag nicht auf einem ungewissen Ereignis (wie der Andienung) beruhen dürfte, sondern sich schon direkt aus dem Vertrag ergeben müsse.[1697] Insofern kann der Verkäufer in diesen Fällen lediglich Schadensersatz, nicht aber den Kaufpreis fordern.

Bei FOB-Verträgen geht das Eigentum hingegen frühestens mit der Verschiffung über,[1698] da erst zu diesem Zeitpunkt die Konkretisierung *(appropriation)* stattfindet, die notwendig ist, damit das Eigentum übertragen werden

---

1692 Vgl. Muller, MacLean & Co. v. Leslie & Anderson [1921] 8 Ll.L.R. 328.

1693 Guest, Benjamin's sale of goods, Rn. 19–189.

1694 Das gilt selbst dann wenn die Ware auf dem Transport verloren gegangen ist Guest, Benjamin's sale of goods, Rn. 19–188.

1695 „Where, under a contract of sale, the price is payable on a day certain irrespective of delivery and the buyer wrongfully neglects or refuses to pay such price, the seller may maintain an action for the price, although the property in the goods has not passed and the goods have not been appropriated to the contract."

1696 Vgl. Workman Clark & Co. Ltd. v. Lloyd Brazileno [1908] 1 K.B. 968, 977 (CA): Hier lag eine Lieferung in mehreren Raten vor; Polenghi v. Dried Milk Co. Ltd. [1904] 10 Com. Cas. 42.

1697 Stein, Forbes & Co. v. County Tailoring Co. [1916] 86 L.J.K.B. 448; Muller, MacLean & Co. v. Leslie & Anderson [1921] 8 Ll. L. Rep. 328; Colley v. Overseas Exporters [1921] 3 K.B. 302, 306 (KBD); Shell-Mex Ltd. v. Elton Cop Dyeing Co. [1928] 34 Com. Cas. 39, 44.

1698 Guest, Benjamin's sale of goods, Rn. 20–58.

kann.[1699] Behält sich der Verkäufer jedoch das Eigentum *(right of disposal)* vor, so erwirbt der Käufer erst dann das Eigentum, wenn alle Bedingungen für den Eigentumsübergang eingetreten sind. Hält der Verkäufer beispielsweise das *mate's receipt* bis zur Zahlung zurück, so geht das Eigentum erst über, wenn er Verkäufer es gegen Zahlung dem Käufer aushändigt.[1700] Erst dann – wenn also das Eigentum übergeht – kann der Verkäufer auch den Kaufpreis verlangen, sodass die obigen Ausführungen entsprechend gelten.

6.10.4 Schlussfolgerungen

Die GAFTA-Kontrakte sind hinsichtlich des Zahlungszeitraumes flexibler als die Einheitsbedingungen. Bei Letzteren hat die Zahlung regelmäßig innerhalb eines Geschäftstages zu erfolgen (§ 59 Abs. 1 EB), bei CIF Geschäften muss sogar eine Begleichung bis 12 Uhr des folgenden Geschäftstages geschehen (§ 59 Abs. 7 EB). Diese Zeitspanne soll es dem Käufer ermöglichen, das Geld zu beschaffen. Erst nach deren Ablauf tritt Verzug ein.[1701] Diese sehr kurzen Zeiträume werden in der Praxis freilich ohnehin kaum eingehalten. Kommt es aber doch einmal zu Streit, so bringt die starre Frist mehr Rechtssicherheit, da die Parteien eine feste Frist erhalten und selbst bestimmen können, ob die Leistungen vertragsgemäß waren. Im englischen Recht, das nur eine zügige Zahlung vorsieht, ohne den Zeitraum näher zu bestimmen, ist dieses lediglich durch einen Schiedsrichter zu erledigen.

Erfolgt keine Zahlung, so liegt nach dem das UN-Kaufrecht (Art. 59 CISG) ohne weitere Mahnung ein Vertragsbruch vor, was dem englischen Recht entspricht. Die Einheitsbedingungen gewähren immerhin eine Nachfrist von einem Geschäftstag.[1702] Allerdings gilt zu beachten, dass § 40 Abs. 2 S. 3 EB dem Verkäufer im Falle des Zahlungsverzuges das Recht gibt, weitere (Teil-) Lieferungen nur noch gegen Vorkasse zu erbringen.[1703] Dieses belastet den Käufer meist erheblich und ist in den GAFTA-Verträgen nicht vorgesehen.

Eine maßgebliche Schwäche des englischen Rechts liegt aber beim Anspruch auf Kaufpreiszahlung. Da das Eigentum mangels Übergabe der Doku-

---

1699 Vgl. oben Seite 14, 269.

1700 Napier v. Dexters Ltd. [1926] 26 Ll. L. Rep. 184 (CA): Für den Fall, dass das mate's receipt auf den Namen des Verkäufers ausgestellt wurde und ein Konnossement lediglich gegen das mate's receipt ausgestellt wird.

1701 Starck, Kommentar zu den Einheitsbedingungen im deutschen Getreidehandel, S. 68.

1702 Vgl. § 18 Abs. 4 EB.

1703 Selbiges gilt auch dann, wenn berechtigte Zweifel an der Zahlungsfähigkeit des Käufers bestehen, vgl. § 40 Abs. 3 EB.

mente regelmäßig noch nicht auf den Käufer übertragen wurde, scheidet ein Anspruch auf Kaufpreiszahlung aus. Dieses ist zu erwarten, da im englischen Recht Ansprüche auf die Leistung selbst *(specific performance)* grundsätzlich ausgeschlossen sind. Der Verkäufer ist also nur auf Schadensersatz angewiesen, der sich meist aus einem Deckungsverkauf ergeben wird und anhand der *default clause* zu berechnen ist. Dieses wird regelmäßig dem Interesse des Verkäufers entsprechen, da er die Ware schnellstmöglich absetzen will, findet sich jedoch kein Käufer, da es beispielsweise keinen oder nur einen sehr kleinen Markt für die Ware gibt, so kann er durchaus daran interessiert sein, den Käufer auf Abnahme und Zahlung in Anspruch zu nehmen. Nach § 40 Abs. 2 S. 1 EB bleibt der Leistungsanspruch unter den Einheitsbedingungen hingegen bestehen. Die englische Regelung ist lediglich für den Käufer vorteilhaft, da er bei der Geltendmachung eines Schadensersatzanspruches dann beispielsweise einwenden kann, der Verkäufer hätte seiner Schadensminderungspflicht nicht genügt.[1704]

Für den Käufer ist zudem nachteilig, dass die englische Rechtsprechung teilweise verlangt, dass das Akkreditiv schon angemessene Zeit vor dem Verschiffungszeitraum eröffnet sein muss. Damit tritt der Käufer einen wesentlich längeren Zeitraum in Vorleistung, als er es nach deutschem Recht oder CISG müsste.

1704 Möglicherweise deswegen, weil der Verkäufer beispielsweise keinen oder keinen angemessenen Deckungsverkauf getätigt hat.

6.11 Nichtleistung: die *default clause*

Bei Nichtleistungen liegt nach englischem Recht ein *breach of contract* vor, sodass die allgemeinen Regeln des *common law* gelten. Grundsätzlich gibt es daher Schadensersatz.[1705] Nur wenn eine wesentliche Vertragsverletzung vorliegt, also eine *condition* nicht beachtet wurde, kann die verletzte Partei vom Vertrag zurücktreten.[1706] In diesem Kapitel kann selbstverständlich nicht auf alle Rechte eingegangen werden, die den Parteien bei Leistungsstörungen in Kaufverträgen zustehen. Stattdessen soll das Augenmerk auf die vertraglichen Regelungen der GAFTA-Formulare für den Fall der Nichtlieferung werden:

> "DEFAULT- In default of fulfilment of contract by either party, the following provisions shall apply: -
>
> (a) The party other than the defaulter shall, at their discretion have the right, after serving notice on the defaulter to sell or purchase, as the case may be, against the defaulter, and such sale or purchase shall establish the default price.
>
> (b) If either party be dissatisfied with such default price [...] then the assessment of damages shall be settled by arbitration.
>
> (c) The damages payable shall be based on, but not limited to, the difference between the contract price and either the default price [...] or upon the actual or estimated value of the goods, on the date of default, [...]."

Leistungsstörungen werden in den GAFTA-Kontrakte in diesen *default clauses* behandelt. Die Klauseln lehnen sich an das *common law* an, verdrängen dieses jedoch insoweit gegenteilige Anordnungen getroffen werden.[1707]

6.11.1 Anwendungsbereich: Begriff des *default*

6.11.1.1 Die Pflichtverletzungen

Der Anwendungsbereich der *default clause* erstreckt sich auf Pflichtverletzungen. Wann eine solche vorliegt, ist weitgehend offen gelassen. In den Vertragsklauseln heißt es lediglich

> „[...] default of fulfilment of contract by either party [...]".

1705 Es sei denn die andere Vertragspartei hat ihr Recht verwirkt, indem sie zum Beispiel eine verspätete notice of appropriation nicht zurückweist.

1706 Siehe oben Seite 84.

1707 Dass dieses möglich ist, wurde ausdrücklich klargestellt in Bremer Handelsgesellschaft mbH v. Vanden Avenne-Izegem P.V.B.A. [1978] 2 Lloyd's Rep. 109, 117 (HL) per Lord Wilberforce.

Die Verträge zählen die Arten verschiedener Pflichtverletzungen und deren mögliche Sanktionen nicht gesondert auf. Insofern handelt es sich bei der vorliegenden Bestimmung um eine Generalklausel, die eingreift wenn jegliche vertragliche Pflichten zum Zeitpunkt der Fälligkeit nicht erfüllt wurden.[1708] Diese können in vielfältiger Art und Weise auftreten. Möglicherweise lädt der Verkäufer die Ware nicht ab oder dient die bei CIF-Geschäften die Dokumente nicht an. Der Käufer kann es hingegen versäumen, den Kaufpreis zu bezahlen oder bei FOB-Geschäften das Schiff rechtzeitig zu benennen.[1709] Für die Anwendung der *default clause* kommt es nicht darauf an, ob der Käufer oder Verkäufer die Pflichtverletzung begangen hat. Unerheblich ist ferner, ob es sich um Liefer- bzw. Zahlungsverpflichtungen oder um sonstige Obligationen handelt. Wichtigster Anwendungsfall für die *default clause* ist aber der Fall der Nichtlieferung. Die nachfolgende Darstellung soll sich daher auf diese und auf den Unterfall der nicht rechtzeitigen Lieferung beziehen.

Die *default clause* der GAFTA gilt allerdings im Regelfall nicht, wenn eine verminderte Qualität geliefert wird. Wie noch gezeigt werden wird,[1710] findet sie lediglich dann Anwendung, wenn der Vertrag aufgehoben werden kann. Wird eine verminderte oder verunreinigte Warenqualität geliefert, so wird diesen Pflichten vertraglich oft nur der Rang einer *warranty* eingeräumt.[1711] Daher kann in diesen Fällen nur Schadensersatz oder eine Preisminderung vorgenommen werden. In diesen Fällen gelten also die oben dargestellten Regeln für abfallende Qualität und die *default clause* greift nicht ein.[1712]

6.11.1.2 Konkurrenzverhältnis zu anderen Klauseln

Im Fall einer Nicht- oder zu spät Lieferung legt damit grundsätzlich ein Fall von *default* vor. In bestimmten Situationen wird der Anwendungsbereich der *default clause* aber eingeschränkt. Dazu gehört namentlich das Vorliegen einer *extension of shipment* (6.11.1.2.1.) und eines *circle* (6.11.1.2.2.).

1708 Toprak Mahsulleri Ofisi v. Finagrain Compagnie Commerciale Agricole et Financière S.A. [1979] 2 Lloyd's Rep. 98, 109 (CA) per Robert Goff J. Ebenso auch in Deutschland in §§ 18 f. EB.

1709 Vgl. Phoebus D. Kyprianou Coy. v. WM. H. Pim Jnr. & Co. Ltd. [1977] 2 Lloyd's Rep. 570 (QBD).

1710 Siehe unten Seite 363 ff.

1711 Vgl. dazu oben Seite 136 ff.

1712 Siehe oben Seite 136 ff. Auch unter den Einheitsbedingungen gilt § 19 EB für die reine Nichtleistung. Bei abfallender Kondition oder Qualität ist der Anwendungsbereich von § 37 EB eröffnet.

6.11.1.2.1 Verhältnis zur extension of shipment clause

Liegt eine *extension of shipment* vor, so hat das Auswirkungen auf die *default clause*. Wird nämlich die Verschiffung nach dieser Klausel verschoben, so verlängert sich der Erfüllungszeitraum um eine festgelegte Zeitspanne.[1713] Die Verschiffung wird für den Verkäufer daher erst zu einem späteren Zeitpunkt fällig. Erst wenn auch die Zeit der *extension* verstrichen ist, kann daher von einer Nichtleistung trotz Fälligkeit und damit von *default* gesprochen werden. Insofern modifiziert die *extension clause* die vertraglichen Pflichten, sodass sie der *default clause* vorgeht. Voraussetzung dafür ist jedoch, dass der Verkäufer sich auf die Verlängerung innerhalb des Zeitraumes beruft, den der Vertrag vorsieht. Unter GAFTA 100 Bedingungen muss dieses spätestens am nächsten Geschäftstag nach dem ursprünglichen Erfüllungszeitraum geschehen.[1714] Erfolgt die Anzeige zu spät, so liegt *default* bereits mit dem Ablauf des ursprünglichen Leistungszeitraumes vor.

Der Käufer sollte jedoch genau prüfen, ob die Anzeige wirklich verspätet ist. Ist die Erklärung, der Verkäufer befinde sich in *default*, erst einmal in der Welt, so kann das zu Problemen führen, wenn in Wirklichkeit gar keine Leistungsstörung vorlag. Im Falle einer solchen Anzeige wird vermutet, dass der Vertrag beendet werden sollte. Das ist auch in den Fällen so, in denen die Benachrichtigung verfrüht oder fälschlicherweise abgegeben wurde. Dann begeht die irrtümlicherweise den *default* erklärende Partei selbst einen Vertragsbruch *(repudiatory breach)* und kann auf Schadensersatz in Anspruch genommen werden.[1715] So verhielt es sich in dem Fall *Gulf Agri Trade FZCO v. Aston Agro Industrial AG.*[1716] Dort dauerte die vertragliche Verschiffungsperiode bis zum 10. Oktober, was der Käufer jedoch verkannte und fälschlicherweise schon am 4. Oktober *default* erklärte. Die Parteien sollten daher darauf achten, *default* nur dann zu erklären, wenn er auch wirklich vorliegt. In Zweifelsfällen sollten daher Formulierungen wie z. B. *„We hereby declare an event of default to have occurred“* vermieden und der Verkäufer unjuristisch zur Leistung aufgefordert werden.

1713 Siehe oben Seite 272 ff.

1714 Siehe oben Seite 273.

1715 Vgl. zum repudiatory breach auch Alfred C. Toepfer v. Peter Cremer [1975] 2 Lloyd's Rep. 118, 129 (CA); Federal Commerce & Navigation Co. Ltd. v. Molena Alpha Inc. ("The Nanfri") [1979] A.C. 757.

1716 Gulf Agri Trade FZCO v. Aston Agro Industrial AG [2008] 1 C.L.C. 919 (QBD).

6.11.1.2.2 Verhältnis zur circle clause

Liegt ein *circle* vor, so finden die Bestimmungen der *default clause* keine Anwendung. Dieses ist in den *circle clauses* der GAFTA ausdrücklich festgelegt.[1717] Das festzuhalten ist wichtig. Ein *circle* ist letztlich nichts anderes, als eine in sich geschlossene Lieferkette.[1718] Im Falle einer Nichtlieferung hat daher normalerweise jeder Käufer gegen seinen Verkäufer einen Anspruch wegen einer Vertragsverletzung.[1719] Dieses macht Lieferketten für die Beteiligten regelrecht gefährlich, da die Pflichtverletzung einer Partei Auswirkungen auf alle anderen haben kann. Nimmt ein Beteiligter beispielsweise die Ware wegen zwischenzeitlich gefallener Preise nicht ab, so kann er auch seinen Käufer nicht beliefern, der wiederum seinem Käufer gegenüber verantwortlich ist. Da die Ware letztlich bei in sich geschlossenen Ketten ohnehin nicht physisch verschoben wird, sondern beim Verkäufer verbleibt, macht es Sinn, Ansprüche untereinander wegen Nichtleistungen auszuschließen. Ein Deckungsgeschäft wäre in diesen Fällen sogar überflüssig, da die Verträge für alle Parteien lediglich ein Differenzgeschäft darstellen sollen und die Zwischenhändler gar kein physisches Interesse an der Ware haben.

Unter den Einheitsbedingungen nimmt § 43 EB hingegen zum Verhältnis zwischen Circle-Klausel und den Rechten bei Nichterfüllung nach § 19 EB keine Stellung. Es ist lediglich in §§ 43 Abs. 2, 3 EB aufgelistet, wann eine Differenzabrechnung nach der Circle-Klausel nicht erfolgen soll.[1720] Das sind die Fälle einer Erfüllungsverhinderung (§ 20 EB) und einer Zahlungseinstellung. Im Umkehrschluss zu diesen beiden Absätzen ist daher zu folgern, dass im bloßen Fall einer Nichterfüllung einer Partei im *circle* eine Differenzabrechnung nach § 43 EB vorzunehmen ist. An eine solche Nichterfüllung ist vor allem dann zu denken, wenn eine Partei die Dokumente nicht andient, da Schiedsgerichte da-

---

1717 Vgl. cl. 24 GAFTA 100.

1718 Dazu noch unten Seite 415.

1719 Loock/Straatmann, Handelsrechtliche Schiedsgerichts-Praxis, Schiedsspruch J 5a Nr. 67: In einem Fall verkaufte v. an K Ware. K verkaufte diese an Z, bei dem v. die Ware zuvor eingekauft hatte, sodass ein Zirkel vorlag. K und Z nahmen daraufhin auch eine Zirkel-Abrechnung vor. Der Verkäufer war der Meinung, nun dem K keine Dokumente mehr andienen zu müssen, da ein Zirkel vorlag. Damit irrte der V, da er nach dem Vertrag zwischen ihm und K zur Andienung verpflichtet war. Die Tatsache, dass K mit dem Z kontrahiert hatte, änderte wegen der Relativität der Schuldverhältnisse nichts an der Beziehung zwischen K und V.

1720 "Hat ein Verkäufer von seinem Käufer oder einem nachfolgenden Käufer dieselbe Ware oder einen Teil derselben Ware zurückgekauft, so hat die Abrechnung auf Basis der Kontraktmenge [...] zu erfolgen.", vgl. § 43 EB.

von ausgegangen sind, dass im circle die Pflicht zur Andienung bestehen bleibt.[1721]

6.11.1.3 Vertragsaufhebung

Steht fest, dass eine Pflichtverletzung im Sinne der *default clause* vorliegt, so ist fraglich, ob die *default clause* nur dann zur Anwendung kommt, wenn der Vertrag wirksam aufgehoben wurde, was insbesondere der Fall ist, wenn eine Pflicht vom Rang einer *condition* verletzt wurde und die verletzte Partei die Aufhebung erklärt. Man könnte erwägen, dass die Klausel bei jeder Art von Pflichtverletzung gilt – gleich, ob eine condition oder warranty verletzt wurde.

6.11.1.3.1 Bestehen der Voraussetzungen zur Vertragsaufhebung

Offen gelassen wurde diese Frage noch von Brandon, Lord J. in der Entscheidung *Toepfer v. Lenersan-Poortman.*[1722] In der Entscheidung *Toprak Mahsulleri Ofisi v. Finagrain Compagnie Commerciale Agricole et Financière S.A.* wurde die Frage hingegen behandelt.[1723] Dort stützten sich die Richter darauf, dass die Formulierung der Klausel *„in default of fulfilment of contract"* beinhalte, dass nicht nur ein Vertragsbruch vorliege, sondern diese die verletzte Partei den Vertrag auch aufheben müsse, da sich der *default* sonst nicht manifestiere.

Dieser Ansicht ist zuzustimmen. Die *default clause* gestattet es dem Gläubiger ein Deckungsgeschäft vorzunehmen. Dieses macht jedoch nur Sinn, wenn die verletzte Partei endgültig nicht mehr an der Leistung interessiert ist und deutlich macht, dass sie ein Ersatzgeschäft vornehmen will.[1724] Insofern erlangt die verletzte Partei durch das Deckungsgeschäft ihre Dispositionsfreiheit wieder, darüber zu entscheiden, von wem sie die benötigte Ware bezieht. Insofern muss zumindest eine *condition* verletzt sein oder im Rahmen eines *innominate term* eine wesentliche Vertragsverletzung vorliegen. Nur dann ist ein endgültiges Abstandnehmen vom Vertrag und eine Wiedererlangung der Dispositionsmöglichkeiten denkbar ist.

1721 Siehe dazu vor allem unten Seite 425.

1722 Toepfer v. Lenersan-Poortman N.V. [1980] 1 Lloyd's Rep. 143, 147 (CA) per Brandon, LJ.

1723 [1979] 2 Lloyd's Rep. 98, 109 (CA); siehe auch die nächste Fn.

1724 So auch Gulf Agri Trade FZCO v. Aston Agro Industrial AG [2008] 1 C.L.C. 919, 925 (QBD) mit Verweis auf Paragraph 28 des Appeal Board's Award: „...in the context of a GAFTA contract... the Default clause is clearly predicated on the termination of a contract...".

Somit findet die *default clause* nur dann Anwendung, wenn auch eine Vertragspflicht vom Rang einer *condition* verletzt wurde. Wird hingegen nur eine *warranty* verletzt, so greift die Bestimmung nicht und der Gläubiger muss seinen Schadensersatz nach dem *common law* berechnen.[1725]

6.11.1.3.2 Vornahme der Vertragsaufhebung

Die Dispositionsfreiheit wird jedoch erst dann wiedererlangt, wenn die nichtsäumige Partei die Vertragsaufhebung wirksam erklärt hat. Erst dann wird deutlich, dass der Gläubiger keine Erfüllung mehr durch den Schuldner begehrt.

6.11.1.3.2.1 Erklärung durch die enttäusche Partei

Grundsätzlich muss die enttäuschte Partei von ihrem Recht Gebrauch machen, den Vertrag wegen der Verletzung einer *condition* aufzuheben. Sie muss entscheiden, ob sie sich weiterhin am Vertrag festzuhalten lassen will oder diesen auflöst, um gegebenenfalls ein Ersatzgeschäft vorzunehmen. Insofern muss die verletzte Partei, im Falle der Nichtlieferung also der Käufer, die Vertragsaufhebung erklären.

6.11.1.3.2.2 Erklärung der Vertragsaufhebung durch die säumige Partei

Eine davon abweichende Regelung sehen die GAFTA-Kontrakte vor. Demnach kann in CIF-Verträgen auch der Verkäufer sich selbst als in *default* befinden und so die Folgen der Klausel herbeiführen. So heißt es in cl. 23 lit. f. GAFTA 100:

> “(f) Default may be declared by Sellers at any time after expiry of the contract period, and the default date shall then be the first business day after the date of Sellers' advice to their Buyers. If default has not already been declared then (notwithstanding the provisions stated in the Appropriation Clause) if notice of appropriation has not been served by the 10th consecutive day after the last day for appropriation laid down in the contract, the Seller shall be deemed to be in default and the default date shall then be the first business day thereafter.”

Dieses Recht soll vor allem den Verkäufer schützen. Erwartet der Käufer einen steigenden Markt, so kann er mit einem Deckungskauf theoretisch solange zuwarten, wie er möchte. Eine Frist von drei Geschäftstagen für die Durchführung eines Deckungsgeschäftes, wie beispielsweise in § 19 Abs. 3 EB ist dem

---

1725 Eine Ausnahme bestünde nur dann, wenn die Qualität betroffen ist, da die Verträge meist vorsehen, dass in diesen Fällen lediglich eine Minderung und kein Schadensersatz in Betracht kommt. Siehe dazu oben Seite 144.

GAFTA-Kontrakt nicht zu entnehmen. Da dieses dem Käufer erlauben würde, gegen den Verkäufer zu spekulieren, hat dieser das Recht selbst *default* zu erklären. In den Fällen wird der Schadensersatz am Geschäftstag nach dessen Erklärung berechnet.[1726]

6.11.1.3.2.3 Fehlen einer Vertragsaufhebung

Erklärt keine der Parteien entweder sich selbst oder die jeweils andere Partei in *default*, so tritt dieser spätestens dann ein, wenn eine Frist von 10 Kalendertagen nach dem letzten Tag für die Verladeanzeige verstrichen ist. Sollte der Verkäufer also beispielsweise am 17. Mai die Verladeanzeige erbringen, so liegt *default* jedenfalls ab dem 28. Mai 00 $^{\underline{00}}$ Uhr vor, wenn vorher weder Käufer noch Verkäufer *default* erklärt haben. Bei FOB-Verträgen fehlt diese Klausel, da der Verkäufer keine Verladeanzeige zu erbringen hat.[1727] Die Parteien müssen daher selbst darauf achten, rechtzeitig selbst *default* zu erklären. Wünschenswert wäre jedoch eine spiegelbildliche Regelung zu den CIF-Verträgen, wonach *default* dann automatisch eintritt, wenn der Käufer nicht innerhalb einer bestimmten Zeitspanne das Schiff nominiert. Auch in diesen Fällen kann der Verkäufer daran interessiert sein, einen Deckungsverkauf der Ware vorzunehmen und den Schadensersatz nach der *default clause* zu berechnen.

6.11.1.4 Rechtsvergleich und Zwischenergebnis

Die Nichtleistung wird in den Einheitsbedingungen in den §§ 18 f. EB aufgegriffen. Nach § 18 Abs. 1 EB kommt derjenige in Verzug, der nicht innerhalb der vereinbarten Zeiträume leistet. Die enttäuschte Partei muss in diesen Fällen fernschriftlich eine Nachfrist setzen. In § 18 Abs. 3 EB ist dabei festgelegt, wie lange diese Frist zu bemessen ist. Für den Fall, dass eine sofortige Lieferung kontrahiert wurde, beträgt diese beispielsweise zwei Geschäftstage (vgl. § 18 Abs. 3 lit. a EB) und verlängert sich auf bis zu fünf Geschäftstage, wenn eine Erfüllungszeit von einem Monat oder mehr vereinbart wurde (vgl. § 18 Abs. 3 lit. c EB). Dabei ist noch einmal klargestellt, dass eine zu kurze Frist eine angemessene Frist in Gang setzt, wie dieses allgemein im deutschen Recht anerkannt ist.[1728] Wird eine längere Frist gesetzt, als in § 18 Abs. 3 EB vorgesehen, so gilt diese. Eine Fristsetzung ist freilich entbehrlich, wenn die Parteien ein Fixgeschäft vereinbart haben, vgl. § 18 Abs. 9 lit. b EB. Nach Ablauf der Frist kann

---

1726 Vgl. cl. 22 lit. f GAFTA 100.

1727 Vgl. cl. 22 GAFTA 119.

1728 Ganz herrschende Meinung, siehe anstatt aller: BGH NJW 1982, 1279, 1280.

der Gläubiger anschließend gem. § 19 Abs. 1 EB vom Vertrag zurücktreten, Schadensersatz statt der Leistung fordern oder die Ware für Rechnung des Säumigen an einem dritten Ort einzulagern. Insoweit entsprechen die Einheitsbedingungen der gesetzlichen Lage für den Fall einer Nichtleistung.

Wie bereits gezeigt, findet die Schadensberechnung nach der *default clause* nur statt, wenn der Vertrag zuvor aufgehoben wurde. Dieses folgt nicht per se aus den Kontrakten der GAFTA, sondern erst im Wege der Auslegung. Die Einheitsbedingungen sind in diesem Punkt eindeutiger. Hier wird der verletzten Partei das Wahlrecht eingeräumt, sich zwischen Schadensersatz statt der Leistung und Rücktritt zu entscheiden.[1729] Es muss daher nicht erst ein Rücktritt erfolgt sein, um sich auf die Rechte nach § 19 EB berufen zu können. Das entspricht der Systematik von § 325 BGB, wonach Schadensersatz und Rücktritt voneinander unabhängig bestehen. Das UN-Kaufrecht folgt hingegen der englischen Sichtweise. Auch hier ist für die Vornahme eines Deckungsgeschäftes nach Art. 75 CISG notwendig, dass der Vertrag zuvor aufgehoben wurde.[1730]

Letztlich treffen alle Rechtsordnungen eine vergleichbare Regelung: Die enttäuschte Partei soll erst dann Schadensersatz statt der Leistung verlangen dürfen, wenn sie endgültig vom Vertrag Abstand genommen hat. Während dieses nach englischer Auffassung und dem UN-Kaufrecht durch den Rücktritt erfolgt, wird dasselbe Ergebnis in Deutschland durch § 281 Abs. 4 BGB herbeigeführt. Wird Schadensersatz statt der Leistung verlangt, weil beispielsweise ein Deckungsgeschäft erfolgt ist, so kann die Leistung nicht mehr gefordert werden. Ein Rücktritt ist daher nicht notwendig.

6.11.2 Rechtsfolgen und Schadensberechnung

Die Rechtsfolgen treten dann ein, wenn *default* nach den oben genannten Grundsätzen vorliegt und die enttäuschte Partei den Vertrag aufgehoben hat.

> „The damages payable shall be based on, but not limited to, the difference between the contract price and either the default price established under (a) above or upon the actual or estimated value of the goods, on the date of default, established under (b) above."[1731]

In jedem Fall kann die nichtsäumige Partei den Nichterfüllungsschaden verlangen. Dieser richtet sich nach aus der Differenz zwischen Vertragspreis und dem

---

1729 Vgl. § 19 Abs. 1 lit. a EB.

1730 OLG Düsseldorf, 14.01.1994, UNILEX Nr. 17 U 146/93; Staudinger-Magnus, Art. 75 CISG, Rn. 6.

1731 Cl. 23 lit. c. GAFTA 100.

sogenannten *default price* (6.11.2.1.). Wie Letzterer ermittelt wird, richtet sich danach, ob ein Deckungsgeschäft vorgenommen wird (6.11.2.2.) oder nicht (6.11.2.3.).

6.11.2.1 Grundsätze der Schadensberechnung

Wie das deutsche Recht ist auch das englische Recht vom Grundsatz der Totalreparation *(restitutio in integrum)* geprägt, sodass der Geschädigte in die vermögensrechtliche Lage zu versetzen ist, die ohne das schädigende Ereignis, wie beispielsweise die Nichtlieferung, bestanden hätte.[1732] Gibt es einen Marktpreis für die Ware, so wird der Schadensersatz im englischen Recht *prima facie* nach diesem bestimmt. Dazu wird die Differenz zwischen dem Vertrags- und dem Marktpreis zu dem Zeitpunkt gebildet, wenn die Ware hätte geliefert werden sollen, s. 51(3) SoGA. Wird also ein Verschiffungszeitraum in den Verträgen angegeben, so ist der letzte Tag dieses Zeitraumes für die Bestimmung des Marktpreises maßgeblich. Der so bemessene Schadensersatz ist damit unabhängig davon, ob überhaupt ein konkretes Deckungsgeschäft vorgenommen wurde, sodass eine abstrakte Schadensberechnung vorliegt. Gibt es für die konkrete Ware hingegen keinen Marktpreis oder gilt die *prima facie* Regel nicht,[1733] so muss zum Grundsatz der konkreten Schadensberechnung nach s. 52(2) SoGA zurückgekehrt werden. Maßstab sind dann der Warenwert und die Kosten, die für eine Ersatzbeschaffung anfallen.[1734] Diese Bestimmungen des SoGA werden in der *default clause* zugrunde gelegt und teilweise modifiziert.

6.11.2.2 Bei Vornahme eines Deckungsgeschäftes

Grundsätzlich hat der Käufer ein Deckungsgeschäft vorzunehmen, was seiner Schadensminderungspflicht entspricht, da im englischen Recht von einem vernünftigen Käufer erwartet wird, dass er sich unmittelbar nach dem Vertrags-

---

1732 Livingstone v. Rawyards Coal Co. [1880] L.R. 5 App. Cas. 25, 39 per Lord Blackburn; Banco de Portugal v. Waterlow & Sons Ltd. [1932] A.C. 452, 474 f. (HL): "Where any injury is to be compensated by damages, in settling the sum of money to be given for reparation of damages you should as nearly as possible get at that sum of money which will put the party who has been injured, or who has suffered, in the same position as he would have been in if he had not sustained the wrong for which he is now getting his compensation or reparation."; Golden Strait Corporation v. Nippon Yusen Kubishika Kaisha ("The Golden Victory") [2007] 2 A.C. 353, 397 (HL), per Lord Brown; Ziegler, Schadenersatz im internationalen Seefrachtrecht, Bd. 145, S. 98 mwN.

1733 Vgl. dazu Guest, Benjamin's sale of goods, Rn. 17-006.

1734 Rabel, Das Recht des Warenkaufs, S. 286.

bruch anderweitig eindeckt.[1735] Der Preis, den er für das Deckungsgeschäft zahlt, wird als sogenannter *default price* bezeichnet.[1736] Er ist die Berechnungsgrundlage für den Schadensersatz. Der Käufer kann daher die Differenz zwischen Deckungsgeschäft und Vertragspreis als Schadensersatz geltend machen:

> "(a) The party other than the defaulter shall, at their discretion have the right, after serving notice on the defaulter to sell or purchase, as the case may be, against the defaulter, and such sale or purchase shall establish the default price."[1737]

Die andere Seite muss von dem Deckungsgeschäft allerdings benachrichtigt werden,[1738] damit sie vorher noch eine letzte Chance zur Erfüllung erhält. Ein solches Vorgehen ist dem englischen Recht wegen der *perfect tender rule* an sich systemfremd, im Hinblick auf die Bedürfnisse des internationalen Handels aber zu begrüßen. Dem Verkäufer muss allerdings nicht wie im deutschen Recht oder den Einheitsbedingungen[1739] noch eine Nachfrist eingeräumt werden.[1740] Nach der Benachrichtigung kann der Käufer ohne Weiteres das Deckungsgeschäft vornehmen.

6.11.2.3 Ohne wirksames Deckungsgeschäft

Ist der Verkäufer mit dem *default price* nicht einverstanden oder nimmt der Käufer keinen Deckungskauf vor, so haben sich die Parteien grundsätzlich auf einen *default price* zu einigen:[1741]

> „(b) If either party be dissatisfied with such default price or if the right at (a) above is not exercised and damages cannot be mutually agreed, then the assessment of damages shall be settled by arbitration."

1735 Guest, Benjamin's sale of goods, Rn. 17-003; ob im deutschen Recht ein Deckungsgeschäft vorgenommen werden muss, ist sehr umstritten, vgl. gegen eine solche Pflicht RG JW 1910, 613, 614; OLG Frankfurt NJW 1977, 1015, 1016; Ebenroth/Boujong/Joost-Müller, § 376 HGB, Rn. 53. Anders hingegen BGH ZIP 1997, 646, 647 f.; für das UN-Kaufrecht vgl. OLG Celle IHR 2001, 1071, 108; OLG Braunschweig TranspR-IHR 2000, 4; OLG Hamburg OLGR 1997, 149; OLG München, 08.02.1995, CISG-online Nr. 133; Kranz, Die Schadensersatzpflicht nach den Haager einheitlichen Kaufgesetzen und dem Wiener UN-Kaufrecht, S. 229; Staudinger-Magnus, Art. 77 CISG, Rn. 11.

1736 Vgl. cl. 23 lit. a GAFTA 100.

1737 Vgl. cl. 23 lit. a GAFTA 100.

1738 Vgl. cl. 23 lit. a GAFTA 100.

1739 Vgl. § 18 EB.

1740 Viele andere internationale Kontrakte sehen aber eine Nachfrist vor, UNCITRAL Yearbook Bd. IV (1973), S. 92 f. Nr. 136.

1741 Vgl. cl. 23 lit. b GAFTA 100.

Hier findet sich ein Element der Streitvermeidung, welches als Indiz für eine *lex mercatoria* herangezogen wird.[1742] Kommt keine Einigung zustande, so ist der *default price* schließlich durch das Schiedsgericht zu bestimmen.[1743] Dabei wird der Schadensersatz aus der Differenz zwischen dem Vertragspreis und dem aktuellen oder geschätzten Warenwert *(actual or estimated value of the goods)* bemessen. Maßgeblicher Bemessungszeitpunkt ist der Zeitpunkt der Pflichtverletzung *(date of default)*.[1744] Den genauen Wert der Ware zu bestimmen, bereitet jedoch oft Schwierigkeiten.[1745] Ein Indiz ist jedoch regelmäßig der aktuelle Marktpreis.[1746] Damit liegt im Grunde nichts anderes als eine abstrakte Schadensberechnung nach dem Marktpreis vor, wie sie in s. 51(3) SoGA vorgesehen ist.

6.11.2.3.1 Wirtschaftliche Betrachtung bei der Wertbestimmung

Die englische Ansicht tendiert dabei dazu, den Wert der Ware sehr wirtschaftlich zu betrachten.[1747] Entscheidend ist daher weniger der Wert auf dem Spotmarkt, als die Frage, welchen wirtschaftlichen Wert gerade die speziell verkaufte Ware hat. In der Entscheidung *The Caloric*[1748] wurde Ware CIF Beirut verkauft, konnte dort aber nicht ausgeliefert werden, da ein Bürgerkrieg ausgebrochen war. Aufgrund der Unruhen und den damit verbundenen Versorgungseng-

---

1742 Vgl. oben Seite 53 ff.

1743 Vgl. cl. 23 lit. b GAFTA 100.

1744 Im UN-Kaufrecht ist hingegen der Zeitpunkt der Vertragsaufhebung maßgeblich (Art. 76 Abs. 1 S. 1 CISG), es sei denn die Ware wurde vorher schon übernommen (Art. 76 Abs. 1 S. 2 CISG). Damit soll vermieden werden, dass der Gläubiger durch eine verzögerte Vertragsaufhebung zu Lasten des Schadensersatzschuldners spekuliert. Durch die Anknüpfung an den Zeitpunkt der Pflichtverletzung, wie nach der GAFTA default clause, wird dieses Ziel jedoch ebenso verlässlich erreicht und lediglich nach vorne verlagert.

1745 Dasselbe Problem stellt sich im internationalen Seefrachtrecht. Unter Art. 4 v. lit. b der Hague-Visby-Rules 1968 ist der Schadensersatz nach der „sound market rule“ zu bestimmen: „The value of the goods shall be fixed according to the commodity exchange price, or, if there be no such price, according to the current market price, or, if there be no commodity exchange price or current market price, by reference to the normal value of goods of the same kind and quality”. Vgl. auch Ziegler, Schadenersatz im internationalen Seefrachtrecht, Bd. 145, S. 97 ff.

1746 Schwierigkeiten entstehen insbesondere dann, wenn kein Markt für die jeweilige Ware besteht. Dazu noch oben Seite 370 ff.

1747 Sassoon, C.I.F. and F.O.B. contracts, Rn. 309.

1748 R. Pagnan & Fratelli v. Lebanese Organisation for International Commerce (“The Caloric”) [1981] 2 Lloyd’s Rep. 675 (QBD).

pässen stieg der Marktpreis auf dem Spotmarkt in Beirut stark an. Allerdings musste der Käufer in dem speziellen Fall Überliegegeld an den Verkäufer zahlen. Die Richter befanden daher, dass die konkrete Ware an Bord des Schiffes für den Käufer wegen der hohen Überliegegeldzahlungen wirtschaftlich wertlos war. Daher wurde ein Schadensersatzanspruch weitgehend abgelehnt.

Dieses Urteil erscheint dem deutschen Juristen ungewohnt, passt aber in das System der englischen Rechtsprechung. Diese ist sehr auf eine praktikable und gerechte Einzelfallentscheidung ausgelegt. Jedoch führen derartige wirtschaftliche Betrachtungen dazu, dass das Ergebnis im Einzelfall kaum vorhersehbar wird. Wäre beispielsweise zwischen dem Vercharterer und dem Verkäufer strittig gewesen, ob überhaupt Überliegegeld zu zahlen ist, sodass der Käufer dieses gegebenenfalls auch nicht zu ersetzen müsste, so hätte über den Schadensersatzanspruch des Käufers so lange nicht entschieden werden können, wie die Überliegegeldfrage nicht geklärt wurde.

6.11.2.3.2 Ort der Ermittlung

Da der Warenwert für die Schadensberechnung maßgeblich ist, stellt sich die Frage, an welchem Ort der Wert zu ermitteln ist. Befinden sich die Güter auf dem Transport, so muss ein Marktort gefunden werden, an dem *genau* die verschiffte Ware gehandelt wird.[1749] Es reicht also nach dem englischen Recht nicht aus, den Marktpreis für beispielsweise *U.S. Wheat No. 2* zu ermitteln, wenn eine September-Abladung von einem bestimmten Abladehafen kontrahiert wurde. In diesen Fällen ist nur der Preis für die Ware aus Septemberabladungen des bezeichneten Hafens heranzuziehen.[1750]

6.11.2.3.2.1 Marktort bei CIF-Geschäften

Welcher Marktort bei CIF-Geschäften heranzuziehen ist nicht eindeutig.[1751] In Betracht kommen grundsätzlich Ablade-[1752] als auch Bestimmungshafen, sowie

1749 Bourgeois v. Wilson Holgate & Co. Ltd. [1920] 4 Ll. L. Rep. 1; Coastal International Trading Ltd. v. Maroil AG [1988] 1 Lloyd’s Rep. 92, 95; Coastal Petroleum Ltd. v. VTT Vulcan Petroleum S.A. (“The Marine Star”) [1996] 2 Lloyd’s Rep. 383 (CA): In dieser Entscheidung wurde Heizöl verkauft, welche zu einem bestimmten Zeitpunkt in den Niederländischen Antillen ankommen sollte. Da die Lieferung auf den Käufer zugeschnitten war, gab es in der Folge keinen Markt, wie von den Vorinstanzen herausgearbeitet wurde.

1750 Guest, Benjamin's sale of goods, Rn. 19–154.

1751 Im UN-Kaufrecht ist nach Art. 76 Abs. 2 CISG der Preis an dem Ort maßgeblich, an dem hätte geliefert werden sollen. Daher ist die Übergabe an den ersten Transporteur

der Ort an dem die Dokumente angedient[1753] werden sollen. Wird Ware beispielsweise „CIF Hamburg Augustabladung" eingekauft und versäumt der Verkäufer die Lieferung, so wird der Käufer sich regelmäßig auf dem Spotmarkt in Hamburg nach Ersatz umsehen, da er sich mit einer Augustabladung zu dem Zeitpunkt meist nicht mehr eindecken kann. Daher ist nach englischem Recht der Warenwert im Bestimmungshafen[1754] Hamburg maßgeblich, sodass der Käufer die Differenz des dortigen Spotmarktpreises zum kontrahierten CIF-Preis geltend machen kann.

Gibt es im Bestimmungshafen jedoch keinen Markt für die spezifisch gehandelte Ware, so ist der räumlich nächste Markt oder der beherrschende Markt ersatzweise heranzuziehen.[1755] Schlägt auch dieses fehl, da gar kein Markt für die spezielle Ware besteht, so bleibt nur noch die Möglichkeit, den konkret Schaden auf Basis eines entgangenen Gewinns aus dem geplanten Weiterverkauf anzusetzen.[1756] So verfuhr das Gericht in In *Lesters Leather & Skin Co. Ltd. v. Home and Overseas Brokers Ltd.*[1757] Ob dieser Ansatz aber auch unter einem GAFTA-Vertrag von Gerichten verfolgt werden würde, ist zu bezweifeln. Schließlich würde man sich dann über den Wortlaut hinwegsetzen, der gerade den Marktpreis voraussetzt. Zudem schließen die GAFTA-Kontrakte den entgangenen

---

(vgl. Art. 31 lit. a CISG) entscheidend. Bei CIF und FOB Geschäften muss die Ware aber nach hergebrachtem Verständnis die Reling des Seeschiffes überschreiten, sodass unerheblich ist, ob vorher ein anderer Transporteur die Ladung in den Hafen transportierte.

1752 Für ein CIF-Geschäft wurde das diskutiert in: Lesters Leather and Skin Co. Ltd. v. Home & Overseas Brokers Ltd. [1949] 82 Ll. L. Rep. 202 (CA).

1753 Dieses erfolgte in der Entscheidung C. Sharpe & Co. Ltd. v. Nosawa & Co. [1917] 2 K.B. 814, 820. Hier wurde London für den maßgeblichen Markt gehalten, da dort die Dokumente angedient werden mussten. Der Käufer durfte sich daher auf dem Spotmarkt eindecken: „In the circumstances of this case the reasonable thing for a merchant to do who could not buy goods coming forward would be to go into the market and buy goods on the spot. In that way be would put himself as nearly as may be in the same position as if the contract had been fulfilled, and would have got control of an equivalent amount of goods.".

1754 Garnac Grain Co. Inc. v. HMF Faure & Fairclough Ltd. [1966] 1 Q.B. 650, 675, 687 (CA); aff. [1968] A.C. 1130, 1138 (HL): Das Gericht sprach hier Schadensersatz zu, der in der Differenz zwischen Vertragspreis und Marktpreis im Ankunftshafen lag. Die Problematik lag gier vorallem darin, dass der Verkäufer behauptete, dass es im Ankunftshafen keinen Markt gäbe.

1755 Stroms Bruks AB v. John & Peter Hutchison [1905] A.C. 515, 522; Rabel, Das Recht des Warenkaufs, S. 286.

1756 Vgl. auch Hinde v. Liddell [1875] L.R. 10 Q.B. 265, 270 (QBD).

1757 [1948] 64 T.L.R. 569.

Gewinn für die Schadensberechnung ausdrücklich aus.[1758] Diesen im Falle eines fehlenden Marktpreises – geradezu durch die Hintertür – doch als Bemessungsgrundlage zuzulassen, scheint daher bedenklich. In diese Richtung weist auch die Entscheidung *Czarnikow Ltd. v. Bunge & Co. Ltd.*[1759] Die Richter merkten an, dass in diesen Fällen eine Schadensberechnung höchstens dann infrage käme, wenn dieser im Rahmen des schiedsrichterlichen Ermessens zugesprochen wird. Dieser Ansicht sollte in dieser Strenge jedoch nicht gefolgt werden. Ein fehlender Markt darf nicht dazu führen, dass gar kein Schadensersatz gewährt wird. In diesen Fällen muss daher ein Ersatzmaßstab gefunden werden. Da die Ware unter Kaufleuten regelmäßig weiterveräußert wird, ist in diesem Fall der Weiterverkaufswert eine richtungsweisende Größe. Alternativ kann der Versicherungs- oder Rechnungswert der Ware als Ausgangspunkt für eine Schadensberechnung herangezogen werden.[1760]

6.11.2.3.2.2 Marktort bei FOB-Geschäften

Beim FOB-Geschäft, ist hingegen der Verlade- und nicht der Bestimmungshafen für die Berechnung maßgeblich, da der Verkäufer hier nicht einmal die Seereise organisieren muss und gar nicht weiß, wo der Käufer die Ware hin transportiert.[1761] In Fällen, in denen sich die Mangelhaftigkeit der Ware erst am Bestimmungsort herausstellte[1762] oder die Güter nicht hinreichend verpackt und deshalb beschädigt ankamen,[1763] tendierten die Gerichte allerdings dazu den Marktpreis am Bestimmungsort anzunehmen, da der Käufer sich hier erst mit Ersatzware eindecken wird. Dann müssen jedoch gegebenenfalls die Transportkosten abgezogen werden. Ein Beispiel soll das verdeutlichen: K kauft Ware FOB Hamburg von V, der nicht liefert. Eigentlich wäre der Marktpreis daher in Hamburg zu bestimmen. Nehmen wir an, dass es dort keinen Markt gibt, sondern lediglich

---

1758 Vgl. cl. 23 lit. d GAFTA 100.

1759 [1987] 1 Lloyd's Rep. 202, 205: "[...] subject of course to the overriding discretion which the default clause gives to the arbitrtors." (FOSFA).

1760 The Saudi Prince (No. 2) [1986] 1 Lloyd's Rep. 347, 355 (QBD); aff. [1988] 1 Lloyd's Rep. 1 (CA). Hier wurde auf den Rechnungsbetrag (invoice value) abgestellt. Für den Versicherungswert Ziegler, Schadenersatz im internationalen Seefrachtrecht, Bd. 145, S. 99.

1761 Siehe auch die amerikanische Entscheidung Standard Casing Co. v. California Casing Co. [1922] 233 N.Y. 413 zitiert nach Looker/Heymsfeld, Columbia Law Review (29) 1929, 1100, 1114 Fn. 57.

1762 Vgl. die amerikanische Entscheidung Perkins v. Minford [1923] 235 N.Y. 301 zitiert nach Columbia Law Review (41) 1941, 892, 909 Fn. 82.

1763 Sassoon, C.I.F. and F.O.B. contracts, Rn. 693.

einen Preis des Spotmarktes im Bestimmungsland Griechenland. Dann ist dieser Marktpreis maßgeblich, jedoch sind die Transportkosten von Hamburg nach Griechenland abzuziehen, da diese im Spotpreis bereits eingepreist sind.

6.11.2.3.3 Zeitpunkt der Ermittlung

Problematisch ist ferner, welcher Zeitpunkt bei der Ermittlung des Marktpreises anzusetzen ist. Da Rohstoffpreise oft sehr volatil sind, können wenige Tage erhebliche Summendifferenzen ausmachen, was bei ganzen Schiffsladungen schnell siebenstellige Beträge erreicht.[1764] Dementsprechend häufig sind Streitigkeiten hinsichtlich des genauen *default date* in der englischen Rechtsprechung anzutreffen.[1765]

Nach der *default clause* ist der Warenwert *„on the date of default"* maßgeblich.[1766] Dabei kommen zwei Daten in Betracht: Einerseits kann damit der letzte Tag des vereinbarten Leistungszeitraumes gemein sein, da der Schuldner seine Verpflichtung an jenem Tag nicht erfüllt. Andererseits kann es sich um den Folgetag handeln, da dieses der erste Tag ist, an dem der Verkäufer sich in *default* befindet. Welcher Ansicht man den Vorzug gibt, hängt davon ab, wie man die Klausel der GAFTA auslegt. Für die erste Variante ließe sich der Gleichklang mit s. 51(3) SoGA anführen, da auch hier auf den Tag abgestellt wird, an dem geliefert hätte werden sollen.[1767] Zugunsten der letzteren Variante spricht sich allerdings die Entscheidung *Bremer Handelsgesellschaft v. Vanden-Avenne Ize-*

1764 So beispielsweise im Fall Bremer Handelsgesellschaft mbH v. Vanden Avenne-Izegem P.V.B.A. [1978] 2 Lloyd's Rep. 109 (HL). In diesem Fall stieg der Marktpreis innerhalb eines Tages um $50 pro Tonne, was bei einem vollbeladenen Frachter der Panamaxklasse annährend $3.000.000 ausgemacht hätte.

1765 Toprak Mahsulleri Ofisi v. Finagrain Compagnie Commerciale Agricole et Financière S.A. [1979] 2 Lloyd's Rep. 98, 116 f.; Concordia Trading B.V. v. Richco International Ltd. [1991] 1 Lloyd's Rep. 475, 482 (QBD); Lusograin Comercio Internacional de Ceras Ltda. v. Bunge AG [1986] 2 Lloyd's Rep. 654, 658 ff. (QBD); Garnac Grain Co. Inc. v. HMF Faure & Fairclough Ltd. [1966] 1 Q.B. 650.

1766 Unter dem CISG ist hingegen der Zeitpunkt maßgeblich, zu dem der Vertrag aufgehoben wurde, siehe Schmidt-Ahrendts, Das Verhältnis von Erfüllung, Schadensersatz und Vertragsaufhebung im CISG, S. 100 und zur Geschichte Staudinger-Magnus, Art. 76 CISG, Rn. 4.

1767 Vgl. s. 51(3) SoGA: „Where there is an available market for the goods in question the measure of damages is prima facie to be ascertained by the difference between the contract price and the market or current price of the goods at the time or times when they ought to have been delivered or (if no time was fixed) at the time of the refusal to deliver."

gem aus.[1768] *Lord Wilberforce* stellte klar, dass die *default clause* der GAFTA dahin gehend auszulegen sei, das erst der Folgetag des Leistungszeitraumes für die Bemessung maßgeblich ist. Zugrunde lag die Erwägung, dass der Käufer grundsätzlich ein Deckungsgeschäft vornehmen kann. Bis zum vollständigen Ablauf des Leistungszeitraumes ist aber noch unklar, ob der Verkäufer leisten wird, sodass der Käufer das Deckungsgeschäft frühestens am Folgetag vornehmen kann. Daher sei es gerechter auch auf den Folgetag für die Preisbestimmung abzustellen, was insbesondere dann virulent wird, wenn der Markt bis zum ersten Tag nach dem Leistungszeitraum fällt. In diesen Fällen kann der Käufer den über Nacht entstandenen Verlust anderenfalls nicht liquidieren, was zu unbilligen Ergebnissen führen würde. Deswegen hat sich diese Ansicht insgesamt durchgesetzt.[1769]

Das entspricht der Sichtweise der Einheitsbedingungen. Stichtag für die Preisfeststellung ist auch nach § 19 Abs. 5 EB der auf die Nachfrist folgende Geschäftstag. Nach dem CISG ist hingegen der Zeitpunkt der Vertragsaufhebung entscheidend,[1770] was jedoch Spekulationsmöglichkeiten eröffnet, wenn der Käufer mit der Aufhebung bei steigendem Markt zuwartet.[1771]

Liegen mehrere Pflichtverletzungen vor, weil beispielsweise der FOB-Käufer weder ein Schiff benannte, noch die Ware anschließend entgegennahm, so ist das Datum der zeitlich ersten Pflichtverletzung maßgeblich. Dieses wurde in der Entscheidung *Toprak v. Finagrain*[1772] klargestellt. Dort brachte der FOB-Käufer am 01.03. keinen *letter of credit* bei und nahm er die Ware im Verladehafen am 16.04. auch nicht entgegen. Zwischen beiden Daten hatte sich der Marktpreis bereits erheblich verändert.[1773] Durch die Verneinung eines Wahl-

---

1768 Bremer Handelsgesellschaft mbH v. Vanden Avenne-Izegem P.V.B.A. [1978] 2 Lloyd's Rep. 109, 117 (HL); anders aber Alfred C. Toepfer v. Peter Cremer [1975] 2 Lloyd's Rep. 118, 124 f. (CA); vgl. auch Guest, Benjamin's sale of goods, Rn. 17-009.

1769 Guest, Benjamin's sale of goods, Rn. 19–159; Geneva Trading S.A. v. Dubia Trading Co. [2004] Appeal gegen Schiedsspruch der GAFTA, veröffentlicht auf <http://www.lordhacking.com/awards/GAFTA%20AWARD%20Geneva%20Trading%20v%20Dubai%20Trading%20Feb%2004.pdf>.

1770 Vgl. Art. 76 Abs. 1 S. 1 CISG.

1771 In diesen Fälllen kann jedoch ein Verstoß gegen die Schadensminderungspflicht nach Art. 77 CISG vorliegen, vgl. Schlechtriem/Schwenzer-Stoll/Gruber, Art. 76 CISG, Rn. 12; MüKo-Mankowski, Art. 76 CISG, Rn. 5; aA Scheifele, Die Rechtsbehelfe des Verkäufers nach deutschem und UN-Kaufrecht, S. 138.

1772 Toprak Mahsulleri Ofisi v. Finagrain Compagnie Commerciale Agricole et Financière S.A. [1979] 2 Lloyd's Rep. 98 (CA).

1773 Vgl. Toprak Mahsulleri Ofisi v. Finagrain Compagnie Commerciale Agricole et Financière S.A. [1979] 2 Lloyd's Rep. 98, 109 (CA) per Robert Goff J.: "I do not howrechtes wird ein Taktieren der verletzten Partei verhindert, die sonst versuchen könnte, einen für sie günstigeren *default price* für die Schadensberechnung in Ansatz zu bringen.

6.11.2.4 Weitere Schadensposten

Die verletzte Partei ist nicht darauf beschränkt, nur den Schadensersatz geltend zu machen, der sich aus der Differenz zwischen *default price* und Vertragspreis ergibt.[1774] Die Klauseln stellen das ausdrücklich klar:

> "The damages payable shall be based on, but not limited to [the default price]".

Inwieweit weitere Schäden ersatzfähig sind, richtet sich nach dem *common law*.[1775]

6.11.2.4.1 Grundsätzliches

Grundsätzlich sind Folgeschäden solange vom Schadensersatz umfasst,[1776] wie diese hinreichend vorhersehbar sind,[1777] was der Geschädigte dazulegen und zu

---

ever think that it is open to the sellers to pick and choose in this way for present purposes. In many cases, one default by a contracting party is followed inevitably by a number of others; and the innocent party cannot, I think, simply obtain the benefit of a later date by pointing to a later default which has occurred before the acceptance of the repudiation."

1774 Dieses war in älteren GAFTA-Verträgen mitunter anders. So wurde der Schadensersatz auf die Differenz zum Marktpreis regelmäßig beschränkt. Folgeschäden durfte nur der Käufer, nicht aber der Verkäufer geltend machen, vgl. Cerealmangimi SpA v. Toepfer ("The Eurometal") [1981] 1 Lloyd's Rep. 337, 343 und Toprak Mahsulleri Ofisi v. Finagrain Compagnie Commerciale Agricole et Financière S.A. [1979] 2 Lloyd's Rep. 98. Diese Entscheidung würde aufgrund der aktuellen Verträge nicht mehr aufrechterhalten werden können.

1775 Bem Dis A Turk Ticaret S/A v. International Agri Trade Co. Ltd. ("The Selda") [1999] 1 Lloyd's Rep. 729, 733 (C.A.).

1776 Marshall, Knott & Barker Ltd. v. Arcos Ltd. [1932] 44 Ll. L. Rep. 384: Für den entgangenen Gewinn aus einem Folgegeschäft; vgl. auch für Folgeschäden wegen zu leistender Schadensersatzzahlungen: Grébert-Borgnis v. J&W Nugent [1885] L.R. Q.B.D. 85, 89 (CA); Hammond & Co. v. Bussey [1888] L.R. 20 Q.B.D. 79, 96 (CA); Sassoon, C.I.F. and F.O.B. contracts, Rn. 308.

1777 Grébert-Borgnis v. J&W Nugent [1885] L.R. Q.B.D. 85, 89 (CA): "Where a plaintiff under such circumstances as the present is seeking to recover for some liability which he has incurred under a contract made by him with a third person, he must shew that the defendant, at the time he made his contract with the plaintiff, knew of that contract, and contracted on the terms of being liable if he forced the plaintiff to a breach of that

beweisen hat *(test of remoteness)*.[1778] So sind beispielsweise Anwalts- oder sonstige durch die Nichtlieferung verursachten Mehrkosten für ersatzfähig. Zudem kann es vorkommen, dass der CIF-Verkäufer bereits ein Schiff gechartert hat, mit dem er die Ware zum Bestimmungshafen befördern will. Kündigt der Käufer die Nichtzahlung schon im Voraus an oder stellt er das Akkreditiv nicht, so bleibt der Verkäufer mitunter auf den Kosten des Chartervertrages sitzen, die ebenfalls ein Folgeschaden der Nichtzahlung und damit der Nichtleistung sind. Auch derartige Kosten sind zu ersetzen.[1779]

6.11.2.4.2 Kein Ersatz des entgangenen Gewinns

Als Folgeschaden kommt vor allem auch der entgangene Gewinn aus einem Weiterkauf in Betracht. Die Bedingungen der GAFTA sind strenger als das *common law*, da sie den entgangenen Gewinn als Schadensposten ausschließen. Dieses ist wegen der Privatautonomie auch im englischen Recht möglich:[1780]

> „In no case shall damages include loss of profit on any sub-contracts […]“

Stattdessen wird es in das Ermessen des Schiedsrichters gelegt, ob er Folgeschäden für ersatzfähig hält. Damit wird an das Bild des *amiable compositeur* erinnert, wonach die Parteien den Schiedsrichter ermächtigen können, sich nicht an materielles Recht zu halten hat, sondern vielmehr den jeweiligen Fall nach billigem Ermessen *(ex aequo et bono)* zu entscheiden.[1781] Die Motivation für diesen Ausschluss liegt darin, den Umfang von Folgeschäden für die Parteien kalkulierbarer zu machen. Da Rohstoffe jedoch häufig von Parteien weitergehandelt werden, die gar kein physisches Interesse an der Ware haben, ist der entgangene Gewinn oft der einzige Schadensposten, wenn die Ware nicht angeliefert wird.

---

contract. If such subcontract was not made known to him at all the defendant cannot be made liable for what the plaintiff has had to pay under it."; Sassoon, C.I.F. and F.O.B. contracts, Rn. 308.

1778 Leitentscheidung ist Hadley v. Baxendale [1854] 9 Ex. 341, 352; Faust, Die Vorhersehbarkeit des Schadens gemäß Art. 74 Satz 2 UN-Kaufrecht (CISG), S. 189.

1779 Bem Dis A Turk Ticaret S/A v. International Agri Trade Co. Ltd. ("The Selda") [1998] 1 Lloyd's Rep. 416, 421; ferner Cerealmangimi SpA v. Toepfer ("The Eurometal") [1981] 1 Lloyd's Rep. 337, 343. Hier waren Folgeschäden letztlich aber wegen der (mittlerweile überholten) vertraglichen Vereinbarungen nicht zuzusprechen.

1780 Vgl. dazu C. Czarnikow Ltd. v. Bunge & Co. Ltd. [1987] 1 Lloyd's Rep. 202. Im UN-Kaufrecht könnte wegen Art. 6 CISG ebenfalls eine derartige Vereinbarung getroffen werden.

1781 Zu diesem Begriff Schlosser, Das Recht der internationalen privaten Schiedsgerichtsbarkeit, S. 13; Riedberg, Der amiable Compositeur im internationalen privaten Schiedsgerichtsverfahren.

Diesen grundsätzlich als nicht ersatzfähig anzusehen ist daher für Zwischenhändler wenig interessengerecht.

6.11.2.5 Rechtsvergleich und Bewertung

6.11.2.5.1 Deutsches Recht und Einheitsbedingungen

Die *default clause* ist mit den deutschen Regelungen zum Fixhandelskauf nach § 376 HGB ähnlich gelagert. Im Falle eines Fixhandelskaufs wird der Schaden grundsätzlich abstrakt nach dem Börsen- oder Marktpreis berechnet, vgl. § 376 Abs. 2 HGB. Nur ausnahmsweise kann unter den Voraussetzungen des § 376 Abs. 3 HGB der Schaden auch anhand eines konkreten Deckungsgeschäftes verlangt werden. Sollte hingegen kein Fixhandelskauf vorliegen, so muss der Käufer seinen Schaden im Einzelfall konkret darlegen und nachweisen und diesen über die §§ 280 ff. BGB ersetzt verlangen.

In den Einheitsbedingungen befasst sich § 19 EB mit den Rechten der Parteien im Falle der Nichterfüllung. Demnach kann die enttäuschte Partei zwischen einer konkreten und abstrakten Schadensberechnung wählen, indem sie entweder ein Deckungsgeschäft nach § 19 Abs. 3 EB durchführt oder nach dem Marktpreis im Wege der Preisfeststellung berechnet, § 19 Abs. 4 EB. In jedem Fall kann nach BGB/HGB und auch den Einheitsbedingungen ein über das Deckungsgeschäft oder die Preisfeststellung hinausgehender Schaden ersetzt werden. Dazu gehört ausweislich der Beweisregel des § 252 S. 2 BGB insbesondere der entgangene Gewinn.

6.11.2.5.1.1 Deckungsgeschäft, § 19 Abs. 3 EB (§ 376 Abs. 3 HGB)

Entscheidet sich die enttäuschte Partei für ein Deckungsgeschäft, so sind unter Einheitsbedingungen und § 376 Abs. 3 HGB strengere Voraussetzungen, als nach der GAFTA *default clause* einzuhalten. So muss das Deckungsgeschäft nach HGB beispielsweise sofort nach dem Ablauf der Leistungszeit durchgeführt werden. Unter Einheitsbedingungen hingegen innerhalb von drei Geschäftstagen.

Unter GAFTA Kontrakten kann der enttäuschte Käufer das Deckungsgeschäft zudem selbst vornehmen,[1782] wohingegen nach § 19 Abs. 3 EB und § 376

1782 Dieses entspricht auch Art. 75 CISG. Unter dem UN-Kaufrecht kann die Partei ebenfalls selbst das Deckungsgeschäft vornehmen. Sollte dieses nicht dem günstigsten Preis entsprechen, so kommt ein Verstoß gegen die Schadensminderungspflicht nach Art. 77 CISG in Betracht. Freilich muss der Ersatzberechtigte erst einmal nachweisen

Abs. 3 HGB ein Makler dafür beauftragt werden muss. Dieses ist für die enttäuschte Partei nachteilig und mit Kosten verbunden. Andererseits darf aber nicht übersehen werden, dass die Einschaltung eines Maklers auch dem Schutz der Parteien dient. Häufig wird es der Käufer sein, der einen Deckungskauf tätigt. In diesen Fällen soll er die Ware möglichst zum niedrigsten Preis einkaufen,[1783] um Spekulationen zulasten des Verkäufers zu verhindern.[1784] Selbst wenn der Verkäufer sich anschließend darauf beruft, dass der Preis des Ersatzgeschäftes zu hoch gewesen sei, so müsste er dieses auch hinreichend substanziiert darlegen und beweisen können, um den Ersatzansprüchen des Käufers den Einwand fehlender Schadensminderung entgegenhalten zu können. Insofern lässt sich der Schutz des Verkäufers über einen unabhängigen Makler verlässlicher erreichen, sodass Einheitsbedingungen und deutsches Recht insoweit für den Schädiger vorteilhafter sind.

6.11.2.5.1.2 Preisfeststellung, § 19 Abs. 4 EB (§ 376 Abs. 2 HGB)

Wird hingegen eine abstrakte Schadensberechnung anhand einer Preisfeststellung gewählt, so wird unter HGB und Einheitsbedingungen die Differenz zwischen Vertragspreis und dem Tagespreis gebildet. Auch hier stellt sich die Frage, welcher Ort für die Bestimmung des Tagespreises maßgeblich ist. In § 376 Abs. 2 HGB wird auf den Erfüllungsort abgestellt, der bei CIF-Geschäften im Exportland liegt, da hier die Abladung erfolgt. Ob die Transportkosten hinzuzurechnen sind, wurde noch nicht vertiefend behandelt. Dieses ist aber mit den obigen Argumenten auch für § 376 Abs. 2 HGB zu fordern,[1785] da anderenfalls keine Totalreparation beim Gläubiger erfolgen würde, der so gestellt werden muss, wie wenn er die Ware im Bestimmungsland erhalten hätte. Gibt es im Bestimmungshafen jedoch keinen Markt für die spezifisch gehandelte Ware, so auch hier – wie im englischen Recht – der räumlich nächste Markt oder der beherrschende Markt heranzuziehen.[1786]

Die Einheitsbedingungen drücken sich unklar zu der Frage aus, welcher Ort für die Preisfeststellung herangezogen wird, da diese regelmäßig durch den Makler erfolgt. Da dieser ein Schiedsgutachten anfertigt und nach § 317 Abs. 1

---

können, dass die Ware beispielsweise beim Deckungskauf auch günstiger hätte eingekauft werden können.

1783 Vgl. Anhang 1 Einheitsbedingungen Nr. 1.

1784 MüKo-Grunewald, § 376 HGB, Rn. 21.

1785 So auch im Ergebnis Knütel, AcP (202) 2002, 555, 584, der jedoch lediglich auf Art. 76 Abs. 2 CISG verweist und nicht weiter begründet.

1786 MüKo-Grunewald, § 376 HGB, Rn. 21.

BGB nur nach billigem Ermessen entscheidet, bestehen insofern keine festen Grundsätze. Regelmäßig sollte auch hier bei FOB-Geschäften der Verlade- und bei CIF-Geschäften der Bestimmungsort für die Ermittlung des Tagespreises maßgeblich sein.[1787]

Ein wichtiger Unterschied zu den Bestimmungen der GAFTA-Verträge liegt darin, dass der Vertragspreis – und nicht der Wert der Ware – als Referenzwert herangezogen wird. Diese Bestimmung in den Verträgen der GAFTA führt, wie bereits gezeigt, zu einer umfassenden wirtschaftlichen Betrachtung, die dem deutschen Recht für die Schadensberechnung in dem Umfang fremd ist. Auch die Einheitsbedingungen stellen bei der Preisfeststellung nach § 19 Abs. 4 EB nicht auf den Warenwert, sondern auf den Vertragspreis ab. Ob die konkrete Ware wirtschaftlich noch einen Wert hat, ist daher unerheblich. Die deutschen Regelungen sind damit für Kaufleute vorhersehbarer, da schnell strittig sein kann, ob die Ware nach der GAFTA-Klausel überhaupt noch einen Wert hat.

6.11.2.5.2 UN-Kaufrecht

Auch im UN-Kaufrecht kann der Käufer zwischen einer konkreten (Art. 75 CISG) und einer abstrakten Schadensberechnung (Art. 76 CISG) wählen. In jedem Fall ist nötig, dass der Vertrag zuvor aufgehoben wurde.

Bei Vornahme eines Deckungsgeschäftes wird die Differenz zwischen Vertragspreis und dem Preis des Deckungsgeschäftes als Schaden angesetzt, Art. 75 CISG. Ein Makler muss für die Vornahme des Deckungsgeschäftes, entgegen der Bestimmungen des § 376 Abs. 3 HGB und § 19 Abs. 3 EB, nicht bestellt werden.

Eine Berechnung nach dem Marktpreis (Art. 76 CISG) kommt hingegen nur dann in Betracht, wenn kein Deckungsgeschäft durchgeführt wurde.[1788] Referenzwert ist dabei der Vertragspreis, sodass Schwierigkeiten hinsichtlich des aktuellen Warenwertes vermieden werden, wie sie nach den GAFTA-Klauseln auftreten können. Es ist dabei der Marktpreis maßgeblich, an dem die Ware geliefert wurde, Art. 76 Abs. 2 HS 1 Var. 1 CISG. Das würde für CIF-Geschäfte

---

1787 Zu den Argumenten für diese Sichtweise siehe oben Seite 355 ff., 370, 372.

1788 Staudinger-Magnus, Art. 76 CISG, Rn. 22; Kranz, Die Schadensersatzpflicht nach den Haager einheitlichen Kaufgesetzen und dem Wiener UN-Kaufrecht, S. 222; aA OGH IHR 2001, 206, 208; unter den EKG hatte der Gläubiger hingegen ein Wahlrecht UNCITRAL Yearbook Bd. VIII [1977] 25, 65; Staudinger-Magnus, Art. 76 CISG, Rn. 5; Schmidt-Ahrendts, Das Verhältnis von Erfüllung, Schadensersatz und Vertragsaufhebung im CISG, S. 67; auch nach deutschem internen Recht kann der Gläubiger sich zwischen abstrakter und konkreter Berechnung entscheiden vgl. Ebenroth/Boujong/Joost-Müller, § 376 HGB, Rn. 42.

bedeuten, dass nach Art. 31 CISG der Preis im Abladehaften maßgeblich ist. Der Käufer wird sich jedoch regelmäßig im Bestimmungshafen eindecken. Die dort auf dem Sportmarkt erhältliche Ware ist jedoch teurer als die im Abladehafen, da hier die Transportkosten ins Bestimmungsland bereits eingepreist sind. Insofern müssen in einer erweiternden Auslegung die Kosten des Transportes hinzugerechnet werden.[1789] Fehlt es an einem Marktort, ist auch hier auf den entsprechend nächsten Ort auszuweichen.[1790]

Verbleibt ein Schaden, der nicht über Art. 75, 76 CISG ersetzt werden kann, so kann dieser trotzdem weiterhin liquidiert werden, wenn er nach Art. 74 CISG konkret dargelegt wird.[1791] Weitere Schadensposten sind daher grundsätzlich ersatzfähig. Dazu zählt insbesondere der entgangene Gewinn,[1792] der nach den Bestimmungen der GAFTA-Kontrakte hingegen nicht ersatzfähig ist.

6.11.2.5.3 Bewertung

Damit lässt sich festhalten, dass die *default clauses* grundsätzlich eine ausgewogene Regelung zum Schadensersatz treffen, die an die nationalen Rechte angelehnt ist. Sie sehen sowohl den Modus einer abstrakten, als auch einer konkreten Schadensberechnung vor. Die konkrete Schadensberechnung anhand eines Deckungsgeschäftes ist im englischen Recht der Regelfall. So wird das Problem umgangen, den für eine abstrakte Berechnung relevanten Marktpreis zu finden. Vorteilhaft ist für den Käufer, dass gegenüber § 376 Abs. 3 HGB keine engen zeitliche Grenzen für ein Deckungsgeschäft gesteckt werden. Dieses eröffnet dem Käufer zwar Spielraum für Spekulationen gegen den Verkäufer, doch kann Letzterer jederzeit das Schiedsgericht anrufen, wenn er mit dem erfolgten Deckungsgeschäft nicht einverstanden ist.[1793] Diese Möglichkeit vermeidet von vornherein Streit zwischen den Parteien und ist als Element der Streitvermeidung aus wirtschaftlicher Sicht zu begrüßen.

1789 So auch Schlechtriem, Internationales UN-Kaufrecht, S. 221; Schlechtriem/Schwenzer-Stoll/Gruber, Art. 76 CISG, Rn. 9; aA aber OLG Hamm, 22.09.1992, CISG-online Nr. 57.

1790 Vgl. Art. 76 Abs. 2 HS 1 Var. 2 CISG.

1791 OGH IHR 2001, 206, 208; MüKo-Mankowski, Art. 76 CISG, Rn. 12; Schlechtriem/Schwenzer-Stoll/Gruber, Art. 76 CISG, Rn. 10.

1792 Problematisch ist in diesen Fällen allenfalls, ob der entgangene Gewinn nach Art. 74 S. 2 CISG vorhersehbar war. Wird jedoch handelbare Ware an einen Kaufmann veräußert, so ist der entgangene Gewinn regelmäßig vorhersehbar, der innerhalb der Handelsspanne liegt, vgl. OGH ZfRV 1996, 248, 254; OGH IHR 2001, 206, 208; de Lukowicz, Divergenzen in der Rechtsprechung zum CISG, S. 127.

1793 Vgl. cl. 23 lit. b GAFTA 100.

An anderer Stelle weicht die *default clause* jedoch erheblicher vom deutschen Recht ab. Das gilt insbesondere für den Zeitpunkt der abstrakten Schadensberechnung. Grundsätzlich wird nicht wie im deutschen Recht auf den letzten Tag der Erfüllungsfrist[1794] abgestellt, oder wie im CISG der Vertrag aufgehoben wurde. Vielmehr sind die gegenwärtigen GAFTA *default clauses* nach überwiegender Rechtsprechung[1795] so auszulegen, dass immer erst der Folgetag des Erfüllungszeitraumes maßgeblich ist. Das entspricht auch den Einheitsbedingungen.[1796] Da der Berechnungszeitpunkt jedoch nur verschoben ist, lässt sich daraus kein direkter Vor- oder Nachteil ablesen. Die Parteien müssen sich allerdings über die abweichende Rechtslage zum deutschen Recht oder dem CISG bewusst sein.

Ein weiterer erheblicher Systemunterschied zum deutschen Recht und deren Verträgen ist, dass unter GAFTA-Kontrakten im Fall der Nichterfüllung keine Nachfrist gesetzt werden muss. Diese ist dem englischen Recht ohnehin fremd. Die fehlende Fristsetzung mag dabei den Vorteil haben, den Vertrag schnell beenden zu können und die Dispositionsfreiheit wieder herzustellen. Allerdings darf – frei nach dem Motto *today's buyer is tomorrow's seller*[1797] – nicht vergessen werden, dass auch der Nichtsäumige beim nächsten Geschäft die Nachteile einer schnellen Vertragsbeendigung durch im Falle eigener Säumnis zu spüren bekommen kann. Ein unmittelbarer Vorteil für entweder den Käufer oder Verkäufer lässt sich daraus also nicht ableiten. Das deutsche Recht und die Einheitsbedingungen sehen durch die Gewährung von Nachfristen hingegen einen Risikopuffer vor, sodass der Vertrag nicht vorschnell beendet werden kann. Da im internationalen Handel der Aspekt der Vertragserhaltung besonders wichtig ist, ist das deutsche Recht hier im Vorteil.

Ein wesentlicher Nachteil der GAFTA Kontrakte besteht zudem darin, dass der entgangene Gewinn nicht ersatzfähig ist. Während im CISG und dem deutschen internen Recht der Vorteil aus der Weiterveräußerung geltend gemacht werden kann, wird dieser in den englischen Kontrakten ausgeschlossen. Auch die Einheitsbedingungen sehen eine derartige Beschränkung nicht vor.

Während an sich eine ausgewogene konkrete und abstrakte Schadensberechnung besteht, bleiben die deutschen Kontrakte wegen der Verpflichtung zur Benachfristung im Vorteil. Für den Käufer sind diese ferner deswegen vorteilhafter, weil sie ihm nicht die Möglichkeit abschneiden, den entgangenen Ge-

---

1794 So in § 376 Abs. 2 HGB, anders aber nach den Einheitsbedingungen, § 19 Abs. 5 EB.

1795 Vgl. dazu oben Seite 373.

1796 Vgl. § 19 Abs. 5 EB.

1797 Vgl. zu dieser Aussage auch Bunge Corp. v. Tradax Export S.A. [1981] 1 W.L.R. 711, 720.

winn als Schadensposten geltend zu machen. Im Hinblick auf die Rechte bei Nichterfüllung sind die deutschen Kontrakte damit leicht im Vorteil; aus Käufersicht sprechen wegen des Schadensumfanges sogar gewichtigere Gründe für die Vereinbarung von Einheitsbedingungen und/oder deutschem Recht.

6.11.3 Zusammenfassung und Ergebnis

Damit lässt sich die *default-clause* der GAFTA wie folgt zusammenfassen:

Die verletzte Partei – in der Regel der nicht belieferte Käufer – hat das Recht ein Deckungsgeschäft vorzunehmen, wenn sie dieses dem Vertragspartner mitteilt. Der Schadenersatz wird anhand des *default price* ermittelt, der entweder aus dem Deckungsgeschäft folgt oder durch das Schiedsgericht ermittelt wird. Im letzteren Fall ist die Differenz zwischen Vertragspreis und dem Warenwert am Geschäftstag nach dem Ende des Leistungszeitraumes maßgeblich. Die vertragsbrüchige Partei kann sich zudem selbst in Verzug setzen, was insbesondere in einem steigenden Markt relevant ist. Zudem sind weitere Schäden ersetzbar, solange diese auf der Nichtlieferung beruhen und hinreichend vorhersehbar sind. Der entgangene Gewinn gehört jedoch nicht dazu, es sei denn, dass das Schiedsgericht in einer Ermessensentscheidung davon abweicht.

Tab. 1.2: Übersicht: Voraussetzungen der default clause

Voraussetzungen: • Vorliegen einer Pflichtverletzung (z. B. Nichtleistung, Zuspätleistung) • Die Pflichtverletzung muss „wesentlich" sein. Das heißt, es muss sich bei der Pflicht entweder um eine *condition* handeln oder die Verletzung muss bei einem *innominate term* den Kern des Vertrages *(„to the root of the contract")* betreffen. • Erklärung von *default* – Entweder durch die verletzte Partei selbst – ODER durch den Säumigen selbst **Rechtsfolgen:** • Deckungsgeschäft der verletzten Partei Schadensersatz ist die Differenz zwischen Deckungsgeschäft und Vertragspreis • Kein Deckungsgeschäft / Unzufriedenheit des anderen Teils mit Preis des Deckungsgeschäftes – Bestimmung durch das Schiedsgericht – Ermittlung des Schadensersatzes durch Differenz zwischen Vertragspreis und Waren-

wert am Geschäftstag nach dem Leistungszeitraum

- weitere Schäden sind ersatzfähig, soweit sie vorhersehbar waren. Der entgangene Gewinn ist grundsätzlich ausgeschlossen.

6.12 Unmöglichkeit der Vertragserfüllung (force majeure, Streik, Eis, Exportverbote)

Grundsätzlich ist jede Nichterfüllung des Vertrages ein Vertragsbruch, den der Schuldner verantworten muss.[1798] Dieses gilt insbesondere im englischen Recht, das eine Garantiehaftung statuiert,[1799] sodass unerheblich ist, warum im Einzelfall die Leistung nicht erbracht wird.[1800] In manchen Fällen entstünden aber unbillige Härten, müsste der Schuldner auch für Ereignisse haften, die nicht in seinen Risikobereich fallen.[1801] Gerade in der Logistikbranche sind unvorhergesehene Störfälle wegen der weiten Transportwege häufig.

Ist die Leistung entweder unmöglich oder wesentlich erschwert so greift im englischen Recht die doctrine of frustration (6.12.1.). Die Parteien treffen darüber hinaus in den Kontrakten aber auch eigene Regeln. Sogenannte *force majeure* Klauseln[1802] sollen unbillige Härten abmildern, wenn der Schuldner nicht leisten kann (6.12.2.).[1803]

1798 MacKendrick, Force majeure and frustration of contract, S. 3; dieses gilt auch im UN-Kaufrecht, das wie das englische Recht eine verschuldensunabhängige Haftung im Sinne einer strict liability statuiert, vgl. Staudinger-Magnus, Art. 79 CISG, Rn. 1; ferner Böckstiegel, RIW/AWD 1984, 1, 1. Bei CIF Kontrakten ist jedoch sauber zu differenzieren welche Pflicht unmöglich geworden sein soll. Einerseits kann die Abladung der Ware selbst unmöglich geworden sein. Andererseits kann die Andienung der Dokumente unmöglich geworden sein, beispielsweise dann wenn der Verkäufer nicht selbst abgeladen hatte sondern Dokumente über die kontrahierte Ware am Markt einkaufen wollte und diese nicht mehr verfügbar sind. Letzteres führt jedoch nicht automatisch zu Unmöglichkeit, da dem Verkäufer meist die Chance unbenommen ist, selber noch die kontrahierte Ware abzuladen.

1799 Siehe oben Seite 83.

1800 Raineri v. Miles [1981] A.C. 1050, 1086 (HL), per Lord Edmund-Davies.

1801 Zweigert/Kötz/Zweigert-Kötz, Einführung in die Rechtsvergleichung, § 37 I.

1802 Zur Geschichte Zweigert/Kötz/Zweigert-Kötz, Einführung in die Rechtsvergleichung, § 37 II; Ursprünglich stammt diese Doktrin aus dem französischen Recht, was den Wortlaut des Begriffes erklärt, vgl. Art. 1148 Code Napoleon.

1803 Metje, Der Investitionsschutz im internationalen Anlagenbau, S. 127.

6.12.1 Lösungsansätze des staatlichen Rechts

6.12.1.1 England: Doctrine of frustration

Im englischen Recht gibt es keine eigenständige *force majeure* Doktrin.[1804] Stattdessen gilt bei Leistungshindernissen der Grundsatz der *frustration of contract*.[1805] Im Anwendungsbereich dieser Lehre ist zu differenzieren: Wird der Vertrag von vornherein über eine unmögliche Leistung abgeschlossen, so ist der Vertrag wegen *mistake* nichtig.[1806] Wird die Vertragserfüllung hingegen erst später erschwert oder unmöglich, so greift die Doktrin der *frustration*.[1807]

6.12.1.1.1 Voraussetzungen der frustration

Frustration setzt voraus, dass die Leistungserbringung unmöglich geworden ist. Dabei darf die Leistungserschwerung nicht durch eine der Parteien verursacht worden sein.[1808] Während das deutsche Recht erst auf der Ebene der Sekundäransprüche nach dem Verschulden differenziert, liegt im englischen Recht dann keine *frustration* vor, wenn eine Vertragspartei das Leistungshindernis vorsätzlich oder fahrlässig herbeigeführt hat.[1809]

Wann eine derartige Erschwerung besteht, ist meist unklar und daher Ursache einer fast unüberschaubaren Flut von Entscheidungen. Die Gerichte prüfen dazu, ob die veränderten Umstände sich wesentlich auf die Erfüllung des Vertrages auswirken, und legen den Vertrag auf eine etwaige Risikoverteilung hin aus.[1810]

1804 MacKendrick, Force majeure and frustration of contract, S. 8.

1805 Leitentscheidung ist Taylor v. Caldwell [1863] 3 B. & S. 826; vgl. auch Davis Contractors Ltd. v. Fareham Urban Disctrict Council [1956] A.C. 696, 705 (HL); zum Vergleich zwischen dem englischen Recht und dem französischen Recht bei MacKendrick, Force majeure and frustration of contract, S. 6 ff.

1806 Vgl. dazu schon oben Seite 314 für die Fälle, dass nichtexistente Ware verkauft wird; zur Abgrenzung: Chitty, Chitty on contracts, Bd. 1, Rn. 23-002.

1807 Huber, Leistungsstörungen, Bd. I, § 4 III 3.

1808 Bank Line Ltd. v. Arthur Capel & Co. [1919] A.C. 435, 452 (HL).

1809 Natürlich kann die Klausel ausdrücklich diese Folge bestimmen. Ist das nicht der Fall, so werden force majeure Klauseln jedoch so ausgelegt, dass sie das von einer Partei verschuldete Verhalten nicht erfassen: Guest, Benjamin's sale of goods, Rn. 8–85.

1810 Triebel, Englisches Handels- und Wirtschaftsrecht, Bd. 15, Rn. 153; Davis Contractors Ltd. v. Fareham Urban Disctrict Council [1956] A.C. 696, 720 f. (HL).

Ein typischer Anwendungsfall der *frustration* liegt beispielsweise dann vor, wenn die geschuldete Sache untergeht.[1811] Dieses kommt im Rohproduktenhandel allerdings eher selten vor, da Gattungsware verkauft wird. Wesentlich häufiger hindern Im- und Exportverbote die Leistung des Verkäufers. Diese führen jedoch nur dann zu *frustration*, wenn sie endgültig sind und während des gesamten Vertragszeitraumes gelten.[1812] Eine bloße Leistungserschwerung reicht regelmäßig nicht aus, um *frustration* zu begründen.[1813] So entschieden die Gerichte in *Tsakiroglou & Co. Ltd. v. Noblee Thorl GmbH,*[1814] dass ein CIF-Verkäufer sich nicht auf *frustration* berufen könne, wenn der Suezkanal gesperrt ist und die Ware stattdessen um das Kap der Guten Hoffnung verschifft werden musste. Obwohl der Transportweg mehr als dreimal so lang war und dementsprechend höhere Transportkosten verursachte, verneinte das *House of Lords* damals eine Leistungsbefreiung.[1815] Damit lässt sich festhalten, dass ein unrentables Geschäft an sich noch nicht zur *frustration* führt.[1816] So entschieden die Obergerichte beispielsweise, dass ein Preisanstieg von 15-30 % noch nicht zu *force majeure* führe.[1817] Dieses ist insbesondere für den Rohproduktenhandel wichtig, da es oft zu heftigen kurzfristigen Preisschwankungen kommt. Im Zuge der Finanzkrise 2008 fielen die Preise für Weizen innerhalb von zehn Wochen von 1.193,00 auf

1811 Taylor v. Caldwell [1863] 3 B. & S. 826. Zu weiteren Beispielen Chitty, Chitty on contracts, Bd. 1, Rn. 23-021.

1812 Andrew Millar & Co. Ltd. v. Taylor & Co. Ltd. [1916] 1 K.B. 402, 411 (CA); vgl. aber auch Societe Cooperative Suisse des Cereales et Matieres Fourrageres v. La Plata Cereal Co SA [1947] 80 Ll. L. Rep. 530, wo Mais FOB Buenos Aires verkauft wurde. Da die zuständigen Behörden sich aber das Recht vorbehielten über die Durchführung von Exporten zu entscheiden und der Verkäufer deswegen die Ware nicht beschaffen konnte, wurde frustration bejaht.

1813 National Carriers Ltd. v. Panalpina Ltd. [1981] A.C. 675, 707 (HL); Palmco Shipping Inc. v. Continental Ore Corp. ("The Captain George K.") [1970] 2 Lloyd's Rep. 21, 32.

1814 Tsakiroglou & Co. Ltd. v. Noblee Thorl GmbH [1962] A.C. 93, 117 (HL); vgl. auch J. Lauritzen AS v. Wijsmuler BV („The Super Servant Two") [1990] 1 Lloyd's Rep. 1 (CA); vgl. auch ausführlich zu den Fällen Treitel, Unmöglichkeit, "Impracticability" und "Frustration" im anglo-amerikanischen Recht, Bd. 1, S. 47 ff.

1815 Dieses wurde auch für das CISG so gesehen. Das Hindernis des gesperrten Suezkanals sei für den Schuldner überwindbar, indem er die Ware über den weiteren Weg verschiffte: Schlechtriem/Schwenzer-Schwenzer, Art. 79 CISG, Rn. 14 Fn. 36; Staudinger-Magnus, Art. 79 CISG, S. 34.

1816 Tsakiroglou & Co. Ltd. v. Noblee Thorl GmbH [1962] A.C. 93, 117 (HL).

1817 Brauer & Co. Ltd. v. James Clark Ltd. [1952] 2 Lloyd's Rep. 147, 149 ff.; Tennants (Lancashire) Ltd. v. C.S. Wilson & Co. Ltd. [1917] A.C. 495, 499 (HL).

751,00 ¢ / Scheffel.[1818] Viele Käufer versuchten deshalb sich von ihrer Zahlungsverpflichtung zu lösen, da sie Weizen auf dem Weltmarkt nun wesentlich günstiger einkaufen hätten können, jedoch in den teuren Kontrakten „gefangen" waren. In Ermangelung von *frustration* sind die Parteien daher gehalten, eine Preisanpassungsklausel aufzunehmen und den Kaufpreis beispielsweise anhand eines Index wie den des Chicago Board of Trade (CBOT) bestimmen zu lassen.

Schließlich führt auch eine bloße Leistungsverzögerung regelmäßig noch nicht zur *frustration*. Der Vertrag ist erst dann hinfällig, wenn die Verspätung so ungewöhnlich groß ist, dass die verzögerte Leistung nicht mehr als die vertraglich Geschuldete angesehen werden kann.[1819] Insofern kann auch ein Streik[1820] zur Annahme von *frustration* führen, wenn er nur lange genug dauert.[1821]

6.12.1.1.2 Rechtsfolgen der frustration

Liegt ein Fall der *frustration* vor, so wird der Vertrag aufgelöst und die Parteien werden ihrer Leistungspflichten enthoben. Dem Richter steht dabei anders als im deutschen Recht beim Wegfall der Geschäftsgrundlage kein Ermessens- oder Umgestaltungsspielraum zu.[1822] Wurden bereits Zahlungen oder Leistungen erbracht, so sind diese rückabzuwickeln.[1823]

1818 Quelle: <www.ariva.de>, Weizenpreise CBOT im Zeitraum vom 10.03 bis 19.05.2008.

1819 Vgl. Jackson v. Union Marine Insurance Co. Ltd. [1875] L.R. 10 C.P. 125, 144; vgl. auch Pioneer Shipping Ltd. v. BTP Tioxide Ltd. ("The Nema") [1982] A.C. 724, 752 (HL) per Lord Roskill ("[...] it is often necessary to wait upon events in order to see whether the delay already suffered and the prospects of further delay from that cause, will make any ultimate performance of the relevant contractual obligations radically different [...] from that which was undertaken by the contract."); F. A. Tamplin Steamship Co. Ltd. v. Anglo-Mexican Petroleum Products Co. Ltd. [1916] 2 A.C. 397, 404 (HL).

1820 Zu den Streikklauseln sogleich unten Seite 408 ff.

1821 Chitty, Chitty on contracts, Bd. 1, Rn. 23–36; vgl. auch Cleeves Western Valleys Anthracite Collieries Ltd v. Owners of The Penelope [1928] P. 180, 196 wo ein Streik die Verschiffung über 12 Monate unmöglich machte und deshalb die frustration einer Charterparty bejaht wurde; andererseits aber Edwinton Commercial Corp. V. Tsavliris Russ (Worldwide Salvage & Towage) Ltd. („The Sea Angel") [2007] 1 C.L.C. 876, 918 (CA): Eine dreimonatige Verzögerung reichte in diesem Fall noch nicht aus.

1822 Chitty, Chitty on contracts, Bd. 1, Rn. 23–71; Winner, Wert und Preis im Zivilrecht, S. 239.

1823 BP Exploration Co (Libya) Ltd. v. Hunt [1979] 1 W.L.R. 783, 798 ff. (QBD); vgl. auch Fibrosa Spolka Akcyjna v. Fairbairn Lawson Combe Barbour Ltd. [1943] A.C. 32, 36 (HL) zur Rechtslage vor der Law Reform (Frustrated Contracts) Act 1943, wobei zugleich die Entscheidung Chandler v. Webster [1904] 1 K.B. 493 aufgehoben

6.12.1.2 Leistungshindernisse im deutschen Recht

Auch im deutschen Recht sind Fälle höherer Gewalt nicht ausdrücklich geregelt.[1824] Stattdessen sind zwei gesetzliche Ansätze zu beobachten. Im Falle dauernder Leistungsverhinderung liegt ein Fall der Unmöglichkeit vor, sodass der Schuldner (regelmäßig der Verkäufer) nach § 275 BGB entlastet und der Gläubiger (regelmäßig der Käufer) nach § 326 Abs. 1 S. 1 BGB von seiner Gegenleistungspflicht frei wird. Woraus die Leistungsverhinderung resultiert, ist unerheblich; auch wenn der Schuldner das Hindernis verschuldet, so führt dieses zur Suspendierung der Leistungspflichten.[1825] Der Vertrag als solcher bleibt jedoch wie auch im CISG bestehen.[1826] Allerdings wird der Verkäufer grundsätzlich nur bei Unmöglichkeit entlastet, nicht schon bei bloßem Unvermögen, solange dieses die Schwelle von § 275 Abs. 2 BGB nicht überschreitet. Hat der Verkäufer also Mai-Abladung kontrahiert und liegt noch keine Konkretisierung vor, so tritt Unmöglichkeit nur dann ein, wenn generell keine Mai-Abladungen mehr möglich sind und auch keine bereits von Dritten verschiffte Ware aus Mai-Abladungen eingekauft werden kann, die dem Käuferkontrakt zugewiesen wird.[1827] Dabei kann der Verkäufer sich auch nicht ohne Weiteres darauf berufen, dass keine Dokumente über Mai-Abladungen mehr am Markt erhältlich wären, wenn er selbst noch abladen kann.[1828]

Bei lediglich zeitweiliger Unmöglichkeit[1829] wird die Leistungspflicht solange suspendiert, wie das Leistungshindernis besteht, und lebt anschließend wieder auf.[1830] Ist jedoch beim Eintritt[1831] des Leistungshindernisses ungewiss, wann die Unmöglichkeit behoben werden kann und dem Gläubiger ein Festhalten am

---

wurde, die eine Rückerstattung noch ausschloss. Demnach war eine Rückzahlung des Kaufpreises aber nur dann möglich, wenn die consideration für die Bezahlung vollständig ausblieb.

1824 Paschke, Hamburger Handbuch des Exportrechts, Abschn. 6 Rn. 72.

1825 Das Vertretenmüssen wird erst auf der Sekundärebene bei einem Schadensersatzanspruch aus §§ 280 I, III, 283 BGB berücksichtigt.

1826 Lediglich nach altem Schuldrecht war der Vertrag zumindest bei anfänglicher Unmöglichkeit gem. § 306 BGB a.F. unwirksam. Nunmehr ist in § 311a Abs. 1 BGB festgehalten, dass eine anfängliche Unmöglichkeit der Wirksamkeit nicht mehr entgegensteht.

1827 Vgl. Haage, Das Abladegeschäft, S. 15. Anders mag es nur sein, wenn der Verkäufer laut Vertrag lediglich eigene Abladung schuldet. Dann darf er auch kein Konnossement über Fremdabgeladene Ware andienen, sodass Unmöglichkeit vorliegt.

1828 Haage, Das Abladegeschäft, S. 16.

1829 Auch diese wird von § 275 BGB erfasst, vgl. BT-Drks. 14/6040, S. 128.

1830 Staudinger-Löwisch/Caspers, § 275 BGB, Rn. 42; Arnold, JZ 2002, 866, 870.

1831 KG VIZ 2000, 677, 678; Staudinger-Löwisch/Caspers, § 275 BGB, Rn. 47.

Vertrag daher nicht zumutbar, so liegt eine dauerhafte Unmöglichkeit vor.[1832] In jedem Fall empfiehlt es sich für den Gläubiger eine Frist zu setzen,[1833] um jedenfalls nach § 323 BGB zurücktreten oder nach §§ 280 I, III; 281 BGB Schadensersatz verlangen zu können, wenn sich später herausstellt, dass keine Unmöglichkeit vorlag. Sollte jedoch eine dauerhafte Unmöglichkeit vorgelegen haben, so war die Fristsetzung lediglich überflüssig, da ein Fall des § 326 Abs. 5 BGB vorlag.

Hat der Schuldner die Unmöglichkeit zu vertreten, so muss er Schadensersatz leisten (§§ 280 I, III; 283 BGB). In den Fällen höherer Gewalt wird es meist jedoch am Vertretenmüssen nach § 280 Abs. 1 S. 2 BGB fehlen. Eine Ausnahme liegt nur dann vor, wenn sich der Verkäufer beispielsweise schon im Schuldnerverzug befand, als das Ereignis der höheren Gewalt eintrat. Dann hat er nach § 287 S. 2 BGB auch für alle zufälligen weiteren Verzögerungen einzustehen.

Wo bloße Leistungserschwerungen einzuordnen sind, bereitet zeitweilen Schwierigkeiten. Durch die Schuldrechtsmodernisierung sind Fälle der praktischen Unmöglichkeit nur dann unter § 275 Abs. 2 BGB zu fassen, wenn ein grobes Missverhältnis zwischen dem Aufwand des Schuldners und dem Gläubigerinteresse vorliegt.[1834] Die deutsche Rechtsprechung ist traditionell stets zurückhaltend gewesen, bei bloßen Leistungserschwerungen und einer fehlenden Rentabilität für den Schuldner eine Unmöglichkeit anzunehmen.[1835] Die Grenzen sind daher sehr hoch anzusetzen. Wird lediglich das Äquivalenzinteresse tangiert, ohne dass die *Opfergrenze* des Schuldners erreicht worden wäre, so liegt lediglich ein Wegfall der Geschäftsgrundlage nach § 313 BGB vor, sodass grundsätzlich keine Suspendierung der Leistungspflichten, sondern eine Vertragsanpassung infrage kommt. Überträgt man diese Gedanken beispielsweise auf die Suez-Kanal-Fälle,[1836] so spricht viel dafür in dem damaligen Fall aus heu-

---

1832 RGZ 146, 60, 66; BGHZ 38, 295, 302; BGHZ 83, 197, 200: Lieferung einer Tierkörperverwertungsanlage in den Iran, die wegen politischer Unruhen mit unabsehbarem Ende nicht geliefert werden konnte; vgl. auch RGZ 42, 114.

1833 Schulze/Ebers, JuS 2004, 265, 267 halten die Fristsetzung wegen § 281 Abs. 2 Alt. 2 BGB für entbehrlich.

1834 Siehe auch BGH NJW-RR 1991, 204, 205; OLG Karlsruhe NJW-RR 1995, 849, 850; anders MüKo-Roth, § 313 BGB, Rn. 140.

1835 RGZ 88, 172, 173; RGZ 92, 322, 324; RGZ 95, 41, 44 mit der Begründung, dass das BGB keinen allgemeinen Grundsatz der clausula rebus sic stantibus enthalte. Vgl. auch die Schiedsgerichtspraxis in Loock/Straatmann, Handelsrechtliche Schiedsgerichts-Praxis, Schiedsspruch E 4d Nr. 4.

1836 Siehe dazu oben Seite 397.

tiger deutscher Sicht nur einen Wegfall der Geschäftsgrundlage zu erblicken.[1837] Liegen sowohl die Voraussetzungen von § 275 Abs. 2 BGB als auch § 313 Abs. 1 BGB vor, so erlischt der Leistungsanspruch. Es besteht, entgegen einer verbreiteten Auffassung[1838] gerade kein Wahlrecht, wie vorgegangen werden soll. Ist nämlich die Leistungspflicht nach § 275 Abs. 2 BGB bereits erloschen, so geht eine Vertragsanpassung nach § 313 BGB ins Leere.[1839]

6.12.1.3 UN-Kaufrecht, Art. 79 CISG

Auch das UN-Kaufrecht kennt Regelungen zur nachträglichen Leistungshinderung. Nach Art. 79 CISG hat eine Partei für die Nichterfüllung nicht einzustehen, wenn sie beweist, dass die Nichterfüllung auf einem außerhalb ihres Einflussbereichs liegenden Hinderungsgrund beruht und dieser bei Vertragsschluss unvorhersehbar und nachträglich unabwendbar war.

Anders als im deutschen Recht wird dabei nicht nach dem Grund der Nichterfüllung unterschieden, sodass ein einheitlicher Entlastungstatbestand vorliegt.[1840] Der Passus gilt insbesondere auch für die anfängliche Unmöglichkeit, sodass nicht wie im englischen Recht zwischen *mistake* und *frustration* differenziert[1841] wird.[1842] Hinderungsgründe werden insbesondere bei klassischen Naturereignissen wie Überschwemmungen, Feuer oder Eis angenommen.[1843] Auch hoheitliche Eingriffe gehören nach der überwiegenden Meinung grundsätzlich da-

---

1837 Dieses gilt vor allem auch vor dem Hintergrund, dass für die Frage, ob ein Unvermögen nach § 275 Abs. 2 BGB vorliegt, der Inhalt des Schuldverhältnisses zu berücksichtigen ist. Bei einem CIF-Verkauf trägt der Verkäufer aber traditionell das Risiko dafür, dass sich die Frachtraten erhöhen (Lobinger, Die Grenzen rechtsgeschäftlicher Leistungspflichten, S. 138). Der Preis stieg damals durch den Umweg von £7.10 auf £15 pro Tonne, sodass eine Preissteigerung von 111% vorlag. Starre Grenzen, wie z.B. 110% bei nicht verschuldetem und 150% bei verschuldetem Leistungshindernis, werden jedoch regelmäßig abgelehnt, vgl. Staudinger-Löwisch/Caspers, § 275 BGB, Rn. 96. Im Ergebnis auch Puelinckx, J.Int'l Arb. (3) 1986, 47, 50. Jedoch muss betont werden, dass es sich um eine Einzelfallentscheidung handelt, sodass sich pauschale Äußerungen an dieser Stelle verbieten.

1838 Staudinger-Löwisch/Caspers, § 275 BGB, Rn. 97; Schwarze, Jura 2002, 73, 78.

1839 BT-Drks. 14/6040, S. 130, 176; Schulze/Ebers, JuS 2004, 265, 266; Canaris, JZ 2001, 499, 501; Eidenmüller, Jura 2001, 824, 831.

1840 Schlechtriem/Schwenzer-Schwenzer, Art. 79 CISG, Rn. 5.

1841 Dazu oben Seite 313 ff.

1842 Staudinger-Magnus, Art. 79 CISG, S. 33; Schlechtriem/Schwenzer-Schwenzer, Art. 79 CISG, Rn. 12; Herber/Czerwenka, Internationales Kaufrecht, Art. 79 Rn. 24; Schlechtriem, IPRax 1990, 277, 279.

1843 Schlechtriem, IPRax 1990, 277, 16.

zu, auch wenn russische und chinesische Schiedsgerichte[1844] vereinzelt das Gegenteil angenommen haben.[1845] Bei Streik oder Aussperrungen besteht ebenfalls Unsicherheit, richtigerweise wird man diese aber ebenfalls als Entlastungsgrund annehmen müssen, da sie nicht mehr zum Personalrisiko gehören und es zu weit ginge, dem Schuldner das vollständige Risiko für Arbeitskämpfe aufzuerlegen.[1846] Auch wirtschaftliche Unmöglichkeit führt zu einer Entlastung nach Art. 79 CISG, jedoch nur dann, wenn extreme Preisschwankungen oder Mehraufwendungen vorliegen, die die *äußerste Opfergrenze* des Schuldners überschreiten.[1847] Im Gegensatz zum englischen Recht können auch nur zeitweilige Hindernisse den Schuldner entlasten (Art. 79 Abs. 3 CISG); jedoch nur für die Dauer, die das Hindernis besteht. Im englischen Recht erfolgt eine *frustration* hingegen erst, wenn das Hindernis hinreichend lange andauert. Insofern ist das CISG in diesem Punkt vorteilhafter als das englische Recht, bei dem oft unklar ist, wann bei vorübergehenden Leistungshindernissen bereits die Grenze zur *frustration* überschritten ist.

Liegt ein Leistungshindernis nach Art. 79 CISG vor, so ist der Schuldner lediglich davon befreit, Schadensersatz wegen der Verzögerung leisten zu müssen. Anders als im englischen Recht ist der Vertrag auch nicht insgesamt unwirksam.[1848] Zudem kann aus Art. 7 Abs. 1 CISG eine Pflicht zur Neuverhandlung folgen.[1849]

1844 Tribunal of International Commercial Arbitration at the Russian Federation Chamber of Commerce and Industry, 24.11.1998, CISG-online Nr. 1525; CIETAC 07.08.1993, CISG-online Nr. 1060.

1845 Schlechtriem, IPRax 1990, 277, 17.

1846 Staudinger-Magnus, Art. 79 CISG, S. 21; Herber/Czerwenka, Internationales Kaufrecht, Art. 79 Rn. 13; Huber, RabelsZ (43) 1979, 413, 476 f.; Achilles, Kommentar zum UN-Kaufrechtsübereinkommen (CISG), Art. 79 Rn. 6, die Streiks als Entlastungsgrund ansehen; aA Bamberger/Roth-Saenger, Art. 79 CISG, Rn. 6; gegen eine pauschale Lösung auch Schlechtriem/Schwenzer, Rn. 21.

1847 Dieses wurde verneint bei Preisänderungen von 100% beziehungsweise 300% für spekulative Geschäfte, da dieses als vorhersehbar zu gelten habe, vgl. OLG Hamburg, 28.02.1997, CISG-online Nr. 261; für die Suezkanalfälle sieht die überwiegende Meinung den Fall genauso wie das englische Recht gelagert Schlechtriem/Schwenzer-Schwenzer, Art. 79 CISG, Rn. 14 Fn. 36; Staudinger-Magnus, Art. 79 CISG, S. 34 mwN.; Achilles, Kommentar zum UN-Kaufrechtsübereinkommen (CISG), Art. 79 Rn. 8; wohl auch Fischer, Die Unmöglichkeit der Leistung im internationalen Kauf- und Vertragsrecht, S. 214, der eine Analogie befürwortet.

1848 Schlechtriem/Schwenzer-Schwenzer, Art. 79 CISG, Rn. 49.

1849 Schlechtriem/Schwenzer-Schwenzer, Art. 79 CISG, Rn. 31.

6.12.1.4 Zwischenergebnis

Es zeigt sich, dass alle skizzierten Rechtsordnungen den Gedanken von höherer Gewalt bzw. Unmöglichkeit kennen. Die praktischen Ergebnisse lassen sich jedoch nur schwer vergleichen, da sie – gerade in England – meist Fallgruppen unterfallen, die einer Einzelfallwertung unterliegen.[1850] Feststellen lässt sich jedoch, dass das englische Recht geneigter ist, den Vertrag sofort aufzuheben, während das CISG und das deutsche interne Recht diesen bestehen lassen und nur einzelne Pflichten suspendieren. Das deutsche Recht lässt darüber hinaus auch eine Anpassung über § 313 Abs. 1 BGB zu, die weder das CISG[1851] noch das englische Recht kennen. Damit sieht das deutsche Recht die flexibelsten Rechtsfolgen vor. Wegen der umfangreichen Kasuistik, dem Fehlen fester Wertgrenzen und daher meist unvorhersehbarer Gerichtsentscheidungen, bieten die gesetzlichen Regeln jedoch keine hinreichende Planungssicherheit für juristische Laien. Insofern sollten die Parteien die Rechtsfolgen privatautonom Regeln und insbesondere festlegen, welche Ereignisse unter den Begriff der force majeure fallen sollen.[1852]

6.12.2 *Force Majeure* in der Kontraktpraxis

6.12.2.1 Die Vorteile von *force majeure* Klauseln

Dieses ist ein Grund dafür, dass die Parteien regelmäßig *force majeure* Klauseln für den Fall einer Leistungserschwerung in ihre Verträge aufnehmen. Derartige Klauseln sind im internationalen Handelsverkehr außerordentlich gebräuchlich.[1853]

Da der GAFTA-Vertrag dem englischen Recht untersteht, so erweist sich gerade die *doctrine of frustration* als Hemmnis für den Kaufmann, da das Ergebnis im Einzelfall meist unvorhersehbar bleibt. Gerade im Bereich von bloßen Leistungsverzögerungen ist vor einem Prozess noch gar nicht absehbar, ob diese derartig schwerwiegend sind, als dass der Richter *ex post* einen Fall von *frustration* annehmen würde. Die Parteien riskieren daher, ihre Leistung wegen ver-

---

1850 Zweigert/Kötz/Zweigert-Kötz, Einführung in die Rechtsvergleichung, § 37 V.

1851 Der Wegfall der Geschäftsgrundlage oder auch frustration nach nationalem Recht dürfen nicht ergänzend im CISG herangezogen werden, da Art. 79 CISG die Frage abschließend behandeln soll, so: LG Aachen RIW 1993, 760, 761; Staudinger-Magnus, Art. 4 CISG, Rn. 59; Honsell-Siehr, Art. 4 CISG, Rn. 20.

1852 Paschke, Hamburger Handbuch des Exportrechts, Abschn. 6 Rn. 74.

1853 Huber, Leistungsstörungen, Bd. I, § 25 II 1; Böckstiegel, RIW/AWD 1984, 1, 9.

meintlicher *frustration* zurückzuhalten und damit selbst einen Vertragsbruch zu begehen. Zudem führt die Lehre der *frustration* ohne Weiteres zur Auflösung des Vertrages.

Damit *force majeure* Klauseln Anwendung finden, ist regelmäßig eine fundamentale Änderung der Umstände nötig, sodass sich das wirtschaftliche Gleichgewicht des Vertrages so stark verändert, dass das Festhalten am Vertrag für eine der Parteien nicht mehr zumutbar ist.[1854] Wann sich die Umstände schwerwiegend geändert haben ist oft unklar. Eine allgemeingültige Definition, was unter *force majeure* fällt, gibt es nicht.[1855] Englische Gerichte haben daher entschieden, dass eine Klausel im Vertrag zu unbestimmt und damit unwirksam ist, wenn sie bestimmten Rechtsfolgen für den Fall von *force majeure* vorsieht.[1856] In der Kontraktpraxis sind daher oft die Ereignisse festgehalten, die *force majeure* begründen sollen.[1857] Regelmäßig sind das Vorgänge wie Naturkatastrophen,[1858] Krieg, Aufstände, staatliche Beschränkungen[1859] oder das Fehlver-

---

1854 Metje, Der Investitionsschutz im internationalen Anlagenbau, S. 128; vgl. auch Loock/Straatmann, Handelsrechtliche Schiedsgerichts-Praxis, Schiedsspruch E 4d Nr. 5; Dabei sind force majeure Klauseln grundsätzlich von sogenannten hardship Klauseln abzugrenzen. Während erstere von dem klassischen Fall der Unmöglichkeit ausgehen und dabei auch die wirtschaftliche Unmöglichkeit mit einbeziehen, gehen hardship Klauseln eher vom Verständnis eines Wegfalls der Geschäftsgrundlage aus und statuieren daher Neuverhandlungspflichten, vgl. Huber, Leistungsstörungen, I, § 25 II 1.

1855 Metje, Der Investitionsschutz im internationalen Anlagenbau, S. 127 f.; vgl. auch Thomas Borthwick (Glasgow) Ltd. v. Faure Fairclough Ltd. [1968] 1 Lloyd's Rep. 16, 28: „The precise meaning of this term, if it has one, has eluded lawyers for years"; vgl. aber Matsoukis v. Priestman & Co. [1915] 1 K.B. 681, 686 (KBD): wonach force majeure jedenfalls nicht die französische Übersetzung für vis major und damit ein Synonym für höhere Gewalt im Sinne eines act of God ist.

1856 British Electrical & Associated Industries v. Patley Pressings Ltd. [1953] 1 W.L.R. 280, 285 (QBD): Hier ging es allerdings um eine Freihalteerklärung und nicht direkt um eine Suspendierung der Leistungspflichten im Kaufvertrag. Ergibt sich aus einem Handelsbrauch, was force majeure ist, so können derartige Klauseln jedoch wirksam sein. Im deutschen Recht wird hingegen darauf rekurriert, wie „höhere Gewalt" im Rahmen anderer Vorschriften interpretiert wird, vgl. z.B. § 701 BGB und HGB-Großkommentar-Koller, vor § 373 HGB, Rn. 236.

1857 Pinnells/Eversberg, Internationale Kaufverträge optimal gestalten, S. 120.

1858 Naturkatastrophen werden regelmäßig als acts of god bezeichnet. Force Majeure ist jedoch nicht auf diese Ereignisse beschränkt sondern kann auch menschgemachte Probleme umfassen.

1859 So lag dem amerikanischen Sojabohnenexportverbot von 1973 beispielsweise die force majeure Klausel des GAFTA 100 Vertrages zugrunde: Tradax Export S.A. v. Andre & Cie. S.A. [1976] 1 Lloyd's Rep. 416; Bremer Handelsgesellschaft mbH v. C. Mackhalten Dritter. Teilweise legen die Parteien auch in einer Negativliste fest, was jedenfalls nicht als *force majeure* zu gelten hat. Letzteres Vorgehen ist regelmäßig dann empfehlenswert, wenn eine vorgefertigte Klausel verwendet wird.[1860] In jedem Fall tendieren englische Gerichte dazu *force majeure* Klauseln im Einzelfall aus sich selbst anhand des Wortlautes auszulegen, um so zu erschließen, wie die Parteien die vertragliche Risikoverteilung regeln wollten.[1861]

In den *force majeure* Klauseln definieren die Parteien nicht nur, welche Ereignisse den Anwendungsbereich eröffnen, sondern auch, was die Rechtsfolgen sind. Meist werden die Leistungspflichten für die Dauer des Hindernisses suspendiert.[1862] Bei länger andauernden Hindernissen wir der Vertrag dann regelmäßig aufgehoben. Auch Mitteilungspflichten werden statuiert. Dabei sind in den Verträgen sowohl Klauseln zu finden, die alle Fälle von *force majeure* abdecken, als auch solche, die nur Teilaspekte *(special risk clauses*[1863]*)* wie beispielsweise Eis, Exportverbote oder Streiks behandeln. Im Folgenden sollen alle Klauseln einheitlich als *force majeure* Klauseln (im weiteren und im engeren Sinne) bezeichnet werden.

Die einschlägigen Klauseln geben den Parteien damit oft ein flexibleres Instrument an die Hand und sie verdrängen den Anwendungsbereich der *frustration*,[1864] wenn Sie denn das maßgebliche Ereignis erfassen.[1865] So kann die Leistungspflicht zunächst einmal für die Dauer des Hindernisses „eingefroren" werden und nach dessen Wegfall wieder aufleben. Schließlich kann der Vertrag bei dauerhaften Hindernissen, oder, wenn diese über einen vorher definierten Zeitraum hinaus bestehen, die Vertragsaufhebung festlegen. Ferner machen die Klauseln in Lieferketten Sinn – dieses aber nur dann, wenn in allen Verträgen die gleichen Klauseln verwendet werden. So lässt sich vermeiden, dass ein Ver-

---

prang Jr. [1979] 1 Lloyd's Rep. 221 (CA); Toprak Mahsulleri Ofisi v. Finagrain Compagnie Commerciale Agricole et Financière S.A. [1979] 2 Lloyd's Rep. 98, 107 f. (CA).

1860 Beispiele für vorgefertigte Klauseln außerhalb der GAFTA Kontrakte sind die der ICC, wie z.B. ICC Force Majeure Clause 2003, ICC Hardship Clause 2003, ICC Publication No. 650.

1861 Coastal Petroleum Ltd. v. VTT Vulcan Petroleum S.A. ("The Marine Star") [1996] 2 Lloyd's Rep. 383 (CA); MacKendrick, Force majeure and frustration of contract, S. 8.

1862 Pinnells/Eversberg, Internationale Kaufverträge optimal gestalten, S. 120; de Michaelis Vasconcellos, RIW 1997, 455, 458; Berger, RIW 2000, 1, 5.

1863 Böckstiegel, RIW/AWD 1984, 1, 1.

1864 Kuwait Supply Co. v. Oyster Marine Management Inc. [1994] 1 Lloyd's Rep. 637, 643 (QBD); Guest, Benjamin's sale of goods, Rn. 19–121; Chitty, Chitty on contracts, Bd. 1, Rn. 23–58.

1865 Chitty/Guest, Chitty on contracts, Bd. 2, Rn. 23-058 ff.

käufer „in der Mitte“ von seinem Käufer wegen Nichtleistung trotz Leistungshindernisses in Anspruch genommen wird, er sich selbst wegen (einer anderweitig formulierten Klausel) aber nicht bei seinem Verkäufer mittels Regress schadlos halten kann, weil dieser sich auf höhere Gewalt beruft.

6.12.2.2 Exkurs: Force Majeure Klauseln als exemption clauses

Problematisch ist vor allem, wie *force majeure* Klauseln dogmatisch einzuordnen sind. Da sie die Haftung des Schuldners in bestimmten Ereignissen ausschließen, liegt eine Einordnung als Haftungsausschlussklausel *(exemption clause)* nahe. Dieses führte zur Konsequenz, dass die strengen Auslegungsregeln angewendet werden, die für *exemption clauses* gelten.[1866] Die englische Meinung geht aber davon aus, dass *force majeure* Klauseln nicht die Haftung beschränken, sondern lediglich die Reichweite der Schuldnerpflichten festlegen.[1867] Was unmöglich ist und unter die *force majeure* Klausel fällt, ist eben nicht geschuldet, sodass die Nichterfüllung dieser Handlung auch keine Pflichtverletzung mehr sein kann.[1868] Daher finden die strengen Auslegungsregeln,[1869] wie beispielsweise die *contra proferentem rule*, keine Anwendung auf *force majeure* Klauseln.[1870] Dieses führt dazu, dass auch der *Unfair Contract Terms Act 1977* keine Anwendung auf *force majeure* Klauseln findet, da sich der Anwendungsbereich lediglich auf Klauseln bezieht, die die Haftung ausschließen oder begrenzen.[1871]

1866 Siehe oben Seite 89.

1867 MacKendrick, Force majeure and frustration of contract, S. 14 mwN.

1868 Fairclough Dodd, & Jones Ltd. v. J.H. Vantol Ltd. [1957] 1 W.L.R. 136, 143 (HL): “[...] it is a clause which operates to prevent what otherwise might be a breach from being a breach.”; MacKendrick, Force majeure and frustration of contract, S. 13 f.; Guest, Benjamin's sale of goods, Rn. 8–84.

1869 Vgl. oben Seite 89.

1870 Bridge, The international sale of goods, Rn. 7.14; anders aber Hong Guan & Co. v. R. Jumabhoy & Sons [1960] A.C. 684, 698 für die Auslegung der Klausel “subject to force majeure and shipment “, wo klargestellt wird, dass die Partei, die sich auf die force majeure Klausel beruft, das Risiko dafür trägt, dass sie die Voraussetzungen der haftungsbefreiung darlegen kann. Ebenso MacKendrick, Force majeure and frustration of contract, S. 14 f., der in der der contra proferentem rule ein allgemeines Prinzip sieht, wenn Vertragsklauseln uneindeutig sind. Siehe auch Guest, Benjamin's sale of goods, Rn. 19–119.

1871 Vgl. s. 2(1) UCTA 1977: „exclude or restrict his liability“. Zu der Problematik der grundsätzlichen Anwendbarkeit des UCTA 1977 auf GAFTA Verträge vgl. oben Seite 95 ff.

6.12.3 Regelungen in GAFTA-Kontrakten

In den Kontrakten der GAFTA finden sich weitreichende Bestimmungen für den Fall eines Leistungshindernisses. Erfasst werden alle denkbaren Unterfälle der *doctrine of frustration*, wie allgemeine *höhere Gewalt* (6.12.4.) als auch besondere Risiken *(special risk clauses)*, wie Exportverbote (6.12.5.), Streik (6.12.6.) oder Eis (6.12.7.).

6.12.4 Eigentliche force majeure-clause

6.12.4.1 Hintergrund: Die Mississippi-Überflutung

Das prominenteste Beispiel für einen Fall von *force majeure* unter GAFTA Bedingungen sind die Überflutungen des Mississippi nach der Schneeschmelze im Frühjahr 1973.[1872] Diese führten zur Schließung von Schleusen und damit zu Verzögerungen beim Transport von Sojabohnenmehl. In der Folge kam es zu Versorgungsengpässen und erheblichen Preisanstiegen. Das US-Wirtschaftsministerium (USDC) verhängte damals ein partielles Exportverbot und ließ die US-Verkäufer lediglich 40 % der kontrahierten Mengen exportieren. Die Verkäufer beriefen sich auf die *force majeure* und *prohibition* Klausel der damals verwendeten GAFTA 100[1873] Formulare und sahen ihre Leistungspflichten wegen der Verzögerungen aufgrund höherer Gewalt und des behördlichen Verbotes suspendiert.[1874] Die Ereignisse führten zu einer Vielzahl an Schiedsverfahren in London, da es sich nicht nur um zweipolige Verträge, sondern regelmäßig um Lieferketten mit einer Vielzahl Beteiligter handelte.

1872 Zur detaillierten Abfolge der Ereignisse MacKendrick, Force majeure and frustration of contract, S. 198 ff.

1873 Mittlerweile wurde die Nummerierung des Vertrages zu GAFTA No. 97 („Contract for the shipment of north american soyabean meal and/or pellets in bulk – CIF terms“) geändert.

1874 Tradax Export S.A. v. Andre & Cie. S.A. [1976] 1 Lloyd‘s Rep. 416; Bremer Handelsgesellschaft mbH v. C. Mackprang Jr. [1979] 1 Lloyd's Rep. 221 (CA); Toprak Mashulleri Ofisi v. Finagrain Compagnie Commerciale Agricole et Financiere S.A. [1979] 2 Lloyd’s Rep. 98, 107 f. (CA).

6.12.4.2 Regelungsinhalt der *force-majeure* Klausel

Wer nunmehr vermutet, dass alle GAFTA-Verträge eine *force majeure* Klausel enthalten, der irrt.[1875] Mindestens ebenso viele Verträge kommen ohne diese aus.[1876] Meist sind dann nur Teilaspekte, wie zum Beispiel Verladestreiks geregelt. In einigen Ausnahmefällen, wie GAFTA 119 oder GAFTA 118 ist sogar nur ein Platzhalter für eigene Absprachen der Parteien eingefügt. Die *force majeure* Klauseln lauten in den meisten Verträgen mehr oder weniger gleich:

> „FORCE MAJEURE, STRIKES, ETC - Sellers shall not be responsible for delay in shipment of the goods or any part thereof occasioned by any Act of God, strike, lockout, riot or civil commotion, combination of workmen, breakdown of machinery, fire, or unforeseeable and unavoidable impediment to navigation, or any cause comprehended in the term "force majeure".“[1877]

6.12.4.2.1 Vertragliche Definition von force majeure

Die Klauseln legen dabei dezidiert fest, wann ein Fall von *force majeure* vorliegt. Dazu zählen nicht nur unvorhersehbare Naturereignisse, wie die *acts of god*,[1878] sondern auch Streik,[1879] Aussperrung, Ausschreitungen[1880] beziehungsweise innere Unruhen, die Interventionen von Arbeitnehmervereinigungen, Maschinenausfall oder Feuer[1881]. Neuerdings sind auch unvorhersehbare und unvermeidbare Hindernisse für die Schifffahrt *(unforeseeable and unavoidable impediment to navigation*[1882]*)* als Grund in die Klausel aufgenommen worden. Auch

---

1875 Verträge mit einer solchen Klausel beispielsweise GAFTA No. 2, 4, 8, 21, 49, 78, 81, 82, 95, 97, 99, 100-104, 107, 109-113, 115, 118-120, 122.

1876 So beispielsweise GAFTA No. 12, 13, 14, 16, 23, 24, 25, 27, 30, 31, 35, 41, 43. Diese Formulare enthalten dafür meist aber andere, spezifischere Klauseln, wie zum Beispiel über Streiks bei der Verladung. Meist ist zumindest die prohibition clause enthalten.

1877 Vgl. anstatt aller cl. 19 GAFTA 100.

1878 Vgl. Nugent v. Smith [1876] L.R. 1 C.P.D. 423, 437 ff.; Greenock Corp. v. Caledonian Railway [1917] A.C. 556, 558 ff. (HL).

1879 Reardon Smith Line Ltd. v. Ministry of Agriculture, Fisheries and Food [1960] 1 Q.B. 439 (QBD).

1880 Spinney's Ltd. v. Royal Insurance Co. Ltd. [1980] 1 Lloyd's Rep. 406.

1881 Thames and Mersey Marine Insurance Co. Ltd. v. Hamilton Fraser & Co. [1887] L.R. 12 App. Cas. 484, 488 ff. (HL); Tempus Shipping Co. Ltd. v. Louis Dreyfus & Co. [1930] 1 K.B. 699 (KBD).

1882 Zur Auslegung dieser Begrifflichkeit der Seegefahren vgl. auch Thames and Mersey Marine Insurance Co. Ltd. v. Hamilton Fraser & Co. [1887] L.R. 12 App. Cas. 484, 486 ff. (HL); Grant Smith & Co. v. Seattle Construction & Dry Dock Co. [1920] A.C. 162, 171.

sonstige Umstände, die nicht aufgeführt sind aber von der Rechtsprechung als *force majeure* anerkannte werden, eröffnen den Anwendungsbereich *(„[...] or any cause comprehended in the term force majeure.“).*[1883] Daher kann ein behördliches Exportverbot, wie im Mississippi-Fall, beispielsweise als sonstiger Fall von *force majeure* angesehen werden.[1884]

6.12.4.2.2 Anzeige des Leistungshindernisses

Wenn derartige äußere Umstände die Verschiffung zu verzögern drohen, so hat der Befrachter *(shipper)* dieses dem Käufer anzuzeigen:[1885]

> “If delay in shipment is likely to occur for any of the above reasons, the Shipper shall serve a notice on Buyers within 7 consecutive days of the occurrence, or not less than 21 consecutive days before the commencement of the contract period, whichever is the later. The notice shall state the reason(s) for the anticipated delay.”

Die Anzeige muss grundsätzlich spätestens 21 Tage vor dem Beginn des Erfüllungszeitraumes[1886] erbracht werden. Bei dieser Berechnung wird der erste Tag des Erfüllungszeitraumes allerdings nicht mitgerechnet.[1887] Tritt das *force majeu-*

1883 Vgl. aber zur Unbestimmtheit derartiger Klauseln British Electrical & Associated Industries v. Patley Pressings Ltd. [1953] 1 W.L.R. 280, 285 (QBD).

1884 Tradax Export S.A. v. Andre & Cie. S.A. [1976] 1 Lloyd’s Rep. 416, 421 per Lord Denning; Dennoch kann gleichzeitig ein Fall von der prohibition clause vorliegen, sodass sich die Frage nach dem Konkurrenzverhältnis stellt. Dazu siehe unten Seite 407 f.

1885 Vgl. cl. 19 GAFTA 100: Dass hier vom shipper und nicht dem seller die Rede ist, liegt daran, dass der Befrachter - als Vertragspartner beim CIF-Verkauf - regelmäßig als erstes vom Reeder erfahren wird, dass die Ware nicht verschifft werden kann. Deshalb soll auch der Befrachter die Anzeige der force majeure erbringen. Bei einfachen Kaufverträgen sind shipper und seller identisch. In einer Lieferkette sind aber zahlreiche seller eingeschaltet. Das Schiff wurde jedoch nur vom ersten Verkäufer der CIF-Kette gechartert, sodass nur dieser der shipper ist. Insofern ist es sprachlich präziser, dem shipper (und nicht dem seller) die Pflicht zur ersten Anzeige aufzuerlegen. Diese Anzeige wird dann in der Lieferkette weitergeleitet, ohne dass jeden seller selbst die originärePflicht trifft, eine derartige Anzeige seinem Vertragspartner gegenüber zu erbringen.

1886 Präziser wäre es bei CIF-Verträgen von dem „Verschiffungszeitraum“ zu sprechen, da der Verkäufer hier zur Verschiffung verpflichtet ist. Bei FOB-Verträgen muss die Ware lediglich an Bord geliefert werden, sodass der Begriff „Lieferzeitraum“ passender ist. Die force majeure Klauseln sprechen hingegen einheitlich von der „contract period“. Nachfolgend soll „Erfüllungszeitraum“ für den Lieferzeitpunkt bzw. Verschiffungszeitpunkt verwendet werden.

1887 Chitty, Chitty on contracts, Bd. 1, Rn. 21–24.

re begründende Ereignis weniger als 21 Tage vor der Verschiffung auf, so muss die Anzeige jedenfalls innerhalb von 7 Tagen nach der Entstehung des Hindernisses erbracht werden. Die Anzeige soll dabei auch die Gründe für die voraussichtliche Verspätung angeben. In Lieferketten muss diese Anzeige *ohne Verzögerung* an die nachfolgenden Parteien unter Einhaltung der *„notices clause“*[1888] weitergeleitet werden. Insofern dürfen nach 16.00 Uhr empfangene Anzeigen auch am nächsten Werktag noch weitergeleitet werden.[1889] Wird die Anzeige zu spät erbracht, so ist sie grundsätzlich unwirksam und der Verkäufer kann sich nicht auf *force majeure* berufen.[1890] Begründet wird das damit, dass es den Parteien freistehen müsse, ob sie sich auf das Leistungshindernis berufen wollen.[1891] Fehlt es daran, so kommt es dementsprechend auch nicht zur Leistungsbefreiung.

Insofern besteht ein Unterschied zur gesetzlichen Regelung im CISG und im deutschen internen Recht. Dort sind die Ersatzansprüche ausgeschlossen, da bei Unmöglichkeit eine von Amts wegen zu berücksichtigende Einwendung handelt. Wird eine vertraglich geschuldete Anzeige nicht erbracht, so kann dieses lediglich Schadensersatzansprüche auslösen.[1892]

6.12.4.2.3 Rechtsfolgen bei force majeure

Die *force majeure* Klausel entschuldigt die Nichterfüllung, sodass kein *breach of contract* vorliegt *(„sellers shall not be responsible [...]“)*.[1893] Darüber hinaus sind zwei unterschiedliche Rechtsfolgen vorgesehen:

> “If after serving such notice an extension to the shipping period is required, then the Shipper shall serve a further notice not later than 2 business days after the last day of

---

1888 Vgl. cl. 20 GAFTA 100.

1889 Vgl. dazu auch Bremer Handelsgesellschaft mbH v. Vanden Avenne-Izegem P.V.B.A. [1978] 2 Lloyd’s Rep. 109, 116 (HL).

1890 MacKendrick, Force majeure and frustration of contract, S. 204 f. mwN.

1891 Fischer, Die Unmöglichkeit der Leistung im internationalen Kauf- und Vertragsrecht, S. 94.

1892 Für das deutsche interne Recht wird insofern eine echte Pflichtverletzung und nicht lediglich der Verstoß gegen eine Obliegenheit angenommen. Siehe HGB-Großkommentar-Koller, vor § 373 HGB, Rn. 241. Für das CISG: Fischer, Die Unmöglichkeit der Leistung im internationalen Kauf- und Vertragsrecht, S. 77; Staudinger-Magnus, Art. 79 CISG, S. 49. Anders sieht das regelmäßig die Schiedsgerichtspraxis, wohl auch wegen der ausdrücklichen Normierung als Obliegenheit in den Vertragsformularen, vgl. Loock/Straatmann, Handelsrechtliche Schiedsgerichts-Praxis, Schiedsspruch E 4d Nr. 27.

1893 Guest, Benjamin's sale of goods, Rn. 19–119; vgl. cl. 19 GAFTA 100.

the contract period of shipment stating the port or ports of loading from which the goods were intended to be shipped, and shipments effected after the contract period shall be limited to the port or ports so nominated.

If shipment be delayed for more than 30 consecutive days, Buyers shall have the option of cancelling the delayed portion of the contract [...]"[1894]

Zunächst einmal wird der Vertrag für die Dauer der Verzögerung eingefroren und nicht wie nach der *doctrine of frustration* ohne Weiteres beendet. Stellt sich nun heraus, dass trotz der angezeigten *force majeure* noch innerhalb des vertraglich vereinbarten Zeitraumes erfüllt werden kann, weil das Leistungshindernis vorher wider Erwarten wegfällt, so war die Anzeige des Verkäufers eine reine Vorsichtsmaßnahme, die keine weiteren Konsequenzen hat, da er noch rechtzeitig erfüllen kann.

6.12.4.2.3.1 Verlängerung des Verschiffungszeitraumes um 30 Tage

Kann die Erfüllung innerhalb des maßgeblichen Zeitraumes nicht mehr herbeigeführt werden, so hat der Verkäufer das Recht, den Erfüllungszeitraum zu verlängern *(„force majeure extension")*. Die Verlängerung beträgt dabei 30 Tage ab dem Ende des ursprünglich vereinbarten Zeitraumes. Wird beispielsweise „Juni Abladung" kontrahiert, so hat der Verkäufer grundsätzlich bis Ende Juli für die Verschiffung Zeit.[1895] Dafür muss der Befrachter den Käufer darüber mit einer *weiteren* Anzeige in Kenntnis setzen.[1896] Die Anzeige musste bis vor Kurzem[1897] dem Käufer spätestens innerhalb von zwei Werktagen nach dem Ablauf des vereinbarten Erfüllungszeitraumes zugehen. Dieses führte dazu, dass ein vertragliches Vakuum während des Entscheidungszeitraums entstand.[1898] Daher wurden die Verträge geändert, sodass die Anzeige nun bereits am letzten Tag des Verschiffungszeitraumes erbracht werden muss.

Die Anzeige muss ferner den – beziehungsweise die – Häfen bezeichnen, in denen die Ware verschifft werden soll/te. Dieses hat zur Konsequenz, dass die Ware in der Verlängerung nur noch von den Häfen verschifft werden darf, die in der Anzeige bezeichnet worden sind, was dem Käuferschutz dient: Wird beispielsweise die Verschiffung von Hafen X wegen einer Überflutung unmöglich

1894 Vgl. cl. 19 GAFTA 100.

1895 Zu der Frage, ob der Verkäufer auch nach Wegfall des Hindernisses noch den ganzen Zeitraum von 30 Tagen in Anspruch nehmen kann vgl. noch unten Seite 401.

1896 Vgl. einen Fall, in dem ausnahmsweise nur eine einzige Anzeige zugelassen wurde Tradax Export S.A. v. Andre & Cie. S.A. [1976] 1 Lloyd's Rep. 416, 422.

1897 Änderungen im September 2010 an den GAFTA Formularen.

1898 Vgl. auch Bremer Handelsgesellschaft mbH v. Finagrain Compagnie Commerciale Agricole et Financière SA [1981] 1 Lloyd's Rep. 224, 231 per Goff J.

und zeigt der Verkäufer das an, so soll er sich später nicht darauf berufen können, jetzt von Hafen Y verschiffen zu wollen, der ebenfalls überflutet ist, obwohl Hafen X mittlerweile wieder freigeworden ist.[1899]

Kann der Verkäufer die Ware nun innerhalb von 30 Tagen verschiffen, so liegt keine Pflichtverletzung vor, da der Erfüllungszeitraum kraft des Vertrages verlängert wurde. Der Käufer kann daher keine Rechte wegen Verzuges geltend machen. Fraglich ist lediglich, ob der Verkäufer den vollen Verlängerungszeitraum ausnutzen darf, um die Leistung zu erbringen.[1900] Dieses ließe sich bejahen, da sich der Erfüllungszeitraum nach dem Wortlaut der Klausel um eben diese Zeit verlängert. Allerdings soll die *force-majeure* Klausel nicht dazu dienen, dem Verkäufer den Leistungszeitraum *per se* um 30 Tage zu erweitern, nur weil möglicherweise an einem Tag ein Leistungshindernis, wie ein Streik vorlag. Vielmehr soll der Verkäufer nur während der Unmöglichkeit der Leistungserbringung befreit sein.[1901] Insofern muss der Verkäufer innerhalb angemessener Frist nach dem Wegfall des Hindernisses leisten, wenn der ursprüngliche Erfüllungszeitraum bereits verstrichen ist. Fällt im obigen Beispiel[1902] das Leistungshindernis also am 4. Juli weg, so kann der Verkäufer sich nicht bis Ende Juli mit der Abladung zeitlassen. Dafür spricht auch ein systematischer Vergleich zu den *loading-strikes* Klauseln. Hier wird geregelt, dass die Verlängerung mindestens 14 Tage betragen muss. Das dient dazu, dem Verkäufer mehr Zeit für die neuerliche Erfüllung zu geben. Da es an einer derartigen Mindestanordnung in den *force majeure* Klauseln fehlt, spricht viel dafür, dass der Verkäufer unmittelbar nach dem Wegfall leisten muss, wenn er sich schon sin der *extension* befindet.

6.12.4.2.3.2 Rücktritt bei andauerndem Leistungshindernis

Ist eine Verschiffung auch innerhalb des um 30 Tage verlängerten Zeitraumes nicht möglich, so hat der Käufer das Recht, vom Vertrag hinsichtlich der verzögerten Teilmenge zurückzutreten. Dazu muss der Käufer den Rücktritt spätes-

1899 Vgl. auch Bremer Handelsgesellschaft mbH v. Vanden Avenne-Izegem P.V.B.A. [1978] 2 Lloyd's Rep. 109, 115 f. (HL) zu der Frage, ob eine Anzeige mit der Bezeichnung der Häfen als „the usual ports on the Lakes/East Coast Gulf" wirksam ist.

1900 Das legt nahe: Fairclough Dodd, & Jones Ltd. v. J.H. Vantol Ltd. [1957] 1 W.L.R. 136, 143 (HL): "[...] a fixed and definite period of extension [...]"; siehe aber auch European Grain & Shipping Co. v. J. H. Rayner & Co. Ltd. [1970] 2 Lloyd's Rep. 239, 245; darauf beziehend Lord Russell in Bremer Handelsgesellschaft mbH v. Vanden Avenne-Izegem P.V.B.A. [1978] 2 Lloyd's Rep. 109, 130 (HL).

1901 So auch Bremer Handelsgesellschaft mbH v. Vanden Avenne-Izegem P.V.B.A. [1978] 2 Lloyd's Rep. 109, 120 (HL), per Viscount Dilhorne.

1902 Siehe oben Seite 400.

tens am Geschäftstag nach dem Ablauf der Verlängerung erklären. Nimmt der Käufer dieses Recht wahr, so ist der Vertrag beendet.

6.12.4.2.3.3 Zweitmalige Verlängerung auf insgesamt 60 Tage

Übt der Käufer sein Rücktrittsrecht nicht oder übt er es verspätet aus, so bleibt der Vertrag weiterhin bestehen. Der Erfüllungszeitraum verlängert sich dann um weitere 30 Tage, beginnend mit dem Ablauf der ersten Verlängerungsfrist.[1903] Macht das Leistungshindernis auch während der Verlängerung von insgesamt 60 Tagen die Erfüllung unmöglich, so ist der Vertrag automatisch nichtig, ohne dass es einer Erklärung eines Vertragsteils bedarf:

> „If shipment under this clause be prevented during the further 30 consecutive days extension, the contract shall be considered void."[1904]

Nach dem Wortlaut der Klausel muss die Verschiffung allerdings *prevented*, also unmöglich sein. Wann das der Fall ist, ist nicht abschließend geklärt.[1905] Einerseits kann man die Klausel eng auslegen, sodass eine Verhinderung der Verschiffung nur in Betracht kommt, wenn der Verkäufer gar keine Ware der bezeichneten Gattung mehr hat, die er verschiffen kann. Da im Rohstoffhandel meist unbeschränkte Gattungsschulden vorliegen, wäre der Anwendungsbereich der Klausel stark eingeschränkt.

Andererseits spricht die Klausel nicht von der Verschiffung im Allgemeinen, sondern von *shipment under this clause*. Die Klausel befasst sich aber gerade mit einer einzelnen Verschiffung, die verzögert oder unmöglich gemacht wird. Insofern reicht es aus, dass die jeweils geplante Verschiffung unmöglich gemacht worden ist.[1906] Dann kann der Verkäufer sich darauf berufen, dass der Vertrag nichtig ist.

1903 Vgl. Alfred C. Toepfer v. Peter Cremer [1975] 1 Lloyd's Rep. 406 (QBD); aff. [1975] 2 Lloyd's Rep. 118 (CA).

1904 Vgl. cl. 19 GAFTA 100.

1905 Vgl. dazu Bridge, The international sale of goods, Rn. 7.21.

1906 So Bridge, The international sale of goods, Rn. 7.21. In einer Lieferkette muss ein zwischengeschalteter Verkäufer daher die Kette zum Befrachter zurückverfolgen und beweisen, dass die für ihn vorgesehene Verschiffung verzögert wurde.

6.12.4.2.4 Beweislast

Die Partei, die sich auf die *force majeure* Klausel beruft, muss auch das Vorliegen der Voraussetzungen darlegen und beweisen.[1907] Dieses wird in den Kontraktbedingungen der GAFTA auch noch einmal ausdrücklich klargestellt. Regelmäßig wird der Verkäufer sich auf die Klausel berufen wollen. Er muss daher beweisen, dass das Leistungshindernis durch Umstände entstand, die außerhalb seines Einflusskreises lagen und dass er entweder angemessene Maßnahmen zur Verhinderung dessen Eintritts traf oder ihm solche Maßnahmen unmöglich waren.[1908]

Will der Verkäufer die Aufhebung des Vertrages erreichen, so muss er ferner beweisen, dass es ihm auch in dem Verlängerungszeitraum von 60 Tagen unmöglich war, die Ware während dieser Periode zu verschiffen. Nicht ausreichend ist hingegen, dass der Verkäufer lediglich beweist, dass er bei der Verschiffung mit erhöhten Schwierigkeiten zu kämpfen hatte. Für die Aufhebung des Vertrages kommt es schließlich entscheidend darauf an, dass nach Ablauf von 60 Tagen die Verschiffung unmöglich *(prevented)* bleibt.[1909]

6.12.5 Exportverbot-Klauseln *(prohibition clause)*

Mehr als die Hälfte aller GAFTA-Verträge enthalten neben der *force majeure* Klausel auch noch eine sogenannte *prohibition clause*.[1910]

> "PROHIBITION - In case of prohibition of export, blockade or hostilities or in case of any executive or legislative act done by or on behalf of the government of the country of origin or of the territory where the port or ports of shipment named herein

---

1907 Channel Island Ferries Ltd. v. Sealink UK Ltd. [1988] 1 Lloyd's Rep. 323, 327 (CA); vgl. auch MacKendrick, Force majeure and frustration of contract, S. 10.

1908 Hoecheong Products Co. Ltd. v. Cargill Hong Kong Ltd. [1995] 1 W.L.R. 404, 409: "The sellers would be required to show, first, that there had been an event of the kind stipulated by the clause operating at the relevant time; second, that this event had adversely affected the supply of the goods by the sellers; and third, that the sellers could not overcome this adverse effect by obtaining from a source other than the one which they had planned goods which matched the requirements of the contract."; Channel Island Ferries Ltd. v. Sealink UK Ltd. [1988] 1 Lloyd's Rep. 323, 327 (CA); Guest, Benjamin's sale of goods, Rn. 19–119.

1909 Joseph Pyke & Son (Liverpool) Ltd. v. Richard Cornelius & Co. [1955] 2 Lloyd's Rep. 747, 750: Nicht ausreichend ist es, zu beweisen, dass der eigene Zulieferer die Ware nicht beschaffen kann, wenn es andere Eindeckungsmöglichkeiten gibt.

1910 Diese Klausel findet sich beispielsweise nicht in GAFTA No. 23, 24, 25, 43, 48, 59, 72, 79, 79a, 84, 85, 93, 94, 96, 98, 108, 117.

is/are situate, restricting export, whether partially or otherwise, any such restriction shall be deemed by both parties to apply to this contract and to the extent of such total or partial restriction to prevent fulfilment whether by shipment or by any other means whatsoever and to that extent this contract or any unfulfilled portion thereof shall be cancelled. Sellers shall advise Buyers without delay with the reasons therefor and, if required, Sellers must produce proof to justify the cancellation."[1911]

Diese greift dann ein, wenn Exportverbote erlassen werden, worunter auch der Fall zu fassen ist, dass eine Exportgenehmigung nötig ist und diese nicht erteilt oder später widerrufen wird.[1912] Preismaßnahmen des Staates, die ein Geschäft unprofitabel werden lassen, weil die Ware beispielsweise zwingend von staatlichen Behörden zum regulierten Preis eingekauft werden muss,[1913] fallen hingegen nicht darunter, da der Export als solcher durch sie nicht beeinträchtigt wird.[1914] Die Klausel greift ferner, wenn die Verschiffung durch Blockaden oder feindselige Handlungen verhindert wird. Derartige Exportverbote fallen grundsätzlich auch unter die *doctrine of frustration*.[1915] Der Verkäufer muss dabei nicht nachweisen, dass er bereits Ware und ein Schiff bereit hatte und die Ware wegen des Exportverbotes nicht mehr verschiffen konnte. Vielmehr reicht ein objektiv bestehendes Exportverbot aus.[1916] Auch im UN-Kaufrecht wird eine Befreiung nach Art. 79 CISG regelmäßig bei Exportverboten angenommen, wenn nicht einer der Parteien das Risiko dafür vertragliche aufgebürdet wurde.[1917]

1911 Vgl. z.B. cl. 18 GAFTA 100.

1912 Sassoon, C.I.F. and F.O.B. contracts, Rn. 501; vgl. auch M'Master & Co. v. Cox M'Euen & Co. [1920] S.C. 566; vgl. auch Pagnan S.p.A. v. Tradax Ocean Transportation S.A. [1987] 2 Lloyd's Rep. 342, 350 f. (CA): Hier ging es um das Verhältnis zwischen Individualabrede und prohibition clause.

1913 So im Fall Exportelisa S.A. v. Rocco Giuseppe & Figli Soc. Coll. [1978] 1 Lloyd's Rep. 433, 437. Hier musste die Ware von der Junta Nacional de Granos zum erhöhten Preis eingekauft werden, was den Verkauf unrentabel machte.

1914 Bridge, The international sale of goods, Rn. 5.28.

1915 Andrew Millar & Co. Ltd. v. Taylor & Co. Ltd. [1916] 1 K.B. 402, 413 (CA), nicht aber bei ganz kurzzeitigen Maßnahmen; vgl. aber auch Societe Cooperative Suisse des Cereales et Matieres Fourrageres v. La Plata Cereal Co SA [1947] 80 Ll. L. Rep. 530.

1916 Tradax Export S.A. v. Andre & Cie. S.A. [1976] 1 Lloyd's Rep. 416, 426; Bremer Handelsgesellschaft mbH v. Westzucker GmbH [1981] 2 Lloyd's Rep. 130, 135 (CA); siehe aber auch Ross T. Smyth & Co. Ltd. v. W. N. Lindsay Ltd. [1953] 2 Lloyd's Rep. 378, 381 (QBD).

1917 Staudinger-Magnus, Art. 79 CISG, Rn. 28; Witz/Salger-Salger, Art. 79 CISG, Rn. 3; Achilles, Kommentar zum UN-Kaufrechtsübereinkommen (CISG), Art. 79 Rn. 6.

6.12.5.1 Pflicht zur anderweitigen Eindeckung

Damit die *prohibition clause* anwendbar ist, muss die staatliche Maßnahme dazu führen, dass der Export eingeschränkt wird *(„restricting export")*. Liegt eine solche Exportbeschränkung vor, so wird *prima facie* fingiert, dass die Beschränkung auch auf jeweiligen Kaufvertrag Anwendung findet *(„[...] any such restriction shall be deemed by both parties to apply to this contract")*. Die Partei, die sich auf die *prohibition clause* beruft, muss daher lediglich den Eintritt der Exportbeschränkung beweisen.

Nicht mehr notwendig ist, dass die gänzliche Unmöglichkeit der Erfüllung darzulegen ist. In früheren Fassungen kam es darauf an, dass das Exportverbot die Erfüllung dauerhaft unmöglich macht *(preventing fulfilment)*. Zu Zeiten des Mississippi-Falles[1918] musste der Verkäufer daher beweisen, dass eine Verschiffung von keinem Hafen des Exportlandes mehr möglich ist und er sich die Ware auch nicht anderweitig beschaffen kann. Nur in diesen Fällen machte das Embargo die Erfüllung unmöglich. Hatte der Verkäufer beispielsweise noch Ware vor dem Embargo verschifft, diese jedoch noch keinem Vertrag zugewiesen *(appropriated[1919])*, so hinderte das Exportverbot die Erfüllung nicht, da er die Ware immer noch seinem Käufer zuweisen konnte.[1920] Besonders problematisch war dieses in Lieferketten. Dort musste jeder Zwischenhändler nachweisen, dass ihre jeweiligen Verkäufer keine Ware erlangen konnten. Dazu musste der *string* bis zum ursprünglichen Verkäufer dahin gehend zurückverfolgt werden, ob dieser nicht doch noch anderweitig Ware erlangen konnte.[1921] Die englische Litera-

---

1918 Damals lautete die Klausel wie folgt: „In case of prohibition of export, blockade or hostilities or in case of any executive or legislative act done by or on behalf of the Government of the country of origin or of the territory where the port or ports of shipment named herein is/are situate, preventing fulfilment, this Contract or any unfulfilled portion thereof so affected shall be cancelled. In the event of shipment proving impossible during the contract period by reason of any of the causes enumerated herein, Sellers shall advise Buyers without delay with the reasons therefor. If required, Sellers must produce proof to justify their claim for cancellation."

1919 Zur appropriation vgl. oben Seite 212 ff.

1920 Die englische Literatur sprach daher auch von loopholes (Schlupflöchern), die der Verkäufer schließen musste, um sich auf Exportverbot berufen zu dürfen. Vgl. Tradax Export S.A. v. Andre & Cie. S.A. [1976] 1 Lloyd's Rep. 416. Eine Verpflichtung, neue scwimmende Ware einzukaufen, wurde aber regelmäßig abgelehnt. Vgl. ferner Bunge SA v. Kruse [1979] 1 Lloyd's Rep. 279, 292 (QBD); Warinco AG v. Fritz Mauthner [1978] 1 Lloyd's Rep. 151, 153; Bunge S.A. v. Deutsche Conti Handelsgesellschaft mbH [1979] 2 Lloyd's Rep. 435, 437 (CA).

1921 Bridge, The international sale of goods, Rn. 7.25; Ausführlich zu dieser Problematik MacKendrick, Force majeure and frustration of contract, S. 208 ff.

tur sprach daraufhin von sogenannten *loopholes* (Schlupflöchern),[1922] die der Verkäufer schließen musste. Nur wenn ihm das gelang, konnte er sich auf die Unmöglichkeit der Erfüllung und damit die *prohibition clause* berufen. Dieses führte während der Mississippi-Überschwemmung und lange Jahre danach zu zahlreichen Prozessen und praktischen Problemen bei der Aufdeckung der *strings*.

Heute kommt es also nicht mehr darauf an, ob die Erfüllung tatsächlich verhindert wird. Entscheidend ist vielmehr, ob der Export eingeschränkt wird. Dieses dient zwar der Rechtssicherheit, kann jedoch in einem fallenden Markt auch leicht zu Missbräuchen des Käufers einladen.[1923]

6.12.5.2 Rechtsfolgen der prohibition clause

Liegt ein Exportverbot vor, so ist in diesen Fällen der Vertrag insoweit[1924] *nichtig*, wie das Verbot gilt.[1925] Der Verkäufer muss den Käufer allerdings unverzüglich *(„without delay“)* über die Gründe des Exportverbotes unterrichten. Dabei handelt es sich lediglich um einen *innominate term*,[1926] sodass eine Verspätung der Anzeige nur dann zur Vertragsaufhebung führt, wenn gleichzeitig eine wesentliche Vertragsverletzung vorliegt.[1927]

1922 Sassoon, C.I.F. and F.O.B. contracts, Rn. 41 Fn. 5.

1923 Bridge, The international sale of goods, Rn. 7.27.

1924 Dieses war bei der Mississippi-Überschwemmung trotz des eindeutigen Wortlauts („to the extent of such total or partial restriction [...] this contract or any unfulfilled portion thereof shall be cancelled“) strittig. Da lediglich ein Embargo über 60% bestand, waren die Käufer der Meinung, der Verkäufer sei nur dann von seiner Lieferverpflichtung befreit, wenn die Erfüllung insgesamt unmöglich sei. Die Gerichte folgten dem nicht sondern nahmen damals schon eine Teilbefreiung an: Bremer Handelsgesellschaft mbH v. Vanden Avenne-Izegem P.V.B.A. [1978] 2 Lloyd's Rep. 109, 121 (HL); Continental Grain Export Corp. v. S.T.M. Grain Ltd. [1979] 2 Lloyd's Rep. 460, 474 ff. (QBD) per Robert Goff J.; André & Cie S.A. v. Tradax Export S.A. [1981] 2 Lloyd's Rep. 352, 358 ff. (QBD) per Mocatta J.

1925 Vergleiche zu der Problematik bei fehlender probibition clause, welche Anstrengungen getätigt werden müssen, um einen Exportgenehmigung zu erlangen Sassoon, C.I.F. and F.O.B. contracts, Rn. 501 ff.

1926 Vergleiche zu den innominate terms oben Seite 86.

1927 Bremer Handelsgesellschaft mbH v. Vanden Avenne-Izegem P.V.B.A. [1978] 2 Lloyd's Rep. 109, 128 (HL); Toepfer v. Lenersan-Poortman N.V. [1980] 1 Lloyd's Rep. 143, 147; MacKendrick, Force majeure and frustration of contract, S. 207.

6.12.5.3 Verhältnis zur force majeure clause

Zwischen der *force majeure clause* und der *prohibition clause* kann es zu Überschneidungen kommen. Im Falle der Mississippi-Überschwemmungen wurde ein Embargo erlassen. Dieses war sowohl ein sonstiger Fall von *force majeure* im Sinne dieser Klausel als auch ein klassischer Fall der *prohibition clause*.[1928] Die Rechtsfolge beider Klauseln unterscheidet sich jedoch. Während die *prohibition clause* zwingend zu einer Aufhebung des Vertrages führt, lässt die *force majeure* Klausel den Vertrag zunächst weiter bestehen. Es fragt sich daher, welcher der beiden Klauseln der Vorzug zu geben ist. In der Praxis ist erkennbar, dass Händler sich zuvörderst auf die *prohibition clause* zu berufen, da diese eindeutiger formuliert ist und es leichter zu beurteilen ist, ob im Einzelfall eine Exportbeschränkung, als ein Fall von *force majeure* vorliegt.[1929]

Zunächst spricht für einen Vorzug der *prohibition clause*, dass diese spezieller ist, da sie den Fall der Exportbeschränkung ausdrücklich regelt. Unter die *force majeure* Klausel lassen sich Exportverbote mangels ausdrücklicher Aufführung nur fassen, wenn man sie unter das Generalbeispiel *„any cause comprehended in the term force majeure“* subsumiert. Das spricht für den Vorrang der *prohibition clause*. Insofern wäre der Vertrag nichtig, sodass der Verkäufer auch keine Verlängerung nach cl. 19 GAFTA 100 wegen *force majeure* mehr anstreben kann, da diese Klausel mangels wirksamen Vertrages nicht mehr gilt.

Jedoch gilt dieses nur auf den ersten Blick. Die *force majeure* Klausel greift nämlich schon dann, wenn die Verschiffung lediglich verzögert wird *(„[...] shall not be responsible for delay in shipment [...]“*[1930]*)*. Regelmäßig ist das Ende des Leistungshindernisses aber zunächst noch gar nicht abzusehen, sodass es unbillig wäre, die flexiblere Lösung der *force majeure* Klausel zugunsten der *prohibition clause* zu opfern. Aus diesem Grunde entschied des *House of Lords*, dass die bereits in Gang gesetzten Verlängerungszeiträume nicht durch die *prohibition clause* ausgehebelt werden dürfen.[1931] Nur wenn der Verkäufer keine Verlängerung nach der *force majeure* Klausel anstrebt, kann die *prohibition clause* gleich zur Anwendung gelangen.

1928 MacKendrick, Force majeure and frustration of contract, S. 201.

1929 Vgl. dazu den Artikel zum Weizenexportverbot Russlands im Sommer 2010: „Grain contracts cancelled after Russia export ban“, http://www.worldbulletin.net/news_detail.php?id=62343 <abrufbar am 02.09.2010>.

1930 Vgl. cl. 19 GAFTA 100.

1931 Bremer Handelsgesellschaft mbH v. Vanden Avenne-Izegem P.V.B.A. [1978] 2 Lloyd's Rep. 109 (HL); aA Tradax Export S.A. v. Andre & Cie. S.A. [1976] 1 Lloyd's Rep. 416, 424 (CA).

6.12.6 Streik-Klauseln *(loading strike clause)*

Manche GAFTA-Verträge[1932] enthalten keine vollumfänglichen *force majeure* Klauseln sondern regeln nur Teilaspekte *(special risk clauses)*. Dazu gehören insbesondere Bestimmungen, die Streiks bei der Verladung regeln.[1933] Die Klauseln definieren – wie auch die *force majeure* Klauseln – ihren Anwendungsbereich und sehen als Rechtsfolge meist eine Verlängerung des Erfüllungszeitraumes vor:

> „LOADING STRIKE-
>
> (a) Should shipment of the goods or any part thereof be prevented at any time during the last 28 days of guaranteed time of shipment, or at any time during guaranteed contract period if such be less than 28 days, by reason of riots, strikes or lock-outs at port or ports of loading or elsewhere preventing the forwarding of the goods to such port or ports, then the Shipper shall be entitled at the termination of such riots, strikes or lock-outs to as much time, not exceeding 28 days, for shipment from such port or ports as was left for shipment under the contract prior to the outbreak of the riots, strikes or lock-outs, and in the event of the time left for shipment under the contract being 14 days or less, a minimum extension of 14 days shall be allowed."[1934]

6.12.6.1 Anwendungsbereich

Wie weit die Klauseln jeweils reichen, folgt aus deren Wortlaut. Meist kommt es darauf an, ob entweder die Verladung selbst durch Aufruhr, Streiks oder Aussperrungen unmöglich *(prevented*[1935]*)* gemacht wird oder schon der Transport zum Hafen verhindert wird, weil beispielsweise die Straßen blockiert sind. Es reicht aus, wenn die Unmöglichkeit zu irgendeinem Zeitpunkt vorlag, der in die letzten 28 Tage des Erfüllungszeitraumes fällt. Ist der Erfüllungszeitraum kürzer als 28 Tage, so ist entscheidend, ob die Ereignisse zu irgendeinem Zeitpunkt während dieser Spanne auftraten. Der Verkäufer muss zudem dem Käufer den

---

1932 Die Verträge der FOSFA enthalten meist ganz ähnliche Bestimmungen z.B. in cl. 21 FOSFA 24.

1933 Beispielsweise CIF: GAFTA No. 12, 13, 14, 16, 35, 41, 43, 79; FOB: 79a, 118, 119. Teilweise werden diese aber auch mit force majeure Klauseln kombiniert, vgl. GAFTA 115. Dabei gilt aber zu beachten, dass der Chartervertrag eigenständige Regelungen für den Fall von Verladestreiks vorsehen kann. Das kann dazu führen, dass in Kauf- und Chartervertrag divergierende Ergebnisse auftreten. Um das zu verhindern, können die Parteien im Kaufvertrag vereinbaren, dass hinsichtlich Streiks die Bestimmungen der Charterpartie gelten sollen.

1934 Vgl. cl. 20 GAFTA 12.

1935 Zur Auslegung dieses Begriffes siehe oben Seite 402.

Streik anzeigen und gegebenenfalls unter Vorlage von Dokumenten beweisen. Teilweise muss der Verkäufer auch Zertifikate einer bestimmten Körperschaft beibringen, die das Ereignis bestätigt. So sieht GAFTA 59 beispielsweise vor, dass ein Zertifikat der Handelskammer des Landes beigebracht werden muss, in dem der Abladehafen liegt.[1936]

Je nach Vertragsformular variieren die Dauer der Frist für die Anzeige des Streiks und ihr Beginn. GAFTA 23 sieht beispielsweise vor, dass die Anzeige spätestens am dritten Tag nach dem Ende des Erfüllungszeitraumes[1937] erbracht sein muss. Die Anzeige muss dabei wie bei der *force majeure* Klausel die betroffenen Häfen bezeichnen. Zudem darf die Verschiffung nach dem Ende des Leistungshindernisses nur noch von den in der Anzeige bezeichneten Häfen erfolgen.

6.12.6.2 Rechtsfolge

Als Rechtsfolge ist vorgesehen, dass sich der Erfüllungszeitraum für den Zeitraum der Streiks oder Ausschreitungen um den Zeitraum verlängert, den der Verkäufer nach Eintritt des Leistungshindernisses noch bis zum Ende der Leistungsperiode gehabt hätte. Vereinfacht lässt sich also sagen, dass der Vertrag für die Dauer des Leistungshindernisses lediglich „angehalten" wird. Soll beispielsweise im August verschifft werden und tritt ein fünftägiger Streik vom 05.08. bis einschließlich 09.08. auf, so hat der Verkäufer bis zum 05.09. Zeit, die Ware zu verschiffen. Beträgt der Zeitraum, zwischen dem Auftreten des Leistungshindernisses und dem Ende des Erfüllungszeitraumes jedoch weniger als 14 Tage, so beläuft sich die Verlängerung auf 14 Tage. Diese findet jedoch nur für maximal 28 Tage statt. Treten während dieser Phase weitere Leistungshindernisse im Sinne der *strike clause* auf, so wird auch die Verlängerungsphase unterbrochen. Jedoch gibt es in diesen Fällen keine weitere Verlängerung, son-

---

1936 Andere Verträge sehen beispielsweise ein Zertifikat der North American Export Grain Association oder der Handelskammer dienen. Auch cl. 21 FOSFA 24 sieht derartige Zertifikate vor („Sellers shall provide a certificate from the Chamber of Commerce or other recognised body [...]").

1937 Die Frist und ihr Anfangszeitpunkt variieren regelmäßig in den Formularen. So sieht GAFTA 79a beispielsweise fünf Werktage vor ab dem Beginn des Leistungshindernisses vor. In GAFTA 119 muss innerhalb von fünf Tagen nach dem Hindernis angezeigt werden, jedoch nicht später als 21 Tage vor den Beginn des Erfüllungszeitraumes.

dern die Verlängerungsphase wird erst mit dem Ende des Wegfalls weiterer Leistungshindernisse wieder aufgenommen.[1938]

6.12.7 Eis-Klauseln *(ice clause)*

Eine weitere gängige Bestimmung ist die Eis-Klausel für den Fall, dass der Ladehafen durch Eis nicht anlaufbar ist. Dabei enthalten nur einige wenige Verträge eigenständige Eisklauseln.[1939] Meist wird der Anwendungsbereich der Streikklausel mit deren Verlängerungsoption[1940] auch auf den Fall von Eis ausgedehnt, sodass eine kombinierte Eis/Streik Klausel vorliegt.[1941] Wiederum andere Formulare enthalten gar keine vorformulierten Bestimmungen.[1942] Da bei kombinierten Klauseln regelmäßig das oben skizzierte Regime einer *force majeure extension* gilt, kann auf die dortigen Ausführungen verwiesen werden. Hier sollen nur kurz die eigenständigen Eisklauseln und deren Besonderheiten dargestellt werden.

Auch bei Eis gilt das bereits skizzierte Prinzip der Vertragserhaltung. GAFTA 48 (CIF terms) bestimmt daher beispielsweise, dass der Vertrag solange ruht, wie der Abladehafen aufgrund von Eis geschlossen ist. Nach der offiziellen Öffnung erhält der Verkäufer automatische eine *feste* Verlängerung des Verladezeitraumes von drei Wochen. Zudem wird bestimmt, dass der Käufer alle dem Verkäufer entstandenen Mehrkosten tragen muss, wenn der Ankunftshafen durch Eis blockiert ist und die Ware daher beispielsweise über Leichter an Land gebracht werden muss. Wesentlich detaillierter behandelt GAFTA 49 den Fall von Eis im Falle eines FOB-Vertrages. Die Regelungstechnik ist dabei der im Falle der Streikklauseln angelehnt,[1943] sodass sich der Vertrag nicht um einen festen Zeitraum, sondern um die Zeit verlängert, die dem Verkäufer zu Beginn des Eisgangs noch zur Erfüllung bereitgestanden hätte. Daher ist auch eine Anzeige des Verkäufers über die Wahrnehmung der Verlängerung notwendig.

1938 Vgl. GAFTA No. 23 cl. 18 lit. b. Hält das Hindernis dauerhaft an, so fällt der Sachverhalt unter die force majeure Klausel oder es liegt beim Fehlen einer solchen ein Fall von frustration vor.

1939 z.B. GAFTA No. 48, 49, 118.

1940 Siehe oben Seite 409.

1941 z.B. GAFTA No. 79, 80, 83, 94.

1942 z.B. GAFTA No. 64, 119.

1943 Dabei wird allerdings zwischen See- und Flusshäfen differenziert, vgl. cl. 15 GAFTA 49.

6.12.8 Rechtsvergleich

6.12.8.1 Regelungen in den Einheitsbedingungen

Die Einheitsbedingungen enthalten in § 20 EB ebenfalls eine *force majeure* Klausel. Dabei wird unterschieden, ob die Erfüllung verhindert (§ 20 Abs. 1 EB) oder lediglich behindert (§ 20 Abs. 2 EB) wird.

6.12.8.1.1 Erfüllungsverhinderung

Eine Erfüllungsverhinderung liegt vor, wenn die Erfüllung dauerhaft unmöglich wird.[1944] Dazu zählen Ereignisse, wie behördliche Maßnahmen, Exportverbote oder auch sonstige Fälle höherer Gewalt, solange sie nur dauerhaft bestehen. In diesen Fällen gilt der Vertrag oder die nicht erfüllte Teilmenge aufgehoben. Damit entspricht § 20 Abs. 1 EB den *prohibition clauses* der GAFTA-Kontrakte. Auch hier ist der Vertrag automatisch nichtig. Allerdings muss der Verkäufer nach Einheitsbedingungen nachweisen, dass ihm die Erfüllung tatsächlich unmöglich wurde, was zu der oben geschilderten Problematik führen kann, wenn bereits verschiffte Ersatzware existiert.[1945] Dadurch, dass in GAFTA-Kontrakten mittlerweile die bloß Einschränkung des Exportes ausreicht,[1946] dürfte sich der Verkäufer unter GAFTA eher auf eine Suspendierung der Leistungspflichten berufen können, als das nach Einheitsbedingungen möglich ist. Das Ereignis muss ferner außerhalb des Einflussbereiches einer der Parteien liegen und darf nicht durch sie zu vertreten sein.[1947] Letztlich besteht auch wie unter GAFTA-Kontrakten eine Obliegenheit zur Anzeige des Erfüllungshindernisses.[1948] Anderenfalls kann sich die betroffene Partei auf das Hindernis nicht berufen.[1949] Das UN-Kaufrecht ordnet die Anzeige hingegen als echte Rechtspflicht ein, was bei Versäumnissen lediglich zur Gewährung von Schadensersatz führt, die Anwendung von Art. 79 CISG jedoch unberührt lässt.

1944 Starck, Kommentar zu den Einheitsbedingungen im deutschen Getreidehandel, S. 117.

1945 Siehe dazu oben Seite 405.

1946 Siehe dazu oben Seite 403 ff.

1947 Das folgt schon aus der Formulierung der Vertragsbedingungen, die auf ein Hindernis abstellen, dass vom anderen Vertragsteil nicht verantwortet werden darf.

1948 Vgl. auch Loock/Straatmann, Handelsrechtliche Schiedsgerichts-Praxis, Schiedsspruch E 4d Nr. 27.

1949 Vgl. Loock/Straatmann, Handelsrechtliche Schiedsgerichts-Praxis, Schiedsspruch E 4d Nr. 11.

6.12.8.1.2 Erfüllungsbehinderung

Eine bloße Erfüllungsbehinderung nach § 20 Abs. 2 EB liegt hingegen vor, wenn der Verkäufer wegen nicht zu vertretender Ereignisse[1950] seine Leistungshandlung nicht rechtzeitig vornehmen kann, deren Erbringung aber nicht dauerhaft unmöglich ist. Dazu gehören kurzfristige Maßnahmen, wie Streik, Aufruhr oder Verladesperren. Auch ein Exportverbot, das innerhalb des Erfüllungszeitraumes wieder endet, ist damit eine kurzfristige Behinderung, die unter diesen Absatz fällt. In diesen Fällen wird der Fälligkeitszeitpunkt lediglich verschoben, sodass sich die Erfüllungsfrist um die Dauer der Behinderung verlängert. Hält das Hindernis jedoch für länger als 30 bzw. 45 Tage[1951] nach Ablauf der Erfüllungsfrist an, so ist der Vertrag automatisch aufgehoben. Damit stehen den Parteien unter Einheitsbedingungen kürzere Fristen als nach GAFTA zur Verfügung.

Bei den Kontrakten der GAFTA verlängert sich die Erfüllungsfrist auf bis zu 60 Tage nach ursprünglicher Fälligkeit. Andererseits hat der Gläubiger auch das Recht zurückzutreten, wenn das Hindernis über 30 Tage hinaus besteht. Ein derartiges Rücktrittsrecht ist nach den Einheitsbedingungen hingegen nicht vorgesehen. Für den Verkäufer sind die Einheitsbedingungen daher vorteilhafter. Diese verhindern, dass der Käufer mittels des Erfüllungshindernisses auf Kosten des Verkäufers spekuliert. Schließlich wird der Käufer nur dann zurücktreten, wenn die Preise fallen. Bei steigenden Preisen wird er hingegen auf Erfüllung bestehen und am Vertrag festhalten.[1952] Die Einheitsbedingungen sind für den Verkäufer daher in diesem Punkt sicherer, da sie dem Käufer kein Rücktrittsrecht gewähren. Die Parteien sollten sich zudem auch darüber bewusst sein, dass die Eis- und Streikklauseln der GAFTA-Kontrakte den Vertrag für eine unbegrenzte Dauer „einfrieren", ohne dass dieser nach Fortdauer der Störung automatisch beendet werden würde. Dieses kann zu untragbaren Zuständen führen, wenn der Streik oder die Vereisung für mehrere Monate andauert. Unter den

---

1950 Der § 20 Abs. 2 EB stellt im Gegensatz zu Absatz 1 nicht ausdrücklich klar, dass die Leistungsverzögerung nicht durch den Betroffenen selbst verschuldet sein darf. Letztlich kommt eine Leistungsbefreiung aber nur in Betracht, wenn der Schuldner das Hindernis nicht zu vertreten hat. Wenn er schon ein endgültiges Erfüllungshindernis nicht vertreten darf, so muss das schon für eine bloße Verzögerung gelten. Zudem folgt das auch aus dem systematischen Vergleich der in § 20 Abs. 2 EB aufgezählten Behinderungsgründe vgl. auch Starck, Kommentar zu den Einheitsbedingungen im deutschen Getreidehandel, S. 118.

1951 Welche Frist gilt, hängt davon ab, wie lange die vertragliche Erfüllungsfrist dauerte. Betrug diese weniger als einen Monat gelten 30 Tage, anderenfalls 45 Tage.

1952 Vgl. auch Jöhlinger, Die Praxis des Getreidegeschäftes an der Berliner Börse, S. 135 f.

Einheitsbedingungen ist der Vertrag in diesen Fällen hingegen spätestens nach als 30 bzw. 45 Tagen[1953] nichtig.

6.12.8.2 Rechtsvergleich und Bewertung

Die meisten Verträge enthalten Regelungen zur *force majeure*. So finden sich diese nicht nur bei der GAFTA, sondern auch in der deutschen Kontraktpraxis[1954] und in den Einheitsbedingungen[1955]. Enthält der Vertrag keine Bestimmungen, so ist die Aufnahme derartiger Klauseln dringend anzuraten. Diese verdrängen in Deutschland und England das dispositive Recht und gehen gem. Art. 6 CISG dem UN-Kaufrecht vor. Da die Gerichte in allen Rechtsordnungen zurückhaltend sind, eine Leistungshinderung anzunehmen,[1956] sind die Ereignisse genau zu definieren, bei denen eine Entlastung eingreifen soll. Damit lassen sich auch Streitigkeiten vermeiden. Das gilt vor allem im CISG, da dort in einigen Bereichen, wie Streik[1957] oder behördlichen Exportverboten[1958] nach wie vor Zweifel bestehen, ob sie eine Entlastung nach Art. 79 CISG erlauben. Auf der Rechtsfolgenseite sind die Klauseln zudem oft auch flexibler, als es das staatliche Recht. Gerade die Angabe fester Verlängerungsfristen erhöht die Planbarkeit und Rechtssicherheit zwischen den Parteien. Zudem wird so verhindert, dass der Vertrag vorzeitig beendet wird, was im internationalen Handelsverkehr meist nur mit erheblichen Mehrkosten für die Beteiligten einhergeht. So führt nicht nur die englische *frustration* zur Vertragsbeendigung, auch schließt Art. 79 CISG nur die Pflicht zur Zahlung von Schadensersatz aus, nicht aber beispielsweise Erfüllungsansprüche oder sonstige Rechte (Art. 79 Abs. 5 CISG).[1959] Da

---

1953 Welche Frist gilt, hängt davon ab, wie lange die vertragliche Erfüllungsfrist dauerte. Betrug diese weniger als einen Monat gelten 30 Tage, anderenfalls 45 Tage.

1954 Zur Auslegung von Höherer-Gewalt-Klauseln im deutschen Recht, vgl. HGB-Großkommentar-Koller, vor § 373 HGB, Rn. 235 ff.

1955 Siehe dazu § 20 EB.

1956 Vgl. für das CISG Staudinger-Magnus, Art. 79 CISG, Rn. 4.

1957 Bamberger/Roth-Saenger, Art. 79 CISG, Rn. 6; gegen eine pauschale LösungSchlechtriem/Schwenzer, Rn. 21; aA Staudinger-Magnus, Art. 79 CISG, Rn. 21; Herber/Czerwenka, Internationales Kaufrecht, Art. 79 Rn. 13; Huber, RabelsZ (43) 1979, 413, 476 f.; Achilles, Kommentar zum UN-Kaufrechtsübereinkommen (CISG), Art. 79 Rn. 6, die Streiks als Entlastungsgrund ansehen.

1958 Vgl. dazu oben Seite 403.

1959 BGH, 27.11.2007, CISG-online Nr. 1617; Staudinger-Magnus, Art. 79 CISG, Rn. 10; Bamberger/Roth-Saenger, Art. 79 CISG, Rn. 10; Bianca/Bonell, Commentary on the international sales law, Art. 79 Anm. 2.10; Herber/Czerwenka, Internationales Kaufrecht, Art. 79 Rn. 22.

auch in einer nur vorübergehenden Nichtleistung schon eine wesentliche Vertragsverletzung (Art. 25 CISG) liegen kann, besteht auch unter dem CISG das Risiko der Vertragsaufhebung.[1960] Das abgestufte System der *force majeure* Klauseln, bei bloßen Verzögerungen zunächst die zeitweilige Suspendierung vorzusehen und erst bei langfristigen Hindernissen eine Aufhebung zu erlauben, ist differenzierter und interessengerechter und wird deswegen vom Handel auch gewählt.

6.12.9 Schlussfolgerungen

Es lässt sich festhalten, dass weder das englische noch das deutsche oder das UN-Kaufrecht im Hinblick auf höhere Gewalt im Vorteil sind. Jedes Rechtssystem verfolgt einen eigenen Ansatz, der im Einzelfall zu mehr oder minder befriedigenden Ereignissen führt. Ohnehin ist der Anwendungsbereich gesetzlicher Regelungen nur gering. Letztlich kommt es maßgeblich auf kautelarjuristische Ausgestaltung des Vertrages und seiner *force majeure* Klauseln an. Diese verdrängen die gesetzlichen Regelungen und gehen nach Art. 6 CISG auch dem allgemeinen Entlastungstatbestand im CISG vor. Gerade unter Geltung des UN-Kaufrechts tun die Parteien gut daran, eine *force majeure* Klausel in den Kontrakt aufzunehmen. Die Vergangenheit hat gezeigt, dass die Hürden sehr hoch sind, ehe ein Gericht einer Partei eine Entlastung zugesteht. Dafür muss ein Hindernis vorliegen, mit dem auch eine umsichtige Partei nicht vernünftigerweise rechnen konnte.[1961] Das ist selten der Fall. Zudem sollten die Parteien klarstellen, dass die Vertragspflichten zunächst einmal nur suspendiert werden und der Vertrag nicht im Ganzen aufgehoben werden soll, wie das englische Recht es im Falle der *frustration* nahelegt. Sowohl die Einheitsbedingungen als auch die GAFTA-Kontrakte sehen für diese Fälle ausgeglichene Regelungen vor. Diese unterscheiden sich in ihren Rechtsfolgen nur minimal. Die GAFTA-Kontrakte sind letztlich aber geringfügig zugunsten des Käufers ausgelegt, der ein Rücktrittsrecht erhält und damit zulasten des Verkäufers spekulieren kann.

1960 Schlechtriem/Schwenzer-Schwenzer, Art. 79 CISG, Rn. 41. Insbesondere verhindert Art. 79 CISG nicht die Geltendmachung eines Aufhebungsrechtes Staudinger-Magnus, Art. 79 CISG, Rn. 55; Achilles, Kommentar zum UN-Kaufrechtsübereinkommen (CISG), Art. 79 Rn. 14.

1961 Staudinger-Magnus, Art. 79 CISG, Rn. 4.

6.13 Sonstige Besonderheiten

Die bisher dargestellten Klauseln entsprechen dem Grundgerüst eines Kaufvertrages, indem die dafür wesentlichsten Fragen erörtert wurden.

Im Getreide- und Futtermittelhandel gibt es häufig aber Besonderheiten in der tatsächlichen Abwicklung. Da der Vertrag dazu dient, tatsächliche Probleme rechtlich zu fixieren, finden sich im Vertrag auch einige Spezialklauseln für bestimmte Konstellationen, wie Lieferketten (6.13.1.), die Weiterleitung von Anzeigen (6.13.2.), die Anforderungen an das Seeschiff (6.13.3.), die Versicherung (6.13.4.), die Pflicht der Beschaffung von Import- und Exportgenehmigungen (6.13.5.) oder auch die Folgen im Falle einer Zahlungseinstellung (6.13.6.). Diese sollen nachfolgend dargestellt werden.

6.13.1 Lieferketten und Rückkäufe *(circle clause)*

Im Überseegeschäft gibt es selten nur einen Käufer und einen Verkäufer. Oft wird die Ware zwischen einer Vielzahl von Personen weitergehandelt. Dieses tritt sowohl bei CIF als auch bei FOB-Transaktionen auf. Im letzteren Fall kauft der Käufer regelmäßig FOB ein und verkauft die bereits auf dem Transport befindliche Ware CIF weiter.

6.13.1.1 Entstehung von Käuferketten

Wird die Ware vor allem spekulativ gekauft, so wird zwischen einer Vielzahl an Personen immer dieselbe Ware gehandelt. Die Verträge unterscheiden sich dann lediglich im Hinblick auf den Kaufpreis. Dieses führt zu einer sogenannten Lieferkette, die im Englischen auch als *string-selling* bezeichnet wird.

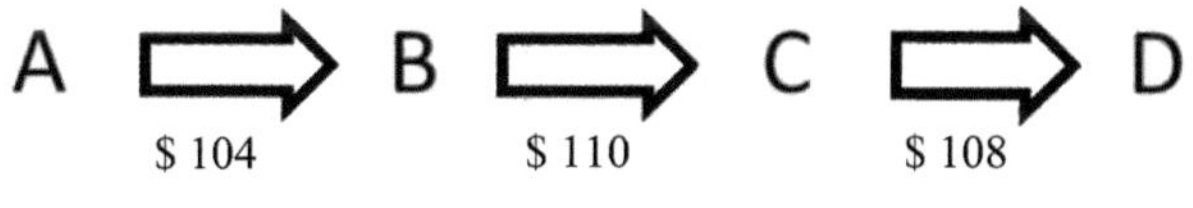

Abb. 1: Visualisierung einer Käuferkette mit unterschiedlichen Preisen zwischen A, B, C und D

In einem *string* verkauft A an B, B an C und C an D. Im Idealfall steigt der Preis in der Lieferkette von A bis D an, sodass jeder Zwischenhändler Gewinn macht. Nehmen wir einmal an, dass es sich von A an B um einen FOB-Verkauf handelt. In diesen Fällen ist B verpflichtet, den Schiffsraum zu organisieren. Verkauft er die Ware FOB weiter an C und dieser letztendlich FOB an D, so wird faktisch D den Schiffsraum organisieren. Daher wird D ein Schiff gegenüber C benennen, dieser leitet die Anzeige an B weiter, der wiederum A informiert. Unterlässt D gegenüber C die Anzeige, so verhält er sich vertragsbrüchig. Allerdings begeht auch C gegenüber B eine Pflichtverletzung und Letzterer gegenüber A. Entstehen A nun Lagerkosten für die Ware, so kann er sich wegen der Relativität der Schuldverhältnisse nur bei B schadlos halten. Dieser muss wiederum Regress bei C nehmen. Wirtschaftlich kommt also D für den Schaden auf. Jedoch trägt jede Partei dafür das Risiko, dann den Schaden selbst zu tragen, wenn sein Vertragspartner insolvent ist oder aus sonstigen Gründen kein Titel erlangt werden kann. Kommt es zum ordentlichen Gerichtsverfahren, würde im deutschen Recht daher B gegenüber C nach § 72 Abs. 1 ZPO den Streit verkünden und C gegenüber D („Kettenstreitverkündung"). Auch das englische Recht kennt einen sogenannten *Part 20 claim.* Bei diesem kann der Dritte nicht nur an tatsächliche oder rechtliche Feststellungen gebunden werden, wie das in Deutschland der Fall ist, vielmehr wird über den Anspruch des Beklagten gegen den Dritten sogleich im Urteil mitentschieden.[1962]

Ebenso möglich ist eine Lieferkette bei CIF-Verträgen. In diesem Fall muss A an B die Verladeanzeige erbringen und diese wird in der Lieferkette bis zu D durchgeleitet.[1963] Erfolgt die Anzeige bei D verspätet, so gelten die obigen Ausführungen spiegelbildlich. Zudem lassen sich auch Fälle konstruieren, in denen CIF und FOB Transaktionen gemischt vorkommen. So kann A an B FOB verkaufen. B benennt ein Schiff und lässt die Ware durch A einladen. Schwimmt die Ware anschließend auf dem Frachtschiff, so kann B sie CIF an C weiterkaufen.

6.13.1.2 Vertragliche Vereinbarungen in Käuferketten

6.13.1.2.1 Vereinbarungen bei reinen Lieferketten

Die GAFTA-Formulare enthalten zur simplen Käuferkette nur vereinzelt Ausführungen. Geregelt ist meist nur die Weiterleitung von Anzeigen im Allgemei-

---

1962 CPR Rule 20.5 (die Parteien werden dann als „Part 20 defendant" und „Part 20 claimant" bezeichnet); Jack, IHR 2004, 54, 56; früher wurde das Institut als „third-party-notice" bezeichnet, dazu auch Otte, Umfassende Streitentscheidung durch Beachtung von Sachzusammenhängen, S. 727.

1963 Vgl. dazu schon oben Seite 224.

nen in der *notices clause*[1964] und der Verladeanzeige im Speziellen.[1965] Obwohl die Lieferkette praktisch sehr häufig vorkommt, ist sie nicht weiter vertraglich beschrieben. Dieses ist aber auch gar nicht nötig, da die Verträge rechtlich selbstständig sind und ohnehin nur in ihrer zweipoligen Beziehung betrachtet werden.[1966] Eine Ausnahme liegt lediglich in prozessualer Hinsicht in den GAFTA *Arbitration Rules* vor. Entsteht in der Lieferkette Streit über die Qualität oder den Zustand der Ware, so hat lediglich ein einziges Schiedsverfahren zwischen dem Erstverkäufer und dem Letztkäufer stattzufinden. Das Ergebnis ist dann für alle Parteien der Lieferkette bindend, sodass sie selbst in Anspruch genommen werden und ihre Regresse auf Basis des Schiedsspruches führen können.[1967] Allerdings hat jeder Beteiligte der Lieferkette das Recht, Berufung gegen das Urteil einzulegen.[1968] Ist der Beteiligte ein Zwischenglied, so muss er allerdings angeben, ob er als Käufer oder Verkäufer die Berufung einlegen will. Anders ist eine Kostenverteilung im Falle des Unterliegens nicht möglich.

6.13.1.2.2 Vereinbarungen beim Zirkel (circle)

Wesentlich ausführlicher befassen sich die Formulare einem Sonderfall der Lieferkette. Möglich ist, dass eine Person in der Lieferkette zwei Mal auftaucht, da er die Ware zurückkauft, die er zuvor selbst verkauft hatte.[1969] Dass der Erstverkäufer die Ware letztlich wieder zurückkauft, kann dann Sinn machen, wenn der Marktpreis zwischenzeitlich gefallen ist oder er dringend Ware braucht, die er zuvor verkauft hat, um anderweitige Verkaufsverpflichtungen zu erfüllen. Das kann dann vorkommen, wenn der Verkäufer eine erwartete Lieferung erhalten hat. In diesen Fällen liegt ein Verkauf im Kreis oder auch ein *circle* vor.[1970] Dieser englische Begriff findet sich auch in den Einheitsbedingungen und ist in den kaufmännischen Sprachgebrauch übergegangen.[1971] In der Praxis kommen derar-

---

1964 cl. 20 GAFTA 100. Siehe dazu auch noch unten Seite 427 ff.

1965 cl. 10 GAFTA 100.

1966 Vgl. Auch aus der deutschen Schiedsgerichtsbarkeit Loock/Straatmann, Handelsrechtliche Schiedsgerichts-Praxis, Schiedsspruch J 5a Nr. 67.

1967 2003 GAFTA Arbitration Rules No. 125 cl. 7.1.

1968 2003 GAFTA Arbitration Rules No. 125 cl. 14.1.

1969 Bridge, in: Cranston/Goode (Hrsg.), Making commercial law (1997), 277, 280.

1970 Teilweise ist auch von „daisy chains“ die Rede. Dieser Begriff kommt vor allem im Ölhandel vor und bedeutet übersetzt nichts anderes als „Gänseblümchenkette“, vgl. Lewison, The interpretation of contracts, Rn. S. 180 Fn. 46 und Voest Alpine Intertrading v. Chevron International Oil Co. [1987] 2 Lloyd’s Rep. 547, 551.

1971 Vgl. § 43 EB.

tige *circles* sehr häufig vor.[1972] Kauf der Verkäufer seine Ware zurück, so unterbleibt in der Folge eine Warenlieferung. Stattdessen findet zwischen den Parteien nur noch eine Differenzabrechnung statt. Die unterlegenen Parteien im *circle* zahlen den erfolgreichen Beteiligten im *circle* dann ihren jeweiligen Gewinn aus.

6.13.1.2.2.1 Vorliegen eines *circle*

Die Formulare der GAFTA enthalten in Nr. 100 eine besondere Klausel für derartige Fälle. Ein *circle* liegt demnach vor, wenn *"Sellers re-purchase from their Buyers or from any subsequent buyer the same goods or part thereof"*.

Damit ist ein *circle* nichts anderes als eine in sich geschlossene Lieferkette, sodass für diesen auch die obigen Ausführungen hinsichtlich der Relativität der Einzelbeziehungen gelten.[1973] Derartige Bestimmungen finden sich auch in den Einheitsbedingungen im deutschen Getreidehandel, wenn auch nicht mit der Ausführlichkeit der GAFTA-Bestimmungen.[1974] Verkauft A an B beispielsweise „US Durum Wheat No. 2“ und B wiederum an C, der die Ware schließlich an A zurückverkauft, so liegt ein *circle* vor. Sobald die Verladeanzeigen erbracht sind, stellt sich heraus, welche Ware welchen Käufern zugewiesen ist. Dann ist auch ersichtlich, welche Partei zweifach in der Kette auftaucht und ein *circle* liegt vor. Vorher dürfte dieses schwierig zu erkennen sein.[1975] Die *circle clause* legt den Parteien daher Mitwirkungspflichten auf, um das Bestehen eines Kreises festzustellen und die Abwicklung zu erleichtern. Diese Mitwirkungspflichten sind ein in internationalen Verträgen oft anzutreffendes Element der Streitvermeidung.[1976]

Ein Kreis liegt aber nur dann vor, wenn innerhalb dessen dieselbe Ware gehandelt wird. Das bedeutet jedoch nicht, dass physisch dieselbe Ware gehandelt werden muss. Ausreichend ist auch, dass der Art nach die gleiche Warengattung vorliegt. Nach der *circle*-Klausel kann ein Kreis also auch dann entstehen, wenn C nicht die ursprünglich verschiffte Ladung an A zurückverkauft, sondern anderen „US Durum Wheat No. 2“ verkauft, der im Hinblick auf die Beschreibung *(description)*, das Herkunftsland, den Bestimmungshafen, den Verschiffungs-

---

1972 Siehe auch Todd, Cases and materials on international trade law, S. 18 f. zu den Gründen der Entstehung von circles.

1973 Vgl. Loock/Straatmann, Handelsrechtliche Schiedsgerichts-Praxis, Schiedsspruch J 5a Nr. 67.

1974 Siehe § 43 EB.

1975 Bridge, The sale of goods, Rn. 10.95.

1976 Vgl. Dazu oben Seite 53 ff.

zeitraum und die Qualität der ursprünglich verschifften Ware entspricht. Unerheblich ist hingegen, dass die Verkäufe unterschiedlichen Währungen unterliegen. Maßgeblich ist nur, dass die Warengattung gleich ist.

6.13.1.2.2.2 Vertragliche Modifikationen durch die *circle*-Klausel

Liegt ein *circle* vor, so ist diese Tatsache ausweislich der Vertragsbestimmung für alle Parteien bindend, sodass der Abschluss eines mehrseitigen Vertrages vorliegt.[1977] Die Klausel modifiziert zudem einige Bestimmungen des Kaufvertrages im Hinblick auf die Kaufpreiszahlung und Leistungsstörungen. Diese Bestimmungen sind nötig, da in einer Kette oder einem Kreis bis zu 50 Parteien auftreten können.[1978] Eine reguläre Abwicklung in den Vertragsverhältnissen würde dann zu Schwierigkeiten führen.

6.13.1.2.2.3 Kaufpreiszahlung im *circle*

Die Konstruktion eines *circle* dient vor allem dazu, bei der Bezahlung Erleichterungen zu schaffen. Um dieses besser zu erläutern, folgt dieses Beispiel.[1979]

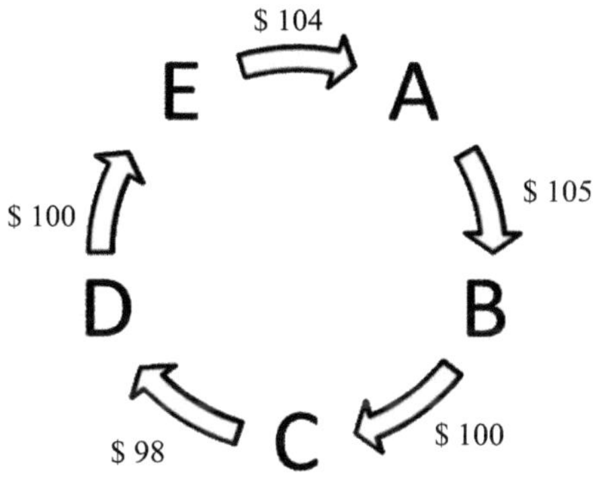

Abb. 2: Visualisierung eines circle mit unterschiedlichen Preisen zwischen A, B, C, D und E

1977 Siehe für das englische Recht Bridge, The sale of goods, Rn. 10.95; so wohl auch Voest Alpine Intertrading v. Chevron International Oil Co. [1987] 2 Lloyd's Rep. 547, 558 „[...] I also, of course, bear in mind, at this as in all subsequent stages of the case, that the terms of a book-out must be agreed to by all parties in the circle.".

1978 Einen Fall von 50 Beteiligten gab es beispielsweise in Voest Alpine Intertrading v. Chevron International Oil Co. [1987] 2 Lloyd's Rep. 547.

1979 Beispiel nach Slabotzky, Grain contracts and arbitration, S. 60 ff.

Nehmen wir an, dass A an B für $105 pro Tonne verkauft. Anschließend fällt der Getreidepreis und B muss an C für $100 weiterverkaufen. Daraufhin verkauft C an D für $98. In der Folge steigt der Preis wieder, sodass D an E zu $100 verkaufen kann. E verkauft nun schließlich an A zu $104. Da A zweimal in der Kette auftaucht, wird aus dieser ein *circle*. Normalerweise müsste nun B an A den Kaufpreis zahlen, C an B, D an C usw. Für die Stellung eines Akkreditivs fallen oft hohe Gebühren an und es müssen gegebenenfalls Sicherheiten bereitgestellt werden. Zudem ist der Letztkäufer zugleich der Erstverkäufer, sodass auch die physische Lieferung unterbleibt. Daher ist die herkömmliche Abwicklung im *circle* nutzlos.

6.13.1.2.2.4 Gegenseitige Kaufpreisverrechnung *(„book out")*

Aus diesen Gründen erfolgt in derartigen Kreisen eine Verrechnung *(„book out"* oder auch *„wash out")*.[1980] Dazu wird ein unter den Beteiligten anerkannter Basispreis gebildet, und jeder Beteiligte muss nur die Differenz zwischen seinem Kaufpreis und dem Basispreis leisten. Grundsätzlich haben sich die Parteien über einen Basispreis zu einigen. Ist dieses nicht möglich, so geht das englische Recht davon aus, dass die Verträge einen *implied term* enthalten, dass der Basispreis dann durch einen unabhängigen Dritten ermittelt wird.[1981] Um Vereinbarungen und Drittbestimmungen zu vermeiden, legt cl. 24 GAFTA 100 von vornherein fest, wie der Basispreis zu ermitteln ist: Dazu wird der niedrigste Kaufpreis im Kreis ermittelt.[1982] Jeder Käufer muss an seinen Verkäufer dann lediglich die Differenz zwischen seinem Kaufpreis und dem niedrigsten Preis zahlen.[1983] In unserem Beispiel ist der niedrigste Kaufpreis $98 pro Tonne. B muss daher an A lediglich $7 pro Tonne zahlen, C zahlt an B $2, D an C hingegen gar nichts. E an D wiederum $2 und A zahlt an E ganze $6. Durch diese Verrechnung bleibt ein gutes Geschäft ein gutes Geschäft und ein schlechtes Geschäft ein ebensolches. Lediglich die Transaktionskosten werden reduziert, da wesentlich geringere Beträge zu zahlen sind. Dass der geschäftliche Wert gleich bleibt,

1980 Anschaulich zur Praxis im Ölhandel: Voest Alpine Intertrading v. Chevron International Oil Co. [1987] 2 Lloyd's Rep. 547, 552.

1981 Voest Alpine Intertrading v. Chevron International Oil Co. [1987] 2 Lloyd's Rep. 547, 562.

1982 Mathematisch führt der niedrigste Vertragspreis dazu, dass eine der Parteien nichts zahlen muss und der Zahlungsfluss von jedem Käufer zu seinem Verkäufer erhalten bleibt. Dieses illustriert die Tabelle in Voest Alpine Intertrading v. Chevron International Oil Co. [1987] 2 Lloyd's Rep. 547, 558.

1983 Diese Vorgehensweise entspricht der in den Einheitsbedingungen festgelegten Art und Weise, vgl. § 43 EB.

verdeutlicht folgende Überlegung: A hat an B für $105 verkauft. Letztlich hat er die Ware aber für $104 wieder zurückgekauft. Sein maximaler Gewinn beläuft sich daher auf $1. Unter der *circle*-Klausel zahlt nun B an A lediglich $7 und A muss an E $6 zahlen. Insofern beläuft sich auch hier der Gewinn auf $1, sodass sich nichts ändert. Auch die Tatsache, dass D an C nichts zahlen muss, ist richtig. C war verpflichtet an B $100 zu zahlen, konnte die Ware aber nur zu $98 weiterverkaufen, sodass bei C ein Verlust von $2 entstand. Nach der *circle*-Klausel muss C an B $2 zahlen, erhält selbst aber nichts von D. Insofern bleibt es für ihn ein Verlustgeschäft von $2 pro Tonne.

Das obige Beispiel erging vor dem Hintergrund, dass zwischen allen Beteiligten die gleiche Menge verkauft wird. Es kann jedoch auch sein, dass A an B 20.000 Tonnen verkauft, durch B jedoch nur 15.000 Tonnen davon bis zu A weiterhandelt werden. In diesen Fällen ist die mittlere Vertragsmenge – das heißt ohne die Berücksichtigung von Mengenspielräumen – im jeweiligen Kontraktverhältnis für die Abrechnung entscheidend.[1984]

Die Klausel regelt zudem eine abweichende Fälligkeit der Kaufpreiszahlung. Liegt keine Vereinbarung Kasse gegen Dokumente vor, so obliegt es den Parteien, die Zahlungsfrist zu vereinbaren.[1985] Um eine zügige Abwicklung im *circle* zu fördern, bestimmt cl. 24 GAFTA 100, dass die Zahlung spätestens am 15. Tag nach der Verladeanzeige fällig wird. Wird der Kreis erst später aufgedeckt, so ist die Zahlung am 15. Tag nach der Feststellung des Kreises fällig.[1986]

Unter Einheitsbedingungen ist die Zahlung nach § 43 Abs. 1 EB hingegen nach fünf Geschäftstagen ab Erhalt der circle-Abrechnung fällig. Unklar ist unter den Einheitsbedingungen allerdings, wann die circle-Abrechnung zu erfolgen hat. Wird die Ware beispielsweise auf Abruf innerhalb der Zeitspanne März bis August verkauft, so kommen denklogisch drei Punkte Zeitpunkte in Betracht, wann die Abrechnung spätestens erfolgen muss. Entweder sofort, alternativ am Ende des gesamten Lieferzeitraumes (also im August) oder in der Mitte der Zeitspanne (also zu Ende Mai). Richtigerweise muss der Zeitraum für die Warenlieferung außenvor bleiben. Da die Ware nicht mehr physisch geliefert wird, kommt es auf die Erfüllungszeiträume für die Warenlieferung nicht mehr an. Der Verkauf „auf Abruf" innerhalb eines bestimmten Zeitraumes erfolgt zudem deswegen, weil der Käufer die Ware nur sukzessive aufbrauchen kann und deswegen nur in Teilchargen vom Verkäufer abnehmen will. Dieses Interesse entfällt aber, sobald nur noch eine Verrechnung stattfindet. Richtigerweise dürfte

1984 So auch § 43 Abs. 1 EB.

1985 Vgl. cl. 11 lit. a GAFTA 100.

1986 Nach § 43 Nr. 2 Einheitsbedingungen im Deutschen Getreidehandel muss die Zahlung sogar innerhalb von fünf Geschäftstagen nach Erhalt erbracht werden.

eine Circle-Abrechnung daher sofort zu erstellen sein. Das ergibt sich auch aus dem Gedanken des § 271 Abs. 1 BGB analog, wonach Leistungen im Zweifel sofort vom Gläubiger gefordert werden können. Da die Parteien im *circle* auf eine Warenlieferung verzichten und stattdessen eine fiktive Abrechnung vornehmen, muss diese richtigerweise auch sofort nach Aufdecken des *circle* erstellt werden.

6.13.1.2.2.5 Kaufpreiszahlung bei verschiedenen Währungen

Erfolgen die Verkäufe in verschiedenen Währungen, so hindert das das Entstehen eines *circle* nicht.[1987] Da die Differenzbildung dann Schwierigkeiten bereitet, wird nicht der niedrigste Preis im *circle* als Referenzwert genommen, sondern der Marktpreis am ersten Tag des vertraglich vereinbarten Verschiffungszeitraumes. In diesen Fällen hat jeder Käufer die Differenz zwischen dem Marktpreis und seinem Vertragspreis zu zahlen. Fraglich bleibt lediglich, an welchem Ort der Marktpreis zu ermitteln ist. Die Klausel schweigt dazu. Für die pro-rata Klauseln ist der Marktpreis im Zielhafen maßgeblich, cl. 22 lit. g GAFTA 100. Fraglich ist, ob dieses auch auf diesen Fall übertragbar ist. Dieses ist zu bejahen: Geht es um die Bemessung von Schadensersatz, so ist im englischen Recht grundsätzlich auf den Warenwert im Bestimmungshafen abzustellen.[1988] Dieser Gedanke wurde auch auf die Insolvenzklauseln der Standardverträge übertragen,[1989] bei denen es nicht auf die Bemessung eines Schadensersatzes, sondern die Festlegung eines Referenzpreises zur gegenseitigen Abrechnung ankommt. Ebenso stellt sich die Lage bei den *circle*-Klauseln dar. Zudem ist die Ware beim Weiterkauf regelmäßig schon verladen und auf dem Frachtschiff unterwegs, sodass sie ohnehin nur CIF *Bestimmungshafen* weiterverkauft werden kann.[1990] Insofern ist für die Verrechnung im *circle* auch der CIF-Preis entscheidend. Dieser bemisst sich aber nach den Kosten, die für den Transport in den Bestimmungshafen anfallen. Daher ist auch in diesen Fällen auf den CIF-Preis im Bestimmungshafen als Marktpreis abzustellen.

1987 Siehe oben Seite 418.

1988 Aryeh v. Lawrence Kostoris & Son Ltd. [1967] 1 Lloyd's Rep. 63, 71 (C.A.), per Lord Diplock; siehe aber auch C. Sharpe & Co. Ltd. v. Nosawa & Co. [1917] 2 K.B. 814, 820, wo eher der Ort der Dokumentenandienung im Vordergrund stand.

1989 Esteve Trading Corporation. v. Agropec International („The Golden Rio") [1990] 2 Lloyd's Rep. 273, 280 (QBD).

1990 Vgl. Bridge, The sale of goods, Rn. 12.73.

6.13.1.2.2.6 Verhältnis zur prohibition clause

Die *circle clause* gilt nicht, wenn ein behördliches Exportverbot nach der *prohibition clause* die Lieferung der Ware verhindert.[1991] In diesen Fällen wird die Kette durch das Exportverbot unterbrochen. Eine Verrechnung macht dann keinen Sinn mehr. Vielmehr sind dann die Einzelverhältnisse abzuwickeln.

Ist der *circle* hingegen bereits festgestellt und haben die Parteien sich auf eine Verrechnung geeinigt, so sind sie von ihrer Pflicht zur physischen Lieferung ohnehin befreit, sodass das Exportverbot die Abwicklung im *circle* nicht verhindern mag.[1992] Da nun nicht mehr die Lieferung, sondern lediglich eine Verrechnung im Vordergrund steht, ist für die *prohibition clause* nach englischer Kontraktpraxis kein Raum mehr, da diese auf die Unmöglichkeit der Lieferung abstellt.

Die Einheitsbedingungen sind hingegen strikter, denn der Wortlaut von § 43 Abs. 2 EB legt den Schluss nahe, dass eine Circle-Abrechnung im Falle einer Erfüllungsverhinderung entfällt. Insofern wird klargestellt, dass auch eine Verrechnung im Falle einer Erfüllungsverhinderung nicht mehr stattfinden soll. Nach den Einheitsbedingungen werden die Parteien ihren Pflichten auch in einem *circle* vollständig enthoben, wenn eine Erfüllungsverhinderung vorliegt.[1993]

6.13.1.2.2.7 Verhältnis zur *default clause*: Leistungsstörungen im *circle*

Die *circle*-Klausel nimmt zudem Modifizierungen im Falle von Leistungsstörungen vor. Während die Nichtandienung der Dokumente normalerweise einen Vertragsbruch darstellt, wird dieses nicht als Pflichtverletzung klassifiziert, indem es heißt: *„the non-presentation of documents by Sellers to their Buyers shall not be considered a breach of contract“*. Zudem wird klargestellt, dass die *default clause* im *circle* nicht gilt. Diese Modifikationen sind sinnvoll, da Erstverkäufer und Letztkäufer identisch sind. Schließlich hat niemand im *circle* ein

---

1991 Das folgt aus cl. 24 GAFTA 100 „Subject to the terms of the Prohibition Clause [...]“. Vgl. zur prohibition clause auch Bremer Handelsgesellschaft mbH v. Westzucker GmbH [1981] 2 Lloyd’s Rep. 130, 131 (CA).

1992 Tradax Export S.A. v. Rocco Giuseppe & Figli [1981] 1 Lloyd’s Rep. 353, 358 (QBD) per Parker J.; Bridge, Canadian Business Law Journal (19) 1991, 485, 493 f.; anders Tradax Export S.A. v. Carapelli S.p.A. [1977] 2 Lloyd’s Rep. 157, 165 (QBD), per Mocatta J.

1993 Vgl. aber auch Loock/Straatmann, Handelsrechtliche Schiedsgerichts-Praxis, Schiedsspruch J 6 Nr. 13: Bei einem Rückhandel der verkauften Ware findet lediglich eine Differenzausschüttung statt. Da die physische Lieferung nicht mehr gewollt ist, greifen weder Mengenspielraum- noch force majeure Klauseln.

physisches Interesse an der Ware. Die Beteiligten verdienen nur an einem Differenzgeschäft. Daher bleiben für sie die Nichtandienung der Dokumente und etwaige Nichtleistungen im Sinne der *default clause* ohne Folgen.

6.13.1.2.2.8 Verhältnis zur insolvency clause

Die *circle clause* findet keine Anwendung, wenn eine der am *circle* beteiligten Parteien insolvent wird. Dann findet eine Auseinandersetzung zwischen den Beteiligten in Geld nach der *insolvency clause* statt.[1994] Referenzwert ist dann der aktuelle Markt- und nicht der niedrigste Kaufpreis.[1995] Liegt der Marktpreis über dem Kaufpreis, so muss der Verkäufer dem Käufer die Differenz erstatten. Liegt hingegen der Marktpreis unter dem Kaufpreis, so muss der Käufer dem Verkäufer die Differenz auszahlen.[1996]

Ziehen wir erneut unser Beispiel aus Abb. 1[1997] heran. Nehmen wir an, dass B insolvent ist. In diesem Fall findet eine Abwicklung nach dem Marktpreis statt,[1998] der beispielsweise $102 beträgt. Dann zahlt B an A $3, B an C $ 2, C an D $ 4, D an E $2 und letztlich A an E ebenfalls $2. Damit würde A eigentlich einen Gewinn von $1 pro Tonne machen. Nehmen wir an, dass B insolvent ist, so wird A jedoch nicht den vollen Betrag erlangen können. Da er Insolvenzgläubiger ist, wird er lediglich eine Quote der $3 erlangen. Dennoch ist er ver-

---

1994 Vgl. Esteve Trading Corporation. v. Agropec International („The Golden Rio“) [1990] 2 Lloyd’s Rep. 273, 278 (QBD). Vergleiche dazu auch noch unten Seite 445.

1995 Anders sieht das nur Slabotzky, Grain contracts and arbitration, S. 62 ff., der auf den niedrigsten Kaufpreis abstellen will, was sich jedoch nicht mit dem Wortlaut vereinbaren lässt; Der aktuelle Marktpreis richtet sich nach der Insolvenz-Klausel z.B. GAFTA 100 cl. 25. Demnach ist der Marktpreis maßgeblich, der am Werktag nach der Mitteilung der Insolvenz gilt. Fehlt es an einer derartigen Mitteilung, so kann die Partei sich aussuchen, ob entweder der Preis am Werktag nachdem sie von der Insolvenz erfährt gelten solle oder der Preis vom Werktag nach Feststellung der Zahlungsunfähigkeit („Act of Insolvency“ – wann dieser vorliegt wird in cl. 25 GAFTA 100 selbst definiert: „If before the fulfilment of this contract, either party shall suspend payments, notify any of the creditors that he is unable to meet debts or that he has suspended or that he is about to suspend payments of his debts, convene, call or hold a meeting of creditors, propose a voluntary arrangement, have an administration order made, have a winding up order made, have a receiver or manager appointed, convene, call or hold a meeting to go into liquidation (other than for re-construction or amalgamation) become subject to an Interim Order under Section 252 of the Insolvency Act 1986, or have a Bankruptcy Petition presented against him […]”).

1996 Bridge, in: Cranston/Goode (Hrsg.), Making commercial law (1997), 277, 280.

1997 Siehe oben Seite 415.

1998 Vgl. dazu unten Seite 445.

pflichtet an $2 an E zu zahlen, sodass die Insolvenz des B seinen Gewinn schmälert oder sogar zu einem Verlustgeschäft führt. Dieses ist jedoch richtig, da A das Insolvenzrisiko seines Vertragspartners tragen muss. Das Bestehen eines Kreises kann daran nichts ändern, da beispielsweise E und D nichts mit dem Vertrag zwischen A und E zu tun haben. Besonders deutlich wird der wirtschaftliche Nachteil für die Parteien dann, wenn die Preise zwischenzeitlich stark gefallen sind. Nehmen wir an, der Marktpreis beträgt lediglich $80/Tonne. Dann muss A an E $24 zahlen und erhielte im Gegenzug $25 von B. A verbliebe also nach wie vor ein Gewinn von $1. Durch die Erhöhung oder Verringerung des Marktpreises ändert sich an den Margen unmittelbar nichts. Allerdings muss A an E in jedem Fall $24 zahlen, auch wenn er von B nichts erhält. Erlangt A von B auch im Insolvenzverfahren gar keine Zahlung, so muss er nunmehr $24 selbst aufbringen. Ohne die Insolvenz wäre B hingegen nur das Risiko eingegangen $7 selbst zahlen zu müssen, wenn von diesem keine Zahlung realisiert werden hätte können. Jedoch ist auch dieses im Endeffekt billig, da sich nichts daran ändert, dass A letztlich das wirtschaftliche Risiko der Insolvenz seines Vertragspartners B tragen muss.

6.13.1.3 Rechtsvergleich und Bewertung

Circle-Klauseln finden sich auch in deutschen Verträgen und Schlussscheinen. Anderenfalls gelten die normalen gesetzlichen Regeln. Auch im CISG finden sich keine Sonderbestimmungen für Lieferketten und einen *circle*.

Wegen der Relativität der Schuldverhältnisse müssen Ansprüche, die außerhalb des Verhältnisses zwischen Verkäufer und Käufer entstehen sollen, ausdrücklich im Vertrag benannt werden. Selbiges gilt für die Frage, ob bestimmte Ansprüche in einem *circle* erlöschen. So sehen die GAFTA-Kontrakte beispielsweise vor, dass auf die Andienung der Dokumente verzichtet werden kann.[1999] Wird dieses jedoch nicht im Vertrag vereinbart, so tendieren zumindest deutsche Schiedsgerichte dazu auch im *circle* eine Pflicht zur Dokumentenandienung anzunehmen.[2000] Zwar findet letztlich kein Warenaustausch statt, doch

---

1999 Vgl. cl. 24 GAFTA 100: "As between Buyers and Sellers in the circle, the non-presentation of documents by Sellers to their Buyers shall not be considered a breach of contract."

2000 Diese wurde in einem deutschen Schiedsspruch ausdrücklich klargestellt: vgl. Loock/Straatmann, Handelsrechtliche Schiedsgerichts-Praxis, Schiedsspruch J 5a Nr. 67: In einem Fall verkaufte v. an K Ware. K verkaufte diese an Z, bei dem v. die Ware zuvor eingekauft hatte, sodass ein Circle vorlag. K und Z nahmen daraufhin auch eine Circle-Abrechnung vor. Der Verkäufer war der Meinung, nun dem K keine Doändert da nach deutscher Ansicht nichts an der Tatsache, dass letztlich alle Beziehungen zweipolig zu betrachten sind, da auch ein *circle* nichts anderes als eine in sich geschlossene Lieferkette ist. Daher ist jeder Verkäufer im *circle* auch verpflichtet, die Dokumente anzudienen und an seinem Verkäufer den vollen Kaufpreis zu zahlen. Etwas anderes gilt nur, wenn die Verträge abweichende Bestimmungen für den Fall eines *circle* regeln, sodass im Endeffekt ein mehrseitiger Vertrag zwischen den Beteiligten vorliegt. Sollte es daran fehlen, so kann lediglich darauf abgestellt werden, in wie weit gewisse Vorgehensweisen im *circle* einem Handelsbrauch entsprechen. Anderenfalls müssen die Parteien im Wege der Novation bei der Entstehung eines *circle* (neu) verständigen, welche Rechte und Pflichten untereinander entstehen sollen.

Die Einheitsbedingungen regeln die Vorgehensweise im Falle eines *circle* nur ungenügend. So wird lediglich festgehalten, dass eine *circle*-Abrechnung vorzunehmen ist. Wann diese erbracht werden muss, ergibt sich nicht direkt aus dem Kontrakt, sodass Rechtsunsicherheit entsteht. Richtigerweise dürfte diese aber sofort nach Feststellung des *circle* zu erbringen sein.[2001] Zudem findet sich, im Gegensatz zu GAFTA-Kontrakten, in den Einheitsbedingungen keine Klausel, wonach eine Dokumentenandienung entbehrlich wäre. Damit besteht ein wichtiger Unterschied zu den GAFTA-Kontrakten, da dort eine Andienung im *circle* entbehrlich ist. Der Verkäufer kann sich auch nicht darauf verlassen, nach dem Aufdecken des *circle* noch eine nachträgliche Einigung hinsichtlich der Zusatzpflichten herbeiführen zu können. Ist der Marktpreis mittlerweile gefallen, so wird der Verkäufer bei einer fehlenden Andienung gehalten sein, den Verkäufer auf Schadensersatz in Anspruch zu nehmen, anstatt sich auf eine abweichende Regelung verständigen zu wollen. Auch andere Aspekte sind nur ungenügend geregelt. So finden sich in den Einheitsbedingungen keine abweichenden Ausführungen dazu, wie bei verschiedenen Währungen vorzugehen ist. Zudem gibt es keine statuierten Mitwirkungspflichten, den *circle* aufzudecken. Im deutschen Recht ergeben sich diese allerdings aus § 241 Abs. 2 BGB als Mitwirkungspflicht im Sinne einer Nebenpflicht und im UN-Kaufrecht können sie aus der allgemeinen Kooperationspflicht des Art. 7 CISG abgeleitet werden.[2002]

Insofern sind die GAFTA-Kontrakte für den Fall eines *circle* detaillierter, als die Einheitsbedingungen und deswegen vorzuziehen. Zudem bleibt zu beach-

---

kumente mehr andienen zu müssen, da ein Circle vorlag. Damit irrte der V, da er nach dem Vertrag zwischen ihm und K zur Andienung verpflichtet war. Die Tatsache, dass K mit dem Z kontrahiert hatte, änderte wegen der Relativität der Schuldverhältnisse nichts an der Beziehung zwischen K und V.

2001 Siehe oben Seite 421.

2002 BGHZ 149, 113, 118; Staudinger-Magnus, Art. 7 CISG, Rn. 47.

ten, dass im Falle eines Exportverbotes unter GAFTA die Abrechnung im *circle* weiterhin stattfindet, nach Einheitsbedingungen hingegen suspendiert wird. Für die Partei, die günstig eingekauft hat, sind daher die GAFTA-Verträge vorteilhafter, da sie es erlauben an dem Geschäft festzuhalten.

6.13.2 Bestimmungen über Mitteilungen: die *notice clause*

Ausführungen zur Erbringung von Anzeigen und Mitteilungen finden sich in vielen Verträgen, so auch in denen der GAFTA. Die Klauseln bestimmen, an welchem Ort die Anzeige erbracht werden muss und welche Kommunikationsmittel zu verwenden sind. So sehen die *notice clauses* der GAFTA insbesondere vor, dass alle Erklärungen unverzüglich *(rapidly)* und leserlich übermittelt werden müssen. Als Kommunikationsmittel sind anerkannt: Telex, durch einen Boten am selben Tag überbrachter Brief, Telefax, E-Mail oder sonstige elektronische Kommunikationsmittel. Sollte der Zugang der Nachricht bestritten werden, so muss der Absender beweisen, dass die Nachricht dem Empfänger zugegangen ist,[2003] was in der Praxis zu erheblichen Beweisproblemen führen kann, gerade wenn nur E-Mails versendet werden.

6.13.2.1 Geschäftstage-Klausel

Die GAFTA-Kontrakte sehen im Einzelfall vielfältige Mitteilungspflichten vor, wie beispielsweise bei *force majeure*, der Verschiffungsanzeige, der Nominierung eines Schiffes. Diese Anzeigen müssen dabei innerhalb eines bestimmten Zeitraumes erbracht werden. Daher stellt sich regelmäßig die Frage, welche Tage für die Fristberechnung maßgeblich und welche dabei nicht einzuberechnen sind. Grundsätzlich unterscheiden die Verträge zwischen Kalendertagen *(„consecutive days")* und Geschäftstagen *(„business-days")*. Die GAFTA-Formulare berechnen die Fristen grundsätzlich in Kalendertagen.[2004] Nur in einigen wenigen Fällen sind Geschäftstage maßgeblich.[2005] Damit besteht ein wichtiger Unterschied zu den Einheitsbedingungen, bei denen für Fristen grundsätzlich

2003 Vgl. cl. 20 GAFTA 100. Dieses Problem stellt sich allerdings auch im deutschen Recht und unter den Einheitsbedingungen. Auch hier muss der Erklärende den Zugang beweisen, vgl. zur ganz hM BGH NJW 1995, 665, 666; BGHZ 101, 49, 55.

2004 Vgl. z.B. cl. 4, 10, 11, 17 lit. h, 19, 23 lit. f, 24 GAFTA 100.

2005 Vgl. cl. 9, 10 lit. c, 19, 25 GAFTA 100.

Geschäftstage maßgeblich sind.[2006] Im UN-Kaufrecht gilt der allgemeine Grundsatz, dass Feiertage in Fristen einzurechnen sind,[2007] was nichts anderes bedeutet, dass eine Zählung in Kalendertagen erfolgt. Das entspricht der grundsätzlichen deutschen Vorgehensweise, bei der Sonn- und Feiertage ebenfalls für die Dauer der Frist mitgerechnet werden.

Geschäftstage sind unter GAFTA alle Wochentage mit Ausnahme von Samstag und Sonntag. Auch Feiertage in den betroffenen Ländern werden nicht zu den Geschäftstagen hinzugezählt. Des Weiteren kann die GAFTA bestimmte Tage ausdrücklich als Nichtgeschäftstage deklarieren. Auch unter den Einheitsbedingungen sind Geschäftstage alle Werktage, außer Samstag und der 24. und 31. Dezember, vgl. § 45 Abs. 1 EB. Feiertage wirken nach Einheitsbedingungen aber nur zugunsten desjenigen, der an einem solchen Tag eine Erklärung abzugeben oder zu empfangen hat.[2008]

Fällt das Fristende für eine Erklärung auf einen Nichtgeschäftstag, so verlängert sich die Frist nach GAFTA automatisch bis auf den nächsten Geschäftstag. Das entspricht der deutschen gesetzlichen Regelung des § 193 BGB und § 45 Abs. 2 EB. Auch im UN-Kaufrecht verlängert sich die Frist auf den nächsten Werktag, wenn das Fristende auf einen Sonn- oder Feiertag fällt.[2009]

6.13.2.2 Erklärungsfristen

Die Einheitsbedingungen legen zudem fest, dass Erklärungen bis spätestens um 15.00 Uhr beim Empfänger eingehen müssen, da sie anderenfalls erst als am nächsten Geschäftstag eingegangen gelten. Früher fand sich eine ähnliche Formulierung auch in den GAFTA-Kontrakten, wobei diese jedoch auf 16.00 Uhr abgestellt haben.[2010] Diese Formulierung am Anfang der *notice clause* wurde jedoch gestrichen. Vielmehr heißt es in den aktuellen Verträgen:

2006 Eine ausdrückliche Regelung gibt es dort nicht, allerdings wird die Zählung in Geschäftstagen in vielen wichtigen Bestimmungen angeordnet, wie z.B. §§ 3, 6, 7, 18, 37, 58 EB.

2007 Schlechtriem/Schwenzer-Ferrari, Art. 7 CISG, Rn. 52; Herber/Czerwenka, Internationales Kaufrecht, Art. 7 Rn. 7. Dieses folgt für die Bestimmung der Annahmefrist ausdrücklich aus Art. 20 Abs. 2 CISG, wird aber für alle Fristfragen generalisiert, vgl. Staudinger-Magnus, Art. 20 CISG, Rn. 14.

2008 Siehe § 45 Abs. 4 EB.

2009 Allgemeiner Grundsatz, vgl. Schlechtriem/Schwenzer-Ferrari, Art. 7 CISG, Rn. 52; Herber/Czerwenka, Internationales Kaufrecht, Art. 7 Rn. 7; Staudinger-Magnus, Art. 20 CISG, Rn. 14.

2010 So z.B. cl. 23 GAFTA 25 von 1995 („Any notices received after 1600 hours on a business day shall be deemed to have been received on the business day following.").

> "*In case of resales/repurchases* all notices shall be served without delay by sellers on their respective buyers or vice versa, and any notice received after 1600 hours on a business day shall be deemed to have been received on the business day following."

Damit ist nur noch für Lieferketten festgehalten, wann Erklärungen zugehen respektive weitergeleitet werden müssen.[2011] Außerhalb von Lieferketten gelten jetzt die normalen Regeln des *common law*. Das hat zwei wichtige Konsequenzen. Erstens: Es gilt grundsätzlich die (widerlegliche) Vermutung, dass die Fristen erst am nächsten Tag nach einem für den Fristbeginn maßgeblichen Ereignis anfangen zu laufen.[2012] Zweitens: Fällt das Fristende auf einen Samstag, Sonntag oder Feiertag, so wird die Frist grundsätzlich nicht auf den nächsten Tag verlängert.[2013] Vielmehr muss die Partei ihre Erklärung an einem vorangehenden Geschäftstag erbringen.[2014] Diese Regelung findet sich auch in § 6 Abs. 3 EB für den Fall, dass die Lieferfrist nach Zeiträumen bestimmt ist. Abgesehen davon ist dem deutschen Recht eine solche Sichtweise wegen § 193 BGB allerdings fremd.

Ferner haben die Parteien nach GAFTA normalerweise den vollen Tag für die Abgabe der Erklärung zur Verfügung, also bis 24.00 Uhr. Die Gerichte haben sich daher teilweise geweigert, vorschnell einen *implied term* anzuerkennen, wonach die Nachrichten bis beispielsweise spätestens 17.00 Uhr eingegangen sein müssen.[2015] Allerdings wird einschränkend verlangt, dass der Empfänger der Nachricht die Möglichkeit haben muss, die Erklärungen noch innerhalb der Geschäftszeiten wahrnehmen zu können.[2016] Es ist daher empfehlenswert, die Nach-

---

2011 Auch nach den Einheitsbedingungen müssen die Erklärungen von Zwischenparteien in Lieferketen unverzüglich weitergeleitet werden, vgl. § 46 Abs. 2 EB.

2012 Goldsmiths Co. v. West Metropolitan Railway Co. [1904] 1 K.B. 1, 5 (CA): „The rule is now well established that where a particular time is given, from a certain date, within which an act is to be done, the day of the date is to be excluded"; Chitty, Chitty on contracts, Bd. 1, Rn. 21–24; Dieses entspricht auch § 45 Abs. 2 EB.

2013 Lando/Beale, The principles of European contract law, S. 134. Anders ist das nach § 193 BGB in Deutschland und daher auch in § 45 Abs. 3 EB. Unproblematisch ist freilich der Fall, in dem die Frist in Geschäftstagen bemessen ist, da sie dann auf jeden Fall auch an einem Geschäftstag endet.

2014 Mesure v. Britten [1796] 2 H. Bl. 616, 617; Hardinge S. Halsbury, Theatres and other forms of entertainment. Time. Tort, Bd. 45 Para. 239.

2015 Vitol S.A. v. Phibro Energy AG ("The Mathraki") [1990] 2 Lloyd's Rep. 84, 91 (QBD); Bridge, Canadian Business Law Journal (19) 1991, 485, 492.

2016 Rightside Properties Ltd. v. Gray [1975] Ch. 72, 78; Chitty, Chitty on contracts, Bd. 1, Rn. 21–22; Schelde Delta Shipping B.V. v. Astarte Shipping Ltd. ("The Pamela") [1995] 2 Lloyd's Rep. 249, 252 (QBD): Telex um 23:41 Uhr geht erst am Folgetag mit Beginn der Geschäftszeit zu.

richten unbedingt innerhalb dieses Zeitraumes dem Empfänger zuzustellen, worauf insbesondere bei Zeitverschiebungen zwischen den Parteien zu achten ist.

6.13.2.3 Zwischenergebnis

Damit bestehen wichtige Unterschiede zwischen dem englischen und dem deutschen Recht. Insbesondere die Tatsache, dass die GAFTA-Verträge – außer bei Weiterverkäufen keine Fristverlängerung vorsehen, wenn das Fristende auf einen Sonn- oder Feiertag fällt, erfordert erhöhte Wachsamkeit bei den Parteien. Zudem ist auch hier wieder einmal zu bemerken, dass die oben dargelegten Grundsätze zu den Fristen nur Regeln darstellen, die bei besonderen Umständen durch ein Gericht abgeändert werden können. Läuft eine Erklärungsfrist beispielsweise an einem Sonntag ab und ist es einer Partei unmöglich ihre Erklärung vorher abzugeben, so können Gerichte unter Umständen die Frist bis zum nächsten Geschäftstag nach dem *business efficacy test*[2017] verlängern – eine Garantie besteht dafür freilich aber nicht. Vorteilhaft im Vergleich zu den Einheitsbedingungen ist insbesondere der Zeitplan für die Weiterleitung von Erklärungen bei Kettengeschäften. Nach § 58 Abs. 3 EB muss die Verladeanzeige beispielsweise unverzüglich und damit ohne schuldhaftes Zögern versendet werden,[2018] was ein schnelleres Handeln erfordert und den genauen Zeitpunkt der Weiterleitungspflicht offen lässt.

6.13.3Die Shipment and classification clause

Die Partei, die sich zum Abschluss des Frachtvertrages verpflichtet, muss dafür sorgen, dass sich der besorgte Frachtraum für den Warentransport eignet.[2019] Dieses folgt aus der *Shipment and Classification clause*, die in den meisten CIF und FOB-Verträgen zu finden ist:[2020]

> „Shipment to be made in good condition, direct or indirect, with or without transhipment by first class mechanically selfpropelled vessel(s) suitable for the carriage

2017 Vgl. zum business efficacy test Halson, Contract law, S. 297.

2018 Damit liegt eine gleiche Regelung wie bei FOSFA 24 cl. 11 vor, wo eine Weiterleitung mit „due dispatch“ erfolgen muss. Der Begriff entstammt dabei dem Recht der Charterverträge. Dort wird das Überliegegeld fällig, wenn der Charterer das Schiff nicht mit „due despatch“ lädt, vgl. Tiberg, The law of demurrage, S. 186 f. Ebenso muss die Reise mit „due despatch“ durchgeführt werden, vgl. Carr/Stone, International trade law, S. 217.

2019 Carr/Stone, International trade law, S. 42.

2020 z.B. GAFTA 119 cl. 9; GAFTA 100 cl. 8.

of the contract goods, classed Lloyds 100A1, or equivalent class, or in accordance with the Institute Classification Clause of the Institute of London Underwriters, excluding tankers and vessels which are either classified in Lloyd's Register or described in Lloyd's Shipping Index as "Ore/Oil" vessels."[2021]

Im Zentrum der Klausel steht der Begriff des *„suitable vessel"*. Die Verschiffung darf daher nur mit einem tauglichen Schiff erfolgen. Die Klauseln enthalten demnach präzisierend Ausführungen zu geschuldeter Schiffsklasse und Typus. Zudem finden sich Angaben zur Verschiffungsroute. Diese Klausel wurde erst 1997 in die Verträge aufgenommen.

Für CIF-Geschäfte macht eine derartige Klausel in jedem Fall Sinn. Handelt der Käufer die Ware durch, so sind nachfolgende Käufer daran interessiert, dass die Ware auf einem tauglichen Seeschiff transportiert wird. Zudem sind bestimmte Anforderungen nötig, um den Versicherungsschutz zu erhalten.

Die Klausel findet sich jedoch auch in FOB-Verträgen. Dort scheint sie auf den ersten Blick überflüssig zu sein, denn hier ist der Käufer für den Transport zuständig, sodass es in seinen Risikobereich fällt, wenn das Schiff sich nicht für den Warentransport eignet. Allerdings muss der Verkäufer das Schiff beladen. Insofern hat auch dieser ein Interesse daran, dass das Schiff zur Beladung mit der kontrahierten Ware geeignet ist. Insbesondere müssen die Verladevorrichtungen an Bord die Ware aufnehmen können und das Schiff muss mit den zur Verfügung stehenden Einrichtungen auch innerhalb des Lieferzeitraumes beladen werden können, da dem Verkäufer im Falle zu langsamer Beladung sonst Zusatzkosten wegen der Lagerung der Ware entstehen können.2022 Der Käufer kann daher keinen Containerfrachter nominieren, um Schüttgut zu verschiffen und darf nicht ein zu kleines Schiff benennen, das die kontrahierte Ware nicht aufnehmen kann.

2021 Vgl. GAFTA 119 cl. 9.

2022 Vgl. J. & J. Cunningham Ltd. v. Robert A. Munro & Co. Ltd. [1922] 28 Com. Cas. 42, 45; Murray/Holloway/Timson-Hunt, Schmitthoff's export trade, Rn. 2–10; daher sieht cl. 8 GAFTA 112 beispielsweise ausdrücklich vor, dass sich das Schiff für eine Verladung mittels Greifern eignen muss. GAFTA 120 bestimmt, dass das Schiff Einrichtungen aufweisen muss, um die Reisverladung zu ermöglichen. Shepherd, I.T.L.Q. 1999, 160, 164 wirft das Problem ebenfalls auf, sieht den Sinn aber eher darin, dass der unbezahlte FOB-Verkäufer, der das Konnossment erhalten hat, nunmehr seine Rechte an der bereits verladenen Ware geltend machen muss, um sich schadlos zu halten. Daher habe er ebenfalls ein Interesse daran, dass die Ware auf einem tauglichen Schiff geladen ist. Dazu müsste der Verkäufer die bereits verladene Ware dann im Rahmen eines Deckungsgeschäftes CIF weiterverkaufen.

6.13.3.1 Anforderungen an das Seeschiff

In jedem Fall muss es sich bei dem Seeschiff um ein „suitable vessel" handeln. Wann das Schiff ordnungsgemäß ist, wurde noch nicht entschieden. Allerdings ist der CIF-Verkäufer gem. s. 32(2) SoGA verpflichtet, einen ordnungsgemäßen Frachtvertrag abzuschließen:

> „(2) Unless otherwise authorised by the buyer, the seller must make such contract with the carrier on behalf of the buyer as may be reasonable having regard to the nature of the goods and the other circumstances of the case; and if the seller omits to do so, and the goods are lost or damaged in course of transit, the buyer may decline to treat the delivery to the carrier as a delivery to himself or may hold the seller responsible in damages."

Um seine Pflichten zu erfüllen, muss der Verkäufer zunächst ein reines Orderkonnossement in Form eines Bordkonnossements erlangen.[2023] Er muss darüber hinaus aber auch dafür Sorge tragen, dass der Verfrachter die Ware nur in solchen Schiffstypen verschifft, die für den Transport derartiger Ware regelmäßig verwendet werden.[2024] Der Verkäufer darf Kühlware daher beispielsweise auch nur in Schiffen transportieren lassen, die ein Kühlsystem aufweisen.[2025] Nicht notwendig ist hingegen, dass der Verkäufer sich auch über den tatsächlichen Zustand des Schiffes vergewissert, beispielsweise, ob dieses auch noch seetüchtig ist.[2026]

Da der Verkäufer nach dem *common law* verpflichtet ist, einen Frachtvertrag zu den soeben skizzierten Bedingungen abzuschließen, dürften die Kontrakte der GAFTA in der *Shipment and Classification clause* diese Verpflichtung aufgreifen. Demnach liegt ein *„suitable vessel"* im Sinne der GAFTA-Kontrakte dann vor, wenn der Verkäufer seinen Verpflichtungen aus s. 32(2) SoGA nach-

---

2023 Vgl. Soproma S.p.A. v. Marine & Animal By-Products Co. [1966] 1 Lloyd's Rep. 367, 387ff. (QBD): Hier ging es um die zu besorgenden Dokumente im Zusammenhang mit einem Akkreditiv; allgemein Guest, Benjamin's sale of goods, Rn. 19–25.

2024 Siehe Ransom v. Manufacture d'Engrais et de Produits Industriels, Antwerp [1922] 13 LL. L. Rep. 205: Ware wurde auf einem Segelschiff anstatt auf einem Dampfer verladen. Dieses führte zum Nässeschaden. Deswegen kam der Verkäufer nicht seiner Pflicht nach, einen ordnungsgemäßen Frachtvertrag abzuschließen.

2025 Vgl. dazu auch den Fall Gatoil International Inc. v. Tradax Petroleum Ltd. ("The Rio Sun") [1985] 1 Lloyd's Rep. 350, 360 (QBD). Hier musste das transportiere Öl während des Transportes warmgehalten werden. Dieses geschah nicht. Trotzdem meinte das Gericht (in diesem Fall) dass ein ordnungsgemäßer Frachtvertrag abgeschlossen wurde, weil nicht nachweisbar war, dass Öl regelmäßig während derartiger Reisen zu erwärmen war.

2026 Shepherd, I.T.L.Q. 1999, 160, 162.

kommt und dementsprechend einen Schiffstyp einsetzt, welcher regelmäßig für derartige Waren verwendet wird.[2027] Für die aktuelle Seetüchtigkeit des Schiffes muss er wohl nicht einstehen, da das auch nach common law nicht gefordert wird und dem Verkäufer praktisch meist auch nicht zumutbar ist.

Die Verträge sehen darüber hinaus vor, welche Bedingungen an die Schiffsklasse zu stellen sind. Gängig sind zwei Konstellationen. Entweder muss das Seeschiff die Klasse 100A1 haben, wenn die Klassifikationsgesellschaft Lloyd's Register ist.[2028] Die Abkürzung steht dabei für

> „suitable for seagoing service (= 100), „constructed or accepted into Lloyd's Register class and maintained in good and efficient condition" (= A) und "good and efficient anchoring and mooring equipment" (= 1).[2029]

Diese Bestimmung findet sich jedoch nur in GAFTA 119 und 80.

In den restlichen Verträgen wird klargestellt, dass das Schiff der *Institute Classification Clause (ICC)* der *International Underwriting Association (IUA)*[2030] entsprechen muss, die zum Zeitpunkt der Verschiffung in Kraft ist. Dabei handelt es sich um Mindestanforderungen der Seeversicherung im Hinblick auf die Beschaffenheit und das Herstellungsdatum des Seeschiffes.[2031]

Teilweise sind noch auch sonstige Anforderungen in die Formulare aufgenommen, indem einige Verträge bestimmte Schiffe untersagen. Dazu gehören meist Tanker und Schiffe, die in Lloyd's Schiffsregister als Erztransporter oder Öltanker klassifiziert werden.[2032]

6.13.3.2 Benanntes Schiff („sales by named vessel")

Bei CIF-Geschäften liegt es grundsätzlich am Verkäufer, den Schiffsraum zu organisieren. Dieser muss lediglich der *classification clause* des Vertrages und s. 32(2) SoGA entsprechen. Die Parteien können sich jedoch darauf einigen,

---

2027 So auch Shepherd, I.T.L.Q. 1999, 160, 162 f., der darauf hinweist, dass die Pflichten des Verkäufers wohl nicht über die Pflichten nach s. 32(2) SoGA ausgedehnt werden sollten, da dafür eine ausdrücklichere Regelung im Vertragswerk nötig gewesen wäre.

2028 Vgl. auch Liesecke, WM 1978, 21, 30.

2029 Siehe Lloyd's Register Infosheet No. 35 Classification auf http://www.lr.org/.

2030 Die IUA ist eine Fusion der London Insurance and Reinsurance Market Association und der Institute of London Underwriters und verfügt über 170 Mitglieder.

2031 Regelmäßig muss es sich um Schiffe handeln, die bei der International Association of Classification Societiy (IACS) klassifiziert sind. Die Schüttgutfrachter müssen zudem jünger als 10 Jahre sein.

2032 Vgl. z.B. GAFTA No. 85, 23: „[...] excluding tankers and vessels which are either classified in Lloyd's Register or described in Lloyd's Shipping Index as "Ore/Oil" vessels."

dass der Transport mittels eines bestimmten, im Vertrag näher benannten, Schiffes erfolgen soll. Dieses macht beispielsweise dann Sinn, wenn der Verkäufer schon Ware auf ein bestimmtes Schiff verladen hat und die Ware schwimmend verkauft.[2033] In diesen Fällen greift die *sale by named vessel clause*, wie sie sich in einigen wenigen Verträgen findet.[2034] In diesen Fällen sind drei Abweichungen zu registrieren, die jedoch eher die Abwicklung fördern, als dass sie juristisch besonders relevant wären. Die Einheitsbedingungen kennen eine solche Klausel hingegen nicht.

Erstens haben sich die Parteien über die Position des Seeschiffes zu einigen. Zweitens muss das Schiff nicht zum Zeitpunkt der Verschiffung die nach dem Vertrag notwendige Klasse aufweisen. Es reicht vielmehr aus, wenn dieses zum Zeitpunkt des Vertragsschlusses der *classification clause* entspricht. Zuletzt wird die Klausel über die Verladeanzeige *(appropriation)* außer Kraft gesetzt, wenn die Parteien die Ware als bereits verschifft verkaufen. Da die Ware dann nur noch die auf dem benannten Schiff sein kann, wäre eine solche Anzeige bloßer Formalismus.

6.13.3.3 Verschiffungsroute

Viele Verträge sehen auch eine Klausel zu den Modalitäten der Verschiffung vor. Dieses ist insbesondere bei CIF-Verträgen wichtig, da die Ware beispielsweise wegen der Gefahr des Verderbs auf möglichst direktem Weg in den Bestimmungshafen gelangen soll. Insofern empfiehlt es sich die Schiffsroute festzulegen:

> „shipment [...] direct or indirect, with or without transhipment [...]"[2035]

Nach dieser Bestimmung wird dem Verkäufer regelmäßig[2036] das Recht eingeräumt, die Ware sowohl direkt[2037] als auch mit Zwischenstopps zu verschiffen. Die Verträge lassen dem Verkäufer damit einen weiten Spielraum für die Orga-

---

2033 In diesen Fällen liegt ein sale of specific goods vor, vgl. Couturier v. Hastie [1856] 5 H.L. Cas. 674 (H.L.); allgemein zu den Fällen, dass eine ganze verschiffte Ladung verkauft wird: Guest, Benjamin's sale of goods, Rn. 21-032 ff.; für Deutschland RGZ 88, 389, 391; RGZ 92, 128, 130; HGB-Großkommentar-Koller, vor § 373 HGB, Rn. 73.

2034 Vgl. GAFTA 13, 27, 96.

2035 GAFTA 100 cl. 8.

2036 Der obige Passus ist jedoch nicht in jedem Vertrag enthalten, so beispielsweise nicht in GAFTA 102.

2037 Zur Auslegung des Begriffes „direkte Verschiffung" im Hinblick auf Handelsbräuche vgl. Haage, Das Abladegeschäft, S. 52 f., siehe auch Bergerco v. Vegoil Ltd. [1984] 1 Lloyd's Rep. 440, 443 f. (QBD), per Hobhouse J.

nisation der Verschiffung. Ferner kann er die Ware zwischen Export- und Importhafen auf ein anderes Schiff umladen *(„transhipment“)*. Für den Käufer ist wichtig, dass er in diesen Fällen den Zwischenlagerungszuschlag zahlen muss.[2038] Damit bleibt der Verkäufer in der Ausgestaltung der Verschiffung relativ frei.[2039] Die Verträge können sich zur Verschiffungsroute aber auch ausschweigen.[2040] In diesen Fällen ist der Verkäufer ohnehin frei über die Route zu disponieren, da die Gerichte das Bestehen eines *implied term* hinsichtlich der Einhaltung einer bestimmten Route verneinen.[2041]

Diese weiten Klauseln sind ein Vorteil für den CIF-Verkäufer unter GAFTA-Bedingungen. Er muss schließlich den Frachtvertrag mit dem Reeder abschließen. Sehen die Konnossementsbedingungen beispielsweise vor, dass der Reeder die Ware umladen oder Zwischenstopps einlegen darf, ist dieses nach dem Kaufvertrag aber nicht gestattet, so kann der Käufer regelmäßig die Dokumente zurückweisen.[2042] Indem dem Verkäufer weitgehend freie Hand gelassen wird, reduziert sich für ihn das Risiko einen Frachtvertrag abzuschließen, der nicht mit den Bedingungen des Kaufvertrages korrespondiert.

2038 Haage, Das Abladegeschäft, S. 53: Will der Käufer das umgehen, so muss das Recht auf transshipment ausschließen.

2039 Prozesse wegen der Nichteinhaltung der Verschiffungsroute sind daher nur dann vorgekommen, wenn die Verträge ausdrücklich eine direkte Verschiffung vorsahen, so beispielsweise in Bergerco v. Vegoil Ltd. [1984] 1 Lloyd’s Rep. 440 (QBD) (Verlängerung der Verschiffungsperiode gegen Vereinbarung direkter Verschiffung) oder State Trading Corporation of India Ltd. v. M. Golodetz Ltd. [1988] 2 Lloyd’s Rep. 182, 183 (QBD).

2040 Den obigen Passus enthalten cl. 8 GAFTA 102, 14, 48, 80, 83 beispielsweise nicht.

2041 Tsakiroglou & Co. Ltd. v. Noblee Thorl GmbH [1962] A.C. 93, 117 (HL); Guest, Benjamin's sale of goods, Rn. 19–31. Entschieden wurde aber, dass der Käufer das vom Verkäufer angediente Konnossement dann zurückweisen kann, wenn die dort enthaltene deviation clause so unbestimmt ist, dass der Verfrachter das Schiff förmlich einmal um die Welt fahren kann, bevor es den Zielhafen anläuft: Shipton, Anderson & Co. v. Weston & Co. [1922] 10 Ll. L. Rep. 762, 763. Zu der Problematik auch Debattista, Sale of goods carried by sea, S. 144 ff.

2042 Bergerco v. Vegoil Ltd. [1984] 1 Lloyd’s Rep. 440, 444 (QBD); siehe auch Hansson v. Hamel & Horley Ltd. [1922] A.C. 36, 46 (HL); Guest, Benjamin's sale of goods, Rn. 19–31; zudem kann sich die Problematik stellen, dass der Versicherungsschutz erlischt, wenn dieser eine Umladung nicht gestattet, vgl. Belgian Grain and Produce Co. Ltd. v. Cox & Co. Ltd. [1919] 1 Ll. L. Rep. 256.

6.13.3.4 Rechtsfolgen nichtkontraktlicher Verschiffung

Problematisch ist die Rechtsfolge, wenn die Ware mit einem Seeschiff verschifft wird, das nicht den kontraktlichen Vereinbarungen entspricht, indem es entweder nicht *„suitable"* ist oder nicht die geforderte Verschiffungsroute einhält.

Teilweise werden die Voraussetzungen an das Schiff als *innominate term* aufgefasst.[2043] Das wird vor allem mit der unterschiedlichen Bedeutung der *Shipment and Classification clause* in CIF und FOB Verträgen begründet. Obwohl sich die Klausel in beiden Vertragstypen befindet, so fällt es schwer, einen *breach of condition* anzunehmen, wenn der FOB-Käufer ein untaugliches Schiff vorlegt. Schließlich ist er alleine für den Transport verantwortlich.

Für die Einhaltung der Verschiffungsroute existiert hingegen eine Entscheidung.[2044] Wählt der Verkäufer ein Schiff aus, welches sich nicht an die geforderte Verschiffungsroute einhält, so handelt es sich nicht mehr um ein vertragsgemäßes Schiff *(contractual ship).* Es liegt dann ein *breach of condition* vor:[2045]

> "But when one looks at the term in the way I have held it should be looked at, that is to say as a stipulation which limits the vessels on which a contractual shipment may be made and as a stipulation which is either satisfied or is not, then it becomes clear that it must be of the character of a condition. The shipment was either contractual, in which case the buyer must accept it, or it was not, in which case they are not obliged to do so. It is part of the definition of their obligation to accept the shipment. I agree with the board that it is not to be construed as an innominate term."[2046]

Auch die Bestimmung, dass das Schiff ein *„suitable vessel"* sein muss, sollte als *condition* eingeordnet werden. Jedenfalls für das CIF-Geschäft ist das überzeugend, denn hier ist – wegen des regelmäßigen Weiterhandelns der verschifften Ware – von erheblicher Bedeutung, dass die Ware auf einem tauglichen Schiff transportiert wird. Zudem muss in Lieferketten hinreichende Sicherheit hinsichtlich der Folgen einer Vertragsverletzung bestehen. Schließlich kann jeder Käufer seinen Verkäufer in der Kette in Anspruch nehmen und es besteht die Gefahr divergierender Ergebnisse in den jeweiligen Rechtsverhältnissen. Daher ist eine Einordnung als *condition* für das CIF-Geschäft angezeigt. Ist das Schiff nicht tauglich, so ist der Käufer zu Schadensersatz und zur Zurückweisung der Do-

---

2043 Shepherd, I.T.L.Q. 1999, 160, 165.

2044 Bergerco v. Vegoil Ltd. [1984] 1 Lloyd's Rep. 440, 444 (QBD).

2045 Debattista, Sale of goods carried by sea, S. 142 f.

2046 Bergerco v. Vegoil Ltd. [1984] 1 Lloyd's Rep. 440, 444 (QBD), per Hobhouse J.

kumente berechtigt.[2047] Selbiges gilt für den Fall, dass die Verschiffungsroute nicht eingehalten wurde.[2048]

In FOB-Verträgen dürfte eine Einordnung als *condition* jedoch regelmäßig nicht dem Parteiwillen entsprechen. Zu gering sind die Auswirkungen auf den Verkäufer, falls der Käufer ein untaugliches Schiff andient. Hier dürfte eine Einordnung als *innominate term* wesentlich näherliegen. Dagegen spricht wohl auch nicht, dass die (wortlautidentische) Klausel in CIF-Kontrakten für eine *condition* gehalten wird. Schließlich hängt der Typus der Vertragspflicht immer vom Willen und den Begleitumständen des Vertrages ab.[2049] In CIF und FOB Verträgen können daher durchaus unterschiedliche Auslegungsergebnisse zutage treten, da beide Vertragstypen den Parteien ein unterschiedliches Pflichtenprogramm auferlegen, das diese Unterscheidung rechtfertigt.

Anders ist allerdings zu entscheiden, wenn der Verkäufer das benannte Schiff akzeptiert hat. In diesen Fällen kann er sich nicht mehr auf die Ungeeignetheit des Schiffes berufen. Deutlich wird dieses am Fall *Compagnie de Renflouement de Recuperation et de Travaux Sous-Marins V S Baroukh et Cie v. W Seymour Plant Sales and Hire Ltd.*[2050] Hier hatte der Käufer Altmetall FOB aus Südafrika gekauft. Der Käufer benannte ein Schiff, das zu klein war, um die vereinbarte Menge zu fassen. Aus diesem Grunde musste der Verkäufer die Ware auf dem Hafengelände lagern und Geld an die Hafenbehörde zahlen. Diese Kosten versuchte er im Wege des Schadensersatzes vom Käufer zu erlangen, da jener ein untaugliches Schiff benannt hatte. Die Richter entschieden allerdings,

---

2047 Dieses folgt auch aus s. 32(2) SoGA, wonach der CIF-Verkäufer einen ordungsgemäßen Frachtvertrag abschließen muss. Zu der Frage, ob auch die Dokumente zurückgewiesen werden können, wenn das Konnossement keine direkte Verschiffung vorsieht, der Kaufvertrag aber schon: Debattista, Sale of goods carried by sea, S. 143.

2048 Zu der Frage, ob auch der Gefahrübergang bei einem nicht vertraglichen Schiff verhindert wird, vgl. den Schiedsspruch wiedergegeben bei Trappe, European Transport Law (27) 1992, 3, 7 f.

2049 Dick Bentley Productions Ltd. v. Harold Smith (Motors) Ltd. [1965] 1 W.L.R. 623, 627 (CA); Oscar Chess v. Williams [1957] 1 W.L.R. 370, 375 (CA); Bentsen v. Taylor Sons & Co. [1893] 2 Q.B. 274, 281 (CA); Takahashi, J.B.L. 2003, 102, 108; Giesen, JZ 1993, 16, 19.

2050 Compagnie de Renflouement de Recuperation et de Travaux Sous-Marins V.S. Baroukh et Cie v. W. Seymour Plant Sales & Hire Ltd. [1981] 2 Lloyd's Rep. 466 (QBD).

dass die Rechte des Verkäufers präkludiert waren, da er das Schiff akzeptiert hatte *(waiver)*, auch wenn er dieses zuvor nicht zu Gesicht bekommen hatte.[2051]

6.13.3.5 Bewertung

Auch nach den Einheitsbedingungen hat der Verkäufer „gute, für die Aufnahme und Beförderung der Ware geeignete Wasserfahrzeuge" zu verwenden.[2052] Insofern ist der Verkäufer weitgehend frei in der Auswahl, es muss nur eine anerkannte Reederei vorliegen, wenn der Käufer die Ware später weiter veräußern will.[2053] Im UN-Kaufrecht gibt es keine näheren Spezifikationen. Dort folgt diese Pflicht aber aus den INCOTERMS, denn nach A 3 lit. a der INCTOMERS 2010 muss der CIF-Verkäufer den Transportvertrag unter den gewöhnlichen Bedingungen abschließen.

Das ausgewählte Schiff darf unter Einheitsbedingungen zudem Zwischenhäfen anlaufen, solange die Route noch handelsüblichen Verkehrswegen entspricht.[2054] Ferner darf die Ware auch umladen werden, solange diese nicht unverhältnismäßige Verzögerungen mit sich bringt.[2055] Werden diese Bedingungen nicht erfüllt, so kann der Käufer aus deutscher Sicht die Dokumente zurückweisen, da sie dann nicht kontraktlich und damit erfüllungstauglich sind.[2056] Unter den Einheitsbedingungen muss der Käufer die Dokumente wegen § 59 Abs. 4 S. 1 EB jedoch zunächst annehmen, wenn der Verkäufer eine Bankgarantie stellt. Geschieht dieses nicht, so kann er die Dokumente zurückweisen. Eine Ausnahme dürfte allerdings dann zu machen sein, wenn der Verkäufer Dokumente mit erheblichen Abweichungen andient. Bei erheblichen Fehlern ist § 59 Abs. 4 S. 1 EB daher einschränkend auszulegen. Anderenfalls könnte der Ver-

---

2051 Compagnie de Renflouement de Recuperation et de Travaux Sous-Marins V.S. Baroukh et Cie v. W. Seymour Plant Sales & Hire Ltd. [1981] 2 Lloyd's Rep. 466, 482 (QBD).

2052 Vgl. § 54 Abs. 1 EB.

2053 Haage, Das Abladegeschäft, S. 51; HGB-Großkommentar-Koller, vor § 373 HGB, Rn. 25; vgl. auch Schiedsspruch vom 24.05.1988, Jurisprudence du port d'Anvers 1988, 197, wiedergegeben bei Trappe, European Transport Law (27) 1992, 3, 6 f. zu den Problemen die bei der Auswahl einer nicht anerkannten Reederei entstehen können.

2054 Loock/Straatmann, Handelsrechtliche Schiedsgerichts-Praxis, Schiedssprüche E 1e Nr. 4, 5, 7 allerdings zu Art. 16 des Europäischen Kaffee Kontraktes; allgemein Haage, Das Abladegeschäft, S. 53; HGB-Großkommentar-Koller, vor § 373 HGB, Rn. 28.

2055 HGB-Großkommentar-Koller, vor § 373 HGB, Rn. 28.

2056 Loock/Straatmann, Handelsrechtliche Schiedsgerichts-Praxis, Schiedssprüche E 1e Nr. 5, J 5a Nr. 27.

käufer immer grob vertragswidrige Dokumente andienen, die der Käufer wegen § 59 Abs. 4 S. 1 EB zunächst annehmen müsste. Das ist aber mit dem Charakter des Dokumentengeschäfts nicht vereinbar. Da die Dokumente die Ware präsentieren, muss der Käufer sich nicht auf erhebliche Abweichungen einlassen.[2057]

Insofern bestehen keine Unterschiede zu den GAFTA-Verträgen. Die Anforderungen an die Schiffsklasse sind nach GAFTA allerdings etwas dezidierter, indem beispielsweise zu alte Schiffe, die nicht mehr unter die ICC-Klassifikationsklausel fallen, nicht zur Verschiffung eingesetzt werden dürfen. Unter den Einheitsbedingungen kann hingegen Streit entstehen, bis zu welchem Zeitpunkt ein Wasserfahrzeug noch als „gut" im Sinne des § 54 Abs. 1 EB zu gelten hat. In den restlichen Punkten fixieren die GAFTA-Verträge lediglich etwas eloquenter das, was ohnehin deutsche Rechtsauffassung und Kontraktpraxis ist. Aus Gründen der Rechtssicherheit mag man den ausführlicheren Text vorziehen, auch wenn inhaltlich kaum Unterschiede bestehen.

6.13.4 Versicherung

Bei Verkäufen unter CIF-Bestimmungen muss der Verkäufer eine Transportversicherung für die Seestrecke besorgen. Diese Pflicht legen ihm die GAFTA-Verträge in den *insurance clauses* auf. Zudem werden in den Verträgen die *GAFTA No. 72 insurance terms* einbezogen, die umfangreiche Pflichten für die Besorgung dieses Versicherungsschutzes vorsehen.

Diese ausführlichen Pflichten können nicht im Einzelfall besprochen werden. Es soll daher lediglich ein kursorischer Überblick über wichtige Unterschiede zum deutschen Recht und den Einheitsbedingungen gegeben werden.

6.13.4.1 Abschluss der Transportversicherung

Unter den INCOTERMS muss der Verkäufer lediglich die Mindestdeckung (C-Deckung nach den Institute Cargo Clauses (ICC)) gewähren.[2058] Diese ist mit der früheren FPA-Deckung *(free of particular average)* vergleichbar.[2059] Eine FPA-

---

2057 Siehe auch Loock/Straatmann, Handelsrechtliche Schiedsgerichts-Praxis, Schiedsspruch J 5a Nr. 16, wonach eine Arbitrageklausel nicht gilt, wenn der Verkäufer Dokumente mit wesentlichen Abweichungen vom Kontrakt andient. Diese darf der Käufer zurückweisen.

2058 Siehe A3 lit. b CIF-INCOTERMS 2010.

2059 Allgemein zur Lage im internationalen Kontraktwesen UNCITRAL Yearbook Bd. IV (1973), 87 f. Nr. 77. Eine Untergliederung in FPA, WPA und ARI ist heute an sich überholt. An deren Stelle sind die neuen Institute Cargo Clauses (ICC) getreten. Nun-

Versicherung zahlt nur dann, wenn die Ladung verbrennt oder sich seefahrtspezifische Gefahren für die ganze Ladung realisiert haben, also beispielsweise das Schiff sinkt, strandet oder es zu einer Kollision kommt.[2060]

Nach den GAFTA-Bestimmungen muss regelmäßig eine WPA-Versicherung (*with particular average* = Einschließlich besonderer Havarie) abgeschlossen werden.[2061] Diese muss auch Kriegsereignisse und Streiks erfassen.[2062] Eine WPA-Versicherung erfasst im Gegensatz zur FPA-Versicherung auch Teilschäden durch beispielsweise Seewasser oder Schlechtwetter. Meist ist in den Versicherungsbedingungen aber ein Passus zu finden, dass ein gewisser Prozentsatz der Ware beschädigt sein muss, bevor eine Zahlung erfolgt. Die GAFTA-Bestimmungen schreiben dabei vor, dass sich die Grenze auf maximal 3 % Integralfranchise (= Selbstbeteiligung) belaufen darf.[2063] Freilich kann der Käufer auch eine ARI[2064] Versicherung verlangen, wobei sich in diesen Fällen wegen der höheren Prämien der Kaufpreis erhöhen wird. In wenigen Verträgen ist diese allerdings als Standardversicherung vorgesehen.[2065]

Ein wichtiger Unterschied zu den INCOTERMS besteht auch im Bereich der Deckungssumme. Diese muss sich nach GAFTA Bedingungen nur auf 102 % des Rechnungsbetrages belaufen,[2066] wohingegen die INCOTERMS eine Mindestversicherung von Kaufpreis zuzüglich 10 % vorsehen.[2067] Allerdings

---

mehr wird in eine ICC-A, B oder C Deckung unterteilt. Das Gegenstück zur alten ARI-Versicherung ist jetzt die ICC-A, zur WPA die ICC-B und zur FPA die ICC-C Klausel. Inhaltlich entsprechend die Klauseln sich jedoch nicht. Es gibt teilweise Unterschiede. Die Parteien können aber nach wie vor die alten ICC Klauseln verwenden, sodass die Deckung nach diesen zu gewähren ist. Während die INCOTERMS 2010 eine Anpassung an die neuen ICC Klauseln vorgenommen haben, ist in den GAFTA-Kontrakten noch immer die alte Terminologie zu finden. Vgl. auch Enge, Transportversicherung, S. 128 f.

2060 Remé, VersR 2001, 414, 417 f.

2061 Die einzigen Ausnahmen sind cl. 14 GAFTA 86, wo nur eine FPA-Versicherung nötig ist und cl. 17 GAFTA 104, wo eine ARI-Versicherung gefordert wird.

2062 Vgl. cl. 17 lit. a GAFTA 100. Die Einheitsbedingungen sehen hingegen in Übereinstimmung mit den DTV-Kriegsklauseln nur eine Versicherung gegen Kriegs-, Minen und Torpedorisiko vor, § 60 Abs. 1 EB.

2063 Vgl. cl. 17 lit. a GAFTA 100: „[…] with 3% franchise […]".

2064 All Risk insurance: Diese Versicherung erfasst alle äußeren Vorgänge, die zur Beschädigung oder dem Verlust der Ware führen.

2065 Vgl. cl. 17 GAFTA 104.

2066 Vgl. cl. 17 lit. f GAFTA 100.

2067 Siehe A3 lit. b CIF-INCOTERMS 2010; HGB-Großkommentar-Koller, vor § 373 HGB, Rn. 33.

schreiben auch die Einheitsbedingungen lediglich eine Deckung von 3 % über dem vertraglich vereinbarten Warenwert vor.[2068]

Ein weiterer bemerkenswerter Punkt ist die Tatsache, dass der Verkäufer eine Versicherung mit Geschäftssitz im Vereinigten Königreich auszuwählen hat. Dabei muss es sich um eine anerkannte Versicherungsgesellschaft *(„first class")* handeln. Der Verkäufer schuldet insofern eine sorgfältige Auswahl, ist aber wie im deutschen Recht[2069] nicht für deren Solvenz verantwortlich.[2070] Dem Käufer soll dadurch erleichtert werden, seine Ansprüche gegen die Versicherung später durchzusetzen. Zudem basiert der Passus auf älterer Rechtsprechung, in denen angezweifelt wurde, ob ausländische Versicherungspolicen ausreichend sind.[2071] Für Parteien, die selbst nicht in England ansässig sind, ist dieses aber nicht immer vorteilhaft, da sie ein Interesse daran haben können, dass die Ware auch anderweitig versichert wird. Die großen Industrienationen haben schließlich meist einen ebenso gut regulierten Versicherungsmarkt wie das Vereinigte Königreich. Gegebenenfalls sollte diese Klausel daher in der Praxis gestrichen und durch eine Individualvereinbarung ersetzt werden.

6.13.4.2 Zusammenfassung und Bewertung

Die GAFTA *insurance terms* weichen teilweise nicht unerheblich von den deutschen Regelungen ab. Im Hinblick auf den Versicherungsschutz profitiert der Käufer von der Pflicht zur WPA-Versicherung, auch wenn sich die Mindestdeckungssumme von 110 % auf 102 % des Warenwertes verringert. Vor allem aber legen sie dem Verkäufer ein dezidiertes Pflichtenprogramm für die Beschaffung der Versicherung auf, welches nicht immer leicht einzuhalten und nicht für jede Transaktion zweckmäßig ist. Dennoch muss der Verkäufer sich penibel an diese Vorschriften halten, da er anderenfalls Gefahr läuft, sich wegen

2068 Siehe § 60 Abs. 1 EB.

2069 Vgl. OLG Hamburg HansRZ 1926 Sp. 336, 338; HGB-Großkommentar-Koller, vor § 373 HGB, Rn. 35; Haage, Das Abladegeschäft, S. 57.

2070 So auch § 60 Abs. 1 EB.

2071 Malmberg v. H.J. Evans & Co. [1924] 20 Ll. L. Rep. 40 (Hier stellte sich die Frage, ob ein ausländischer CIF-Verkäufer seine Pflicht den Versicherungsschutz zu besorgen auch dann erfüllt, wenn er eine Versicherung abschließt, die in seinem Land wirksam ist (hier Schweden) oder ob dazu nötig ist, dass der Versicherungsvertrag auch nach englischem Recht wirksam und durchsetzbar ist. Das Gericht hielt eine ausländische Police zwar für ausreichend, um diese Problematik zu umgehen, wird nunmehr aber dennoch eine englische Transportversicherung gefordert, was den Wirtschaftsstandort Deutschland natürlich schwächt).

der Besorgung mangelnden Versicherungsschutzes schadensersatzpflichtig zu machen.

Ferner können erhebliche Rechtsstreitigkeiten entstehen, wenn ein Totalverlust der Ladung vorliegt. In diesen Fällen hat die Partei, die in Besitz der Versicherungspolice ist, das Recht die Summe bei der Versicherung einzuziehen und sich anschließend mit den Versicherten auseinanderzusetzen.[2072] Ist die Auszahlung erst einmal erfolgt, so tragen die versicherten Parteien dann auch insbesondere das Insolvenzrisiko bis zur Auseinandersetzung mit dem Verkäufer. Käufer und Verkäufer sollten sich daher vor Vertragsschluss über ihre Rechte und Pflichten hinsichtlich der Versicherung im Klaren sein und gegebenenfalls Modifikationen vornehmen.

6.13.5 Export- und Importgenehmigungen

In manchen Ländern sind die Parteien verpflichtet, eine Im- oder Exportgenehmigung einzuholen. Diese ist dann notwendig, wenn die Ausfuhr beispielsweise wegen Missernten einem Quotensystem unterworfen wird. Dann untersteht die Ausfuhr meist unter einem Genehmigungsvorbehalt. Grundsätzlich sehen die INCOTERMS vor, welche der Parteien die Export- und Importgenehmigungen zu beschaffen hat. Da diese jedoch in den GAFTA-Verträgen ausgeschlossen sind,[2073] ist eine eigenständige Regelung notwendig.

6.13.5.1 Pflicht zur Einholung von Genehmigungen

Regelmäßig finden sich nur in FOB-Verträgen Ausführungen dazu, wer die Exportgenehmigung beizubringen hat. In den meisten Fällen wird das dem Verkäufer auferlegt.[2074] In den wenigen Verträgen, die sich speziell auf Ware aus Europa beziehen und in denen eine Exportgenehmigung der EU nötig ist, hat diese regelmäßig der Käufer zu besorgen.[2075] In den Fällen, in denen es an einer ausdrücklichen Regelung fehlt, greifen die Gerichte auf die allgemeinen Grundsätze der Tradeterms zum CIF und FOB-Geschäft zurück. Demnach gilt die Grundregel, dass bei CIF und FOB Geschäften der Verkäufer die Export- und der Käufer

---

2072 Vgl. cl. 17 lit. f. GAFTA 100.

2073 Siehe oben Seite 45.

2074 Vgl. cl. 13 GAFTA 118, cl. 12 GAFTA 119, cl. 15 GAFTA 120, cl. 11 GAFTA 23, cl. 13 GAFTA 64, cl. 12 GAFTA 82.

2075 Vgl. cl. 11 GAFTA 49, cl. 13 GAFTA 79a.

die Importgenehmigung zu erbringen hat.[2076] Allerdings kann in Ausnahmefällen von dieser Regelung abgewichen werden, etwa wenn die Intention der Parteien nicht auf diese Grundregel passt,[2077] weil beispielsweise allein der Käufer das nötige Wissen hat, um die Exportgenehmigung zu beantragen.[2078]

Kann der Verpflichtete die Genehmigung nicht erlangen, so stellt sich regelmäßig die Frage, ob er sich deswegen schadensersatzpflichtig macht. Die Verträge geben dazu regelmäßig nichts her. Im Kern geht es um die Frage, ob die jeweilige Partei eine Garantie für die Ausstellung der Genehmigung abgibt oder nur dazu verpflichtet sein soll, sich mit üblicher Sorgfalt um eine solche zu bemühen. Eine verlässliche Leitlinie gibt es nicht. Vielmehr hängt die Entscheidung, wie so oft im englischen Recht, vom Einzelfall und der Auslegung des Vertrages ab. So wurde beispielsweise entschieden, dass wenn die Einfuhrgenehmigung in die EU nur davon abhängt, dass ein Zertifikat über die Ausfuhr ausgestellt wurde, der Verkäufer im Zweifel verpflichtet ist, dieses zu erbringen, da die Ware sonst für den Käufer wertlos sei.[2079] In Normalfällen tendieren die Gerichte hingegen dazu, die ernsthaften Bemühungen um eine Genehmigung ausreichen zu lassen.[2080]

6.13.5.2 Nichterbringung der Genehmigung und Rechtsfolgen

Kann die Exportgenehmigung nicht erlangt werden, weil die Behörden generell keine Exporte genehmigen, so ist der Anwendungsbereich der *prohibition clause* eröffnet. Damit ist der Vertrag automatisch nichtig.[2081] In diesen Fällen muss der Schuldner der Exportgenehmigung keinen Schadensersatz leisten, da sich die

2076 Congimex Companhia Geral de Comercio Importadora e Exportadora SARL v. Tradax Export S.A. [1983] 1 Lloyd's Rep. 250.

2077 vgl. dazu HO Brandt & Co. v. HN Morris & Co. [1917] 2 K.B. 784, 795 per Viscount Reading CJ (für einen FOB-Vertrag); Bridge, The international sale of goods, Rn. 5.05.

2078 Guest, Benjamin's sale of goods, Rn. 18–250; für den umgekehrten Fall, dass der CIF-Verkäufer die Importgenehmigung besorgen muss: J.W. Taylor & Co. v. Landauer & Co. [1940] 68 Ll. L. Rep. 28.

2079 Pagnan S.p.A. v. Tradax Ocean Transportation [1986] 2 Lloyd's Rep. 646, 652 (QBD).

2080 Re Anglo-Russian Merchant Traders Ltd. v. John Batt & Co. (London) Ltd. [1917] 2 K.B. 679, 689 (CA): "It is sufficient in order to give business efficacy to the contract to hold that no higher obligation can be implied than that the sellers would use reasonable diligence to get a licence.".

2081 Siehe oben Seite 406.

prohibition clause auch auf seine Verpflichtung zur Erbringung einer Genehmigung auswirkt.[2082]

Wird nur die spezielle Ausfuhr nicht bewilligt, so kommt es für die Rechtsfolgen darauf an, was der Verkäufer versprochen hat. Hat er eine Garantie für die Ausstellung der Erlaubnis übernommen, so ist er schadensersatzpflichtig. Die *prohibition clause* greift in diesen Fällen nicht ein, da der Export nicht generell verboten wird. Verpflichtete sich der Verkäufer hingegen nur zu zumutbaren Anstrengungen, so kommt es im Einzelfall darauf an, ob er diesen nachgekommen ist.

Bei Importbeschränkungen gilt das oben Gesagte spiegelbildlich. Zu bemerken ist allerdings, dass die *prohibition clause* den Schuldner der Importgenehmigung nicht entlasten kann, denn diese gilt nur für den Export.[2083] Insofern müsste schon ein Fall von *frustration* vorliegen, damit der Schuldner sich von seiner Pflicht zur Dokumentenverschaffung entlasten kann, welcher jedoch eher selten anzunehmen sein wird.[2084]

6.13.5.3 Rechtsvergleich und Bewertung

Im deutschen Recht schuldet der Verkäufer bei CIF- und FOB-Geschäften nach den INCOTERMS ebenfalls die Exportgenehmigung und damit exportfreie Ware. In den Einheitsbedingungen finden sich hier keine weiteren Ausführungen, sodass die Pflichten aus den INCOTERMS gelten.

Überwiegend wird sich dort auf den Standpunkt gestellt, dass der Verkäufer die Erlaubnis als Erfolg und nicht nur das bloße Bemühen im Sinne einer Dienstleistung schuldet.[2085] Freilich können die Parteien auch etwas anderes im Vertrag vereinbaren. Kann die Genehmigung nicht erlangt werden und ist der Export deshalb nicht durchführbar, so ist die Verschiffung rechtlich unmöglich.[2086] Nach § 326 Abs. 1 S. 1 BGB kann der Verkäufer daher auch keine Kauf-

---

2082 Pagnan S.p.A. v. Tradax Ocean Transportation S.A. [1987] 2 Lloyd's Rep. 342, 351 (CA) per Bingham, LJ; siehe auch Cobelfret Bulk Carrieres N.V. v. Swissmarine Services S.A. ("The Lowlands Orchid") [2010] 1 Lloyd's Rep. 317, 321 (QBD).

2083 Das folgt aus dem Wortlaut der Klausel „restricting export". Zur Auslegung dieses Begriffes, siehe oben Seite 405.

2084 Bridge, The international sale of goods, Rn. 5.27 ff.

2085 HGB-Großkommentar-Koller, vor § 373 HGB, Rn. 98; wohl auch Liesecke, WM 1978, 21, 29.

2086 RGZ 91, 260, 262; RGZ 93, 182, 184; BGH MDR 1965, 361; Müssig, Wirtschaftsprivatrecht, S. 194; Huber, Leistungsstörungen, I, § 24 I 4; Großfeld/Junker, Das CoCom im internationalen Wirtschaftsrecht, S. 150.

preiszahlung einfordern, er trägt daher die Preisgefahr.[2087] In diesen Fällen kann er gegen den Käufer aber einen Schadensersatzanspruch aus §§ 280 I, III, 283 BGB wegen entstandener Mehrkosten – beispielsweise für ein Deckungsgeschäft – erhalten.[2088] In diese Richtung weisen auch die Urteile der Schiedsgerichte.[2089] Im Ergebnis besteht damit Übereinstimmung mit dem englischen Recht, welches ebenfalls zum Schadensersatz verpflichtet[2090] und die Erbringung der Genehmigung als *condition precedent* für die Kaufpreiszahlung ansieht.

Das UN-Kaufrecht regelt nicht, welche Partei die behördlichen Genehmigungen zu erbringen hat. Auch hier wird die Frage regelmäßig durch die INCOTERMS geklärt werden können. Sollte das einmal nicht der Fall sein, so ist auf die allgemeinen Grundsätze zurückzugreifen, sodass der Verkäufer die Kosten bis zur Übergabe an die Transportperson trägt (wozu auch die Exportgenehmigung gehört), der Käufer hingegen die Kosten ab diesem Zeitpunkt.

6.13.6 Insolvenz-Klausel

6.13.6.1 Vertragsbestimmungen der GAFTA

Die Kontrakte der GAFTA sehen besondere Bestimmungen für den Fall vor, dass eine der Vertragsparteien insolvent wird oder andere Tatsachen vorliegen, die auf eine drohende Zahlungsunfähigkeit hindeuten. Die Bestimmungen dafür sind in der *insolvency clause* zu finden:

> "INSOLVENCY- If before the fulfilment of this contract, either party shall suspend payments,[...] (any of which acts being hereinafter called an "Act of Insolvency") then the party committing such Act of Insolvency shall forthwith serve a notice of the occurrence of such Act of Insolvency on the other party to the contract [...], the contract shall be closed out at the market price ruling on the business day following the serving of the notice."

Der Anwendungsbereich dieser Klausel ist dann eröffnet, wenn eine Partei entweder ihre Zahlungen aussetzt oder eine Gläubigerversammlung einberuft, um

---

2087 HGB-Großkommentar-Koller, vor § 373 HGB, Rn. 95.

2088 HGB-Großkommentar-Koller, vor § 373 HGB, Rn. 95; Bredow/Seiffert, INCOTERMS 2000, FCA Rn. 8; zur Problematik der Berücksichtigung ausländischer Verbotsnormen als Eingriffsnormen auch: Wördemann, International zwingende Normen im internationalen Privatrecht des europäischen Versicherungsvertrages, S. 328 ff.

2089 Loock/Straatmann, Handelsrechtliche Schiedsgerichts-Praxis, Schiedsspruch E 2 b Nr. 3 und Schiedsspruch E 4b Nr. 4 sowie Schiedsspruch E 4b Nr. 2, die auf einen Schadensersatzanspruch abzielen.

2090 Bridge, The international sale of goods, Rn. 5.32.

das Insolvenzverfahren zu eröffnen. In diesen Fällen muss die zahlungsunfähige Partei seinen GAFTA-Vertragspartner innerhalb von zwei Geschäftstagen seit der Feststellung der Zahlungsunfähigkeit oder dem Ereignis, das die Insolvenzklausel zur Anwendung bringt, benachrichtigen. Geschieht das, so wird die Erfüllung ausgesetzt und es findet eine Verrechnung zum Marktpreis am Geschäftstag nach Zustellung der Benachrichtigung statt.[2091]

Wird eine derartige Insolvenzbenachrichtigung nicht erbracht, so hat die andere Partei ein Rücktrittsrecht, sobald sie von der Zahlungsunfähigkeit erfährt. Auch dann findet eine Auseinandersetzung in Geld statt. Diese erfolgt entweder zum Marktpreis oder aufgrund eines durchgeführten Deckungsgeschäftes. Wie die Verrechnung zu erfolgen hat, bestimmt der Gläubiger. Entscheidet er sich für Abwicklung nach dem Marktpreis, so ist für die Preisfeststellung der Folgetag der Kenntniserlangung von der Insolvenz des Vertragspartners maßgeblich. Alternativ kann der Gläubiger auch den Geschäftstag wählen, der auf den Beginn der Insolvenz folgt.

Fraglich ist, in welchem Verhältnis die Insolvenz-Klausel zur *default clause* steht. Diese Frage wurde in *Timmerman's Graan-En Maalhandel En Maalderij BV v. Sachs*[2092] behandelt. Hier lieferte der Verkäufer zunächst nicht vollständig, der Käufer wurde anschließend insolvent. Das Gericht entschied, dass der Käufer (bzw. der Insolvenzverwalter) Schadensersatz nach der *default clause* fordern konnte. Dieser fiel höher aus, als eine Abrechnung nach dem Marktpreis. Aus dieser Entscheidung lässt sich daher folgern, dass die Parteien bei Leistungsstörungen und anschließender Insolvenz ein Wahlrecht haben, ob sie nach der *insolvency* oder der *default clause* vorgehen wollen.[2093]

6.13.6.2 Rechtsvergleich und Bewertung

6.13.6.2.1 Einheitsbedingungen

In den Einheitsbedingungen findet sich in § 41 EB eine ähnliche Formulierung. Dort ist geregelt, dass wenn eine Partei ihre Zahlungen einstellt oder Tatsachen vorliegen, die auf eine Zahlungseinstellung hindeuten, die Ansprüche auf Erfüllung erlöschen. Dieses geschieht automatisch und ohne gesonderte Rücktrittserklärung, wie in den GAFTA-Kontrakten.[2094] Damit gibt es kein Wahlrecht, den

2091 Vgl. Esteve Trading Corporation. v. Agropec International („The Golden Rio") [1990] 2 Lloyd's Rep. 273 (QBD).

2092 [1980] 1 Lloyd's Rep. 194.

2093 Bridge, The international sale of goods, Rn. 10.97.

2094 Starck, Kommentar zu den Einheitsbedingungen im deutschen Getreidehandel, S. 122.

Vertrag zu erfüllen, wie dieses in der Insolvenz nach § 103 Abs. 1 InsO möglich wäre.

Anstelle der Erfüllung findet in den Einheitsbedingungen in Anlehnung an § 104 Abs. 1 InsO eine Verrechnung statt. Dabei ist die Differenz zwischen Kontrakt- und Tagespreis maßgeblich, § 41 Abs. 1 EB. Insofern lassen die Einheitsbedingungen lediglich eine Verrechnung mittels Preisdifferenz, nicht aber durch ein Deckungsgeschäft zu.[2095] Der Tagespreis ist dabei so wie bei der Nichterfüllung nach § 19 Abs. 4 EB zu bestimmen. Hier ist der Geschäftstag nach Bekanntwerden der Zahlungseinstellung maßgeblich. Anders als nach GAFTA-Bedingungen kann der Gläubiger also nicht auch den Tag wählen, an dem der Schuldner tatsächlich insolvent wurde.

Die Regelung der Einheitsbedingungen ist damit an die deutsche Insolvenzordnung angelehnt. Für Fixgeschäfte, wie sie bei Rohprodukten häufig sind, geht in der Insolvenz der Erfüllungsanspruch unter und wandelt sich nach § 104 Abs. 1 InsO in einen Anspruch wegen Nichterfüllung um. Dieses ist jedoch erst dann der Fall, wenn das Insolvenzverfahren eröffnet wurde. § 41 Abs. 1 EB verlegt diesen Zeitpunkt hingegen auf den Zeitpunkt der Zahlungseinstellung vor. Damit sind die Chancen für den Gläubiger größer, noch eine reelle Zahlung zu erhalten. Nach Eröffnung kann er seine Ansprüche schließlich nur noch als Insolvenzgläubiger geltend machen, vgl. § 104 Abs. 3 S. 3 InsO.

6.13.6.2.2 UN-Kaufrecht

Im UN-Kaufrecht finden sich vergleichbare Regelungen. Die Verschlechterungseinrede nach Art. 71 CISG kommt immer dann zum Tragen, wenn sich nach Vertragsschluss herausstellt, dass eine Partei sich schwerwiegend nicht in der Lage befindet, den Vertrag zu erfüllen. Dazu gehört auf jeden Fall die Insolvenz, aber auch Zahlungseinstellungen sind – wie in der Kontraktpraxis – bereits ausreichend.[2096] Jedoch gibt Art. 71 CISG dem Gläubiger lediglich ein Zurückbehaltungsrecht, das den Vertrag zunächst einmal in einen Schwebezustand versetzt. Erst wenn die unterbliebene Zahlung so gewichtig ist, dass eine wesentliche Vertragsverletzung vorliegt, kann nach Art. 72 CISG die Aufhebung des Vertrages verlangt werden. In diesen Fällen endet der Vertrag aber als Ganzes,

---

2095 Dieses war in älteren Fassungen der Einheitsbedingungen noch anders, vgl. z.B. bei Starck, Kommentar zu den Einheitsbedingungen im deutschen Getreidehandel, S. 120.

2096 OGH JBl. 1999, 54, 55 f.; OLG Hamm RIW 1983, 952, 953; Rechtbank van Koophandel, Hasselt 01.03.1995, CISG-online Nr. 373; Schlechtriem/Schwenzer-Hornung, Art. 71 CISG, Rn. 11; Enderlein/Maskow/Strohbach, Internationales Kaufrecht, Art. 71 Rn. 4.

während nach GAFTA und Einheitsbedingungen lediglich die weitere Erfüllung ausgesetzt wird, der Vertrag aber bestehen bleibt.

6.13.6.2.3 Bewertung

Sowohl die GAFTA-Kontrakte als auch die Einheitsbedingungen sehen vor, dass die Erfüllung bei Zahlungseinstellungen ausgesetzt wird und stattdessen eine Verrechnung erfolgt. In jedem Fall bleibt der Vertrag als solcher jedoch bestehen und nur die Erfüllung wird ausgesetzt. In beiden Fällen geschieht dieses schon bei einer Zahlungseinstellung und nicht erst im Falle der tatsächlichen Insolvenz.

Die GAFTA-Verträge lassen dem Gläubiger allerdings einen größeren Entscheidungsspielraum. Im Falle einer unterbliebenen Benachrichtigung kann er wählen, ob nach Tagespreis oder aufgrund eines Deckungsgeschäfts verrechnet werden soll und welcher Tag für die Ermittlung des Marktpreises maßgeblich ist. In den Einheitsbedingungen sind diese Parameter hingegen strikt vorgegeben. Für den Vertragspartner der (drohend) insolventen Partei sind die GAFTA-Kontrakte daher vorteilhafter.

Auch im UN-Kaufrecht reicht eine bloße Zahlungseinstellung aus, um Rechtsfolgen nach Art. 71 CISG herbeizuführen. Ungünstig ist für den Vertragspartner jedoch, dass zunächst nur ein Zurückbehaltungsrecht besteht und dieses erst bei der Verdichtung zu einer wesentlichen Vertragsverletzung in ein Aufhebungsrecht nach Art. 72 CISG mündet. Zudem wird in diesen Fällen immer der ganze Vertrag aufgehoben.

7 Schlussfolgerungen und Endergebnis

Die vorangegangene Darstellung hat sich umfassend mit den Verträgen der GAFTA und deren Einbettung ins englische Recht beschäftigt. Dabei sind auch zahlreiche Einzelaspekte zutage getreten, in denen sich deutsche Kontrakte, wie die Einheitsbedingungen, und englische Verträge unterscheiden. Häufig handelt es sich dabei jedoch nur um Nuancen. So unterschieden diese sich lediglich bei der Dauer von Fristen oder in der Frage, wem das Wahlrecht für Entscheidungen zusteht. Aber auch die Fristenberechnung ist beispielsweise unterschiedlich, da sie entweder in Geschäfts- oder Kalendertagen erfolgen kann. Auch sind die Fristen nach Einheitsbedingungen häufig kürzer als nach GAFTA. Das dürfte der Tatsache geschuldet sein, dass die Einheitsbedingungen primär für den inländischen Handel entwickelt wurden, bei denen kürzere Fristen häufig ausreichen.

Diese Detailunterschiede muss aber jeder Kaufmann kennen, der in der Abwicklung tätig ist. Anderenfalls läuft er Gefahr, seine kontraktlichen Pflichten zu verletzen. Je stärker der Markt sich in der Zwischenzeit zuungunsten der anderen Partei bewegt hat, umso größer ist das Risiko, dass die andere Seite dieses zum Anlass nimmt, den Vertrag aufzuheben.

In ihrer Gesamtheit weisen sowohl die Einheitsbedingungen als auch die Verträge der GAFTA aber einen vergleichbaren Regelungsrahmen auf. Dieses ist einerseits darauf zurückzuführen, dass die Einheitsbedingungen sich aus den Verträgen der GAFTA entwickelt haben. Um 1900 richtete der inländische Getreide- und Futtermittelhandel sich vor allem nach dem lokalen Recht der Getreidebörsen. Im Außenhandel dominierten die Gebräuche zwischen den Parteien und es wurde auf russischen, englischen, Rotterdamer oder Antwerpener Kontrakt gekauft.[2097] Als Mitte des 19. Jahrhunderts die ersten Verträge der *London Corn Trade Association* aufkamen, waren diese jedenfalls im Außenhandel richtungsweisend. Auf ihrer Basis entwickelten sich zahlreiche weitere inländische Verträge, bei denen Unzulänglichkeiten der Londoner Kontrakte ausgebessert wurden. Als nach dem Ersten Weltkrieg die lokalen Rechte der Getreidebörsen vereinheitlicht wurden,[2098] geschah das damals auch vor dem Hintergrund der internationalen Kontraktpraxis, in der die Verträge der LCTA eine maßgebliche Rolle spielten.

2097 Jöhlinger, Die Praxis des Getreidegeschäftes an der Berliner Börse, S. 105 ff.

2098 Vgl. Starck, Kommentar zu den Einheitsbedingungen im deutschen Getreidehandel, S. 10 f.

Ein weiterer Grund für die Ähnlichkeit der Kontrakte liegt darin, dass im Getreide- und Futtermittelhandel seit Jahrzehnten internationale Handelsbräuche und Usancen vorliegen. Die Kontrakte der GAFTA und die Einheitsbedingungen sind kein Selbstzweck. Sie dienen dazu, diese Gebräuchlichkeiten zu kodifizieren und den Parteien damit Handlungsanweisungen und Rechtssicherheit zu gewähren. Damit bilden die Verträge die praktischen Probleme der Kaufmannschaft ab.[2099] Diese faktischen Schwierigkeiten im Getreidehandel im Allgemeinen und dem Überseehandel im Speziellen sind in allen beteiligten Ländern gleich. Beides erklärt die Ähnlichkeit der inländischen und ausländischen Bedingungswerke.

Wo es größere Unterschiede zwischen den Verträgen gibt, folgen diese regelmäßig aus den grundlegenden Systemunterschieden zwischen dem *common law* und dem deutschen Recht. Dazu gehört es beispielsweise, dass dem Schuldner im englischen Recht keine Frist zur zweiten Andienung eingeräumt wird. Verstößt er gegen die Pflicht vom Rang einer *condition*, so kann der Gläubiger sogleich vom Vertrag Abstand nehmen und Schadensersatz einfordern. Die deutschen Kontrakte folgen hingegen dem System der zweiten Andienung. Bevor ein Rücktritt vom Vertrag in Betracht kommt, muss zunächst eine Nachfrist gesetzt werden (vgl. §§ 18 f. EB). Das System der Benachfristung hat für beide Parteien Vorteile. Zunächst einmal wird der säumigen Partei eine zweite Chance gegeben, ohne dass der Vertrag vorschnell beendet wird. Die Fristsetzung ist jedoch auch für den Nichtsäumigen von großem Wert. Spätestens, wenn nicht innerhalb der Frist geleistet wird, kann vom Vertrag zurückgetreten werden. Dadurch wird verhindert, dass der Nichtsäumige vorschnell zurücktritt und damit selber eine Vertragsverletzung begeht.[2100] Noch deutlicher wird das im UN-Kaufrecht. Dort kann zweifelhaft sein, ob wirklich eine wesentliche Vertragsverletzung vorliegt. Setzt die enttäuschte Partei nach Art. 49 Abs. 1 lit. b oder Art. 64 Abs. 1 lit. b CISG eine Nachfrist, so kann sie in jedem Fall vom Vertrag zurücktreten, ohne selbst vertragsbrüchig zu werden. Die englischen Verträge helfen über dieses „Manko" hinweg, indem der Schuldner eine *extension of shipment* erwirken kann. Jedoch handelt es sich hierbei nicht um die Chance ei-

---

2099 Zu den typischen Problemen im Getreidehandel gehören beispielsweise die Verteilung pro rata bei Sammelladungen oder der Rückkauf im Rahmen eines circle. Zudem treten durch den Überseekauf zahlreiche weitere Besonderheiten auf, die mit der Abwicklung im Rahmen eines CIF- oder FOB Geschäftes einhergehen. Dazu gehören die Nominierung eines tauglichen Seeschiffes oder auch die Erfüllungsbehinderung durch äußere Ereignisse.

2100 Vgl. Schmidt-Ahrendts, Das Verhältnis von Erfüllung, Schadensersatz und Vertragsaufhebung im CISG, S. 37 f.

ner zweiten Andienung *nach* der Pflichtverletzung. Sie dient vielmehr dazu, der Pflichtverletzung vorzubeugen, indem der Leistungszeitraum für den Schuldner verlängert wird. Da die *extension of shipment* ausweislich ihres Wortlautes nur in eng begrenzten Fällen eingreift, ist sie daher nicht mit einer Grundsatzentscheidung zugunsten einer zweiten Andienung zu vergleichen (wie im deutschen Recht in §§ 323 Abs. 1 und 281 Abs. 1 BGB). Vielmehr stammt diese Bestimmung noch aus der Zeit, in der die Ware mit Segelschiffen transportiert wurde. Damals ging der Seetransport mit noch erheblicheren Unsicherheiten einher, als es heute ohnehin schon der Fall ist. Die Partei, die den Seetransport zu organisieren hatte, sollte daher einen Puffer für unvorhergesehene Schwierigkeiten erhalten. Diese spezifischen Probleme waren eher der Grund für die Einführung einer *extension*; mit einem generellen Recht zur zweiten Andienung, wie das deutsche Recht es kennt, hat diese daher nichts zu tun. Allerdings liegt aus deutscher Sicht in vielen Fällen beim Verkauf von Rohprodukten wegen der Preisvolatilität ein Fixgeschäft im Sinne es des § 376 HGB vor, bei dem eine Fristsetzung ohnehin obsolet ist (§ 376 Abs. 1 S. 1 HGB).[2101] Faktisch besteht daher auch hier für den Schuldner kein Recht zur zweiten Andienung. Der Systemunterschied wird dadurch teilweise relativiert. Ganz im Gegenteil können die englischen Verträge dadurch letztlich sogar vorteilhafter als das deutsche Kontraktrecht sein. Leistet der Schuldner nicht, kann er aber eine *extension of shipment* erwirken, so erhält er mehr Zeit zur Vertragserfüllung. Nach deutschem Recht würde er bereits ohne Fristsetzung haften.

Auch in anderer Hinsicht ergeben sich wesentliche Unterschiede zwischen den Rechtsordnungen. Bemerkbar wird dieses vor allem bei der Frage von wirtschaftlicher Unmöglichkeit *(hardship)*. Im Zuge der Finanzkrise 2008 bekamen das viele Händler zu spüren. Damals fielen die Preise sehr stark und es kam die Frage auf, ob die erhebliche Veränderung der wirtschaftlichen Umstände zu einem Fall von *force majeure* führte. Nach englischer Auffassung kann der Vertrag wegen derartiger Änderungen der Rahmenbedingungen jedoch nicht aufgehoben werden.[2102] Der Kaufmann trägt vielmehr das Risiko dafür, dass der Vertrag sich auch rechnet. Im deutschen Recht würde in diesen Fällen vielmehr die Frage gestellt werden, ob das Äquivalenzinteresse nicht aus dem Ungleichgewicht geraten ist und über § 313 BGB eine Preisanpassung vorzunehmen ist. Welche Betrachtungsweise für Kaufleute „günstiger“ ist, lässt sich nicht mit letzter Sicherheit sagen. Nach englischer Lesart führe eine derartige strikte Hal-

---

2101 Beachte aber, dass nach den Einheitsbedingungen gem. § 52 Abs. 3 EB nicht schon aufgrund der Tatsache, dass CIF verkauft wurde ein Fixgeschäft vorliegt, so wie das ansonsten in der Rechtsprechung regelmäßig angenommen wird.

2102 Siehe oben Seite 385.

tung zu mehr Rechtssicherheit. Ob die Rechtssicherheit jedoch zwingend die Einzelfallgerechtigkeit verdrängen sollte, mag an dieser Stelle einmal dahingestellt bleiben, wäre am ehesten aber im kaufmännischen Verkehr zu vertreten.

In der jüngsten Vergangenheit ist es vor allem vorgekommen, dass englische Juristen im Rahmen einer Marketingoffensive der *Law Society of England and Wales* behaupteten, das *common law* sei das schlechthin „bessere" oder sachgerechtere Recht für die Lösung juristischer Probleme; kontinentaleuropäische Rechtsordnungen müssten insoweit zurückstehen.[2103] Dem ist aus deutscher Sicht mit entschiedenem Widerstand begegnet worden.[2104] Auf die einzelnen Punkte der Auseinandersetzung soll vorliegend nicht eingegangen werden. Es lässt sich allerdings nicht verleugnen, dass sich in London – gerade im Bereich der *„maritime"* und *„commodity"* Streitigkeiten – eine erhebliche Expertise gesammelt hat. Nach Schätzungen werden 80 - 90 % aller Streitigkeiten aus diesem Bereich in London abgewickelt.[2105] Die Engländer werben selbst damit, dass Sie ein System aus *„highly respected arbitration organisations and high quality facilities to support arbitration"* hätten.[2106] Das liegt daran, dass die Parteien bei Streitigkeiten im Charterrecht oder beim Verkauf großer Warenmengen die hohen englischen Gerichtskosten[2107], nicht scheuen müssen, während der Privatbürger von der Beschreitung des Rechtsweges eher abgehalten wird. Diese Expertise mag mit ein Grund dafür sein, weswegen Händler die Schiedsgerichtsbarkeit in London bevorzugen. Allerdings handelt es sich bei den deutschen Schiedsgerichten um solche, die bei einer Getreide- und Produktenbörse eingerichtet sind. Dort werden vor allem Praktiker als Schiedsrichter tätig, die eine ebenso große Erfahrung aufweisen. Die große Masse englischer Schiedsverfahren muss nicht bedeuten, dass die Qualität der Schiedssprüche anderswo schlechter ist. Ein Nachteil der englischen Schiedsgerichtsbarkeit liegt zudem darin, dass ein Schiedsspruch in England sehr leicht wieder aufgehoben werden kann. Schon die fehlerhafte Anwendung einfachen Rechtes kann dazu beitragen.[2108] Indem die Schiedssprüche leicht vor den staatlichen Gerichten überprüft werden können, ist ein Teil der Rechtssicherheit wieder dahin, den die Parteien sich von der Ab-

---

2103 The Law Society of England and Wales, England and Wales: The jurisdiction of choice.

2104 Triebel, AnwBl. 2008, 305; Kötz, AnwBl. 2010, 1; Kötz, JA 1991, 257.

2105 Weigand, RIW 1997, 904.

2106 The Law Society of England and Wales, England and Wales: The jurisdiction of choice.

2107 Kötz, AnwBl. 2010, 1, 6; Kötz, JA 1991, 257, 261.

2108 Zu den Gründen, aus denen ein Schiedsspruch von staatlichen Gerichten überprüft werden kann siehe Weigand, RIW 1997, 904, 910.

urteilung im Schiedsverfahren erhoffen.[2109] Auch sind die Kosten eines englischen Verfahrens nicht zu unterschätzen. Dieses resultiert auch aus der Aufteilung in *Solicitors* und *Barristers*. Nur Letztere dürfen vor Gericht auftreten. Es müssen insofern zwei Juristen für den Prozess bezahlt werden. Dieses ist nicht nur vor dem staatlichen Gericht so. Selbst in Schiedsverfahren werden häufig beide tätig,[2110] regelmäßig jedoch nicht im Rahmen der *GAFTA Arbitration Rules No. 125*, wo diese zumindest in der mündlichen Verhandlung regelmäßig ausgeschlossen sind. Die Parteien können allerdings eine anderslautende Regelung treffen.[2111] Dass mit englischen Verfahren eine erhebliche Kostenbelastung einhergeht, hat sich auch bei den Kaufleuten herumgesprochen. Aus wirtschaftlicher Sicht macht eine Arbitrage in London häufig keinen Sinn und es wird vermieden diese durchzuführen. Zudem besteht bei jedem Schiedsverfahren das Risiko, dass die andere Partei den Schiedsspruch vor den englischen staatlichen Gerichten überprüft wissen will. Spätestens im regulären englischen Gerichtsverfahren wachsen die Verfahrenskosten schnell ins Unermessliche. Mit diesem Risiko vor Augen dürfte sich vor allem eines zwischen den Parteien abzeichnen: das Bedürfnis nach einer schnellen, außer(schieds)gerichtlichen Einigung unter Kaufleuten.

Das UN-Kaufrecht dürfte letztlich für den internationalen Getreide- und Futtermittelhandel nicht die Rechtsordnung der Wahl zwischen den Parteien darstellen. Die Regelungsdichte der Konvention ist und bleibt für die Besonderheiten des internationalen Handels in dieser Branche zu gering. Das ist jedoch kein spezifisches Problem des CISG. Vielmehr steht jede Rechtsordnung vor dem Problem, immer nur ein Grundgerüst für eine Vielzahl von Fällen stellen zu können. Das ist im UN-Kaufrecht nicht anders. Die Parteien sind im internationalen Rohstoffhandel daher ohnehin auf umfangreiche vertragliche Absprachen angewiesen. In diesen finden sich schließlich auch die einschlägigen Usancen wieder. Auch wenn diese über Art. 9 Abs. 2 CISG einbezogen werden, gebietet es die Rechtssicherheit, diese vertraglich kodifiziert zu haben. In diese Arbeit wurde eine Vielzahl von Besonderheiten dieser Branche herausgearbeitet. Es wäre illusorisch anzunehmen, dass ein Richter alle diese Besonderheiten über

---

2109 Vgl. Triebel, AnwBl. 2008, 305, 307.

2110 Triebel, AnwBl. 2008, 305, 8.

2111 Vgl. cl. 4.8 GAFTA 125: "In the event that there is to be an oral hearing, the date, time and place will be arranged by GAFTA. In which event the parties may be represented by one of their employees, or by a GAFTA Qualified Arbitrator or other representative, but they may not be represented by a solicitor or barrister, or other legally qualified advocate, wholly or principally engaged in private practice, unless legal representation is expressly agreed." sowie cl. 16.1 und 16.2 GAFTA 125.

Art. 9 Abs. 2 CISG in die jeweiligen Verträge hereinlesen würde. Insofern gehört es zu den grundlegenden Bedürfnissen der Parteien, sich auf einen Standardkontrakt zu beziehen. Diese Kontrakte sind aber schon historisch auf eine bestimmte innerstaatliche Rechtsordnung zugeschnitten und sie wurden im Laufe der Jahrzehnte an entsprechende Änderungen in diesem Rechtssystem angepasst. Das UN-Kaufrecht ist noch zu jung, als dass es als Grundlage für eine derartige Vertragsgestaltung passen würde. Das soll jedoch nicht bedeuten, dass das CISG schlechthin undenkbar für die Grundlage eines Standardkontraktes ist. Da die Parteien in ihren Vertragswerken ohnehin viele eigenständige Regelungen treffen, die über Art. 6 CISG Vorrang haben, würde die Konvention letztlich auf ihren „Kern" reduziert werden. Sollte ein Standardkontrakt aber aufgesetzt werden, so bleibt dennoch ein – nicht von der Hand zu weisender – Nachteil. Findet sich im Kontrakt eine Regelungslücke, so wäre ergänzend auf das CISG zurückzugreifen. Schweigt sich auch das CISG zu dieser Frage aus, so ist im Extremfall gem. Art. 7 Abs. 2 Alt. 2 CISG nach dem nationalen Recht zu entscheiden. Dieses muss nach dem anwendbaren IPR aber erst bestimmt werden. Es bleibt daher im Einzelfall unsicher, welches staatliche Recht zur Lückenfüllung herangezogen werden wird. Dieses führt für Kaufleute zu einer größeren Unsicherheit, als wenn der Vertrag sogleich einem nationalen Recht unterworfen wird. Letztlich dürfte dieses wohl das entscheidende Argument sein, das UN-Kaufrecht nicht als Basis für eine Vertragsgestaltung zu verwenden. Aus deutscher Sicht dürfte wohl auch die Anlehnung an Prinzipien aus dem *common law* für Unbehagen sorgen. So ist dem deutschen Recht eine Garantiehaftung grundsätzlich unbekannt. Auch operiert das UN-Kaufrecht gerade bei Fristen häufig mit dem Kriterium der Angemessenheit. Wie auch im englischen Recht ist ex ante oft gar nicht genau zu bestimmen, was angemessen ist. Für die Wirtschaft und auch die rechtsberatende Praxis verbleiben damit Unsicherheit und auch ein Haftungsrisiko. Zumindest aus kontinentaleuropäischer Sicht dürfte das ein Grund für die praktische Unbeliebtheit des CISG sein.

Im Ergebnis lässt sich nicht verleugnen, dass der internationale *commodity* Handel primär in London abgewickelt wird. Dieses liegt weniger an der Überzeugungskraft der englischen Rechtsordnung, als daran, dass viele Händler der Masse folgen. Während bei inländischen Verträgen meist noch die Einheitsbedingungen gelten, wird der grenzüberschreitende Verkehr fast ohne Ausnahme über die Formulare der GAFTA durchgeführt, da diese im Auslandsgeschäft als *„state of the art"* angesehen werden. Dieser „Tradition" halber werden sich auch Vertragsparteien dem englischen Recht und deren Schiedsgerichten unterwerfen, die dorthin keinerlei Verbindung haben. Die Kaufverträge sind dabei ausgeglichene Instrumente, die Käufer und Verkäufer gleichermaßen berücksichtigen. Es kann nicht festgestellt werden, dass eine der Parteien planmäßig begünstigt werden würde. Dieses wäre ohnehin ungewöhnlich, da die Branchenorganisation der GAFTA sowohl Käufer als auch Verkäufer vertritt und viele Händler in Lieferketten auch beide Positionen einnehmen können. Getreide- und Futtermittelhändler sollten sich aber der Tatsache bewusst sein, dass sie mit den Verträgen der GAFTA ausnahmslos das englische Recht und ein dortiges Schiedsgericht wählen. Während es beim Vertragsschluss meist nur darum geht, das Geschäft abzuschließen, fällt diese Tatsache manchmal erst dann unangenehm auf, wenn es zu Leistungsstörungen kommt. Zudem sollte das Bewusstsein dafür geschärft werden, dass einige Klauseln anders als im deutschen Recht und den Einheitsbedingungen verfasst sind. Zudem muss der Hintergrund der Klauseln im *common law* zumindest ansatzweise bekannt sein. Die Unterschiede in den Kontrakten sollte daher jeder Händler kennen. Nur so kann der Vertrag richtig abgewickelt werden und er läuft nicht Gefahr, selbst eine Pflichtverletzung zu begehen. Wird dieses berücksichtigt, so können die Verträge der GAFTA auch aus deutscher Sicht guten Gewissens für den internationalen Handel eingesetzt werden.

8 English Abstract

This thesis deals with the contract practice prevailing in the international grain and feed trade. Particular focus has been given to the investigation of the English contracts issued by GAFTA which are also in Germany almost predominantly used for cross-border transactions with agricultural commodities. First of all, this paper investigates to what extent the regulations of the contracts enjoy – due to their level of details – a certain kind of autonomy vis-à-vis the legal system of the state. In addition, the respective contract clauses will be commented on in detail and each clause will be examined with respect to its importance for overseas purchase transaction and its manner of interpretation in English practice. Attention will be drawn on snares and the need for more comprehensive individual agreements. Furthermore, the individual clauses will be compared with the United Nations Convention on Contracts for the International Sale of Goods (CISG) and the German contract practice in the grain and feed trade and its contracts. Differences and similarities will be identified.

In doing so, this paper closes a gap in German literature on the practice of English overseas purchase transactions involving GAFTA contracts. Up to date, the GAFTA contracts fail to have been illuminated from a German point of view. Only some English discourses as well as a French essay of 1928 have been written by now. In literature, too, the contract practice in German grain and feed trading has hardly been described. Furthermore, almost every GAFTA contract requires a transport on the maritime route. For this reason, purchase contracts concluded in overseas business must provide for precautionary measures to cover risks and special situations resulting from maritime transport. In this respect, overseas purchase transactions constitute an interface between maritime law and trade law. Purchase contracts include so-called *maritime terms* in such cases. This field, too, almost fails to have been dealt with in Germany. And finally, this paper will give important advices for everybody engaged in the import and export trade with German companies in overseas business transactions.

8.1 The GAFTA Contracts from a German Viewpoint

In the field of international grain and feed trading, the *Grain and Feed Trade Association (GAFTA)* with domicile in London is the decisive institution. Meanwhile, more than 80% of the international trade are being handled via contracts drawn up by GAFTA. This figure shows their outstanding importance for economic transactions. The pre-formulated contracts are so well established that traders customarily rely on them when carrying out international business transactions without having any further thoughts on the matter. Transactions started from German territory, too, use to be carried out on the basis of GAFTA contracts. Contracts executed for cross-border transactions involving agricultural commodities are in most cases GAFTA contracts. When it comes to legal transactions in the German territory, however, the Unified Contract Terms for the German Cereals Trade (*Einheitsbedingungen im Deutschen Getreidehandel*) represent the direct counterpart of GAFTA contracts.

German courts, however, are rarely forced to deal with GAFTA contracts. The reason is that the GAFTA contracts invariably include a choice of law clause to the favour of English law and an arbitration clause providing for arbitration proceedings in London. Two configurations only entail a submission of GAFTA contracts with German courts. On the one hand, a contract party may attempt to sue before a state court when it believes that the arbitration clause is ineffectice[2112] – this can particularly be envisaged when the agreement fails to have been made in writing, cf. Section V (1) lit. a of the New York Convention.[2113] The more common situation, however, occurs when the parties conduct arbitration proceedings in London and then attempt to obtain recognition and enforcement of the arbitral award in Germany. In most cases, the defeated respondent in arbitration will raise the objection of failure to comply with the right to a fair hearing or with the *ordre public* so that recognition must be excluded in the respondent's opinion.[2114] Most often, however, such an objection fails to be successful because a declaration of enforceability of foreign arbitral awards may – from a German point of view – only be refused in the event of serious faults affecting the foundation of state and economic life.[2115] And as a rule, such a fault is unlikely to be assumed.

2112 cf. Züricher Handelsgericht ZR 1990, 193 ff. as shown in Vischer/Huber/Oser, Internationales Vertragsrecht, marginal no. 1444.

2113 United Nations Convention on the Recognition and Enforcement of Foreign Arbitral Awards (New York, 10 June 1958); Barty-King, Food for Man and Beast, p. 90.

2114 cf. BGH IPRspr. 1990 Nr. 236; OLG Hamburg RIW 1991, 152; BGH IPRax 1991, 244, 245.

2115 BGHZ 55, 162, 175; BGHZ 98, 70, 74; BGH IPRax 1991, 244, 245.

8.2 German Contract Practice in the Grain and Feed Trade

In Hamburg, the "Hamburg Grain Exchange" (Hamburger Getreidebörse) exists under the roof of the Hamburg Stock Exchange.[2116] It is operated by the "Association of Hamburg Grain Traders of the Hamburg Stock Exchange, reg. association" ("Verein der Hamburger Getreidehändler der Hamburger Börse e.V." (VdG).[2117] Apart from determining grain prices and acting as intermediary in trading operations, the grain exchange represents and protects the interests of wholesalers and foreign trade operators active in the grain industry. In particular, it also issues standard forms of contract for the grain feed and pulse trade. And finally, the association offers its own arbitral jurisdiction for resolving disputes between its members.

The "Unified Contract Terms for the German Cereals Trade" (hereinafter called "Unified Contract Terms") represent the most important standard form of contract. Said conditions were drawn up as early as during the time period after World War I and represent a summary of a multitude of business terms and conditions which, up to that date, had been issued autonomously by the individual exchanges.[2118] But the more the trade between the exchanges grew the more important became the establishment of uniform conditions for all parties involved. For this reason, the grain and product exchanges agreed upon this set of contractual regulations.

Apart from the contract note conditions, German domestic agricultural trade has attached great importance to the Unified Contract Terms. In connection with certain product lines, there additionally exist also other contract forms which are frequently given priority.[2119] In such cases, however, the Unified Contract Terms regularly continue to apply in the second degree in order to fill gaps rather than being totally excluded.

Due to the growing international interdependence in the commodity trade, German importers often see themselves forced to sign contracts with foreign conditions. Apart from the GAFTA contracts, German traders often rely on the German-Dutch contracts (DNV).[2120] They were drawn up in 1904 in cooperation between Russian, German and Dutch grain traders and are not only used for

2116 cf. s. 1 paragraph 1 No. 3 Statut der Hamburger Börse vom 7. Februar 1977.

2117 cf. s. 2 paragraph 1 Börsenordnung der Hamburger Getreidebörse vom 1. Januar 2006.

2118 Starck, Kommentar zu den Einheitsbedingungen im deutschen Getreidehandel, p. 10.

2119 cf. „Richtlinien für die Geschäftsbedingungen beim Geschäftsverkehr mit Kartoffeln".

2120 Raiser, Das Recht der allgemeinen Geschäftsbedingungen, p. 32; Jöhlinger, Die Praxis des Getreidegeschäftes an der Berliner Börse, p. 105, 140.

transactions between Germany and the Netherlands but also for the trade with Eastern Europe.[2121] And last but not least, the contracts issued by the Syndicate of Paris for Trade and Grain Industries, namely the French INCOGRAIN contracts, must be identified as important European contracts.[2122]

8.3 GAFTA Contracts within the Meaning of a lex mercatoria

The use of forms and standard terms and conditions such as the GAFTA contracts and the Unified Contract Terms is nothing new. Business people have always strived to create uniform regulations for international trading. Still today, national legislation is accused of not having a sufficient understanding of the problems arising in international trade. In the course of the past years, trade has rapidly globalized and changed. And as national law – having its origin primarily in the period of small-scale commerce – in most instances failed to keep pace with said development it is supposed to be unable to offer solutions for cross-border transactions, which satisfy the interests of the parties involved.[2123] Therefore, it is partly assumed in German literature that international standard contracts represent an own legal system within the meaning of a *lex mercatoria* which separates from the legal system of the state and exists apart of it or even at a higher level. In Germany, the GAFTA contracts are from time to time referred to as an example per excellence for a so-called *lex mercatoria*. Nevertheless, it must be pointed out that even contracts which are as eloquent as it is the case with GAFTA contracts still have several loopholes. It is true that the GAFTA 100 contract alone consists of 28 clauses covering all contingencies from the quality of goods[2124] via transport issues[2125] to the insolvency of a contract partner[2126]. Against the background of the particularities inherent to over-

---

2121 Tilmann, Rechtssetzung durch Private bei nationalen und internationalen Klauselwerken des Handels, p. 21.

2122 cf. INCOGRAIN No. 13 FOB Maritime; INCOGRAIN No. 15 FOB Fluvial; INCOGRAIN No. 16 CAF Fluvial.

2123 cf. Langen, Transnationales Recht, p. 45; Goldstajn, in: Schmitthoff (Hrsg.), The sources of the law of international trade (1964), 103, 111; Stein, Lex mercatoria, p. 26; Sieber, Die autonome Auslegung internationaler Standardverträge, p. 3.

2124 GAFTA 100 cl. 5.

2125 GAFTA 100 cl. 6-10.

2126 GAFTA 100 cl. 25.

seas trade, especially provisions governing the allocation of costs such as the liability for demurrage charges have been incorporated.

Substantial aspects, however, fail to have been regulated in the contracts. So far, the procedure of contract execution itself or issues of representation have not been elaborated on. Furthermore, the regulations only provide for declines in quality or condition. The delivery of an aliud, for instance, completely fails to have been regulated in the contracts. And the *default clauses* only refer to material contract violations entitling at the same time to cancel the contract. This enumeration is far from being exhaustive but already demonstrates that substantial legal problems which might arise during the term of a contract fail to have been taken into account. Moreover, the contracts refer to established terms used in *common law* by classifying certain contractual duties as *condition* or *warranty*. Such open issues must therefore be dealt with by making recourse to the state law. For the companies involved in trade transaction, the GAFTA contracts accordingly only serve to rationalize the contract practice rather than establishing an own legal system within the meaning of an international trade law (*lex mercatoria*).

8.4 The Comparison between the GAFTA Contracts and the Unified Contract Terms

Taken as a whole, both the Unified Contract Terms and the GAFTA contracts constitute regulatory frameworks comparable with each other. On the one hand, this comparability is due to the fact that the Unified Contract Terms have been developed with reference to the GAFTA contracts. Around 1900, the German grain and feed trade above all followed the local law of the grain exchanges. In foreign trade, customs and usages between the parties prevailed while purchases were transacted on the basis of Russian and English contracts as well as Rotterdam or Antwerp contracts.[2127] When the first contracts of the *London Corn Trade Association* (LCTA) appeared in the midst of the 19th century, they became at any rate trend-setting for German foreign trade. They were taken as a basis for the development of numerous other domestic contracts in which shortcomings of the London contracts were made good for. When local laws of the grain exchanges were unified after World War I[2128], this also happened against the back-

2127 Jöhlinger, Die Praxis des Getreidegeschäftes an der Berliner Börse, p. 105.

2128 cf. Starck, Kommentar zu den Einheitsbedingungen im deutschen Getreidehandel, p. 10.

ground of the international contract practice for which the *London Corn Trade Association* (LCTA) contracts played a decisive role.

Another reason for the similarity of the contracts lies in the fact that the grain and feed trade has for decades been characterized by international trade customs and usages. The GAFTA contracts and the Unified Contract Terms are not objectives in themselves. They serve to codify such usages und to make directives for action and legal safety available to the parties. Thus, the contracts reflect the practical problems the mercantile community has been confronted with. Typical problems inherent to the trade with grain include, for instance, the *pro rata* distribution of bulk shipments or the buy-back within a *circle*. In addition, overseas purchase transactions imply numerous other particularities which go hand in hand with CIF or FOB deals. Such particularities include the nomination of an appropriate sea-going vessel or the disability to perform due to external circumstances. These factual difficulties in grain trading in general and, particularly, in overseas trade are the same in all countries involved. Both aspects give an explanation for the similarity between the domestic and foreign sets of regulatory conditions.

The differences between the Unified Contract Terms and GAFTA contracts often present themselves in form of nuances only. Accordingly, contracts differ from each other in terms of the length of time periods granted or with regard to the question who has the right to choose when it comes to decisions. Another example is the different approach when calculating deadlines: they may be fixed on the basis of working days or calendar days. Furthermore, time periods provided for in the Unified Contract Terms are often shorter than those set forth in GAFTA contracts. This may be due to the fact that the Unified Contract Terms were primarily developed for domestic trading where shorter time periods are often sufficient. Business people involved in transactions must be familiar with all these slight deviations. Otherwise, they run the risk of infringing their contractual obligations. The more the market has meanwhile moved to the disadvantage of the counterparty the greater is the risk that said party makes use of such an opportunity to cancel the contract.

Whenever there are greater differences between the contracts, these can regularly be traced back to the fundamental differences between the systems of *common law* and German law. To give an example, English law does not grant the debtor a time period allowing him to offer his goods for a second time. Whenever he fails to comply with the material obligations inherent to a *condition*, the creditor may immediately withdraw from the contract and assert claims for damages. In contrast, German contracts incorporate the system of a second delivery option. A withdrawal from the contract is always subject to a prior granting of a grace period (cf. Sections 18 et seq. Unified Contract Terms). The concept of the period of grace implies advantages for both parties. First of all, the party in default is given a second chance to perform instead of terminating the contract prematurely. But also for the non-defaulting party, a grace period is of great value. At the latest when delivery fails to be made within said period, the contract may be cancelled. Such an approach prevents the non-defaulting party from cancelling the contract prematurely and – thus – infringing the contract on its side.[2129] This becomes even more clear when looking at the UN Sales Convention. There, it may be doubtful whether a material contract violation has actually occurred. If the disappointed party grants a period of grace pursuant to Section 49 paragraph 1 lit. b or Section 64 paragraph 1 lit. b CISG, it may in any case withdraw from the contract without committing a breach itself. The English contracts make good for this "shortcoming" by enabling the debtor to obtain an *extension of shipment*. This, however, is not equal to a second delivery option *after* a breach of duty has occurred. This opportunity rather serves to prevent a breach of duty by extending the performance period for the debtor. As, according to its wording, the *extension of shipment* applies in very limited cases only it must not be confused with a landmark decision to the favour of a second delivery option (such as in German law pursuant to Sections 323 paragraph 1 and 281 paragraph 1 of the German Civil Code). This provision rather goes back to the time when goods were transported on sailing ships. At that time, maritime transport was subject to even more considerable uncertainties than it is the case today. For this reason, the party responsible for arranging the maritime transport was intended to be granted a buffer period in order to be able to cope with unforeseen difficulties. It were most probably these specific problems which were the reason for introducing an *extension*; and this has nothing to do with the general right to get a second chance to perform, as it is known in German law. From a German point of view, however, the sale of commodities is – due to price volatility – in many cases based upon a fixed date transaction within the meaning of Section 376 of the German Commercial Code (HGB), making a deadline anyway obsolete (Section 376 paragraph 1 p. 1 of the German Commercial Code). Here, too, the debtor is actually not entitled to get a second chance to perform. And this is a fact that reduces the difference in the systems to some degree. Just to the contrary, English contracts may – in the final instance – be much more favourable than German contract law for this reason. If the debtor fails to perform but succeeds in obtaining an *extension of shipment* he thus gets more time to fulfill the contract. According to German law, he would already be liable without an extension of time.

2129 cf. Schmidt-Ahrendts, Das Verhältnis von Erfüllung, Schadensersatz und Vertragsaufhebung im CISG, p. 37 f.

In other respects, too, significant differences can be observed between the legal systems. This is particularly obvious when it comes to the issue of commercial impossibility (*hardship*). In the course of the financial crisis in 2008, many traders were confronted with this experience. At that time, prices sharply fell and the question was raised whether the significant change of economic circumstances was equal to *force majeure*. From an English viewpoint, however, the contract must not be cancelled due to such changes of underlying conditions. Instead, the businessman is deemed to bear the risk that the contract may also fail to pay off. In German law, such circumstances would trigger the question whether the interest to maintain equivalence of performance has come out of balance and a price adjustment according to Section 313 of the German Civil Code must be carried out. It cannot be determined with absolute certainty which perspective is "more favourable" for business people. According to the English interpretation, such a stringent attitude is deemed to result in more legal certainty. Whether such a legal certainty should compellingly displace justice in the individual case may be left unanswered here, while such circumstances could at best be justified in commercial transactions.

It should be noted that in the recent past, English lawyers stated within the framework of a marketing offensive of the *Law Society of England and Wales* that *common law* was simply the "better" or more appropriate law for solving juridical problems; in their opinion, continental European legal systems must stay behind in this respect.[2130] From a German perspective, this view triggered a legitimate decisive resistance.[2131] Details of said dispute go beyond the scope of this extract. In any case, however, it must be admitted that considerable expertise has come together in London – particularly in the field of "*maritime*" and "*commodity*" disputes. According to estimations, 80-90% of all disputes in this field are settled in London.[2132] English people praise themselves as having a system consisting of *"highly respected arbitration organisations and high quality facilities to support arbitration"*.[2133] This is because the parties need not stand in awe of high English court costs[2134] when it comes to disputes based on charter law or when selling major volumes of goods, while private citizens are more likely to be discouraged from filing legal actions. Said expertise might be one of

2130 The Law Society of England and Wales, England and Wales: The jurisdiction of choice.

2131 Triebel, AnwBl. 2008, 305; Kötz, AnwBl. 2010, 1; Kötz, JA 1991, 257.

2132 Weigand, RIW 1997, 904.

2133 The Law Society of England and Wales, England and Wales: The jurisdiction of choice.

2134 Kötz, AnwBl. 2010, 1, 6; Kötz, JA 1991, 257, 261.

the reasons why traders prefer to initiate arbitration proceedings in London. It must, however, be noted that German arbitration courts have been established with a grain and product exchange where above all people active in commercial enterprises and having gathered as much experience as their English counterparts are appointed as arbitrators.

Moreover, one disadvantage of English arbitral jurisdiction is that an award imposed in England may be revoked very easily. A faulty application of ordinary law alone may contribute to such an act.[2135] Due to the fact that awards can easily be reviewed before state courts, the parties are to some degree deprived of the legal certainty they hoped to obtain when solving the dispute through arbitration.[2136] And, what is more, the costs of English proceedings must not be underestimated. This particularity results from the division of lawyers into *solicitors* and *barristers*. The last group only is entitled to appear before the courts. Consequently, costs for two lawyers arise. And this is not only the case before the state courts. Even in arbitration proceedings, both a *solicitor* and a *barrister* often become active. Within the framework of the *GAFTA Arbitration Rules No. 125*, however, they are at least regularly excluded from oral proceedings. Nevertheless, the parties may agree upon another provision.[2137] The business community, too, has meanwhile become aware that English proceedings are connected with considerable costs. From an economic point of view, arbitration proceedings often fail to make sense and, in practice, at least German traders often prefer to avoid such proceedings in England. Moreover, each arbitration is associated with the risk that the other party wants to see the award reviewed by English state courts. And during regular English court proceedings at the latest, procedural costs may readily take on dramatic dimensions. With said risk in mind, the parties are most likely to be driven by one desire: to come to an agreement among business people out of (arbitration) court as soon as possible.

In conclusion, it cannot be denied that international *commodity* trading is primarily transacted in London. This is not so much due to the convincibility of the English legal system but to the fact that many traders use to stay in the mainstream. While with respect to domestic contracts the Unified Contract Terms

---

2135 cf. Weigand, RIW 1997, 904, 910.

2136 cf. Triebel, AnwBl. 2008, 305, 307.

2137 cf. cl. 4.8 GAFTA 125: "In the event that there is to be an oral hearing, the date, time and place will be arranged by GAFTA. In which event the parties may be represented by one of their employees, or by a GAFTA Qualified Arbitrator or other representative, but they may not be represented by a solicitor or barrister, or other legally qualified advocate, wholly or principally engaged in private practice, unless legal representation is expressly agreed." ; also cl. 16.1 and 16.2 GAFTA 125.

often apply, cross-border transactions are almost without exception being handled on the basis of the GAFTA standard form of contracts which are regarded as "*state of the art*" when it comes to foreign business. For the sake of said "tradition", also contract parties having no connection thereto at all are supposed to subject themselves to English law and its arbitration courts. And yet, the purchase contract itself is a balanced instrument giving equal regard to purchaser and seller. An intentional preferential treatment of one party cannot be observed at all and would anyway be unusual because the GAFTA industry organization represents both purchasers and sellers and a great part of the traders may take either position in the supply chain. Grain and feed traders, however, should be aware that they invariably opt for the applicability of English law and the jurisdiction of an English arbitration court when they sign a GAFTA contract. This fact sometimes does not turn out to be inconvenient but at the time when irregularities in performance occur because when concluding the contract, focus usually lies on closing the transaction. In addition, it should by all means be borne in mind that some clauses are drawn up in a wording that differs from German law and the Unified Contract Terms. And, what is more, the background of the clauses in *common law* must be known to some extent at least. All traders should be aware of the differences in the contracts. Only then, the contract can be properly implemented without running the risk of failing to observe the own duties.

When taking all this into account, GAFTA contracts may be used for international trade transactions with a clear conscience also from a German point of view. A recourse to German branch contracts is not necessary, particularly since they are in many cases primarily tailored to the domestic trade.

Literaturverzeichnis

[ohne Autorenangabe], F. O. B. Contracts and Proposed Sales Legislation, 41 Columbia Law Review 1941, 892-910.

Achilles, Wilhelm-Albrecht, Kommentar zum UN-Kaufrechtsübereinkommen (CISG), Neuwied 2000.

Al-Anbaki, M. H. K., Passing of property in C.I.F. and F.O.B. contracts, Glasgow 1978.

Albers, Jan, Gewichtsklauseln im Überseekauf, Übersee-Studien zum Handels-, Schiffahrts- und Versicherungsrecht, Bd. 19, Stuttgart 1950.

Al-Deb'i, Fadi, Überseekauf und Abladegeschäft, Schriften zum Wirtschaftsrecht, Bd. 207, Berlin 2008.

Altfuldisch, Rainer, Haftung und Entschädigung nach Tankerunfällen auf See, Hamburg studies on maritime affairs, Bd. 6, Berlin 2007.

Anderegg, Kirsten, Ausländische Eingriffsnormen im internationalen Vertragsrecht, Studien zum ausländischen und internationalen Privatrecht, Bd. 21, Tübingen 1989.

Arnold, Arnd, Die vorübergehende Unmöglichkeit nach der Schuldrechtsreform, JZ 2002, 866-871.

Arnold, Stefan, Die Bürgschaft auf erstes Anfordern im deutschen und englischen Recht, Studien zum ausländischen und internationalen Privatrecht, Bd. 196, Tübingen 2008.

Arnold, Stefan/Unberath, Hannes, Die Umsetzung der Richtlinie über den Verbrauchsgüterkauf in England, ZEuP 2004, 366-385.

Atiyah, Patrick Selim, The sale of goods, 8th ed., London 1990.

Atiyah, Patrick Selim, Couturier v. Hastie and the sale of non-existent goods, L.Q.R. (73) 1957, 340-349.

Atiyah, Patrick Selim/Adams, J. N./MacQueen, Hector L., Sale of goods, 11. ed., Harlow 2005.

Atiyah, Patrick Selim, The rise and fall of freedom of contract, Oxford 2003.

Atiyah, Patrick Selim/Smith, Stephen A, Atiyah`s Introduction to the law of contract, Clarendon law series, 6th ed., Oxford 2005.

Bachmann, Gregor, Private Ordnung, Jus Privatum, Bd. 112, Tübingen 2006.

Bar, Christian von, Die Kernbereiche des Deliktsrechts, seine Angleichung in Europa und seine Einbettung in die Gesamtrechtsordnungen, Bd. 1, München 1996.

Bar, Christian von/Mankowski, Peter, Internationales Privatrecht, Bd. 1, 2. Aufl., München 2003.

Bar, Christian von/Zimmermann, Reinhard, Grundregeln des Europäischen Vertragsrechts, München 2002.

Barty-King, Hugh, Food for Man and Beast, London 1978.

Basedow, Jürgen, Der Transportvertrag, Beiträge zum ausländischen und internationalen Privatrecht, Bd. 50, Tübingen 1987.

Basse, Alexander, Das Schweigen als rechtserhebliches Verhalten im Vertragsrecht, Europäische Hochschulschriften Reihe 2, Bd. 568, Frankfurt am Main 1986.

Baumann, Antje, Regeln der Auslegung internationaler Handelsgeschäfte, Schriften zum internationalen Privatrecht und zur Rechtsvergleichung, Bd. 19, Göttingen 2004.

Baur, Fritz, Neuere Probleme der privaten Schiedsgerichtsbarkeit, Schriftenreihe der Juristischen Gesellschaft e.V. Berlin, Bd. 61, Berlin 1980.

Baus, Christoph, Die Dritthaftung der Wirtschaftsprüfer zwischen Vertrag und Delikt, ZVglRWiss (103) 2004, 219-257.

Beale, H. G./Bishop, W./Furmston, M. P., Contract, 5. ed., Oxford 2008.

Beinert, Dieter, Wesentliche Vertragsverletzung und Rücktritt, Bielefeld 1979.

Bennett, Howard, F.O.B. Contracts: Substitution of Vessels, L.M.C.L.Q. 1990, 466-472.

Bereska, Christian, Streitverkündung ohne Interventionswirkung bei Mehrfachbegründungen, jurisPR extra 2007, 36-37.

Berger, Klaus Peter/Dubberstein, Holger/Lehmann, Sascha/Petzold, Viktoria, Anwendung transnationalen Rechts in der internationalen Vertrags- und Schiedspraxis, ZVglRWiss (101) 2002, 12-37.

Berger, Klaus Peter, Lex mercatoria online, RIW 2002, 256-262.

Berger, Klaus Peter, Neuverhandlungs-, Revisions- und Sprechklauseln im internationalen Wirtschaftsvertragsrecht, RIW 2000, 1-14.

Berger, Klaus Peter, Formalisierte oder "schleichende" Kodifizierung des transnationalen Wirtschaftsrechts, Schriften des Rechtszentrums für Europäische und Internationale Zusammenarbeit, Bd. 1, Berlin 1996.

Berger, Klaus Peter, The creeping codification of the new lex mercatoria, Kluwer Law International, 2. ed., The Hague 2010.

Berger, Klaus Peter/Horn, Norbert, Zivil- und Wirtschaftsrecht im europäischen und globalen Kontext, Berlin 2006, (zitiert: *Autor*, FS-Horn, *zit. Seite*).

Berman, Harold, The law of international commercial transactions (Lex Mercatoria), Emory Journal of International Dispute Resolution (2) 1988, 235-310.

Berman, Harold/Kaufman, Colin, Law of International Commercial Transactions (Lex Mercatoria), Harv. Int. Law J. (19) 1978, 221-277.

Bernstein, Ronald/Tackaberry, John A/Marriott, Arthur L, Bernstein's handbook of arbitration and dispute resolution practice, 4th ed., London 2003.

Bernstorff, Christoph von, Großbritannien: Neues Gesetz zum Vertrag zu Gunsten Dritter, RIW 2000, 435-437.

Bernstorff, Christoph von, Einführung in das englische Recht, Schriftenreihe der Juristischen Schulung Ausländisches Recht, Bd. 132, 3. Aufl., München 2006.

Beyer, Hans-Joachim, Trade Terms - Incoterms: Ihre rechtliche Bedeutung und Abgrenzung, AWD 1954, 20-21.

Beyer, Hans-Joachim, Misrepresentation : Haftung für fehlerhafte vorvertragliche Erklärungen nach englischem Recht, Bonn 1974.

Bianca, Cesare Massimo/Bonell, Michael Joachim, Commentary on the international sales law, Milan 1987.

Blaurock, Uwe, Haftungsfreizeichnung zugunsten Dritter, ZHR (146) 1982, 238-258.

Blechschmidt, Frank, Common Law und Equity im englischen Recht, ZfRV (28) 1987, 3-11.

Blessing, Marc, Introduction to Arbitration, Basel 1999.

Blumenwitz, Dieter, Einführung in das anglo-amerikanische Recht, 7. Aufl., München 2003.

Böckstiegel, Karl-Heinz, Vertragsklauseln über nicht zu vertretende Risiken im internationalen Wirtschaftsverkehr, RIW/AWD 1984, 1-9.

Boden, Die Klausel tel quel, ZHR (51) 1902, 339-372.

Bonell, Michael Joachim, Das autonome Recht des Welthandels - Rechtsdogmatische und rechtspolitische Aspekte, RabelsZ (42) 1978, 485-506.

Bork, Reinhard, Allgemeiner Teil des Bürgerlichen Gesetzbuchs, Lehrbuch des Privatrechts, 2. Aufl., Tübingen 2006.

Bowstead, William, Bowstead on agency, 14. ed., London 1976.

Boyd, Steward C./Burrows, Andrew S./Foxton, David/Scrutton, Thomas Edward, Scrutton on charterparties and bills of lading, 20. ed., London 1996.

Bradgate, Robert/Fennell, Steven/White, Fidelma, Commercial law, Legal practice course guides, 3rd ed., London 1996.

Brändle, Josef, Die Überseekaufklauseln cif und fob, Bern 1936.

Bredow, Jens/Seiffert, Bodo, INCOTERMS 2000, Bonn 2000.

Brexel, Ralf, Zugang verkörperter Willenserklärungen, Aachen 1998.

Bridge, Michael G, The sale of goods, 2nd ed., Oxford 2009.

Bridge, Michael G, International Private Commodity Sales, Canadian Business Law Journal (19) 1991, 485-499.

Bridge, Michael G, Uniformity and Diversity in the Law of International Sale, Pace Int'l L. Rev (15) 2003, 55-89.

Bridge, Michael G, The international sale of goods, 2nd ed., Oxford 2007.
Brinkmann, Franz-Josef, Der Zugang von Willenserklärungen, Münsterische Beiträge zur Rechtswissenschaft, Berlin 1984.
Brödermann, Eckart/Rosengarten, Joachim/Brödermann-Rosengarten, Internationales Privat- und Zivilverfahrensrecht (IPR/IZVR), Academius Iuris-Lehrbücher der Rechtswissenschaft, 5. Aufl., Köln 2010.
Brors, Christiane, Die Falschlieferung in der Schuldrechtsreform, JR 2002, 133-136.
Bull, Rudolf, Die Sammelsendung, Göttingen 1934.
Bunte, Hermann, Die Vereinbarung des Eigentumsvorbehaltes, JA 1982, 321-326.
Caemmerer, Ernst von, Die Haager Konferenz über die internationale Vereinheitlichung des Kaufrechts vom 2. bis 25. April 1964, RabelsZ (29) 1965, 101-145.
Campbell, Dennis, Remedies for International Sellers of Goods, Salzburg 2006.
Canaris, Claus-Wilhelm, Das allgemeine Leistungsstörungsrecht im Schuldrechtsmodernisierungsgesetz, ZRP 2001, 329-336.
Canaris, Claus-Wilhelm, Sondertagung Schuldrechtsmodernisierung, JZ 2001, 499-528.
Canaris, Claus-Wilhelm, Handelsrecht, 24. Aufl., München 2006.
Capelle, Karl-Hermann, Das Akkreditivgeschäft, Mannheim 1925.
Capelle, Karl-Hermann, Die Frachtcharter in rechtsvergleichender Darstellung, Übersee-Studien zum Handels-, Schiffahrts- und Versicherungsrecht, Bd. 17, Rostock 1940.
Carbonneau, Thomas E., Lex mercatoria and arbitration, Dobbs Ferry, New York 1990.
Carr, Indira/Stone, Peter, International trade law, 3. ed., London 2006.
Chattaway, C., Arbitration in the Foreign Corn Trade in London, The Economic Journal (17) 1907, 428-431.
Chitty, Joseph, Chitty on contracts, Bd. 1, 30. Aufl., London
Chitty, Joseph, Chitty on contracts, Common law library, Bd. 1, 25. Aufl., London 1983.
Chitty, Joseph/Guest, Anthony, Chitty on contracts, Bd. 2, 30. Aufl., London 2008.
Clausnitzer, Jochen/Woopen, Herbert, Internationale Vertragsgestaltung - Die neue EG-Verordnung für grenzüberschreitende Verträge (Rom I-VO), BB 2008, 1798-1808.

Commentary on the Draft Convention on Contracts for the International Sale of Goods, prepared by the Secretariat (A/CONF.97/5), New York (Nachdruck 1981).
Connolly, Michael, Briefcase On Commercial Law, 2. Aufl., London 1998.
Dabelow, Niels J, Der Kauf mit Spezifikationsvorbehalt des Käufers nach HGB und UN-Kaufrecht, Münchner Juristische Beiträge, Bd. 69, München 2008.
Dasser, Felix, Internationale Schiedsgerichte und Lex mercatoria, Schweizer Studien zum internationalen Recht, Bd. 59, Zürich 1989.
Daun, Johannes, Öffentlich-rechtliche "Vorgaben" im Käuferland und Vertragsmäßigkeit der Ware nach UN-Kaufrecht, NJW 1996, 29-30.
Davies, Donald, Commencement of laytime, 3nd ed., London 1998.
Davies, Jeremy, The use of final and binding determination clauses in international trade contracts, Shipping and Trade Law (1) 2001, 1-3.
Davies, Jeremy, Point of delivery in CIF contracts, S.T.L. (3) 2003, 3-5.
Davis, Martin/Oughton, David, Sourcebook On Contract Law, 2. Aufl., London 2000.
Debattista, Charles, Sale of goods carried by sea, London 1990.
Dicey, Albert Venn/Morris, John Humphrey Carlile/Collins, Lawrence Antony, Dicey, Morris and Collins on the conflict of laws, 14. ed., London 2006.
Dietrich, Frank, Verbraucherschutz im neuen englischen Kaufrecht, VuR 1995, 399-410.
Digenopoulos, Vassilios, Die Abwandlung der CIF- und FOB-Geschäfte im modernen Überseekaufrecht, Arbeiten zur Rechtsvergleichung, Bd. 91, Frankfurt/Main 1978.
Dockray, Martin, Carriage of goods by sea, 3rd ed., London 2003.
Doerfert, Carsten, How to conclude a contract, JA 1998, 435-438.
Döser, Wulf, Anglo-amerikanische Vertragsstrukturen in deutschen Vertriebs-, Lizenz- und sonstigen Vertikalverträgen, NJW 2000, 1451-1455.
Dover, Victor, Analysis of marine insurance clauses, 8. Aufl., London 1960.
Ebel, Hermann, Die Kollision Allgemeiner Geschäftsbedingungen, NJW 1978, 1033-1037.
Ebenroth, Thomas, Das kaufmännische Bestätigungsschreiben im internationalen Handelsverkehr, ZVglRWiss (77) 1978, 161-206.
Ehrlich, Dietmar/Haas, Gregor/Zahn, Johannes C. D./Zahn-Ehrlicher-Haas, Zahlung und Zahlungssicherung im Außenhandel, 8. Aufl., Berlin 2010.
Eidenmüller, Horst, Der Spinnerei-Fall - Die Lehre von der Geschäftsgrundlage nach der Rechtsprechung des Reichsgerichts und im Lichte der Schuldrechtsmodernisierung, Jura 2001, 824-832.
Eidenmüller, Horst, Rechtskauf und Unternehmenskauf, ZGS 2002, 290-296.

Eisser, Georg, Die Gefahrtragung beim Kaufvertrag in rechtsvergleichender Darstellung, Berlin 1927.

Emmenegger, Sigrid, Gesetzgebungskunst, Grundlagen der Rechtswissenschaft, Bd. 5, Tübingen 2006.

Enderlein, Fritz/Maskow, Dietrich/Strohbach, Heinz, Internationales Kaufrecht, 1. Aufl., Berlin 1991.

Enge, Hans-Joachim, Transportversicherung, 3. Aufl., Wiesbaden 1996.

Enge, Hans-Joachim, Transportversicherung, Schriftenreihe "Die Versicherung", 2. Aufl., Wiesbaden 1987.

Esser, Michael, Kaufmännisches Bestätigungsschreiben im Internationalen Handel, ZfRV (29) 1988, 167-193.

Faust, Florian, Die Vorhersehbarkeit des Schadens gemäß Art. 74 Satz 2 UN-Kaufrecht (CISG), Studien zum ausländischen und internationalen Privatrecht, Bd. 50, Tübingen 1996.

Ferrari, Franco, Zum vertraglichen Ausschluss des UN-Kaufrechts, ZEuP (10) 2002, 737-746.

Fink, Jörn Ulrich, Reichweite von Incoterms im internationalen Zuckerhandel, RIW 1991, 470-474.

Fischer, Nicole N., Die Unmöglichkeit der Leistung im internationalen Kauf- und Vertragsrecht, Schriften zum Wirtschaftsrecht, Bd. 135, Berlin 2001.

Flambouras, Dionysios, Transfer of Risk in the Contract of Sale Involving Carriage of Goods, Int'l. Trade & Bus. L. Ann. (6) 2001, 87-150.

Foster, William F./Ziegel, Jacob S., Aspects of comparative commercial law: sales, consumer credit, and secured transactions, Dobbs Ferry, New York 1969.

Fouchard, Philippe, L'arbitrage commercial international, Paris 1965.

Freytag, Lars Ferenc, Grundstrukturen des Kaufvertrages, Tübingen 2007.

Frick, Joachim G, Arbitration and complex international contracts, International arbitration law library, Bd. 6, The Hague 2001.

Fromholzer, Ferdinand, Consideration, Studien zum ausländischen und internationalen Privatrecht, Bd. 57, Tübingen 1997.

Furmston, Michael Philip/Cheshire-Fifoot-Furmston, Cheshire, Fifoot and Furmston's law of contract, 15. ed., Oxford 2007.

Gaskell, N. J. J./Asariotis, R./Baatz, Yvonne, Bills of lading, London 2000.

Gay, Robert, Damages in addition to demurrage, L.M.C.L.Q. 2004, 72-103.

Gehrke, Florian, Das elektronische Transportdokument, Münster 2005.

Gernhuber, Joachim, Das Schuldverhältnis, Handbuch des Schuldrechts in Einzeldarstellungen, Bd. 8, Tübingen 1989.

Giesen, Dieter, Zur Konstruktion englischer Vertragsvereinbarungen, JZ 1993, 16-24.

Girsberger, Daniel, Verjährung und Verwirkung im internationalen Obligationenrecht, Schweizer Studien zum internationalen Recht, Bd. 57, Zürich 1989.

Goldman, Berthold, La lex mercatoria dans le contrats et l'arbitrage international: réalite et perspectives, Journal du Droit International (Clunet) 106, 475-505.

Goldman, Berthold, Frontières du droit et "lex mercatoria", APD 1964, 177-192.

Goldmann, Berthold, Lex mercatoria, Forum internationale, Bd. 3, Deventer 1983.

Goode, Roy Miles, Insularity or Leadership? The Role of the United Kingdom in the Harmonisation of Commercial Law, Int'l. & Comp. L. Q. (50) 2001, 751-760.

Goode, Roy Miles, Commercial law, 2. ed., London 1995.

Gordon, William D., Modern Accounting Systems, [ohne Ortsangabe] 2007.

Gottwald, Peter, Die Revisionsinstanz als Tatsacheninstanz, Schriften zum Prozeßrecht, Bd. 38, Berlin 1975.

Götz, Donald, Zum Schweigen im rechtsgeschäftlichen Verkehr, Bad Homburg 1968.

Graf Westphalen, Friedrich von, Kollision von Einkaufsbedingungen und Verkaufsbedingungen bei Vertragsabschluß, DB 1976, 1317-1321.

Grafe, Victor/Brogle, Th, Kaufmännische Grundlagen der Warenkunde und Warenkenntnis, 1, Teilb. 1, Stuttgart 1930.

Grigera Naón, Horacio A., Choice-of-law problems in international commercial arbitration, Studien zum ausländischen und internationalen Privatrecht, Bd. 29, Tübingen 1992.

Grigoleit, Hans Christoph/Riehm, Thomas, Grenzen der Gleichstellung von Zuwenig-Leistung und Sachmangel, ZGS 2002, 115-122.

Großfeld, Bernhard/Junker, Abbo, Das CoCom im internationalen Wirtschaftsrecht, Tübingen 1991.

Großmann-Doerth, Hans, Der Jurist und das autonome Recht des Welthandels, JW 1929, 3447-3451.

Grossmann-Doerth, Hans, Das Recht des Überseekaufs, Bd. 1, Mannheim 1930.

Gruber, Urs Peter, Methoden des internationalen Einheitsrechts, Jus Privatum, Bd. 87, Tübingen 2004.

Grunewald, Barbara/Gernhuber, Joachim, Handbuch des Schuldrechts in Einzeldarstellungen, Tübingen 2006.

Guest, Anthony, Benjamin's sale of goods, 5th ed., London 1997.

Haage, Hans, Das Abladegeschäft, 4. Aufl., Hamburg 1958.

Häberle, Siegfried Georg/Aden, Menno, Handbuch der Akkreditive, Inkassi, Exportdokumente und Bankgarantien, München 2000.

Hager, Günter, Die Gefahrtragung beim Kauf, Arbeiten zur Rechtsvergleichung, Bd. 94, Frankfurt am Main 1982.

Hahn, Thomas, Die Eigentumsübertragung von beweglichen Sachen beim Kauf im englischen und deutschen Recht, Frankfurt am Main 1998.

Halson, Roger, Contract law, Longman law series, Harlow 2001.

Hammerschmidt, Jana, Kollision allgemeiner Geschäftsbedingungen im Geltungsbereich des UN-Kaufrechts, Göttingen 2004.

Handorn, Boris, Das Sonderkollisionsrecht der deutschen internationalen Schiedsgerichtsbarkeit, Studien zum ausländischen und internationalen Privatrecht, Bd. 141, Tübingen 2005.

Harder, Andreas, Die überseeische Sammelsendung mit besonderer Berücksichtigung der Getreideteilladungen, Übersee-Studien zum Handels-, Schiffahrts- und Versicherungsrecht, Bd. 1, Mannheim 1923.

Hardinge S. Halsbury, Theatres and other forms of entertainment. Time. Tort, London 2005.

Harris, Siebel, Methods of Marketing the Grain Crop, Annals of the American Academy of Political and Social Science (38) 1911, 36-57.

Hazelwood, Steven J, P & I clubs, 3. ed., London 2000.

Heidemann, Maren, Methodology of Uniform Contract Law, Berlin 2007.

Heinrichs, Helmut, Der Rechtsbegriff der Allgemeinen Geschäftsbedingungen, NJW 1977, 1505-1509.

Heiss, Helmut, Formmängel und ihre Sanktionen, Beiträge zum ausländischen und internationalen Privatrecht, Bd. 67, Tübingen 1999.

Hellauer, Josef, System der Welthandelslehre, Berlin 1920.

Hellwege, Phillip, Allgemeine Geschäftsbedingungen, einseitig gestellte Vertragsbedingungen und die allgemeine Rechtsgeschäftslehre, Jus Privatum, Bd. 148, Tübingen 2010.

Herber, Rolf, Die Arbeiten des Ausschusses der Vereinten Nationen für internationales Handelsrecht (UNCITRAL), AWD 1974, 577-584.

Herber, Rolf, Seehandelsrecht, Berlin 1999.

Herber, Rolf/Czerwenka, Beate, Internationales Kaufrecht, München 1991.

Hippel, Eike von, Der Schutz des Verbrauchers vor unlauteren Allgemeinen Geschäftsbedingungen in den EG-Staaten, RabelsZ (41) 1977, 237-280.

Hobhouse, J. S., International Conventions and Commercial Law: The Pursuit of Uniformity, L.Q.R. (106) 1990, 530-535.

Hoffmann, Bernd von, "Lex mercatoria" vor internationalen Schiedsgerichten, IPRax 1984, 106-108.

Hoffmann, Bernd von, Zur Auslegung von Formularbedingungen des internationalen Handelsverkehrs, RIW/AWD 1970, 247-253.

Hoggett, A., Changing a Bargain by Confirming It, The Modern Law Review (33) 1970, 518-529.

Hölker, Sebastian, Die Rolle der lex mercatoria im Anwendungsbereich des UN-Kaufrechts, Tübingen 2006.

Holthausen, Rüdiger, Vertraglicher Ausschluß des UN-Übereinkommens über internationale Warenkaufverträge, RIW 1989, 513-518.

Holthausen, Rüdiger, Die wesentliche Vertragsverletzung des Verkäufers nach Art. 25 UN-Kaufrecht, RIW 1990, 101-109.

Honnold, John/Flechtner, Harry M., Uniform law for international sales under the 1980 United Nations Convention, 4th ed., Austin 2009.

Huber, Peter/Faust, Florian/Huber-Faust, Schuldrechtsmodernisierung, München 2002.

Huber, Peter/Kröll, Stefan, Deutsche Rechtsprechung zum UN-Kaufrecht in den Jahren 2001/2002, IPRax 2003, 309-317.

Huber, Ulrich, Der UNCITRAL-Entwurf eines Übereinkommens über internationale Warenkaufverträge, RabelsZ (43) 1979, 413-526.

Huber, Ulrich, Leistungsstörungen, Handbuch des Schuldrechts in Einzeldarstellungen, Bd. 9,1, Tübingen 1999.

Hüffer, Uwe, Leistungsstörungen durch Gläubigerhandeln, Schriften zum bürgerlichen Recht, Bd. 29, Berlin 1976.

Jack, Adrian, Die Umsetzung der Verbrauchsgüterkaufrichtlinie in englisches Recht, IHR 2004, 54-57.

Janssen, André/Meyer, Olaf/Janssen-Meyer, CISG Methodology, München 2009.

Jauernig, Othmar/Berger, Christian, Bürgerliches Gesetzbuch, 13. Aufl., München 2009.

Jöhlinger, Otto, Die Praxis des Getreidegeschäftes an der Berliner Börse, Berlin 1910.

Johnson, Thomas E./Bade, Donna L., Exportimport procedures and documentation, New York 2010.

Joseph, David, Jurisdiction and arbitration agreements and their enforcement, Litigation library, London 2005.

Kade, Theo, Richterliche Kontrolle von formularmäßigen Haftungsfreizeichnungen im englischen Recht, Bonner rechtswissenschaftliche Abhandlungen, Bd. 87, Bonn 1970.

Kansaku, Hiroyuki, Lex mercatoria als soft law, <http://www.tokyo-jura-kongress2005.de/_documents/kansaku_de.pdf>.

Kappus, Andreas, "Lex mercatoria" als Geschäftsstatut vor staatlichen Gerichten im deutschen internationalen Schuldrecht, IPRax 1993, 137-142.

Karollus, Martin, UN-Kaufrecht, Wien 1991.

Kathert, Beatrice, Piraterie auf See, Hamburg 2010.

Kaul, Aashish, Passing of Property in International Sale Contracts — A Conceptual Analysis, PL WebJour (13) 2003,

Keenan, Denis J./Smith, Kenneth, Smith & Keenan's English law, 15th ed., Harlow 2007.

Kegel, Gerhard, Jurist und Laie, JZ 1952, 501-502.

Kegel, Gerhard/Schurig, Klaus, Internationales Privatrecht, 9. Aufl., München 2004.

Kennedy, A. R., Contracts of sale C.I.F, 2. Aufl., London 1928.

Kessler, Friedrich, Contracts of Adhesion - Some Thoughts about Freedom of Contract, Columbia Law Review (43) 1943, 629 ff.

Kircher, Wolfgang, Die Voraussetzungen der Sachmängelhaftung beim Warenkauf, Studien zum ausländischen und internationalen Privatrecht, Bd. 65, Tübingen 1998.

Kittner, Thomas, Streithilfe und Streitverkündung, JuS 1985, 703-707.

Kling, Michael, Sprachrisiken im Privatrechtsverkehr, Jus Privatum, Bd. 140, Tübingen 2008.

Klotz, James M., International sales agreements, 2. Aufl., The Hague 2008.

Knütel, Christian, Schwächen der konkreten und abstrakten Schadensberechnung, AcP (202) 2002, 555-606.

Koch, Robert, Wider den formularmäßigen Ausschluss des UN-Kaufrechts, NJW 2000, 910-915.

Kocher, Eva, Funktionen der Rechtsprechung, Beiträge zum ausländischen und internationalen Privatrecht, Bd. 86, Tübingen 2007.

Kock, Annette, Nebenpflichten im UN-Kaufrecht, Theorie und Forschung, Bd. 337, Regensburg 1995.

Koffman, Laurence/Macdonald, Elizabeth J., The law of contract, 2nd ed., Croydon 1995.

Koller, Ingo/Canaris, Claus-Wilhelm/Staub, Hermann, HGB-Großkommentar, 4. Aufl., Berlin 2004 (zitiert: HGB-Großkommentar-*Bearbeiter*).

Korenke, Thomas, Bürgerliches Recht, München 2006.

Kötz, Hein, Deutsches Recht und Common Law im Wettbewerb, AnwBl. 2010, 1-7.

Kötz, Hein, Allgemeine Rechtsgrundsätze als Ersatzrecht, RabelsZ (34) 1970, 663-678.

Kötz, Hein, Justiz in Deutschland und England - Ein Stilvergleich, JA 1991, 257-261.

Kötz, Hein/Flessner, Axel, European contract law, Bd. 1, Oxford 1997.

Kramer, Ernst, Schweigen als Annahme eines Antrags, Jura 1984, 235-250.

Kranz, Norbert, Die Schadensersatzpflicht nach den Haager einheitlichen Kaufgesetzen und dem Wiener UN-Kaufrecht, Europäische Hochschulschriften, Bd. 857, Frankfurt am Main 1989.

Krause, Hermann, Schweigen im Rechtsverkehr, Marburg 1933.

Krause, Jan, Anti-suit injunctions als Mittel der Jurisdiktionsabgrenzung, Juristische Schriftenreihe, Bd. 253, Münster 2005.

Kröll, Stefan/Hennecke, Rudolf, Kaufmännische Bestätigungsschreiben beim internationalen Warenkauf, RabelsZ (67) 2003, 448-493.

Kronke, Herbert, Internationale Schiedsverfahren nach der Reform, RIW 1998, 257-265.

Kropholler, Jan, Internationales Einheitsrecht, Beiträge zum ausländischen und internationalen Privatrecht, Bd. 39, Tübingen 1975.

Kropholler, Jan, Internationales Privatrecht, Mohr-Lehrbuch, 5. Aufl., Tübingen 2004.

Kunkel, Wolfgang/Schermaier, Martin Josef/Kunkel-Schermaier, Römische Rechtsgeschichte, UTB, Bd. 2225, 14. Aufl., Köln 2005.

Lando, Ole, The Lex Mercatoria in International Commercial Arbitration, I.C.L.Q. (34) 1985, 747-768.

Lando, Ole/Beale, Hugh, The principles of European contract law, The Hague 2000.

Langen, Eugen, Transnationales Handelsrecht, NJW 1969, 2229-2233.

Langen, Eugen, Vom Internationalen Privatrecht zum Transnationalen Handelsrecht, NJW 1969, 358-360.

Langen, Eugen, Transnationales Recht, Schriftenreihe Recht der internationalen Wirtschaft, Bd. 20, Heidelberg 1981.

Lawson, Richard, Exclusion clauses and unfair contract terms, 10th ed., London 2011.

Lebuhn, Jürgen, CIF und FOB - Anwendung heute, European Transport Law (16) 1981, 24-49.

Legrand, Pierre, European Legal Systems Are Not Converging, I.C.L.Q. (45) 1996, 52-81.

Lehr, Wolfgang, Die neuen INCOTERMS 2000, VersR 2000, 548-557.

Lewison, Kim, The interpretation of contracts, 1st ed., London 1989.

Lewison, Kim, The interpretation of contracts, The contract law library, 3. ed., London 2004.

Liekweg, Handelsgebräuche,Einheitsbedingungen und Schiedsgerichte, 2. Aufl., Hannover 1952.

Liesecke, Rudolf, Die neuere Rechtsprechung, insbesondere des Bundesgerichtshofs, auf dem Gebiet des Überseekaufes, WM 1966, 174-181.

Liesecke, Rudolf, Die typischen Klauseln des internationalen Handelsverkehrs in der neueren Praxis, WM 1978, 21-37.

Linarelli, John, The Economics of Uniform Laws and Uniform Law Making, Wayne Law Review (48) 2003, 1387.

Linder, Florian, Neues Kaufrecht in England, ZfRV 2005, 3-13.

Lobinger, Thomas, Die Grenzen rechtsgeschäftlicher Leistungspflichten, Tübinger rechtswissenschaftliche Abhandlungen, Bd. 96, Tübingen 2004.

Lohmann, Arnd, Parteiautonomie und UN-Kaufrecht, Studien zum ausländischen und internationalen Privatrecht, Bd. 119, Tübingen 2005.

Loock, Jann Dirk/Straatmann, Kuno, Handelsrechtliche Schiedsgerichts-Praxis, Köln 1975.

Looker, Charles/Heymsfeld, Ralph, Significance of the Concept "Title" Where the Seller Retains the Bill of Lading to Goods, Columbia Law Review (29) 1929, 1100-1114.

Lookofsky, Joseph M, Understanding the CISG, 3rd ed., Copenhagen 2008.

Lord Wright, Ought the Doctrine of Consideration to Be Abolished from the Common Law, Harv. Law Rev. (49) 1936, 1225-1253.

Lorenz, Egon, Die Rechtswahlfreiheit im internationalen Schuldvertragsrecht, RIW 1987, 569-584.

Lorenz, Werner, Reform des englischen Vertragsrechts - Verträge zugunsten Dritter und schadensrechtliche Drittbeziehungen, JZ 1997, 105-111.

Lüderitz, Alexander, Auslegung von Rechtsgeschäften, Karlsruhe 1966.

Lukowicz, Daniela de, Divergenzen in der Rechtsprechung zum CISG, Internationalrechtliche Studien, Bd. 16, Frankfurt am Main 2001.

Lurger, Brigitta, Die wesentliche Vertragsverletzung nach Art. 25 CISG, IHR 2001, 91-102.

Lütkenhaus, Altfried M., Unfair Contract Terms Act 1977 und AGB-Gesetz 1976, Frankfurt am Main 1987.

MacKendrick, Ewan, Force majeure and frustration of contract, London 1991.

Magnus, Ulrich, Englische Rechtsprechung zum Handels- und Wirtschaftsrecht, RIW 1984, 321-327.

Magnus, Ulrich, Das UN-Kaufrecht - Fragen und Probleme seiner praktischen Bewährung, ZEuP 1997, 823-846.

Magnus, Ulrich, 25 Jahre UN-Kaufrecht, ZEuP (14) 2006, 96-123.

Magnus, Ulrich/Lüsing, Jan, CISG und INCOTERMS, Leistungsverzug und Fixgeschäft, IHR 2007, 1-12.

Maier-Reimer, Georg, Englische Vertragssprache bei Geltung deutschen Rechts, AnwBl. 2010, 13-20.

Mangels, Antje, Are the roots of the modern 'lex mercatoria' really medieval?, <http://www.thefreelibrary.com/Are the roots of the modern 'lex mercatoria' really medieval?-a053889462>.

Manigk, Alfred, Die Privatautonomie im Aufbau der Rechtsquellen, Berlin 1935.

Mankowski, Peter, Überlegungen zur sach- und interessengerechten Rechtswahl für Verträge des internationalen Wirtschaftsverkehrs, RIW 2003, 2-15.

Mankowski, Peter, Seerechtliche Vertragsverhältnisse im internationalen Privatrecht, Beiträge zum ausländischen und internationalen Privatrecht, Bd. 58, Tübingen 1995.

Mankowski, Peter, Kollision von in verschiedenen Mitgliedstaaten des VollstrZustÜbk anhängigen Hauptsacheverfahren und Eilverfahren, EWiR 1997, 791-792.

Mankowski, Peter, Das Grünbuch zur Rom I-Verordnung, ZEuP 2003, 483-489.

Mankowski, Peter, Der Vorschlag für die Rom I-Verordnung, IPRax 2006, 101-113.

Mann, F., Reflections on a commercial law of nations, British Yearbook of International Law 1957, 20-51.

Mann, F., Proposed New Law of Exemption Clauses and the Conflict of Laws, I.C.L.Q. (26) 1977, 903-913.

Mann, F., England Rejects Delocalised Contracts and Arbitration, I.C.L.Q. (33) 1984, 193-198.

Mann, F., Betrachtungen über ein Völkerhandelsrecht, Studien zum europäischen Wirtschaftsrecht, Baden-Baden 1962.

McGregor, Harvey, McGregor on damages, The common law library, 18. ed., London 2009.

McMeel, Gerard, The construction of contracts, Oxford 2007.

Medema, Steven G., Coasean economics, Recent economic thought series, Bd. 60, Boston 1998.

Mercier, Stephanie, The Evolution of World Grain Trade, Review of Agricultural Economics (21) 1999, 225-236.

Metje, Tim Martin, Der Investitionsschutz im internationalen Anlagenbau, Jus Internationale et Europaeum, Bd. 20, Tübingen 2008.

Meyer, Justus, UN-Kaufrecht in der deutschen Anwaltspraxis, RabelsZ (69) 2005, 457-486.

Michaelis Vasconcellos, Harald de, Das besondere Vertragsrecht des Anlagenbaus, RIW 1997, 455-464.

Michaels, Ralf, Privatautonomie und Privatkodifkation, RabelsZ (62) 1998, 580-626.

Michalski, Lutz, Zur Rechtsnatur des Dauerschuldverhältnisses, JA 1979, 401-409.

Mittelbach, Clamor, Das Verfahren "Reines Konnossement gegen Revers" und seine Lösungsmöglichkeiten, Hamburg 1962.

Molineaux, Charles, Besprechung von Klaus Peter Berger: The Creeping Codification of the Lex Mercatoria, J.Int'l Arb. 2000, 147-150.

Molineaux, Charles, Moving Toward a Contruction Lex Mercatoria, J.Int'l Arb. (14) 1997, 55-66.

Möller, Hans, Aufteilungen der Vergütungsgefahr beim Überseekauf, HansRGZ 1940 Hauptbl., 253-264.

Möller, Hans, Cifgeschäft und Versicherung, Übersee-Studien zum Handels-, Schiffahrts- und Versicherungsrecht, Bd. 13, Mannheim 1932.

Moss, Sally, Why the United Kingdom Has Not Ratified the CISG, Journal of Law and Commerce (25) 2005, 483-485.

Müller, Fredy, Auskunftshaftung nach deutschem und englischem Recht, Schriften zum bürgerlichen Recht, Bd. 175, Berlin 1995.

Müller, Hans-Friedrich, Die Einführung des Vertrags zugunsten Dritter in das englische Recht, RabelsZ (67) 2003, 140-165.

Müller, Johannes/Krauß, Joseph/Helmers, Walter/Berger, Martin, Schiffahrtsrecht II, Handbuch für die Schiffsführung Schiffahrtsrecht und Manövrieren, Bd. 2, 9. Aufl., Heidelberg 1988.

Murdoch, J./Hughes, Will, Construction Contracts: Law and Management, 3. Aufl. 2000.

Murray, Carole/Holloway, David/Timson-Hunt, Daren, Schmitthoff's export trade, 11. Aufl., London 2007.

Müssig, Peter, Wirtschaftsprivatrecht, 13. Aufl., Heidelberg 2010.

Nagel, Heinrich, Durchsetzung von Vertragsansprüchen im Auslandsgeschäft, Internationales Privatrecht, Berlin 1978.

Nakamura, Hideo, Partial inability to supply: pro rata provision, L.M.C.L.Q. 2005, 65-82.

Naumann, Ingrid, Englische anti-suit injunctions zur Durchsetzung von Schiedsvereinbarungen, Studien zum ausländischen und internationalen Privatrecht, Bd. 202, Tübingen 2008.

Niemann, Katia, Die rechtsgeschäftliche und organschaftliche Stellvertretung und deren kollisionsrechtliche Einordnung, Studien zum vergleichenden und internationalen Recht, Bd. 94, Frankfurt am Main 2004.

Niggemann, Friedrich/Peguet, Patrick/Anstett-Gardea, Lilyane/Gramling, Philippe, Französisches Handels- und Wirtschaftsrecht, RIW 1993, 240-246.

Nolte, Udo, Überseeische Cif-Abladegeschäfte, ZHR (89) 1926, 1-117.

Nörr, Knut Wolfgang, Zwischen den Mühlsteinen, Beiträge zur Rechtsgeschichte des 20. Jahrhunderts, Bd. 1, Tübingen 1988.

Osman, Filali, Les principes généraux de la lex mercatoria, Bibliothèque de droit privé, Bd. 224, Paris 1992.

Otte, Karsten, Umfassende Streitentscheidung durch Beachtung von Sachzusammenhängen, Veröffentlichungen zum Verfahrensrecht, Bd. 19, Tübingen 1998.

Otto, Hans-Hermann, Allgemeine Geschäftsbedingungen und internationales Privatrecht, Abhandlungen zum Handels-, Gesellschafts-, Wirtschafts- und Arbeitsrecht, Bd. 12, Göttingen 1984.

Páez-Maletz, Paul, Der Schutz des Vertrauens auf das Zustandekommen von Verträgen im U.S.-amerikanischen Recht, Beiträge zum Privat- und Wirtschaftsrecht, Bd. 81, Karlsruhe 1992.

Paschke, Marian, Hamburger Handbuch des Exportrechts, 1. Aufl., Hamburg 2009.

Passow, Richard, Materialien für das wirtschaftswissenschaftliche Studium, Bd. 3, Leipzig 1912.

Patrick, Ostendorf, Noch einmal: Führt die Vereinbarung einer CIF-Klausel zum Fixgeschäft, IHR 2009, 100-104.

Peel, Edwin/Treitel, G. H., The law of contract, 12. ed., London 2007.

Perreau-Saussine, Amanda/Murphy, James Bernard, The nature of customary law, Cambridge 2007.

Petersen, Jens, Schweigen im Rechtsverkehr, Jura 2003, 687-692.

Pilny, Karin L, Präjudizienrecht im anglo-amerikanischen und im deutschen Recht, Nomos-UniversitätsschriftenRecht, Bd. 122, Baden-Baden 1993.

Piltz, Burghard, Gestaltung von Exportverträgen, RIW 1999, 897-902.

Piltz, Burghard, INCOTERMS 2000 - ein Praxisüberblick, RIW 2000, 485-489.

Piltz, Burghard, AGB in UN-Kaufverträgen, IHR 2004, 133-138.

Pinnells, James/Eversberg, Arndt, Internationale Kaufverträge optimal gestalten, 3. Aufl., Wiesbaden 2009.

Pirrong, Stephen Craig, Efficient Scope of Private Transactions-Cost-Reducing Institutions: The Successes and Failures of Commodity Exchanges, J. Legal Stud. (229) 1995, 229-256.

Plötzgen, Alexander F. M., Präjudizienrecht im angelsächsischen Rechtskreis, Bonn 1979.

Pollock, Frederick, Principles of Contract: A treatise on the General Principles Concerning the Validity of Agreements, [ohne Ortsangabe] 2009.

Poudret, Jean-François/Besson, Sébastien/Berti, Stephen V., Comparative law of international arbitration, 2nd ed., London 2007.

Powell-Smith, Vincent, Construction Arbitrations, 2. Aufl., London 1998.

Prieß, Monika, Der Begriff des Sachmangels im deutschen und im englischen Kaufrecht, Saarbrücker Studien zum Privat- und Wirtschaftsrecht, Bd. 25, Frankfurt am Main 2001.

Puchta, Karl-Ferdinand, Die Gencon-Charter : Probleme des Raumfrachtvertrages, dargestellt am Standardformular der Uniform General Charter, Hamburg 1968.

Puelinckx, A. H., Frustration, Hardship, Force Majeure, Imprévision, Wegfall der Geschäftsgrundlage, Unmöglichkeit, Changed Circumstances, J.Int'l Arb. (3) 1986, 47-66.

Rabe, Dieter, Seehandelsrecht, 4. Aufl., München 2000.

Rabel, Ernst, Das Problem der Qualifikation, RabelsZ (5) 1931, 257-288.

Rabel, Ernst, Das Recht des Warenkaufs, Bd. 1, Berlin 1936.

Rabel, Ernst, Das Recht des Warenkaufs, Bd. 2, Berlin 1957.

Rainer, Johannes Michael, Europäisches Privatrecht, Salzburger Studien zum europäischen Privatrecht, Bd. 12, 2. Aufl., Frankfurt am Main 2007.

Raiser, Ludwig, Das Recht der allgemeinen Geschäftsbedingungen, Bad Homburg 1961.

Rauscher, Bert, Das Schiedsgutachtenrecht, Frankfurt am Main 1969.

Redfern, Alan/Hunter, Martin/Blackaby, Nigel, Law and practice of international commercial arbitration, 4. Aufl., London 2005.

Reinhart, Gert, UN-Kaufrecht, C.-F.-Müller-Kommentare, Heidelberg 1991.

Remé, Thomas, Deutsche Rechtsprechung zum Seeversicherungsrecht 1988 bis 1999, VersR 2001, 414-418.

Remien, Oliver, Rechtsverwirklichung durch Zwangsgeld, Beiträge zum ausländischen und internationalen Privatrecht, Bd. 54, Tübingen 1992.

Richardi, Reinhard, Die Wissensvertretung, AcP (169) 1969, 385-403.

Richter, Jan Christoph, Die Dritthaftung der Abschlussprüfer, Studien zum Handels-, Arbeits- und Wirtschaftsrecht, Bd. 110, Baden-Baden 2007.

Riedberg, Peter, Der amiable Compositeur im internationalen privaten Schiedsgerichtsverfahren, Arbeiten zur Rechtsvergleichung, Frankfurt am Main 1958.

Riese, Otto, Der Entwurf zur internationalen Vereinheitlichung des Kaufrechts, RabelsZ (22) 1957, 16-116.

Riese, Otto, Die Haager Konferenz über die internationale Vereinheitlichung des Kaufrechts vom 2. bis 25. April 1964, RabelsZ (29) 1965, 1-100.

Riezler, Erwin, Venire contra factum proprium, Leipzig 1912.

Röder, Tilmann J., Rechtsbildung im wirtschaftlichen "Weltverkehr", Recht in der industriellen Revolution, Bd. 4, Frankfurt am Main 2006.

Rösch, Florian, Vertragliche Ansprüche Dritter in England und Deutschland, Baden-Baden 2006.

Rossa, Jan-Marcus, Die Bedeutung des deutschen Rechts für Liege- und Überliegezeit-Klauseln im englischsprachigen Frachtverträgen, TranspR 1993, 177-181.

Roth, Wulf-Henning, Internationales Versicherungsvertragsrecht, Beiträge zum ausländischen und internationalen Privatrecht, Bd. 49, Tübingen 1985.

Rothoeft, Dietrich, System der Irrtumslehre als Methodenfrage der Rechtsvergleichung, Tübinger rechtswissenschaftliche Abhandlungen, Tübingen 1968.

Rubino-Sammartano, Mauro, International arbitration law, Deventer 1990.

Sacco, Rodolfo/Joussen, Jacob, Einführung in die Rechtsvergleichung, 1. Aufl., Baden-Baden 2001.

Salger, Hanns-Christian, Verhandlungen vor deutschen Gerichten in englischer Sprache, BB 2010, "Die erste Seite".

Sanders, Pieter, Trends in the Field of International Commercial Arbitration, RdC (145) 1975 II, 204-296.

Sandrock, Otto/Beckmann, Klaus F, Handbuch der internationalen Vertragsgestaltung, Schriftenreihe Recht der internationalen Wirtschaft, Bd. 1, Heidelberg 1980.

Sassoon, David M., Application of FOB and CIF Sales In Common Law Countries, European Transport Law (16) 1981, 50-59.

Sassoon, David M., C.I.F. and F.O.B. contracts, British shipping laws, 4. Aufl., London 1995.

Savigny, Friedrich Karl von, System des heutigen römischen Rechts, Bd. 1, Aalen 1973.

Savigny, Friedrich Karl von, System des heutigen römischen Rechts, Bd. 8, Aalen 1973.

Sayn-Wittgenstein-Berleburg, Stanislaus zu, Allgemeine Geschäftsbedingungen im englischen Recht, Marburger rechts- und staatswissenschaftliche Abhandlungen, Bd. 21, Marburg 1969.

Schack, Haimo, BGB - Allgemeiner Teil, Bd. 1, 12. Aufl., Heidelberg 2008.

Scheifele, Bernd, Die Rechtsbehelfe des Verkäufers nach deutschem und UN-Kaufrecht, Rheinfelden 1986.

Schinkels, Boris, Die (Un-)Zulässigkeit einer kollisionsrechtlichen Wahl der UNIDROIT Principles nach Rom I: Wirklich nur eine Frage der Rechtspolitik?, GPR 2007, 106-111.

Schlechtriem, Peter, Einheitliches UN-Kaufrecht, Beiträge zum ausländischen und internationalen Privatrecht, Bd. 46, Tübingen 1981.

Schlechtriem, Peter, Das Wiener Kaufrechtsübereinkommen von 1980 (Convention on the International Sale of Goods), IPRax 1990, 277-283.

Schlechtriem, Peter, Vertragsmäßigkeit der Ware als Frage der Beschaffenheitsvereinbarung, IPRax 1996, 12-16.

Schlechtriem, Peter, Internationales UN-Kaufrecht, Mohr-Lehrbuch, 4., neubearb. Aufl., Tübingen 2007.

Schlechtriem, Peter/Schwenzer, Ingeborg, Kommentar zum einheitlichen UN-Kaufrecht, 5. Aufl., Basel 2008 *(zitiert: Schlechtriem/Schwenzer).*

Schlegelberger, Franz/Gessler, Ernst, Handelsgesetzbuch, 5. Aufl., München 1976.

Schlegelberger, Franz/Liesecke, Rudolf, Seehandelsrecht, 2. Aufl., Berlin 1964.

Schleif, Elmar, Die Seerechtsschutzversicherung, Veröffentlichungen des Seminars für Versicherungswissenschaft, Reihe A, Bd. 112, Karlsruhe 2008.

Schlodtmann, J., Die Klausel tel quel, ZHR (38) 1891, 353-371.

Schlosser, Peter, Entwicklungstendenzen im Recht der Allgemeinen Geschäftsbedingungen, ZIP 1985, 449-462.

Schlosser, Peter, Das Recht der internationalen privaten Schiedsgerichtsbarkeit, 2. Aufl., Tübingen 1989.

Schmidt, Karsten, Handelsrecht, 5. Aufl., Köln 1999.

Schmidt-Ahrendts, Nils, Das Verhältnis von Erfüllung, Schadensersatz und Vertragsaufhebung im CISG, Studien zum ausländischen und internationalen Privatrecht, Bd. 193, Tübingen 2007.

Schmidtbleicher, Roland, Die Anleihegläubigermehrheit, Untersuchungen zur Ordnungstheorie und Ordnungspolitik, Bd. 60, Tübingen 2010.

Schmidt-Kessel, Martin, Einbeziehung von Allgemeinen Geschäftsbedingungen unter UN-Kaufrecht, NJW 2002, 3444-3446.

Schmidt-Kessel, Martin, Standards vertraglicher Haftung nach englischem Recht, Baden-Baden 2003.

Schmitthoff, Clive M., Commercial law in a changing economic climate, 2. ed., London 1981.

Schmitthoff, Clive M./Cheng, Chia-jui, Clive M. Schmitthoff's select essays on international trade law, Dordrecht 1988.

Schmitz, Gabriele, Haftungsausschlußklauseln in allgemeinen Geschäftsbedingungen nach englischem und internationalem Privatrecht, Schriften zum internationalen Recht, Bd. 8, Berlin 1977.

Schmorl, Karl, Das Hektolitergewicht des Getreides als Wertmaßstab für dessen Güte, Zeitschrift für Lebensmitteluntersuchung und -Forschung (74) 1937, 26.

Schneider, Jens-Peter, Verwaltungsrecht in Europa, Schriften zum europäischen und internationalen Recht, Bd. 14.1, Göttingen 2007.

Schofield, John, Laytime and demurrage, Lloyd's shipping law library, 5. ed., London 2005.

Schöne, Malve, Leistungs- und Zahlungsverzögerung im deutschen und englischen Privatrecht, Juristische Reihe TENEA, www.jurawelt.com, Berlin 2005.

Schrammen, Johanna, Grenzüberschreitende Verträge im Internet, Internationale Göttinger Reihe Rechtswissenschaft, Bd. 3, 1. Aufl., Göttingen 2005.

Schulze, Reiner/Ebers, Martin, Streitfragen im neuen Schuldrecht, JuS 2004, 265-272.

Schwab, Martin, AGB-Recht, Tipps und Taktik, Heidelberg 2008.

Schwarze, Roland, Unmöglichkeit, Unvermögen und ähnliche Leistungshindernisse im neuen Leistungsstörungsrecht, Jura 2002, 73-83.

Schwenzer, Ingeborg/Müller-Chen, Markus/Schwenzer-Müller-Chen, Rechtsvergleichung, Tübingen 1996.

Schwob, Georges, Les contrats de la London Corn Trade Association, Paris 1928.

Scott, Robert, Conflict and Cooperation in Long-Term Contracts, California Law Review (75) 1987, 2005-2054.

Shah, M. J., International Conventions applicable to FOB and CIF sales and to multimodal transport of goods sales, European Transport Law (16) 1981, 67-90.

Shears, Peter/Stephenson, Graham/James, Philip S, James' introduction to English law, 13. ed., London 1996.

Shepherd, Stuart, GAFTA shipment and classification clause - a "suitable" vessel, I.T.L.Q. 1999, 160-165.

Sieber, Henning-Wolfgang, Die autonome Auslegung internationaler Standardverträge, Berlin 2002.

Sieg, Karl, Versicherungsfragen zum Recht des Überseekaufs, RIW 1995, 100-103.

Sieveking, Robert, Die Geschäftsbedingungen des Waren-Vereins der Hamburger Börse e.V., Berlin 1979.

Sivesand, Hanna, The buyer's remedies for non-conforming goods, Schriften zur Europäischen Rechtswissenschaft, Bd. 2, München 2005.

Skalka, Willi, Handelsgebräuche der Hamburger Getreidebörse, 2. Aufl., Hamburg 1931.

Slabotzky, Albert, Grain contracts and arbitration, London 1984.

Smit, Hans, Convention on the Limitation Period in the International Sale of Goods, Am. J. Comp. Law (23) 1975, 337-355.

Sonnenberger, Hans Jürgen, Verkehrssitten im Schuldvertrag, München 1970.

Spickhoff, Andreas, Internationales Handelsrecht vor Schiedsgerichten und staatlichen Gerichten, RabelsZ (56) 1992, 116-175.

Starck, Felix, Kommentar zu den Einheitsbedingungen im deutschen Getreidehandel, Frankfurt am Main 1954.

Staudinger, Ansgar, Rechtsvereinheitlichung innerhalb Europas: Rom I und Rom II, AnwBl. 2008, 8-16.

Stein, Günther, Die Inhaltskontrolle vorformulierter Verträge des allgemeinen Privatrechts, Schriften zum bürgerlichen Recht, Bd. 74, Berlin 1982.

Stein, Ursula, Lex mercatoria, Juristische Abhandlungen, Bd. 28, Frankfurt am Main 1995.

Steininger, Andreas, Das russische Kaufrecht, ROW-Schriftenreihe, Bd. 31, Berlin 2001.

Stober, Rolf/Bretthauer, Stefan, Deutsches und Internationales Wirtschaftsrecht, Studienbücher Rechtswissenschaften und Verwaltung, Stuttgart 2007.

Stoljar, Samuel, Condition, Warranties and Descriptions of Quality in Sale of Goods, Mod. L. Rev. (15) 1952, 425-445.

Stoll, Jutta, Rechtsnatur und Bestandsschutz von Vereinbarungen zwischen Staaten und ausländischen privaten Investoren, RIW/AWD 1981, 808-811.

Stone, Richard, The modern law of contract, 6th ed., London 2005.

Stone, Richard, Modern law of contract, 7th ed., London 2008.

Striewe, Peter, Kollidierende Allgemeine Geschäftsbedingungen - Vertragsschluß und Vertragsinhalt, JuS 1982, 728-732.

Stroud, Frederick, The judicial dictionary of words and phrases judicially interpreted, Clark, NJ 2003.

Stürner, Michael, Die Qual der (Ab-)Wahl: Der Ausschluss des UN-Kaufrechts aus Sicht des deutschen Importeurs, BB 2006, 2029-2035.

Takahashi, Koji, Right to Terminate (Avoid) International Sales of Commodities, J.B.L. 2003, 102-130.

Tassikas, Apostolos, Dispositives Recht und Rechtswahlfreiheit als Ausnahmebereiche der EG-Grundfreiheiten, Studien zum ausländischen und internationalen Privatrecht, Bd. 114, Tübingen 2004.

The Law Society of England and Wales, England and Wales: The jurisdiction of choice Quelle: <https://www.haitz-rechtsanwaelte.de/de/newsarchiv/data/aktuelles__4_2.pdf> abrufbar am 02.01.2013.

Thieme, Jürgen/Mitscherlich, Matthias, Die Einbeziehung (incorporation) Allgemeiner Geschäftsbedingungen in den Vertrag nach englischem Recht, AWD 1973, 173-181.

Thier, Andreas, Aliud- und Minus-Lieferung im neuen Kaufrecht des Bürgerlichen Gesetzbuches, AcP (203) 2003, 399-428.

Thorpe, Chris P./Bailey, John C. L., Commercial contracts, Rev. ed., London 1999.

Tiberg, Hugo, The law of demurrage, British shipping laws, 4th Ed., London 1995.

Tilmann, Albert Michael, Rechtssetzung durch Private bei nationalen und internationalen Klauselwerken des Handels, Agribusiness & food, Bd. 12, Bergen/Dumme 2000.

Todd, Paul, Cases and materials on international trade law, London 2003.

Trakman, Leon L., The law merchant, Littleton, Colo. 1983.

Trappe, Johannes, Maritime Aspects under an International Contract of Sale and Purchase, European Transport Law (27) 1992, 3-15.

Trappe, Johannes, Überseekaufvertrag und "maritime terms", IHR 2008, 157-161.

Treitel, Guenter H., Unmöglichkeit, "Impracticability" und "Frustration" im anglo-amerikanischen Recht, Schriften der Ernst-von-Caemmerer-Gedächtnisstiftung, Bd. 1, Baden-Baden 1991.

Triebel, Volker, Das englische Gesetz über unbillige Vertragsklauseln von 1977, RIW/AWD 1978, 353-358.

Triebel, Volker, Englisches Handels- und Wirtschaftsrecht, Schriftenreihe Recht der internationalen Wirtschaft, Bd. 15, 2. Aufl., Heidelberg 1995.

Triebel, Volker, Der Kampf ums anwendbare Recht, AnwBl. 2008, 305-308.

Triebel, Volker/Balthasar, Stephan, Auslegung englischer Vertragstexte unter deutschem Vertragsstatut, NJW 2004, 2189-2196.

U.S. Congress, Enhancing the quality of U.S. grain for international trade, Washington DC 1989.

U.S. Congress, Grain Quality in International Trade, Washington DC 1989.

Ventris, F. M., The bill of lading in the oil tanker trade, L.M.C.L.Q., 479-484.

Ventris, F. M., Non-maritime demurrage claims, L.M.C.L.Q. 1984, 657-662.

Ventsch, Verena/Kluth, Peter, Die Einbeziehung von Allgemeinen Geschäftsbedingungen im Rahmen des UN-Kaufrechts, IHR 2003, 61-66.

Verdross, Alfred, Gibt es Verträge, die weder dem innerstaatlichen Recht noch dem Völkerrecht unterliegen, ZfRV (6) 1965, 129-134.

Vierheilig, Wilfried, Das Kaufrecht der Bedingungen der Bremer Baumwollbörse, Berlin 1968.

Vischer, Frank/Huber, Lucius/Oser, David, Internationales Vertragsrecht, 2. Aufl., Bern 2000.

Wallow, Astrid, Risikozuweisung und Vertragshaftung, Münsteraner Studien zur Rechtsvergleichung, Bd. 128, Münster 2008.

Weick, Günter, Unfair Contract Terms Act und AGB-Gesetz, ZHR (145) 1981, 68-82.

Weigand, Frank-Bernd, Das neue englische Schiedsverfahrensrecht, RIW 1997, 904-911.

Weise, Paul-Frank, Lex mercatoria, Studien zum vergleichenden und internationalen Recht, Bd. 8, Frankfurt am Main 1990.

Weller, Marc-Philippe, Die Vertragstreue, Jus Privatum, Bd. 142, Tübingen 2009.

Wells, Michael John, Demurrage and the Availability of general damages, A&NZ (22) 2008, 76-88.

Wengler, Wilhelm, Allgemeine Rechtsgrundsätze als wählbares Geschäftsstatut, ZfRV (23) 1982, 11-40.

Westphalen, Friedrich von, Rechtsprobleme der Exportfinanzierung, Schriftenreihe Recht der internationalen Wirtschaft, Bd. 11, 3. Aufl., Heidelberg 1987.

Wetter, Gillis, The case for international law schools and an international legal profession, I.C.L.Q. (29) 1980,

Wieling, Josef, Venire contra factum proprium und Verschulden gegen sich selbst, AcP (176) 1976, 334-355.

Williams, Alison, Forecasting the Potential Impact of the Vienna Sales Convention on International Sales Law in the United Kingdom, <http://www.cisg.law.pace.edu/cisg/biblio/williams.html>.

Wilson, John F., Carriage of goods by sea, 6. ed., Harlow 2008.

Windel, Peter, Mankoleistungen im modernisierten Schuldrecht, Jura 2003, 793-798.

Windthorst, Jan Erik, Vertrag zugunsten Dritter und Drittwirkung einer Schiedsvereinbarung im englischen Wirtschaftsrecht, RIW 2005, 900-904.

Winner, Martin, Wert und Preis im Zivilrecht, Vienna 2008.

Wood, Philip R., Conflict of laws and international finance, Law and practice of international finance, Bd. 6, London 2007.

Wördemann, Nils, International zwingende Normen im internationalen Privatrecht des europäischen Versicherungsvertrages, Beiträge zum Privat- und Wirtschaftsrecht, Bd. 100, Karlsruhe 1997.

Wunderlich, Nils-Christian, Die kaufrechtliche Haftung beim asset deal nach dem SchuldRModG, WM 2002, 981-990.

Wüst, Günther, Die Interessengemeinschaft, ein Ordnungsprinzip des Privatrechts, Frankfurt am Main 1958.

Wüstendörfer, Hans, Zur internationalen Vereinheitlichung des CIF-Geschäfts, HansRZ 1926, 482-507.

Zahn, Johannes C. D./Ehrlich, Dietmar/Neumann, Kerstin/Zahn-Ehrlich-Neumann, Zahlung und Zahlungssicherung im Außenhandel, 7. Aufl., Berlin 2001.

Zeller, Bruno, CISG and the unification of international trade law, Abingdon 2007.

Zerres, Thomas, Recht auf Nacherfüllung im deutschen und englischen Kaufrecht, RIW 2003, 746-757.
Ziegler, Alexander von, Schadenersatz im internationalen Seefrachtrecht, Arbeiten zur Rechtsvergleichung, Bd. 145, Baden-Baden 1990.
Ziegler, Karl-Heinz, Die Wertlosigkeit der allgemeinen Regeln des BGB über die sog Wahlschuld (§§ 262-265 BGB), AcP (171) 1971, 193-217.
Zweigert, Konrad/Kötz, Hein/Zweigert-Kötz, Einführung in die Rechtsvergleichung, 3. Aufl., Tübingen 1996.

Entscheidungsverzeichnis

Stichwortverzeichnis

INTERNATIONALRECHTLICHE STUDIEN
Beiträge zum Internationalen Privatrecht,
zum Einheitsrecht und zur Rechtsvergleichung

Herausgegeben von Ulrich Magnus und Peter Mankowski

Band 1 Birgit Reimers-Zocher: Beweislastfragen im Haager und Wiener Kaufrecht. 1995.

Band 2 Lenja Vespermann: Schadensersatz bei Beeinträchtigung rechts- oder sittenwidriger Interessen im deutschen und französischen Recht. 1996.

Band 3 Peter Cypra: Die Rechtsbehelfe im Verfahren der Vollstreckbarerklärung nach dem EuGVÜ unter besonderer Berücksichtigung der Ausgestaltung in Deutschland und Frankreich. 1996.

Band 4 Brigitta Lurger: Regulierung und Deregulierung im europäischen Privatrecht. 1997.

Band 5 Uta Gutknecht: Das Nacherfüllungsrecht des Verkäufers bei Kauf- und Werklieferungsverträgen. Rechtsvergleichende Untersuchung zum CISG, zum US-amerikanischen Uniform Commercial Code, zum deutschen Recht und zu dem Vorschlag der Kommission zur Überarbeitung des deutschen Schuldrechts. 1996.

Band 6 Stefan Abel: Die Qualifikation der Schenkung. Zur Methode der Qualifikation im Internationalen Schuldvertragsrecht. 1997.

Band 7 Daniel Kötz: Verkäuferpflichten und Rechtsbehelfe des Käufers im neuen norwegischen Kaufrecht vom 13. Mai 1988 Nr. 27 im Vergleich zum UN-Kaufrecht vom 11. April 1980 (CISG). 1997.

Band 8 Olaf Beier: Grundsätze eines europäischen transportmittelübergreifenden Schadensrechts für den Gütertransport. Eine rechtsvergleichende Untersuchung unter besonderer Berücksichtigung der CMR, der ER/CIM 1990, des WA/HP und der HVR. 1999.

Band 9 Ulrich Krüger: Modifizierte Erfolgshaftung im UN-Kaufrecht. Die Haftungsbefreiung bei Lieferung vertragswidriger Ware gemäß Art. 79 CISG. 1999.

Band 10 Wolf-Henning Hammer: Das Zurückhaltungsrecht gemäß Art. 71 CISG im Vergleich zu den Kaufgesetzen der nordischen Staaten unter Einbeziehung transportrechtlicher Aspekte. Eine rechtsvergleichende Studie. 1999.

Band 11 Ulrich Quay: Der Consulting-Vertrag im Internationalen Privatrecht. 2000.

Band 12 Axel Halfmeier: Die Veröffentlichung privater Tatsachen als unerlaubte Handlung. Eine rechtsvergleichende Untersuchung. 2000.

Band 13 Stephanie Scholz: Lohngleichheit durch Verfahren. Eine Studie zur Förderung der Lohngleichheit durch verfahrensrechtliche Ansätze. 2000.

Band 14 Tarık Cebecioglu: Stellung des Ausländers im Zivilprozeß. Eine rechtsvergleichende Untersuchung des türkischen und deutschen Rechts. 2000.

Band 15 Gunnar Straube: Sozialrechtliche Eingriffsnormen im Internationalen Privatrecht. 2001.

Band 16 Daniela de Lukowicz: Divergenzen in der Rechtsprechung zum CISG. Auf dem Weg zu einer einheitlichen Auslegung und Anwendung? 2001.

Band 17 Mohamed Hassan Fadlalla Ali: Das islamische Ehe- und Kindschaftsrecht im Sudan. Mit Hinweisen zu den Lehren der Islamischen Rechtsschule, der anwendbaren Familienrechtsvorschriften für Nichtmuslime im Sudan und im deutschen Familienrecht. 2001.

Band 18 Ole Lando/Ulrich Magnus/Monika Novak-Stief (Hrsg./eds.): Angleichung des materiellen und des internationalen Privatrechts in der EU. Harmonisation of Substantive and International Private Law. 2003.

Band 19 Florian Schulz: Der Ersatzlieferungs- und Nachbesserungsanspruch des Käufers im internen deutschen Recht, im UCC und im CISG. Eine rechtsvergleichende Untersuchung unter Berücksichtigung der Schuldrechtskommission, der EG-Richtlinie 1999/44/EG und des Diskussionsentwurfs eines Schuldrechtsmodernisierungsgesetzes. 2002.

Band 20 Ingo Janert: Die Aufrechnung im internationalen Vertragsrecht. 2002.

Band 21 Armin Jentsch: Die Erhaltungspflichten des Verkäufers und des Käufers im UN-Kaufrecht im Vergleich zum US-amerikanischen Uniform Commercial Code und zum deutschen Recht. 2002.

Band 22 Martin Taschner: Arbeitsvertragsstatut und zwingende Bestimmungen nach dem Europäischen Schuldvertragsübereinkommen. Einheitliche Auslegung. 2003.

Band 23 Klaus Bitterich: Die Neuregelung des Internationalen Verbrauchervertragsrechts in Art. 29a EGBGB. 2003.

Band 24 Sascha J. Morgenroth: Umsetzung der Verbrauchsgüterkaufrichtlinie in Spanien und Deutschland. Umsetzung der Richtlinie 1999/44/EG des Europäischen Parlaments und des Rates vom 25. Mai 1999 zu bestimmten Aspekten des Verbrauchsgüterkaufs und der Garantien für Verbrauchsgüter in Spanien und Deutschland. 2003.

Band 25 Markus Renfert: Über die Europäisierung der ordre public Klausel. 2003.

Band 26 Henning Mordhorst: Die Behandlung vertraglicher Mobiliarsicherheiten im US-amerikanischen und deutschen Insolvenzrecht. 2003.

Band 27 Hans Markus Wulf: UN-Kaufrecht und eCommerce. Problembereiche bei der Anwendung des Wiener Übereinkommens auf Internet-Verträge. 2003.

Band 28 Julia Kaiser: Freiheit oder Schutz? Die Scheidungsfolgenvereinbarung im deutschen und im englischen Recht. 2003.

Band 29 Astrid Hillebrenner: Die private Zustimmung zu Rechtsgeschäften Dritter im englischen, dänischen und deutschen Recht. 2004.

Band 30 Irene von der Heyde: Das deutsche und italienische internationale Kindschaftsrecht im Rechtsvergleich. Favor filii oder favor filiationis? 2004.

Band 31 Sven-Michael Werner: Recht im Systemwandel. *Ein Land, zwei Systeme* und das Kontinuitätsproblem in Hongkong. 2004.

Band 32 Holger Ellenberger: Wirtschaftsrelevante Kollisionsnormen im japanischen internationalen Privatrecht. 2004.

Band 33 Sebastian Kaufmann: Parol Evidence Rule und Merger Clauses im internationalen Einheitsrecht. 2004.

Band 34 Britta Christina Weber: Eigentumsübertragung und gutgläubiger Erwerb beim Kauf von beweglichen Sachen im vietnamesischen Zivilgesetzbuch von 1995. Eine rechtsvergleichende Analyse unter Berücksichtigung des Eigentumsbegriffs im vietnamesischen Recht. 2004.

Band 35 Alexander von Saucken: Die Reform des österreichischen Schiedsverfahrensrechts auf der Basis des UNCITRAL-Modellgesetzes über die internationale Handelsschiedsgerichtsbarkeit. Ein Diskussionsbeitrag. 2004.

Band 36 Jasnica Garašićć: Anerkennung ausländischer Insolvenzverfahren. Teil 1 und Teil 2. Ein Vergleich des kroatischen, des deutschen und des schweizerischen Rechts sowie der Europäischen Verordnung über Insolvenzverfahren, des Istanbuler Übereinkommens und des UNCITRAL-Modellgesetzes. 2005.

Band 37 Eugenia Kurzynsky-Singer: Anknüpfung und Reichweite des Vollmachtsstatuts. 2005.

Band 38 Timo Utermark: Rechtsgeschichte und Rechtsvergleichung bei Ernst Rabel. 2005.

Band 39 Mohamed Lakmes: Die IPR-Anknüpfung der Schuldverträge. Ein Vergleich zwischen dem deutschen und dem syrischen Recht. 2005.

Band 40 Christian Haas: Vertragsstrukturen privatfinanzierter Infrastrukturprojekte. Nationale und internationale Perspektiven. 2005.

Band 41 Tanja Herzog-Engels: Gesellschaftsrechtliche Formvorschriften und Internationales Privatrecht. 2005.

Band 42 Hassan Siahpoosh: Das Familien- und Erbrecht im Iran. 2006.

Band 43 Carola Reifenrath: Das Vertragsrecht Hongkongs und dessen zukünftige Entwicklung. Unter besonderer Berücksichtigung des englischen Common Law. 2006.

Band 44 Arkadiusz Wudarski: Der Pfandbrief und sein Treuhänder. Eine rechtsvergleichende Untersuchung zum polnischen und deutschen Recht. 2006.

Band 45 Ulla Liukkunen: Cross-Border Services and Choice of Law. A Comparative Study of the European Approach. 2006.

Band 46 Claire Anna Reifner: Die Umsetzung der Verbrauchsgüterkaufrichtlinie in Italien und Deutschland. 2007.

Band 47 Shahriar Rabbanifar: Vergleich des Rechts der öffentlichen Unternehmen in Deutschland, Iran und Polen. 2007.

Band 48 Judith Farokhmanesh: Der Schutz des Urhebers im internationalen Vertragsrecht. Funktion, Reichweite und Effektivität zwingender Bestimmungen im deutschen, französischen und englischen Recht. 2007.

Band 49 Christoph Hellriegel: Schuldnerschutz in Polen. Rechtsvergleichende Untersuchung eines universalen Regelungsproblems. 2007.

Band 50 Ingemar Carl: Einstweiliger Rechtsschutz bei *Torpedoklagen*. 2007.

Band 51 Gabriele Wunsch: Möglichkeiten und Grenzen eines europäischen Hypothekarkredits. Problemanalyse und Lösungswege für die Schaffung eines Binnenmarktes für Grundpfandrechte unter Berücksichtigung des deutschen, englischen, schwedischen und spanischen Rechts. 2009.

Band 52 Sven Kuchmann: Die Haftung des Geschäftsführers einer deutschen GmbH und des Gerente einer argentinischen SRL im Rechtsvergleich. 2008.

Band 53 María Elena Alvarez de Pfeifle: Der Ordre Public-Vorbehalt als Versagungsgrund der Anerkennung und Vollstreckbarerklärung internationaler Schiedssprüche. Unter Berücksichtigung des deutschen, schweizerischen, französischen und englischen Rechts sowie des UNCITRAL-Modellgesetzes. 2009.

Band 54 Amir-Said Ghassabeh: Die Zustellung einer *punitive-damages*-Sammelklage an beklagte deutsche Unternehmen. Zugleich ein Beitrag zum „unnötigen" transatlantischen Justizkonflikt. 2009.

Band 55 Gunnar Lennart Schmüser: Das Zusammenspiel zwischen Haupt- und Sekundärinsolvenzverfahren nach der EuInsVO. 2009.

Band 56 Johanna Siemonsen: Die deutschen Ausführungsvorschriften zur Europäischen Insolvenzverordnung. 2009.

Band 57 Dan Malika Gunasekera: Civil Liability for Bunker Oil Pollution Damage. 2010.

Band 58 Sarah Mukaddes Oguz: Das türkische und das europäische Verbraucherrecht. Eine vergleichende Analyse mit Blick auf die Beitrittsbestrebungen der Türkei zur Europäischen Union. 2010.

Band 59 Niklas Wielandt: Die einseitig verpflichtende Schuldzusage. Eine rechtsvergleichende Untersuchung des abstrakten, kausalen und nicht rechtsgeschäftlichen Schuldanerkenntnisses und Schuldversprechens nach deutschem und englischem Recht. 2010.

Band 60 Lars Meyer: Non-Performance and Remedies under International Contract Law Principles and Indian Contract Law. A comparative survey of the UNIDROIT Principles of International Commercial Contracts, the Principles of European Contract Law, and Indian statutory contract law. 2010.

Band 61 Farzana Soleimankehl-Hanke: Afghanistan zwischen Islam und Gleichberechtigung. Widersprüche in der afghanischen Verfassung am Beispiel des afghanischen Familien- und Erbrechts. 2011.

Band 62 Sören Koch: Der Ersatz frustrierter Aufwendungen im norwegischen Recht. 2011.

Band 63 Vanessa Seibel: Der Geschäftsführer in der Insolvenz der Gesellschaft. Eine rechtsvergleichende und rechtsökonomische Betrachtung von GmbH und LLC. 2012.

Band 64 Dorothea von Domarus: Internationales Arzthaftungsrecht nach Inkrafttreten der Rom I- und Rom II-Verordnung. Ein Rechtsvergleich mit den USA unter besonderer Berücksichtigung der Bundesstaaten New York, Kalifornien und Louisiana. 2013.

Band 65 Nils Rasmus Grenda: Erwerb und Schutz des Eigentums an Mobilien im deutschen und schwedischen Recht. 2013.

Band 66 Tristan Wegner: Überseekauf im Agrarhandel. Die Kontraktpraxis nach GAFTA und Einheitsbedingungen. Eine rechtsvergleichende Darstellung. 2013.

www.peterlang.de